U0389068

中国西南岩溶山地重大地质灾害成灾机理与监测预警系统研究

朱立军　黄润秋　朱要强 等　著

科 学 出 版 社
北　京

内 容 简 介

本书在贵州省十余年来地质灾害科研成果和重大项目的基础上，系统总结贵州岩溶山地地质灾害的成灾机理和致灾模式，研究了不同尺度和发育模式的地质灾害风险评价方法，并对面上高风险区地质灾害监测也进行了一定程度的实践探索。针对不同发育模式的地质灾害，研发相应的监测预警技术，基本形成了地质灾害早期识别、风险评价、监测预警技术体系。本书成果对岩溶山区斜坡地质灾害的评价和自动化监测预警能起到很好的支撑作用，对我国不同类型成因的地质灾害监测预警技术方法研究也能起到较大的推动作用。

本书可作为地质灾害防治领域的科研人员、工程技术人员、研究生和本科生、管理决策者参考使用。

图书在版编目(CIP)数据

中国西南岩溶山地重大地质灾害成灾机理与监测预警系统研究／朱立军等著．—北京：科学出版社，2018．12

ISBN 978-7-03-060119-3

Ⅰ．①中… Ⅱ．①朱… Ⅲ．①岩溶区-地质灾害-灾害防治-研究-西南地区 Ⅳ．①P694

中国版本图书馆 CIP 数据核字（2018）第 283535 号

责任编辑：韦　沁　韩　鹏／责任校对：张小霞

责任印制：肖　兴／封面设计：北京东方人华科技有限公司

科学出版社 出版

北京东黄城根北街 16 号

邮政编码：100717

http://www.sciencep.com

三河市春园印刷有限公司 印刷

科学出版社发行　各地新华书店经销

*

2018 年 12 月第　一　版　开本：787×1092　1/16

2018 年 12 月第一次印刷　印张：28 1/2

字数：676 000

定价：398.00 元

（如有印装质量问题，我社负责调换）

著 者 名 单

朱立军　黄润秋　朱要强　巨能攀　林　锋

罗炳佳　向喜琼　周丕基　刘东烈　吕　刚

序

贵州发生地质灾害的次数、人员伤亡和直接经济损失在全国一直处于前几位，因地质灾害造成的人员伤亡和经济损失不可小视，地质灾害日渐成为影响和制约局部社会经济发展的重要因素之一。2004 年 12 月 3 日凌晨 3 时许，贵州省纳雍县鬃岭镇左家营村岩脚组发生一起特大山体垮塌，44 人死亡或失踪，受灾房屋 25 间，受灾群众 108 人。2010 年 6 月 28 日，关岭县岗乌镇发生特大地质灾害，造成 37 户、99 人被掩埋，其中 57 人失踪、42 人死亡，教训非常惨痛。2014 年 8 月 27 日，福泉市道坪镇突发山体滑坡，造成 23 人死亡。2016 年 7 月 1 日，大方县理化乡金星村发生顺层山体滑坡，造成 23 人死亡。2017 年 8 月 28 日，纳雍县张家湾镇普洒村突发高位山体崩塌，造成 35 人死亡。数次特大、大型地质灾害教训非常深刻。

党中央、国务院历来重视地质灾害防治工作，特别是党的十九大明确提出“加强地质灾害防治”。2016 年 12 月发布的《中共中央 国务院关于推进防灾减灾救灾体制机制改革的意见》中提出“推进防灾减灾救灾体制改革，必须牢固树立灾害风险管理和综合减灾理念，坚持以防为主，抗防救相结合，坚持常态减灾和非常态救灾相统一，努力实现从注重灾后救助向注重灾前预防转变，从减少灾害损失向减轻灾害风险转变，从应对单一灾种向综合减灾转变”。朱立军教授及其团队，紧扣地质灾害防治政策脉搏和导向，在贵州省十余年来，特别是党的十八大以来的地质灾害防治成果基础上，系统研究贵州岩溶山地地质灾害的成灾机理和致灾模式，发现并提出不同尺度和发育模式的地质灾害风险评价方法，同时对建立高风险区地质灾害监测体系进行了积极探索。针对不同发育模式的地质灾害，研发相应的监测预警技术，基本形成了地质灾害早期识别、风险评价、监测预警技术体系。一系列研究成果为岩溶山地地质灾害自动化监测预警的普及推广奠定了坚实的技术基础。

该书理论与实践结合，不仅对岩溶山区斜坡地质灾害的评价和自动化监测预警起到了很好的支撑作用，相信也能对我国不同类型成因的地质灾害监测预警技术方法研究起到较大的推动作用。并且，该书的出版，也是贵州地质灾害防治树立“以防为主、防抗救相结合”理念之具体体现。我对贵州同行取得的研究成绩非常赞赏，欣然为序，希望立军教授及其团队持之以恒，取得更加丰硕的成果。

世界滑坡协会主席：[signature]

2018 年 11 月

前　言

中国西南岩溶山地是全球连片分布面积最大的岩溶山地，位于东南亚岩溶分布区域中心地带。贵州省地处中国西南岩溶山地的核心区域，岩溶山地及丘陵面积占全省面积的92%，属于典型的内陆岩溶山地省份。贵州省是中国地质灾害最为严重的省份之一，地形切割强烈，生态环境脆弱。地质灾害不仅灾种全、灾害重、隐患多、发生频繁，而且更具有隐蔽性强、突发性强、危害性强和动态变化大的特点。全省地质灾害高中易发区面积达13.6万余平方千米，占全省面积的77%，特别是易造成群死群伤的重大地质灾害时有发生，是岩溶山地地质灾害防治的首要任务和重中之重。

2010年6月28日，贵州省关岭县岗乌镇岩溶山地发生重大地质灾害，造成42人死亡、57人失踪，是贵州省有记录以来造成人员伤亡和经济损失最大的一起地质灾害，给我们以沉痛的教训和深刻的警示。"关岭岗乌6·28重大地质灾害"警示我们，地质灾害防治首先必须要解决岩溶山地重大地质灾害形成、分布和成灾机理等关键科学问题以及岩溶山地地质灾害监测预警体系的关键技术。为此，贵州省在全国率先提出并完成地质灾害防治"三大举措"：一是完成全省88个县（市、区、特区）重要地区、重大地质灾害详细调查，基本查明了地质灾害隐患，掌握了全省地质灾害分布特点；二是建立了地质灾害防治专业队伍与88个县（市、区、特区）的对口协作机制，解决了基层专业技术力量缺失的问题；三是完成了地质灾害监测预警与决策支持平台建设和应用，实现了"国土资源一张图"、防地灾和远程决策指挥。确立了"生命为天、预防为主、科技先行、专业保障、群测群防、综合治理"的地质灾害防治"24字方针"。

在完成三大举措并取得初步成果的基础上，2015年全省集中人力、物力和财力，实施全省地质灾害综合治理三年行动计划，大力推进地质灾害隐患整治、农村危房改造、生态移民搬迁、学校地质灾害治理等，消除重大地质灾害隐患点1133余处，全省地质灾害综合治理三年计划中取得明显成效。2018年初，针对贵州省岩溶山地高位隐蔽性地质灾害成灾机理的复杂性和危害性特点及岩溶山地重大地质灾害监测预警科技能力不强的突出问题，经贵州省委、省政府研究同意实施《贵州省高位隐蔽性地质灾害隐患专业排查方案》和《贵州省提升地质灾害监测预警科技能力行动方案》。

本书是十余年来贵州岩溶山地重大地质灾害调查、研究、防治实践和理论的总结，全书共分为绪论和10章。第1章，介绍贵州自然地理、地质环境特征和主要的人类工程活动及其分布特征。第2章，总结贵州主要地质灾害类型及其空间分布，分析地质灾害发育、分布与自然、人为因素的相互关系，研究总结地质灾害发育规律。第3章，从地球内动力作用分析贵州区域地壳稳定性，阐述贵州地质灾害发育的岩土物质基础，并进行了工程地质分区，研究总结并提出贵州自然斜坡工程地质分类。第4章，通过大量的地质灾害详细调查数据统计，建立起岩溶山地地质灾害早期识别指标体系和方法体系，并创建相应的早期识别图谱。第5章，研究不同破坏模式的危岩体和采空区控制型滑坡风险评价技术方法，并对单点、小流域、县域、省域等不同尺度地质灾害隐患开展风险评价。第 6 章，系统介绍岩溶山地重大地质灾害发育模式，研究了近年来贵州造成群死群伤的典型重大地质灾害发生机理，总结并提出重大地质灾害主要成灾模式。第 7 章，在大量崩滑灾害统计调查的基础上，提出并创建贵州地区降雨型崩滑灾害预警模型与判据、岩溶山地基于变形的滑坡预警模型和单体崩滑灾害临滑预警模型和判据以及贵州典型崩滑灾害隐患预警模型和判据。第 8 章，总结近年来我省率先采用的北斗实时监测系统技术、星载雷达监测系统技术以及地质灾害面上监测示范。第 9 章，介绍了基于地质灾害发育模式的监测预警技术方法，提供了采空区控制型滑坡、弱面控制型滑坡、关键块体型滑坡、复合型滑坡、软弱基座型崩塌、采空区结构控制型崩塌的监测预警的技术路线和途径，并对监测示范成果进行分析。第 10 章，主要介绍贵州省近十年来在地质灾害调查评价、地质灾害监测预警、地质灾害综合治理、地质灾害应急响应等地质灾害综合防治体系方面的建设成就，并提出下一步的主要研究方向。

本专著是贵州省十余年来地质灾害防治研究课题和调查项目的系统总结，由朱立军、黄润秋、杨胜元、巨能攀、罗炳佳、陈筠、许强、林锋、周丕基、张建江、朱要强、汪家林、唐川、何政伟、向喜琼、刘秀伟、余斌、赵建军、刘东烈、吕刚等研究人员和全省地质灾害防治战线上的同事们共同完成。全书由朱立军、黄润秋、朱要强、巨能攀、林锋负责统稿、审定。在成书的过程中，中国地质环境监测院应急技术指导中心总工程师殷跃平给予了指导，并作序。全书图件由李金锁、郑子钰两位硕士研究生负责清绘，贵州省地质环境监测院的邹银先、张景国、张鸿晶、张洪等同志也为本书资料收集、整理做了大量工作。

由于作者水平所限，书中难免有疏漏和不足之处，请同行专家和读者给予批评指正，以期更好推进贵州省岩溶山地地质灾害防治工作。

目　　录

序
前言
绪论 …… 1
　第一节　研究背景 …… 1
　第二节　研究思路及主要成果简述 …… 8
第 1 章　研究区自然和地质环境条件 …… 9
　第一节　研究区自然地理条件 …… 9
　第二节　贵州矿产资源概况 …… 10
　第三节　地质环境条件 …… 10
　　一、地形地貌 …… 11
　　二、地层岩性 …… 12
　　三、地质构造 …… 13
　　四、水文地质条件 …… 15
　第四节　人类工程活动概况 …… 18
　　一、水利水电开发 …… 19
　　二、矿产开发 …… 19
　　三、交通建设 …… 19
　　四、城镇建设及农村民房改建 …… 20
第 2 章　贵州地质灾害发育分布规律 …… 21
　第一节　地质灾害类型及其发育现状 …… 21
　　一、滑坡地质灾害 …… 21
　　二、崩塌地质灾害类型 …… 30
　　三、泥石流地质灾害 …… 33
　　四、其他地质灾害 …… 34
　第二节　地质灾害发育的主要影响因素 …… 37
　　一、岩石地层与地质灾害 …… 38
　　二、地形地貌与地质灾害 …… 41
　　三、地质构造与地质灾害 …… 57
　　四、地震诱发次生地质灾害 …… 58
　　五、岩土体结构特性与地质灾害 …… 59
　　六、水文地质与地质灾害 …… 64
　　七、气象条件与地质灾害 …… 70
　　八、人类工程活动与地质灾害 …… 73

第三节 地质灾害发育规律 …… 76
第3章 岩溶山地典型斜坡工程地质分类 …… 77
第一节 贵州地貌特征及地质灾害发育内动力作用 …… 77
一、贵州地貌特征 …… 77
二、贵州地质灾害发育的内动力作用 …… 78
第二节 区域地壳稳定性 …… 80
一、稳定地区 …… 80
二、相对稳定地区 …… 81
三、次稳定地区 …… 81
四、次不稳定地区 …… 81
五、不稳定地区 …… 81
第三节 地质灾害发育的岩土物质基础 …… 82
一、岩土体性质与结构 …… 82
二、构造-岩土体分区 …… 83
第四节 研究区工程地质分区 …… 86
一、工程地质区及亚区的划分 …… 86
二、各工程地质区的特征 …… 87
第五节 研究区斜坡工程地质分类 …… 98
一、工程地质岩组 …… 98
二、斜坡工程地质类型 …… 99
第4章 岩溶山地重大地质灾害早期识别体系 …… 103
第一节 基于变形破坏模式的地质体结构分类研究 …… 103
一、斜坡演化过程和规律 …… 103
二、贵州典型斜坡结构类型及变形破坏模式 …… 104
第二节 典型崩滑地质灾害案例调研及其共性特征分析 …… 104
一、典型崩塌灾害早期识别图谱及关键致灾因子 …… 104
二、典型滑坡灾害早期识别图谱及关键致灾因子 …… 105
第三节 潜在地质灾害体识别指标体系研究 …… 107
一、崩塌识别指标 …… 108
二、滑坡识别指标 …… 108
第四节 潜在地质灾害体识别方法体系研究 …… 109
一、崩塌现场评判 …… 109
二、滑坡现场评判 …… 111
三、不稳定斜坡现场评判 …… 116
四、泥石流现场评判 …… 118
第5章 多尺度岩溶山地地质灾害风险评价示范 …… 121
第一节 典型破坏模式的危岩单体风险评价示范 …… 121
一、滑塌式危岩 …… 121

二、倾倒式危岩 …… 137
三、坠落式危岩 …… 147
第二节　采空区控制型滑坡风险评价示范 …… 154
一、马达岭煤矿区地质环境背景 …… 156
二、马达岭滑坡运动特征分析 …… 161
三、马达岭滑坡灾害风险评价 …… 169
第三节　小流域地质灾害风险评价示范（羊水河） …… 178
一、龙洞沟 …… 179
二、姚孔沟 …… 181
三、平安磷矿支沟 …… 184
四、其他沟次生泥石流风险评价 …… 186
第四节　县域地质灾害风险评价示范（开阳县） …… 189
一、开阳概况 …… 189
二、开阳县地质灾害发育分布规律 …… 190
三、评价专题数据 …… 190
四、评价基本单元选择 …… 191
五、滑坡灾害危险性评价 …… 194
六、易损性分析 …… 197
七、风险分析 …… 197
第五节　省域地质灾害风险评价示范 …… 199
一、地质环境背景 …… 199
二、贵州省地质灾害空间分布规律 …… 200
三、地质灾害危险性评价方法 …… 211
四、地质灾害危险性区划及评价 …… 222
五、易损性分析 …… 224
六、风险分析制图 …… 226
第 6 章　岩溶山地重大地质灾害成灾模式研究 …… 231
第一节　重大崩滑地质灾害发育模式 …… 231
一、边坡破坏基本类型 …… 231
二、贵州省崩滑主要发育模式 …… 232
第二节　典型重大地质灾害机理研究 …… 250
一、贵州关岭滑坡全程动力特性分析 …… 250
二、福泉小坝滑坡数值模拟研究 …… 260
三、贵州纳雍“8·28”崩塌成因分析 …… 272
第三节　重大崩滑地质灾害成灾模式 …… 290
一、变形体-潜在威胁模式 …… 290
二、滑坡-随动破坏模式 …… 291
三、滑坡-高速碎屑流模式 …… 291

四、滑坡–堰塞坝堵江模式 …… 291
五、滑坡–高涌浪模式 …… 292
第四节　突发性地质灾害发育规律 …… 292
一、弱面控制型滑坡 …… 292
二、关键块体型滑坡 …… 293
三、采空区控制型崩塌和滑坡 …… 294
第 7 章　岩溶山地地质灾害监测预警技术研究 …… 296
第一节　贵州地区降雨型崩滑灾害预警模型与判据 …… 296
第二节　基于变形的滑坡预警模型研究 …… 298
一、滑坡的四级预警级别 …… 298
二、滑坡切线角预警判据 …… 299
三、斜坡变形的加速度特征和预警判据 …… 300
四、斜坡各变形阶段的稳定性及其预警判据 …… 301
第三节　单体崩滑灾害临滑预警模型和判据研究 …… 302
一、降雨诱发单体滑坡的预警模型 …… 302
二、崩塌预警模型和预警判据 …… 316
第四节　贵州省崩滑灾害的综合预警预报 …… 322
第五节　贵州省典型崩滑灾害预警模型和判据 …… 324
第 8 章　基于全国卫星导航定位基准服务系统及星载雷达系统的地质灾害监测技术 …… 326
第一节　北斗实时监测系统概述 …… 326
一、系统平台架构 …… 326
二、系统网络拓扑结构 …… 327
三、系统软件架构 …… 328
第二节　北斗实时监测系统关键技术 …… 329
一、基于北斗基准站网的动态形变监测技术 …… 330
二、多源传感器集成的地质灾害在线数据采集技术 …… 330
三、监测目标变形自动探测技术 …… 331
四、灾害监测数据存储及可视化技术 …… 337
第三节　星载雷达监测系统关键技术 …… 338
一、基本原理 …… 338
二、D-InSAR 两轨差分技术 …… 340
三、时间序列 InSAR …… 342
四、offset-tracking 技术 …… 344
五、多时相 SAR 影像变化监测 …… 347
第 9 章　基于发育模式的重大地质灾害监测示范 …… 350
第一节　典型发育模式的滑坡监测示范 …… 350
一、采空区控制型滑坡监测示范 …… 350

二、弱面控制型滑坡监测示范 …… 360
三、关键块体型滑坡监测示范 …… 369
四、复合型滑坡监测示范 …… 375
第二节　崩塌监测示范 …… 379
一、"软弱基座"型崩塌监测示范 …… 379
二、"采空区"结构控制型崩塌监测示范 …… 383
第三节　监测示范成果 …… 390
一、贵州省开阳县监测示范区 …… 390
二、贵州省都匀市监测示范区 …… 399
三、其他监测示范区 …… 407
第四节　地质灾害监测预警方案设计 …… 421
一、监测指标及监测设备选型研究 …… 421
二、地质灾害监测系统设计 …… 422
第 10 章　岩溶山地地质灾害综合防治体系建设成效 …… 428
第一节　地质灾害调查评价技术体系建设成效 …… 428
一、基本查明了全省地质灾害隐患的数量及类型 …… 429
二、基本查明了全省地质灾害隐患的孕灾背景和成灾条件 …… 429
第二节　地质灾害监测预警预报体系建设成效 …… 430
一、建立地质灾害区域性降雨预警模型 …… 430
二、地质灾害监测预警决策平台建设 …… 430
三、大力提高地质灾害监测预警专业化水平 …… 431
第三节　地质灾害综合治理体系建设成效 …… 431
一、开展威胁学校的地质灾害隐患治理 …… 431
二、开展地质灾害综合治理三年行动计划 …… 432
三、推进治理技术标准化 …… 432
第四节　地质灾害应急响应体系建设成效 …… 432
第五节　地质灾害防治工作制度建设渐趋完善 …… 433
一、法规政策体系逐步完善 …… 433
二、地质灾害管理机制和制度逐步完备 …… 435
三、专业技术支撑更加有力 …… 436
参考文献 …… 437

绪　论

第一节　研究背景

贵州省地处云贵高原向东部低山丘陵过渡的高原斜坡地带，是突起于四川盆地和广西丘陵之间的一个强烈岩溶化高原山地。地势由西分别向北、东、南三面倾斜，受河流的侵蚀切割，地形相当破碎，残留有中高山、中山、低山、丘陵、山间盆地、深谷等地貌类型。贵州省在大地构造单元上处于环青藏高原东南侧周边地带，在青藏高原隆升这一大的地质背景下，贵州省的构造应力场、地下水运移场、地质体的风化与卸荷等地质作用均表现出较为强烈的地域特色，各种褶皱和断裂构造发育且常成为岩溶及崩滑流地质灾害易发部位。贵州具有独特的岩溶地质环境条件，岩溶作用强烈，各种岩溶地貌形态广泛分布，存在众多复杂的岩溶工程地质问题和地质灾害问题。

贵州地处西部，经济不发达，且大多为山区，亟须摆脱贫困面貌，为此需要大力开发各种山区资源、开展各种山区经济建设活动，然而在地质灾害易发区，这些活动必然受到地质灾害的制约和阻碍。随着经济工程建设活动的加速发展，与工程建设活动有关而发生人员死亡的地质灾害有加剧的趋势。同时，由于地质环境条件复杂，在开发建设过程中，人地矛盾突出，近年来人为工程活动导致防灾压力剧增，造成贵州省地质灾害表现出“点多面广、突发性强、灾害损失大”等特点。由地质灾害造成的损失约占全省自然灾害损失的50%以上，大量地质灾害隐患点威胁着许多城镇、建筑、交通、重要工程设施，涉及面积60%以上。贵州铜仁地区大部、黔东南苗族侗族自治州（黔东南州）大部、黔南布依族苗族自治州（黔南州）东部、六盘水市、黔西南布依族苗族自治州（黔西南州）西北部及南部、毕节地区南部局部等地是贵州省地质灾害的主要多发区。

贵州每年发生地质灾害的次数、人员伤亡数和直接经济损失在全国一直处于前几位，因地质灾害造成的人员伤亡和经济损失不可小视，地质灾害日渐成为影响和制约贵州社会经济发展的重要因素之一。贵州省地质灾害以中小规模为主，占比90%以上，但几乎每年都有重大级以上的地质灾害发生。1993年以来全省共发生重大级以上的地质灾害超过50起，其中死亡30人以上或经济损失1000万元以上的特大地质灾害近20起。2004年12月3日凌晨3时许，贵州省纳雍县鬃岭镇左家营村岩脚组发生一起特大山体垮塌，44人死亡或失踪，受灾房屋25间，受灾群众108人。2010年6月28日，关岭县岗乌镇发生特大地质灾害，造成37户、99人被掩埋，其中57人失踪、42人死亡，教训非常惨痛。2014年8月27日，福泉市道坪镇突发山体滑坡，造成23人死亡。2016年7月1日，大方县理化乡金星村发生顺层山体滑坡，造成23人死亡。2017年8月28日，纳雍县张家湾镇普洒村突发高位山体崩塌，造成35人死亡。

近年来，国家和贵州省各级地方政府对地质灾害防治工作均给予了高度重视，特别是党的十九大报告中明确提出"加强地质灾害防治"，省直机关各部门团结一致，以高度负责的态度，坚持以人为本的理念，在地质灾害防治工作方面取得了显著成效。贵州省国土资源厅提出"生命为天，预防为主，科技先行，专业保障，群测群防，综合治理"的地质灾害防治方针。按照该地质灾害防治总体工作思路，作为地质灾害防治基础工作的群测群防体系建设常抓不懈，已经成为主动防灾的重点环节，也是最大限度减少人民群众生命财产损失的现实可靠选择。同时，国家和地方逐年投入大量地质灾害防治专项资金，在地质灾害防灾避险搬迁安置、重大地质灾害工程治理方面也取得了显著成绩。然而毋庸讳言，由于地质环境条件的复杂性，地质灾害的分散性、突发性、复杂性，加之贵州省地质灾害防治基础相对薄弱，类似关岭"6·28"、纳雍县张家湾"8·28"的特大地质灾害时有发生，也暴露出现有地质灾害防灾体系尚不十分健全、防灾手段还显单一、监测预警有效性尚待提高、防灾意识有待进一步加强。具体到地质灾害技术支撑方面，近年来，贵州省地质灾害防灾减灾战线广大科技工作者在地质灾害防治领域开展了卓有成效的工作，取得了一定的可喜成绩，但在综合防治技术方法方面仍存在一定的不足。第一，对地质灾害发育规律性的系统总结尚有待进一步深入，贵州省地质灾害数量多、分布广，以往对全省地质灾害的发育分布规律和主要影响因素的系统总结不够，造成地质灾害监督管理方面缺乏适合贵州省情的理论指导。第二，地质灾害隐患点防治紧迫程度区分困难，由于贵州省地质灾害隐患点多面广，不可能对所有地质灾害进行监测和治理，因此必须筛选出危险性大的地质灾害隐患点进行重点监测和治理。第三，针对潜在地质灾害的不断威胁，对地质灾害隐患进行早期识别并研究潜在地质灾害体识别技术方法就显得相当具有必要性。第四，地质灾害预测预报仍然是世界级难题，但是通过对大量典型实例进行深入的机理研究后建立适宜的预报模型及判据，能够取得较合理的地质灾害预测预报效果。第五，区域性地质灾害风险性关系到城镇规划设计，目前还没有较为系统的研究成果。第六，尚缺乏一个统一而有效的地质灾害信息管理和决策支持平台，一个好的集地质灾害图形显示、信息查询、数据分析、实时监测、预警预报、应急指挥决策为一体的地质灾害信息管理和决策支持平台，对政府部门开展地质灾害预警预报管理和应急指挥是不可或缺的。

鉴于此，紧密结合贵州省地质灾害防治现实需求，2010~2013年，贵州省国土资源厅组织开展了"贵州省重点地区重大地质灾害隐患详细调查"项目和"贵州省地质灾害监测预警与决策支持平台研究"项目，开展了基于北斗卫星导航、遥感的地质灾害隐患排查工作，目的是通过全面细致的基础调查工作，一方面全面掌握全省地质灾害特别是易造成"群死群伤"的崩塌、滑坡、泥石流重大地质灾害隐患的类型、规模、危险性和发育规律、时空分布特征；另一方面以详查成果为基础开展重点地质灾害隐患点的自动化专业监测，开发地质灾害监测预警信息系统，构建一个以地质灾害灾情信息采集系统为基础、通信系统为保障、计算机网络系统为依托、国土部门为中心的地质灾害信息管理系统和决策支持平台，为贵州省地质灾害监测预警和信息化建设提供示范，为贵州省各级国土部门地质灾害防治管理和决策提供强有力的技术支撑。

（一）地质灾害风险评估研究现状

风险，简而言之就是指发生对人类生命、健康、财产或环境造成有害影响事件的概率和严重程度。20 世纪 60 年代之前，人们还处在对边坡灾害的认识阶段，对边坡灾害的形成条件和活动过程分析是认识的重点，同时归纳灾害种类及危害状况从而进行分析。到 20 世纪 70 年代，仍主要是定性评价边坡灾害。70 年代后，由于边坡灾害发生的次数越来越多，人们对自然灾害的研究也逐渐深入，研究方向也从灾害机理和预测的研究不断拓宽到对边坡工程的灾害评价，并成为研究热点。20 世纪 50 年代左右，美国、英国、日本、苏联、法国、意大利等国深入研究了区域边坡失稳规律，得出国土开发规划需要考虑规避滑坡等地质灾害的结论，并提出了有一定成效的研究对策。

1. 国外研究现状

Casagrande（1965）提出评估工程实践的有力武器，即风险分析和管理。由于岩土体本身的离散型和复杂性使得大量不确定的因素存在于岩土工程中，此时分析计算工程实践中存在的风险和损失就显得十分重要。Casagrande 的思想构建了后来的工程风险评估研究的理论框架，且确立了基本出发点。之后他的思想被很多学者研究后应用在工程风险的评估和管理的实践中去，如 Morgan（1992）、Whiteman（1984）、Fell（1992）。自 20 世纪 80 年代后，越来越多的学者开始研究边坡工程的风险。其中 Brand（1988）利用简化的分类系统研究了边坡工程的风险。90 年代，Berggren 等（1992）对瑞典的边坡工程风险评价系统进行了介绍；Fell（1992）在滑坡地质灾害中运用了风险评价的改进方法，且对灾害可接受风险准则进行了讨论；Anlalagan R. 和 Singh B.（1996）对山区滑坡灾害评价方法进行研究后，提出了风险评价的制图方法和评价矩阵；Lee C. F.（1997）对滑坡地质灾害的危险性进行了分析研究，得出了滑坡体积与频率和降雨之间的关系公式；Finlay P. J. 与 Robin Fell（1997）则统计分析了香港 1984~1993 年间 3000 多个的滑坡相关数据，提出并建立了多元回归模型——用于预测滑体的水平运动距离。21 世纪左右，对边坡灾害风险的研究进入了与 GIS 技术相结合的时代。John R. 等（1999）运用 GIS 对边坡失稳破坏的分布情况及失稳概率进行了研究，并建立风险评估模型；Rautela 和 Lakhera（2000）将 GIS 技术与遥感技术相结合研究了风险评价；Temesgen B. 和 Mohammmed M. U.（2001）也同样运用结合遥感技术的 GIS 技术深入分析了风险因子与边坡灾变的关系，得出用在范围［0，1］的风险系数值来评判其风险。

同时，国际上部分国家和地区的学术机构对滑坡灾害风险评估出版了一系列研究计划、技术指南和法规条例。

澳大利亚岩土力学学会（Australian Geomechanics Society，AGS），作为第一届国际滑坡与工程边坡联合技术委员会（JTC-1）的发起者，于 2000 年发布了《滑坡风险管理理念与指南》（*Landslide Risk Management Concepts and Guidelines*）。该指南定义了滑坡风险评价的基本术语，强调了滑坡风险管理理念，特别是在土地利用规划管理方面的实效性，同时提出了滑坡风险分析方法准则和滑坡灾害可接受和可容忍的风险水平。随后，AGS 于 2007 年又出版了一系列针对滑坡风险管理、斜坡管理和维护的指南和附录（AGS，2007a，20007b，2007c，2007d，2007e）对 2000 年版指南进行了补充和完善。2005 年，JTC-1 在加拿大温哥华召开了以“滑坡风险管理”为主题的国际学术会议。该会议出版了论文集《滑坡风险管理》（*Landslide Risk Management*），收集的论文对滑坡风险管理的基本理论、方法、经验和实例进行了研究。在该会议上由 Fell 等提出的滑坡风险管理理论框架成为目前国际上主流和应用最为广泛的风险管理技术方法体系。该会议后，国际著名期刊 *Landslide* 专门针对滑坡风险研究出版了十余篇国际学者相关学术论文，主要探讨了国家和地区层面的风险管理框架体系，提出了滑坡风险定量评化的方法和技术细节。同年，Glade 等（2005）出版了 *Landslide Hazard and Risk*，该书全面系统地阐述了滑坡风险的学术观点、概念模型以及风险处理方法和管控措施等内容。

2008 年，在滑坡灾害风险研究飞速发展并取得大量实践应用成果的背景下，JTC-1 召集了全球 40 名知名滑坡研究专家共同探讨和草拟了国际通用的滑坡风险管理指南，并在 *Engneering Geology* 上发表了《土地利用规划中滑坡易发性、危险性和风险分区指南》（*Guidelines for Landslide Susceptibility*，*Hazard*，*and Risk Zoning for Land use Planning*）。该指南风险管理的核心架构与之前出版的各类指南大体相似，都是沿用了 AGS 2000 年和 2007 年版指南的基本框架，代表了滑坡风险评估与管理技术体系的发展水平。该指南对滑坡风险管理的结构进行了高度的概括，但是对滑坡风险评估的技术细节描述过于简单，具体操作流程不清楚。鉴于此，JTC-1 又邀学者在 *Engineering Geology* 上发表了多篇学术论文对指南进行了补充和完善，包括 Westen C. J. V.、Cascini（2008）、Corominasetal 和 Moya（2008）、Uziellietal 等（2008）。至此，国际上滑坡灾害风险管理的理论框架和技术路线已初步建立，各国学者针对滑坡灾害风险管理的各层次内容相继展开了更为深入的理论和应用研究。

美国滑坡灾害风险控制主要通过美国地质调查局（United States Geological Survey，USGS）在全国范围内开展地质灾害防灾减灾和风险评价相关科学研究并总体协调各个联办机构、州和地方政府进行滑坡灾害防灾减灾、风险识别和控制。美国国会委托 USGS 通过滑坡灾害计划（Landslide Hazard Program，LHP）开展滑坡灾害风险识别与减缓研究。2005 年，USGS 与美国规划协会（American Planning Association，APA）合作出版了《滑坡灾害管理与土地规划指南》（*Landslide Hazard Program*）以用来指导各级地方政府处理土地开发利用中的滑坡灾害问题。2004 年，加拿大不列颠哥伦比亚省林业部出版了《土地利用手册 56》（*Land Management Handbook* 56，*LMH* 56），提出了滑坡风险管理的基本框架、技术术语和滑坡风险分析方法，并提供了八个研究实例，是加拿大较为系统的滑坡风险评估指导手册。

2. 国内研究现状

我国研究边坡工程风险的起步比较晚。20 世纪 80 年代之前，我国在边坡工程风险的研究领域里仅局限于滑坡分布、边坡灾变机理以及预测预报等方面；80 年代以后，边坡工程才开始运用其他技术手段和风险分析理论。

张业成（1993）等建立了以综合灾度为指标的地质灾害综合评价的系统层次结构模型以及计算模型；赵阿兴等探索研究了关于灾害损失的评估准则，指标及方法体系，提出一个新概念即灾损率，同时建立其等级划分标准（赵阿兴、马宗晋，1993）；李向全等（1999）第一次在地质灾害减灾决策中结合了计算机技术，建立了地质灾害预测评价模型库系统。21 世纪以后，边坡工程风险研究开始进入质的飞跃。黄润秋等（2000）深入研究了香港边坡安全管理体系，将研究推进到边坡风险管理和政策制定；彭满华等（2001）从风险识别、评估等方面研究了滑坡灾害风险的分析方法；朱良峰等（2002）研发出了基于 GIS 技术的用来分析区域滑坡灾害风险的系统；马寅生等（2004）系统阐述了地质灾害风险研究的现状、地质灾害风险的定义及其主要特征、地质灾害风险构成与基本要素，在此基础上进行了地质灾害风险评价类型划分，建立了地质灾害风险评价系统、地质灾害风险评价的指标体系以及地质灾害风险评价的步骤与方法；赵海卿等（2004）为了评价地质灾害的危害程度，提出了地质灾害危害性概念，选择历史灾害危险性、潜在灾害危险性、社会经济水平、承灾体类型4个基本要素和相应的17个评价因子作为评价因素，利用二级模糊综合评价方法，对吉林省东部山区地质灾害危害新进行分区评价。李典庆和吴帅兵（2006）对香港地区近20年来的16000个边坡剖面的观测资料进行了分析，并考虑时间效应，建立了滑坡风险评估及管理方法，该方法能更真实地反映滑坡随时间的变化；2011年，王雁林等（2011）在借鉴自然灾害风险的基础上，提出了省域地质灾害风险区划研究思路方法。在地质灾害危险性评价与区划和地质灾害经济社会易损性区划的基础上，采用GIS平台，进行了陕西省地质灾害风险区划初步研究，得到了陕西省地质灾害风险区划初步结果。2011年，张海燕（2011）根据吉林省近10年的地质灾害监测数据，采用统计方法讨论吉林省地质灾害风险评价问题，对地质灾害易发区进行划分，首先，对系统聚类分析方法进行了改进，根据各种要素对地质灾害影响的程度引入了权重系数；分类后应用判别分析的方法检验出其精确度达到94.87%；其次，为了进一步了解各种因素引致灾害的形式，掌握其在不同规模数值下形成灾害的特点及差异性，运用阈回归模型进行了数据拟合，因素的解释程度达到99.9962%。加权聚类和阈回归方法对数据拟合程度的高精度，说明其在地质灾害风险评价问题中的适用性及灾害易发区划分的准确性。

何海鹰等（2012）在进行了对多条高速公路的300多处岩质高边坡的养护管理情况的调查后，结合已有成果，提出了基于AHP的岩质高边坡风险评估指标体系，该体系更适用于高速公路边坡养护管理。

田东升等（2014）通过对河南省山地丘陵区66个县（市）地质灾害调查与区划、地质灾害危险性评估、应急调查、巡查、监测、勘查和治理等工作中积累的地质灾害资料分析，河南省地质灾害种类有滑坡、崩塌、泥石流、地面塌陷、地裂缝、地面沉降6种，并探讨了6种灾害的分布规律。首次采用地质灾害“发育度”的概念来量化显示河南省地质灾害发育程度，将河南省地质灾害空间分布划分为7个区，为防灾减灾提供科学决策。

（二）地质灾害预警监测研究现状

1. 国外研究现状

早在20世纪50~60年代，国外就已经针对斜坡的监测技术展开了研究，如苏联叶米里扬诺娃（1956）通过对滑坡位移观测的原理与方法进行系统的总结，编写了《滑坡观测技术指南》；John K. W.（1977）对岩质边坡的监测技术进行了深入的研究。Baum和Godt（2009）在对研究区历史数据统计分析的基础上，将滑坡预警划分为四级，综合运用累积雨量、降雨强度与持续时间以及土体含水率指标建立浅层滑坡预警综合模型，并通过2004年12月至2005年1月期间在美国西雅图地区的运用中获得了不少滑坡成功预警的经验。

中国大陆外通过对已发生滑坡的调查，发现滑坡灾害在过程降雨量与降雨强度这两个参数中，存在一个临界值，即当一次降雨过程的降雨量或降雨强度达到或超过此临界值时，即产生滑坡灾害。例如，Glade（1997）建立的诱发滑坡降雨临界值3个模型，分别为日降雨模型、前期降雨模型及前期土体含水状态模型，并应用于新西兰北岛南部的Wellington地区。香港1999年开始，部署了大量的自动雨量计组成降水监测网，并实时传输监测数据至管理部门，若未来一日降雨量达到175mm或小时降雨量超过75mm，则由政府发出预警信息，每年香港平均约发出3次地质灾害警报（Dai *et al.*，2004）。2001年，台湾已研发完成基于因特网发布的泥石流防灾应变与决策支持系统，可以查询泥石流监测站现场信息、潜势溪流调查资料及规划的疏散路线等，并能够进行实时雨量与预警基准值自动分析。利用地理信息系统、因特网技术及决策支持系统（DSS）能够指导政府部门制定相关政策，使公众能够随时获得最新的泥石流预警消息，通过传真或简讯通知等多种信息公开途径，提升各级防灾单位的应急水平（Yu *et al.*，2007）。

2. 中国大陆研究现状

任幼蓉等（2005）对重庆南川金佛山甑子岩危岩体采用常规仪器与人工变形测量手段进行监测，成功实施了预警。基于定性分析判断滑坡灾害变形阶段及可能破坏时间的滑动迹象分析法、简易变形观测法及岩土体稳定性综合分析法，虽然精度不高，但也成功预报了宝成铁路须家河滑坡（王念秦等，2008）。20世纪80年代后，概率论、灰色系统等现代数学理论被应用于地质灾害预警研究中，建立了众多预警方法。如殷坤龙和宴同珍（1996）应用于单体灾害的回归分析，杨建军等（2004）将模糊聚类分析应用于稳定性评价中；聂忠权等（2005）建立了一套基于GIS的地质灾害易发程度分区评价模型；王思敬（2002）提出可以通过耦合内外动力作用的方法建立统一的地质灾害动力学模型与预测模型。四川省雅安市雨城区作为国土资源大调查地质灾害预警工程计划中的西南地区示范区建设。刘传正等（2004）通过使用20台遥测雨量计获得实时雨量，再结合历史降雨数据，综合分析得到年降雨分布、暴雨时间分布等规律。在此基础上，运用区域地质灾害递进分析评价方法，得到研究区地质灾害“发育度”与“潜势度”，再结合典型降雨事件来模拟地质灾害“危险度”，精度可达50%。

20世纪90年代，随着系统科学与非线性理论的发展，许多学者开始认识到地质灾害是一个系统体，具有随机与确定、突变与渐变、平衡与非平衡、有序与无序对立统一的特性。因此，非线性理论为地质灾害预警研究提供了新的突破点，秦四清等（1993）利用非线性理论建立的尖点突变和灰色尖点突变模型；黄润秋和许强（2007）确定了斜坡失稳时间的协同预报模型；彭继兵（2005）运用信息融合技术对滑坡监测数据的处理分析进行了研究。此外，在地质灾害预警模型研究的同时，部分学者逐渐认识到在地质灾害监测预警过程中判据条件的重要性，如许强等（2004）通过对三峡库区常见多发的滑坡预报模型与判据研究，指出滑坡预报的核心是建立合理的模型与判据。随后，滑坡发展过程中的物理现象也引起了学者的重视，逐步形成了滑坡综合信息预报的思想。如胡高社等（1996）在对新滩滑坡研究过程中，建立的新滩滑坡综合信息预报模型。近年，为了将滑坡预报方法与灾害变形机理相结合，许强等（2004）首次引入地质力学和数值模拟等现代技术手段进行预报，通过研究地质灾害的发生机理、变形破坏特征等问题，建立综合模拟与分析模型——GMD模型，即斜坡地质（geology）结构基础、内部力学破坏机理（mechanism）及变形特征（deformation），通过物理模拟与数值计算等途径进行滑坡综合分析预报。该方法已在三峡库区一些滑坡研究中得到了初步应用，为此，当前的地质灾害预警已进入一个基于地质力学与数值模拟的动态演变趋势综合分析时代。

地理信息系统（GIS）为地质灾害监测预警研究提供了一个集信息管理、监测分析、预警为一体的技术平台。利用地理信息系统强大的数据管理能力，结合 GIS 空间分析功能，可以进行地质灾害综合预警分析，提高预警的准确性。如管群和刘浩吾（2002）通过非线性理论，结合地球信息科学技术（3S），即遥感信息系统、地理信息系统和全球定位系统，对滑坡进行了系统模拟分析。此外，通过遥感技术的运用获得较全面、客观的区域地质灾害信息，可实现立体三维观测，如乔彦肖和李密文（2002）通过运用 TM 影像对张家口市的地质灾害进行了调查。

近年来也出现了不少针对我国国情而建立的地质灾害群测群防预警研究成果。例如，刘传正（2006）指出通过县、乡、村地方政府组织当地居民建立的为防治地质灾害的群测群防体系，是一种有效地减少灾害风险的自我管理体系。徐开祥等（2007）通过对三峡库区地质灾害群测群防体系的介绍，阐述了群测群防监测网点布设原则、监测方法、体系管理等主要内容，以及群测群防在减灾防灾上所取得的显著效果。

王禄（2009）基于 WebGIS/GPRS 无线传感器传输网络建立了三峡库区地质灾害监测预警系统，应用模糊聚类法对潜在地质灾害发生的可能性进行分区，并优化了监测点布置，建立了基于降水量的地质灾害预警模型。

张海燕（2011）根据吉林省近 10 年的地质灾害监测数据，采用统计方法讨论吉林省地质灾害风险评价问题，对地质灾害易发区进行划分。首先对系统聚类分析方法进行了改进，根据各种要素对地质灾害影响的程度引入了权重系数，分类后应用判别分析的方法检验出其精确度达到 94.87%。为了进一步了解各种因素引致灾害的形式，掌握其在不同规模数值下形成灾害的特点及差异性，运用回归模型进行了数据拟合，因素的解释程度达到 99.962%。加权聚类和回归方法对数据拟合程度的高精度，说明其在地质灾害风险评价问题中的适用性及灾害易发区划分的准确性。

殷跃平等（2011）开展了黄土地区典型地质灾害风险管理示范，提出基于滑坡形成机理及运动特征的地质灾害风险预测评价方法，集成创新基于 GIS 的地质灾害风险快速评估和地质环境承载力评估的地质灾害风险评估方法，制定了地质灾害风险管理指南。成功研制开发了经济适用高效的一系列地质灾害简易监测仪器，提升了中国地质灾害群测群防监测技术方法和手段，在全国推广低成本监测仪器 15 万套，在地质灾害预测预报中发挥了重要作用，为地质灾害群测群防体系建设提供了强有力的技术支撑。建成了基于光纤传感技术的地质灾害监测预警示范，初步形成了适合地质灾害监测的光纤传感监测技术方法，填补了国内光纤传感器研制的空白。在中国云南省新平县和福建省德化县初步建成了区域(县域）降雨型地质灾害监测预警示范基地，建立了两个示范基地的地质灾害预警指标体系和预警模型，初步形成了适合县级监测预警的地质灾害气象预警信息系统，在全国类似地区推广应用初见成效。初步在陕西省宝鸡市、延安市宝塔区建立地质灾害调查和风险评估区划研究示范区，为制定救灾防灾规划和土地利用规划提供支撑技术。

张桂荣等（2005）开发出了基于 WebGIS 平台，建立了浙江省突发性地质灾害预警预报系统，结合了浙江省地质灾害调查资料和该省雨季实时降雨量与降雨量预测信息。通过该系统，建立了浙江省突发性地质灾害信息库管理系统，实现对突发性地质灾害点分布和灾情信息的图形和数据一体化管理，同时也建立了基于网络或其他通讯方式的滑坡（泥石流）灾害实时预警预报系统，实现与气象部门的连接。实现了对浙江省滑坡（泥石流）灾害发生的空间范围进行实时发布，并提高了区域地质灾害的预报精度。方苗等（2011）提出利用网络技术、通信技术与 Web GIS 技术，解决地质灾害群测群防体系的低效率问题，且建立了兰州市地质灾害群测群防信息化系统。

黄健（2012）开发出了 3D WebGIS 技术的地质灾害综合信息管理与展示平台建立了由无线监测传感器网络（WSN）、数据远程传输网络及地质灾害监测预警中心网络构成的，基于物联网技术的三网一体的地质灾害综合监测数据自动传输网络。综合运用 GIS 技术、数据库技术等，开发了基于网络环境条件下的地质灾害实时动态监测预警系统，实现了地质灾害三维真实地形展示、信息查询、数据分析、实时监测、自动预警等功能。建立了贵州省开阳磷矿区与四川省映秀、龙池及清平泥地质灾害监测示范区，并对 2012 年 8 月 17 日暴发的文家沟泥石流、走马岭泥石流实现了成功预警。

第二节 研究思路及主要成果简述

十八大以来，贵州省地质灾害综合防控关键技术研究紧紧围绕地质灾害综合防治的需求，进行理论和技术创新，特别是地质灾害监测预警体系的建设，部分工作和技术水平走到了全国乃至世界前列。

本项研究遵循“系统工程地质分析”原理，总体上按照“全省详细调查（及以往研究成果）→基础研究→早期识别技术→地质灾害风险评价技术→基于发育模式的地质灾害监测预警关键技术→基于北斗卫星导航、遥感的地质灾害监测预警技术研究→构建贵州省地质灾害综合防控技术体系”的思路开展本项研究，取得主要成果有：

（1）率先在全国开展重点地区重大地质灾害隐患 1∶5 万详细调查，基本摸清了岩溶山地地质灾害的发育和分布规律。

（2）基于系统总结贵州地质灾害发育内动力作用、岩土物质基础、工程地质特征基础上，提出了岩溶山地典型斜坡工程地质分类，系统总结了岩溶山地重大地质灾害成灾机理与模式。

（3）建立了岩溶山地隐蔽性崩塌滑坡早期识别指标体系及相应的现场快速评价崩塌（危岩）、滑坡、不稳定斜坡、泥石流的指标和技术方法。

（4）开展了多尺度的地质灾害隐患风险评价示范研究，并取得了技术应用示范成果。

（5）创建岩溶山地基于雨量与地表位移实时监测的滑坡实时预警体系。

（6）根据监测预警关键技术研究成果，开展了基于发育模式的地质灾害隐患监测预警示范研究，系统总结了岩溶山地不同发育模式的地质灾害隐患监测要点。

（7）率先开展了重点地区地质灾害面上监测示范，研发了多系统 GNSS 基于原始观测值的自动化粗差剔除、周跳探测与修复技术，提高了北斗地质灾害监测结果的可靠性和准确性；实现了地质灾害监测由二维平面向四维时空的转变，监测精度提高到厘米级。为突发性地质灾害的监测预警提供了坚实技术支撑。

第1章　研究区自然和地质环境条件

第一节　研究区自然地理条件

贵州省简称黔，位于中国西南部，地理坐标东经103°36′~109°35′、北纬24°37′~29°13′，其东与湖南相邻，南与广西相望，西与云南相连，北与四川、重庆接壤。截至2017年，全省共辖9个州（市）88个县（市、特区、区）及1个国家级新区，面积176167km²，是一个内陆山区省份。贵州在地势上处于我国青藏高原第一梯级到第二梯级的高原山地向东部第三梯级的丘陵平原过渡地带，并处于我国长江水系与珠江水系的分水岭地区，因而又成为高耸于四川盆地与广西丘陵间的一个受到河流强烈切割的岩溶化高原山地。其地势特点西高东低，中部高，南、北低，即由西向东形成一个大斜坡带，由西、中部向南、向北再形成两个斜坡带。平均海拔1100m，习惯上把它看成是云贵高原的组成部分。五大山脉构成了贵州高原的地形骨架，六大水系侵蚀切割着高原主体。从西往东看，地势逐渐降低，形成3个梯级。西部地势最高的梯级，是贵州最典型的高原地貌，实际上是云南高原的东延部分，高原面大部分保存较好，高原的边缘是切割强烈、地势起伏较大的中山。中部的第二梯级，是典型的中山和丘陵分布区。在遵义以南、镇宁以北、黔西以东、镇远以西这一广大地区，是高原面的主要分布区，在此以南、以北，则是高原分布区，即上述的南、北两大斜坡区。东部的第三梯级，包括松桃、铜仁、江口、玉屏、锦屏等地，是典型的低山丘陵区，实际上与湖南低山丘陵区连成一片。全省的交通较为便利，其交通分布如图1.1所示。

贵州属于亚热带季风气候，东半部在全年湿润的东南部季风区内，西半部处于无明显的干湿季之分的东南季风向干湿明显的西南季风区过渡地带。总体有冬季多连绵阴雨天气，夏季往往在东部连晴干旱，而在西部高雨强的暴雨频繁，成为诱发地质灾害的主要因素之一。

贵州水系特点是河谷深、落差大。贵州河流分属长江、珠江两大流域，以苗岭和乌蒙山局部为分水岭。主要河流发源于西部，少数于中部，全省河长大于10km、流域面积大于20km²的河流有984条。在这些河流的切割作用下形成高山峡谷地貌特征，为地质灾害的产生提供了临空和动力条件。

贵州雨量充沛，地质构造复杂，褶皱断裂多，岩溶发育。天然降水渗入地下补给地下水，在岩溶地区，地表水通过落水洞、伏流转化为地下水，因此，地下水分布广泛，明流、暗流交替出现，地表水与地下水互相转化、补给，地下水径流占河川径流总量的24.8%。地下水的主要类型是岩溶水，约占地下水总量的80%以上，其次是裂隙水，孔隙水分布面较少。

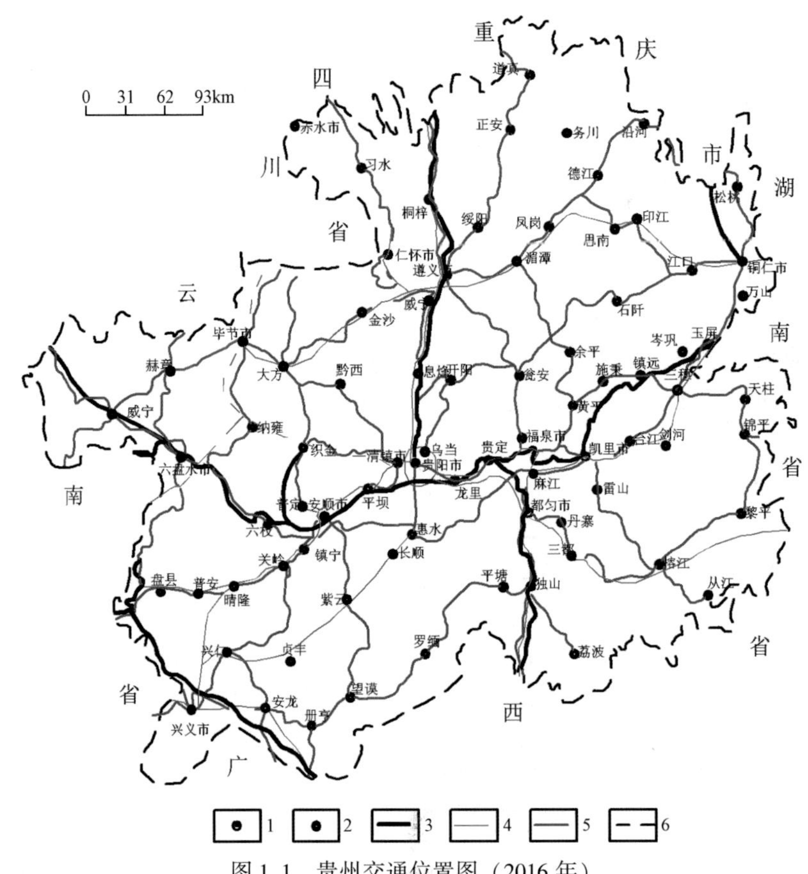

图 1.1　贵州交通位置图（2016 年）

1. 市（州）政府驻地；2. 县（市）政府驻地；3. 铁路；4. 高速公路；5. 国道及省道；6. 省界

第二节　贵州矿产资源概况

贵州矿产资源富集，是我国沉积矿产较丰富的省（区）之一，素以层控矿床量大质优而闻名于世。有黑色金属矿产，有色及贵重金属矿产，稀有、稀土、分散元素矿产，能源矿产，冶金辅助原料、化工原料、建筑材料及其他非金属矿产，特种非金属矿产。已发现矿产 110 多种，有 76 种探明了储量。在 16 种主要矿产资源中，有 12 种矿产保有储量列全国前 10 位，其中居 1 ~ 5 位的达 10 种，居前 3 位的有 7 种。铝土矿质佳、量大，保有储量 5.98 亿 t，列全国第四位。富磷矿甲冠中华，储量为全国富磷矿总量的第三位。全国近三分之一的重晶石集中在贵州，为建成亚洲最大的钡盐基地提供了资源保证。金矿列居全国第十一位，成为新崛起的黄金生产基地。这些矿产的开发破坏了坡体的原有平衡，是地质灾害产生的重要诱发因素。

第三节　地质环境条件

地质环境条件是地质灾害产生的基础条件，不同地层岩性、构造部位，不同的坡体形态和坡体结构会产生不同类型和不同成因的地质灾害。

一、地形地貌

贵州在地势上处于我国青藏高原第一梯级到第二梯级的高原山地向东部第三梯级的丘陵平原过渡地带，并处于我国长江水系与珠江水系的分水岭地区，因而又成为高耸于四川盆地与广西丘陵间的一个受到河流强烈切割的岩溶化高原山地。其地势特点是西高东低，中部高，南、北低，即由西向东形成一个大斜坡带，由西、中部向南、向北再形成两个斜坡带。平均海拔1100m，习惯上把它看成是云贵高原的组成部分。并以北部的大娄山、东部的武陵山、西部的乌蒙山、西南部的老王山和横亘中部的苗岭五大山脉构成贵州高原的地形骨架，六大水系侵蚀切割着高原主体。

贵州的地貌，由于地质基础复杂、碳酸盐岩分布广泛、新构造运动强烈的构造隆升以及古近纪、新近纪以来所受热带、亚热带气候环境的影响，因而地貌发育演化过程复杂，区域分异明显，地貌类型多样，与周围的云南高原、四川盆地、广西丘陇、湖南丘陵都有显著差异，已有的研究成果表明贵州地貌区域特征有地貌类型复杂多样、地貌深受地质构造控制、高原隆升显著、第四纪沉积不发育、岩溶地貌发育且层状地层分布广泛。

贵州的地貌发育史有其独有的特征，即晚新生代以来，贵州地壳进入新的发展时期——地貌形成演进时期。由于印度板块向欧亚板块碰撞和A型俯冲的远程效应扩张，以及青藏高原的隆升影响，包括本区在内的贵州进入新构造活动的阶段。主要表现为地壳的间歇性面型隆升和以局部的挤出变形和断裂。

经过古近纪的剥蚀和破坏，燕山期的地貌已荡然无存，从新近纪开始，本区进入了新构造作用的造貌时期。本期地貌形成于中新世早期，一般发育了三级剥夷面，形成层状的山岳地貌。中新世中期为本区多层地貌的主要时期，主要形成中低起伏的中山到中低山，层状构造地貌发育，包括Ⅳ—Ⅵ级剥夷面。多层喀斯特洞穴及多级河流阶地。本区形成东部变质岩中山区和西部喀斯特中低山区。后者喀斯特地貌形态形成众多的喀斯特地貌形态，如峰林洼地、峰丛谷地及喀斯特峡谷等景观。

新近纪中新世晚期至第四纪更新世，本区地壳继续上升，在海拔2200m以上出现孤立的残山，可能代表了此时期的残存的层状山岳地貌，主要分布在至今仍在隆起上升的梵净山变质岩分布区，此类地貌至今仍在继续演进，受到破坏和改造，如第四纪山岳冰川刨蚀作用、流水侵蚀作用和剥蚀作用形成了梵净山顶奇特的地貌景观。

贵州是我国南方一个岩溶极为发育的省份，碳酸盐岩石出露面积占全省总面积的61.9%，除黔东南和黔西北赤水一隅外，其余广大地区都有不同程度的岩溶发育，分布着不同的岩溶地貌类型和形态类型组合。岩溶地貌发育的特征主要表现在以下几个方面：第一，在岩溶发育区，因受地质构造和结构的控制，岩溶地貌与流水常态侵蚀地貌交错分布，致使岩溶分布具有明显的条带性；第二，岩溶地貌类型齐全；第三，岩溶具有向纵深发育和叠置发育的特征。

二、地层岩性

贵州的地层发育齐全，自中元古界至第四系均有出露（表 1.1）。中、新元古代沉积物以海相碎屑沉积岩为主，夹火山碎屑岩及碳酸盐岩；古生代至晚三叠世中期沉积物由海相碳酸盐岩夹碎屑岩组成；晚三叠世晚期以后则全为陆相沉积。地层最大累积厚度 50000m，区域性古（深）断裂对地层发育有明显控制性作用。省内主要属扬子地层区，次为江南地层区。

贵州境内沉积岩发育最好、分布最广，以内源（盆内）沉积的非蒸发相可溶碳酸盐岩最为重要，次为硅质陆源碎屑岩。碳酸盐岩主要包括石灰岩、白云岩两类，次为它们的过渡类型。以古生界和中生界下部最发育，分布广泛。按结构-成因分类，是以生物灰岩、生物碎屑灰岩、生物云灰岩、藻灰岩和颗粒灰岩五类最重要，主要分布在贵州扬子陆块海相浅水沉积地层中。在贵州扬子地块沉积盖层中，发育了四大套海相碳酸盐岩建造，即上震旦统灯影组（C － F_1），下寒武统上部至下奥陶统中部（C － F_2），中泥盆统顶部至下二叠统（C － F_3）和下、中三叠统（C － F_4）。硅质陆源碎屑岩可分为海相碎屑岩、非海（陆相）相碎屑岩和海陆过渡相碎屑岩三类。海相碎屑岩主要赋存于除晚二叠世煤系地层以外的震旦纪至晚三叠世中期地层中，岩石类型包括砾岩、砂岩、粉砂岩和泥质岩（黏土岩）等，以砂岩最发育。陆相碎屑岩主要赋存于晚三叠世晚期—新近纪地层中，以中粗碎屑岩为主，比较集中地分布在四川盆地边缘的赤水、习水和桐梓地区。海陆过渡相碎屑岩主要赋存于晚二叠世龙潭组中，厚 180 ~ 350m。主要为黏土岩、粉砂岩和细砂岩，与煤层同为海陆交替相潮坪-潟湖聚煤盆，为江南最大的煤炭资源富集区。

贵州变质岩连片出露在黔东南、黔南东部，并分散分布在黔东北和黔中等地，约占全省面积的 17%，是构成中、新元古界的主体。以区域变质岩分布最广，是中、新元古界梵净山群-四堡群、板溪群-下江群-丹洲群和南华系的主要岩石。

表 1.1　贵州地层层序与岩性

地层单位	分布	岩性特征
新生界	零星分布	第四系为多种成因类型的砂、泥、砾及钙华等堆积物。 新近纪为含砾泥岩及黏土岩。 古近纪为紫红色砂砾岩
中生界	黔东南以外的全省各地	侏罗系—白垩系下统：主要为紫红色硅质陆源碎屑岩，厚 350 ~ 2200m。白垩系上统以紫红色粗碎屑沉积岩为主，厚 50 ~ 450m。 三叠系：扬子区下统至上统下部以海相碳酸盐岩为主，右江区则为陆源碎屑浊积岩占优势
上古生界	硅质中部、西部和西南部	二叠系：中下统以海相碳酸盐岩为主，夹少量砂页岩，厚 150 ~ 1000m；贵州西部上统为峨眉山玄武岩组及龙潭组含煤地层，东部则为海相石灰岩地层，厚 130 ~ 1400m。 石炭系：下统夹有陆源碎屑岩，其余主要为海相碳酸盐岩，厚 450 ~ 2500m。 泥盆系：下统以陆源碎屑岩为主，其上海相碳酸盐岩占绝对优势，厚 1100 ~ 2200m

续表

地层单位	分布	岩性特征
下古生界	硅质东部、东北部和中部	志留系：下统较发育，以硅质陆源碎屑岩为主，兼夹生物碎屑灰岩；中统全为陆源碎屑岩，厚数百米。 寒武系和奥陶系：下部为陆源碎屑岩，上部主要为海相碳酸盐岩，厚 1200 ~ 2300m
新元古界	贵州东南部和中东部	震旦系：上统为海相白云岩或硅质岩，下统为细碎屑岩、白云岩和磷块岩，厚度几十至 250m。 南华系：为浅变质陆源碎屑岩，变杂砾岩占很大比重，厚数千米。 青白口系板溪群、下江群和丹洲群：以变质硅质陆源碎屑岩为主，兼有变质火山碎屑岩，最大厚度 8000m
中元古界	梵净山区及九万大山	梵净山群，四堡群：变质海相火山-沉积岩系，中部发育有枕状玄武岩，厚数千米

贵州岩浆岩分布零星，出露面积不大（约占全省面积的 2%）。贵州火山岩主要形成于中元古代和晚二叠世，次为新元古代。中元古代是贵州火山作用最活跃时期，是一套以枕状玄武岩为主，兼有块状玄武岩的海底镁铁质（基性）熔岩，赋存于梵净山群—四堡群中；晚二叠世玄武岩，即峨眉山玄武岩，出露在贵州西部，面积约 3200km^2，是一套以大陆溢流拉斑玄武岩为主的镁铁质岩浆喷发组合，西厚东薄，最厚者达 1249m。贵州侵入岩不发育，主要形成于中、新元古代。

贵州第四系土体成因类型复杂，如红黏土、坡残积、崩坡积、河流冲积物、崩塌堆积体、古滑坡堆积体、泥石流堆积体和洞穴沉积等。

三、地质构造

贵州位于江南造山带的西南段和扬子地块的东南缘，是一个以新元古代浅变质岩系为中、上层变质褶皱基底的复杂褶皱带，梵净山群、四堡群构成测区出露最老的地层，为一套巨厚的变质火山岩系和陆源碎屑岩系，其上不整合覆盖着板溪群、下江群的浅变质岩系，武陵运动形成该地区的褶皱基底，使梵净山群、四堡群褶皱变质。该区保存的晚古生代地层，不整合于新元古界或下古生界之上，呈明显的角度不整合-平行不整合，反映出加里东期发生造山运动，并在影响区域发生区域变质，普遍发育区域性劈理，局部地段发育较大规模的倒转和平卧褶皱。燕山运动又使该地区褶皱断裂，形成以侏罗山式褶皱为代表的薄皮构造，喜马拉雅运动表现为整体隆升而遭受剥蚀。

贵州省的大地构造位置一级分区属羌塘-扬子-华南板块，二级分区属扬子陆块，根据贵州在地史演化过程中明显边界及浅层地壳变形特点，划分出两个构造大区（三级构造分区），即上扬子地块和江南造山带（图 1.2、图 1.3）。

盘县-贵阳-梵净山北断裂带是贵州境内的一级构造单元划分界线，相当于全国划分的三级构造单元界线，该断裂带呈 NE 向展布，向 SW 延入云南衔接师宗-弥勒断裂带，向 NE 衔接湖南 NE 向断裂带，可能沿幕阜山北麓延至九江甚至更远，即区域上的师宗-松桃-慈利-九江断裂带，也是所划分的江南造山带之武陵造山带，性质可能属基底断裂带。

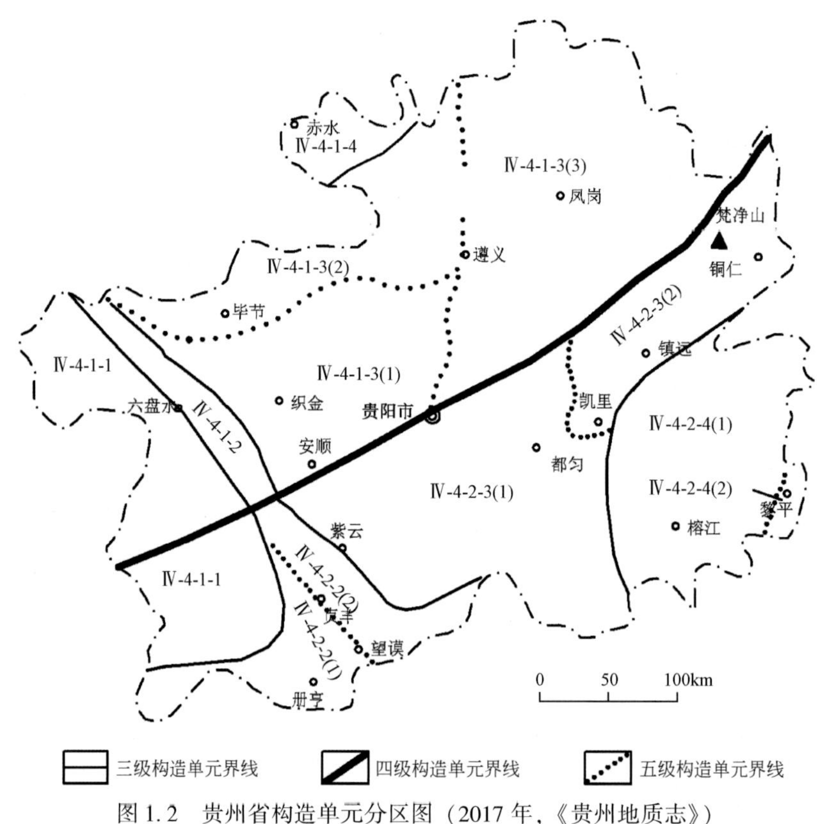

图 1.2　贵州省构造单元分区图（2017 年，《贵州地质志》）

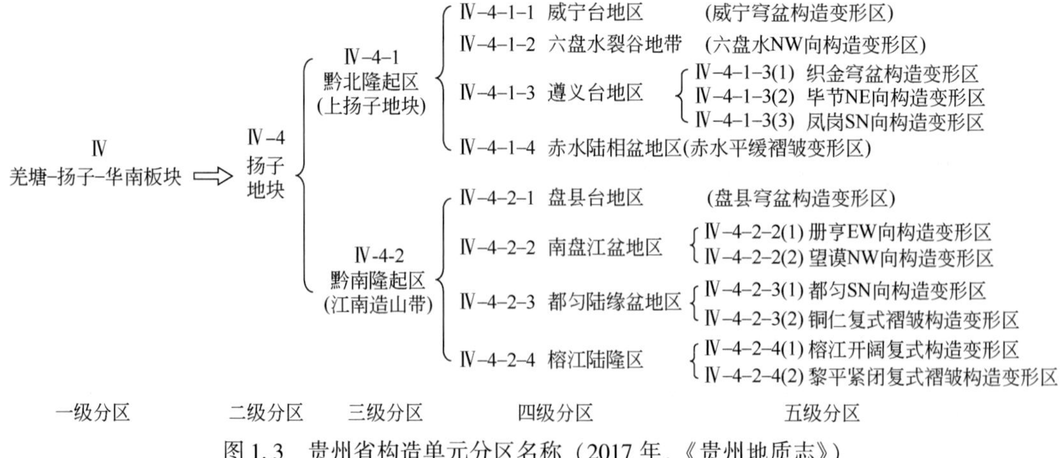

图 1.3　贵州省构造单元分区名称（2017 年，《贵州地质志》）

（一）上扬子地块（Ⅳ-4-1）

位于盘县-贵阳-梵净山北断裂带北西侧，是武陵运动形成的扬子陆块之上，自南华纪以来的一个相对隆起区，其基底逐渐过渡至以四川盆地为代表的由古元古界—新太古界组成的“川中式”，新元古代梵净山时期地层与上覆地层之间均呈高角度不整合接触，新元古代沉积的板溪群，相对丹洲群显然处于较稳定的构造环境，震旦纪到中三叠世基本均为浅海台地相沉积，从晚三叠世开始逐渐为陆相沉积。岩浆活动较弱，只发育二叠纪的大陆溢流拉斑玄武岩，但与江南造山带发育的该时期大陆溢流拉斑玄武岩碱度差异明显，本区以钙性-钙碱性为主，而江南造山带以碱钙性为主。

根据不同时期构造活动特点和构造形迹组合特征可进一步划分为4个次一级构造单元：威宁台地区（威宁穹盆构造变形区：Ⅳ-4-1-1）、六盘水裂谷地带（六盘水NW向构造变形区：Ⅳ-4-1-2）、遵义台地区（Ⅳ-4-1-3）以及赤水陆相盆地区（赤水平缓褶皱变形区：Ⅳ-4-1-4），其中遵义台地区（Ⅳ-4-1-3）根据构造形迹之间的平面展布及组合特点：该区可进一步划分为织金穹盆构造变形区［Ⅳ-4-1-3（1）］、毕节NE向构造变形区［Ⅳ-4-1-3（2）］、凤岗SN向构造变形区［Ⅳ-4-1-3（3）］3个构造单元。

（二）江南造山带（Ⅳ-4-2）

位于盘县-贵阳-梵净山北断裂带南东侧，是羌塘-扬子-华南板块、扬子陆块之上，自南华纪以来的一个相对拗陷区，是武陵运动以来多期次构造运动所形成的江南造山带西南段武陵期及加里东期造山带的主体部分。盘县-贵阳-梵净山北断裂带南东侧为江南造山带，其基底属“江南式”，主要由新元古界浅变质岩系组成，新元古代梵净山群、四堡群与上覆地层之间，由高角度不整合、低角度不整合，过渡到假整合，新元古代下江时期至早古生代为过渡型（江南型）和活动型（华南型）沉积，晚古生代的断块活动，导致出现盆、台沉积分异，早三叠世之后，从SE向NW逐渐转为陆相沉积。岩浆活动相对较强，断续有基性-超基性岩浆的喷溢、侵入和酸性岩浆侵入。

根据不同时期构造活动特点和构造形迹组合特征可进一步划分为4个次一级构造单元：盘县台地区（盘县穹盆构造变形区：Ⅳ-4-2-1）、南盘江盆地区（Ⅳ-4-2-2）、都匀陆缘盆地（Ⅳ-4-2-3）、榕江陆隆区（Ⅳ-4-2-4），其中南盘江盆地区（Ⅳ-4-2-2）进一步分为册亨EW向构造变形区［Ⅳ-4-2-2（1）］和望谟NW向构造变形区［Ⅳ-4-2-2（2）］，都匀陆缘盆地（Ⅳ-4-2-3）进一步划分为都匀SN向构造变形区［Ⅳ-4-2-3（1）］和铜仁复式褶皱构造变形区［Ⅳ-4-2-3（2）］。

四、水文地质条件

贵州地下水可分为喀斯特和非喀斯特地下水类型，因此将它们进行分述。

（一）喀斯特地下水补、径、排

1. 补给条件

1）补给源及影响因素

贵州喀斯特地下水的补给主要源于大气降水，其次为地表河水、水库、稻田灌溉及渠道渗漏。

降水入渗量的大小与降雨强度、可溶岩裸露程度和喀斯特化程度等有关。贵州省降水充沛，但时空分布不均。空间上，总体趋势是从东向西、从南向北降水量有逐渐减少；时间上，每年5~9月的降水量占全年降水量的50%~70%，是地下水的主要补给期，其他季节降水量少。

地形、地貌条件是影响降水入渗补给强度的重要因素。各级高原台面及喀斯特盆地、谷地中，地形较平缓，地表覆盖有较厚的红黏土层，地面持水能力相对较强，但黏土层渗透能力较差，多年平均大气降水入渗系数在0.20~0.30；斜坡区地貌以峰丛洼地为主，少有谷地，山体基岩多裸露，洼地中落水洞、漏斗、竖井极发育，覆盖层浅薄，加之地形坡度大，大气降水在地表迅速汇集于地势低洼地带，沿落水洞、漏斗和竖井等直接"灌入"地下，补给迅速，且补给量大，多年平均入渗系数0.35~0.50，局部达0.60。

石灰岩分布的斜坡地带发育较多盲谷，地表河流在盲谷中转入地下，并在地下河径流途中往往呈明、暗流交替；我省水库多坐落于碳酸盐岩地区，部分位置较高的水库库区及坝体渗漏严重，导致库水补给地下水。农灌期稻田水、渠道渗漏亦是地下水的补给源，但总体上而言，稻田及渠道渗漏补给量较小。

2）主要补给方式

渗透补给：大气降水及水库水、稻田灌溉回归水等沿岩石溶隙、溶孔入渗补给喀斯特区地下水系统，此类补给方式是省内地下水最普遍、也是最重要的补给方式，以分散、连续、面广，但补给量小、速度慢为其特点。

灌（注）入补给：大气降水形成的坡面流、地表溪流水直接沿地表落水洞、地下河天窗、竖井和漏斗注入地下，补给地下水。此类方式在斜坡区较明显，以补给量大，集中、迅速为其特点，如贵州省罗甸大小井地下河系统上游的三岔河明流约20km，于航龙一带潜入地下完全成为地下河。

2. 径流特征

喀斯特水的径流受岩性、构造、地貌条件及水文网控制。纯石灰岩分布区溶洞和管道等喀斯特形态发育，喀斯特水多以快速管流为主。赋存于白云岩及泥质碳酸盐岩中的喀斯特水，径流通道为溶孔及细小溶隙或小溶洞，喀斯特水多为分散流。

根据地质构造和地貌条件，喀斯特水的径流形式可分为汇流型和分流型。

1）汇流型

是指地下水由四周向中心汇流，按地下径流场的构造，地貌条件不同又可分为：向斜谷地汇流、断裂槽谷汇流和背斜谷地汇流。

（1）向斜谷地汇流向斜构造完整，向斜成谷，喀斯特水常从构造两翼向轴部径流、汇集，排泄入发育于向斜谷地中的河谷或地下河主流中。例如，织金三塘向斜、平塘向斜等的地下河均受向斜构造控制，主流沿向斜轴部向水力坡度递减的下游流动，支流则由向斜两翼向轴部汇流。

（2）断裂槽谷汇流断裂带及附近岩石破碎，节理、裂隙强烈发育，抗蚀能力低，沿断裂易形成地势低洼的槽谷，地下水常沿断裂带向低洼处径流，利于喀斯特水富集，如晴隆-兴仁间的碧痕营断陷谷地，潘家庄断陷谷地的地下水均分别汇集于龙摆尾地下河。

（3）背斜槽谷汇流背斜轴部张裂隙发育，溶蚀形成槽谷或盆地，其四周高位喀斯特裂隙水向盆地（槽谷）径流排泄。在背斜核部，地下水常沿其裂隙向倾伏端径流，于构造地貌低洼处形成富水块段，如瓮安丁家寨背斜北端富水块段即属此情况。

2）分流型

是指喀斯特水流排泄无一定方向或呈不规则的径流，多发生于穹隆台地背斜垄脊。其特点是：构造核部处于分水岭地带，地下水由核部沿裂隙、管道向翼部运移，径流于倾伏端排泄，如威宁穹窿、王佑穹窿、兴仁回龙背斜、罗甸西关背斜等。

（1）穹窿台地分流：

威宁穹窿地处北盘江、乌江与赤水河分水岭交汇处，其核部地层为下石炭统石灰岩及泥质碳酸盐岩，翼部上石炭统及二叠系石灰岩大面积分布，富含溶洞-管道水，地下水流向受地形影响，从台面中心分别向四周相对低洼地带呈放射状分散径流、排泄。

（2）背斜台地分流：

背斜成山、向斜成谷区域，核部为碳酸盐岩地层的宽缓背斜中，轴部地层倾角小，常发育了地下河（系），而沿向斜轴部则发育成地表沟谷或地表河流。受地形条件控制，背斜核部地下水沿两翼向河谷径流，形成背斜分流型。在黔南斜坡地带，大部分地下河的径流均属于此类型。

3. 排泄特征

喀斯特水的排泄受地形及构造条件控制，集中于地势低洼处或阻水断裂、岩层界面处出露。受地质构造控制，在断裂带、褶皱转折端和相变带地下水排泄点集中，且水量较大。层状地貌结构区则分层排泄，多呈悬挂泉；深切河谷往往是当地最低侵蚀基准面，是喀斯特地下水排泄的主要场所。大泉、地下河出口大多分布于此。

按排泄出口水量大小及水点分布可分为集中排泄、分散排泄、多层排泄和悬挂排泄。

（1）集中排泄多出露于石灰岩分布的斜坡区深切河谷地段，地下水露头点少，但流量大，如罗甸大小井、黄后、天生桥等地下河以及贵阳市汪家大井等。

（2）分散排泄分布于不纯碳酸盐岩、白云岩分布的各级台地、盆地及谷地区，地下水多以小泉群或散流状分散出流，单个水点流量小，只有在断裂带才有喀斯特上升泉和承压水呈带状出露，如遵义海龙坝、凯里、玉屏龙井街、瓮安丁家寨水源地等。

（3）多层排泄出露于受地壳抬升形成的层状台面的台缘，高序次台面出露的地下水补给低序次台面，如贵阳阳关（1250～1300m）台面上小龙潭等地下水露头向南径流，补给和尚坡至金关（1150～1200m）次级台面地下水，最后于二桥市西河排泄。

（4）悬挂排泄形成于向斜成山、碳酸盐岩与碎屑岩间互产出的地区。碳酸盐岩层位置高，而下伏碎屑岩隔水层作为隔水垫层，使碳酸盐岩层中地下水在高悬于谷地的山腰出露。此类型多见于黔北地区。

（二）非喀斯特地下水补给、径流、排泄特征

非喀斯特区的岩石，多为相对隔水层，富水性弱、导水性差，地下水主要是通过岩石各种裂隙为主组成的含水网络或含水结构面进行循环。

1. 地下水补给特征

地下水主要靠大气降水直接或间接渗透补给，其次是地表水体对地下水渗透补给，还有来源于外围其他含水岩层的越流补给。补给量的大小与降水量、降水时间长短、岩石裂

隙发育程度、岩层倾角、地形坡度和植被生长覆盖率等因素密切相关，一般降水时间长、岩石节理裂隙发育且张开性好、地形平缓、坡度小和植被茂盛覆盖率高的地区或地段，地下水接受补给量大，反之则小。地下水补给形式和途径主要有以下几种：

（1）贵州气候湿润，降水时间较长，降水量较大，在基岩裸露区，主要由大气降水直接渗入岩石裂隙补给或侧向补给；在植被覆盖区或第四系松散层覆盖区，大气降水储存于松散层后缓慢渗入岩石裂隙对地下水进行间接补给，其补给时间较长，但补给量受上覆盖层渗透性制约。

（2）地表河流或山塘、水库等地表水体通过岩石节理裂隙渗入补给地下水，补给量大小受地表水体分布范围大小限制，山塘和水库与基岩之间常有弱透水的黏土层，一般分布范围小、补给量小。

（3）外围含水层越流补给：无论是红层、煤系与玄武岩或是碎屑岩，其下伏均有富水性强的碳酸盐岩含水层，断裂构造使非喀斯特区岩层与下伏喀斯特含水岩组产生水力联系，喀斯特地下水顶托或侧向补给碎屑岩或煤层、玄武岩中地下水。

2. 地下水径流特征

影响地下水径流的因素主要有：地势高低、地形坡度、地质构造发育情况、岩石节理裂隙（孔隙）发育程度、地层岩性组合等。地下水在重力作用下由高处向低处运移，由于细碎屑岩、煤层及玄武岩富水性弱，为相对隔水层，成岩裂隙（层间裂隙）和构造裂隙中赋存的层状裂隙水及脉状（带状）裂隙水在深部多具承压性，在高水位静水压力作用下常产生上升运移形成上升泉。

地下水的运动方式主要有两种，即沿成岩裂隙（层间裂隙）的面状流动和沿构造裂隙运移的线状流动。地下水径流速度随地貌单元不同、构造部位不同、岩性组合类型不同而有明显的差异。非喀斯特区地下水运移速度缓慢、径流途径较短；地下水往往沿张性断裂或张性裂隙运移，压性断裂常起阻水作用；向斜构造因地下水汇流往往形成富水构造或富水地段。变质岩区、碎屑岩区及煤系中（变余）砂岩与页岩、泥岩呈互层组合，地下水受透水性差的黏土岩、泥页岩和煤层阻隔，在垂直剖面上常形成多层层状裂隙水，地下水主要在透水性较强的（变余）砂岩裂隙含水网络中侧向径流。

3. 地下水排泄特征

地下水排泄主要受地形地貌、地质构造及岩性组合所控制，主要以泉水方式排泄，其次呈散流或片流形式排泄，当地形切割强烈，含水层被切割或被断层阻隔，泉水出露于含水性相对较强的砂岩与含水性微弱的黏土岩或泥页岩接触部位，多为下降泉；受断层阻隔或断层切穿隔水层时形成的泉水则为上升泉；地下水均向地势低洼处或沟谷地带排泄，具有泉水流量小、沟长水量大、沟短水量小和山高水高的特点。地势低洼处、河谷或沟谷地带是基岩裂隙水和松散层孔隙水主要排泄场所。

第四节　人类工程活动概况

人类工程活动也是影响坡体应力状态，诱发斜坡变形的重要营力。在贵州矿产开发、水利水电开发和交通建设对斜坡稳定性的影响都较为突出。

一、水利水电开发

贵州水能理论蕴藏量大于 10MW 的河流有 170 条，年发电量 1584. 37 亿 kW · h，平均功率 18086. 4MW，占全国的 2. 8%，居全国第六位。贵州现有大型水电站 16 座，装机 1270 万 kW。

水电开发对边坡的影响包括直接影响和间接影响，直接影响包括坝区地表开挖、地下硐室影响、堆渣场边坡 3 个方面。间接影响主要是水库运营蓄水期间的影响，主要包括库区边坡由于地表水位抬高的影响，水库下游由于河流水文条件改变的影响，此外，大型水库改变局部气象条件，也必然会影响边坡的演化。

二、矿产开发

贵州是我国的矿产资源大省，全省已发现各类矿产 127 种，其中查明有资源储量的矿床 80 种，有 46 种资源储量位居全国前 10 位，21 种资源储量排全国前 3 位。全省查明矿产地 3163 处：按照规模，大型 211 处，中型 364 处；按照矿类，能源矿产 783 处，金属矿产 872 处，非金属矿产 1528 处。贵州煤炭保有资源储量 469. 22 亿 t，居全国第五位，主要集中于六盘水及毕节两大片区，占全省资料总储量的 77. 68%。磷矿保有资源储量 31. 49 亿 t，位居全国第三位，主要集中于开阳、瓮安-福泉和织金三大片区。截至 2011 年底，全省共有矿山企业 7848 个；有大型矿山 53 处，中型 1453 处，小矿 3749 处。2011 年，实现矿产工业总产值 878. 71 亿元（不含选冶加工业），实现利润 185. 95 亿元。以煤矿效益最好，实现利润 158. 53 亿元，次为磷矿，为 8. 34 亿元。

矿山开采有露天开采和地下开采两种方式。截至 2008 年，贵州 6329 个矿山中，露天开采矿山 2960 个，主要有磷矿、铝土矿、金矿、黏土矿、建筑用砂石和水泥用灰岩。井下开采矿山 3369 个，矿种有煤矿（2394 个）、铅锌矿、硫铁矿、金矿、磷矿等。2005 年，贵州矿山年产出废渣量为 25107 万 t，年排放废渣量为 21869 万 t；多年积累的弃渣堆积规模很大，如六盘水煤矸石的堆积，在 20 世纪 60 年代以来大型煤矸石山有 30 余座，一般高度 80m，最高达 200 余米。

三、交通建设

随着国家西部大开发的不断深入，按照基础设施先行的原则，近 10 年来，贵州交通基础设施和路网建设取得了很大的进展，交通基础设施也得到较大的改善。据贵州 2011 年度交通运输年报，截至 2011 年，全省公路总里程达到 157820km，其中高速公路 2022km、一级公路 164km、二级公路 3831km、三级公路 8368km、四级公路 65258km、等外公路 78177km，全省等级公路达到 79643km，等级公路占总里程比重为 50. 5%。实现了 99. 1% 的乡镇通油路，99. 45% 的建制村通公路。据有关规划，贵州公路建设到 2015 年国家高速公路网全部建成，2018 年全省高速公路达到 4000km，2030 年完成贵州公路网建设，实现 6 横 7 纵 8 连的高速公路网。贵州境内建成通车的铁路里程有 3088km，其中电气化铁路 1228km，贵（阳）—广（州）高速铁路正在修建中。贵州水路通航里程达到 3322km。与此同时，由于贵州地处高原山区，地形切割较强烈，水系发育，沟壑纵横，地形坡度较大，无论是道路工程或是机场、码头建设过程中，都要进行切、填方工程，易引发切、填方边坡滑坡、崩塌和填方区地面塌陷、地裂缝，齐渣引发泥石流等地质灾害。贵州所处的特殊地理位置和地形地貌、地质条件，交通工程施工易引发地质灾害。贵州交通工程施工为人为地质灾害的发生提供了可能。

高速公路的建设、水电设施的开发利用，都不同程度改变了原有的地质地貌，一些加载或卸荷，都是诱发地质灾害发生的因素。例如，库水位的变化，可对库岸造成浮托力，对岩土体条件力学性质改变，可以造成库岸坡体失稳，同样，在水位急落的情况下，因库岸坡体水流产生的渗透压，可促使坡体加速变形以致失稳。高速的开挖，增大坡体临空面的情况下，能造成卸荷裂隙的发育，可引发地质灾害。

四、城镇建设及农村民房改建

贵州城镇化水平 2010 年越过了低速发展和高速发展的“分水岭”，进入高速发展阶段。1978 ~ 2009 年，地区由 5 个减少为 3 个，地级市由 3 个增加到 4 个；市辖区由 5 个增加到 9 个；贵阳市由 2000 年的 56km^{2}扩张到 2009 年的 83. 4km^2。总体上，贵州城市数量逐步增多，规模逐步扩大。城镇化发展，引导交通等基础设施建设配套发展。

根据“贵州省城镇体系规划（2011 ~ 2030 年）纲要报告”，贵州城镇发展总体目标将依托贵阳与遵义、以贵安新区为引擎，重点培育贵州中部地区有区域竞争力的规模化、综合性高等级城市作为省域经济发展极核，带动周边城镇集群发展，力争在规划末期建设成为我国西南地区重要的城镇化地区。在城镇空间布局上，以打造贵阳到安顺和遵义两个都市圈为双核，使其成为贵州主要的城镇化地区，加强安顺、六盘水、毕节大方、铜仁、兴义、盘县、都匀、凯里、德江、罗贯 10 个区域中心城市与双核联动。

近些年来，贵州山区农村民房的改造和新建也逐年增多，多数由原木结构房子改建为砖石结构，或在民房前缘修建石砌堡坎，由此导致建筑荷载明显增加。造成了局部房屋开裂。

第2章　贵州地质灾害发育分布规律

地质灾害成灾背景和发育分布规律是开展重点地质灾调查的基础。本次研究在充分收集和收集提炼贵州全省88个县市的地质灾害区划及勘查资料的基础上，结合贵州省的地形、地貌、气象、水文等自然地理条件和地层、岩性、大地构造单元、地质构造、地震等地质环境条件，在系统研究贵州晚更新世以来地质环境背景及其演化特征、贵州新构造特征及其对岩溶地貌的影响、现今构造应力场分布规律及其对地震和区域构造稳定性的控制规律的基础上，全面总结滑坡、崩塌、泥石流、岩溶塌陷、矿山开采沉陷等地质灾害的孕灾背景。并绘制贵州全省各类地质灾害发育现状图，进而研究滑坡、崩塌、泥石流、岩溶塌陷、矿山开采沉陷等在行政区域、构造单元、地貌单元、时段分布等方面的区域性分布规律，以及各种典型地质灾害的主要影响因素。深入分析地质灾害的发育状况，揭示贵州地质灾害发生的特征与规律，为贵州省防灾减灾做出一定的理论基础和指导。

第一节　地质灾害类型及其发育现状

贵州的地质灾害，主要有滑坡、崩塌、泥石流、塌陷、不稳定斜坡等。据统计，本次完成的全省88个县（市、区）重点地区重大地质灾害隐患详查调查，共调查到地质灾害隐患点10907处。滑坡灾害是各类灾害中最发育的一种，有5322个地质灾害点，占总灾害点的48.8%。

一、滑坡地质灾害

（一）滑坡地质灾害规模

全省滑坡地质灾害共排查了5322个灾害点，其中巨型滑坡有12处，大型滑坡109处，中型滑坡980处，小型滑坡4220处。调查表明，贵州滑坡地质灾害规模上以小型滑坡为主，占滑坡总数的79%（图2.1）。

（二）滑坡地质灾害灾情

据统计，近20年来全省88个县（区、市）地质灾害共造成1566人死亡，直接经济损失53179.06万元。而死亡人数主要是由滑坡、崩塌两种地质灾害造成的，二者造成的死亡人数占总数的96.1%。其中滑坡造成的死亡人数最多，达985人。从地质灾害灾情规模来看，地质灾害造成的死亡人数总体是随着灾害规模的减小而减少，而造成的直接经济损失则是随着灾害规模的减小而增加，尤其是小型地质灾害造成的直接经济损失占总数的39.8%，巨型灾害造成死亡人数占死亡总人数的57.1%。

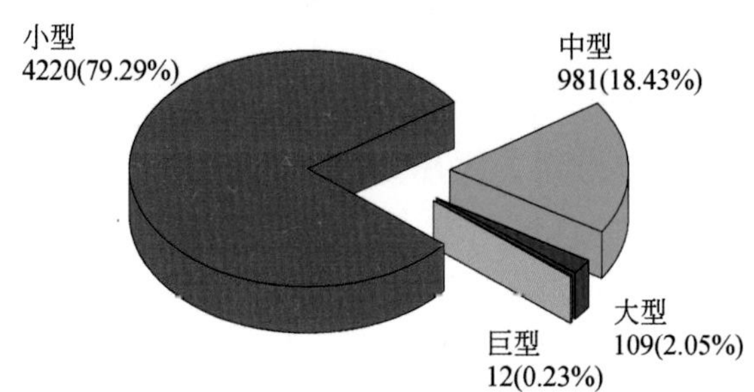

图 2.1　滑坡地质灾害规模统计

（三）滑坡地质灾害物质组成

贵州滑坡地质灾害以土质滑坡为主，共计 4894 处，占滑坡总数的 92%；岩质滑坡 304 处，占滑坡总数的 8%。

（四）滑坡地质灾害以滑面深度分类

根据已有的调查数据，发现滑坡地质灾害以规模较小的占绝大多数，表明浅层滑坡数量多。根据贵州第四系土层分布广而零星的特点，结合滑坡体多以土质滑坡为主的特征，证明滑坡滑面多处于基岩与上覆土壤层界面上。而斜坡地带以残坡积层堆积物为主，厚度薄，滑坡最可能的滑动面处于土层或岩土界面，也间接表明浅层滑坡是主导的滑坡模式。根据调查资料统计，贵州滑坡主要以表层、浅层滑动为主（图 2.2），滑面埋深小于 15m 的滑坡灾点占大多数，表明滑坡滑面多以岩土界面为滑面下滑。

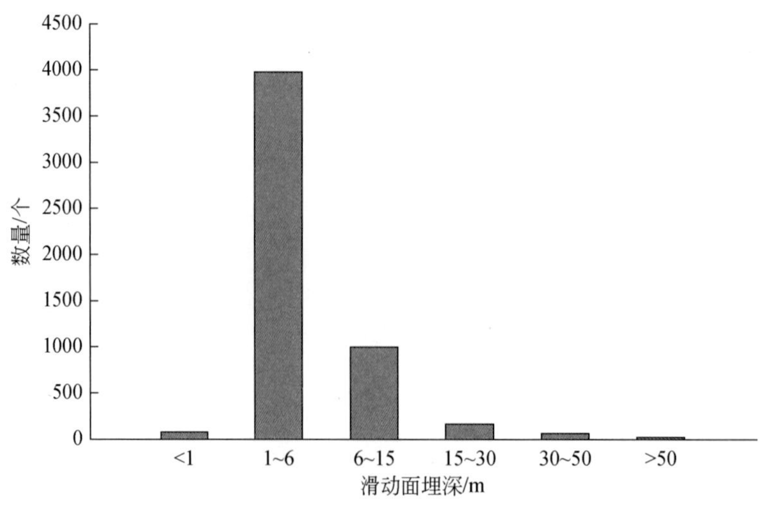

图 2.2　滑动面埋深统计图

（五）不同运动方式的滑坡分类

根据滑坡滑动速度，将滑坡分为蠕变型滑坡，其滑动速度只能靠仪器观测才能发现；

慢速滑坡，每天滑动数厘米至数十厘米，可凭肉眼观察到活动；中速滑坡，每小时滑动数十厘米至数米，此类滑坡为人们赢得撤离时间；高速滑坡，每秒滑动数米至数十米，一般调查很难发现，极易引发群死群伤的灾害事故。在现有调查及发生滑动的滑坡中，蠕变型和慢速滑坡居多，一般具有滑坡滑动迹象如张裂缝的下错逐渐加大，后缘裂缝逐渐形成弧形连通等迹象。但造成群死群伤的高速滑坡在事前没有任何迹象，如关岭“6·28”滑坡、三凯平溪桥滑坡和印江岩口滑坡。由于滑坡形成原因复杂，严格的分类界线不是太明显，大多数滑坡是具有几种滑动速度的组合体。

（六）滑动力学特征分类

根据滑动力学特征滑坡可分为牵引式、推移式、平推式及混合式。滑坡主要以牵引式下滑类型为主，牵引式滑坡 2912 个地质灾害点，占滑坡灾害总数的 54.7%；推移式滑坡 2226 个地质灾害点，占滑坡灾害总数的 41.8%；复合式滑坡最少，为 112，占滑坡灾害总数的 2.1%。

（七）滑坡的其他基本特征

1. 滑面形态

推测的滑动面形态主要以弧形为主，直线次之，阶状和起伏状滑面比较少（图 2.3）。

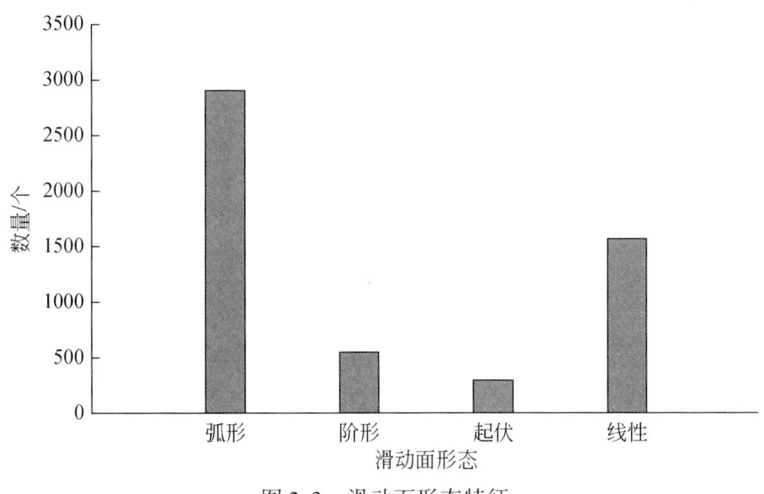

图 2.3　滑动面形态特征

2. 滑坡平面特征

滑坡平面特征以舌形形状较多，而半圆形、不规则形状的平面特征相差不大，矩形平面形态特征最少 。

3. 滑坡剖面特征

滑坡剖面特征以阶梯形状较多，而凹形、直线和凸形形状的平面特征相差不大，复合型平面形态特征较少。

4. 滑坡形成的时间

从调查资料统计，现代滑坡地质灾害占绝大多数，为 5034 个，老滑坡和古滑坡地质灾害点分别为 194 个和 80 个。

5. 滑坡区域分布特征

图 2.4 显示的滑坡规模等级中，在各市州都显示小型滑坡地质灾害占主导地位。规模为特大型的滑坡地质灾害在六盘水市分布最多，有 8 个；其次是遵义，有 2 个；在贵阳市、安顺市、铜仁市、黔南州和黔东南州没有特大滑坡地质灾害分布。

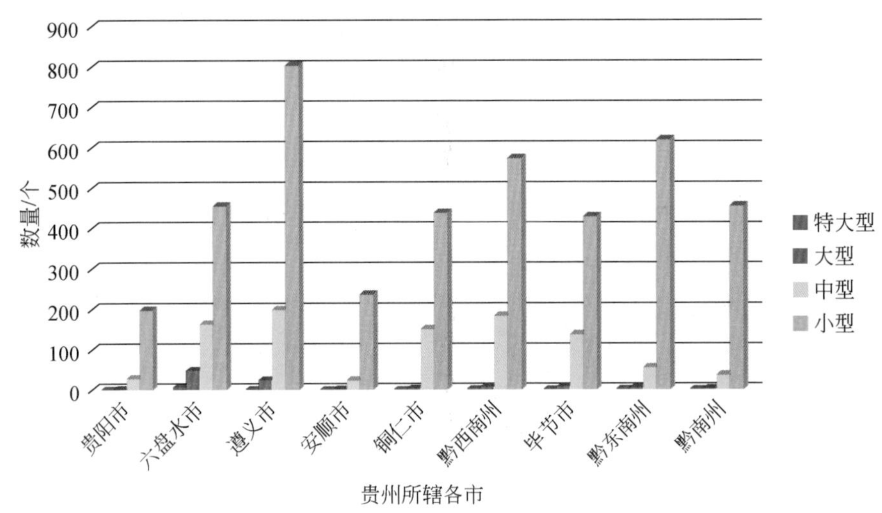

图 2.4　滑坡地质灾害在区域规模等级分布

规模为大型的滑坡地质灾害在六盘水市分布最多，有 48 个；其次是遵义，有 26 个；黔西南州和毕节市再次之；安顺市最少。规模为中型的滑坡地质灾害在遵义市分布最多，有 199 个；其次是黔西南州、六盘水市和铜仁市；毕节市再次之，黔东南州、黔南州、贵阳市和安顺市则较少。规模为小型的滑坡地质灾害在遵义市分布最多，有 805 个；其次是黔西南州和黔东南州，第三是六盘水市、黔南州、毕节市和铜仁市，最少为贵阳市和安顺市。总体上，遵义市滑坡地质灾害总数最多，总数为 1032 点，每 $100km^2$ 有 3.4 个；六盘水市滑坡地质灾害最发育，总数为 677 个，每 $100km^2$ 有 6.8 个；贵阳市滑坡地质灾害总数最少，总数为 229 个，每 $100km^2$ 有 2.9 个；黔南州滑坡地质灾害最不发育，总数为 503 个，每 $100km^2$ 有 1.9 个。

图 2.5 显示滑坡下滑方式的区域分布，在贵阳市和遵义市都显示推移式下滑滑坡地质灾害占主导地位；其他市州则以牵引式下滑方式为主。在遵义市、毕节市和安顺市有少量的复合式滑坡。

6. 重大滑坡地质灾害隐患特征及区域分布

本节从重大地质灾害类型及分布方面展开论述，确定全省重大地质灾害种类、地区分布。全省重大地质灾害总数为 3022 个，滑坡、崩塌、泥石流、不稳定斜坡、地面塌陷和地裂缝 6 种地质灾害种类均存在重大地质灾害。其中滑坡 1278 个，占总数的 42.3%。

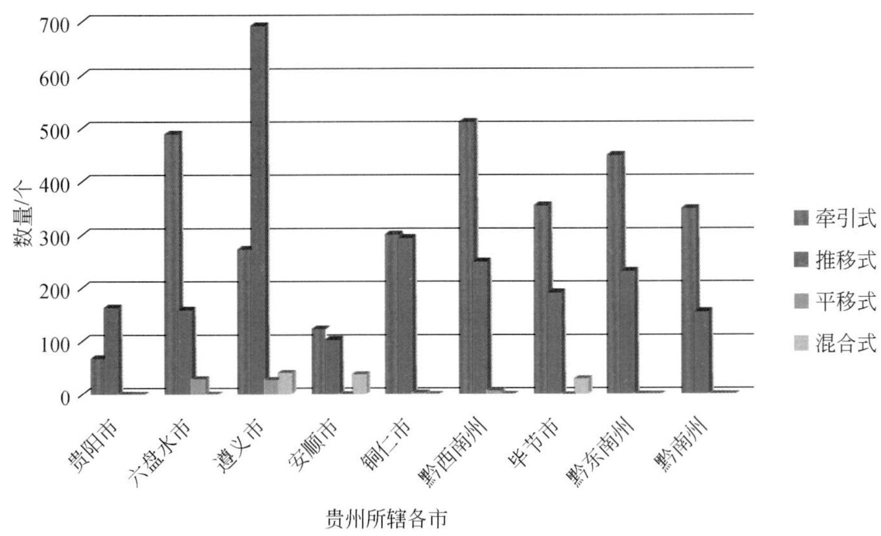

图2.5　滑坡下滑方式的区域分布

1）重大滑坡地质灾害隐患特征

滑坡地质灾害中，小型滑坡为主，643个，占总重大地质灾害滑坡数的50.3%；中型规模的滑坡542个，占总重大地质灾害滑坡数的42.4%；大型规模的滑坡81个，占总重大地质灾害滑坡数的6.3%；特大型规模的滑坡仅12个，约占1%（图2.6）。

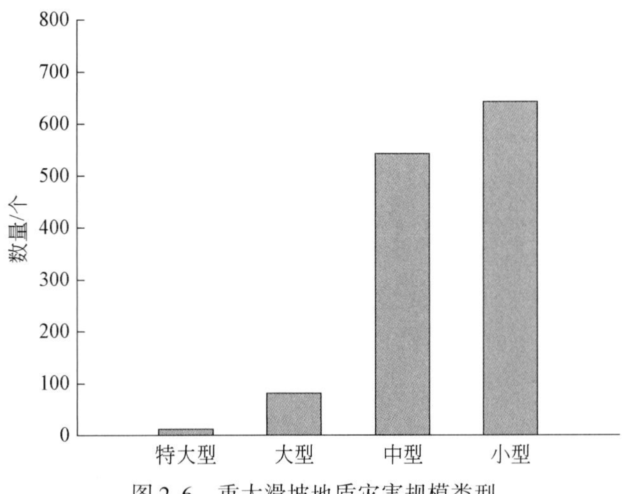

图2.6　重大滑坡地质灾害规模类型

2）重大滑坡地质灾害隐患区域分布

（1）全省分布特征。

滑坡重大地质灾害点在六盘水市分布较多，有303个，占滑坡重大地质灾害点总数的23.7%；其次是黔西南州，为242个，占总数的18.9%；第三是遵义市和铜仁市，分别为174个和181个，分别占总数的13.6%和14.2%；第四为毕节市、黔东南州、安顺市和黔南州，分布最少的是贵阳市，仅有36个重大地质灾害点。从发育密度上，每100km²发育的重大地质灾害点由大到小依次为：六盘水市（3.1个）>黔西南州（1.4个）>铜仁市（1.0个）>安顺市（0.8个）>遵义市（0.6个）>贵阳市、毕节市（0.4个）>黔东南州、黔南州（0.3个）。从规模分布上，特大型主要分布在六盘水市（8个）、遵义市（2个）、黔西南州和毕节市（各1个）；重大滑坡地质灾害大型点在安顺市无分布；中型滑坡规模在遵义市和毕节市比小型滑坡数目多，其余的均少于小型的，即其他区域小型滑坡引起的地质灾害为重大的数目较多。

（2）黔中经济区滑坡地质灾害分布特征。

黔中经济区包括贵阳市全部和遵义市、安顺市、黔东南州、黔南州部分地区，划分为贵阳环城高速公路以内的核心圈，距贵阳环城高速50km以内的带动圈，距贵阳环城高速约100km的辐射圈。黔中经济区处于全国"两横三纵"城市化战略格局中沿长江通道横轴和包昆通道纵轴交汇地带，国家规划的多条高速铁路穿区而过，加之高速公路的建设，整个区域将逐步形成较完善的交通路网。此外，经济区内矿产资源分布相对集中，工企业基础较好，在全省生产力布局中居重要战略地位。

黔中经济区地质灾害发育数量为5822个，占全省县（市、区）总数的一半，占全省地质灾害总数的53.4%（表2.1）。黔中经济区面积为80564.9km²，地质灾害密度为每百平方千米7.2个。崩塌、滑坡和不稳定斜坡是主要的地质灾害。重大地质灾害隐患中，也具有类似的特征（表2.2）。

表2.1　贵州省黔中经济区地质灾害隐患点总表　（单位：个）

序号	县（市、区）	滑坡	崩塌	泥石流	不稳定斜坡	地裂缝	塌陷	总计
1	白云区	9	7	0	0	0	1	17
2	花溪区	29	31	1	1	9	3	74
3	开阳县	34	14	5	17	0	14	84
4	南明区	4	18	0	4	0	0	26
5	清镇市	47	28	1	0	10	34	120
6	乌当区	31	31	2	3	7	20	94
7	息烽县	43	13	2	14	0	3	75
8	修文县	25	8	1	6	8	6	54
9	云岩区	7	7	0	2	0	0	16
10	六枝特区	55	42	0	66	3	9	175
11	盘县	347	89	8	116	7	116	683
12	水城县	234	63	1	55	3	7	363
13	钟山区	33	16	0	7	0	26	82
14	赤水市	116	50	1	0	0	0	167
15	道真县	160	38	3	0	0	2	203
16	凤冈县	65	49	6	47	0	7	174
17	红花岗区	9	5	1	3	4	3	25

续表

序号	县（市、区）	滑坡	崩塌	泥石流	不稳定斜坡	地裂缝	塌陷	总计
18	汇川区	11	12	0	0	0	6	29
19	湄潭县	31	14	1	11	0	7	64
20	仁怀市	86	39	5	0	19	0	149
21	绥阳县	29	27	4	0	0	4	64
22	桐梓县	111	32	1	123	14	15	296
23	务川县	24	11	0	14	0	4	53
24	习水县	133	57	9	33	0	18	250
25	余庆县	51	7	1	0	0	2	61
26	正安县	95	23	0	0	0	1	119
27	遵义县	109	57	1	56	0	32	255
28	德江县	113	32	1	15	0	11	172
29	思南县	86	39	0	8	0	2	135
30	金沙县	21	48	2	33	0	31	135
31	黔西县	60	62	1	30	0	38	191
32	织金县	61	44	0	2	0	40	147
33	平坝县	29	48	0	18	0	45	140
34	普定县	49	65	0	0	25	6	145
35	西秀区	22	51	0	0	11	4	88
36	凯里市	117	23	6	11	0	7	164
37	麻江县	29	11	2	18	0	0	60
38	长顺县	23	52	0	10	0	4	89
39	都匀市	98	45	7	27	0	0	177
40	福泉市	56	11	4	8	0	9	88
41	贵定县	75	20	1	0	0	7	103
42	惠水县	16	52	0	8	0	1	77
43	龙里县	12	5	1	10	0	10	38
44	瓮安县	52	20	1	10	1	17	101
合计		2847	1416	80	786	121	572	5822

总体上，在黔中经济区范围内，滑坡于西部和西北部是地质灾害比较发育的区域；在核心区的清镇市、平坝县一带，地质灾害次发育；中心地带，地质灾害发育程度低。

表 2.2　贵州省黔中经济区重大地质灾害隐患点总表　（单位：个）

县（市、区）	滑坡	崩塌	泥石流	不稳定斜坡	地裂缝	塌陷	总计
白云区	1	1	0	0	0	0	2

续表

县（市、区）	滑坡	崩塌	泥石流	不稳定斜坡	地裂缝	塌陷	总计
花溪区	2	0	0	0	4	1	7
开阳县	6	2	1	4	0	10	23
南明区	2	0	0	1	0	0	3
清镇市	12	2	1	0	0	13	28
乌当区	4	2	2	1	2	10	21
息烽县	2	0	1	2	0	0	5
修文县	7	2	0	2	2	2	15
云岩区	0	0	0	1	0	0	1
六枝特区	19	20	0	21	1	7	68
盘县	150	28	2	53	4	84	321
水城县	116	27	1	31	2	4	181
钟山区	18	7	0	4	0	14	43
赤水市	22	16	0	0	0	0	38
道真县	40	7	2	0	0	0	49
凤冈县	1	1	1	9	0	2	14
红花岗区	1	3	1	0	4	1	10
汇川区	1	2	0	0	0	2	5
湄潭县	0	3	0	2	0	3	8
仁怀市	5	2	1	0	6	0	14
绥阳县	2	3	0	0	0	1	6
桐梓县	20	14	0	18	2	8	62
务川县	10	3	0	3	0	0	16
习水县	31	10	1	14	0	17	73
余庆县	14	2	1	0	0	1	18
正安县	17	8	0	0	0	1	26
遵义县	10	7	1	9	0	6	33
德江县	19	12	1	8	0	5	45
思南县	12	10	0	1	0	2	25
金沙县	2	9	0	11	0	11	33
黔西县	8	11	0	5	0	12	36
织金县	13	21	0	0	0	28	62

续表

县（市、区）	滑坡	崩塌	泥石流	不稳定斜坡	地裂缝	塌陷	总计
平坝县	5	10	0	5	0	23	43
普定县	25	30	0	0	9	2	66
西秀区	8	17	0	0	10	2	37
凯里市	16	2	4	4	0	2	28
麻江县	1	0	0	3	0	0	4
长顺县	4	6	0	4	0	0	14
都匀市	11	12	2	9	0	0	34
福泉市	7	0	3	3	0	3	16
贵定县	11	8	1	0	0	5	25
惠水县	1	7	0	4	0	0	12
龙里县	0	1	0	5	0	5	11
瓮安县	5	4	0	3	0	2	14
总计	661	332	27	240	46	289	1595

（3）贵州乌蒙山区滑坡地质灾害分布特征。

贵州省在乌蒙山区扶贫攻坚中有10个县（市、区），包括遵义市桐梓县、习水县、赤水市，毕节市七星关区、大方县、黔西县、织金县、纳雍县、威宁彝族回族自治县（含钟山区大湾镇）、赫章县。根据地质灾害隐患调查数据，10县（市）地质灾害总数为2268个，占全省地质灾害总数的20.8%。主要以滑坡、崩塌和不稳定斜坡三类地质灾害为主，塌陷地质灾害发育程度次之，其他地质灾害类型较少（表2.3）。全区面积32521.4km^2，灾点密度每百平方千米为7.0个。滑坡在该区域是主要的地质灾害类型，占41.3%，分布密度为2.9个/100km^2，超过100处滑坡的县市有桐梓、习水、赤水、七星关区和威宁（图2.8）。重大地质灾害隐患中，该区域总计有597个灾害点，占重大地质灾害点的19.8%，分布密度为1.8个/100km^2。滑坡重大隐患点占该区域的28.5%，在纳雍和习水县点最多（表2.4）。

表2.3　贵州省乌蒙山区地质灾害统计　　（单位：个）

县（市）	滑坡	崩塌	泥石流	不稳定斜坡	地裂缝	塌陷	总计
桐梓	111	32	1	123	14	15	296
习水	133	57	9	33	0	18	250
赤水	116	50	1	0	0	0	167
七星关区	100	26	10	62	0	26	224
赫章	52	27	16	65	0	35	195
黔西	60	62	1	30	0	38	191

续表

县（市）	滑坡	崩塌	泥石流	不稳定斜坡	地裂缝	塌陷	总计
大方	99	48	1	46	0	55	249
威宁	112	38	14	134	4	18	320
织金	61	44	0	2	0	40	147
纳雍	92	65	6	35	0	31	229
总计	936	449	59	530	18	276	2268

表 2.4 贵州省乌蒙山区重大地质灾害隐患统计 （单位：个）

县（市）	滑坡	崩塌	泥石流	不稳定斜坡	地裂缝	塌陷	总计
桐梓	20	14	0	18	2	8	62
赤水	22	16	0	0	0	0	38
习水	31	10	1	14	0	17	73
七星关区	19	8	5	16	0	11	59
赫章	9	4	5	9	0	10	37
黔西	8	11	0	5	0	12	36
大方	1	18	1	27	0	19	66
威宁	20	16	9	27	3	2	77
织金	13	21	0	0	0	28	62
纳雍	27	28	5	12	0	15	87
总计	170	146	26	128	5	122	597

总体上，在贵州省乌蒙山区，地质灾害较发育，主要与所处的地质环境有密切联系。一方面是软质岩层分布较广，水系切割破碎，导致地质灾害易于发育；另一方面是人类活动，加剧了脆弱生态环境下表层土壤的流失和切坡开路、矿产资源的采掘等导致地质灾害形成。

二、崩塌地质灾害类型

（一）崩塌规模

崩塌地质灾害是各类灾害中次发育的一种，有 2616 个地质灾害点，占总灾害点的 24.0%。崩塌在贵州的规模类型上以小型居多，达 1669 处，占崩塌总数的 63.8%；中型次之，调查灾点数 695 处，占崩塌总数的 26.6%；大型崩塌数 210 处，占崩塌总数的 8.0%；特大型崩塌 40 处，占崩塌总数的 1.5%。这些崩塌灾害点严重威胁灾害点所在地一定范围的人员财产安全。

（二）崩塌类型

根据崩塌运动方式不同，可以分成不同的崩塌类型。崩塌主要以倾倒式崩塌类型为主，有 1286 个地质灾害点，占崩塌灾害总数的 49.2%；其次为拉裂式，有 521 个地质灾害点，占崩塌灾害总数的 19.9%；第三种为滑移式，427 个地质灾害点，占崩塌灾害总数的 16.3%；第四种为错断式，有 246 个地质灾害点，占崩塌灾害总数的 9.4%；第五种为膨胀式，有 54 个地质灾害点，占崩塌灾害总数的 2.1%；复合型仅一例，为倾倒式和滑移式复合。其他不明的有 82 个，占 3.1%。

在贵州现有调查数据中，崩塌有几种较为典型的类型，如纳雍左家营崩塌，是鼓胀式崩塌的典型，在全省境内，具有软弱基座的崩塌有二叠系飞仙关组与三叠系永宁镇组的组合，志留系秀山组与二叠系栖霞、茅口组的组合等，极易形成鼓胀式崩塌。厚层灰岩、白云岩则易形成错断式和倾倒式崩塌，一些砂岩也易形成此类型崩塌，如大同市元厚集镇后山的侏罗系砂岩，易形成倾倒式崩塌。矿山开采区，尤其是煤系地层，砂页岩互层，加之采空影响，易形成拉裂式崩塌，如在六盘水一带常见的崩塌。

（三）崩塌的其他特征

1. 崩塌斜坡类型

形成崩塌的斜坡主要以自然岩质斜坡为主，有 2385 个崩塌点位于该类坡体上；其次是人工岩质，由于人工开采石材形成陡崖，造成崩塌发生，此类斜坡有 171 个；自然土质和人工土质斜坡形成崩塌地质灾害点较少。

2. 崩塌形成年代

根据调查得到的数据统计，发现近年来的崩塌点比较多。近 3 年来发生崩塌的点有 266 个，2000 年以来 产生崩塌地质灾害的点有 970 个；20 世纪 90 年代产生的崩塌地质灾害点有 97 个。时间越久远，产生崩塌的记录数越少，一方面与记载详略有关；另一方面与当地受访居民的经历有很大关系。

（四）崩塌的分布特征

1. 全省崩塌地质灾害分布特征

从图 2.7 可以看出，在各市州都显示小型崩塌地质灾害占主导地位。规模为巨型的崩塌地质灾害在黔西南州分布最多，有 16 个；其次是贵阳市、安顺市、毕节市，分别有 5 个；在铜仁市和黔东南州巨型崩塌地质灾害点分布最少，每个区域为 1 个。规模为大型的崩塌地质灾害在黔西南州分布最多，有 48 个；其次是毕节市，有 36 个；遵义市、安顺市和铜仁市再次之；黔南州最少，仅 10 个崩塌地质灾点。规模为中型的崩塌地质灾害在毕节市分布最多，有 135 个；其次是遵义市，121 个；黔东南州最少，仅 38 个。规模为小型的崩塌地质灾害在黔南州分布最多，有 322 个；其次是安顺市和遵义市，分别为 293 个和 269 个；铜仁市最少，仅为 58 个。总体上，黔南州崩塌地质灾害总数最多，总数为 423 点，每 $100km^2$ 有 1.6 个；安顺市崩塌地质灾害最发育，总数为 384 个，每 $100km^2$ 有 4.1

个；贵阳市崩塌地质灾害总数最少，总数为159个，每100km^{2}有1.9个；黔东南州崩塌地质灾害最不发育，总数为160个，每100km有0.5个。

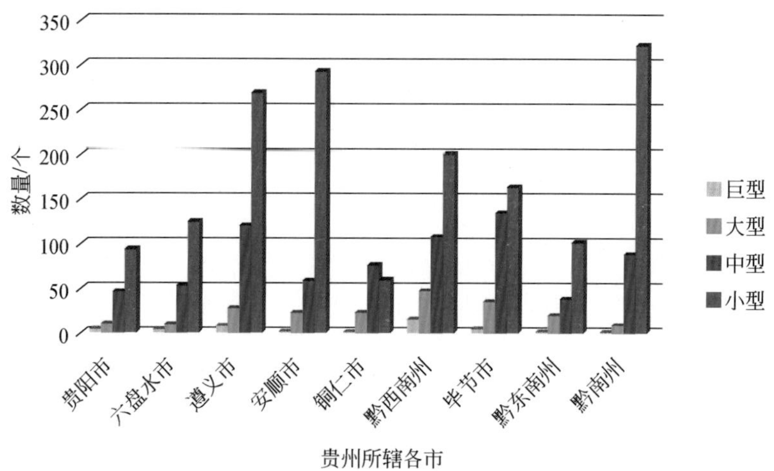

图2.7　崩塌地质灾害规模区域分布

图2.8显示崩塌下落方式。除黔东南州崩塌崩落方式以拉裂为主导外，其余市州均以倾倒型为崩塌崩落的方式。在所有市州，膨胀式崩塌最不发育，可能与崩塌产生的地层岩性、所处的位置等因素有关。

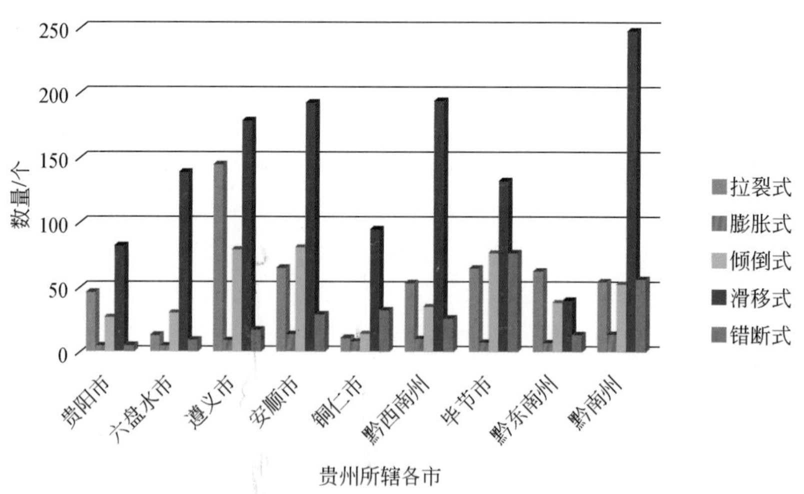

图2.8　崩塌地质灾害类型区域分布

2. 重大崩塌地质灾害隐患区域分布

全省重大崩塌地质灾害点651个，崩塌地质灾害中，小、中型崩塌为主，灾点分别为285个和233个，分别占重大地质灾害崩塌总数的43.8%和35.8%；大型崩塌108个，占重大地质灾害崩塌总数的16.6%；巨型崩塌灾点数目少，仅25个，占重大地质灾害崩塌总数的3.8%。在盘县、水城、纳雍、普定和紫云县等地崩塌重大地质灾害隐患较发育。

3. 黔中经济圈崩塌地质灾害分布

在该44个县市区组成的经济圈中，盘县、水城、赤水、习水、遵义、黔西、普定、西秀区、长顺和惠水县崩塌地质灾害大于50个，尤其是盘县最多，达89个。总体上，经济圈西部、西北部及南部崩塌地质灾害较严重，而核心圈则较少（表2.1）。

崩塌重大地质灾害点在六枝特区、盘县、水城、织金猴和普定县分布大于20个，分布特征与全部崩塌点分布特征类似（表2.2）。

4. 贵州乌蒙山区崩塌地质灾害分布特征

该区面积占贵州省的18.5%，地处西北及北部。崩塌在习水、赤水、黔西和纳雍县大于50个，为崩塌地质灾害发育市县；其他市县发育分布相差不大（表2.3）。而崩塌重大地质灾害点共130个，在纳雍县最发育，其次为织金县，而在赤水市不发育（表2.4）。这些特征为该区域扶贫开发及帮扶方面造成一定的经济损失，需要投入一定的经费予以防治。

三、泥石流地质灾害

根据贵州88个县市区地质灾害调查与区划数据，泥石流沟谷490条，均位于山区，分布在全省各地，尤以贵州西部六盘水、黔西南和毕节市一带较为发育，主要原因是松散物质丰富，山高谷深，易在暴雨下启动沿沟谷运移。

（一）固体物质分类

根据固体物质大小，黏粒成分等，将泥石流分成泥石流、泥流、水石流。泥石流在碎屑岩为主的地区以泥石流为主，在碎屑岩与岩溶相间的地区以水石流为主。而根据重大地质灾害详细调查，泥石流地质灾害是各类灾害中第五发育的一种，有184个地质灾害点，占总灾害点的1.7%。泥石流主要以泥石流类型为主，有137个地质灾害点，占泥石流灾害总数的74.4%；其次水泥流，有27个地质灾害点，占泥石流灾害总数的14.7%；第三种为泥流，有8个地质灾害点，占泥石流灾害总数的4.3%。其他不明的有12个，占6.5%。

（二）泥石流规模分类

泥石流灾害威胁5万余人，分布全省，182条泥石流沟谷中，规模上以小型居多，占泥石流总数的84.2%，中型次之，占泥石流总数的9.2%，大型和巨型的数量较少，表明泥石流危害相对于滑坡和崩塌，其影响较小。

（三）泥石流按流域形态分类

在流域形态方面，贵州泥石流具有沟谷型和山坡型泥石流的特征。贵州主要以沟谷型泥石流为主，统计数据显示，沟谷型泥石流占50%以上。但在暴雨激发下，一些斜坡地带容易产生坡面泥石流，如在松散物质丰富，降雨使之达到饱水状态的坡体。在西部山区垦殖大多位于20°以上的斜坡，在玉米等农作物尚未成长的3月左右，耕种土壤疏松，极易被降水冲刷触发泥石流。一些沟谷地带，形成的泥石流也具有坡面泥石流的混合，严格区分比较困难。

贵州泥石流流体形态研究较少，野外仅对宏观形态作描述，又多调查的是泥石流形成后的沟谷，没有现场的流体观测，也尚未见到室内模拟的数据。但从现场的宏观调查中，一些泥石流沟的流体性质可以推测，如通过泥痕、爬高等现象，估测流体的形态。总体上，贵州泥石流流体在不同地带具有不同的流体特征，一些调查显示所有形态均具备，但要清楚区分哪条泥石流沟谷形成的流体具有某种流体形态，由于缺少数据支撑，这方面需要深入的研究，获取理想数据来进行界定。

（四）泥石流按发生频率分类

贵州山区物源丰富，风化剥落的松散体、人工形成的表层疏松物较多，为泥石流灾害提供固体物质。随着气候变化的影响，极端天气较多，在难以精准预报下容易产生灾害性泥石流。贵州降水较多，除毕节市威宁一带降水小于1000mm外，大多降水丰沛，为泥石流提供了动力源，加之山区地形易汇水，在有沟谷地带具备形成泥石流的条件，暴发的频率因暴雨中心处于不同区域，而每年几乎有泥石流发生，但具体到每一条沟谷，根据暴发泥石流的历史，发现大多处于低频度的范围，但暴发时因物源丰富，致灾较为严重。

（五）泥石流发育阶段分类

根据调查数据，依据泥石流发育阶段划分，发现贵州泥石流发育阶段大多处于发展期和旺盛期，其原因主要是云贵高原尚处于隆升阶段，沟谷的下切、侧蚀不断在发展，重力地貌随处可见，泥石流作为山区物质运移的最大通道，对地貌改造具有重要意义。

（六）泥石流区域分布

泥石流区域分布中，毕节市泥石流地质灾害最发育，有50个点，而六盘水市泥石流发育较少，仅9条泥石流沟谷。在规模上，在黔西南州和黔东南州分别发育有一条巨型泥石流沟；大型仅在贵阳市、黔东南州和黔南州发育；中、小型在全省区域内均有分布，但毕节市最多，贵阳市最少。

在黔中经济圈，盘县、凯里、都匀、习水、凤冈县泥石流沟谷稍多，习水达9条；在重大泥石流灾害点上，福泉和凯里较多，分别为3条和4条。

在贵州乌蒙山区，赫章、威宁、七星关区和习水县泥石流发育，赫章县发育16条泥石流沟谷；在重大泥石流灾害点上，威宁最多，达9条，其次是七星关区、赫章和纳雍县，都有5条泥石流沟谷分布。

四、其他地质灾害

其他地质灾害主要包括地裂缝、地面塌陷、不稳定斜坡。由于这三类地质灾害在贵州发育程度不高，故放在一起探讨。

（一）地裂缝

地裂缝可分为人为和自然形成的两类，人为地裂缝主要处于矿山开采地区，因采空造成地表形成移动盆地，裂缝随采掘巷道的推进而发展；自然地裂缝主要是斜坡变形、张性裂隙蠕变拉开形成，一般平行于坡体走向，在有滑坡迹象的地段呈弧形、有错台。

地裂缝地质灾害是各类灾害中最不发育的一种，有 176 个地质灾害点，占总灾害点的 1.6%。第一，地裂缝主要以地下开挖引起为主，有 114 个地质灾害点，占地裂缝灾害总数的 64.8%；第二，为胀缩土引起，有 25 个地质灾害点，占地裂缝灾害总数的 14.2%；第三，为地震和构造活动引起，有 11 个地质灾害点，占地裂缝灾害总数的 6.2%；第四，为抽排地下水引起，有 9 个地质灾害点，占地裂缝灾害总数的 5.1%；第五，为地下开挖引起和抽排地下水引起，有 6 个地质灾害点，地裂缝灾害总数的 3.4%；第六，由地震和构造活动及胀缩土引起，有 1 个地质灾害点，占 0.6%；最后，其他不明的有 10 个，占 5.7%。地裂缝区域分布中，黔西南州地裂缝地质灾害最发育，分布有巨型大型地裂缝点，其余区域均以小型地裂缝为主。

在重大地质灾害详查中，地裂缝规模等级以小型为主，64 个灾害点，占地裂缝重大灾害的 92.7%；巨型和大型发育较少，分别为 3 个和两个点；中型地裂缝发生重大地质灾害不发育。地裂缝在铜仁市、黔东南州和黔南州没有分布，在安顺高和黔西南州分布最多，分别为 19 个和 20 个。规模上主要以小型为主，巨型在遵义市有分布，而大型规模的在遵义市和黔西南州有 1 个分布（表 2.5）。

表 2.5　地裂缝规模区域分布　（单位：个）

规模	贵阳市	六盘水市	遵义市	安顺市	铜仁市	黔西南州	毕节市	黔东南州	黔南州
巨型			3						
大型			1			1			
中型									
小型	8	7	8	19		19	3		
合计	8	7	12	19	0	20	3	0	0

在黔中经济圈中，清镇、仁怀、桐梓、普定和西秀区地裂缝发育；重大地裂缝地质灾害点在普定和西秀区较多，分别为 10 条和 9 条。贵州乌蒙山区以桐梓县地裂缝最发育，达 14 条；而重大地裂缝地质灾害点则威宁为 3 条、桐梓为两条。

（二）地面塌陷

地面塌陷可分为人为和自然形成的两类，人为的塌陷与采矿密切联系，也与地下水抽汲造成岩溶地段陷落；自然形成的主要与岩溶作用有关，在降水等引起渗透压的作用下，因土岩界面形成的空隙扩大而陷落，形成地面陷坑，一般与溶蚀裂隙、管道等有关，在岩溶洼地一带容易发育。

地面塌陷地质灾害是各类灾害中第四发育的一种，有 843 个地质灾害点，占总灾害点的 7.7%。地面塌陷以冒顶型塌陷为主，有 583 个地质灾害点，占冒顶型塌陷灾害总数的

69.2%；其次为岩溶型塌陷，有238个地质灾害点，占岩溶型塌陷灾害总数的28.2%；最后为土洞型塌陷，有19个地质灾害点，占地面塌陷灾害总数的2.3%。其他不明的有3个，占0.3%。

地面塌陷区域分布中，岩溶型塌陷和冒顶型塌陷在毕节市分布最多，分别为59个和206个；而在黔东南州两者均最少，分别为8个和11个点。土洞型塌陷在全省均不发育，形成的塌陷点较少。

塌陷重大地质灾害中，成因类型以冒顶型塌陷为主，有311个，占地面塌陷重大灾害的79.3%；其次为岩溶塌陷成因的，77个灾害点，占地面塌陷重大灾害的19.6%；土洞型塌陷成因的较少，仅4个灾害点。分析地面塌陷的成因，发现可能是矿产开采造成地面采空，从而形成冒顶型塌陷居多。

塌陷成因类型主要以冒顶型塌陷在六盘水市和毕节市最多。岩溶塌陷以毕节市也是最多的（表2.6）。

在黔中经济圈中，清镇、盘县、遵义、金沙、黔西、织金和平坝县地面塌陷发育，其中在盘县地面塌陷达116个；重大地面塌陷地质灾害点在盘县、习水、织金和平坝县较多，分别为84个、17个、28个和23个。贵州乌蒙山区以织金县地面塌陷最发育，达28个，其次为大方、习水和纳雍；重大地面塌陷地质灾害点与一般的地面塌陷类似。

表2.6　地面塌陷成因类型　（单位：个）

成因类型	贵阳市	六盘水市	遵义市	安顺市	铜仁市	黔西南州	毕节市	黔东南州	黔南州
冒顶型	30	99	31	17	18	10	90	4	12
土洞型	2		1	1					
岩溶型	4	10	10	12	10	4	18	2	7
合计	36	109	42	30	28	14	108	6	19

（三）不稳定斜坡

不稳定斜坡也可分为人为和自然形成的两类，矿山开采带来的地质环境问题比较突出，斜坡因受采空陷落而形成坡体恶化，局部失稳、地表物质松动、有下移的趋势，在一定的条件下可转化为崩塌、滑坡和泥石流；自然形成的不稳定斜坡主要与软质岩层有关，地表松散的物质与软质岩层面接触带，在水的作用下具有软化、力学性质降低的特点，形成坡体产生地裂缝、局部小型崩塌、滑坡，在一些区域有老滑坡体复活的迹象，一般在三叠系飞仙关组、志留系秀山组地层发育较多。

不稳定斜坡地质灾害是各类灾害中第三发育的一种，有1766个地质灾害点，占总灾害点的16.2%。不稳定斜坡演变趋势主要以滑坡类型为主，有1565个地质灾害点，占不稳定斜坡灾害总数的88.6%；其次演变趋势为崩塌，有91个地质灾害点，占不稳定斜坡灾害总数的5.2%；最后演变趋势为泥石流，有47个地质灾害点，占不稳定斜坡灾害总数的2.7%。其他不明的有63个，占3.5%。

不稳定斜坡中，主要以土质斜坡最多。在毕节市，不稳定斜坡总数最多，为404个点；其次是黔东南州，有365个点；贵阳市最少，仅39个点。不稳定斜坡中，演化趋势形成滑坡、崩塌和泥石流的，毕节市最多，分别为339个、23个和42个点。演化趋势形成滑坡及崩塌的安顺市最少，分别为35个和1个点；演化趋势形成泥石流的，除毕节市外，只有六盘水和黔南州。

不稳定斜坡重大地质灾害中，预测的规模等级以小型为主，308个灾害点，占不稳定斜坡重大灾害的56.8%；其次为中型，199个灾害点，占不稳定斜坡重大灾害的36.7%；巨型和大型发育较少，分别为8个和27个点。另有12个发展趋势不明。不稳定斜坡中，预测规模等级为巨型的主要在黔西南州和毕节市，以毕节市最多；大型规模等级的在贵阳市和黔西南州没有分布；六盘水市分布最多，而小型的则在黔东南州分布最多。数量上，六盘水市最多，达115个重大隐患点；其次是黔东南州和毕节市，分别为97个和87个。

在黔中经济圈中，六枝、盘县、水城、遵义、凤冈和桐梓县不稳定斜坡发育，其中在桐梓县和盘县不稳定斜坡分别达123个和116个；重大不稳定斜坡地质灾害点在六枝、盘县、水城、和桐梓县较多，分别为21个、53个、31个和18个。贵州乌蒙山区以威宁县不稳定斜坡最发育，达134个，其次为桐梓、七星关区和赫章；重大不稳定斜坡地质灾害点在威宁县和大方县发育多，分别为30个和27个。

第二节　地质灾害发育的主要影响因素

从地质灾害发育条件和机制分析，致灾基本环境包括岩石地层、地形地貌、气候、岩土体、水文地质、活动性断裂（地震）、植被和人类工程活动等。根据贵州地质灾害发育条件和机制，选择岩石地层、气候、地形地貌、岩土体、水文地质、地质构造、地震诱发和人类工程活动8个与地质灾害发育密切关联的致灾环境因素进行分析（表2.7）。

表2.7　地质灾害影响因素

影响因素	滑坡	崩塌	泥石流	地面塌陷	地裂缝	不稳定斜坡
岩层	碎屑岩类、薄层影响大；倾角顺层或斜交	厚层块状、有下卧软弱基座；倾角反倾或斜交	碎屑岩类	碎屑岩类、碳酸盐类	碎屑岩类	碎屑岩类
地形地貌	中低山区，地形较陡	中低山区，地形陡峻	有明显汇水区域，地形坡度较陡	中低山区，岩溶洼地	中低山区	中低山区
地质构造	构造影响区发育强烈	构造影响区发育强烈	构造影响区较发育	岩溶区受构造影响带发育	构造影响区较发育	构造影响区较发育
地震	活动断层区较发育	活动断层区发育	活动断层区较发育	活动断层区较发育	活动断层区较发育	活动断层区较发育
岩土体	软质岩类、土体厚度大的山区地带易产生	硬质岩类易产生崩塌	软质岩类、土体厚度大且松散的山区地带易产生	软质岩类、质纯碳酸盐地带易产生	软质岩类、土体厚度大的山区地带易产生	软质岩类、土体厚度大的山区地带易产生

续表

影响因素	滑坡	崩塌	泥石流	地面塌陷	地裂缝	不稳定斜坡
水文地质	地下水活动频繁地带易产生	河流深切地带易产生	地下水补给地带易产生	地下水活动频繁地带易产生	地下水补给地带易产生	地下水补给地带、河流两岸斜坡易产生
气候	强降水，极端气候	强降水，极端气候	强降水	降水	降水	降水
人类活动	矿山开采及路网建设等	矿山开采及路网建设等	矿山开采及路网建设	矿山开采及地下水利用	矿山开采及路网建设等	矿山开采及路网建设等

一、岩石地层与地质灾害

（一）滑坡灾害与岩石地层

贵州主要以沉积岩地层为主，层面与节理裂隙、溶蚀裂隙的组合对斜坡的稳定性不利。地层岩石对滑坡的影响，主要表现为岩性复杂，由于岩石的抗剪、抗风化能力不同，因而在不同岩石分布区，滑坡的频数和规模不同。主要基于岩层岩性、软弱夹层、软弱基座，岩层厚度和岩层倾向进行论述。

1. 岩层岩性

贵州沉积岩主要以碳酸盐最多，而形成的时代、沉积环境、构造演化的不同，造成岩层厚度及沉积物源差异。在贵州岩质滑坡中，仅 304 个岩质滑坡 。而发生在纯的白云岩或灰岩岩层的滑坡仅有 67 个，表明纯的碳酸盐岩层力学强度大，在不考虑层状面的情况下，仅有约 20% 的滑坡产生在此岩层中。

碎屑岩形成的滑坡有 186 个，约占岩质滑坡的 60% 。表明在力学强度低，易风化的砂岩、页岩、泥岩等，容易造成下滑。

变质岩产生的滑坡 16 个，约占岩质滑坡的 5%；而岩浆岩形成的岩质滑坡仅 3 个，约占 1% 。

2. 软弱夹层

根据贵州重大地质灾害详查资料，滑坡处于具有软弱夹层或泥化夹层的、有砂岩夹泥岩、泥灰岩夹黏土岩、石灰岩夹泥岩、泥灰岩夹泥岩等类别。统计表明，具有如此夹层或泥化夹层的岩层有 21 处，占岩质滑坡 7% 。

3. 软弱基座

软弱基座指存在下伏软弱岩层，上部为硬质岩层的组合形态。贵州在二叠系、志留系等中，存在泥岩、页岩或薄层状砂岩为底座的组合形态，由于软质岩层易风化，造成上部硬质岩层拉裂、滑移，可以形成滑动。在统计中表明，该类滑坡占有数量较少，仅 6 个具有此形态。

4. 岩层厚度

由于层面作为控制面的滑坡较多，岩层的厚度变化影响坡体的稳定性。岩层越薄，由于风化等外营力的作用，越接近散体特征，滑面接近于圆弧形；而岩层厚度越大，容易形成切层滑坡，而滑面为折线形。根据贵州岩层的特点，薄层灰岩、泥灰岩，白云岩、泥质白云岩，薄层砂岩、板岩等，均有散物质的特征，如松子坎泥灰岩，有如此特征。厚层状如清虚洞石灰岩、茅口组石灰岩，厚度大，一般不容易产生滑坡。据调查资料，薄层状岩层形成的滑坡有几例，而厚层状岩层形成的滑坡仅有两例。

5. 岩层倾向

根据岩层倾向与斜坡方向划分不同方向：反向斜坡、横向斜坡、平缓层状斜坡、顺向斜坡、特殊结构斜坡、斜向斜坡。根据斜坡结构特征和岩层类型，可以分成变质岩、碎屑岩斜坡和碳酸盐岩斜坡。统计表明，变质岩顺向斜坡8个，变质岩反向斜坡2个和变质岩斜向斜坡2个；碎屑岩反向斜坡34个，碎屑岩横向斜坡3个，碎屑岩平缓层状斜坡3个，碎屑岩顺向斜坡63个，碎屑岩斜向斜坡54个；碳酸盐岩斜向斜坡12个，碳酸盐岩反向斜坡6个，碳酸盐岩横向斜坡2个，碳酸盐岩平缓层状斜坡4个，碳酸盐岩顺向斜坡57个。可以得出碎屑岩类岩层顺向斜坡和斜向斜坡滑坡易发育，变质岩顺向斜坡和碳酸盐岩顺向斜坡滑坡易发育。

贵州基岩滑坡大多为顺层滑坡，多发生在碳酸盐岩与碎屑岩（页岩、泥岩）互层岩组里，其形成形式有两种。第一种是硬质岩间的软岩受水软化，上覆硬岩体在软弱结构面（断裂面、节理面、裂隙面）处产生裂缝，软岩在降水作用下产生塑流，山体前临空，软岩上覆岩体在自重作用下朝临空方向下滑形成滑坡。这类滑坡大多发生在岩层倾角较缓、上覆岩体裂隙较发育、硬岩间有软弱夹层的岩组里，其形成过程以滑移–弯曲为主。第二种是硬岩间夹有软弱夹层，岩层倾角较陡，上覆硬岩较薄，上部产生有裂缝，在降水作用下，层间软弱层饱水软化产生塑流，使得上覆岩体下移，在岩体自重作用下，岩体下部产生凸起弯曲；在垂直力挠动作用下，在弯曲凸起点产生突变破裂，裂点下段岩体回弹。上段岩体顺势下滑形成滑坡；这类滑坡的变形以滑移–垂直扰动触发式为主。

6. 滑坡重大地质灾害地层分布

滑坡统计表明，滑坡在二叠系中分布最多，为398个，其次是三叠系，为366个；第三是志留系，分布滑坡有174个；其余分布较多的有寒武系（74个）、奥陶系（53个）。地层倾角上，10°～25°的滑坡最多，为545个，其次为25°～35°的，为277个。

（二）崩塌与岩石地层

1. 坡体结构与崩塌

同滑坡一样，根据岩层倾向与斜坡方向划分不同方向：反向斜坡、横向斜坡、平缓层状斜坡、顺向斜坡、特殊结构斜坡、斜向斜坡。根据斜坡结构特征和岩层类型，可以分成变质岩、碎屑岩斜坡和碳酸盐岩斜坡。统计表明，变质岩反向斜坡9个崩塌，变质岩顺向斜坡7个，变质岩横向斜坡1个和变质岩特殊结构斜坡1个，变质岩斜向斜坡14个；碎屑岩反向斜坡124个，碎屑岩横向斜坡7个，碎屑岩平缓层状斜坡25个，碎屑岩顺向斜坡 27 个，碎屑岩特殊结构斜坡 17 个，碎屑岩斜向斜坡 94 个；碳酸盐岩斜向斜坡 622 个，碳酸盐岩反向斜坡 569 个，碳酸盐岩横向斜坡 76 个，碳酸盐岩平缓层状斜坡 119 个，碳酸盐岩顺向斜坡 260 个，碳酸盐特殊结构斜坡 17 个。可以得出碎屑岩类岩层向斜坡和斜向斜坡崩塌易发育，变质岩斜向斜坡崩塌易发育，碳酸盐岩以斜向斜坡、反向斜坡、顺向斜坡、平缓层状斜坡、横向斜坡、特殊结构斜坡崩塌发育程度依次降低。

厚层组成的岩体结构形成的顺层岩质斜坡，其岩性属于坚硬岩石（石灰岩）；结构面的情况是垂直裂隙发育；崩塌体形状厚板状、长柱状；自重引起的剪切力；失稳主要因素是重力。

贵州省崩塌大致分为两类，即软弱基座型和卸荷型：软弱基座型崩塌，一般上覆是硬质岩层，下伏为软质岩层，岩层倾角平缓；上覆岩层裂隙发育，透水性好，地表水渗入快，下伏软质岩透水性差，当地下水富集后，岩层易软化，形成软弱基座，随若软弱基座的塑性变形，导致上覆硬岩沿临空方向撕裂变形，进而倾倒、翻滚形成崩塌。还有一种情况是软弱基座长期受风化剥蚀，陡岩基座退坡形成凹面，上覆岩体失去支撑，沿自身垂直不利结构面向临空方向产生卸荷掉块形成崩塌。这两种情况都是软弱基座先产生塑性变形，导致上覆岩体产生拉裂，扩大自身不利结构面，在自重力及斜坡卸荷作用下产生坡体破坏形成崩塌。其变形破坏模式为塑流-拉裂模式。构造裂隙、岩溶裂隙卸荷型崩塌是岩体受构造作用或岩溶作用的影响，岩体的节理裂隙、岩溶裂隙发育，破坏了岩体的完整性，受灾害性降水-暴雨或冬日凌冻或人工开挖影响时，岩体沿构造裂隙或溶蚀裂隙而向临空方向卸荷产生崩塌。该类崩塌形成的地质模式是以弯曲-拉裂式为主。首先是岩体本身节理裂隙发育，其次降水或凌冻作用使裂隙进一步扩大，使岩体被分割成硬而厚的“板梁”或岩柱向外坡弯曲，这种变形过程是累进性变形过程，当岩柱失去重心时即倾倒形成崩塌。

2. 崩塌重大地质灾害地层分布

崩塌在三叠系中分布最多，为 271 个，其次是二叠系，为 162 个；第三是石炭系，分布崩塌有 73 个；其余分布较多的有寒武系（47 个）、志留系（27 个）和奥陶系（22 个）。地层倾角上，10° ~25°的崩塌最多，为 278 个，其次小于 10°的，为 155 个。

地层岩性也对崩塌的形成提供了条件。已有的调查表明，大多数崩塌都是发生在碳酸盐岩类岩组中，如在二叠系、三叠系及石炭系中等。发生崩塌的岩性组合大多是上部为坚硬的碳酸盐岩，下部为较软弱的碎屑岩类，有的是碳酸盐岩类岩层间夹有较软的碎屑岩。这些岩石组合特征是坚硬岩层下伏或其间有软弱层，软弱层的抗风化能力弱，在风化过程中易产生坡退或凹状地形，因而导致上覆坚硬岩体形成陡岩，加之坚硬岩体受构造或岩溶作用影响，常形成大规模的构造裂隙和溶蚀裂隙，这些不利结构面在降水、冰冻或人为作用下继续扩大加深，极易形成裂隙卸荷崩塌。同时在降水作用下，下伏软弱层受水软化产生塑性变形，上覆岩石随之变形，也容易形成塑流-拉裂变形，形成崩塌。

（三）泥石流与岩石地层

贵州出露的地层，其岩性分别为泥岩、页岩、砂岩、粉砂岩、煤层和玄武岩，这些岩石结构松散，抗风化能力弱，易于风化，遇水也易软化，为泥石流的形成提供了固体物源条件。从分布的地层来看，泥石流主要分布在二叠系、三叠系、寒武系中。根据泥砂补给情况，贵州的泥石流具有沟岸崩滑，沟岸崩滑、沟底再搬运，沟底再搬运、面蚀，面蚀、沟岸崩滑，面蚀、沟岸崩滑、沟底再搬运，面蚀、沟底再搬运等形式。而这些物源主要来自岩石地层的风化、剥落。在泥岩、页岩、砂岩、粉砂岩、煤层和玄武岩地层风化强烈，易形成物源，在沟谷具有形成泥石流条件、暴雨触发下形成冲蚀力强、破坏性大的泥石流。

在调查的184条泥石流沟中，边岸滑坡中等的占69个，严重的有32个，这些为泥石流提供了大量物源。在地层分布上，三叠系飞仙关岩层、中二叠统玄武岩等一些碎屑岩组岩层分布区沟谷易形成泥石流。

（四）其他地质灾害与岩石地层

1. 不稳定斜坡

不稳定斜坡在二叠系中分布最多，为157个，其次是三叠系，为137个；第三是志留系，有63个；其余分布较多的有寒武系（49个）、青白口系（45个）。地层倾角上，10°～25°的不稳定斜坡分布最多，为242个，其次为25°～35°的，为118个。

从地层分布特征上，表明在碎屑岩类沉积地层上，因下部矿业的开采，导致地表形成移动盆地，在斜坡地带则形成不稳定斜坡；其次是溶蚀强烈发育地带，土体向坡体下方的蠕动也会形成不稳定斜坡带；最后是软质岩层形成的坡体长期蠕变、拉张后缘，造成坡体不稳定。

2. 地裂缝

地裂缝在二叠系中分布最多，为25个，其次是三叠系，为16个；第三是第四系松散层，有12个。现有的调查表明，地裂缝大多数与地下采空有联系，这导致上部岩层应力重新分配，直至地表，形成长度不等的裂缝；其次是斜坡岩层结构软弱，向坡下蠕变拉裂山体形成。

3. 地面塌陷

塌陷在二叠系中分布最多，为211个，其次是三叠系，为72个；第三是寒武系，12个；其余地层分布较少。岩溶塌陷主要分布在山间盆地、部分在山坡，与雨水入渗和地下水频繁涨落有关；而冒顶形塌陷主要分布在山坡，与开采煤炭等活动有关，造成巷道顶部冒落填塞采空区域。

二、地形地貌与地质灾害

（一）贵州省地貌单元分布

贵州省有14个地貌单元，如图2.9所示。

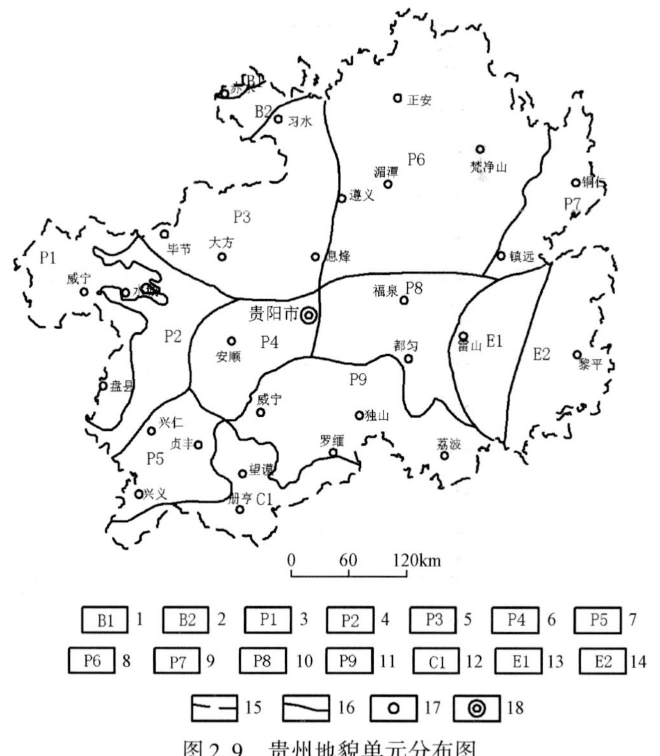

图 2.9 贵州地貌单元分布图

1. 赤水丹霞丘陵区；2. 习水小-中起伏丹霞低山-低中山区；3. 威宁中-小起伏高中山-中山喀斯特峰丛区；4. 赫章-盘县小-中起伏中山喀斯特峰林-峰丛区；5. 金沙-毕节中-小起伏中山-低山喀斯特峰丛区-丘丛区；6. 黔中小-中起伏中山-低山喀斯特峰林区；7. 黔西南小-中起伏低山-中山喀斯特峰林-丘原区；8. 黔东北中-小起伏中山-低山丘丛-峰丛区；9. 铜仁小-中起伏低山丘陵峰丛-丘丛区；10. 施秉-福泉中-小起伏低中山喀斯特峰林-丘陵区；11. 独山-平塘中起伏中山-低中山喀斯特峰丛-谷盆区；12. 册亨-望谟小-中起伏中山-低山丘陵区；13. 雷山-榕江中-小起伏中山-低中山亚区；14. 天柱-黎平小-中起伏低山-低中山亚区；15. 省界；16. 地貌单元界限；17. 县政府所在地；18. 省会

（二）不同地形地貌与滑坡

1. 滑坡与地形坡度

地形坡度直接影响到滑坡发生的可能性大小。对滑坡发生的原地形坡度进行统计，对今后的滑坡防治有一定的指导作用。

按照习惯，把贵州省地形坡度分为 5 个等级（0° ~ 10°、10° ~ 25°、25° ~ 40°、40° ~ 60°、>60°）进行统计。从总体上看（表 2.8，图 2.10）滑坡多发育在坡度区间为 25° ~ 40°，然后依次为 10° ~ 25°、40° ~ 60°、>60°、0° ~ 10°。巨型、大型、中型滑坡相对集中在 10° ~ 40°坡度区间，而小型滑坡主要在 10° ~ 60°，但均在 25° ~ 40°滑坡个数最多。

表 2.8　滑坡与地形坡度的关系

	类型	数量/个	占比例/%
地形坡度	0°～10°	46	0.7
	10°～25°	1571	23.7
	25°～40°	3150	47.5
	40°～60°	1404	21.2
	>60°	365	5.5
	不详	92	1.4

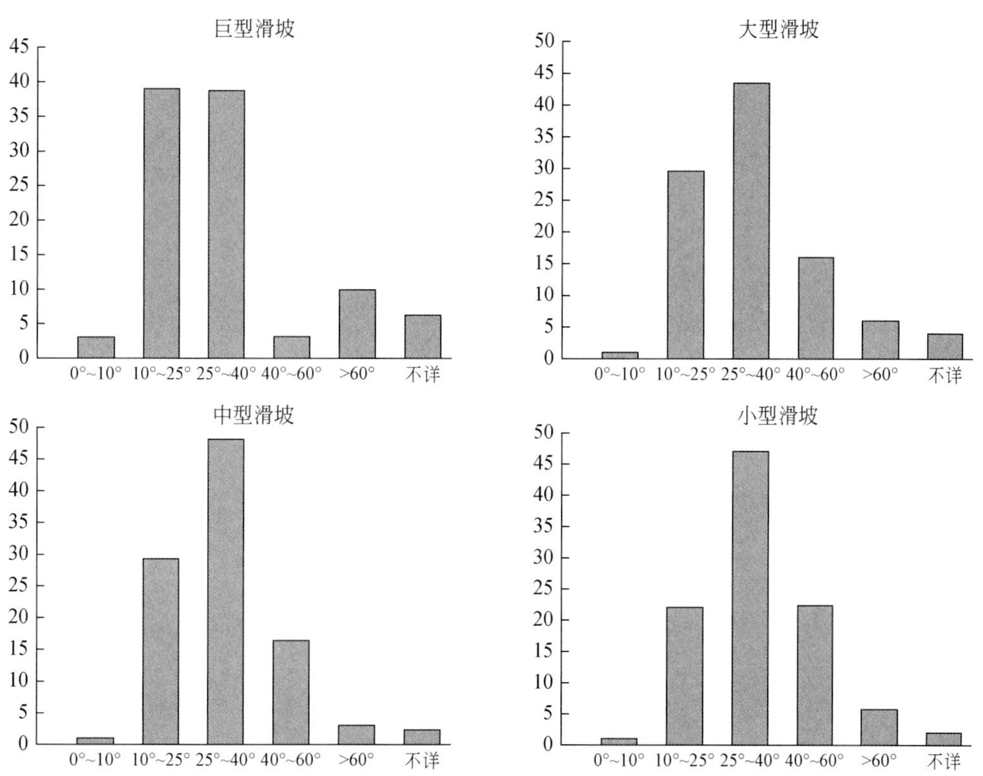

图 2.10　各种规模滑坡与地形坡度关系统计图

对滑坡原始坡度进行进一步的细化分析，本次重大地质灾害详细调查获得的数据按 5°进行分析，发现在 25°～30°形成滑坡的频率最高，而在 20°～25°，25°～30°，30°～35°和 35°～40°产生滑坡的频率次之（图 2.11），近于正态分布。

2. 滑坡与高程分布

滑坡地质灾害高程分布见图 2.11，表明滑坡主要分布在 500～2000m 的高程上，以中低山地形处的滑坡地质灾害最多。

从全省范围来看，39.8% 的滑坡发生在海拔 500～1000m，有 30.3% 滑坡发生在海拔 1000～1500m 范围内，其他区域相对较少（图 2.12）。

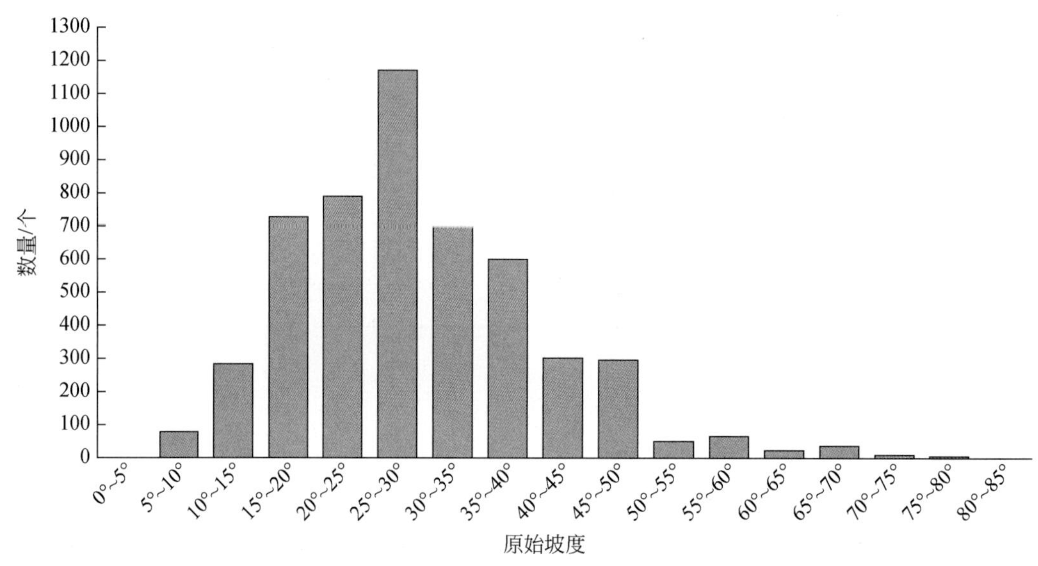

图 2. 11　原始坡度与滑坡

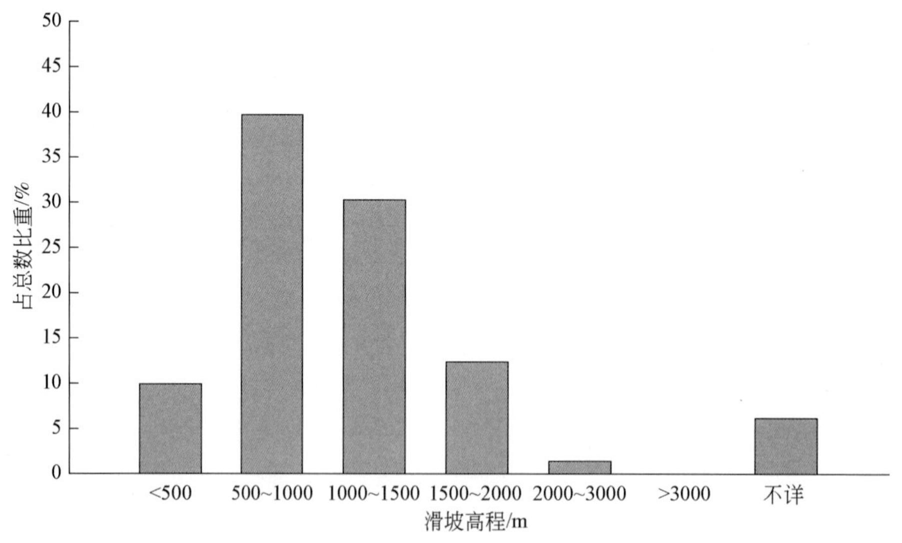

图 2. 12　全省滑坡分布高程统计图

微地貌上属于陡坡产生的滑坡地质灾害最多，与坡度大于 25°接近。利用分辨率为 5m 的 DEM 数据，得到高程与滑坡地质灾害的关系图，分析可知在高程 1000m 以上的山区滑坡较多（图 2. 13）。

3. 地貌单元与滑坡

根据地貌分区，滑坡在不同地貌单元的分布不同。四川盆地南缘山地区：赤水丹霞丘陵区 6. 4 个/100km^2，习水丹霞低山低中山区 6. 2 个/100km^2。云贵高原山地中：

（1）贵州高原溶蚀侵蚀喀斯特山地：①威宁高中山－中山喀斯特峰丛区 3. 3 个/

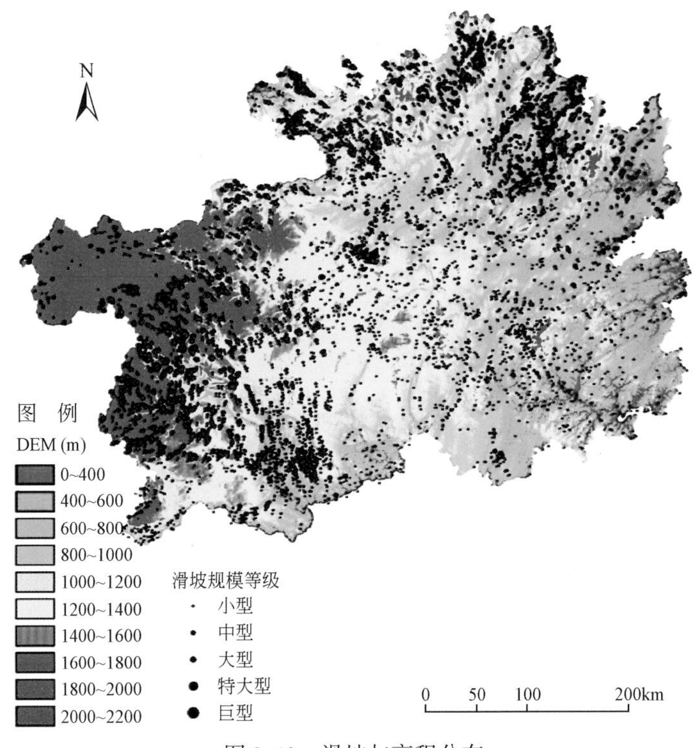

图 2.13　滑坡与高程分布

100km²；②赫章–盘县中山喀斯特峰林–峰丛区 5.4 个/100km²；③金沙–毕节中山–低山喀斯特峰丛–丘丛区 3.0 个/100km²；④黔中中山–低山喀斯特峰林区 2.9 个/100km²；⑤黔西南低山–中山喀斯特峰林–丘原区 4.1 个/100km²；⑥黔东北中山–低山丘丛–峰丛区 3.0 个/100km²；⑦铜仁低山丘陵峰丛–丘丛区 1.8 个/100km²；⑧施秉–福泉低中山喀斯特峰林–丘丛区 3.3 个/100km²；⑨独山–平塘中山–低中山喀斯特峰丛–谷盆区 1.6 个/100km²。

（2）黔西南南部侵蚀剥蚀陆屑岩山地：册亨–望谟中山–低山丘陵区 4.3 个/100km²。

（3）黔东侵蚀剥蚀变质岩山地，①黔东南中山–低山区：雷山–榕江中山–低中山亚区 3.0 个/100km²；天柱–黎平低山–低中山亚区 1.2 个/100km²。统计表明，在四川盆地南缘山地区：赤水丹霞丘陵区和习水丹霞低山–低中山区，云贵高原山地中，贵州高原溶蚀侵蚀喀斯特山地赫章–盘县中山喀斯特峰林–峰丛区滑坡地质灾害发育，每百平方千米有滑坡地质灾害点大于 5 个；独山–平塘中山–低中山喀斯特峰丛–谷盆区，黔东侵蚀剥蚀变质岩山地。②天柱–黎平低山–低中山亚区滑坡地质灾害不发育，每百平方千米滑坡地质灾害点小于两个。

4. 滑坡地理分布

地理分布上，滑坡在安龙–册亨以北、威宁以东、罗甸–长顺–安顺以西、安顺–平坝–惠水里以北、龙里–贵定东北部–都匀东北部–平塘东部以东、独山–三都北部–榕江北部、黎平县以西、剑河–天柱以北、大方东北–金沙县、绥阳–务川县一带发育程度低（图 2.14）。

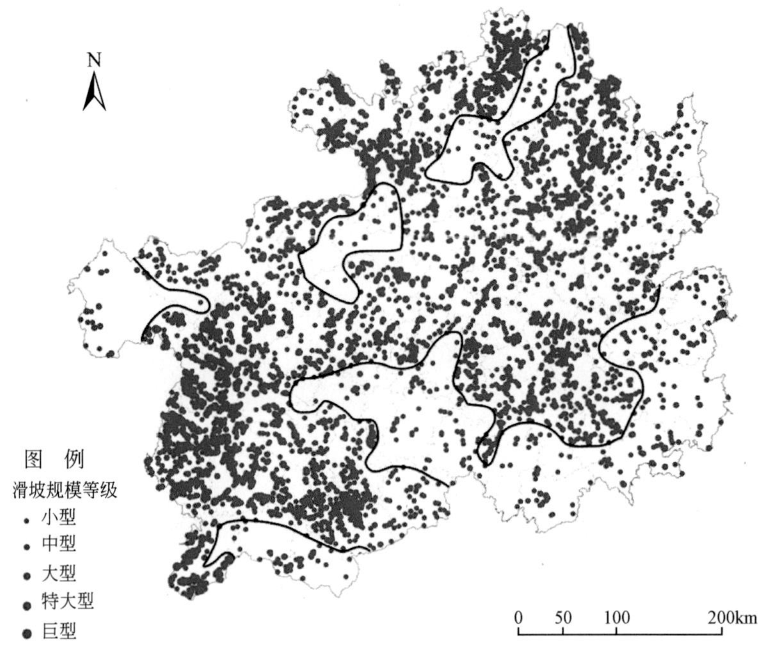

图 2.14　不同地貌单元滑坡分布

(三) 不同地形地貌与崩塌

1. 地形坡度与崩塌

在地形坡度上，大于50°易形成崩塌地质灾害，而近于直立的陡崖是产生崩塌隐患的地点，结合岩层性质，容易形成高陡斜坡的岩层大多为硬质岩层，这是碳酸盐岩所以形成崩塌最多的原因之一（图2.15）。

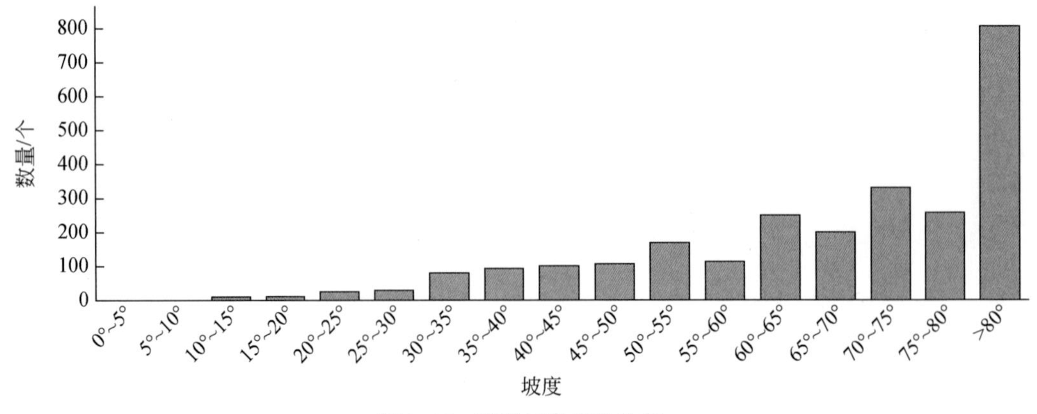

图 2.15　坡度与崩塌的分布

2. 不同高程与崩塌

崩塌地质灾害高程分布见图2.16、图2.17，表明崩塌主要分布在500～2000m的高程上，以低中山地形处的崩塌地质灾害最多。

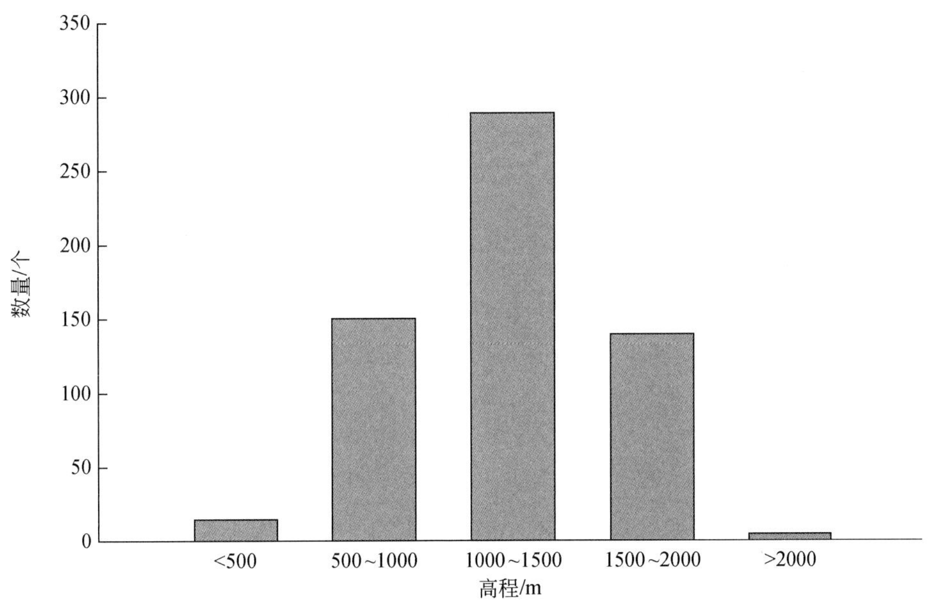

图 2.16　高程与崩塌分布

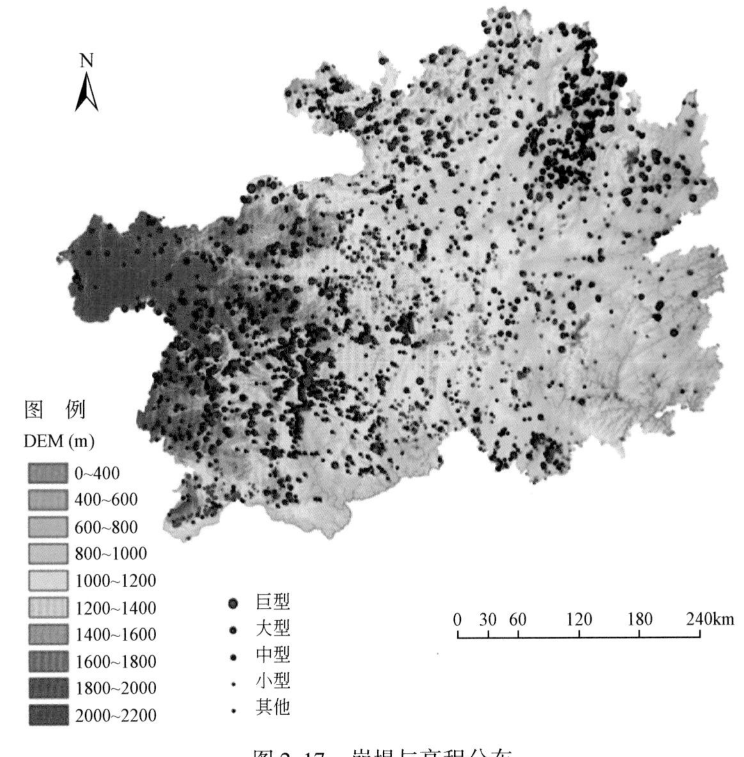

图 2.17　崩塌与高程分布

3. 不同地貌单元与崩塌

根据地貌分区，崩塌在不同地貌单元的分布不同。四川盆地南缘山地区：赤水丹霞丘陵区 0.8 个/100km^2，习水丹霞低山-低中山区 2.4 个/100km^2。云贵高原山地中，(1) 贵州高原溶蚀侵蚀喀斯特山地：①威宁高中山-中山喀斯特峰丛区 1.1 个/100km^2；②赫章-盘县中山喀斯特峰林-峰丛区 2.2 个/100km^2；③金沙-毕节中山-低山喀斯特峰丛-丘丛区 1.7 个/100km^2；④黔中中山-低山喀斯特峰林区 3.7 个/100km^2；⑤黔西南低山-中山喀斯特峰林-丘原区 2.3 个/100km^2；⑥黔东北中山-低山丘丛-峰丛区 1.0 个/100km^2；⑦铜仁低山丘陵峰丛-丘丛区 0.8 个/100km^2；⑧施秉-福泉低中山喀斯特峰林-丘丛区 1.4 个/100km^2；⑨独山-平塘中山-低中山喀斯特峰丛-谷盆区 2.3 个/100km^2。(2) 黔西南南部侵蚀剥蚀陆屑岩山地：册亨-望谟中山-低山丘陵区 1.4 个/100km^2。(3) 黔东侵蚀剥蚀变质岩山地：黔东南中山-低山区：①雷山-榕江中山-低中山亚区 0.4 个/100km^2；②天柱-黎平低山-低中山亚区 0.2 个/100km^2。

统计表明，在云贵高原山地区：贵州高原溶蚀侵蚀喀斯特山地的黔中中山-低山喀斯特峰林区崩塌地质灾害最发育，达 3.7 个/100km^2；其次为四川盆地南缘山地区：习水丹霞低山-低中山区；云贵高原山地区：贵州高原溶蚀侵蚀喀斯特山地赫章-盘县中山喀斯特峰林-峰丛区，黔中中山-低山喀斯特峰林区 3.7 个/100km^2，黔西南低山-中山喀斯特峰林-丘原区 2.3 个/100km^2，独山-平塘中山-低中山喀斯特峰丛-谷盆区 2.3 个/100km^{2}崩塌地质灾害较发育，每百平方千米崩塌地质灾害点大于 2 个；而黔东侵蚀剥蚀变质岩山地崩塌地质灾害不发育，每百平方千米崩塌地质灾害点小于 0.5 个。

4. 崩塌地理分布

地理分布上，崩塌地质灾害主要发育在威宁县以东、册亨北-望谟北-罗甸县北部以北区域，江县-三都县以西、丹寨-雷山-台江-剑河-三穗以北区域，其他区域发育程度较低(图 2.18)。

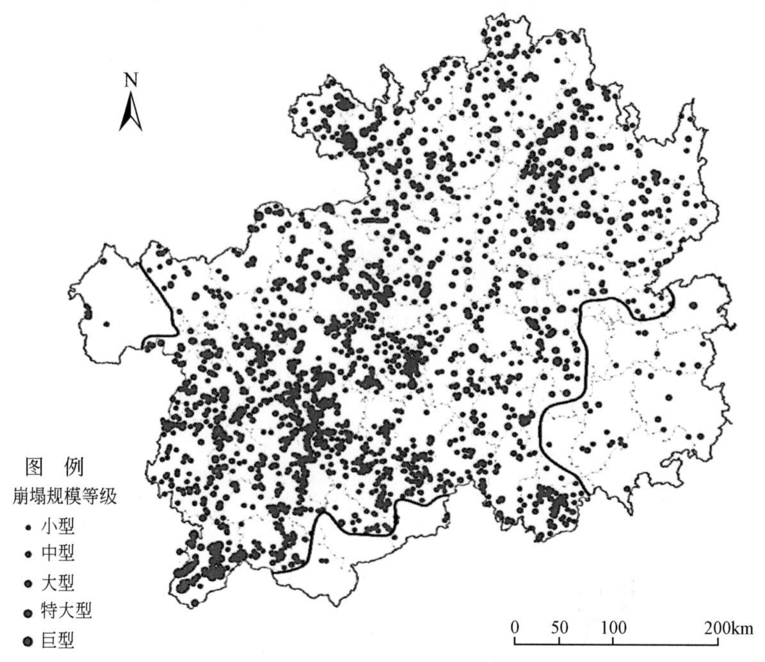

图 2.18　崩塌地质灾害地理分布

（四）不同地貌与泥石流

1. 相对高程

相对高程对泥石流的形成起关键作用，因为相对高程决定势能的大小。相对高程越高、势能越大，形成泥石流的动力条件越充足；因此泥石流主要发生在高山、中山和低山区，起伏较大的高原周边也有泥石流分布。地貌阶梯之间的交接带正是岭谷相对高低悬殊、切割强烈的山地，最明显的第一阶梯和第二、三阶梯交接带上的乌蒙山脉，这些山脉平均相对高度2000～3000m，对泥石流形成最为有利，泥石流分布最集中，泥石流沟数量占全省绝大部分。第二阶梯和第三阶梯之间的武陵山等，相对高度平均1000～1500m，泥石流沟的数量及活跃程度不及西部山区。

贵州省泥石流分布高程主要在低中山区，相对高度小于500m（图2.19、图2.20）。高差小于300m的地区，容易形成泥石流沟谷。主要分布在第一阶梯和第二、三阶梯交接带上的乌蒙山脉，苗岭、大娄山山脉和武陵山脉一带。

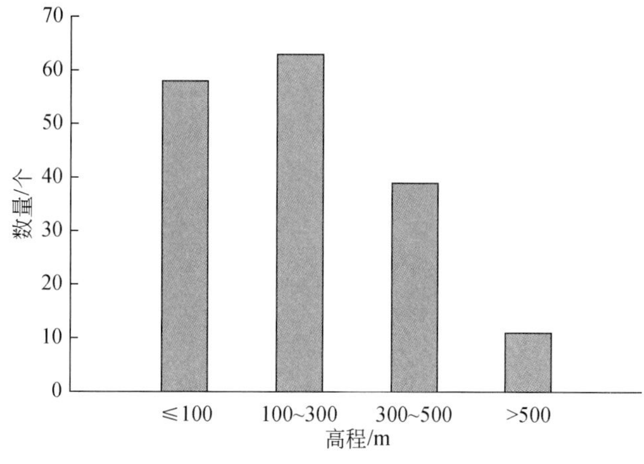

图2.19　泥石流发育相对高差

2. 坡度与坡向

1）山坡坡度

山坡坡度的陡缓，影响松散碎屑物的分布和聚集，凡是泥石流发育的山地，坡度均较陡。各地的坡度资料统计表明：我国西部高山、中山的泥石流沟山坡坡度平均多在28°～50°，东部低山多在25°～45°。因为≥45°的山坡为基岩裸露坡，残坡积物薄；<45°的山坡，风化物质能存留住，风化壳较厚，松散碎屑物较丰富。25°～45°的斜坡，残坡积物内摩擦角大致与山坡坡度一致。各地的坡度资料统计表明，西部高山、中山的泥石流沟，山坡坡度相，松散碎屑物处于极限平衡状态，一遇暴雨激发，易产生重力侵蚀。大量调查表明25°～45°的斜坡发生滑坡的可能性最大，≥45°的斜坡发生的多是崩塌性滑坡。不稳定的山坡成为泥石流的主要物质来源，平均坡度<25°的缓坡山地，山坡较稳定，很少有重力侵蚀；坡度<5°的缓坡，水土流失轻微。

贵州省泥石流发育的山坡坡度，大多在25°～32°，有71个，占泥石流总数的38.8%；

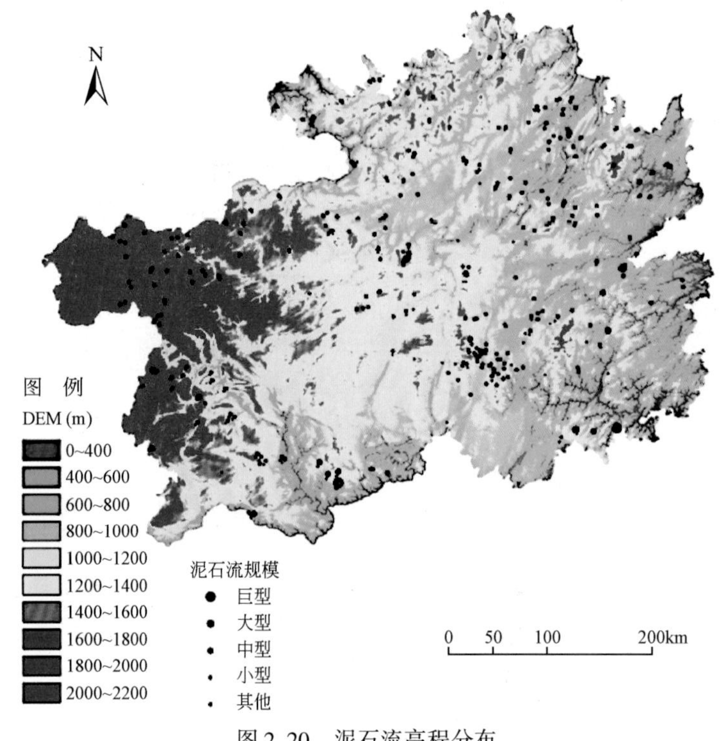

图 2.20 泥石流高程分布

>32°的有 65 个，占泥石流总数的 35.5%；15°～25°的有 38 个，占泥石流总数的 20.8%；≤15°的有 9 个，占泥石流总数的 4.9%。

2）山坡坡向

泥石流活动的强弱与山坡坡向具有一定关系。泥石流沟主要出现在向南和东南方向的迎风坡面上。背风坡（北坡、西北坡）面的泥石流沟少。

3）流域形状和沟谷形态

流域形状对雨水和暴雨径流过程有明显的影响，径流和洪峰流量大小，直接关系着各种松散碎屑物质的启动和参与泥石流活动，因此泥石流发生关系密切，最有利于泥石流体汇流的流域形状是漏斗形、栎叶形、桃叶形、柳叶形和长条形等几种形状。贵州发育的泥石流沟谷 V 型谷（谷中谷、U 型谷）有 125 个，占 69.8%；复式断面有 12 个，占 6.7%；平坦型沟谷 11 个，占 6.1%；拓宽 U 型谷 31 个，占 17.3%。

泥石流沟的流域面积、沟长和沟床纵坡是表征沟谷形态的 3 个重要参数。贵州发育的泥石流流域面积≤5km^{2}的有 135 个，占 78.9%；5～10km^{2}有 25 个，占 14.6%；10～100km^{2}有 11 个，占 6.4%。

沟床纵坡的大小可以表征泥石流的能量及活动强弱。贵州发育的泥石流沟床纵坡≤3°的有 18 个，占泥石流总数 9.8%；3°～6°的有 30 个，占 16.4%；6°～12°有 59 个，占 32.2%；>12°的有 76 个，占 41.5%，表明沟床纵坡大于 12°的泥石流沟发育。

3. 不同地貌单元与泥石流

根据地貌分区，泥石流在不同地貌单元的分布不同。四川盆地南缘山地区：赤水丹霞丘陵区无泥石流灾害属发生，习水丹霞低山-低中山区 0.36 个/100km^2。云贵高原山地中，(1) 贵州高原溶蚀侵蚀喀斯特山地：①威宁高中山-中山喀斯特峰丛区 0.24 个/100km^2；②赫章-盘县中山喀斯特峰林-峰丛区 0.23 个/100km^2；③金沙-毕节中山-低山喀斯特峰丛-丘丛区 0.11 个/100km^2；④黔中中山-低山喀斯特峰林区 0.01 个/100km^2；⑤黔西南低山-中山喀斯特峰林-丘原区 0.09 个/100km^2；⑥黔东北中山-低山丘丛-峰丛区 0.08 个/100km^2；⑦铜仁低山丘陵峰丛-丘丛区 0.13 个/100km^2；⑧施秉-福泉低中山喀斯特峰林-丘丛区 0.13 个/100km^2；⑨独山-平塘中山-低中山喀斯特峰丛-谷盆区 0.04 个/100km^2。(2) 黔西南南部侵蚀剥蚀陆屑岩山地：册亨-望谟中山-低山丘陵区 0.06 个/100km^2。(3) 黔东侵蚀剥蚀变质岩山地：①黔东南中山-低山区；②雷山-榕江中山-低中山亚区 0.1 个/100km^2；③天柱-黎平低山-低中山亚区 0.02 个/100km^2。

4. 泥石流地理分布

地理分布上，泥石流主要分布在威宁县以东乌蒙山区及黔西南一带，苗岭山区、大娄山区、武陵山脉一带以及从江县以南地区。发育比较密集地带为黔西北赫章县一带、黔西南和从江县以南地区。其他区域，泥石流发育稀少（图 2.21）。

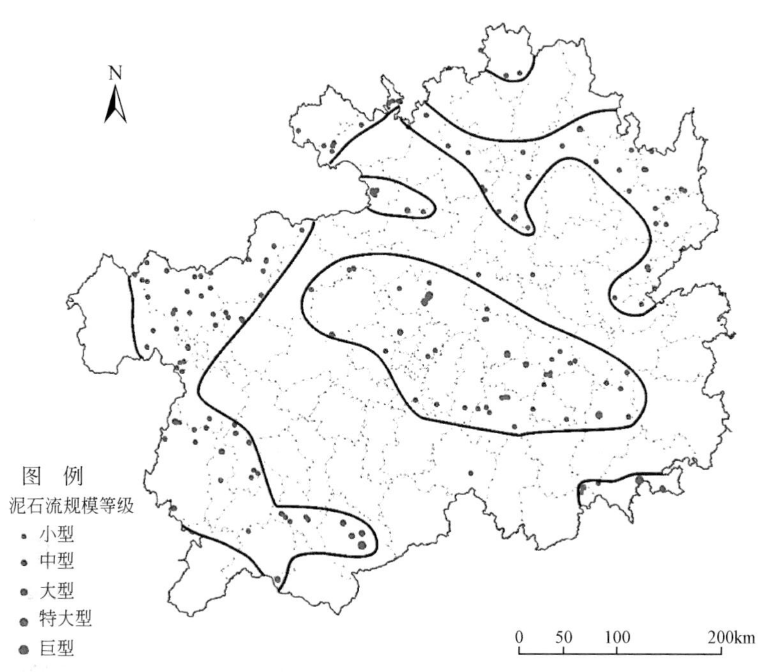

图 2.21　泥石流灾害地理分布

（五）不同地貌与其他地质灾害

1. 地裂缝

1）地形条件下的地裂缝

地裂缝主要出现在山坡地段，占所有出现的地裂缝总数的 52%；其次部分出现在山脚地段；少部分出现在山顶及由山顶延伸到山坡地段。从发展的形态看，直线状延伸最多，达地裂缝总数的53.9%；其次为折线型，约占30%；较少的是弧线型。分布高程上，主要分布在低中山地地区，占地裂缝总数的63.5%（图2.22、图2.23）。

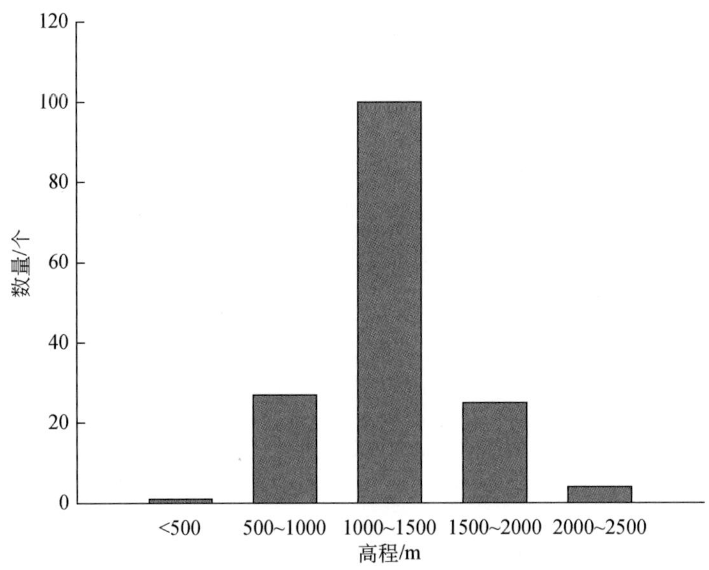

图2.22　地裂缝高程分布

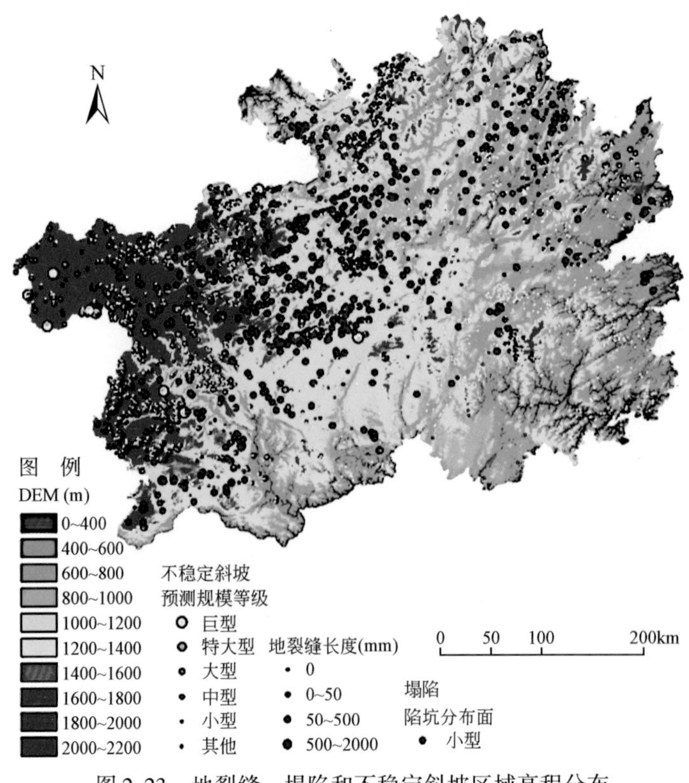

图2.23　地裂缝、塌陷和不稳定斜坡区域高程分布

2）不同地貌单元与地裂缝

根据地貌分区，地裂缝主要出现在云贵高原山地中，贵州高原溶蚀侵蚀喀斯特山地：①威宁高中山–中山喀斯特峰丛区 0.1 个/100km^2；②金沙–毕节中山–低山喀斯特峰丛–丘丛区 0.17 个/100km^2；③黔中中山–低山喀斯特峰林区 0.64 个/100km^2；④黔西南低山–中山喀斯特峰林–丘原区 0.45 个/100km^2。地裂缝发育一般与地貌单元斜交或平行，其他的切割相交方式较少。

3）地裂缝地理分布

地理分布上，地裂缝主要分布在仁怀市一带，遵义市部分区域；黔中及以西至六盘水一带。发育比较密集地带为仁怀市一带、黔西及黔西南；其他区域地裂缝发育稀少（图 2.24）。

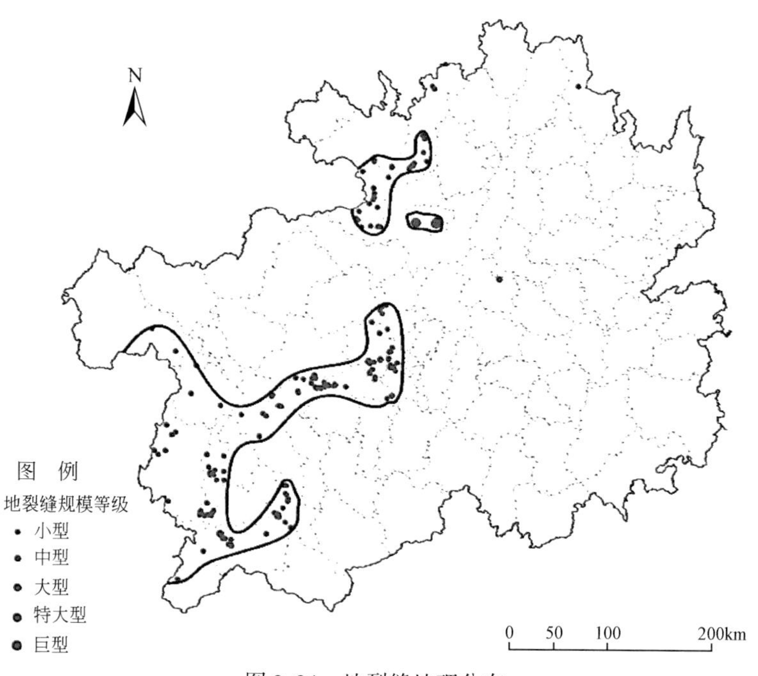

图 2.24　地裂缝地理分布

2. 地面塌陷

1）地形条件与塌陷

地面塌陷地质灾害高程分布见图 2.25，表明地面塌陷主要分布在 500 ~ 2000m 的高程上，以低中山地形处的地面塌陷地质灾害最多。

从调查数据统计，地面塌陷分布在河边阶地、河边阶地和山坡、平原、平原和山间凹地、平原和山坡、山顶、山间凹地、山间凹地和河边阶地、山间凹地和山顶，山间凹地和山坡、山间凹地和山坡及山顶、山坡、山坡和山顶等组合地形上。其中以山坡发生地面塌陷最多，占地面塌陷总数的 57.9%；山间凹地次之，占地面塌陷总数的 26.1%。从形成塌陷陷坑形态上，多以圆形为主，群集式或长列式发育，表明与采矿形成冒顶式塌陷有密切联系。

2）不同地貌单元塌陷分布

统计表明，地面塌陷主要分布于云贵高原山地中，贵州高原溶蚀侵蚀喀斯特山地最发

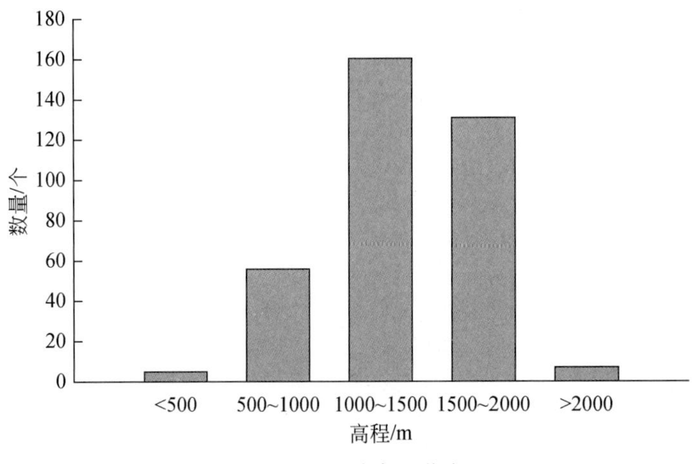

图 2.25　塌陷高程分布

育，主要表现为：黔中中山-低山喀斯特峰林区 1.45 个/100km^2，赫章-盘县中山喀斯特峰林-峰丛区 1.42 个/100km^{2}为最发育区；威宁高中山-中山喀斯特峰丛区 1.02 个/100km^2、金沙-毕节中山-低山喀斯特峰丛-丘丛区 1.09 个/100km^{2}为次发育区；其他区域地面塌陷发育程度低；而在四川盆地南缘山地区不发育。

3）地面塌陷地理分布

地理分布上，地面塌陷主要分布在威宁县以东、仁怀-习水县以南、绥阳-正安-道真县以南、兴义市以北、安龙-贞丰-紫云-长顺-惠水-龙里-贵定-麻江-福泉-黄平-余庆-石阡-江口-铜仁以西一带。发育比较密集地带为盘县、普定及织金县；其他区域地面塌陷发育稀少（图 2.26）。

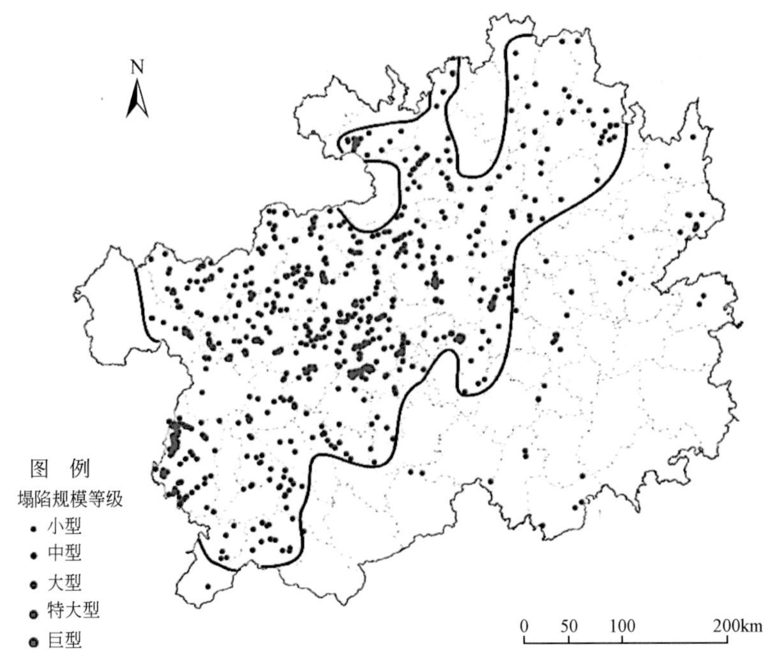

图 2.26　地面塌陷地理分布

3. 不稳定斜坡

1）地形条件与不稳定斜坡

不稳定斜坡地质灾害高程分布见图2.27。表明不稳定斜坡主要分布在500～2000m的高程上，以中低山地形处的不稳定斜坡地质灾害最多，与滑坡类似。

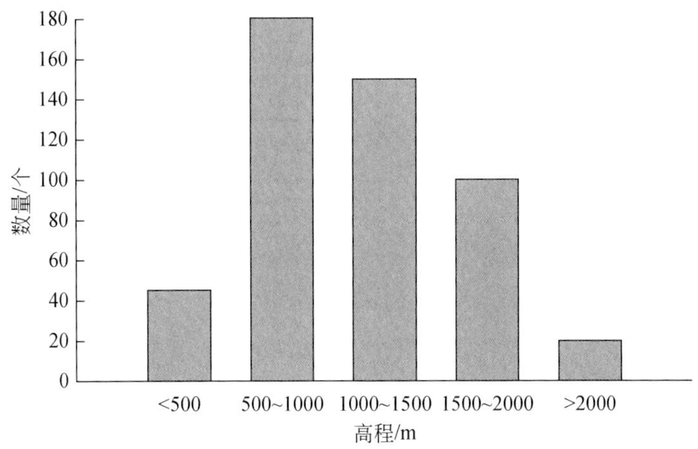

图2.27　不稳定斜坡高程分布

坡面形态以凸形为主，阶状次之，凹形和直线形态又次之。坡度以25°～35°为主，20°～25°和35°～40°次之（图2.28）。与滑坡坡度相似，表明可能的发展趋势以滑坡地质灾害为主。

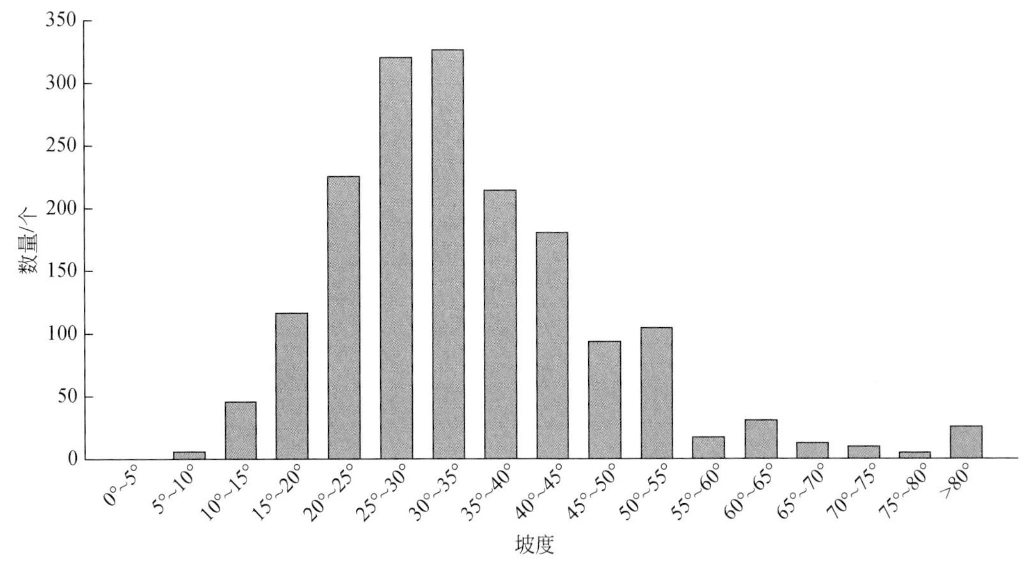

图2.28　不稳定斜坡坡度分布

2）不同地貌单元与不稳定斜坡

不稳定斜坡主要分布在云贵高原山地中，贵州高原溶蚀侵蚀喀斯特山地：威宁高中山-中山喀斯特峰丛区 2.08 个/100km²；赫章-盘县中山喀斯特峰林-峰丛区 2.08 个/100km²，该两个区最发育。其次发育在金沙-毕节中山-低山喀斯特峰丛-丘丛区 1.34 个/100km²；黔西南低山-中山喀斯特峰林-丘原区 0.98 个/100km²；施秉-福泉低中山喀斯特峰林-丘丛区 1.07 个/100km²；黔东侵蚀剥蚀变质岩山地：雷山-榕江中山-低中山亚区 1.13 个/100km²；天柱-黎平低山-低中山亚区 1.04 个/100km²。

3）不稳定斜坡地理分布

地理分布上，不稳定斜坡主要分布在习水县以南，天柱县以西的大片区域；其中在绥阳-正安-道真县一带、册亨-望谟-紫云-安顺-普定-织金县一带、独山-荔波-三都-榕江县一带不稳定斜坡发育程度低。发育比较密集地带为西部地区、西北及桐梓县，其他区域地面塌陷发育稀少（图 2.29）。

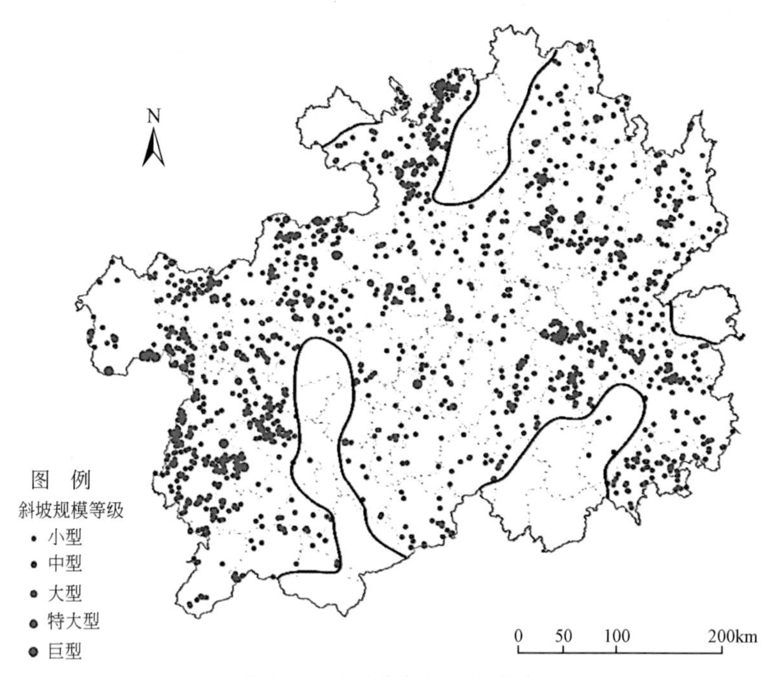

图 2.29　不稳定斜坡地理分布

（六）不稳定地貌环境的地质灾害

不稳定地貌主要指由重力地貌、流水地貌、溶蚀地貌等引起的不稳定斜坡坡体变形的地带或区域。由于已经包含于其他地质灾害中，在此以地层叠置关系论述贵州独特的四类岩性组合形成的地质灾害。主要是含矿碎屑岩或碎屑岩软弱基岩、含矿碎屑岩或碎屑岩软弱基座上覆硬质岩类易引发斜坡地质灾害。

一类是板溪群清水江组和番召组。灰绿色条带状板岩，灰色、深灰色厚层至块状粉砂岩、变余凝灰岩互层。在自然条件下，极易风化形成松散堆积体，为滑坡提供了丰富的物质基础，受大气降水侵蚀、坡脚受水库蓄水浸润，将造成斜坡松散堆积物产生变形蠕滑，使斜坡遭受破坏形成滑坡灾害。在三板溪水库一带此类滑坡较典型。

岑巩一带分布的杷榔组。易形成松散堆积层，坡体风化强烈，在沟谷切割地带易产生小型滑坡。

望谟一带的边阳组和许满组（新苑组）。边阳组为砂岩、粉砂岩、黏土岩及少量石灰岩韵律互层；许满组为灰、灰绿色薄层状粉砂质页岩、粉砂岩、黏土岩夹泥灰岩。碎屑岩极易风化形成松散堆积体，是望谟泥石流物源的提供者，也是斜坡地质灾害发生的温床。

另一类是震旦系灯影组与陡山沱组的叠置关系。陡山沱组为含磷矿碎屑岩，而上覆为中厚层状白云岩，因磷矿的开采，导致上覆白云岩崩塌，这在磷矿区较典型。

第三类是中部缺失跨系统地层叠置。主要是二叠系栖霞-茅口组（薄层梁山组）叠置在志留系韩家店群上。栖霞-茅口组为硬质岩层，而下伏韩家店群为一套杂色碎屑岩。一方面韩家店群形成的斜坡产生滑坡、地裂缝及不稳定斜坡，风化形成的堆积体为泥石流提供物源；另一方面，由于形成软弱基座，蠕动变形及应力松弛使上覆受溶蚀裂隙控制的碳酸盐岩倾倒崩落，形成具有规模的崩塌体。这在黔东北一带比较典型。

第四类是能源开采连续地层叠置。可以分两种，一种是二叠系梁山组煤层的开采，导致上覆栖霞-茅口组石灰岩形成崩塌；另一种是二叠系龙潭组煤层的开采，导致上覆长兴组、大隆组、飞仙关组（夜郎组）、永宁镇组叠置形成的坡体诱发地质灾害。前一种在黔东南及黔南较典型，而后者在黔西及黔西北最典型。

三、地质构造与地质灾害

（一）构造与滑坡

从滑坡分布的构造部位看，滑坡处于断层或褶皱构造部位的达3440余个，发育在褶皱附近的滑坡有2317个，而处于断层及断层破碎带附近的1069个。整体上滑坡主要分布在褶皱紧密、断裂发育区，在褶皱宽缓、断裂稀疏的地区分布的滑坡较少。

（二）构造与崩塌

崩塌分布构造部位1678个，处于背斜附近的199个，向斜附近的232个，而处于单斜山体的599个。断裂发育部位和褶皱紧密部位分布的崩塌比断裂分布稀疏、褶皱舒缓部位多。

（三）构造与泥石流

泥石流分布构造部位154个，处于褶皱附近的103个，大多在单斜构造附近；而处于断层的30个，主要是过沟断层。一般是断层密集地带分布的泥石流多，断层欠发育地带泥石流分布较少。

（四）构造与其他地质灾害

1. 地裂缝与构造

地裂缝主要与人类矿业开采有密切联系，一般受岩层软硬程度控制。在构造裂隙发育的地段、岩质软弱及上覆土层受地下巷道冒落下错，在巷道顶部形成移动盆地，在影响区易形成裂缝。

2. 地面塌陷与构造

同样，地面塌陷大多数与开采矿产有关。岩溶塌陷与碳酸盐类形成溶蚀裂隙、大型 X 节理、小型断层有关，在区域性断层密集地段，产生岩溶塌陷的数量多。在宽缓褶皱大片碳酸盐岩出露地区，塌陷多沿断裂及主裂隙方向分布，如水城盆地塌陷多沿 NE、NW 向两组裂隙发生，安顺地区塌陷主要顺 NE 向裂隙产生。在狭窄的紧密褶皱条形地区，塌陷则多顺层分布，如六枝、普安、遵义等地。

3. 不稳定斜坡与构造

位于褶皱和断层的不稳定斜坡灾害数 1259 个，位于断层附近的有 350 个；位于褶皱附近的有 843 个，具有单斜构造的 426 个。表明不稳定斜坡灾集中褶皱与断层发育的地带，与斜坡坡向、上覆土层、岩层软弱性及人类活动叠加，造成了该类地质灾害发育。

四、地震诱发次生地质灾害

从已经发生的地震情况看，地震造成了大量岩土体松动、脱落，在震级较小状况下也时有发生，因此地震诱发次生地质灾害的影响不容忽视。

（一）地震与次生滑坡地质灾害

由于贵州地震震级小，目前尚未发现地震诱发滑坡地质灾害。但贵州地震活跃地段大多在低中山区，地震震动造成斜坡物质更加松散，斜坡结构变脆弱，在外力激发下容易失稳下滑。近来受彝良地震影响的黔西北威宁、赫章县，部分已经存在的滑坡受其影响有加剧趋势。

（二）地震与次生崩塌地质灾害

崩塌大多处于高陡斜坡，地震施加的水平应力加速了陡倾结构面的张开度，弱化裂隙间内聚力。一些溶蚀孤峰、悬崖岩体，受地震震动振幅放大效应，易于崩落。例如，2010 年 1 月 17 日，贵州省贞丰县、关岭县和镇宁县交界处发生 3.4 级地震，震源 10km，诱发了崩塌，导致 6 人死亡，9 人受伤。震中地区是三组断层交汇部位，一组为近 NE 向右旋平移断层，另一组为近 NW 向的逆断层，第三组为 SN 向断层组成。其原因是地貌陡峭和地层结构在地震共同作用下产生的。

（三）地震与次生泥石流地质灾害

贵州省在垭都-紫云活动断裂带上发生小震级的地震次数多，虽然造成的危害较少，但对表面岩土体的力学性质弱化有很大的联系。由于坡体结构受地震影响的变化，加剧这些物质更加松散，在暴雨激发下易于沟谷集中；地震也加速结构面的进一步张开，粗糙度下降，风化加剧。这些因素易于在地震区附近沟谷形成泥石流的物源，一旦暴雨激发，会形成泥石流沟谷。这是在赫章县一带泥石流沟谷较多的原因之一。

(四) 地震与其他次生地质灾害

基于大多数地裂缝与矿山开采有关，地裂缝的形成与小震级的地震关系不大。

地震诱发次生塌陷地质灾害较少。由于地震可使部分岩溶塌陷区溶蚀裂隙增加延伸长度，加宽裂隙宽度，可导致尚未形成塌陷坑（洞）的区域增加陷落的危险，也使形成第列式塌陷区陷落范围增加。对人类工程活动引起的塌陷影响小。

地震诱发不稳定斜坡地质灾害主要与坡体结构趋于变差有关。形成分析与形成次生滑坡地质灾害类似。

这表明了在贵州，虽然地震震级较小，但仍能引发地质灾害。依据贵州 DEM 图，结合断层作用的在 300m 缓冲距离中，滑坡和泥石流地质灾害所点的百分比。分析表明，在断层活动地带，地质灾害发育约占 10%。

五、岩土体结构特性与地质灾害

(一) 岩土体与滑坡

岩土体是滑坡产生的物质基础，不同类的岩土体，其化学成因、物理力学性质不同，由不同岩土体类型构成的边坡其稳定性就各异。滑坡常发生在软质岩体和硬相间岩体类型（包括硬夹软和软夹硬岩体）构成的斜坡中。例如，第四系松散堆积层，下三叠统飞仙关组泥岩、砂页岩，上二叠统的黏土岩、砂页岩夹煤层等软质岩体分布区、滑坡较多，如图 2.30所示。软质岩体富含泥质、易风化，一般中-强风化带厚度可达 20～30m，岩石极为软弱，当岩石破碎、透水性良好时、更易产生滑动、滑动面可以是层面或是岩体中形成泥化的软弱夹层。较坚硬岩体以白垩系砾岩、含砾砂岩夹泥岩和前震旦系浅变质的板岩、凝灰岩、变余砂岩等为代表、产生的滑坡也较多。滑坡岩土体类型主要以土质型滑坡为主，碎石土（严格划分，应该属于土质或岩土混合型）次之，而坚硬岩体产生滑坡较少。从滑坡在各类岩体中的分布数量来看，软质岩体中的滑坡占总数的 50% 以上，软硬相间岩体中滑坡占总数的 15%，半坚硬岩体中的滑坡占总数的 13%，硬质岩体中的滑坡占总数的 22% 左右。

岩体结构对滑坡产生的影响是明显的。岩体结构常分为块状结构、厚层状结构，中-薄层状结构，松散结构，碎裂结构等。结构不同，对边坡稳定性影响不同。滑坡多发生在松散结构和薄-中层状结构的岩体中。因为松散结构、凝聚力差，透水性强，易软化，从而岩面常为滑动面。因层面本身就是软弱结构面，加上断裂发育，易造成边坡失稳。浅变质岩的凝灰岩，变余砂岩、板岩等一般为薄层或中层状结构，加之又常被密集的节理切割成方块状，岩石极易风化，风化带厚 20～30m，尤其是板岩、凝灰岩，暴露于大气中数天内即风化崩解成片状或碎块状，板岩层间错动发育，泥化现象严重，也易造成边坡失稳。当然厚层，块状结构的岩体也有滑坡产生，但多受断层或裂隙的切割，岩体的完整性遭到破坏所引起。

破碎结构产生的滑坡，贵州尤以玄武岩表现最为突出，玄武岩极易风化破碎成几厘米至几十厘米的小岩块，破碎结构风化带厚常达 30 ~ 50m，岩体的整体性几乎完全丧失，其强度大大降低，透水性良好，易受侵蚀切割，形成深切的冲沟。尤其当其下伏为软化的凝灰岩时，就构成了明显的软弱结构面，当此软弱面临空时，就会产生较大的滑坡。因此，结构对边坡稳定性的影响，就在于有软弱结构面。

岩体介质结构是具不同力学性质及不同变形特征的不同岩土体类型的空间分布组合特征，岩体介质的组合不同，边坡的稳定状态不同，如软硬相间岩体介质结构所构成的斜坡，对滑坡的产生是很重要的。软弱夹层往往是控制滑移面，岩层与坡面形成一定的组合关系时，则易产生滑坡，且多为顺层滑坡。特别是斜坡上部为硬质岩体，下部为软质岩体，造成头重脚轻的不稳定现象，稳定性较差。在六盘水地区河谷斜坡地带，常常是山顶为 T_{1-2}石灰岩、白云岩，山脚为 T_1f 或 P_3的黏土岩，砂质岩夹煤，因此，滑坡、崩塌常发生，地形变形强烈，蠕变现象、开裂现象较多。

从滑坡类型上，土质滑坡占绝大多数，且大多位于软质岩石形成的斜坡地带。由于贵州土壤贫瘠，岩土界面因雨水有充分的滞留时间，导致岩土体力学性质发生变化，易沿该界面发生滑动，也是导致浅层滑坡多发的原因。

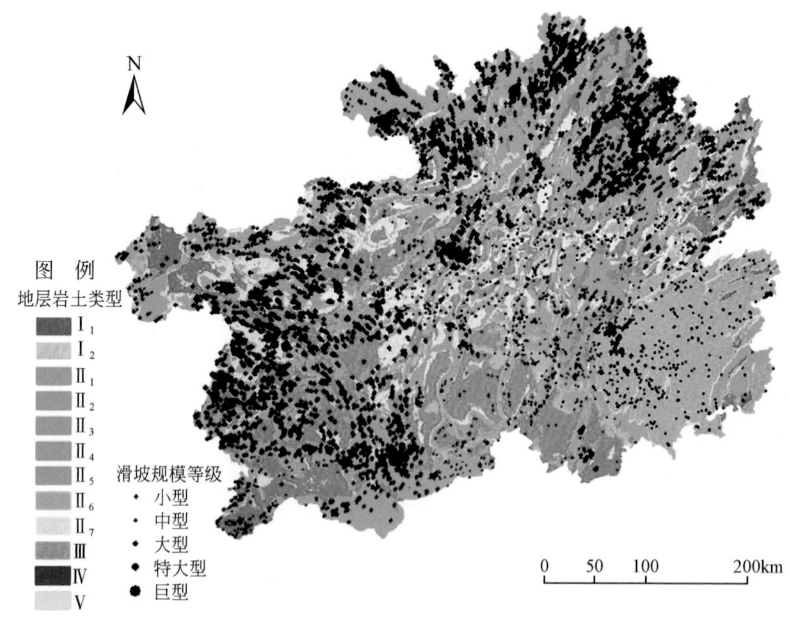

图 2.30　岩土体与滑坡

Ⅰ$_1$. 硬质碳酸盐岩；Ⅰ$_2$. 硬夹软碳酸盐岩；Ⅱ$_1$. 硬质碎屑岩；Ⅱ$_2$. 薄-中厚硬质碎屑岩；Ⅱ$_3$. 软质碎屑岩；Ⅱ$_4$. 硬夹软碎屑岩；Ⅱ$_5$. 软夹硬碎屑岩；Ⅱ$_6$. 碎夹碳酸盐岩；Ⅱ$_7$. 软碎屑岩夹碳酸盐岩；Ⅲ. 变质岩；Ⅳ. 岩浆岩；Ⅴ. 松散岩（以下同）

（二）岩土体与崩塌

岩体特征是起主导作用的内因。崩塌多发生在坚硬的岩体，研究区内发生在硬质岩体石灰岩、白云岩的崩塌1986个，占总数的76%，发生在变质岩、玄武岩、砂岩硬质岩体仅占24%。在平缓构造软硬相间的岩体组合，即上部为坚硬的岩体，下部为软弱、较软弱风化强烈的岩体呈二元结构的配置关系，也称软弱基座型，易发生崩塌，占总数的20%以上，二元配置关系见图2.31。软弱基座型崩塌，一般上覆是硬质岩层，下伏为软质岩层，岩层倾角平缓；上覆岩层裂隙发育，透水性好，地表水渗入快，下伏软质岩透水性差，当地下水富集后，岩层易软化，形成软弱基座，随着软弱基座的塑性变形，导致上覆硬岩沿临空方向撕裂变形，进而倾倒、翻滚形成崩塌。还有一种情况是软弱基座长期受风化剥蚀，陡岩基座坡退形成凹面，上覆岩体失去支撑，沿自身垂直不利结构面向临空方向产生卸荷掉块形成崩塌。这两种情况都是软弱基座先产生塑性变形，导致上覆岩体产生拉裂，扩大自身不利结构面，在自重力及斜坡卸荷作用下产生坡体破坏形成崩塌。其变形破坏模式为塑流-拉裂。

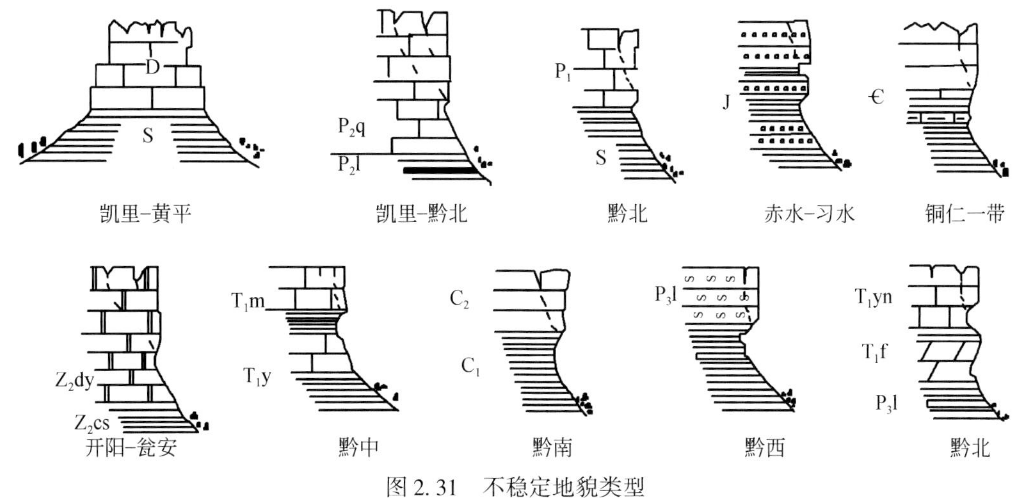

图2.31　不稳定地貌类型

从崩落特征看，构造卸荷裂隙和溶蚀裂隙导致岩体与母岩分离，形成的崩塌占大多数，很多古崩塌和近年来在碳酸盐岩内发生的崩塌均属此类，如在二叠系块状灰岩中发生的崩塌、在三叠系粉砂岩和二叠系玄武岩中发生的崩塌，还有一部分为软弱基座型崩塌，如在二叠系、三叠系等中发生的崩塌（图2.32）。

（三）岩土体与泥石流

岩石分为硬质岩石和软质岩（及未成岩松散土层），硬质岩石结构致密，耐风化侵蚀；而软质岩石结构密实性差，孔隙多，风化侵蚀快速，易于形成深厚的风化壳，在三大类岩石中，多数的沉积岩、变质岩及含煤地层都是软弱岩石。沉积岩中的半成岩和松散层，如残坡积层、冲洪积层等均为第四系松散堆积层，它们的储量，发育程度更与泥石流的活动息息相关。岩石是泥石流形成的物质基础。不同性质的岩石，对泥石流形成的频率、规模和性质有密切关系。

珠江上游的北盘江在流经贵州省的盘县、普安、晴隆、关岭一带，属新构造运动比较活跃的相对隆升区域。地表受河流切割强烈。形成中山峡谷，山岭海拔1800～2300m，岭

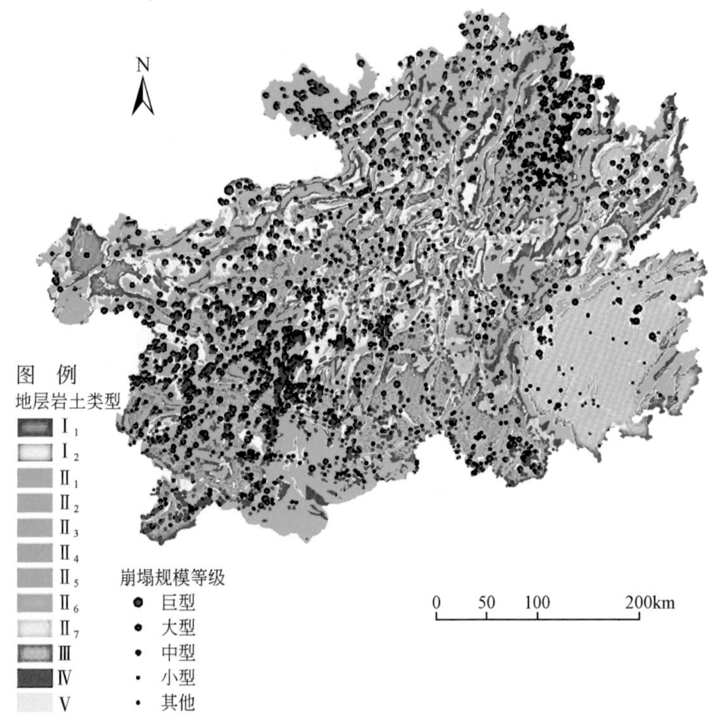

图 2.32 岩土体与崩塌

谷相对高度 700 ~ 1000m，这一带成为贵州省内泥石流等山地灾害分布相对集中的区域。

贵州境内先成的地质灾害（如先成的滑坡、崩塌）及水土流失十分普遍。这些地质体结构松散，并大多处在地形较陡的部位，在暴雨作用下极易形成泥石流。先成地质灾害为泥石流的形成提供了物源。分布特征上，多位于有松散堆积或泥石流沟床内松散碎屑物质丰富、岩石为软质岩、沟岸其他地质灾害类型活跃的区域（图 2.33）。

（四）岩土体与其他地质灾害

1. 岩土体与地裂缝

岩体地裂缝的形成，与下伏岩石的软硬即力学性质有关。采空区因为顶板软弱失稳，导致顶板塌落，影响的塌落拱圈延伸至地面，可形成地裂缝。斜坡土体地裂缝的形成，也与下伏软质岩石有一定关系：斜坡上的软质岩石在长期应力作用下，易形成蠕变顺坡倾斜，导致上覆土体向坡下移动而形成错动裂缝。一些坡体上存在具有微胀缩性土体，在季节性干旱作用下，可以形成地裂缝，且略有下错迹象；而在雨季时蠕变加大，但裂缝宽度变化较小。

贵州地裂缝的形成，在岩土体软弱地区较多，矿山开采地段分布较密集，部分与斜坡坡体变形有关。

2. 岩土体与塌陷

在 843 个地面塌陷中，岩溶塌陷 233 个，占 27.6%。主要是分布在碳酸盐岩岩组，其

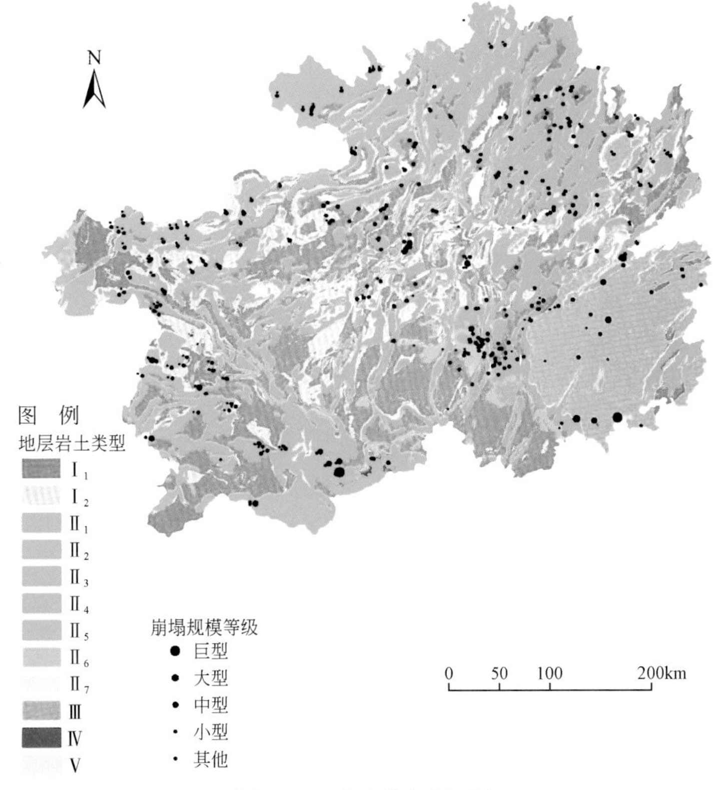

图 2.33　岩土体与泥石流

次是碳酸岩与碎屑岩互夹或互层岩组里。一般薄层状盐岩形成塌陷多些，在有构造延伸地段分布集中。已有研究表明，岩溶塌陷与土层厚度、土层岩性和结构、地下水、抽取地下水有关。

岩溶塌陷与基岩岩溶发育程度密切相关，岩溶发育程度直接影响岩溶塌陷的发生与发展，而岩溶发育程度又受控于碳酸盐岩的岩性，岩性组合、结构、构造、地貌、气候等多种因素影响，但岩性及层组的结构是基本的物质条件，岩溶发育程度又体现在岩溶地貌类型及溶洞、落水洞、洼地、坡立谷、岩溶盆地、漏斗、地下河等个体形态发育程度和密度上。

采矿造成的地面塌陷最多，与矿层顶板岩石软弱、开采方式等有关。非岩溶塌陷主要是由人为作用导致，塌陷区段均在煤炭资源或其他固体矿产资源的开采区，均因地下开采方法欠科学而致，表现在支撑过稀或不留矿柱或任意扩大采空区造成、非岩溶塌陷主要分布在人类地下工程活动强烈区。从非岩溶塌陷产生的地层来看，主要是发生在二叠系中，也有少数发生在石炭系和三叠系中。塌坑在平面上的形态大多为竖井状或巨形锅底状。塌坑附近往往伴有较多的地裂缝和大面积的地面沉降。地裂缝长数十米至数百米，宽数厘米至数米，塌坑展布受采空区的控制，地表塌坑或沉陷区段的分布、规模与地下采空区分布一致。

3. 岩土体与不稳定斜坡

岩土体与不稳定斜坡的关系总体与滑坡和崩塌相类似，在此不重复。分布在不同的岩土体上，见图 2.34。

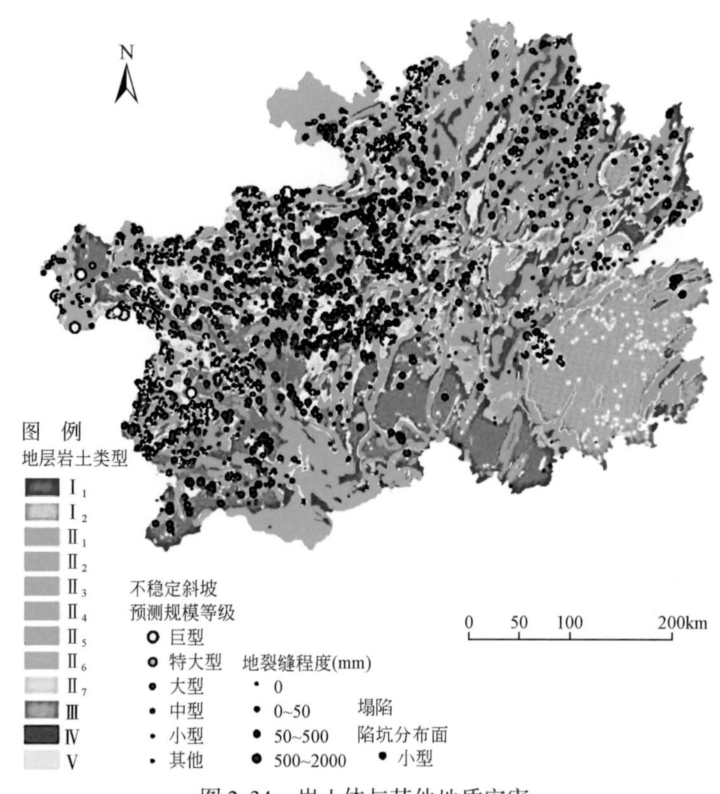

图 2.34　岩土体与其他地质灾害

六、水文地质与地质灾害

（一）水系与地质灾害

从流域的地质灾害分布上，全省流域按金沙江水系（包括牛栏江、白水河）、长江上游支流水系（包括赤水河、松坎河、洪渡河和芙蓉江）、乌江水系（包括六冲河、白甫河、石阡河等 16 条河）、沅江上游清水河水系（包括清水河、舞水、锦江和松桃河）、南盘江水系（包括黄泥河和马别河）、红水河水系（包括红水河和曹渡河）、北盘江水系（包括北盘江及其 8 条支流）、柳江水系（包括都柳江和打狗河）流域划分。从有效统计资料，全省流域地质灾害发育 10890 个，地质灾害总数最多的是乌江流域，为 4166 个；其次是北盘江流域，为 2102 个（表 2.9）。地质灾害最发育的是北盘江水系，达 10.0 个/100km^2，其次是南盘江流域和长江上游支流水系流域，分别是 8.7 个/100km^2 和 8.3 个/100km^2（表 2.10）。

表 2.9　贵州各流域面积地质灾害分布　（单位：个）

水系名称	流域面积/km^2	总数量	崩塌	不稳定斜坡	地裂缝	地面塌陷	泥石流	滑坡
金沙江水系	4888	140	21	53	0	11	5	50
长江上游支流水系	14708	1220	244	242	33	71	19	611
乌江水系	66807	4166	985	555	76	513	73	1964
沅江上游清水河水系	29162	1305	203	353	0	36	34	679
南盘江水系	7831	679	197	80	31	38	4	329
红水河水系	15978	740	344	62	0	8	6	320
北盘江水系	20982	2102	492	311	36	156	32	1075
柳江水系	15770	538	126	108	0	6	9	289
合计	176126	10890	2612	1764	176	839	182	5317

表 2.10　贵州每 100km^2 流域分布的地质灾害数　（单位：个）

水系名称	总数	滑坡	崩塌	泥石流	地裂缝	地面塌陷	不稳定斜坡
金沙江水系	2.9	1.0	0.4	0.1	0.0	0.2	1.1
长江上游支流水系	8.3	4.2	1.7	0.1	0.2	0.5	1.6
乌江水系	6.2	2.9	1.5	0.1	0.1	0.8	0.8
沅江上游清水河水系	4.5	2.3	0.7	0.1	0.0	0.1	1.2
南盘江水系	8.7	4.2	2.5	0.1	0.4	0.5	1.0
红水河水系	4.6	2.0	2.2	0.0	0.0	0.1	0.4
北盘江水系	10.0	5.1	2.3	0.2	0.2	0.7	1.5
柳江水系	3.4	1.8	0.8	0.1	0.0	0.0	0.7
合计	6.2	3.0	1.5	0.1	0.1	0.5	1.0

1. 水系与滑坡地质灾害

滑坡在乌江水系和北盘江水系分布最多，分别为 1964 个和 1075 个；而发育密度上则是北盘江水系最发育，为 5.1 个/100km^2，南盘江水系和长江上游支流水系次发育，都为 4.2 个/100km^2（图 2.35）。从滑坡所处的位置看，大多位于沟谷地带，高位滑坡较少。这是由于沟谷边岸易受水流冲刷及溪沟溯源侵蚀造成大的临空面；河流水位的涨落，也影响坡体变形趋势。

在沟谷地带，大多是坡积物、崩积物堆积区域，厚度较大，土层松散。堆积方式是沿沟谷中向山坡逐渐变薄。当前缘变形、影响到后缘下错，便形成规模不大的滑坡隐患点。近年来的采矿弃渣、路网建设形成的堆积体，也是形成部分滑坡的物质来源。在流域发源上，大多处于中西部，而在发源地附近是滑坡发育集中地，其原因首先是由于河流溯源侵蚀尚未停止，河流下切形成高陡临空面易形成滑坡；其次是西部坡度较大的坡体，在岩层软弱地带受水流冲刷易形成滑坡；第三是采矿业在西部较发达，形成大面积采空区，破坏山体稳定性，形成滑坡。

图 2.35 滑坡在流域上的分布

2. 水系与崩塌地质灾害

崩塌在乌江水系分布最多，为 985 个，其次为北盘江水系，为 492 个；而发育密度上则是南盘江水系最发育，为 2.5 个/100km²，北盘江水系和红水河水系次发育，每 100km² 分别为 2.3 个和 2.2 个（图 2.36）。

崩塌主要发育在水系的中上游地带，首先是河谷切割较大，河岸形成近于直立的陡坡，易发生崩塌；其次是岩质坚硬、厚层块状碳酸盐出露形成陡崖，在溶蚀作用、构造裂隙发育下，河谷提供崩落空间，易形成崩塌；第三是河流下切出露软弱基座，在风化、流水冲刷条件下，形成凹岩腔，导致上覆脆性岩体拉裂下坠；第四是河流下切出露层状矿层，采矿导致崩塌发生。例如，在北盘江和南盘江中上游地区、乌江流域上游一带，因开采煤炭导致崩塌时有发生；在开阳洋水河磷矿开采，造成山体破碎，形成危岩带。河流峡谷部位，往往因坡度大、势能高、不利结构面暴露，危险地质体易于失稳；河谷沿岸切割可达 700 ~ 1000m，特别是有些峡谷地段，岩壁陡立，为崩塌的形成提供了有利条件。

3. 水系与泥石流地质灾害

泥石流在乌江水系分布最多，为 73 个，其次为沅江上游清水河水系和北盘江水系，分别为 34 个和 32 个；而发育密度上则是北盘江水系最发育，为 0.2 个/100km²（图 2.37）。

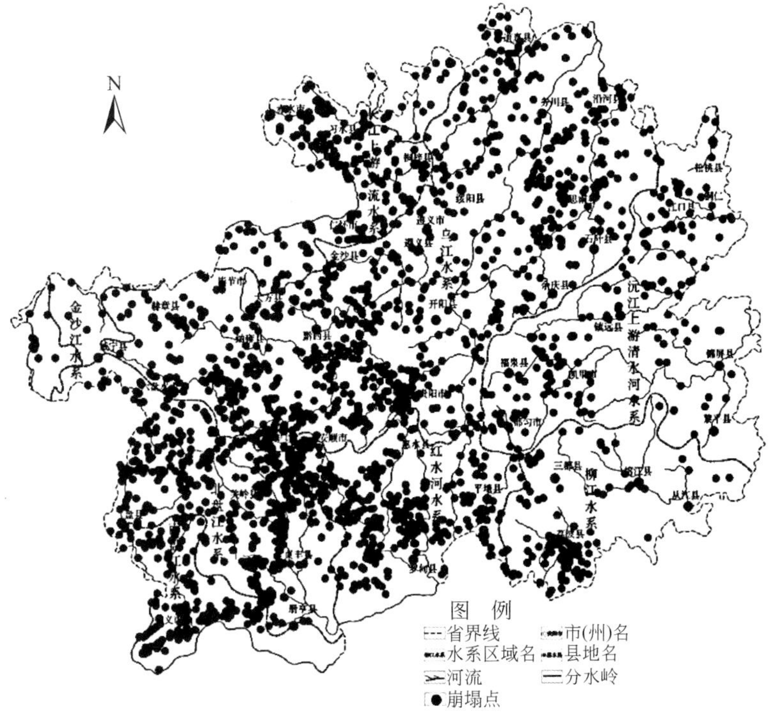

图 2.36　崩塌在流域上的分布

图 2.37　泥石流在流域上的分布

乌江流域中位于一级支流的六冲河流域在赫章—毕节一线以北地带的高中山峡谷泥石流分布的较多；北盘江水系在盘县一带分布较多；而沅江水系都匀-凯里市之间泥石流分布较多。表明在流域上游地段泥石流较发育。从其分布特点，这些地段是崩塌、滑坡发育区域，可知在上游的泥石流沟谷主要以有沟岸崩塌、滑坡形成固体物源，在强降雨下激发形成。

4. 水系与其他地质灾害

1）水系与地裂缝

地裂缝大多发育在采矿区域。由于流水塑造地貌作用，沟谷的切割形成高角度坡体，因采矿造成坡体破坏后，地裂缝易发育（图 2.38）。

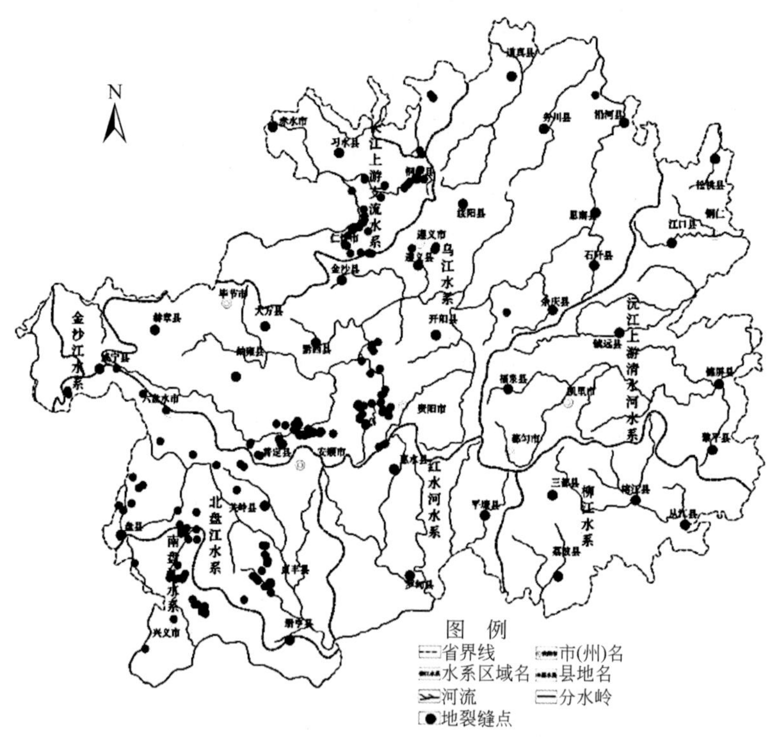

图 2.38　地裂缝在流域上的分布

2）水系与地面塌陷

地面塌陷在乌江水系分布最多，为 513 个，其次为北盘江水系，为 156 个；而发育密度上乌江水系和北盘江水系最发育，分别为 0.8 个/100km^{2}和 0.7 个/100km^2，长江上游支流水系和南盘江水系为次发育，为 0.5 个/100km^2（图 2.39）。

地面塌陷与流域的关系中，岩溶塌陷主要与流水塑造成的溶蚀台地、盆地有联系，水系切割越深，地下水埋藏就越大，地表形成岩溶塌陷的数量会减少。采空塌陷与煤炭等矿产开采有密切联系，与水系流域矿产分布有关，也与出露地表岩层坚硬程度有关。当采矿巷道顶板较坚硬，不易形成冒顶，地表就不易产生塌陷坑（洞）；开采方式的改变也可以减轻地表移动盆地形成的陷坑。当流域面蚀作用形成的山体顶部平缓，巷道经过处易形成

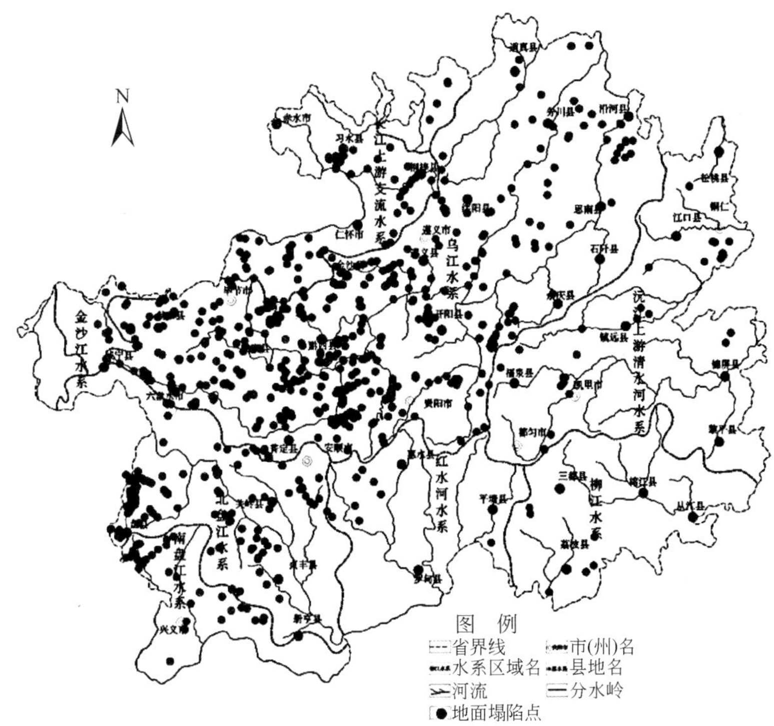

图 2.39　地面塌陷在流域上的分布

塌陷坑；而流水形成的山体高耸，无平缓顶部，坡体多形成地裂缝。

3）水系与不稳定斜坡

不稳定斜坡在乌江水系分布最多，为 555 个，其次为沅江上游清水河水系和北盘江水系，分别为 353 个和 311 个；而发育密度上长江上游支流水系和北盘江水系最发育，分别为 1.6 个/100km^{2}和 1.5 个/100km^2，红水河水系不稳定斜坡最不发育，为 0.4 个/100km^2，见图 2.40。

总体上与滑坡和崩塌分布特征与规律相一致，其演变趋势也向这两类地质灾害发展。

（二）水文地质条件与地质灾害

贵州地下水对地质灾害形成的关系主要是其水位的上升与下降涨落波动，其次是地下水下渗对斜坡上岩土接触带土体浸泡软化、分解、胀缩。

（1）地下水水位的涨落，在斜坡失稳产生滑动的过程中具有很多程度的影响和控制作用，如表 2.11 所示。

由于大多数滑坡均形成于坡脚，而此处潜水位的高低直接受降水的控制。降水时节，潜水位上升，对松散物产生渗流力，而降低坡体稳定性；旱季则沿坡体结构裂隙或岩土界面向下渗流，弱化岩土界面力学性质。经过反复的交替作用，坡体易产生变形失稳。局中松散层中形成上层滞水，也加速坡体的变形。

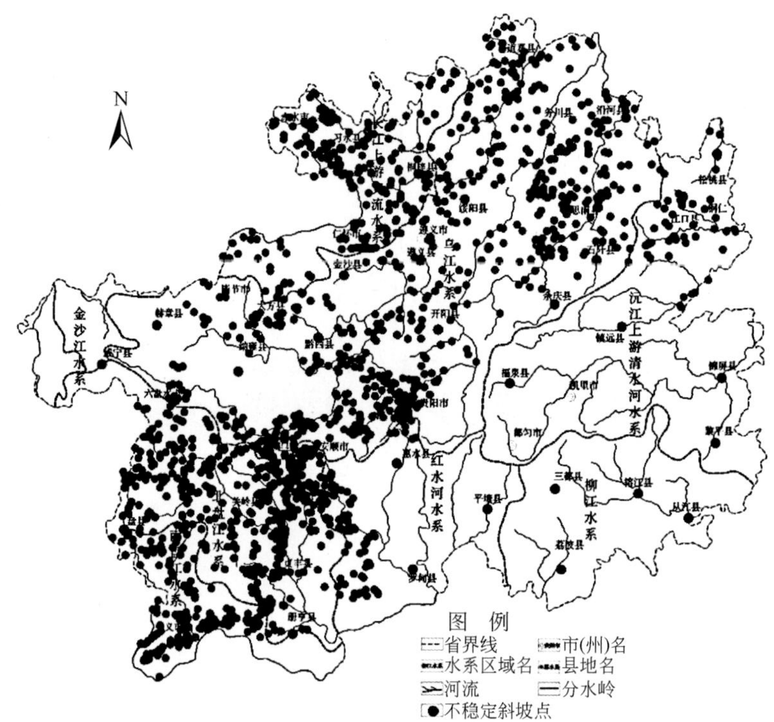

图 2.40　不稳定斜坡在流域上的分布

表 2.11　地下水水位与滑坡地质灾害产生的影响和控制关系

地下水影响指标	地质灾害易发程度			
	高易发	中易发	低易发	不易发
地下水水位	滑面以上 1/2 滑体厚度	滑面附近	滑面以下	—

（2）地下水水位的涨落或过度抽吸地下水，使贵州岩溶区本身地表土体分布不均地段的土体发生胀缩，从而导致岩溶塌陷或地面裂缝地质灾害。

（3）地下水下渗使岩土接触带土体遭受浸泡软化，使处于不稳定状态或暂时稳定状态下斜坡，沿岩土接触带融会贯通，软化后的土体在一定程度上起到润滑作用，加剧了滑坡地质灾害的产生，如果在暴雨或强降雨的继续影响下，斜坡上的土体饱和极可能产生坡面型泥石流灾害。来自碳酸盐岩的快速入渗的水流，通过溶蚀裂隙或管道与下伏基岩裂隙连通，将加速斜坡的破坏，产生崩塌等地质灾害。三水的快速转化，加深沟谷切割的同时，也产生向深性溶蚀，导致沿沟谷、河岸岩溶塌陷的发育。

七、气象条件与地质灾害

（一）降水与地质灾害

1. 降水时段与地质灾害发生的时间一致性

统计分析表明，降水集中时段，也是地质灾害产生最多的时段（图 2.41）。

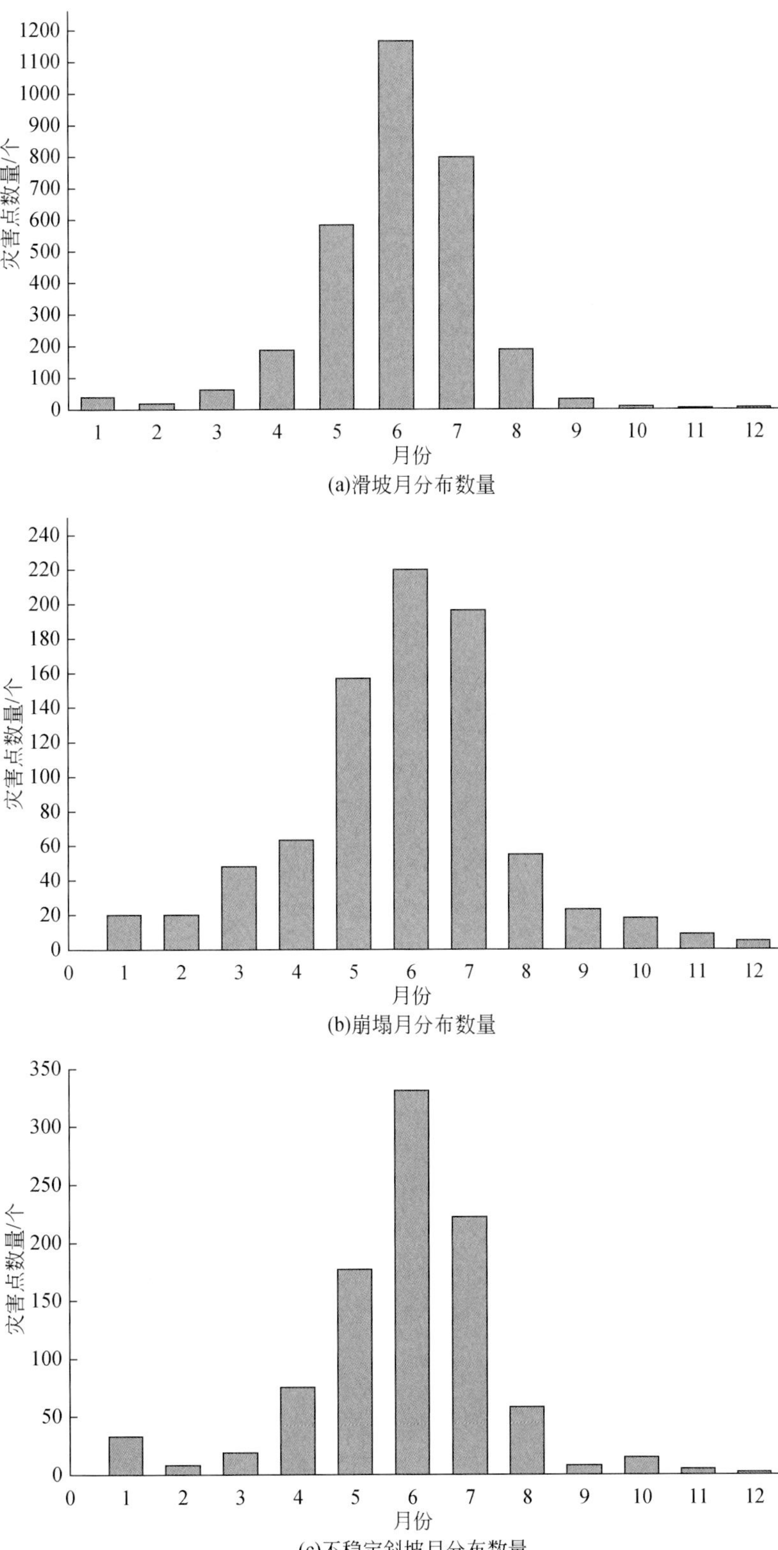

(a)滑坡月分布数量

(b)崩塌月分布数量

(c)不稳定斜坡月分布数量

图2.41　滑坡、崩塌和不稳定斜坡月分布数量

2. 降水诱发地质灾害的特征

贵州的气候条件中，大气降水对地质灾害的产生和发育的影响最为明显。降雨引发地质灾害主要是通过地下水作用间接体现的。很多滑坡都是在暴雨之后发生，俗称“大雨大滑，小雨小滑，无雨不滑”，并且常具有较为明显的滞后效应。降水导致的地质灾害表现为：

（1）降水导致斜坡失稳。①连续降雨，坡体表面松散物质受雨水入渗饱和，沿下伏基岩面向坡下蠕动，形成不稳定斜坡，进一步发展形成滑坡体。连绵小雨也能导致该类滑坡发生。发生在岩土界面处的滑坡在贵州以土体滑坡为主，所占比例较少，主要发生在岩层具有外倾或顺向坡地段。②降水迅速下渗，增加坡体自身的重力，进而增大下滑力，形成的地下水降低土体力学指标，产生滑移面，多发生在土层较厚的斜坡，形成的滑移面可以在土层中的某一厚度位置，也可以是岩土界面处，此类滑坡在贵州现已调查的滑坡数量中占的比例也不大。③暴雨下渗使得坡体内部产生动水压力，同时也软化土体力学性质，并短时形成静水压力，增大下滑推力，导致斜坡失稳。在贵州省，这类滑坡比例高于60%以上，一般斜坡没有明显变形的特征，但暴雨时显现，在临空面大、坡度较陡的地段，往往形成滑坡。总体上，降雨多的地区，诱发滑坡的概率大，如那些迎风坡地段，在相同条件下，易产生滑坡。

（2）降水引发泥石流。在同一地质、地形条件相比之下，降水是引起泥石流暴发和规模最活跃的条件。因为降水有比地质地形更大的年月日变率。所以世界各国都将降水作为泥石流发生的激发因子和预测指标。不同成因类型的泥石流有不同的激发条件，雨水泥石流需要暴雨或大暴雨激发；冰雪消融泥石流的激发因素是当年热季连续数日的高温引起冰雪强烈消融；沟蚀泥石流要求足够大的暴雨径流才能启动，这些暴雨、气温、径流都具有数量界限，即临界值，达到或超过临界值，泥石流就将发生或大量发生。

在暴雨泥石流的临界值研究方面，一般在半湿润半干旱、泥石流相对高度较大的山区，暴雨泥石流区域临界雨量值偏低，称之为低雨型；湿润气候、泥石流沟相对高度较小的山区，区域临界雨量值偏高，称之为高雨型。在强降雨的条件下，易风化的硅质碎屑岩，如志留系秀山组泥岩，三叠系飞仙关组砂、泥岩，在植被稀少的山区，斜坡松散物质，经雨水携带，泥沙向沟谷汇集，形成洪流。对沟谷侧岸侵蚀、冲刷，会形成大或特大泥石流地质灾害。在贵州西北毕节一带，黔东北铜仁地区思南县、石阡县一带，泥石流沟谷比较发育，这与这些区域的硅质碎屑物分布较广分不开。

（3）降水引发崩塌。强降水沿陡崖或陡斜坡岩石节理裂隙下渗，使裂隙进一步发展，直至贯通。在强降水作用下，裂隙短时形成静水压力，对临空的岩体施加压力，从而使岩体分裂失稳产生崩塌地质灾害。一般发生在硬质岩体如石灰岩、玄武岩地层中，多在具有软弱基座的部位出现，如三叠系永宁镇组石灰岩与下伏飞仙关组砂、泥岩，常沿地层走向在山脚下产生崩积物。

总之，大气降水是诱发贵州地质灾害的主要因素之一，它对贵州地质灾害形成与发展起着重要作用。据统计分析，单次降水量达到50mm，日降水量达到50～100mm，就可能诱发地质灾害。

（二）温差及极端低温气候与地质灾害

温度的变化，也可能诱发地质灾害。在贵州春、秋季节，早晚温度变化大，温差的变化，加速易风化岩体解体成碎块物质，增加松散物质的输送，导致如泥石流等地质灾害在一些地区容易产生。一些岩体吸热的面不同，产生温度差，也易加速岩体的破碎；在热胀冷缩的反复的交替作用下，岩体力学性质可改变，碳酸盐岩的溶蚀裂隙的张开度加大，导致产生崩塌现象。

贵州每年隆冬季节各地都有不同程度的凌冻发生，造成一定的危害。1949 年以来，省内出现范围较大灾情较重的凌冻灾害有 6 次。雨水渗入岩体裂隙中，突然的低温凌冻成冰层胀开裂缝，从而加大岩体破碎。2008 年春的凌冻天气，造成多起崩塌地质灾害发育，在贵州导致了 100 余起地质灾害。

（三）主要城市年降水量与地质灾害

根据统计年鉴，统计 1990 年以来 13 个县级市以上贵州主要城市年降水量，与发生地质灾害的次数进行拟合。发现从 1990 年以来，年降水量在各主要城市波动不大；2000 年以来滑坡地质灾害较发育，其中兴义市最多；主要城市地质灾害产生大多集中在 6 ~ 7 月，在人口集中的这些主要城市，每年降水集中季节是预防地质灾害的重要时节。

八、人类工程活动与地质灾害

（一）土地利用与地质灾害

人口密度是区域人口负荷的重要表征之一。就贵州国土面积（176167km^2）而言，有人口 3469 万、人口密度达 197 人/km^2，高于全国人口平均密度（140. 3 人/km^2），为全国人口平均密度的 1. 4 倍。土地人口承载力大，粮食不能满足需求时，尤其是一些生态环境脆弱的地区，大量的土地开垦，产生严重水土流失，造成石漠化，同时也产生不同程度的地质灾害。近年来随着农村进城务工人员增加，尤其是出省到沿海一带务工人员增多，减轻了土地人口压力；退耕还林还草的持续推进，水土保持逐渐得到改善。

在全国主体功能区划中，贵州省属于限制开发区域，作为重点生态功能区。目前生态系统有所退化，需要在国土空间开发中限制进行大规模高强度工业化城镇化开发的区域。在国家重点生态功能区的类型和发展方向表中，贵州属于桂黔滇喀斯特石漠化防治生态功能区，为水土保持型；发展方向是加强小流域综合治理，封山育林育草，种草养畜，实施生态移民，改变耕作方式。探讨地质灾害的发育规律情况，可对石漠化小流域防治起到一定的有益补充。

1. 坡地垦殖导致水土流失

贵州大部分是山地，农用地少部分在河流阶地附近或岩溶洼地、盆地外，大多位于山坡。西部山区由于人口密度大，耕地少，大多需要陡坡地要耕地。根据贵州地理信息集，全省耕地为 36920km^2，占全省面积的 20. 96%；其中田 11520km^2，占全省面积的 6. 54%，土 25400km^2，占全省面积的 14.42%。土在六盘水市、安顺市、毕节市和黔西南州占的比重大。由于陡坡耕地较多，斜坡种植是农村主要收入来源，这些地区容易诱发泥石流地质灾害，尤其是在耕种季节，坡地尚未生长农作物，土质处于疏松状态、耕种时铲除坡坎杂草时，几乎造成耕种带全部裸露在暴雨袭击下，大雨易造成疏松土体顺坡汇入沟谷，造成泥石流。

2. 砍伐导致水土流失

植被的发育，对固定松散土体不被雨水冲刷，起到重要的作用。贵州近年来开展退耕还林还草，植被覆盖逐年增加，乔林地覆盖面积所占比重大，形成适宜生活的环境。

但植被覆盖分布不均，森林资源多集中分布在黔东南的清水江、都柳江流域及黔北的赤水市、习水县一带。黔东南州、遵义市的森林面积占全省森林面积的 46.4%。黔西北毕节地区，植被覆盖率低，松散土体易于受到雨水冲刷，易产生泥石流等自然灾害。在陆地生态系统中，森林植被是主体，它生产的生物量大。森林（含地被物和森林土壤）能形成复杂而稳定的生态系统，森林和环境相互影响，它所产生的效应是多方面的，其中也包含对泥石流形成、活动和灾害规模造成的影响，森林植被对泥石流的影响有正负效应方面：既有森林破坏致使生态环境恶化，从而加强泥石流活动，加重泥石流灾害；也有茂密而多层的森林植被促进生态环境向良性转化，从而逐渐削弱泥石流活动，对减灾防灾发挥重要作用。森林植被是重要的影响因素。

在贵州一些土质瘠薄地带，因植被生长缓慢，根系欠发达，多处于斜坡地带，受雨水的入渗，导致表层土壤饱和，产生表层滑动，植被不但未能固定松散土体，而且增加土体重量，形成滑坡地质灾害；一些植被，在悬崖上生长，根系沿岩石裂隙伸展，根劈裂隙，导致岩体裂隙贯通，从而产生崩塌地质灾害。

（二）能源及矿产资源开发与地质灾害

1. 能源开发与地质灾害

贵州的能源资源丰富，主要包括水能资源和化石能源两类。水能资源大于 1 万 kW 的理论蕴藏量为 1848.54 万 kW。截至 2007 年年底，全省水资源开发总量为 1542.93 万 kW（含在建电站），占全省可开发量的 79.17%。30 万 kW 以上的大型水电站主要集中在乌江、南盘江、北盘江和清水江；中型电站较均衡地分布在我省的八大水系；小型电站在全省各地均有分布。这不仅给地质环境带来新的问题，有时会诱发地质灾害。

2. 矿产资源开发与地质灾害

截至 2011 年，全省共有各类矿山 7484 个，其中以煤矿为主，有 1660 个，年产煤矿 15954 万 t。规模上除 31 个大型矿山和 48 个中型矿山外，其余全是小型矿山，分布于全省各地，年产矿石 7991.35 万 t。由于矿山规模小，集约程度低，生产经营粗放，不仅浪费大，而且造成的矿山环境问题较多，有的甚至诱发地质灾害。在贵州西部，六盘水市现有地质灾害调查数中，近三分之一由矿山开采产生的。在贵州，矿产资源开发主要是煤炭、磷矿、金矿、铝土矿等。磷矿分布范围小，形成的地质灾害范围有限，危害最为严重、易引发地质灾害的主要是煤炭开采，在六盘水一带，地质灾害高易发区，是贵州地质灾害灾种最齐最多的地区，很大程度上与煤炭开采分不开。如盘县松河煤矿开采，引发崩塌、地裂缝地质灾害等。矿山地质灾害多在能源矿产（煤矿）采掘企业发生，占全省矿山地质灾害总数的80%左右。其次为化工非金属、黑色金属矿产的开发企业，建材类矿山主要是诱发崩塌地质灾害，其他灾种不明显。

（三）旅游资源开发与地质灾害

我省的自然和人文两大旅游资源均很丰富，特别是地球外动力地质作用形成的各种地质遗迹景观成为全省独特的旅游自然资源优势。贵州是全球最大连片喀斯特分布的中心，面积达11万余km^2。喀斯特瀑布、喀斯特溶洞、喀斯特峡谷、天生桥、天坑和喀斯特湖泊等发育，更有类型奇特多样的锥状喀斯特闻名全球，不仅科学价值巨大，而且具有极高的美学价值和观赏价值，开发前景十分广阔。文化遗存深厚，民族风情迷人，成为旅游的品牌，现在正在打造旅游大省。至2007年，全省开发利用的旅游景区（点）1150处。其中，国家级旅游景点37个（含国家地质公园6个）。随着旅游资源开发的加快，必然对环境，特别是对地质环境的影响将会更大。若管理不当，有的会造成破坏，甚至诱发地质灾害。

（四）交通工程建设与地质灾害

随着国家西部大开发的不断深入，按照基础设施先行的原则，近10年来，贵州交通基础设施和路网建设取得了很大的进展，交通基础设施将也得到较大的改善。与此同时，由于贵州地处高原山区，地形切割较强烈，水系发育，沟壑纵横，地形坡度较大，无论是道路工程或是机场、码头建设过程中，都要进行切、填方工程，易引发切、填方边坡滑坡、崩塌，和填方区地面塌陷、地裂缝，弃渣引发泥石流等地质灾害。贵州所处的特殊地理位置和地形地貌、地质条件，交通工程施工易引发地质灾害。贵州交通工程施工为人为地质灾害的发生提供了可能。

（五）城镇建设与地质灾害

全省共设置贵阳、六盘水、遵义、安顺4个地级市，黔东南、黔南和黔西南3个自治州，铜仁和毕节两个地区，共88个县（市、区、特区）。随着城镇化过程的不断加快，贵州的城市建设与其他省（市、自治区）的城市建设一样，有突飞猛进之势。全省城市总人口841万人，城市建设面积为812km^2，2006～2008年的房屋建筑面积达2.32亿m^2，全省建成城市公路3772km。全省小城镇建设速度也正在加快，建成面积达747km^2，2008年末住宅建设面积8100万m^2。供水管道6068km，排水管道670km，道路3139km，年末改扩建道路72km^2。在人们的居住环境和城市基础设施得到了较大的改善的同时，城市建设过程中也留给人们一些深刻的教训。如深基坑开挖引发基坑边坡滑坡、地裂缝，城市道路建设施工切坡引发滑坡，大量抽汲地下水导致地下水位降低而引发地面塌陷、地裂缝等地质灾害。因此，在城市建设和城镇化过程中，也可能发生人为地质灾害。

在城市建设中，一般进行开挖和加载，造成坡体应力改变，从而造成山体失稳。

第三节 地质灾害发育规律

根据前面的论述，贵州地质灾害发育具有一定的规律性。

（1）地质灾害隐患的区域性分布特征。滑坡主要分布在贵州西部、西南部和东北部，而在南部及东南部区域分布较少。崩塌主要分布在贵州西部、西北部、西南和东北，其他区域发育程度低。泥石流主要分布在贵州中部以西，南部分布有不少规模不等的泥石流沟谷，主要以低频率泥石流为主。地面塌陷主要在贵州采煤区域，西部发育；岩溶塌陷分布在河边阶地或洼地周围，与地下水分布有一定联系。地裂缝多与采矿密切联系，在西部分布集中。不稳定斜坡分布与滑坡地质灾害分布接近，但在西部比较发育。

（2）地质灾害隐患分布的地带性特征。滑坡分布在地形坡度较陡或河谷地带，即具有临空面且易受扰动地带；在极端天气较多地带易发育。崩塌发育在较陡峭的地带，沿河谷深切地带分布较集中。泥石流主要分布在具有较陡坡度、松散物源丰富且有汇水条件的地带。地面塌陷在采矿区集中分布，沿采矿巷道的移动盆地呈线性分布；岩溶塌陷则在阶地和有地下水开采地带或洼地周围分布。地裂缝多沿采矿巷道延伸方向发展，或在地面上表现为平行斜坡坡体，有向下蠕滑的趋势着实，在软质及硬质岩类中均有分布。不稳定斜坡沿坡体变形，松散物质越多，变形越明显，在软质岩类坡体上分布多。影响因素叠加多的区域地质灾害发育。滑坡在降水与地形坡度、松散物质厚、有地下水在坡脚出露、并受河流的冲刷，易产生滑坡。而崩塌在降水、地面震动、陡峭山崖和软弱基座组合下易产生崩塌。泥石流在强降水、土体松散、汇水区大、人类活动强度大的地区泥石流易产生。地面塌陷在采矿、降水、土岩界面水位波动影响下易发生。地裂缝和不稳定斜坡在人类开挖、采矿等活动下，在降水等影响因素综合作用下，易产生。

第3章　岩溶山地典型斜坡工程地质分类

第一节　贵州地貌特征及地质灾害发育内动力作用

在大地构造上，贵州位于扬子陆块西部，西邻特提斯造山带。其地势处于青藏高原东南部，为我国第二级阶梯的云贵高原，是一个复杂的构造隆起区。它的形成经历了长期的地质构造演化历史和壳-幔耦合作用过程，铸就了贵州颇具特色的大陆地壳结构与构造地貌格局，这是我省地质灾害的主要物质基础和载体。

一、贵州地貌特征

晚新生代以来，在地球内动力的作用和亚热带温润气候条件下，贵州高原特殊的区域地貌背景，深刻地影响着包括地质灾害在内的各种自然灾害发生、发展和变化，并在一定程度上甚至控制了地质灾害的类型和发展的总体方向。本书简要论述我省区域地貌背景的基本特征：

1）岩溶地貌为主并广泛发育

就地貌组成的物质基础岩石而言，贵州是碳酸盐岩岩溶地貌为主并广泛发育的生态环境脆弱区，为有关地质灾害的发生发展提供了前提。中生代红色砂岩形成的丹霞地貌和浅变质岩形成丘陵地貌均在我省处于次要地位。

贵州喀斯特地貌的特点是：①岩溶高原峡谷地貌特征明显，纵向上各种层状地貌发育；②岩溶地貌具有明显的向深性和叠置性；③岩溶地貌在空间上，地表和地下均发育而具有双层结构；④岩溶地貌的形态复杂，类型多样。

2）溶蚀作用形成的地貌类型占主要地位

就形成地貌的作用而言，贵州的可溶性岩石——碳酸盐岩发育好、质地纯，为溶蚀作用提供了物质基础和有利条件。因此，在以水介质为主的化学反应下，溶蚀作用广泛发育，并与其他作用叠加，形成了众多的地貌形态。

3）以低山和中山山地陡坡地貌为主

由于贵州的地势自西向东逐渐降低，海拔从2000余米降至1000m左右，属中山和低山区，并以低山为主。地面坡度陡，全省地面平均坡度17.4°，而在高原向北、向南的斜坡地带则在20°以上。此类地貌为重力地质作用致灾提供了基本的前提。

4）全省地貌格局明显受区域构造控制

贵州地壳浅层构造图像及其样式，不仅控制了我省区域地貌的宏观格局，而且还制约了地貌特征的发育与演变，表现在：①不同大地构造单元有着不同的区域地貌景观与形态类型，较好地反映了构造岩性对地貌的控制作用。②形成地貌发育的宏观格局受浅层构造格架控制，特别是在一些主要褶皱和断裂（带）的形态和走向等，影响和控制着全省地势和地貌的基本格局和宏观特征。在山脉的分布和水文网络的反应尤为明显。③地貌垂向上的多层性是阶段性新构造作用控制的结果。

贵州构造地貌在垂直方向上的多层性表现十分突出，主要有多级夷平面、多级河流裂谷带以及多层溶洞群等，它们都是晚新生代以来我省地壳面型阶段性（间歇性）隆升作用的产物，有力地反映了此类构造地貌与地球内动力作用的密切成因联系。

二、贵州地质灾害发育的内动力作用

贵州所处区域大地构造位置和区域地势及地貌部位表明，自新近纪至今，全省的地质构造和地貌演化受青藏高原特提斯构造动力背景的影响至深。

根据许志琴等（2006）、崔军文等（2006）研究表明，晚新生代以来，由于印度洋板块向欧亚板块俯冲碰撞，在青藏高原及其周围地区形成复杂的地球动力学体系，影响着包括云贵高原在内的邻近地区。作为青藏高原东缘的上扬子陆块，其构造分界自北而南分别为龙门山断裂带、小江-安宁河断裂带。它们不仅是青藏高原东缘一条重要的重力梯度带及中国西部地区的强震活动带，而且分别是与四川盆地和云贵高原的重要分界线。晚新生代，特别是更新世以来，小江-安宁河断裂带不仅有强烈的挤压逆冲，而且有规模较大的走滑活动，该边界断裂属兼有逆冲和走滑双重扩展性质。

喜马拉雅造山阶段。贵州主要的构造作用是发生在古近纪与新近纪之间的新构造活动。由于印度板块与欧亚板块发生碰撞造山，不仅形成了著名的新特提斯造山带，而且使青藏及其邻近地区成为“造山的高原”。此地球动力系统不仅深刻地影响着青藏高原的周围地区的环境，而且成为影响全球环境极为重要的因素。位于青藏高原东南，包括贵州在内的云贵高原，也必然受其影响和制约。因此，印度板块与欧亚板块碰撞地球动力学的远程效应扩散，是贵州地质灾害最为主要的地球内动力背景。对贵州晚新生代的构造效应集中体现在碰撞造山-构造变形和挤出扩展-地壳隆升两个方面。

碰撞造山-构造变形。贵州地块在印度板块和欧亚板块碰撞动力学体制的影响下，发生造山进程而引起的构造变形。这次造山作用波及贵州全境，并普遍发生了褶皱和断裂，对全省地质构造有着极其深刻的影响。不仅加强了燕山期及其以前的构造变形，更形成单独的构造变形样式和构造组合特征。至此，全省地壳浅部表层构造才得以完全定型，它是贵州地质灾害地球内动力背景中最为主要和最影响的宏观构造背景。

第四纪全新世晚期以来，贵州活动性构造的表现主要是在一些活动性断裂带除发生构造变形外，还有历史地震记录。特别是近些年在贵州西北部的威宁和盘县等地弱-中等强度的浅层地震较为频繁，地表松散层的破裂或褶曲变形也屡见不鲜。这些都是来自地球内部的构造应力作用所致，对地质灾害的影响和控制作用不可小视。

挤出扩展-地壳隆升。喜马拉雅期造山进程和青藏高原隆升的因素是极其复杂的，对周围地区的影响也是有差别的。对于青藏高原东南的云贵高原，其构造边界具有逆冲走滑双重性质，并有局部拉张，青藏板块总体向 ES 及 S 运动，其物质也向 ES 挤出（图 3.1），在东缘挤出的速率，北段为 5 ~ 15mm/a，南段为 10 ~ 15mm/a，随着构造应力扩展，使位于扬子板块的云贵高原地壳在晚新生代时期发生阶段性、差别性隆升，最终形成西高东低，向东倾斜的云贵高原。

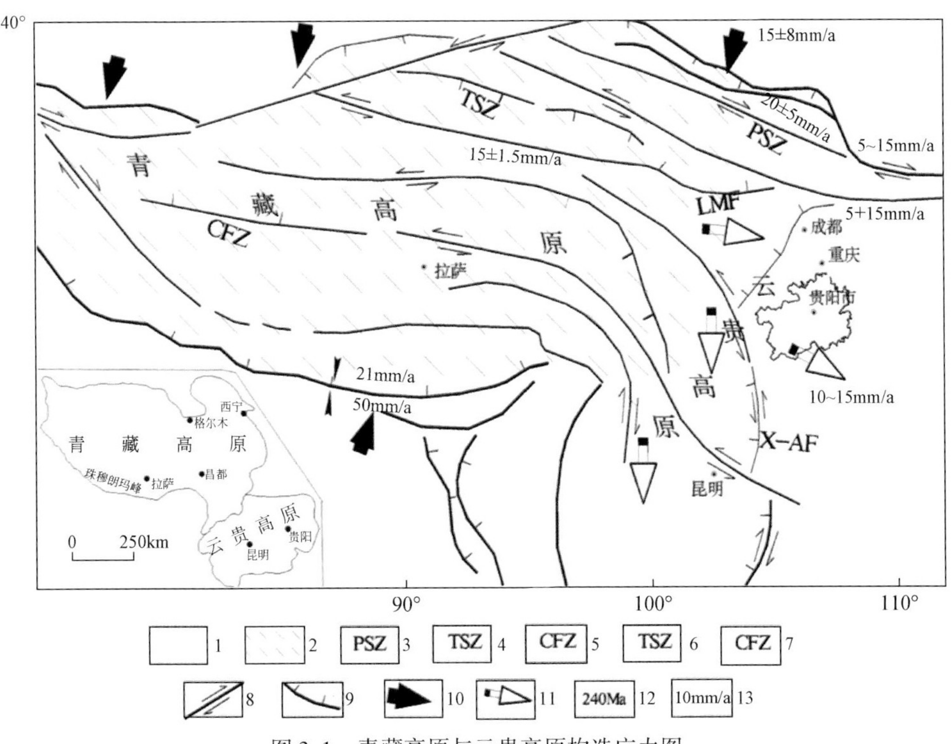

图 3.1 青藏高原与云贵高原构造应力图

1. 青藏高原周边地区；2. 青藏高原；3. 早古生代形成走滑剪切带；4 三叠纪形成走滑剪切带；5. 新生代形成的走滑断裂；6. 龙门山断裂带；7. 小江-安河断裂带；8. 走滑断裂；9. 逆冲断层；10. 板块挤压运动方向；11. 板块挤出运动方向；12. 走滑构造形成时代；13. 构造运动速率

综上所述，贵州高原晚新生代地质灾害的主要地球内动力背景是印度板块与欧亚板块碰撞和青藏高原隆升的远程效应扩展，其基本特征如表 3.1 所示。

表 3.1 贵州晚新生代地球内动力背景及其特征

地质时代		构造运动	地动力机制	作用结果		物质基础
第四纪	全新世	活动构造作用⟶	挤压走滑 ⟶	褶纹断裂与地震		多成因松散堆积物
	更新世		挤出扩展	构造地貌	多级夷平面 多级河流阶地 多级河谷裂点（带） 多级溶洞层	
新近纪	上新世		↓			河湖相松散及半胶结沉积物
	中新世		地壳隆升			
		新构造运动⟶	板块碰撞造山	构造变形		

第二节　区域地壳稳定性

区域地壳稳定性是指工程建设地区在内、外动力（以内动力为主）的综合作用下，现今地壳及其表层的相对稳定程度以及这种稳定程度与工程建筑之间的相互作用和影响，对地质灾害的发育起到了宏观控制作用。内动力作用对贵州省区域地壳稳定性分为5个等级（图3.2），即稳定地区、次稳定地区、相对稳定地区、次不稳定地区、不稳定地区，下面论述区域地壳稳定性和地质灾害发育之间的相关关系。

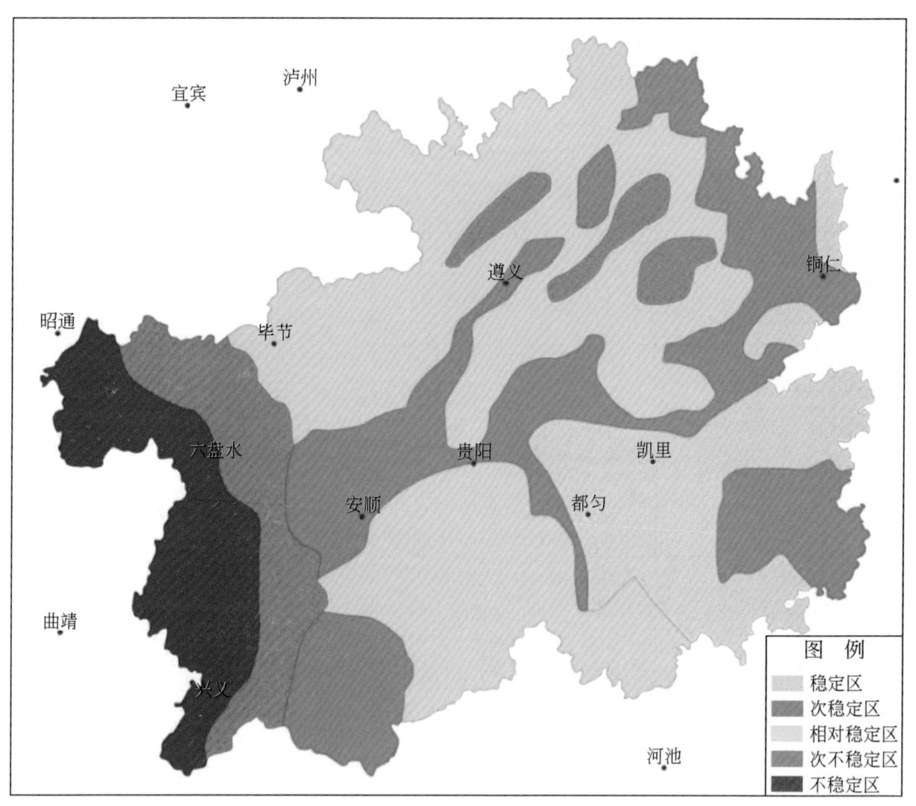

图3.2　贵州地壳区域稳定性分区图

一、稳定地区

分布于福泉—都匀—独山一线以东，黔东南州西部、北东部及南西大部，玉屏北侧及松桃等地，面积约2.470万km^2，约占全省面积的14.02%。该类地区岩组主要为坚硬、半坚硬岩组；断裂发育相对稀疏，大型断裂构造带不发育；布格重力异常显示地壳厚度变化小，地壳深部结构较完整；地震记录稀少且活动级别低；活动断裂发育稀疏且规模小；垂直地应力值低且无相对集中与分散现象；地形起伏度相对较小，一般在200m以下；地质灾害发育较少；温（热）泉活动稀少且多为低温温泉。

二、相对稳定地区

主要分布于纳雍—修文—黄平一线以北、镇远—印江—道真一线以西区域以及龙里、罗甸、荔波等地。面积约 6. 992 万 km^2，约占全省面积的 39. 69%。该类地区岩组亦主要为坚硬、半坚硬岩组；断裂发育相对较密集，内部及边缘均有大型断裂构造带发育；布格重力异常显示地壳厚度变化较大且较剧烈，地壳深部结构有明显变化；地震记录相对较多，主要发生于盘县、晴隆等地，活动级别以中等强度为主；活动断裂发育中等至较密；垂直地应力值较高且相对集中与分散现象较明显；地形起伏度中等，一般在 500m 左右，局部在 1000m 以上；地质灾害发育中等，局部（六盘水）地区较密集；温（热）泉活动较多，水温较高。

三、次稳定地区

主要分布于沿河-江口-镇远-翁安-开阳-贵阳-遵义-织金-镇宁等连片区域以及安龙-望谟、榕江-黎平等地，面积约 4. 49 万 km^2，约占全省面积的 25. 49%。该类地区岩组亦主要为坚硬、半坚硬岩组；断裂发育中等，内部有少量大型断裂构造带，边缘一般为规模较大的断裂构造带；布格重力异常显示地壳厚度呈有规律的变化，但幅度较小，地壳深部结构较完整；地震记录稀少且活动级别低，活动断裂发育稀疏至中等；垂直地应力值较低且无明显相对集中与分散现象；地形起伏度相对较小，多在 200 ~ 500m；地质灾害发育较少；温（热）泉活动少且多为低温温泉。

四、次不稳定地区

分布于威宁—六盘水—晴隆—兴仁一线以东、毕节七星关—纳雍—关岭—安龙一线以西地区以及桐梓、湄潭-凤冈、思南等地。面积约 1. 889 万 km^2，约占全省面积的 10. 71%。该类地区岩组亦主要为坚硬、半坚硬岩组；断裂发育密集，大型断裂构造带较发育；布格重力异常显示地壳厚度变化较大；地震记录中等至较密集，活动级别以中等强度为主，常集中发生于区内威宁、中水、思南等地；活动断裂发育中等至较密集且规模较大；垂直地应力值高且相对集中与分散现象明显；地形起伏度相对较大，一般在 500 ~ 1000m；地质灾害发育中等至较密集；温（热）泉活动中等，水温较高。

五、不稳定地区

分布于威宁—六盘水—晴隆—兴仁一线以西地区。面积约 1. 776 万 km^2，约占全省面积的 10. 08%。该类地区岩组亦主要为坚硬、半坚硬岩组；断裂发育较为密集，均发育大型断裂构造带；布格重力异常显示地壳厚度变化大；地震记录中等至较密集，活动级别以中等强度为主，常集中发生于区内观风海、兴义北侧；活动断裂发育密集且规模大；垂直地应力值高且相对集中与分散现象明显；地形起伏度一般在 500 ~ 1000m；地质灾害发育较密集。

第三节　地质灾害发育的岩土物质基础

岩土体是组成地壳表层的固体物质，是地球内、外动力作用形成的地质体。它既是地质环境的组成部分，又是地质灾害的重要载体和物质基础。因此，它的性质与结构、空间分布及其产出状态等，在一定的动力作用下，与地质灾害的形成有着极其密切的关系，成为引发地质灾害的重要因素。

一、岩土体性质与结构

对于岩体的分类有众多的原则和方法，主要采用岩体结构的分类、岩石坚硬程度、岩体的完整程度分类、岩石工程地质岩组分类和岩石强度分类等的成果，分析不同类型岩体特征与地质灾害形成的关系，见表 3. 2。

表 3. 2　不同类型岩体与地质灾害形成的关系

岩体特征指标	地质灾害的易发程度			
	高易发	中易发	低易发	不易发
岩体结构类型	散体状结构	碎裂状结构	块裂状结构（块状、层状）	整体状结构
岩体完整程度	极破碎-破碎	较破碎	较完整	完整
工程地质岩组	软弱岩组	软硬相间岩组	较坚硬岩组	坚硬岩组
岩石坚硬程度	极软岩-软岩	较软岩	较坚硬岩	坚硬岩
饱和单轴抗压强度/MPa	<5	5 ~ 30	30 ~ 80	>80

土体是位于地表风化壳上部经风化成土作用、成壤作用形成的松散堆积物。按成因不同，贵州的土体可分为残坡积、冲洪积、重力堆积和红黏土、灰白-白色黏性土以及人工堆积等。其中，红黏土在我省分布广泛，并属于我国红土的一个特殊亚类，与地质灾害关系最为密切。

红黏土是贵州最重要的土体，可将其分为原生红黏土和次生红黏土两个亚类。按一般黏性土的含水比（α_w）和液限指数（I_L）又可将其细分为坚硬、硬塑、可塑、软塑和流塑等几种状态。还可根据红黏土裂隙密度，可分为致密和碎块两种结构类型。

红黏土作为一种地质体，具有水理性、膨胀性、渗透性和状态互换性等特性的性质，在一定的环境地质条件和动力作用下，成为地质灾害的诱发因素。与地质灾害的关系如表 3. 3。

表 3.3　土体与地质灾害的关系

土体性质特征指标	地质灾害易发程度			
	高易发	中易发	低易发	不易发
黏性土状态	流塑-软塑状	可塑-硬塑状	坚硬状	—
土体堆积结构	松散结构	碎裂结构	块裂结构	整体结构
土体的水理性	强	较强	弱	—
土体的胀缩性	强	较强	弱	—

二、构造-岩土体分区

岩土体作为地壳表层的一种地质体，不仅其形成过程和垂向堆垛与所处大地构造相关、空间分布也严格受浅层构造变形及其构造格架控制，而且岩土体稳定性与新构造，特别是活动性构造作用的强度更有着极其密切的关系。采用活动论和系统论的观点，以构造为主线，提出贵州构造-岩土体分区方案，以更好地探讨作为地质灾害形成的载体和物质基础的岩土体条件。

根据岩土体所处大地构造单元的性质、层状岩土体发育情况及其物性特征、岩体（层）的构造变形样式和构造格架及空间状态以及活动构造对岩土体的影响程度和稳定性等，将贵州分为4个构造-岩土体分区（表3.4，图3.3）。

表 3.4　贵州构造-岩土体分区及其基本特征

分区名称	赤水（A）	武陵山-乌蒙山（B）	清水江（C）	南盘江（D）
大地构造位置	四川前陆盆地	鄂渝黔前陆褶皱冲断带	江南造山带	右江造山带
主要岩层时代及岩性	侏罗、白垩纪红色砂岩	古生代、中生代碳酸盐岩及硅质陆源碎屑岩	新元古代浅变质岩	三叠系陆源硅质碎屑岩
岩体性质	岩体完整程度较高；坚硬程度为坚硬-较坚硬	碳酸盐岩石完整性较高，碎屑岩完整性差；坚硬程度为软-硬相间	岩体较破碎，坚硬程度为较坚硬-较软	岩体较破碎，坚硬程度为较坚硬-较软
土体及红黏土	土体较厚，多为紫色土	土体薄，主要为黄土、石灰土、西部分布有黄棕色土	土体较厚，主要为黄色、红色土	土体较薄，主要为红色土，局部为石灰土
构造变形	平缓褶皱	侏罗式褶皱与逆冲断层	褶皱断裂及过渡性剪切带	断裂褶皱及板劈理带
构造活动性	弱	中等-较弱	较弱	中等
地貌类型	丹霞地貌	喀斯特-侵蚀地貌	侵蚀地貌	侵蚀地貌
地质灾害类型	崩塌、滑坡、泥石流	崩塌、滑坡、塌陷、泥石流、红土地裂缝	滑坡、泥石流	滑坡、泥石流
地理分布	贵州北隅	贵州大部	黔东及黔东南部	黔西南部

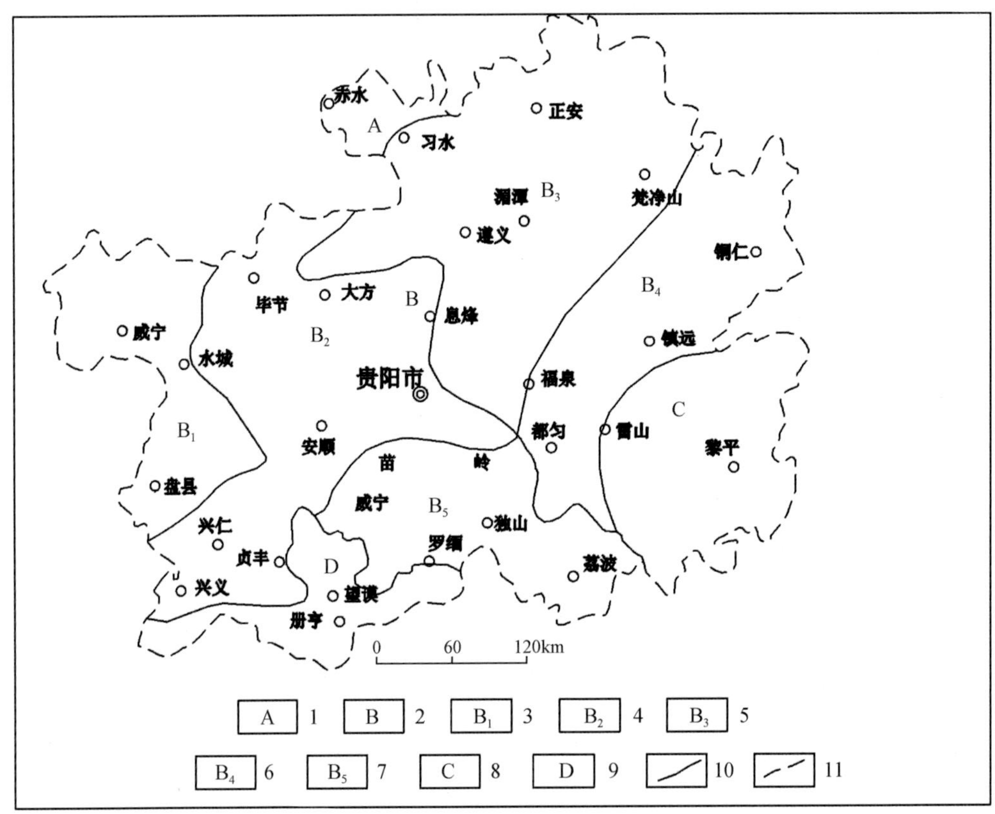

图 3.3　贵州构造-岩土体分区图

1. 赤水构造-岩土体区；2. 武陵山-乌蒙山构造-岩土体区；3. 威宁-盘县构造岩土体亚区；4. 大方-兴仁构造-岩土体亚区；5. 正安-湄潭构造-岩土体亚区；6. 铜仁-都匀构造-岩土体亚区，7. 紫云-荔波构造-岩土体亚区；8. 清水江构造-岩土体区；9. 南盘江构造-岩土体区；10. 分区界线；11. 省界

（一）赤水构造-岩土体区（A）

本区位于四川盆地边缘，包括赤水河中下游的贵州省境。岩体（层）主要为白垩纪和侏罗纪红色中粗硅质碎屑砂岩及粉砂岩和页岩（泥岩），岩层产状平缓，变形较弱。岩体结构类型以较坚硬岩石为主，其次为较软岩石。前者是块状结构，较为稳定；后者为层状结构，稳定性差。土体较为发育，且厚度大，由于森林覆盖率高，一般比较稳定，但在大雨或暴雨时易诱发滑坡、泥石流等地质灾害。

（二）武陵山-乌蒙山构造-岩土体区（B）

本区处在侏罗山式褶皱带，占据了贵州大部。岩体（层）主要为古生代和三叠纪的层状海相碳酸盐岩和硅质陆缘碎屑岩，另有少量新元古代浅变质岩及火成岩，层状岩石垂向堆垛有序，岩石的组合关系复杂多样，构造变形较为强烈，长条状及带状褶断带与舒宽褶皱相间，形成浅层构造的“层、块、带”的基本格局。岩体主要为碳酸盐岩（石灰岩和白云岩），以块状结构为主，其次为层状结构，多为硬质岩，一般情况下比较稳定，硅质陆缘碎屑岩多为砂岩和页岩（泥岩），属软质岩，多为碎裂状结构完整性差，稳定性弱。土体较薄，厚度不大。在碳酸盐岩分布区的土层更薄，但其中的红黏土分布较广泛，且较发育，为工程地质的不良土体，是本区诱发地质灾害的因素之一。由于组成本区表层地质结构的岩土体，特别是岩体（层）的性质和结构的差别，构造变形后它们的空间状态也各不相同，加上地势复杂、地貌类型多样，在地质动力的作用下稳定性不一。更因新构造，尤其是活动构造作用较为强烈，是本区不同地段的岩土体特征有所差异。总的来讲，本区岩土体的稳定性在经向上有由西往东逐渐增强之趋势，在纬向上有南部比北部相对较弱的迹象。

根据上述差别和岩土体稳定性的基本态势等，本区尚可进一步细分为：威宁–盘县、大方–兴义、正安–福泉、紫云–荔波和铜仁–都匀5个构造岩土体亚区。各亚区基本特征如表3.5所示。

（三）清水江构造–岩土体区（C）

本区主要位于贵州东南部，属江南造山带西段。岩体（层）的主体是新元古界沉积变质岩和变余凝灰岩。该区构造以宽缓–中等紧密褶皱为主，走滑断层和正断层较为发育，过渡性剪切强烈，不同方向的断裂交截形成菱形–矩形“结块”致使岩体破碎。变余凝灰岩和变余砂岩，为较坚硬的块状结构，相对较稳定；各类板岩属软岩类，为层状–碎裂状结构，稳定性差。土体发育良好，厚度也相对较大，但较疏松，在突发性暴雨作用下易形成地质灾害。

（四）南盘江构造–岩土体区（D）

本区位于贵州西南部，属右江造山带北缘。岩体（层）主要为早三叠世硅质陆缘细碎屑岩（粉砂岩和泥岩），岩层的叠加褶皱和断裂均较发育，板劈理普遍。

土体多数为软质岩，破裂状结构，完整性差，稳定性弱。土体相对比喀斯特区厚，但土体松散稳定性差，受活动性断裂作用，易发生地质灾害。

表3.5　武陵山–乌蒙山构造–岩土体区各亚区基本特征

特征参数	构造岩土体亚区名称				
	威宁–盘县	大方–兴义	正安–福泉	紫云–荔波	铜仁–都匀
构造部位与变形	濒滇东褶断带，多方向构造交汇，构造图像复杂	冲断前锋带西侧，构造方位多向，变形图像较复杂	褶皱冲断发育，主体近SN向，遵义–贵阳为冲断带前锋	近SN向侏罗山式褶皱为主，断裂不发育	前陆褶皱冲断带，变形较强，走滑断层发育
新构造及活动构造	变形较强，有褶皱断裂，隆升较大	变形中等，南段断层较明显，隆升较强，有多级河谷裂点（带）	变形较弱，局部有断裂活动，温泉多，隆升明显	变形弱强，以隆升为主，但河谷裂点较发育	变形较弱，隆升较为明显

续表

特征参数	构造岩土体亚区名称				
	威宁-盘县	大方-兴义	正安-福泉	紫云-荔波	铜仁-都匀
岩体特征	以晚古生代及三叠纪碳酸盐岩为主，主要为硬质岩，块状结构，其次为砂页岩软质岩，碎裂状结构	晚古生代及三叠纪碳酸盐岩和晚二叠世-早三叠世早期硅质陆源碎屑岩和硅质岩。块状结构和软质岩碎裂结构	以早古生代碳酸盐岩为主，间夹陆源碎屑岩，分别为硅质岩块状结构和软质岩碎裂结构	以晚古生代碳酸盐岩为主，硬质岩块状结构，硅质陆源碎屑岩多为碎裂状结构	以早古生代碳酸盐岩为主体，硬质岩块状结构
土体特征	褐色、红色黏土，土层厚度总体较薄，碎裂结构、松散结构，胀缩性较强。水理性强，南部较薄	黄色、红色黏土，北部土层厚。松散结构、块咧结构。发育胀缩裂缝。南段厚度薄	黄色、灰色土，北段土层较厚。碎裂结构为主。发育胀缩裂缝，南段土层薄，松散结构	黄色、褐色黏土，厚度薄，分布零散。松散结构，水理性强，易饱水软化。呈留塑状	黄褐色含砂质黏土，土层较厚。呈软塑-流塑状，松散结构，胀缩性弱
地貌类型	喀斯特中山，峰丛峰林为主	喀斯特中、低山，峰丛峰林为主	喀斯特低、中山峰丛丘丛地貌发育，向南有峰林盆地	喀斯特低山峰丛为主，倾向广西盆地坡降陡峻	喀斯特中、低山丘陵峰丛地貌为主
稳定性	较差-中等	中等-较差	中等	中等	中等

第四节　研究区工程地质分区

一、工程地质区及亚区的划分

省内影响工程地质条件的主要因素是大地构造，地貌和岩土体类型。在综合研究省内区域工程地质条件的基础上，根据工程地质条件的相似性和差异性，将全省进行了工程地质分区，即区和亚区（表3.6）。

表3.6　工程地质分区表

	工程地质区	工程地质亚区	
代号	名 称	代号	名 称
I	四川中台坳湖泊相沉积碎屑岩侵蚀-剥蚀山地工程地现区	I_1	EW 向褶皱中低山工程地质亚区
		I_2	EW 向褶皱中山工程地质亚区

续表

工程地质区		工程地质亚区	
代号	名称	代号	名称
Ⅱ	上扬子台褶带海相沉积以碳酸盐岩为主侵蚀-溶蚀高原山地区	$Ⅱ_1$	NEE 向褶皱中山工程地成亚区
		$Ⅱ_2$	SN 向褶皱中山工程地质亚区
		$Ⅱ_3$	NE 向褶皱低山工程地质亚区
		$Ⅱ_4$	NE 向褶皱低中山工程地质亚区
		$Ⅱ_5$	NE 向褶皱低山工程地质亚区
		$Ⅱ_6$	SN 向褶皱低中山工程地质亚区
		$Ⅱ_7$	NE 向褶皱低中山工程地质亚区
		$Ⅱ_8$	NEE 向褶皱高坝工程地庾亚区
		$Ⅱ_9$	SN 向褶皱低中山工程地质亚区
		$Ⅱ_{10}$	SN 向褶皱低山工程地庾亚区
		$Ⅱ_{11}$	山字形弧形褶皱高原工程地质亚区
		$Ⅱ_{12}$	山字形弧形褶皱高中山工程地成亚区
		$Ⅱ_{13}$	SN 向褶皱离原工程地质亚区
		$Ⅱ_{14}$	涡轮褶皱低中山工程地质亚区
		$Ⅱ_{15}$	NW 向及纬向褶皱皱低山工程地质亚区
Ⅲ	江南台隆海相轻变质碎屑岩侵蚀-剥蚀山地工程地质区	$Ⅲ_1$	NE 向褶皱中山工程地质亚区
		$Ⅲ_2$	NE 向褶皱中低山工程地质亚区
		$Ⅲ_3$	NE 向褶皱低山工程地质亚区

具体划分及命名原则是：

区：根据大地构造的二级单元，岩石的建造类型及大地貌来划分，采用大地构造的二级单元加岩石的建造类型加地貌成因加地貌形态来命名，如四川中台坳湖泊相沉积碎屑岩侵蚀-剥蚀山地工程地质区。其具体界线是大地构造二级单元的界线结合了岩石的建造类型。

亚区：根据构造和次一级地貌来划分，采用构造体系加地貌形态类型来命名，如 EW 向褶皱-中低山工程地质亚区，具体是采用地貌形态类型的界线为界线。

二、各工程地质区的特征

根据分区原则，将贵州分为 3 个区，20 个亚区。

（一）四川中台坳湖泊相沉积碎屑岩侵蚀-剥蚀山地工程地质区（Ⅰ）

范围包括黔北赤水、习水一带，大地构造的二级单元四川中台坳，面积达 3600km^2，占全省总面积的 2.7%。区内布满较坚硬的层状碎屑岩岩组，是内陆湖泊相沉积的侏罗系、白垩系砂泥岩红层，主要由长石石英砂岩、砂质页岩、红色泥岩和泥灰岩组成。其力学强度不一，泥页岩的抗压强度30.0～50.0MPa，泥灰岩70.0～90.0MPa，一般属于较坚硬的层状碎屑岩，透水性弱，吸水性强，易于风化，风化层厚度一般小于10m。

该区处于高原与盆地接壤地带，属于大陆性气候，冬干寒夏湿热，最高气温39°C，最低地温-5°C，年平均气温为15～20°C，年降水量达1000～1500mm，降雨多集中在6～9月，占年降水量的60%左右。12月至1月为枯季，其雨量占年降水量的4%。该区主要河流有赤水河及其支流桐梓河，流域内植被较少，水土保持差，两岸冲沟发育，河流含砂量大。据赤水站观测资料，河流含沙量，最高达14.5kg/m³，雨季山洪和泥石流经常造成危害。

本区稳定条件尚好，地震烈度小于Ⅵ度，对工程无影响。工程点少，仅有3个电站。据附近建设项目采集土工试验样293件，平均指标为含水比0.83、黏土呈可塑状态，液限31.7%，塑性指数为13%，属于胀缩性低的黏土，孔隙比为0.74，比红黏土可压缩性低，是良好的地基土。

该区滑坡较多，其类型有两类：

（1）堆积层滑坡：多发生在河谷两岸或陡坡坡脚处。由于第四系残坡积黏土夹碎石层与基岩之间有一顺坡向的接触面，坡残积层的含水率高，降低了摩擦系数及内聚力，因此当基岩的坡度较陡时，即沿此接触面顺坡滑动而形成滑坡。在习水县丰村坝发生的堆积层滑坡，位于河谷边缘，泥页岩的风化层厚度达4m，由于地表水的长期浸润，使接触面的抗剪强度降低，在重力作用下，向下滑动2m左右，滑坡体长20m，宽26m，倾向河床，倾角35°。在滑坡体上部的风化岩石中发育有数条长4～6m，宽5～10cm的倾向裂隙，仍有继续滑动之势，此类滑坡在本区常见，但一般规模小，影响范围不大。

（2）基岩滑坡：一般发生在强风化的软硬相间岩层及碎屑岩分布地区。岩层倾角较陡时，由于人类工程活动，开挖了坡脚，再加降雨或地下水的浸润，使软弱夹层泥化，产生顺层滑动。但规模较小，未作专门工作。在断裂的破碎带附近，构造裂隙发育，节理密集，岩石破碎，在人为因素及自然因素影响下，也常发生切层滑坡，但一般规模不大。

本工程地质区分为两个亚区，两亚区仅地貌形态类型不同，其余工程地质条件相同，I_1亚区为中低山亚区、I_2亚区为中山亚区。

（二）上扬子台褶带海相沉积以碳酸盐岩为主侵蚀-溶蚀高原山地工程地质区（Ⅱ）

该区分布在大地构造的二级单元——上扬子台褶带上，包括了黔西、黔中、黔南、黔北及黔东北的贵州大部分地区，面积达141875km²，占省域总面积的80.4%，地势由西向东逐渐倾下，中部因由黔中隆起，造成地形上也稍高，所以形成西部高，中部稍低，向北、东、南三面倾斜降低的总趋势。主要地貌形态为中山、低山。地形起伏大，相对高差300～800m，河流切割剧烈。地貌的成因类型为侵蚀-溶蚀型。一般可溶盐类多形成负地形，碎屑岩形成正地形。

该区地质构造较复杂，包括新华夏构造体系，川黔经向构造体系，NW向构造带和EW向构造带。尤以新华夏系和SN向构造体系最为发育。主要活动断裂为NW向和NE向构造，分布在黔西和黔东北的密度最大，分别为0.03km/km²、0.059km/km²。黔西的地震也最多，最高震级为5.75级，发生在威宁石门坎断裂上，震源深度不大，多小于33km。Ⅵ度以上的地震烈度，分布有九处，面积总计为 34187.5km^2，占该区总面积的 24%。

此区主要由沉积岩建造组成，仅在黔西和黔东北有岩浆岩建造。局部见有板溪群的浅变质的变质岩建造。沉积建造为海相的碳酸盐岩沉积和碎肩岩沉积。同时碳酸盐岩和碎肩岩相间分布。在黔北形成宽阔背斜和狭窄向斜。在黔南形成箱状背斜和隔槽式向斜。黔西为弧形褶皱，个体构造形迹呈 S 形，总体呈雁行式排列。这些褶皱在燕山运动时形成，并有一些断裂和深断裂，如垭都-紫云深断裂、黔中深断裂、松桃-独山深断裂以及开远-平塘隐伏深断裂。这四条深断裂把贵州切成五块，这五块中有四块在此区。

主要岩体工程地质类型包括坚硬的块状岩浆岩岩组、坚硬的层状碳酸盐岩岩组、较坚硬的层状碳酸盐岩岩组、较坚硬的层状碎屑岩岩组及软硬相间的碳酸盐岩夹碎屑岩岩组、碎屑岩夹碳酸盐岩岩组。

坚硬的块状岩浆岩岩组：分布在黔西及黔中一带，为峨眉山玄武岩。始于早二叠世晚期、结束于晚二叠世中期（$P_1\beta$ — $P_2\beta$）。岩浆活动方式多沿黔中深断裂、垭都-云深断裂、下马河深断裂等裂隙喷嗌，多期、多口、持续时间较长，因此玄武岩形成时间早晚不一，厚薄悬殊，一般在两断裂交汇处或两次岩流重叠处较厚。岩性以喷出相玄武质熔岩为主，也有拉班玄武岩，交织玄武岩及火山碎肩岩。块状，柱状节理发育，易于风化，新鲜岩石，抗压强度大于 200.0MPa，属坚硬岩类，风化层厚度为 25 ~ 30m。

坚硬的层状碳酸盐岩岩组：遍布于Ⅱ区，主要为 P_1、T_1 的石灰岩、白云质灰岩，多为中厚-厚层，产状较平缓，倾角 15° ~ 40°。岩溶发育，地表岩溶个体形态发育较全，包括漏斗、落水洞、竖井、干谷、峰林、峰丛溶蚀槽谷、溶丘、溶蚀盆地等。地下有溶洞、暗河、地下湖等。地貌组合形态有丘陵洼地、峰林洼地、峰林坡立谷、峰丛洼地，峰丛谷地等。黔中多为峰林洼地、大型峰林溶盆。而黔南多为溶丘洼地、峰林谷地、峰丛槽谷，分布较广，地下水埋藏浅。上述各种形态的发育与岩性、构造、新构造运动及水文网的割切有极为密切的关系。

由于新构造运动中地壳不断掀斜上升，河流不断下切，分水岭部位的岩溶在原有规模的基础上继续发育。因而具有岩溶发育的继承性。此外深切河谷沿岸及其所影响的一定范围内，岩溶发育为适应不断下降的侵蚀基准的需要，因而不断向深部发展，岩溶水垂直循环交替强烈。但岩溶化程度随深度的加深而减弱。

此区有较大的工程点，乌江渡电站。

乌江渡发电站，控制乌江流域面积 7790km^2，多年平均流量 502m^3/s，正常高水位 760m，坝高 165m，总库容 21.4 亿 m^3，装机 63 万 kW，坝址区河谷呈“V”型。坡角 35° ~ 65°，两岸山顶与江面相对高差 300m。岩层走向 5° ~ 15°，河流流向与其垂直，岩层倾角 50° ~ 65°，沿河流出露地层（表 3.7）。

表 3.7　乌江渡出露地层统计表

序次	地层名称	代号	厚度/m	岩性
1	上二叠统乐平煤系	P_2^1	159.4	下部为薄至中厚层深灰色石灰岩，硅质灰岩夹钙质页岩； 上部为薄至中厚层深灰色硅质灰岩与碳质页岩互层

续表

序次	地层名称	代号	厚度/m	岩性
2	上二金统长兴石灰岩	P_2^2	41	下部为厚层含燧石较多的石灰岩； 上部为厚层含燧石较少的石灰岩
3	三叠系下统沙堡湾页岩	T_1^1	26 ~ 44	下部为灰绿色钙质沉岩夹少量薄层泥质灰岩； 上部泥质灰岩，钙质页岩互层
4	三叠系下统玉龙山石灰岩其中第一大层	T_1^1 T_1^{2-1} T_1^{2-2}	233 110 123	主要为薄层中厚层深灰色灰岩，下部为页岩，夹层较多，往上递减； 深灰色厚层块状与中厚层致密石灰岩，夹极少量碳质页岩和碳质薄膜
5	三叠系下统九级滩页岩	T_1^3	55 ~ 83	紫红色钙质页岩和石灰岩
6	中三叠统茅草铺石灰岩	T_2^1	>200	深灰色薄层，中厚层石灰岩

上述岩层室内试验物理力学性质见表 3.8。

表 3.8　各岩层室内试验物理力学性质

指标 \ 地层	P_2^2	T_1^1	T_1^{2-1-2}	T_1^{2-1-3}	T_1^{2-2}	T_1^3
最小湿抗压强度/MPa	62.7	40.7	47.6	50.2	46.1	7.4
最大湿抗压强度/MPa	108.9	55.1	71.4	88.3	32.2	26.7
软化系数	0.93	0.74	0.93	0.48	0.86	0.36
比重		2.79	2.73		2.73	2.8
容重		2.57	2.67		2.66	2.61
饱水率		0.4	0.16		0.24	1.78
岩石与岩石摩擦系数			0.821	0.77/0.9	0.726/0.839	
弹性模/10^3MPa	74.0		129.7	80.0	83.5	32.0
泊松比	0.16		0.38	0.33	0.31	0.16
试验组数	1 ~ 7	5	1 ~ 18	3 ~ 28	11 ~ 36	3 ~ 7

坝基地层三叠系下统夜郎组玉龙山段石灰岩为坚硬的层状碳酸盐岩岩组，其上、下游为隔水性能良好的页岩。坝址区岩溶发育，两岸均有暗河，已见岩溶洞穴 167 处，体积约 8.6 万 m^3。坝基岩层经过构造变动，倒转后，断裂较多，已见断层 572 条，尤以右岸较多，地表平均 5m 间距有一条。裂隙密集带，每米有五条夹泥裂隙（表 3.9）。在这复杂的工程地质条件下，通过大量的工作，确定了影响坝体稳定的一组结构面。采取了相应的措施。

用围幕灌浆法解决了水库渗漏和坝体稳定等问题，并用移山法，解除了小黄岩的滑坡稳定问题，使电站成功建成。小黄岩滑坡体，位于库区左岸岸坡距大坝约 400m 处。是一个由石灰岩组成的高悬陡坡，最大坡度达 70°以上，缓坡处 20° ~ 40°，而岩层产状走向

5°~15°，倾向 NW，倾角 60°~70°。其下部为被库水淹没的页岩，地表见有多条陡倾角空缝状张口裂隙，最大的水平延伸长度达 200m，向深切割 190m，因页岩吸水泥化后而产生滑动。从四年多的变形观测中看出，裂隙顶部最大累计沉陷量达 171.1mm，最大累计水平位移达 50mm，估计可能滑动的体积达 70 万~100 万 m^3，一旦骤然滑入水库，产生的涌浪将给工程造成很大危害，为保证大坝的安全，而又不影响大黄崖的稳定，采用了洞室爆破的方法，实际爆破 20.8 万 m^3，实际减载 16.2 万 m^3，据观察已达到稳定状态。

表 3.9　乌江电站坝址区玉龙山石灰岩中软弱夹层厚与密度表

地层	软弱夹层与岩性特征	夹层层数				总厚度/m	夹层总厚/m	夹层厚总厚/%	夹层间距		
		<5cm	5~10cm	>10cm	总计/cm				最大	最小	平均
T_1^{2-1-1}下部 T_1^{2-1-1}上部 T_1^{2-1-2}		37 55 18 38	11 26 5 2	2 3 1 1	50 74 24 41	29 39	2.37 3.38 0.11 1.31	20 11.7 6 3	0.8 2.43 2.49	0.1 0.13 0.14	0.23 0.70 0.96
T_1^{2-2}	致密石灰岩夹页岩					123			3.5	0.47	1.56

水库正常运行后，发生了几次诱发地震，震级 2~3 级，一般感觉不明显。发震的机制主要是库区的构造裂隙充水后，原充填的气体压缩而引起的。

较坚硬的层状碳酸盐岩岩组：分布于全区，包括层位有ϵ_{2-3}、O、C_2、C_3、D_{1-2}、T_1、T_2的石灰岩、白云岩和白云质灰岩，呈薄层-中厚层状，有的为中厚层夹薄层状，原生结构面多而密，其层间结合程度因产状不同而异=各层位所处的构造部位不同，岩层产状分平缓的、倾斜的和陡倾及倒转的 3 种类型。

岩溶发育，暗河多发育在此岩组中。

软硬相间的碳夹碎和碎夹碳岩组：分布在黔北、黔西、黔中和黔西南地区，包括 O、P_2、T_1等，结构类型复杂，力学性质软硬相间。边坡稳定和岩体稳定条件差，常发生滑坡、崩塌和岩溶塌陷。在碎屑岩中的地下水，多具分解性侵蚀。在黔南和黔中一带地下水埋深浅，多小于 10m。

较坚硬的层状碎屑岩岩组：分布于黔西南和零星分布于全区各处，包括 Z_1、S、P_2、T_3的砂页岩、泥岩、砾岩等，抗风化能力低，卸荷裂隙和风化裂隙发育，边坡稳定和岩体稳定条件差。常对工程建筑造成威胁。

在Ⅱ区，有川黔、滇黔、湘黔和黔桂 4 条铁路，并交会于省城贵阳市。

川黔线穿过了整个黔北地区，呈 SN 向，因在铁路选线时，地形是主要因素之一，而地形的延展方向，主要受构造控制，黔北为川黔经向构造，所以从贵阳至桐梓，主要是沿向斜槽谷或背斜近轴部通过，线路与褶皱轴一致。桐梓北至南界，经过一些背向斜翼部绕道而过。据铁二院铁路线路图资料，全线经过了河漫滩区、低山区、陡坡区、山岳分水岭区以及岩溶区。现将川黔线经过的后 4 种地形区的工程地质条件简述于后：

低山区，地形起伏不大，一般坡度在20°～30°，局部较陡。相对高差20～30m。该区岩石主要为砂页岩、泥岩。风化层为黏土夹碎石层，一般厚0～6m，在冲沟中堆积有洪积层，厚度大于6m。桥涵置于新鲜基岩上，在洪积层上需要更换土层。建筑材料均就地取材。

陡坡区：天然坡度陡峻，多在30°以上。有悬崖陡壁，相对高差均大于50m。主要由石灰岩和碳夹碎岩组互层组成。一般边坡基底均稳固。岩层中多有溶洞发育，路基须放在实处。部分需清除危岩，预防坠落。路堤均作挡土墙。桥涵直接置于新鲜基岩上。

分水岭区：地形起伏较大，相对高差达100m，呈“V”型谷，表层厚度不到6m。路堑边坡及路堤边坡均较稳定，桥涵置于基岩上。

岩溶区：地表受溶蚀的起伏不大。溶洞较多，且有暗河，上部覆盖极少，基础较稳定，应避免在溶洞及暗河上修路基。其坚固系数为3～6。贵阳附近及乌江—遵义段，在岩溶塌陷的预测区内，须注意预防岩溶塌陷。

整个线路有隧道1618km，桥梁736m，现在运行正常。

湘黔线：1970年开始勘测，1980年前完工，从贵阳至湖南株洲，经过黔中、黔东北到湖南境内，基本上是NEE向延伸。从贵阳至凯里段是川黔经向构造体系，横穿SN走向山地，线路弯道很多；从凯里至玉屏段为新华夏构造体系，铁路延伸和构造线方向、地貌发展方向一致，但地形切割剧烈，相对高差30～50m，桥涵多，隧道总长度达41.11km，桥梁13.8km，线路穿过了黔中深断裂、松桃-独山深断裂，是省内桥涵最多，工程最艰巨的铁路。在省内各段基岩裸露，主要地层为板溪群变质岩系，寒武系、三叠系白云岩和石灰岩夹泥灰岩；在镇远、谷陇、贵定附近几处遇到软土和滑坡。

滇黔线：从云南昆明至贵阳，是云贵主要交通要道，铁路呈EW向，基本上沿着长江水系与珠江水系的分水岭-苗岭的顶部绵延于黔中、黔西一带，处于黔中隆起的高处，地形相对来说较为平坦，相对高差20～200m，自然坡度多为5°～20°。经过了川黔经向构造体系，“山”字形构造和NW向构造带。穿过了垭都-紫云深断裂带。在贵阳至六枝段地层为三叠系石灰岩，岩溶极为发育，沿线多为峰林溶盆，丘峰洼地地貌，大部分基岩裸露，局部地区覆盖，厚度小于10m。此段为岩溶塌陷预测区，须注意预防。六枝至水城段铁路转为NW向，沿NW向构造带延伸，主要为石炭系、二叠系，在C—P的碎屑岩分布区，即滥坝—水城段，软土较多，在水城西-滥坝30多km的范围内，断续分布有多处软土。形成软土的主要原因是该段位于黔西“山”字形前弧西翼，以威水大背斜及冲断裂构成其主要骨架，低序次的断裂及构造裂隙多，节理也较发育。C—P的碎屑岩及碳质泥页岩，风化剥落严重，地下水位浅，降雨充沛，年平均降水量达1225mm，相对湿度80%，年平均气温14°C，云雾多日照少。形成软土，厚2～7m，取样深度0.65～6.94m。软土的物理力学指标是天然含水量113%～150%大于40%，且天然含水量大于液限，液限为49.79%～146.15%，天然孔隙比大于1（2.74～6.15），压缩系数大于0.05MPa^{-1}，为0.16～0.934MPa^{-1}（P=0.1～0.3MPa），饱和度大于0.95，有机质含量小于10%，渗透系数小于1×10^{-6}cm/s，快剪的内摩擦角小于5°，黏聚力（c）值小于0.02MPa。在筑路中采取了换填路堤和掌挡等措施，取得了成功的经验。

因地形条件较好，所以全线桥涵比例也小，有1隧道9685m，是省内桥涵最少的线路，在贵阳及水城以西穿过了地震烈度大于Ⅵ度的区段。

黔桂线从贵阳至广西柳州，是黔桂的主要交通要道。从贵阳至贵定段呈EW向，贵定至广西基本上是SN方向，省内线路都在川黔经向构造带中，穿过泥盆系、石炭系、二叠系石灰岩。岩溶相当发育。沿线均属峰丛洼地和溶丘谷地，地下水位较浅，埋深多小于50m。在独山北20km至黔桂交界处，为岩溶预测的容易塌陷区。线路在贵阳、贵定、都匀处都通过了大于Ⅵ度地震烈度区。线路区地形起伏不大，桥涵较少。

在Ⅱ区发生滑坡230处，6处为表层松散岩类滑坡，57处为基岩滑坡，最大的规模可达数万立方米，小者几百立方米，一般为几千立方米，造成人身伤亡事故，财产受到损失，如盘县特区银上公社马戛生产队，1976年6月29日晨四时，发生严重滑坡，滑动长达100～150m，面积近$1km^2$，死亡32人，财产损失价值10万元。还有滑坡破坏公路、铁路、堵塞交通等，为保证人民生命财产的安全促进四化建设，必须对滑坡进行防治和预测。

Ⅱ区内有崩塌37处。崩塌造成危害，不亚于滑坡，因崩塌多发生在沿河两岸陡坡地带，此处居民点及工程较少，对国家和人民生命财产的安全影响不大。

岩溶塌陷：贵州72.3%的出露地层为碳酸盐岩，岩溶发育，岩溶水丰富，且埋藏浅，在地下水埋深小于50m的峰林谷地，溶丘洼地，峰丛谷地、溶庄槽谷中容易造成塌陷。在岩溶塌陷预测图上，以岩溶层位，地下水埋深和所处地形地貌部位，划分为容易塌陷区，较容易塌陷区和弱易塌陷区。贵州共有26处容易塌陷区，已发生的岩溶塌陷有22个点。根据这些点的资料综合分析，岩溶塌陷的形成是在溶蚀区较低的谷地、洼地中，必须要有具溶蚀空间的可溶岩类、地下水的循环剧烈，一定厚度的覆盖层（一般覆盖层厚度不超过10m），在这些条件下，容易造成塌陷，破坏交通，破坏工程建筑，贵州最容易塌陷区——黔中和黔南，须引起注意。

根据不同构造，不同地貌条件划分为15个亚区：

1）NEE向褶皱中山工程地质亚区（$Ⅱ_1$）

分布于桐梓-仁怀一带，海拔1500m左右。地势较高，起伏大。为紧密褶皱构造带，主要地层为ϵ_1、ϵ_{2-3}、P、T，主要岩性为砂岩、泥岩、页岩、石灰岩、白云岩，为较坚硬碎肩岩岩组；较坚硬碳酸盐岩岩组；软硬相间的碳酸盐岩夹碎屑岩岩组。岩溶发育，地下水埋藏深，多大于50m。无大型工矿企业，工程地质研究程度低。

2）SN向褶皱中山工程地质亚区（$Ⅱ_2$）

分布于黔北道真、正安、绥阳。地势南高北低，一般山顶海拔1000～1700m，起伏较大。主要构造为SN向狭窄的背斜和宽阔的向斜。软硬相间的碳酸盐岩岩组、碎屑岩岩组和较坚硬的碳酸盐岩组相间出露。岩体结构多为薄层夹中厚层，易发生滑坡和崩塌。

3）NE向褶皱低山工程地质亚区（$Ⅱ_3$）

分布于黔东北的沿河-石阡等地。地势较低，大部分山头海拔1000m以下，相对高差500m左右，地势由SW向NE倾斜，主要河流有乌江及其支流，水力资源较丰富。

该亚区为NE向褶皱构造带，岩层较平缓，倾角6°～20°。出露较坚硬碳酸盐岩岩组和较坚硬碎屑岩岩组，地层为ϵ_{2-3}、O、S、P_1、P_2、T_1。岩石多较坚硬，地震烈度小于Ⅵ度，区域稳定条件好。

4）NE 向褶皱低中山工程地质亚区（$Ⅱ_4$）

分布于黔东北梵净山至佛顶山一带，地势较高，由南向北倾斜。主要构造为 NE 向大坝场背斜，核部地层为ϵ_1。翼部地层为ϵ_{2-3}— T_1。为较坚硬的碳酸盐岩岩组和碎屑岩岩组。在梵净山有侵入的坚硬岩浆岩和软硬相间的变质岩岩组，岩层较平缓，倾角 10°～25°。有平行岩层走向的活动断裂，断裂旁侧曾有 5.5 级地震发生，附近地震烈度达Ⅵ度。

5）NE 向褶皱低山工程地质亚区（$Ⅱ_5$）

分布于黔东北的松桃、铜仁及东部的镇远、凯里等地。地势较低，大部分山顶海拔 1000m 以下，相对高差 500m 左右。由西向东倾斜，有舞阳河、锦江及其支流通过。该亚区属 NE 向褶皱构造带，岩层平缓，倾角 6°～20°，主要地层为ϵ_1、ϵ_{2-3}、O_1，属较坚硬的碳酸盐岩岩组和碎屑岩夹碳酸盐岩为主的软硬相间岩组。未见 4 级以上地震发生地震烈度于Ⅵ度，区域稳定条件较好。

6）SN 向褶皱低中山工程堆质亚区（$Ⅱ_6$）

分布于绥阳、湄潭、余庆等地，地势低、起伏小，地形较为平坦，相对高差 500m 左右。主要出露较坚硬的碳酸盐岩岩组和软硬相间的碳酸盐岩夹碎屑岩岩组。岩溶发育，岩溶地貌组合形态多为峰丛洼地、峰林谷地、丘峰谷地、溶丘洼地。暗河较发育，地下水位浅，谷地内易形成岩溶塌陷，边坡稳定性较差。

7）NE 向褶皱低中山工程地质亚区（$Ⅱ_7$）

分布于遵义一带。NE 向褶皱紧密排列，主要出露ϵ_{2-3}、O、P、T_1、T_2薄地层，多属较坚硬的碳酸盐岩岩组，另有零星的碎屑岩岩组出露。岩层较为平缓，“X”节理发育，结构面间距密，岩石破碎。岩溶地貌形态多为峰丛洼地，垄脊槽谷，岩溶发育强烈地下水埋深多小于 10m，谷地内有第四系黏土覆盖，在地下水位急剧变化时，易形成岩溶塌陷。

8）NEE 向褶皱高原亚区（$Ⅱ_8$）

分布于赫章、黔西等地，呈 EW 向长条地带，NEE 向褶皱紧密排列，软硬相间的碳酸盐岩夹碎屑岩岩组、坚硬、较坚硬的碳酸盐岩岩组及较坚硬碎肩岩岩组相间出露。岩层较平缓，多在 10°以下，“X”节理发育，岩石破碎。岩溶地貌形态为峰丛洼地、峰丛谷地，岩溶发育较强烈，当地下水位急剧变化时，易产生岩溶塌陷。

9）SN 向褶皱低中山工程地质亚区（$Ⅱ_9$）

分布于瓮安、福泉-罗甸、紫云等地，地形较平坦，相对高差 500m 左右。地处川黔经向构造带，SN 向褶皱密集，背斜核部多出露 C_1、C_{2-3}、D_2、D_3，多为较坚硬的碳酸盐岩岩组软硬相间的碳酸盐岩夹碎屑岩岩组。岩溶较发育，暗河多见，岩溶地貌形态有峰丛洼地、峰丛谷地等。谷地内易产生岩溶塌陷，地震烈度小于Ⅵ度，区域稳定性尚好。

10）SN 向褶皱低山工程地质亚区（$Ⅱ_{10}$）

分布于平塘、独山、荔波等地，地势低、起伏小，北高南低，一般海拔在 1000m 以下。主要出露较坚硬的碳酸盐岩岩组及软硬相间的碳酸盐岩夹碎肩岩岩组。岩溶地貌形态多样化，计有峰林洼地、峰林谷地、丘峰谷地和溶丘洼地等。岩溶发育，地下暗河及溶洞、大泉多见。边坡稳定性较差。地下水位急剧变化时，易发生岩溶塌陷。

11）“山”字形、弧形褶皱高原工程地质亚区（$Ⅱ_{11}$）

分布于六盘水市、纳雍、织金、威宁等地。地势较高，大部份山顶海拔 1700m 以上。本亚区褶皱构造复杂，“山”字形、弧形、EW 向、NW 向等构造体系在此交汇。软硬相间的碳酸盐岩夹碎屑岩岩组及坚硬、较坚硬的碳酸盐岩岩组相间出露，岩层倾角 30°～44°。该亚区西部地震活动频繁，威宁、六盘水的局部地区地震烈度为Ⅵ—Ⅶ度。六盘水市一带人工抽取地下水引起的岩溶塌陷较严重，是这一带的主要工程地质问题。整个亚区工程地质条件极为复杂，构造、地震、岩溶塌陷均应重视。

12）“山”字形、弧形褶皱高中山工程地质亚区（$Ⅱ_{12}$）

分布于晴隆、水城的杨梅树等地，多数山顶海拔 2000m 以上，相对高差大于 1000m，是我省唯一的高中山地带。主要河流为北盘江及其支流，由 NW 向 SE 径流，水力资源丰富。大面积出露坚硬的层状碳酸盐岩岩组，较坚硬的层状碳酸盐岩岩组，主要为厚层状质纯石灰岩、T_2中至厚层状石灰岩，岩溶发育。岩溶地貌形态为峰丛峡谷，河谷两岸易产生崩塌。地处六盘水煤田开采区，随着煤田的大力开发，矿区回采产生的地面塌陷，将是本亚区环境工程地质影响因素之一。曾发生过多次地震，地震烈度在Ⅵ度以上，应视为工程地质的不利因素。

13）SN 向褶皱高原工程地质亚区（$Ⅱ_{13}$）

分布于贵阳-安顺一带，地形平坦，相对高差较小，是省内高原面貌保持较好的地带。出露地层为 P、T，属坚硬、较坚硬的碳酸盐岩岩组。岩溶地貌形态有峰林谷地、丘峰平原，溶丘洼地、残丘波地等。岩溶发育，暗河、天窗、溶潭、落水洞等多见，著名的安顺龙宫（地下暗河），黄果树瀑布均在亚区内。地势平坦，地下水位浅，工发展较集中，在抽取地下水时，易产生塌陷，是该亚区主要工程地质问题。

14）涡轮褶皱低中山工程地质亚区（$Ⅱ_{14}$）

分布于盘县、兴义、贞丰一带，一般山顶海拔 1500m 以上，相对高差较大，地势由 WN 向 ES 下降。主要河流有南盘江支流黄泥河，北盘江及其叉流西泌河，河流坡降大，水力资源丰富。主要出露软硬相间的碳酸盐岩夹碎屑岩岩组，岩溶较发育，地表河流时出时没，暗河也较多。岩溶地貌多峰丛洼地，另见有溶丘洼地，峰丛谷地。由于岩体结构所致，边坡稳定性较差。

15）NW 向及纬向褶皱低山工程地质亚区（$Ⅱ_{15}$）

分布于册亨、望谟一带，地势较低，一般山顶海拔 1000m 左右，相对高差多小于 500m。主要河流有北盘江、南盘江、红水河，水力资源丰富。出露较坚硬的层状碎肩岩岩组，为 T_1、T_2砂页岩、泥岩，岩体均一性差，易于风化破碎，导致边坡稳定性差。滑坡及崩塌常见，主要发生在河流两岸，冲沟两侧或公路开挖地段，是本亚区主要工程地质问题。

（三）江南台隆剥蚀低山工程地质区（Ⅲ）

分布在黔东南地区，大地构造二级单元江南台隆上，其界线与台隆的界线基本一致，仅在玉屏以北，根据岩石类型稍有修改，亦即松桃-独山深断裂带以东的省内境域。占省域总面积的 16.1%，该区地势较低，雷公山最高，海拔 2179m，有一半以上的山顶海拔

1000～1500m。

此区大中型水利工程很少，库容在550万m^3以上的水库有五座，500W以上的电站有四座。天柱鱼塘水库，坝高50m，库容11300万m^3，坝址和库区出露板溪群拉揽组，震旦系、寒武系。拉揽组为凝灰岩、凝灰质板岩、砂质板岩、变余砂岩，震旦系下统和寒武系下统以砂岩、板岩为主。岩层产状倾向NW，走向为NE80°，倾角42°～46°，力学性质见表3.10，水库建在清水江的支流鉴江上，河流与岩层走向大致平行。水库四周海拔800～1000m，地形起伏较大，河谷呈不对称的“V”字形。右岸岸坡42°，左岸46°～50°，谷深100～200m，谷宽139m，谷底宽30～40m，河水面高程440m，正常高水位486.6m。水库处于贡溪向斜的东南翼，轴向为NE20°～30°。在两翼挤压应力的作用下，形成“X”的节理和一系列层间错动面，岩体被切割成0.9～1.2m的结构体，对坝体稳定和水库渗漏造成威胁。主要裂隙及层间错动面有下列几组：

共轭时切裂隙：

（1）走向NW20°～40°，倾SW<40°～<85°，一般延伸8～10m，裂隙面平整光滑，20～40cm。

（2）走向NE30°～40°，倾SE<60°～<80°，一般延伸2<5m，并具有倾角为33°∠47°的擦痕。

张扭性裂隙：

走向NW60°～70°，倾向NE或SW<75°～<80°，延伸6～7m，裂隙20～30cm。

反倾向裂隙：

产状变化较大，延伸方向为NE85°，倾向SE或走向NW60°～70°，倾向SW，倾角32°～50°，长2～3m，裂隙宽10～30cm。

缓倾角裂隙：

走向为NE70°～80°，倾向SE或走向为NW65°～73°，倾向SW，倾角20°～30°。在河床及两岸不同高度上均有分布，在428～434m、436～444m、466～472m、480m、484～488m等高程较为密集，具有疏密分带性，但随风化带深度和卸荷裂隙的延伸不同，有显著的变化。

层间错动：

软硬相间的砂岩和砂质板岩，在压应力作用下，发生一系列的层间错动。据统计，坝区0.1km^2的范围内，共有8组层间错动面。

影响坝区工程地质条件的主要因素有两个：

第一，砂质板岩、粉砂岩和细砂岩层，厚6.23m，层间夹有厚达0.1～5cm的夹层，共有14层，累计厚达10cm。夹泥的抗剪强度，据相似工程类比，野外大剪试验成果$tg\varphi=0.2\sim0.25$，$c=0$。该层风化严重，据揭露一般山坡上，水平方向强风化深度为5m，弱风化深度为16m，垂直方向强风化14.69m。

第二，缓倾角裂隙是影响坝体稳定的主要因素。据野外大剪试验，$tg\varphi=1.34$，$c=4.20kg/cm^2$。由于试验方向与坡向相反，为消除影响，由1.34降为0.79。采用0.80的软化系数。峰值折减系数采用0.8（表3.10）。

表 3.10　部分岩石物理力学指标统计表

岩性	物理指标			抗压指标			抗剪指标			
	容重/(g/cm^2)	比重	孔隙比	干抗压/MPa	湿抗压/MPa	软化系数	岩/岩 tgφ	岩/岩 c	砼/岩 tgφ	砼/岩 c
砂质板岩	2.72	2.74			120.0		0.51	0.94	0.73	5.67
细砂岩	2.71	2.72	0.27	250.8	245.5	0.97	0.57	1.19	0.66	3.77

本区已建水库 27 座，总库容量 15730 万 m^3。容量在 550 万 m^{3}以上的有五座。除天柱鱼塘水库外，还有墨门坝水库，库容 1110 万 m^3，舟溪里乐水库，库容 1480 万 m^3，贵央水库，库容 550 万 m^3，凉湾水库，库容 1220 万 m^3。均建在板溪群上，工程地质条件与天柱鱼塘类似，为黔东南农田供水的主要水源地。全区有电站 27 座，装机容量 11945W，发电量大于 550W 以上的有四座（表 3.11）。

表 3.11　部分电站发电量统计表

电站	发电量/W	电站	发电量/W
榕江	2500	平金	850
八舟	10000	大同	550

该区发育滑坡三处，有两处为堆积层滑坡。发育在变质岩的风化层中，在连续大雨之后，土层含水率较高，加重边坡上风化层的重量。边坡陡，当边坡不能承受其重量时，即发生滑坡。还有一处为基岩滑坡，发育在碎肩岩中层间有软弱夹层或夹泥，遇水后，夹层泥化降低其抗剪的强度，当不能承受边坡重量时，发生滑坡，其规模未记载。

本区区域稳定条件较好，自 1308 年有观测记录以来从未发生过 3 级以上的地震，是贵州最稳定的区域。主要工程地质问题是边坡稳定问题。

本区根据地貌形态不同又分为 3 个亚区：

1）NE 向褶皱中山工程地质亚区（Ⅲ$_1$）

分布于雷山和剑河一带，一般山顶海拔 1200～1500m，最高为雷公山，高达 2179m，最低为 600m，相对高差 500～1000m，地形切割剧烈，地势由雷公山顶峰向四周倾斜，坡度陡，多为 30°以上，河流呈放射状。冲蚀布满全亚区的变余砂岩，板岩等软硬相间的变质岩岩组系。EN 向断裂密布，岩石极为破碎，易风化，风化层厚达 30m。

2）NE 向褶皱中低山工程地质亚区（Ⅲ$_2$）

分布于榕江至从江一带，地势自西向东倾斜由都柳江横贯全区，海拔高 600～1050m，相对高差 100～500m，较为平坦。其余条件均与上相同。

3）NE 向褶皱低山工程地质亚区（Ⅲ$_3$）

分布于天柱至黎平一带，海拔 300～800m，相对高差 100～500m，地势自西向东倾斜，起伏不大，呈丘陵状，有六洞河流经本亚区，其他条件均与上相同。

第五节 研究区斜坡工程地质分类

一、工程地质岩组

构成边坡的物质包括土体和岩体。对于岩体，杨胜元等根据岩石坚硬程度、岩层厚度（单一岩性结构，厚度大于5m）及岩性组合（单一岩性结构，厚度大于5m的不同岩性岩层的互层）特征，将贵州地表岩石划分为坚硬岩、半坚硬岩和软岩三大类岩组。并根据岩性组合划分为坚硬岩组、较坚硬岩组、软硬相间岩组和软弱岩组四类工程地质岩组。

（一）坚硬岩组

（1）岩浆岩类坚硬岩组：贵州喷出岩主要有二叠系峨眉山玄武岩，分布在贵州西部。新鲜玄武岩单轴抗压强度196~392MPa，饱水率3.7%，孔隙率8.8%。侵入岩主要分布于梵净山和从江地区，岩石类型有辉绿岩、花岗岩、金伯利岩等。

（2）碳酸盐岩坚硬岩组：厚层状岩体由二叠系中统浅海相灰岩、燧石灰岩、生物灰岩组成；中-厚层状岩体由石炭系上统、二叠系中统、三叠系下统石灰岩、白云质灰岩、白云岩以及遵义附近的震旦系硅质灰岩，白云岩等；薄层状岩体为三叠系下统安顺组、大冶组石灰岩、白云质灰岩等。主要分布在贵州西部、中部及南部等地。岩石干抗压强度120~170MPa，岩石湿抗压强度115~162MPa，软化系数约0.95；抗剪强度指标：$c=2.5\sim4$MPa，$\varphi=21.8°\sim32.8°$。

（二）较坚硬岩组

（1）碳酸盐岩较坚硬岩组：厚层状岩体有上寒武统后坝组白云岩、白云质灰岩。中厚层状岩体有三叠系关岭组、法郎组、夜郎组、永宁镇组中的白云岩、白云质灰岩、石灰岩及泥质灰岩等。中-厚层状岩体有寒武系中—上统及下统、奥陶系白云岩、白云质灰岩、石灰岩，三叠系中统及中—下统、寒武系中—上统微粒灰岩、生物灰岩、燧石灰岩和白云岩等。薄层状岩体由寒武系上统细晶白云岩、泥质白云质条带灰岩组成。岩石湿抗压强度57~110MPa，软化系数达0.6~0.81，抗剪强度指标：$c=1.1\sim3.4$MPa，$\varphi=30°\sim38°$。本类岩石力学强度指标较高，影响其强度的最主要因素是喀斯特发育。主要分布在东北部和中东部。

（2）碎屑岩较坚硬岩组：块状岩体主要由白垩系砖红色、灰色块状粉砂岩、细砂岩组成。厚层状岩体由侏罗系上统蓬莱镇组砂质、泥岩组成，中厚层状岩体主要由二叠系煤系地层中砂页岩组成；薄层夹中厚层状岩体由三叠系中统边阳组薄层含钙质粉砂岩，粉砂质泥灰岩、中厚层钙质黏土岩、黏土页岩组成。主要分布在北部的赤水市，黔西南自治州南部，以及平塘、独山等地。本组岩石干抗压强度40~90MPa，软化系数达0.4~0.6，抗剪强度指标：$c=0.7\sim3.0$MPa，$\varphi=30.5°\sim38°$，吸水率较高，饱水后抗压强度下降显著。

（三）软硬相间岩组

软硬相间岩组包括碳酸盐岩夹碎屑岩岩组、碎屑岩夹碳酸盐岩岩组和碎屑岩软硬相间岩组三类。

（1）碳酸盐岩夹碎屑岩软硬相间岩组：三叠系中—下统杨柳井组、法郎组、夜郎组、永宁镇组中-厚层、薄层隐晶白云岩、白云质灰岩、角砾状白云岩、砂质泥岩、砂岩，石炭系下统大埔组（摆佐组）、威宁组、上司组、旧司组等中厚层白云岩、白云质灰岩，局部地段含燧石结核，下部以页岩、砂质页岩为主；奥陶系下统、二叠系中—下统生物碎屑灰岩、含泥质灰岩、灰质白云岩、钙质页岩、砂质页岩和碳质页岩为主。本岩组中碳酸盐岩比例约55%，泥质页岩比例约45%，抗压强度不很高，软化系数平均约0.8，摩擦系数较高，亲水性强，岩体软硬的差异性相对来说比较小。主要分布在贵州东北部的沿河-思南、中部的贵阳-安顺以及西南部盘县-兴义一带。

（2）碎屑岩夹碳酸盐岩软硬相间岩组：主要由寒武系下统清虚洞组、杷榔组、明心寺组、牛蹄塘组杂色钙质页岩、砂质页岩和含云母碎片砂质页岩，少量泥质粉砂岩、细粒石英砂岩和云母细砂岩和云母细砂岩，灰、浅灰色白云岩、泥质白云岩、鲕状灰岩和生物碎屑灰岩；志留系灰色、黑色钙质页岩、砂质页岩，含砂质页岩、碳质页岩、结晶灰岩和白云质灰岩；泥盆系中统钙质砂岩、石英砂岩、泥质砂岩、白云质灰岩和砂质白云岩等。碎屑岩约占66%，碳酸盐岩约占34%；石灰岩强度高，软化系数最小，力学性质稳定；砂页岩的干湿抗压强度变化较大，岩石吸水率较高。主要分布在贵州北部及东北部。

（3）碎屑岩软硬相间岩组：主要有侏罗系中统沙溪庙组泥岩与粉砂岩、岩屑长石砂岩或长石石英砂岩等组成不等厚韵律互层。主要分布于贵州西部和西北部赤水、习水、桐梓、遵义、毕节、威宁一带。

（四）软弱岩组

主要指志留系韩家店群、中生代侏罗系、三叠系上统、古近纪和新近系陆相沉积，岩性以紫红色砂质泥岩、泥岩、页岩为主；还有新元古界和南华系变质岩。岩石抗压强度小于30MPa，软化系数小于0.6，摩擦系数0.39～0.53，吸水率3.12%～4.31%。主要分布在黔东南的锦屏、黎平、从江和榕江一带以及黔北等地。

二、斜坡工程地质类型

自然斜坡结构特征是决定斜坡演化进程的内在因素。自然斜坡结构特征主要决定于坡体物质组成及其空间分布组合特征、结构面发育特征（尤其是控制性结构面发育特征）和范围（包括关注范围和可能失稳范围），这些因素也是斜坡工程地质分类的主要依据。

在现有斜坡结构分类方案的基础上，结合贵州省工程地质条件、人类工程活动特点和崩滑地质灾害特点，我们提出了带有贵州特色的斜坡工程地质分量方案（表3.12），现简述如下：

表 3.12 斜坡工程地质分类表

类型	一级亚类	二级亚类	坡体结构特征
土质坡	堆积层坡	据成因分类，如古滑坡堆积层坡	红黏土，残坡积层，崩坡积层，古滑坡堆积层，泥石流堆积层等
	散体结构坡		断层破碎带、接触破碎带等
块状结构坡（Ⅰ）	$Ⅰ_1$ 整体状结构坡		结构体为硬质岩，发育 1～3 组结构面，贯穿性软弱结构面少见，无不利控制性软弱结构面
	$Ⅰ_2$ 块状结构坡		
	$Ⅰ_3$ 次块状结构坡		
层状结构坡（Ⅱ）	$Ⅱ_1$ 平缓层状坡		$\alpha=0\sim\pm\Phi_r$
	$Ⅱ_2$ 倾外层状坡	缓倾外层状体坡	$\alpha=\Phi_r\sim\varphi_p$，$\theta\leqslant30°$
		中倾外层状体坡	$\alpha=\varphi_p\sim40°$，$\theta\leqslant30°$
		陡倾外层状体坡	$\alpha=40°\sim60°$，$\theta\leqslant30°$
		变角倾外层状体坡	层面一般为上陡下缓，$\theta\leqslant30°$
	$Ⅱ_3$ 陡立层状坡		$\alpha=90°\sim\pm60°$，$\theta\leqslant30°$
	$Ⅱ_4$ 倾内层状坡	陡倾内层状体坡	$\alpha=60°\sim\Phi_r$，$210°\geqslant\theta\geqslant150°$
		中倾内层状体坡	$\alpha=40°\sim60°$，$210°\geqslant\theta\geqslant150°$
		缓倾内层状体坡	$\alpha=\Phi_r\sim40°$，$210°\geqslant\theta\geqslant150°$
	$Ⅱ_5$ 斜向层状坡	斜向倾内层状体坡	$\alpha=90°\sim\Phi_r$，$150°\leqslant\theta\leqslant210°$
		斜向倾外层状体坡	$\alpha=90°\sim\Phi_r$，$30°<\theta<60°$
	$Ⅱ_6$ 横向层状坡		$\alpha=90°\sim\Phi_r$，$\theta>60°$
碎裂结构坡（Ⅲ）	$Ⅲ_1$ 镶嵌结构坡		发育 3 组及以上结构面，结构面间距几厘米到 10～30cm，软弱结构面较发育；结构体形态复杂
	$Ⅲ_2$ 层状碎裂结构坡		
	$Ⅲ_3$ 松弛碎裂结构坡		
软硬互层型坡	平缓软硬互层型坡	（包括上软下硬型斜坡）	$\alpha=0°\sim\pm\Phi_r$
	缓倾外软硬互层型坡		$\alpha=\Phi_r\sim\varphi_p$，$\theta\leqslant30°$
	中倾外软硬互层型坡		$\alpha=\varphi_p\sim40°$，$\theta\leqslant30°$
	陡倾外软硬互层型坡		$\alpha>60°$，$\theta\leqslant30°$
软弱基座型坡	平缓基座型坡	（可以软岩基座相对厚度进行亚类划分）	$\alpha=0\sim\pm\Phi_r$
	倾外基座型坡		$\alpha=\varphi_r\sim60°$，$\theta\leqslant30°$
	倾内基座型坡		$\alpha=60°\sim\Phi_r$，$\theta\leqslant30°$
	斜向基座型坡		$150°\leqslant\theta\leqslant210°$；$30°<\theta<60°$
	横向基座型坡		$\theta>60°$
块体型坡	全块体型坡		由多条软弱结构面完全切割
	半块体型坡	底面控制型	软弱结构面与断续节理控制
		后缘切割型	后缘有裂隙型溶洞等长大切割边界
地下采空型坡	深部采空型		采空区位于坡体深处，远离灾害体
	下部采空型		采空区位于灾害体下方

注：Φ_r、φ_p分别为层面或软弱面的残余（或启动）和基本摩擦角；α 为层面或软弱面倾角；θ 为层面或软弱面与坡面倾向夹角。

基于边坡物质组和结构差异分为土质坡和岩质坡两大类。

（一）土质坡

根据组成物质成因差异，可以分为两类。

（1）堆积层坡，可以进一步划分为红黏土边坡，残坡积层边坡，崩坡积层边坡，古滑坡堆积体边坡等。这类边坡最贵州最为常见，其中古滑坡堆积体、较大规模崩塌堆积体可以较大规模失稳，如习水县程寨滑坡为古滑坡堆积体。

（2）散体结构坡，即由于强烈构造改造或浅表生改过形成的散体结构物质，如断层破碎带、接触破碎带、强风化带等。

（二）岩质坡

分类时主要考虑边坡工程地质岩组特征、岩体结构特征、是否存在主控不利结构面和地下采空区等特征。下面简述各类岩质坡特征。

1）块状结构坡

组成坡体的工程地质岩组为类型单一的坚硬岩组或较坚硬岩组，可以为厚层-巨厚层沉积岩或岩浆岩、变质岩；坡体中无不利软弱结构面或后缘切割面（如溶蚀裂隙等）；岩体呈块状结构。根据结构特征差异可以进一步细分为整体状结构坡、块状结构坡和次块状结构坡。在陡崖部位主要以崩落方式小规模失稳，形成倒石堆。

2）层状结构坡

主要发育于沉积岩和变质岩中；当岩浆岩中一组结构面特别发育，岩体被切割成似层状时也可以归入本类。坡体组成岩组为单一的坚硬岩组、较坚硬岩组或软弱岩组；为薄层、中层或中厚层状结构（通常以一类结构为主）。层面为岩体结构控制面，同时也是坡体变形破坏的控制性结构面。这是贵州最常见类型边坡。

根据层面与坡面相对方位差异，首先将坡体6个亚类，即平缓层状坡、倾外层状坡、陡立层状坡、倾内层状坡、斜向层状坡和横向层状坡。对于倾外层状坡进一步划分为缓、中、陡倾外层状体坡和变角倾外层状体坡4个亚类。对于倾内层状坡可以进一步分为陡、中、缓倾内层状体坡3个亚类；斜向层状坡可以分为斜向倾外和斜向倾内层状体坡两个亚类。

3）碎裂结构坡

主要发育于断层破碎带附近、构造结构面特别发育部位或斜坡浅表层受强烈浅表生改造作用部位。第三种情况较为常见，但一般厚度不大。

可以根据结构特征差异进一步分为镶嵌结构坡（结构面干净，岩体镶嵌紧密）、（似）层状碎裂结构坡和松弛碎裂结构坡（结构面中往往有夹泥）。

4）软硬互层型坡

发育于沉积岩和变质岩中；坡体中有坚硬程度差异明显的两类或两类以上岩组，或由软硬相间岩组构成。其中，较硬质岩组与较软质组各自连续厚度一般在5m以上，呈互层状分布。这类斜坡一般具有上缓下陡形态特征，下部陡坡段相对高度不大。这类斜坡失稳时，滑面沿软岩发育，硬岩一般是透水层，往往存在多处滑面。根据软硬岩界面产状与斜坡相对关系，可以分为平缓、缓倾外、中倾外和陡倾外软硬互层型坡 4 个亚类。倾外的上软下硬型斜坡可以归入该类中。当软硬岩界面产状与斜坡相对关系其他情况时，可以归入层状结构坡。

5）软弱基座型坡

上覆硬质岩形成高陡斜坡，在坡脚部位出露软岩。斜坡自然演化过程中，软弱基座主导斜坡进程。根据软硬岩界面产状与坡面相对关系，可以分为平缓基座型坡、倾外基座型坡、倾内基座型坡、斜向基座型坡和横向基座型坡 5 个亚类。还可以根据基座的厚度进行亚类划分，如薄基座、厚基座和半无限基座等。

6）块体型坡

坡体中存在控制性的长大弱面，控制较大范围岩体的稳定性。长大弱面是软弱结构或者是长大切割面。根据控制性切割坡体特征，可以分为全块体型和半块体型。前者是由确定性软弱结构面切割形成，半块体型可以分为两种情况，一是软弱结构面作为主控滑移面，由基体裂隙构成侧滑面或切割面；二是陡崖附近，存在长大陡倾切割面（如石灰岩中有裂隙型溶洞），外侧形成高陡“岩墙”岩墙，仅在底部或底部与顶部与坡体相连。

7）地下采空型

根据采空区与潜在崩滑体相对空间关系以及采空区影响机制差异，分为深部采空型和下部采空型两类；前者采空区距离潜在崩滑体较远、在坡体深处（水平距离较远）或埋深较大（垂直距离较远），潜在崩滑体边界主要由坡体结构特征确定；后者位于采空区附近，采空区塌陷会直接影响潜在崩滑体或直接形成潜在崩滑体边界。

第 4 章　岩溶山地重大地质灾害早期识别体系

第一节　基于变形破坏模式的地质体结构分类研究

一、斜坡演化过程和规律

斜坡岩土体承受应力，就会在体积、形状或宏观连续性等方面发生某种变化。宏观连续性无显著变化者称为变形；否则，称为破坏。斜坡的变形破坏过程可划分为 3 个阶段（图 4.1）：斜坡变形阶段（表生改造阶段和时效变形阶段）、斜坡破坏阶段（累进性破坏阶段）以及破坏后的继续运动阶段（潜在滑面贯穿滑坡发生阶段）。

斜坡变形是指在滑坡孕育过程中，在整体失稳之前所产生裂缝、鼓胀、沉陷等宏观连续性还未遭受破坏的现象。斜坡破坏是指在斜坡岩土体中形成贯通性破坏面，并产生整体或分散性的运动，即通常所说滑坡、崩塌、泥石流等突发性运动。破坏后的继续运动是指滑坡滑动后，未受到空间的约束，仍继续运动。

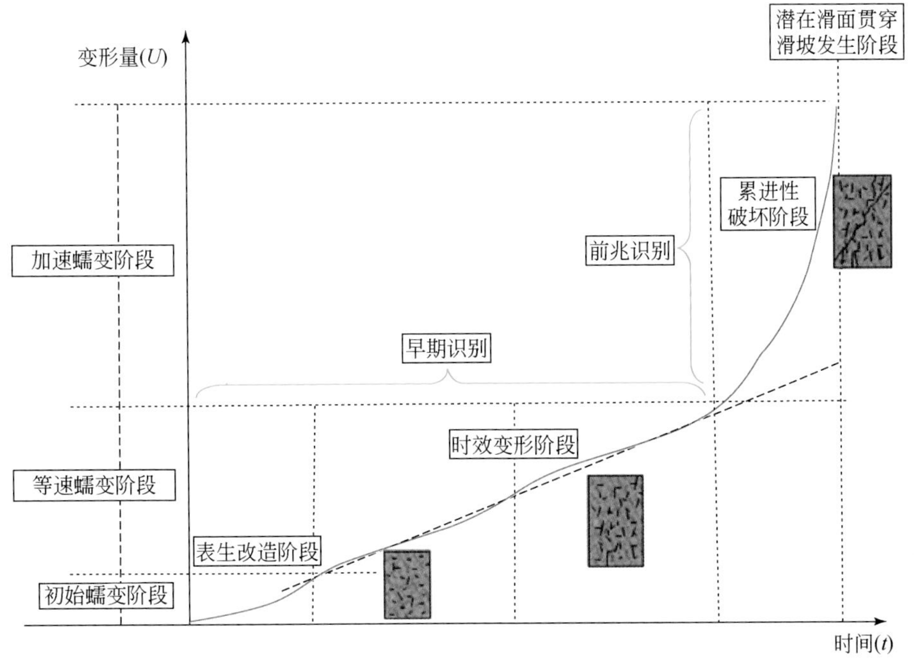

图 4.1　斜坡演化过程的变形-时间曲线

二、贵州典型斜坡结构类型及变形破坏模式

以贵州省典型地质灾害机理分析研究为基础，通过资料的系统收集和分析，较全面地归纳了不同斜坡结构类型及其可能的变形破坏模式，见表 4.1。

表 4.1　贵州典型斜坡岩体结构类型与变形破坏模式对照表

斜坡类型	主要特征		主要变形模式	可能破坏方式
	结构及产状	外形		
均质或似均质斜坡	均质的土质或半岩质斜坡，包括碎裂状块状体斜坡	决定于土、石性质或天然休止角	蠕滑-拉裂	转动型滑坡
基覆界面型斜坡	上覆土体下伏基岩		蠕滑-拉裂	顺层滑坡、平面滑动型滑坡、转动型滑坡
层状体斜坡	平缓层状体坡 $\alpha=0\sim\pm\varphi_r$	$\alpha<\beta$	平推式滑移 滑移-压致拉裂	平面滑动型滑坡、转动型滑坡
	缓倾外层状体坡 $\alpha=\varphi_r\sim\varphi_p$	$\alpha\approx\beta$	滑移-拉裂	顺层滑坡 块状滑坡
	中倾外层状体坡 $\alpha=\varphi_p\sim40°$	$\alpha\geqslant\beta$	滑移-弯曲	顺层-切层滑坡
	陡倾外层状体坡 $\alpha=40°\sim60°$	$\alpha\geqslant\beta$	弯曲-拉裂	崩塌、 切层转动型滑坡
	陡立-倾内层状体坡 $\alpha>60°\sim$倾内	$\alpha\approx\beta$	弯曲-拉裂（浅部） 蠕滑-拉裂（深部）	崩塌、 深部切层转动型滑坡
	变角倾外层状体坡 上陡，下缓（$\alpha<\varphi_r$）	$\alpha\leqslant\beta$	滑移-弯曲	顺层转动型滑坡
块状斜坡	可根据结构面组合线产状按层状体斜坡类型的方案细分		滑移-拉裂	崩塌、 楔形滑动型滑坡
软弱基座体斜坡	平缓软弱基座体斜坡	上陡下（软弱基座）缓	塑流-拉裂	崩塌、 扩离、块状滑坡
	缓倾内软弱基座体斜坡	上陡下（软弱基座）缓	蠕滑-拉裂-剪断（深部）	崩塌（浅部）、 转动型滑坡（深部）

注：φ_r、φ_p为软弱面的残余（或启动）和基本摩擦角；α为软弱面倾角；β为斜坡坡角。

第二节　典型崩滑地质灾害案例调研及其共性特征分析

一、典型崩塌灾害早期识别图谱及关键致灾因子

根据贵州省地质灾害形成机理研究成果，选取如下几类典型崩塌灾害，分析建立了早

期识别图谱，并提取了关键致灾因子如表 4.2 所示。

表 4.2　崩塌模式、图谱及其关键致灾因子

序号	变形模式	破坏运动方式	识别图谱	关键致灾因子	前兆信息
1	压缩（塌陷）-拉裂-倾倒	倾倒型	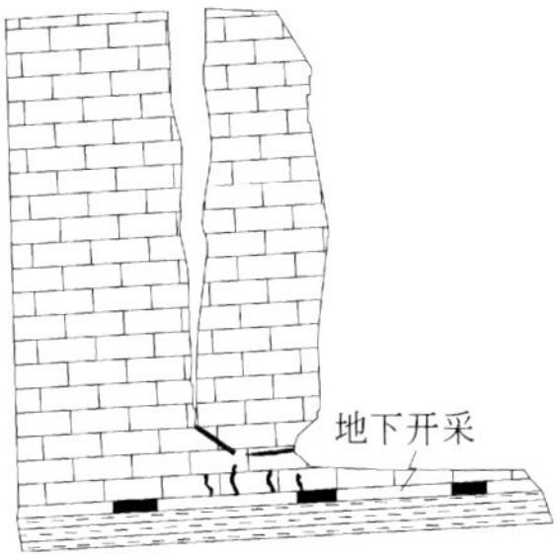 地下开采	① 地形坡度>65°；② 发育两组与坡面走向平行和垂直的竖向节理或溶蚀裂缝；③ 降雨、地下开采、凹岩腔侵蚀	① 后缘拉张；② 局部小崩小塌不断；③ 岩石破裂声震；④ 坡脚被压裂或隆起
2	剪断-滑移	滑塌型	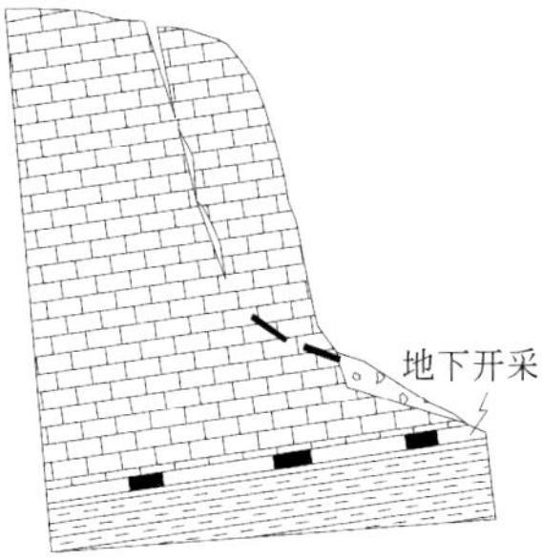 地下开采	① 地形坡度>45°；② 除发育竖向节理或溶蚀裂缝外，存在一组缓-中倾外的结构面；③ 降雨、地下开采	① 坡肩下错；② 局部小崩小塌不断；③ 岩石破裂声震；④ 坡脚剪出
3	倾倒-拉裂	倒塌型	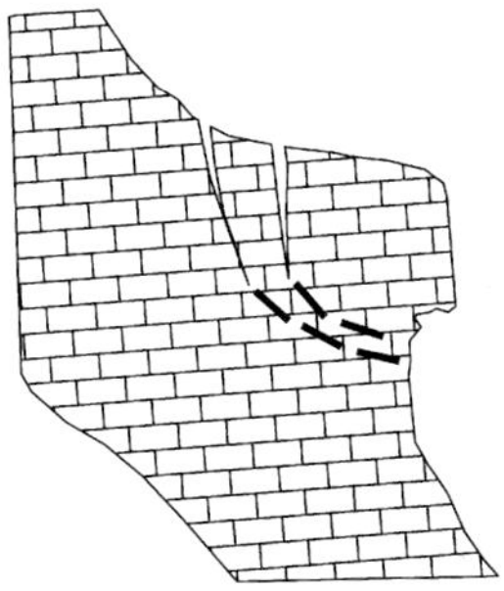	① 上部地形凸出、下部为凹腔；② 发育竖向节理或溶蚀裂缝；③ 凹岩腔侵蚀深度达 1/2 左右；④ 降雨、振动、风化	① 后缘拉张；② 局部小崩小塌不断；③ 岩石破裂声震
4	剪断或拉断	坠落型	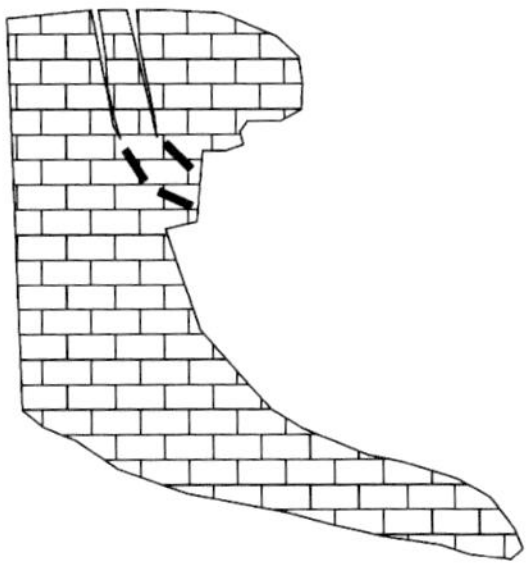	① 上部地形凸出、下部为凹腔；② 上部岩体被切割成块状；③ 降雨、振动、风化	① 小崩小塌不断；② 岩石破裂声震

二、典型滑坡灾害早期识别图谱及关键致灾因子

根据贵州省地质灾害形成机理研究成果，选取了如下几类典型滑坡灾害，分析并建立

了早期识别图谱，提取了关键致灾因子如表4.3所示。

表4.3　滑坡模式、图谱及其关键致灾因子

序号	变形模式	破坏运动方式	识别图谱	关键致灾因子	前兆信息
1	蠕滑（滑移）-拉裂	转动型	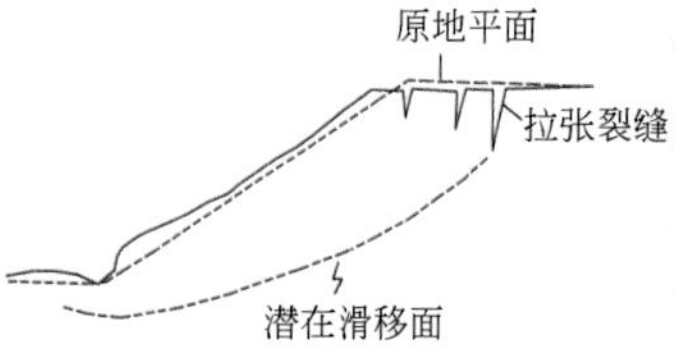 原地平面；拉张裂缝；潜在滑移面	①均质土坡或碎裂结构岩体斜坡；②地形坡度20°~45°；③降雨	①后缘弧形拉裂；②前缘隆起开裂；③坡脚地下水出露
		平面滑动型	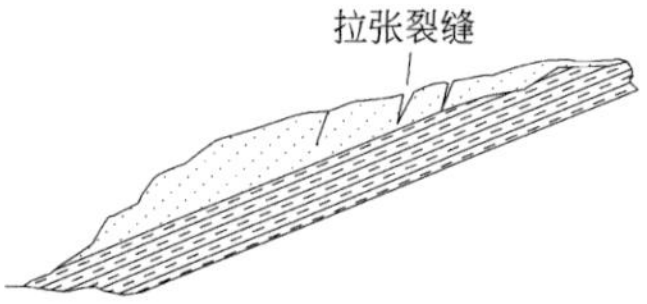 拉张裂缝	①平-缓顺层土质斜坡；②地形坡度10°~20°；③降雨、切脚开挖	①后缘多级拉张裂缝；②前缘剪出；③坡脚地下水出露
			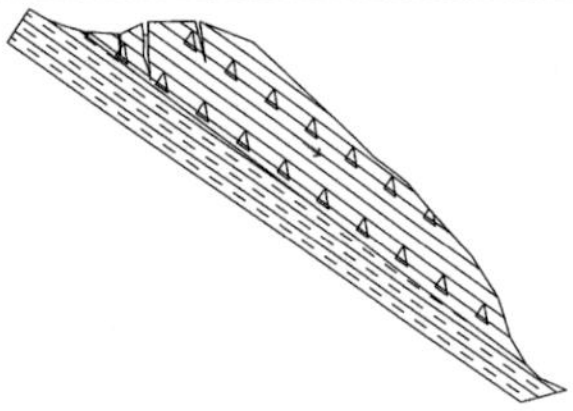	①中-陡顺层岩质斜坡；②地形坡度20°~50°；③降雨、切脚开挖	①后缘多级拉张裂缝；②前缘剪出；③坡脚地下水出露
2	蠕滑-拉裂-剪断	深层转动型（中部锁固段）	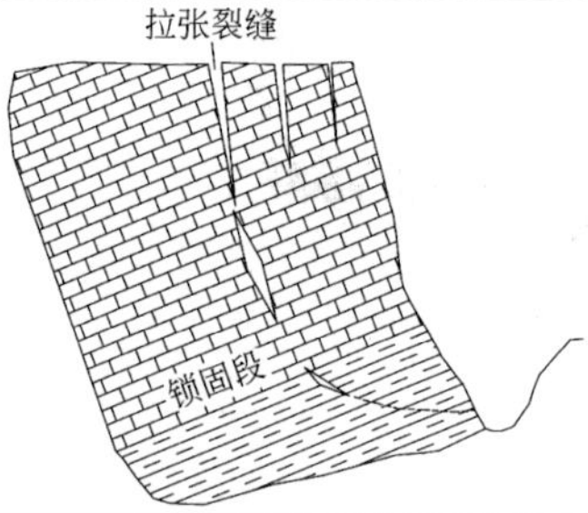 拉张裂缝；锁固段	①地形上陡下缓，平均坡度>50°；②上硬下软、平缓倾内斜坡；③降雨、地下开采	①后缘拉张、坡顶下沉；②下伏软岩剪（挤）出；③岩石破裂声震；④坡脚地下水出露
3	滑移-拉裂-剪断	顺向-走向滑动型（前缘关键块体）	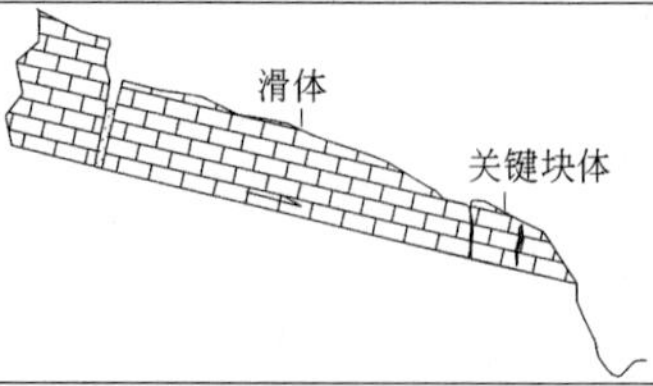 滑体；关键块体	①平缓层状斜坡；②地形上缓下陡；③剪出口部位存在阻滑块体；④降雨、振动、风化溶蚀、开挖	①后缘拉张；②局部小崩小塌不断；③前缘挤压变形；④岩石破裂声震
4	塌陷-拉裂-剪断	转动型	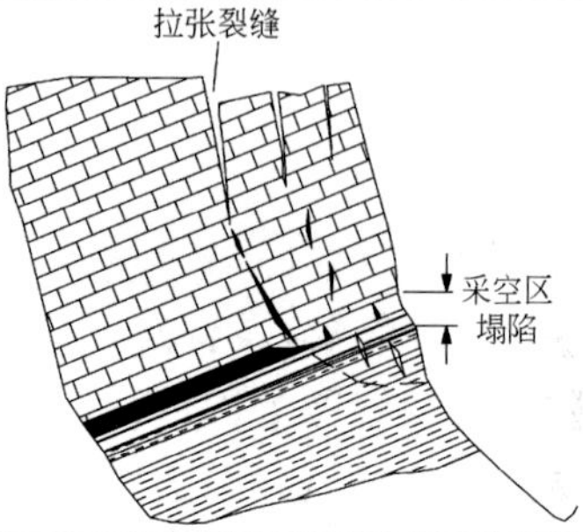 拉张裂缝；采空区塌陷	①地形上陡下缓，平均坡度>50°；②上硬下软、平缓倾内斜坡；③采空区塌陷；④降雨、振动、地下开采	①后缘拉张、坡顶下沉；②下伏软岩剪（挤）出；③岩石破裂声震；④坡脚地下水出露

续表

序号	变形模式	破坏运动方式	识别图谱	关键致灾因子	前兆信息
5	平推式滑移	顺层滑动型		① 近水平岩层斜坡； ② 下伏软弱基座或软弱结构面； ③ 后缘拉裂，且具备充水条件； ④ 降雨	① 地下水渗出； ② 非汛期可见蠕变现象
6	弯曲-倾倒	转动型	滑动面 内壁裂缝贯通形成滑坡	① 近直立或陡倾内薄-中层斜坡； ② 中等硬度岩石如片岩、砂板岩、石灰岩等； ③ 地形坡度接近岩层倾角； ④ 开挖、卸荷	① 坡顶可见拉裂台坎； ② 岩层非构造原因产生弯折； ③ 局部小崩小塌不断

第三节　潜在地质灾害体识别指标体系研究

通过对贵州省上述典型地质灾害的野外调研和变形破坏机理分析以及31个区县1188个灾害点识别指标的统计（表4.4），分析确定了崩塌和滑坡识别评价指标体系，建立了重大地质灾害的产生与控制性因素之间的相互关系。

表4.4　地质灾害识别指标统计灾害点情况　　（单位：个）

地区	区县数	区县	灾害点数	地区	区县数	区县	灾害点数
安顺市	6	西秀区	26	黔南州	2	贵定县	21
		关岭县	33			荔波县	25
		平坝县	19	黔西南州	5	册亨县	13
		普定县	48			普安县	70
		镇宁县	28			晴隆县	71
		紫云	57			兴仁县	63
毕节地区	5	毕节市	42			贞丰县	61
		大方县	47	铜仁地区	5	松桃	36
		赫章县	29			铜仁	13
		威宁县	63			万山	8
		织金县	34			印江	48
贵阳	1	花溪	4			玉屏	10

续表

地区	区县数	区县	灾害点数	地区	区县数	区县	灾害点数
六盘水	2	水城	174	遵义地区	3	桐梓	52
		钟山	28			务川县	18
黔东南	2	雷山	8			正安县	29
		镇远	10	合计	31		1188

一、崩塌识别指标

通过大量资料的收集与分析，确定崩塌识别指标如图 4.2 所示。

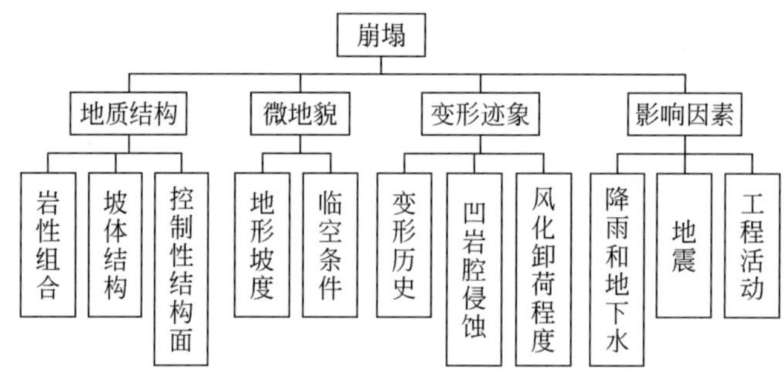

图 4.2　崩塌识别指标

通过统计得出导致崩塌的 7 个主要关键因子，其所诱发的崩塌数据所占百分比情况如下：

（1）地形坡度：平均坡度 40°，最大 80°，最小 20°。

（2）岩体结构：层状结构 21.1%，块状结构 31.6%，碎裂状结构 47.4%。

（3）控制性结构面倾角：平均 67°，最大 90°，最小 34°。

（4）基座软硬程度：硬岩 31.6%，中硬岩 47.4%，软岩 21.1%。

（5）凹岩腔状态：浅 20%，中等 30%，深 50%。

（6）卸荷松弛：弱 20%，中等程度 60%，强 20%。

（7）岩性：石灰岩白云岩 36.8%，泥岩页岩 10.5%，砂泥岩互层 52.6%。

二、滑坡识别指标

通过大量资料的收集与分析，确定滑坡识别指标如下图 4.3。

通过统计得出导致滑坡的 11 个主要关键因子，其所诱发的滑坡数据所占百分比情况如下：

（1）地形坡度：平均 25.5°，最大 50°，最小 20°。

（2）滑体结构：碎石夹土的占 20.5%，土夹碎石的占 79.5%。

（3）滑体厚度：最大 42m，最小 2m，平均 15m。

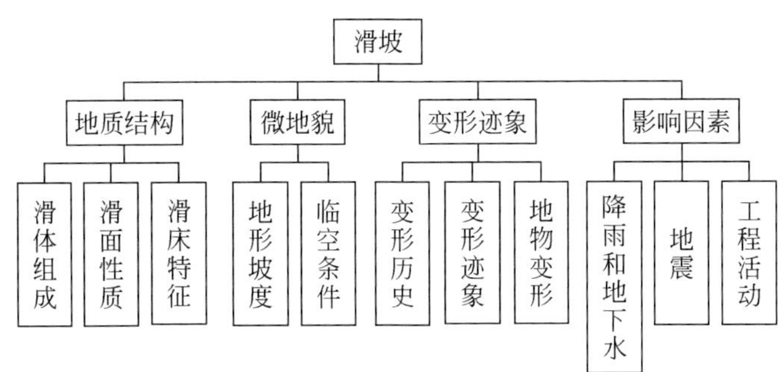

图 4.3　滑坡识别指标

（4）滑面性质：基覆界面型占 98%，软弱结构面型占 2%。

（5）滑面倾角：平均 25.7°，最大 40°，最小 10°。

（6）滑床岩性：极软岩 4.5%，软岩 45.5%，中硬岩 38.6%，硬岩 11.4%。

（7）临空条件：前缘临空 72.7%，半临空 27.3%。

（8）沟谷切割：临近滑床且冲刷较严重 82.1%，滑床以下且冲刷严重 17.9%。

（9）地表变形：后缘拉裂，地表裂缝，前缘垮塌。

（10）地物变形：房屋构筑物开裂，出现马刀树，道路开裂。

（11）地下水特征：前缘坡脚泉点出露，渗水，潮湿。

第四节　潜在地质灾害体识别方法体系研究

为了野外方便快捷的识别地质灾害危险源，并进行稳定性或易发程度判别，需要建立了一套现场快速评价崩塌（危岩）、滑坡、泥石流的指标和方法体系。基于岩石工程系统 RES 相互作用关系矩阵原理，开展了几类主要的地质灾害现场评价方法研究。

一、崩塌现场评判

通过分析，选取崩塌（危岩）稳定性评价指标：岩体结构（B1）、凹腔状态（B2）、主控结构面倾角（B3）、卸荷松弛状态（B4）、基座软硬程度（B5）、地形坡度（B6）。根据对其稳定性的贡献，将每一个因素进行四级刻画。

采用相互关系矩阵确定的权重为 K（B1，B2，B3，B4，B5，B6）=（24.63，18.66，17.16，17.16，11.94，10.45）。

为了现场评判的方便，总分为 100 分。根据权重采用半定量专家取值法，对不同级别下的评价指标给出贡献值，并给出分值区间，根据调查进行单一指标贡献评分，然后总评分。降雨和地震工况，依据现场调查选择相应的修正系数，进行暴雨或地震工况总评分。依据稳定性评判标准进行快速判别，其结果见表 4.5。

表 4.5　崩塌（危岩）危险源识别指标体系及稳定性快速评判表

一级指标	权重（K）	量级划分	分值区间	评分值	天然工况总评分(S_0)
岩体结构	24.63	整体结构	0 ~ 4		
		次块结构	4 ~ 12		
		块状结构	12 ~ 20		
		碎裂结构	20 ~ 25		
凹腔状态	18.66	浅（≤1/3 宽）	0 ~ 3		
		中等（1/3 ~ 1/2 宽）	3 ~ 9		
		较深（1/2 ~ 2/3 宽）	9 ~ 15		
		深（≥2/3 宽）	15 ~ 19		
主控结构面倾角	17.16	≤25°	0 ~ 3		
		25° ~ 50°	3 ~ 8		
		50° ~ 77°	8 ~ 14		
		≥75°	14 ~ 17		
卸荷松弛状态	17.16	微	0 ~ 3		
		弱	3 ~ 8		
		中等	8 ~ 14		
		强	14 ~ 17		
基座软硬程度	11.94	硬岩	0 ~ 2		
		中硬岩	2 ~ 6		
		软岩	6 ~ 10		
		极软岩	10 ~ 12		
地形坡度	10.45	≤25°	0 ~ 2		
		25° ~ 50°	2 ~ 5		
		50° ~ 75°	5 ~ 8		
		≥75°	8 ~ 10		
暴雨工况	工况修正系数（λ_{11}）	修正条件分级	条件修正系数（λ_{12}）	综合修正系数 $\lambda_1=\lambda_{11}\times\lambda_{12}$	暴雨工况总评分 $S_1=S_0\times\lambda_1$
5 年一遇暴雨	1.0	裂隙闭合，结构面不易软化	1.0		
20 年一遇暴雨	1.1	裂隙闭合，结构面易软化	1.1		
50 年一遇暴雨	1.2	裂隙张开，结构面不易软化	1.2		
100 年一遇暴雨	1.5	裂隙张开，结构面易软化	1.5		
判别标准	稳定性好：S≤20；稳定性较好：20<S≤40；稳定性中等：40<S≤60；稳定性较差：60<S≤80；稳定性差：S>80				

评判标准及发生概率：稳定性好：S≤20，发生概率≤20%；稳定性较好：20<S≤40，发生概率 20% ~ 40%；稳定性中等：40<S≤60，发生概率 40% ~ 60%；稳定性较差：60<

$S\leqslant80$，发生概率60%～80%；稳定性差：$S>80$，发生概率>80%。

二、滑坡现场评判

1. 古（老）滑坡的识别标志

结合贵州省滑坡发育情况，归纳了如下古（老）滑坡的识别标志，见表4.6。

表4.6　古（老）滑坡的识别标志

一级指标	二级指标	等级
地形地貌	圈椅状地形	B
	双沟同源	B
	坡体上树木东倒西歪，电杆、烟囱、高塔歪斜	B
	坡体后缘出现洼地或拉陷槽	C
	坡体后缘和两侧出现陡坎，前部呈大肚状	C
	不正常河流弯道	C
	反倾坡内台面地形	C
	大平台地形（与外围不一致、非河流阶地、非构造平台或风化差异平台）	C
	小台阶与平台相间	C
	坡体植被分布与周界外出现明显分界	C
地层岩性	大段孤立岩体掩覆在新地层之上	A
	地层具有明显的产状变动（除了构造作用等别的原因）	B
	大段变形岩体位于土状堆积物之中	B
	山体后部洼地内出现局部湖相地层	B
	变形、变位岩体被新地层掩覆	C
	岩土架空、松弛、破碎	C
	变形、变位岩体上掩覆湖相地层	C
	河流上游方出现湖相地层	C
变形迹象	后缘见弧形拉裂缝，前缘隆起	A
	前方或两侧陡壁可见滑动擦痕、镜面（非构造成因）	A
	后缘出现弧形拉裂缝甚至多条，或见多级下错台坎	A
	前缘可见隆起变形，并出现纵向、横向的隆胀裂缝	A
	两侧可见顺坡向的裂缝，并可见顺坡向的擦痕	A
	建筑物开裂、倾斜、下座，公路、管线等下错沉陷	B
	坡体上房屋建筑等普遍开裂、倾斜、下座变形	B
	坡体上公路、挡墙、管线等下沉、甚至被错断	B
	坡上引水渠渗漏，修复后复而又漏	B
	坡体前缘突然出现泉水，泉点线状分布、泉水浑浊	B
	斜坡前部地下水呈线状出露	C
	坡体后缘陡坎崩塌不断，前缘临空陡坡偶见局部坍塌等	C

2. 古（老）滑坡的判定标准

依据古老滑坡的识别标志的权重，分析建立了古老滑坡的判别标准（表 4.7）和识别流程及关键指标体系（图 4.4）。

表 4.7　古（老）滑坡的识别判定标准

序号	判定标准	备注
1	1 个 A 级标志	识别标志越多，则判别的可靠性越高
2	两个 B 级标志（不同类指标）	
3	1 个 B 级标志和两个 C 级标志（至少两个不同类指标）	
4	4 个 C 级标志（至少两个不同类指标）	

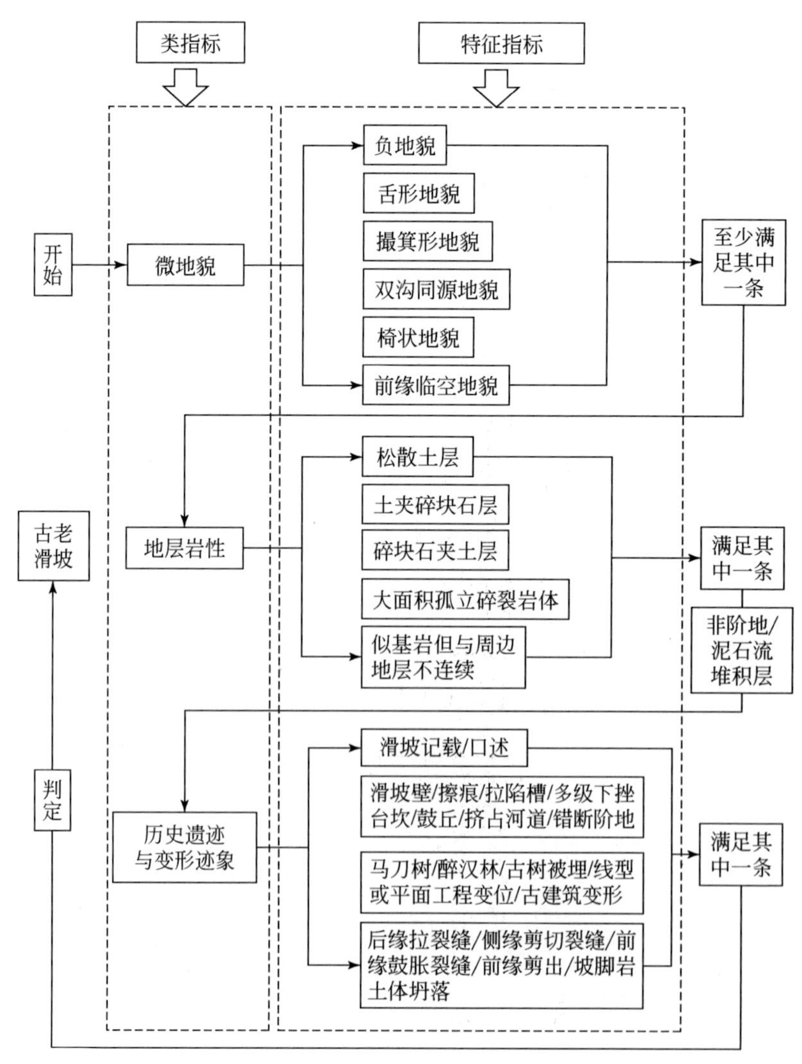

图 4.4　古老滑坡的识别流程及关键指标体系

3. 古（老）滑坡的稳定性评判

1）滑坡稳定性的宏观变形破坏迹象判断

滑坡是一个开放的巨复杂系统，滑坡的形成条件分为基本条件和外界条件：

滑坡形成的基本条件：①易滑岩组；②软弱结构面；③有效临空面，决定了滑坡发生的必然性；滑坡形成的外界条件即诱发因素：①水体作用。从作用类型上可分为渗透应力作用、物理化学作用和水体径流作用等，而常说的降雨诱发因素，实际上是通过这些方式发生作用。②外动力作用。主要有地震、人类工程活动等。人类工程活动对斜坡的破坏是通过开挖、堆压、爆破等作业，改变了坡体的稳定条件或使原有的地表径流发生变化，诱发滑坡发生。

滑坡处于临界稳定或接近极限平衡状态往往在地表出现变形迹象。在调查中可以根据无或有这些宏观变形迹象来判断滑坡是稳定、临界稳定或即将失稳破坏。

滑坡即将失稳滑动在地表出现的系统配套的变形迹象如图 4. 5 所示。由图 4. 5 可知，这一地表变形迹象系统包括多级后缘弧形拉张裂缝，其中有的有下错有的无下错迹象；侧翼的雁行排列的剪张裂缝；与前缘隆起相伴的横张及纵张裂缝，以及沿前缘裂缝出现的多个泉或渗水点。由于整套的裂缝已经出现，表明滑坡即将失稳，但两翼裂缝仍呈雁行式排列而未连成整体，则表明滑移面又尚未完全贯通。

这一系列裂缝中最早出现的一般是后缘张裂缝。初期这些裂缝是断续的，逐渐连接成

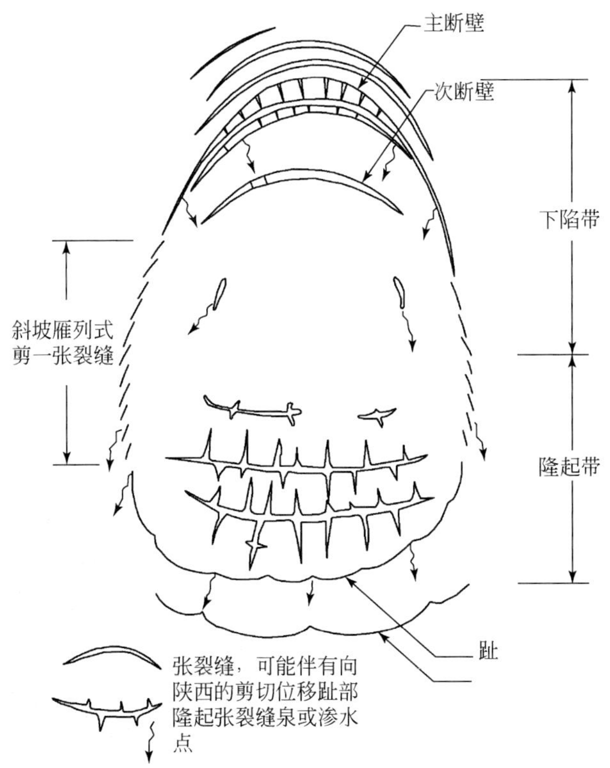

图 4. 5　变形迹象

完整的弧形缝且张开宽度不断加大，最后可出现下错，并相继出现多级弧形张裂缝。根据这些裂隙的发展情况可以判定滑坡的稳定状况。根据拉张裂缝变形的速率则可以预报滑坡的发生时间。侧翼剪裂缝发育稍迟于后缘弧形张裂缝，并由后缘向前缘延伸，由雁行不连续裂缝向连续裂缝发展。前缘隆胀裂缝发育又迟于侧翼剪裂。如果前缘局部滑出还可出现放射形张裂缝。

除了地形上配套的裂缝之外，滑坡体上的建筑物变形与开裂也是判断滑坡稳定性的宏观迹象。但建筑物的开裂也可由其他原因产生，比较常见的为地基的不均匀沉降引起的建筑物开裂。判断建筑物开裂是否滑坡活动所引起，应当将开裂建筑物在滑坡上所处的位置、开裂的力学属性及发展过程联系起来加以分析。如正好位于后缘拉裂带，则建筑物应产生自地基向上发展的张裂；而如位于前缘隆起带则建筑物会产生自顶部向下发展的张裂；而如处于两侧翼剪张带则应产生剪裂隙。如群体建筑物位于相应地带，则建筑物的开裂应是群体的而非个别的。

2）滑坡稳定性与其发育阶段及特征关系

通过滑坡发育阶段及其特征分析，控制滑坡稳定性的内部条件和影响因素的综合评判，初步判断滑坡的稳定性程度，见表 4.8。

表 4.8　滑坡发育阶段及特征

发育阶段	主要特征					稳定系数（K）
	滑动带（面）	滑坡前缘	滑坡后缘	滑坡两侧	滑坡体	
蠕动阶段	主滑段滑动带在蠕动变形，但滑体尚未沿滑动带位移，少数探井及钻孔发现新滑动面	无明显变化，未发现新的泉点	地表或建（构）筑物出现一条或数条与地形等高线大体平行的拉张裂缝，裂缝断续分布，多成弧形向内侧突出	无明显裂缝，边界不明显	无明显异常	1.05 ~ 1.025
挤压阶段	主滑段滑动带已基本形成，滑体局部沿滑动带位移，滑带土特征明显，多数探井及钻孔发现滑动带有镜面、擦痕及搓揉现象	常有隆起，有放射状裂缝或大体垂直等高线的压致张裂裂缝，有时有局部坍塌现象或出现湿地或有泉水溢出	地表或建（构）筑物拉张裂缝，多而宽，且贯通，外侧下错	出现雁行羽状剪切裂缝	有裂缝及少量沉陷等异常现象	1.025 ~ 1.00
滑动（复活）阶段	整个滑坡滑动带已全面形成，滑带土特征明显且新鲜，绝大多数探井及钻孔发现滑动带有镜面、擦痕及搓揉现象，滑带土含水量常较高	出现明显的剪出口并经常错出，剪出口附近湿地明显，有一个或多个泉点，有时形成了滑坡舌，滑坡舌常明显伸出，鼓张及放射状裂缝加剧并常伴有坍塌	张裂缝与滑坡两侧羽状裂缝连通，常出现多个阶坎或地堑式沉陷带，滑坡壁常较明显	羽状裂缝与滑坡后缘张裂缝连通，滑坡周界明显	有差异运动形成的纵向裂缝，中、后部水塘、水沟或水田渗漏，不少树木成醉树，滑坡体整体位移	1.00 ~ 0.95

续表

发育阶段	主要特征					稳定系数（K）
	滑动带（面）	滑坡前缘	滑坡后缘	滑坡两侧	滑坡体	
稳定（固结）阶段	滑体不再沿滑动带位移，滑带土含水量降低，进入固结阶段	滑坡舌伸出，覆盖于原地表上或到达前方阻挡体而壅高，前缘湿地明显，鼓丘不再发展	裂缝不再增多，不再扩大，滑坡壁明显	羽状裂缝不再扩大，不再增多甚至闭合	滑体变形不再发展，原始地形总体坡度显著变小，裂缝不再扩大，不再增多，甚至闭合	>1.00

3）基于相互关系矩阵法的稳定性评判

从滑坡形成内部条件和滑坡变形表现两个方面分析建立快速评判指标。滑坡内部条件：滑坡平均坡度（H1）、滑体特征（H2）、滑面性质（H3）、滑面倾角（H4）、滑床岩性（H5）、临空特征（H6）、沟谷切割（H7），和滑坡变形表现：地表变形（H8）、地物变形（H9）、地下水特征（H10）。

采用相互关系矩阵确定的权重为：K（H1，H2，H3，H4，H5，H6，H7，H8，H9，H10）=（7.33，8.33，11.00，10.00，7.33，10.33，10.00，12.33，11.00，12.33）。

总分 100 分，根据权重采用半定量法对不同级别下的评价指标给出贡献分值区间，现场进行单一指标贡献评分和总评分。根据降雨和地震工况选择修正系数，进行相应总评分。依据稳定性评判标准进行快速判别（表 4.9）。

评判标准及发生概率：稳定性好：$S \leq 20$，发生概率≤20%；稳定性较好：$20 < S \leq 40$，发生概率 20%～40%；稳定性中等：$40 < S \leq 60$，发生概率 40～60%；稳定性较差：$60 < S \leq 80$，发生概率 60%～80%；稳定性差：$S > 80$，发生概率>80%。

表 4.9　滑坡危险源识别指标体系及稳定性快速评判表

分类指标	一级指标	权重（K）	量化分级	分值区间	评分值	天然工况总评分(S_0)
滑坡形成内部条件	滑坡平均坡度	7.33	≤8°	0～1		
			8°～15°	1～3		
			15°～45°	3～6		
			≥45°	6～7		
	滑体特征	8.33	碎裂岩体	0～2		
			碎块石	2～4		
			碎石夹土	4～7		
			土夹碎石	7～8		
	滑面性质	11.00	岩质切层	0～2		
			岩质顺层	2～6		
			基覆界面	6～9		
			软弱夹层	9～11		
	滑面倾角	10.00	≤8°	0～2		
			8°～15°	2～5		
			15°～45°	5～9		
			≥45°	9～10		

续表

分类指标	一级指标	权重（K）	量化分级	分值区间	评分值	天然工况总评分(S_0)
滑坡形成内部条件	滑床岩性	7.33	硬岩	0～1		
			中硬岩	1～4		
			软岩	4～6		
			极软岩	6～7		
	临空特征	10.33	无明显临空	0～2		
			前缘临空	2～5		
			前缘临空，且一侧临空	5～9		
			前缘临空，且两侧临空	9～10		
	沟谷切割	10.00	二分之一滑体，冲刷轻微	0～2		
			三分之二滑体，冲刷较轻微	2～5		
			临近滑床，冲刷较严重	5～9		
			滑床以下，冲刷严重	9～10		
滑坡变形表现	地表变形	12.33	后缘拉裂	0～2		
			后缘弧线拉裂	2～6		
			后缘、侧缘圈闭	6～10		
			后缘、侧缘圈闭，前缘隆起	10～12		
	地物变形	11.00	马刀树、个别构筑物微裂	0～2		
			马刀树、个别构筑物裂缝长大	2～5		
			醉汉林、构筑物普遍开裂	5～9		
			醉汉林、构筑物普遍裂缝长大	9～11		
	地下水特征	12.33	前缘坡脚潮湿	0～2		
			前缘坡脚局部渗水	2～6		
			前缘坡脚泉水出露	6～10		
			前缘坡脚泉水线状出露	10～12		

暴雨工况	工况修正系数(λ_{11})	修正条件分级	条件修正系数(λ_{12})	综合系数 $\lambda_1=\lambda_{11}\times\lambda_{12}$	暴雨工况总评分 $S_1=S_0\times\lambda_1$
5 年一遇暴雨	1.0	汇水条件差，坡体不易入渗饱水	1.0		
20 年一遇暴雨	1.1	汇水条件好，坡体不易入渗饱水	1.1		
50 年一遇暴雨	1.2	汇水条件差，坡体易入渗饱水	1.2		
100 年一遇暴雨	1.5	汇水条件好，坡体易入渗饱水	1.5		
判别标准	稳定性好：$S\leqslant20$；稳定性较好：$20<S\leqslant40$；稳定性中等：$40<S\leqslant60$；稳定性较差：$60<S\leqslant80$；稳定性差：$S>80$				

三、不稳定斜坡现场评判

通过分析选取不稳定斜坡稳定性评价指标：斜坡坡度（B1）、斜坡高度（B2）、岩体强度（B3）、结构面方位（B4）、结构面特性（B5）、结构面组合（B6）、岩体结构单元类型（B7）。根据其对稳定性的贡献进行因素的四级刻画，见表 4.11。

采用相互关系矩阵确定的权重为：K（B1，B2，B3，B4，B5，B6，B7）=（11.67，11.11，15.56，11.67，14.44，15.00，20.55）。

为了现场评判的方便，总分为 100 分。根据权重采用半定量专家取值法，对不同级别下的评价指标给出贡献值，并给出分值区间，根据调查进行单一指标贡献评分，然后总评分。降雨和地震工况，依据现场调查选择相应的修正系数，进行暴雨或地震工况总评分。依据稳定性评判标准进行快速判别，见表 4.10。

评判标准及发生概率：稳定性好：$S \leqslant 20$，发生概率≤20%；稳定性较好：$20<S\leqslant 40$，发生概率 20%～40%；稳定性中等：$40<S\leqslant 60$，发生概率 40%～60%；稳定性较差：$60<S\leqslant 80$，发生概率 60%～80%；稳定性差：$S>80$，发生概率>80%。

表 4.10　不稳定斜坡危险源识别指标体系及稳定性快速评判表

一级指标	权重(K)	量化分级	分值区间	评分值	天然工况总评分(S_0)
斜坡坡度	11.67	≤30°	0～2		
		30°～45°	2～6		
		45°～60°	6～10		
		≥60°	10～12		
斜坡高度	11.11	≤10m	0～2		
		10～20m	2～5		
		20～30m	5～9		
		≥30m	9～11		
岩体强度	15.56	硬岩	0～3		
		中硬岩	3～7		
		软岩	7～13		
		极软岩或松散堆积	13～16		
结构面方位	11.67	倾外结构面不发育	0～2		
		断续发育倾外结构面，一组	2～6		
		发育倾外结构面一组或断续发育两组	6～10		
		发育倾外结构面，两组及以上	10～12		
结构面特性	14.44	非控制性硬性结构面，连通率≤20%	0～3		
		控制性结构面为硬性，连通率 20%～40%	3～7		
		控制性结构面局部夹泥，连通率 40%～60%	7～12		
		控制性结构面夹泥严重，连通率≥60%	12～14		
结构面组合	15.00	无不利结构面组合	0～3		
		组合可形成小于 10m 高的不稳定块体	3～7		
		组合可形成 10～20m 高的不稳定块体	7～12		
		组合可形成 20～30m 高的不稳定块体，或可形成贯通性潜在滑面	12～15		

续表

一级指标	权重(K)	量化分级	分值区间	评分值	天然工况总评分(S_0)
岩体结构单元类型	20.55	整体结构	0 ~ 4		
		块状结构、次块状结构	4 ~ 10		
		碎块状结构、镶嵌结构、松弛结构	10 ~ 17		
		松动结构、碎裂结构、散体结构	17 ~ 21		
暴雨工况	工况修正系数 λ_{11}	修正条件分级	条件修正系数 λ_{12}	综合修正系数 $\lambda_1=\lambda_{11}\times\lambda_{12}$	暴雨工况总评分 $S_1=S_0\times\lambda_1$
5 年一遇暴雨	1.0	汇水条件差，坡体不易入渗饱水	1.0		
20 年一遇暴雨	1.1	汇水条件好，坡体不易入渗饱水	1.1		
50 年一遇暴雨	1.2	汇水条件差，坡体易入渗饱水	1.2		
100 年一遇暴雨	1.5	汇水条件好，坡体易入渗饱水	1.5		
判别标准	稳定性好：$S\leq20$；稳定性较好：$20<S\leq40$；稳定性中等：$40<S\leq60$；稳定性较差：$60<S\leq80$；稳定性差：$S>80$				

四、泥石流现场评判

根据表 4. 11 泥石流沟数量化及易发程度评判表（引自《泥石流灾害防治工程勘查规范 DZ/T0220—2006》），进行泥石流沟易发程度评判。

评判标准及发生概率：不易发：$15<S\leq43$，发生概率≤33%；轻度易发：$44\leq S\leq86$，发生概率 33% ~ 66%；中等易发：$87\leq S\leq115$，发生概率 66% ~ 88%；极易发：$116\leq S\leq130$，发生概率≥88%。

表 4.11　泥石流沟数量化及易发程度评判表

一级指标	权重(K)	量化分级	分值区间	评分值	总评分(S)
崩坍滑坡及水土流失的严重程度	0.159	无崩坍、滑坡、冲沟或发育轻微	1 ~ 6		
		有零星崩坍、滑坡和冲沟存在	6 ~ 14		
		崩坍滑坡发育，多浅层滑坡和中小型崩坍，有零星植被覆盖，冲沟发育	14 ~ 18		
		崩坍滑坡等重力侵蚀严重，多深层滑坡和大型崩坍，表土疏松，冲沟十分发育	18 ~ 21		
泥沙沿程补给长度比/%	0.118	<10	1 ~ 4		
		10 ~ 30	4 ~ 10		
		30 ~ 60	10 ~ 14		
		>60	14 ~ 16		

续表

一级指标	权重(K)	量化分级	分值区间	评分值	总评分(S)
沟口泥石流堆积活动	0. 108	无河形变化，主流不偏	1 ~ 3		
		河形无变化，大河主流在高水偏，低水不偏	3 ~ 9		
		河形无较大变化，仅大河主流受迫偏移	9 ~ 12		
		河形弯曲或堵塞，大河主流受挤压偏移	12 ~ 14		
河沟纵坡/‰	0. 090	<3°（52）	1 ~ 3		
		3° ~ 6°（52 ~ 105）	3 ~ 7		
		6° ~ 12°（105 ~ 213）	7 ~ 10		
		>12°（213）	10 ~ 12		
区域构造影响程度	0. 075	稳定区，地震活动微弱	1 ~ 2		
		相对稳定区，地震烈度≤7°	2 ~ 6		
		抬升区，活动断裂较发育，地震活动较强烈，地震烈度 7° ~ 9°	6 ~ 8		
		强烈抬升区，活动断裂发育，地震活动强烈，地震烈度≥9°	8 ~ 9		
流域植被覆盖率/%	0. 067	>60	1 ~ 2		
		30 ~ 60	2 ~ 6		
		10 ~ 30	6 ~ 8		
		<10	8 ~ 9		
河沟近期一次变幅/m	0. 062	<0. 2	1 ~ 2		
		0. 2 ~ 1	2 ~ 5		
		1 ~ 2	5 ~ 7		
		>2	7 ~ 8		
岩性影响	0. 054	硬岩	1 ~ 2		
		风化和节理发育的硬岩	2 ~ 4		
		弱风化、节理较发育	4 ~ 5		
		软岩、黄土	5 ~ 6		
沿沟松散物贮量 /10^4（m^3/km^2）	0. 054	<1	1 ~ 2		
		1 ~ 5	2 ~ 4		
		5 ~ 10	4 ~ 5		
		>10	5 ~ 6		
沟岸山坡坡度/‰	0. 045	<15°（268）	1 ~ 2		
		15° ~ 25°（286 ~ 466）	2 ~ 4		
		25 ~ 32°（466 ~ 625）	4 ~ 5		
		>32°（625）	5 ~ 6		
产沙区沟槽横断面	0. 036	平坦型	1 ~ 2		
		复式断面	2 ~ 3		
		拓宽 U 型谷	3 ~ 4		
		V 型谷、谷中谷、U 型谷	4 ~ 5		

续表

一级指标	权重(*K*)	量化分级	分值区间	评分值	总评分(*S*)
产沙区松散物平均厚度/m	0.036	<1	1～2		
		1～5	2～3		
		5～10	3～4		
		>10	4～5		
流域面积/km^2	0.036	<0.2	1～2		
		0.2～10	2～3		
		10～100	3～4		
		>100	4～5		
流域相对高差/m	0.030	<100	1～2		
		100～300	2～3		
		300～500	3		
		>500	4		
河沟堵塞程度	0.030	无	1		
		轻微	2		
		中等	3		
		严重	4		
判别标准		不易发：15<S≤43；轻度易发：44≤S≤86；中等易发：87≤S≤115；极易发：116≤S≤130			

第5章　多尺度岩溶山地地质灾害风险评价示范

第一节　典型破坏模式的危岩单体风险评价示范

一、滑塌式危岩

通过野外详细调查发现，该类型危岩体由其失稳模式决定其可能失稳后危害范围一般较大，由其已发生崩塌所形成的崩积体范围也可以看出这一点。

（一）牛赶冲1#危岩体

1. *危岩体概况*

牛赶冲沟南北各有凸出山脊呈收口状，沟内为略呈“V”型的凹形坡。崩塌位于牛赶冲沟内北侧山脊上部陡坡，下部斜坡靠山脊一侧有一小冲沟，沿斜坡向下向山脊方向偏转。冲沟宽2～4m，沟内为泥岩风化后形成的残积土，呈软塑状，厚度0.5～1.5m。牛赶冲支沟内沿缓坡地带有一至金钟的简易公路经过，崩塌区以旱地为主，向沟内方向多灌木、草丛及农作物。

斜坡上部为灯影组（$Z_b dn$）白云岩，产状115°∠45°，巨厚层状，层间结合紧密。发育两组节理：J1：225°∠80°，J2：350°∠68°。向下依次为陡山沱组（$Z_b d$）磷矿层及石英砂岩、南沱组（$Z_a nn$）页岩和板溪群清水江组（$P_t bnq$）粉砂质页岩。发生崩塌的部位是灯影组白云岩构成的陡崖，磷矿层位于陡崖底部（图5.1～图5.3）。磷矿层因采矿活动使坡脚岩体产生张拉破坏，进一步导致上部白云岩在自重作用下压坏靠近坡脚的岩体，产生拉裂缝，裂缝易沿上部岩体中的两组结构面自下向上延伸。而随着裂缝的发展，与母岩分离的上部岩体在自重作用下沿岩体中倾坡外的结构面产生滑塌。其崩落初始速度一般不大，同时易形成体积较大的堆积块体。崩源区位于斜坡上部，为巨厚层白云岩，层间结合紧密，坡向295°。危岩体位于山脊向南一线（包括崩源区在内），长（沿坡走向宽）145m，危岩体顶部高程1125～1152m，中间低两边高，与危岩体底部最大高差55m，临空坡面近于直立。危岩壁受J1、J2两组结构面的切割影响，裂缝纵横，呈锯齿状延伸。

图 5.1　牛赶冲危岩体远景图

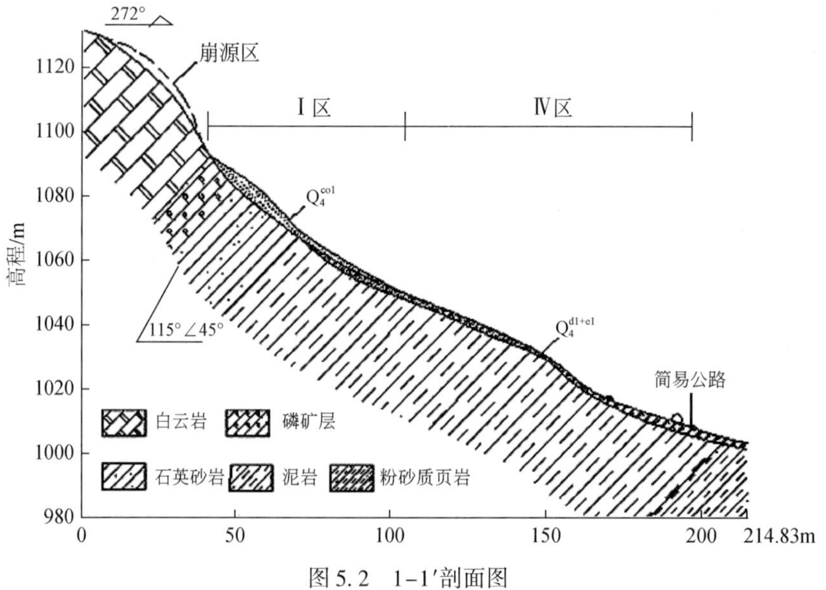

图 5.2　1-1′剖面图

2. 崩积体特征

崩积物沿山脊向两侧抛洒，本书以向牛赶冲沟内一侧崩积体为研究对象，另一侧的堆积体不在本书中赘述。该崩积体以白色、灰白色白云岩块体为主，呈条带状沿山脊向牛赶冲沟内堆积，处于基本稳定状态，堆积方向 260°。崩积体上部靠近崩塌源处高程 1090m，下部最远端高程 1010m。该崩积体纵向长度约 160m，横向平均宽度约 55m。

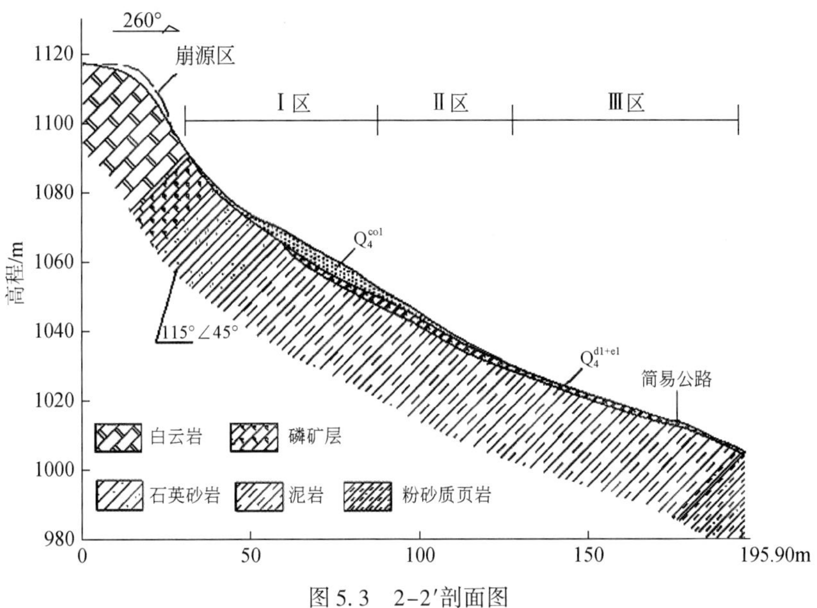

图5.3　2-2′剖面图

崩积体下部原地表植被主要为低矮灌木，崩塌落石自崩塌源而下，沿崩落路径翻滚、跳跃、滑动，在地表形成崩落坑、倒石堆以及刮擦痕迹，原坡面被改造，植被遭到破坏，尤其是近崩塌源的陡坡处，坡面刨蚀深度较大，植被完全被破坏，部分地表出露下部泥岩。根据现场调查分析，可将崩积体分为堆积区（Ⅰ）、散落区（Ⅱ）、影响区（Ⅲ）和铲刮区（Ⅳ）4个特征明显的区域。

Ⅰ区：高程1150m至崩塌源下部，为落石停留区，上部坡度达到40°～45°，平均坡度35°。区内停留块石块径分布范围在0.02～1m，块径较小的块石主要停留在区内上部靠近崩塌源处，一般在0.02～0.2m，占区内停留块石的20%；自中部向下落石开始大量停留，块径主要在0.3～0.5m范围内。该区下部边缘多分布约20%块径在0.5～1m不等的块石停留。该区内块石间为碎石和角砾石填充，崩积体中架空现象明显，区内植被完全破坏。

Ⅱ区：高程1030m至1050m，为落石散落区，区内坡度20°～29°，区内植被破坏较严重，占该区面积的70%左右。区内散落块石块径较小，多在0.2～0.3m。除个别块径在0.5m左右的块石散落在该区底部边缘地带。

Ⅲ区：高程1007m至1030m，为落石影响区，区内地势平缓，平均坡度在15°，区内植被破坏较轻，占该区面积的15%左右。该区范围较大，该区内除靠近与Ⅱ区边界多块径在0.3m左右的碎块石外，偶有块石散落，且块径均小于0.01m。在该区内主要受影响的是通往金钟的简易公路。

Ⅳ区：靠山脊向下一线为落石铲刮区，区内主要发育有一小型冲沟，沟内裸露松散土体，上覆植被被滚落块石铲刮，破坏严重，占该区面积的90%。该区边界靠近简易公路旁，有一块径达2m的块石停留。沟内一线清晰可见该落石的运动轨迹（$A-G$），冲沟内有多个崩落坑，最大坑径2.5m，崩落坑坑前土体有与运动方向垂直的鼓胀裂缝，而崩落坑轨迹线的两端分别指向崩塌源和公路边块石。可见，该块石停留在公路旁主要受此冲沟的影响。

3. 危岩体滚石模拟

首先借鉴参考韦启珍（2008）给出的切向、法向阻尼系数（R_t、R_n）建议值和工程岩体分级标准，进行运动模拟。选取简易公路边的特例块石的运动路径（$O-G$）作为轨迹1，选取一般落石的运动路径（$o-d$）作为轨迹2。选取落石数量为50个，轨迹1选取落石与简易公路旁块石质量相同，轨迹2选取落石质量与倒石堆边缘最大块石的质量相同。由该崩塌失稳模式为滑塌，因此取初始水平和竖直速度均为1m/s。路径1、2的模拟运动过程如图5.4、图5.5所示，路径1落石的最终位置基本在G点附近，落石除在$A-C$段有小幅跳跃外，基本为滚动状态；路径2落石的最终位置在c点附近，除在靠近崩塌源

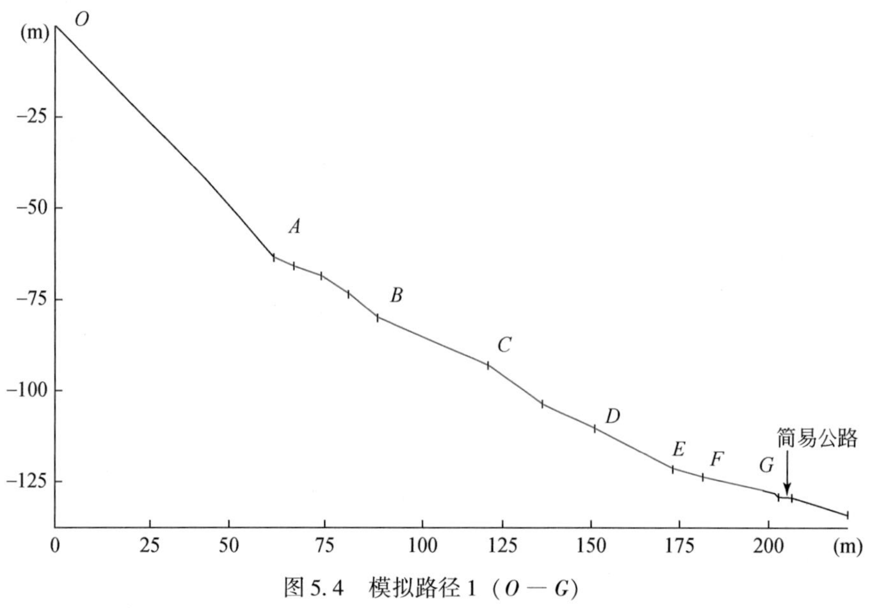

图5.4　模拟路径1（$O-G$）

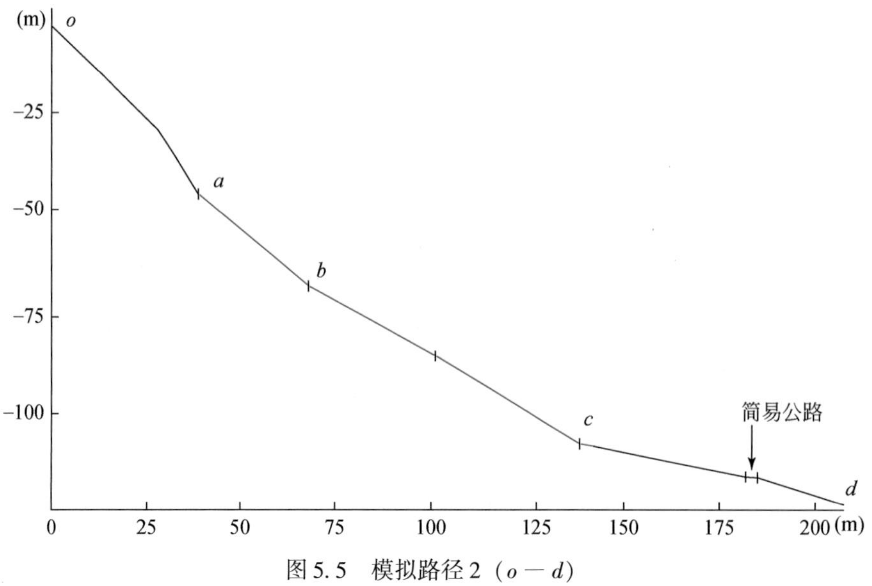

图5.5　模拟路径2（$o-d$）

的 a 点附近有跳跃外基本为滚动状态。对比两组路径模拟得出的结果与实际野外调查得出的结论，二者基本吻合，最终确定模拟参数（表 5.1）。

表 5.1　模拟参数取值

	R_t	R_n	摩擦角
基岩表面	0.85	0.37	35
崩积体	0.83	0.33	32
植被稀少土质边坡	0.80	0.30	24
植被覆盖土质边坡	0.79	0.30	17

然后针对危岩体分别选取路径 3（$o-h$）和路径 4（$o-l$）（图 5.6、图 5.7）进行模拟。选取落石数量为 50 个，选取落石质量与倒石堆边缘最大块石的质量相同，初始水平和竖直速度均为 0.01m/s。模拟结果如图 5.7 所示，可以看出：模拟路径 3 落石一般停留在距 g 点附近，运动过程一般为滚动状态；模拟路径 4 的落石受下方沟谷的影响，在 j 点处发生小幅跳跃，随后滚动，在 k 点处运动路径发生转折，一般停留在距 k 点 30m 左右的地方。

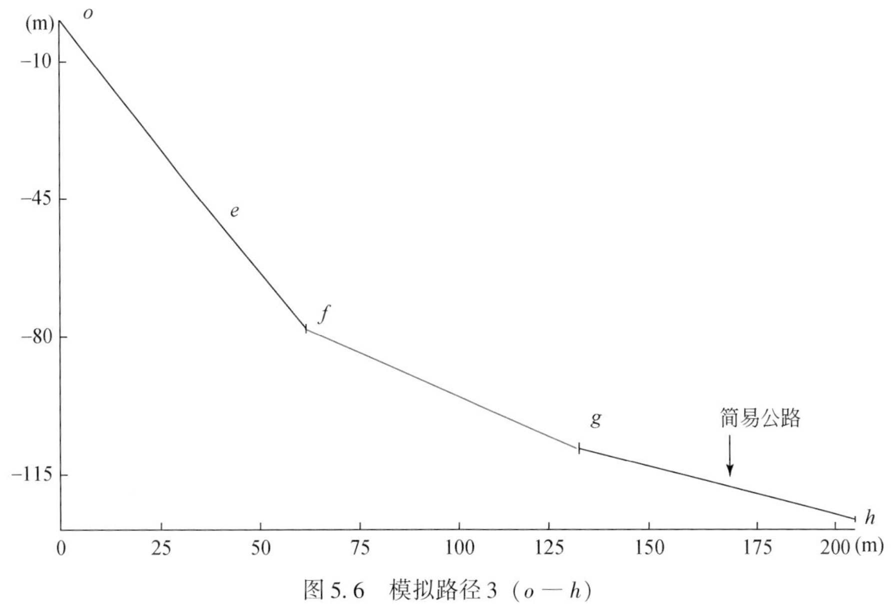

图 5.6　模拟路径 3（$o-h$）

4. 危岩体危害范围及其危险程度

牛赶冲沟危岩体平面图如图 5.8 所示，在Ⅰ区上部靠近崩塌源处，落石的势能转化为动能，速度不断加快，落石之间相互碰撞频繁，多以弹跳方式运动，而对于块径较小的落石，其自身势能较小，加之受控于地形因素，且在滚落过程中受比其块径大的落石阻碍其运动。停留在该段的主要为能量不大，块径较小的落石。而Ⅰ区中下部一线落石多以滚动方式运动，随着斜坡坡度逐渐变缓，在滚动过程中斜坡减缓落石的速度、同时吸收其能量，加之该类型崩塌的初始速度很小，最终落石大量停留在该区中下部。

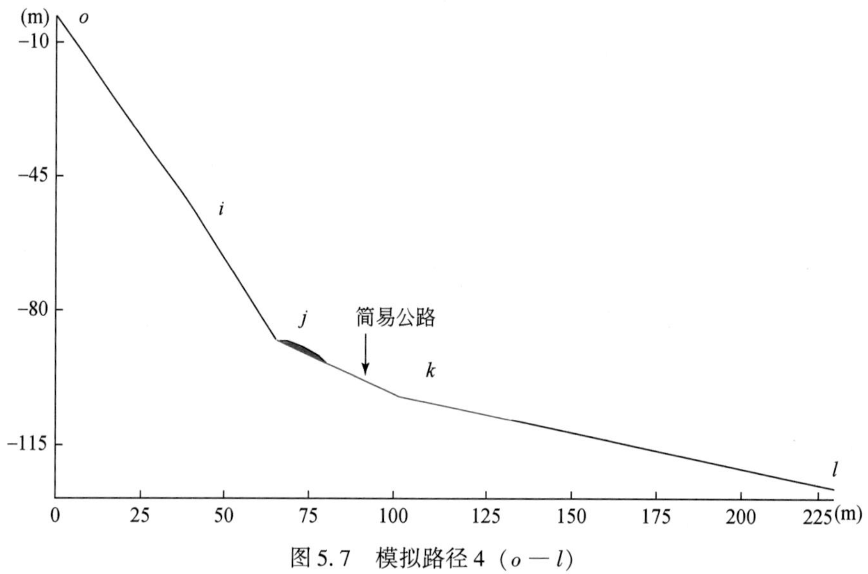

图 5.7　模拟路径 4（o—l）

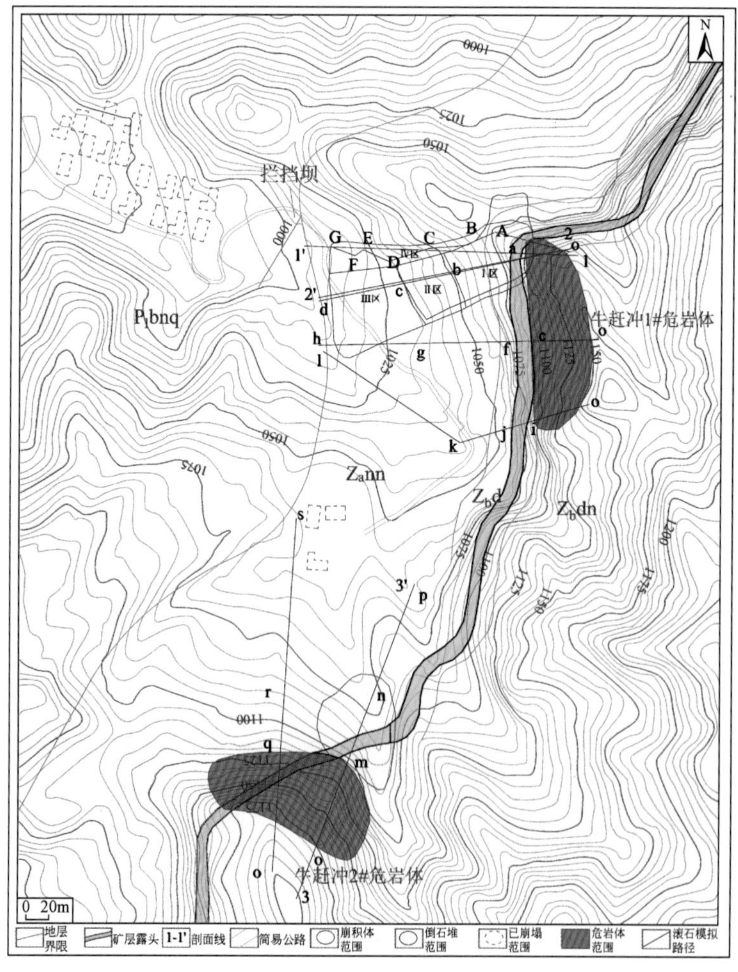

图 5.8　牛赶冲沟危岩体平面图

对于散落在Ⅱ区、Ⅲ区内块石，块径一般在 0.2 ~ 0.5m，此类块石在Ⅰ区倒石堆中所占比例最大，对于比其块径小的落石，倒石堆中阻碍其运动的大块石不多。而对于比其块径大的落石，其有更多的运动方式，除了滚动外还可以经碰撞后以跳跃的方式进行运动。因此，该块径范围的落石最有机会运动至较远的地方。

而滚落至简易公路边的块石属于特例，该落石质量很大，这本身就决定该块石会比一般落石运动的距离要远，但该落石的运动轨迹完全受控于微地貌形成的冲沟。冲沟内覆土层较厚，相较于倒石堆形成的坡面而言，冲沟内软塑状的覆土能够更加减缓落石的速度，同时吸收更大的能量，这从该落石运动过程中不断消耗能量形成的崩落坑就可以看出。直到运动到公路边的缓坡能量完全消耗，最终停留。对于斜坡上部仍存在的危岩体，其失稳后的运动距离一般在危害范围内。但不排除掉落危岩将现有崩积体作为下垫面，经多次碰撞后可能运动到更远的距离；或整体崩落的大体积危岩体，其运动距离可能更远。

根据上述分析，同时结合几个模拟路径的结果，可以推测出危岩体可能失稳后的危害范围如图 5.9 所示。依据实际调查，对危险程度的划分，其危害范围内危险程度可以Ⅰ级、Ⅲ级、Ⅳ级几个危险程度不同的区域。

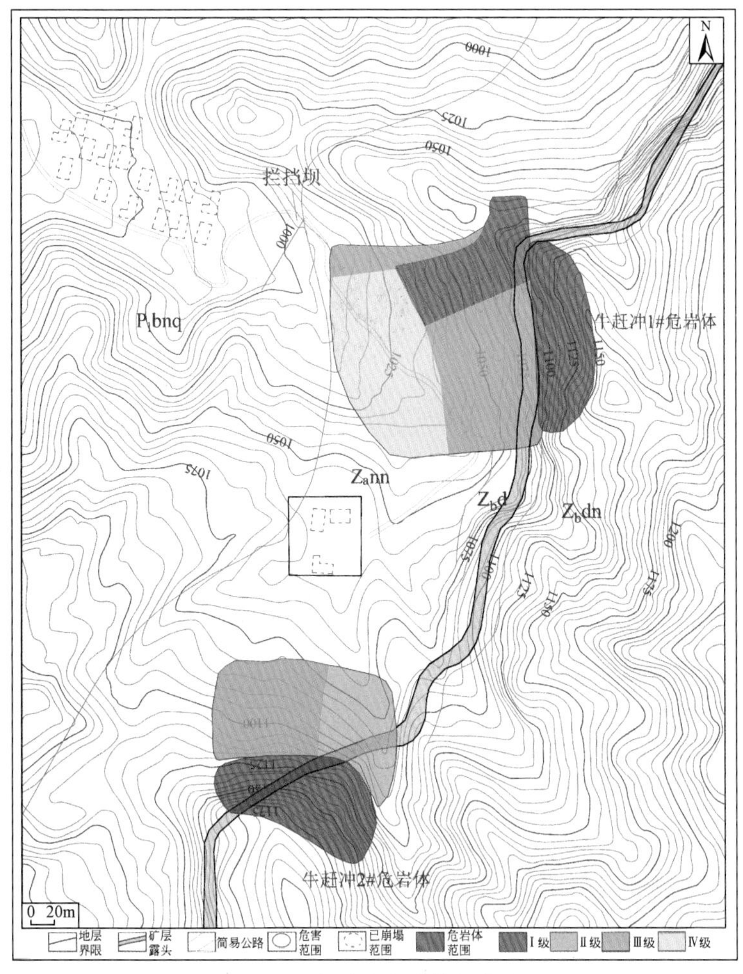

图 5.9　牛赶冲沟危岩体危害范围

5. 承灾体易损性分析

根据实际调查，该危岩体危害范围内的受威胁对象主要为耕地、旱地以及一段往金钟镇的简易公路。在该危害范围内受威胁的简易公路长约 176m，在Ⅳ级危害范围内 125m，Ⅲ级危害范围内 51m。而根据调查及走访，该路段一天内人流量约 10 人/天，现今基本无车辆通过。该危岩体危害范围总面积约 25142m^2，除在Ⅳ级危险范围内约 3000m^2耕地外，其余均为旱地。

由于该段简易公路人流量较少，人员受损概率 4×10^{-4}，经济损失 8148 元。

依据上一章中公式计算出，该危岩体失稳后造成简易公路经济损失约 31320 元，土地经济损失分别 18900 元、148040 元，共计约 19.83 万元。

6. 危岩体风险评价

根据实际调查判断该危岩体为不稳定，则其崩落概率为 0.9，可得该危岩体风险为 17.85 万元。

（二）平安磷矿 1#危岩体

1. 危岩体概况

该危岩体位于上洋水河尽头，平安磷矿 1080 平硐口西侧。该危岩体长（沿坡走向宽）约 190m，危岩体顶部高程 1130～1230m，北高南低，与危岩体底部最大高差 140m，临空面坡度 60°，坡向 281°（图 5.10）。斜坡为灯影组（$Z_b$dn）白云岩，产状 115°∠39°，巨厚层状，层间结合紧密。向下依次为陡山沱组（Z_bd）磷矿层及石英砂岩、南沱组（$Z_a$nn）页岩。岩体内部发育两组节理：J1：315°∠58°，J2：15°∠82°（图 5.11）。危岩体顶部植被较茂

图 5.10　平安磷矿 1#危岩体全景

盛，危岩体南侧岩体表面风化较严重，明显可见多条裂缝自上向下贯穿，且岩体局部可见由结构面切割形成的凹腔。已发生崩塌部处位于危岩体北侧，陡山沱组磷矿层及灯影组白云岩构成的陡崖斜坡，崩塌方向 281°，崩源区岩壁平直粗糙，从坡顶一直延伸到坡脚，整个岩壁呈灰白色。崩源区及危岩体岩壁表面可见多条竖向裂缝，可见开裂最大裂缝顶部张开约 10cm，向下逐渐变窄，从顶部贯穿于底部，裂隙面粗糙，两侧岩体风化严重，凹凸不平，较为破碎。在崩源区下部坡脚处，有一高约 20m 的大块岩体坐落于坡脚，顶部略有植被。根据调查分类判定该危岩体为不稳定。

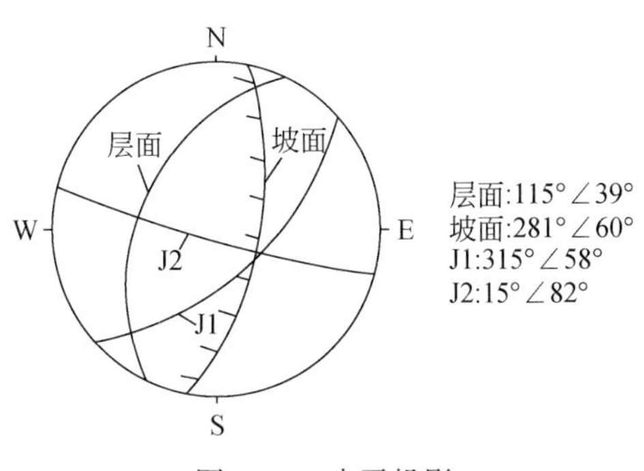

图 5. 11　赤平投影

2. 崩积体特征

该崩积体以白色、灰白色白云岩为主，该崩积体沿下部斜坡呈近扇形向下堆积至上洋水河河道旁。该崩积体长约 100m，平均宽约 95m。该崩积体中上部主要以块径在 0. 3 ~ 0. 5m 范围内的块石为主，其间夹有小块径块石，另外在崩积体近崩源处有一高约 20m 的巨型岩体。该范围内基本无植被覆盖；该崩积体下部边界，沿上洋水河边一线主要为大块径块石停积范围。该范围一线块石块径一般在 1. 5 ~ 2m，其间有小块径块石填充，同时该范围一线植被较茂盛。在崩积体下部南侧边界处，停留一块径在 5m 左右的灰白色大块岩石，在该块石北侧约 30m 崩积体最远端的上洋水河边灌木边，停积一块径在 3m 左右的岩体。

3. 危岩体滚石模拟

选取与崩塌堆积方向一致的落石的路径 1（$o-c$）作为模拟轨迹。选取落石数量为 100 个，落石块径选取最大块石块径为 3m。已发生崩塌为滑塌式，因此取初始水平和竖直速度均为 1m/s。模拟结果如图 5. 12 所示，落石在危岩体下部发生弹跳后以滚动状态向下运动，一般停积在 b 点上部斜坡，极个别落入 b 点所在支沟内。沿用如表 5. 1 所示的模拟参数。针对危岩体选取另一模拟路径 2（$o-f$）进行模拟，落石块径及其初速度与路径 1 选取一致，模拟结果如图 5. 13 所示。可以看出落石除在陡缓交界处发生弹跳外，向下基本为滚动状态，一般运动堆积在 d—e 缓坡之间，但仍有部分落石落入 e 点所在沟内。

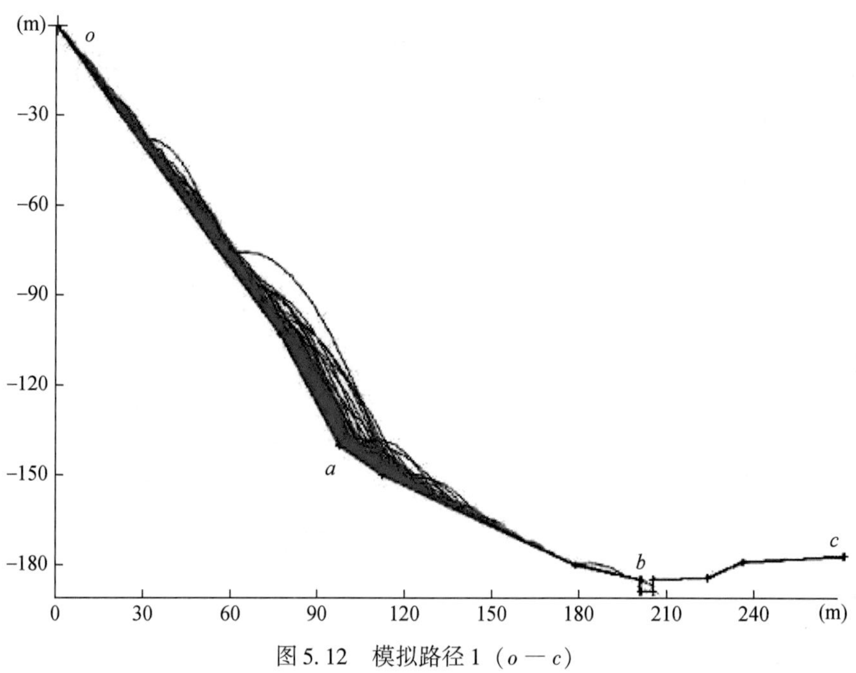

图 5.12　模拟路径 1（o—c）

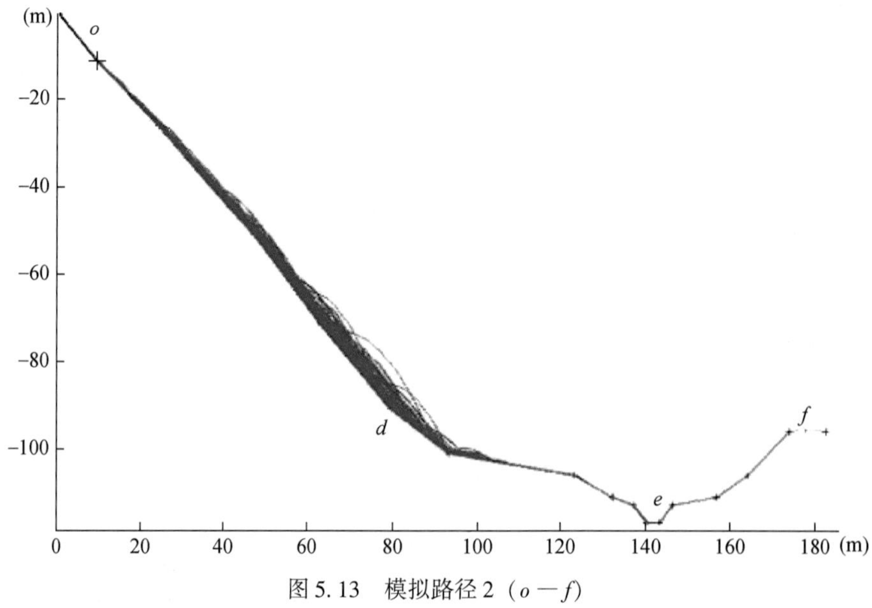

图 5.13　模拟路径 2（o—f）

4. 危岩体危害范围及其危险程度

根据实际调查和滚石模拟的结果可以推测出危岩体可能失稳后的危害范围，如图 5.14 所示。由路径 1、2 两组落石运动过程模拟可以看出，落石处在坡脚陡缓交界处有小幅跳跃外，之后基本以滚动方式运动，而落石一般停积在斜坡上或运动至上洋水河沟内，但也有可能发生弹跳越过河沟。因此，根据上述分析以及前文对危害范围危险程度的划分，可以将该危岩体的危害范围分为Ⅰ级、Ⅲ级两个区域。

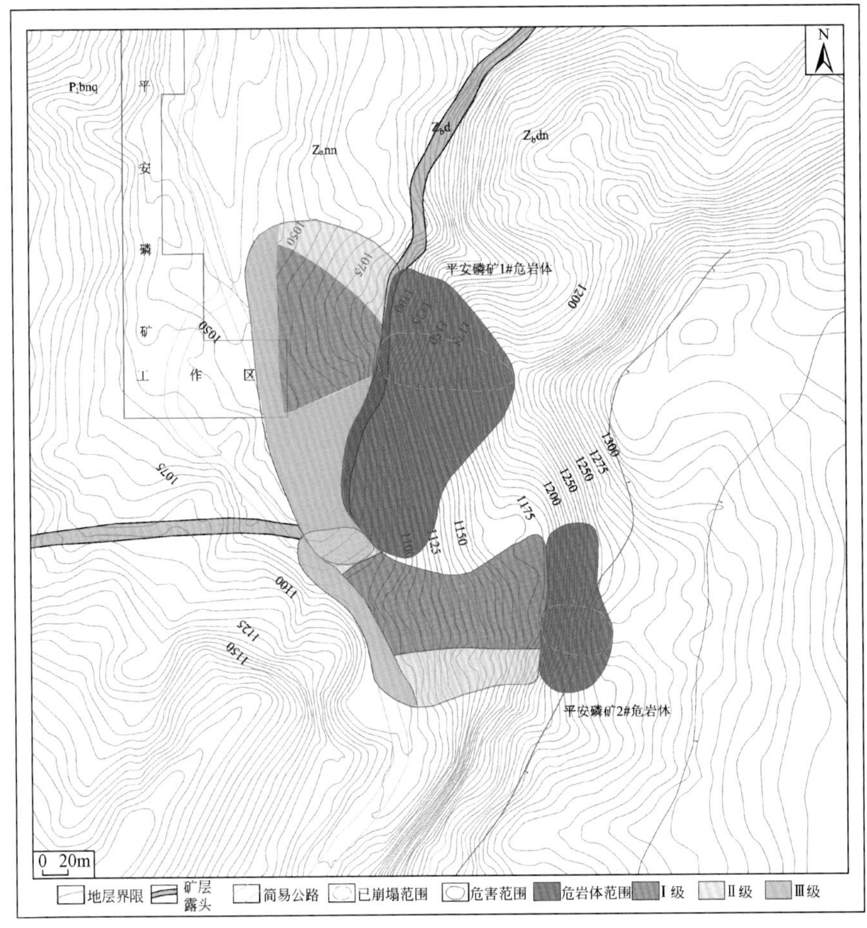

图 5.14　平安磷矿危岩体危害范围

5. 承灾体易损性分析

根据实际调查，该危岩体危害范围内的受威胁对象比较多，主要有旱地、矿区工作厂房、道路、矿区工人及拉渣车。而根据实测图形可得其危害范围约 16508m^2。威胁矿区道路 90m，工作 2 间大厂房以及 6 间砖混结构房屋。根据实地调查，该危岩体影响范围地处平安磷矿平硐口附近，行人主要工人及拉渣车辆人员。据调查走访，该危岩体危害范围内人流量一般在 200 人/天，车辆在 100 辆/天。该危害范围内有 1150m^2 的区域与 2#危岩体的危害范围重合，由于2#危岩体该范围的危险程度较高，所以在此不做计算。则依据前文所述公式计算该危害范围内土地经济损失为 156052 元；在计算人员经济损失时，对于影响范围内的建筑，厂房内潜在 6 人的致灾概率为 0.05；砖混房屋内潜在 12 人致灾概率 0.083；流动人员致灾概率 0.17。则按公式计算人员的经济损失为 372960 元；危害范围内房屋建筑经济损失为 55000 元；矿区公路经济损失为 45000 元；车辆按其流动性计算，其经济损失为 480 元。则该危岩体危害范围内所有承灾体经济损失为 63.95 万元。

6. 危岩体风险

根据实际调查判断该危岩体为不稳定，则其崩落概率为 0.9，可得该危岩体风险为 57.37 万元。

以上是对平安磷矿 1#、2#危岩现有崩积体进行风险评价的结果。根据现场调查与地形图资料分析，平安磷矿 1#、2#危岩若失稳破坏，还存在在其上游形成堰塞湖的可能性。下面分别分析两个危岩体破坏后形成堰塞湖的风险评价。

（三）平安磷矿 2#危岩形成堰塞湖风险评价

1. 堰塞湖影响范围分析思路

按以下五步分析堰塞湖影响范围：

1）堰塞湖坝高及库水量确定

为分析危岩体失稳后可能形成堰塞湖对下游的影响，先确定危岩体失稳后崩积体堵塞河道形成的坝高。在剖面上按危岩体与崩积体面积相等的原则，计算河道中可能形成的坝高。由于崩积体堆积坝为松散堆积体，坝体顶部一定范围处于漏水状态，去掉此坝高，得到短期内坝体上游水位淤高。已知水体淤高高度，用 DEM 法计算堰塞湖中水体体积。

2）大坝瞬时全溃坝址处最大流量

作如下假设：坝下游无水，坝上下河河槽为矩形，底坡 $i\approx 0$，并假定溃坝初以水流惯性力占主导，水流阻力可忽略。可采用如下方程求坝址处最大流量：

$$Q=\frac{8}{27}\sqrt{g}BH_0^{3/2} \tag{5.1}$$

式中，Q 为坝址处最大流量，m^3/s；B 为溃坝矩形断面宽度，m；g 为重力加速度，m/s^2；H_0为溃坝前坝上游水位，m。

3）距坝址一定距离河流断面最大流量值确定

利用溃坝洪水向下游演进的简便经验公式，计算距坝址一定距离河流断面最大流量值。经验公式如下：

$$Q_{LM}=\frac{W}{\dfrac{W}{Q_{max}}+\dfrac{L}{V_{max}K}} \tag{5.2}$$

式中，W 为堰塞湖溃坝时的蓄水量，m^3；L 为距坝址的距离，m；K 为经验系数，山区取 1.1～1.5，半山区取 1，平原区取 0.8～0.9；Q_{LM} 为当溃坝最大流量演进至距坝址为 L 处时，在该处出现的最大流量，m^3/s；Q_{max} 为坝址处的溃坝最大流量，m^3/s；V_{max} 为河道洪水期断面最大平均流速，在有资料地区可采用历史上的最大值，如无资料，一般山区可采用 3～5m/s，半山区可用 2～3m/s，平原区可采用 1～2m/s。

4）某一河流断面平均流速及流量

为简化计算，假设河道水流是恒定流，流量保持不变；河道为长直的棱柱形顺坡渠道；河床面粗糙系数（糙率）沿程不变，且无建筑物的局部干扰。则可借用明渠均匀流的流速计算公式：

$$V=C\sqrt{RJ} \tag{5.3}$$

式中，V为河床断面平均流速，m/s；C为谢才系数，$m^{0.5}/s$；J为水力坡度；R为水力半径，m。

$$R=\frac{A}{\chi} \tag{5.4}$$

式中，A为过水断面面积，m^2；χ为湿周，m。

$$C=\frac{1}{n}R^{\frac{1}{6}} \tag{5.5}$$

式中，n为粗糙系数，$s \cdot m^{-1/3}$，与河床沙石粒径、形状，沙波的大小、形状和变化，岸滩水草树木和疏密程度有关，查规范取经验值。

将平均流速及过水断面面积带入下式，可计算出此断面流量：

$$Q=VA \tag{5.6}$$

式中，各符号意义同前。

5）溃坝洪水影响范围确定

在堰塞湖坝体下游从高到低选择可能的承灾体断面，计算大坝瞬时全溃时该断面最大流量Q_{LM}；假设该断面水深不同，计算其对应的水流量Q；若$Q<Q_{LM}$，说明溃坝形成的洪水水位高于此假定水深，再加高水位计算，相反若$Q>Q_{LM}$，说明溃坝形成的洪水水位低于此假定水深，再降低水位计算，直至$Q\approx Q_{LM}$，此时所对应水位即为溃坝形成的洪水水位，依此可确定出溃坝形成的洪水影响范围。

2. 堰塞湖影响范围确定

平安磷矿2号危岩体位于有排水洞入口处上游（图5.15），平行于坡面的裂隙发育，裂隙可见深度贯穿至河床高程附近，岩层产状115°∠39°，岩体内部发育两组节理：J1：15°∠82°，J2：315°∠58°，坡向310°。危岩体顶部高程约为1300m，危岩体高约140m，厚约20m，长度约190m。

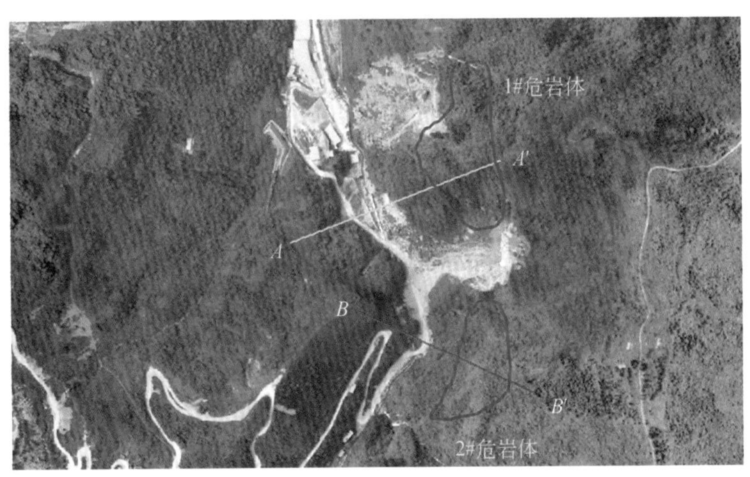

图5.15　危岩体位置及计算剖面位置图

1）堰塞湖坝高及库水量确定

沿危岩体可能失稳方向取B-B'剖面（图5.16），由图5.16可知危岩体失稳后崩积体堵塞河道形成的坝高约 22m，考虑坝体顶部约 2m 范围内处于漏水状态，去掉此坝高，短期内坝体上游水位淤高约为 20m。已知水体淤高高度，用 DEM 法计算堰塞湖中水体体积，计算得该堰塞湖可能积水体积为 5 万 m^3。

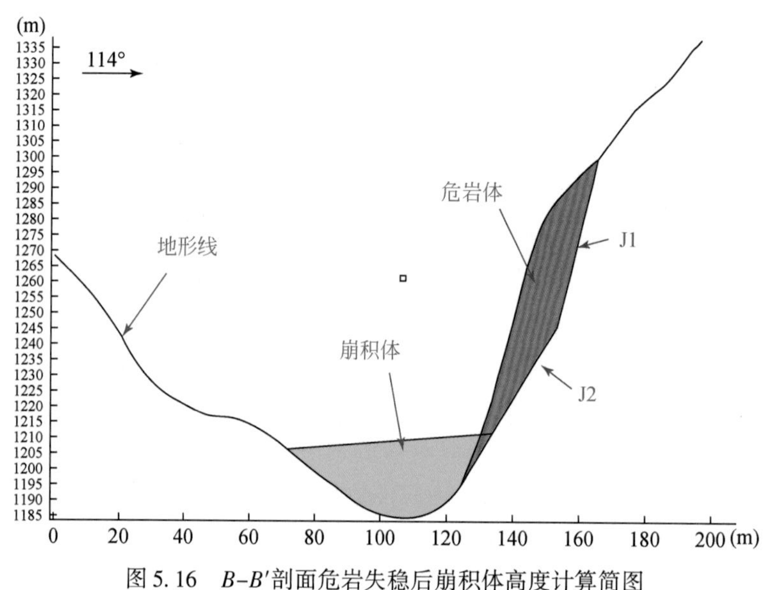

图 5.16　*B-B′*剖面危岩失稳后崩积体高度计算简图

2）大坝瞬时全溃坝址处最大流量

根据上述理论，对所分析的堰塞湖，先计算假设堆积体坝全部溃决，此时在坝址处的最大流量。式中各参数取值为：$B=42\text{m}$，$g=9.8\text{m/s}^2$，$H_0=20\text{m}$，将其代入式（5.1），计算得

$$Q=\frac{8}{27}\times\sqrt{9.8}\times 42\times 20^{3/2}=0.296\times 3.13\times 42\times 89.44=3480\text{m}^3$$

3）距坝址一定距离河流断面最大流量值确定

根据现场调查及平面图信息，在堰塞湖下游坝体有两处工业厂房，选择此两处作为承灾体进行分析，见图 5.17。

*C-C′*剖面（平安磷矿矿区工作厂房）：

该断面计算简图见图 5.18。按式（5.2）计算 *C-C′*断面处最大流量，式中各参数取值如下：W=5 万 m^3，$L=500\text{m}$，$V_{\max}=4\text{m/s}$，$Q_{\max}=3480\text{m}^3/\text{s}$，$K=1.3$。计算得大坝瞬时全溃时 *C-C′*剖面处的最大流量为

$$Q_{\text{LM}}=\frac{W}{\dfrac{W}{Q_{\max}}+\dfrac{L}{V_{\max}K}}=\frac{50000}{\dfrac{50000}{3480}+\dfrac{500}{4\times 1.3}}=452.4\text{m}^3/\text{s}$$

*D-D′*剖面（平安磷矿矿区工作厂房）：

该断面计算简图见图 5.19。按式（5.2）计算 *C-C′*断面处最大流量，式中各参数取值如下：W=5 万 m^3，$L=1475\text{m}$，$V_{\max}=4\text{m/s}$，$Q_{\max}=3480\text{m}^3/\text{s}$，$K=1.3$。计算得大坝瞬时全溃时 *D-D′*剖面处的最大流量为

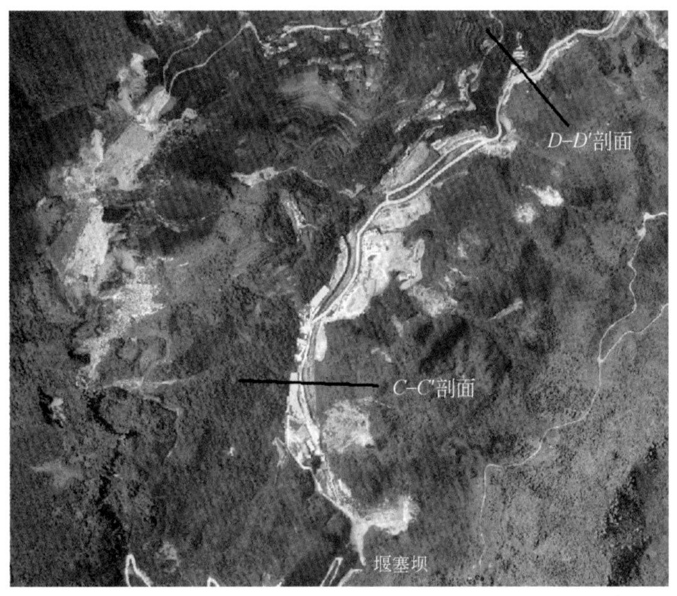

图 5. 17　堰塞湖下游分析断面位置示意图

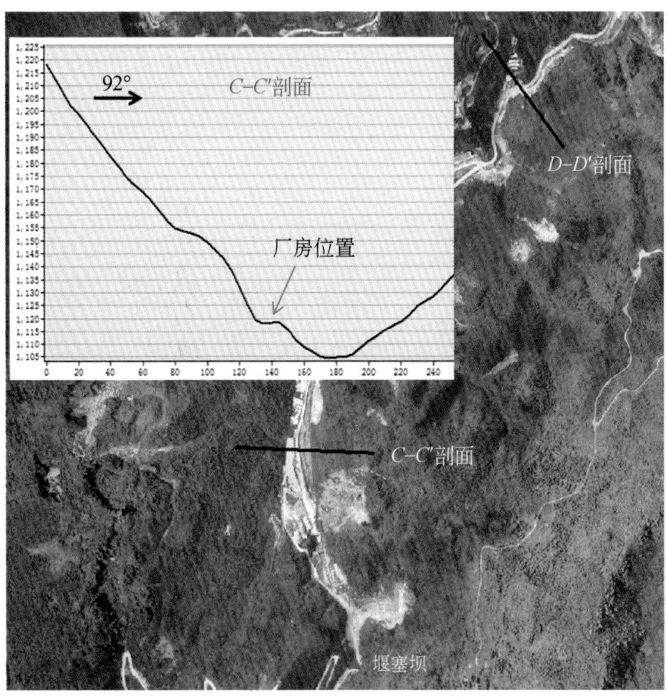

图 5. 18　堰塞湖下游 C–C′断面计算简图

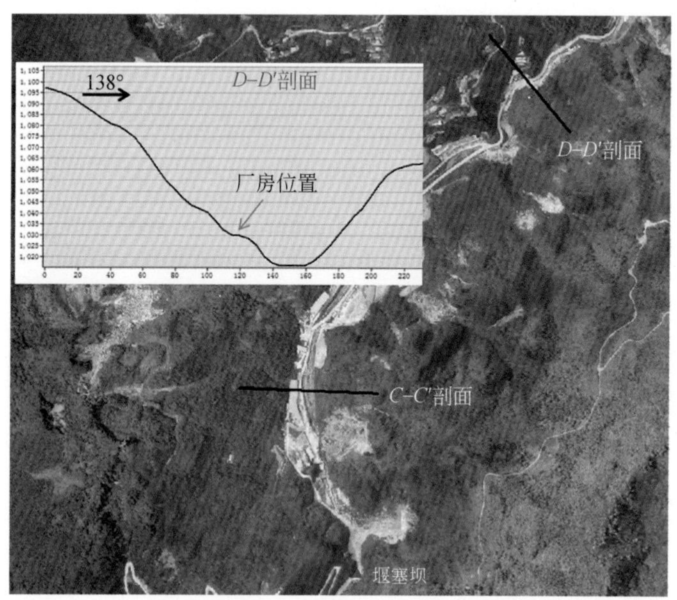

图 5.19　堰塞湖下游 D–D′断面计算简图

$$Q_{LM}=\frac{W}{\frac{W}{Q_{max}}+\frac{L}{V_{max}K}}=\frac{50000}{\frac{50000}{3480}+\frac{1475}{4\times1.3}}=167.77\mathrm{m^3/s}$$

4）某一河流断面平均流速及流量

C–C'剖面：

在高程 1118m 平台上有平安磷矿矿区厂房，为分析厂房是否受溃坝洪水影响，取水深为 10m（河水位高程 1115m）进行分析。从计算剖面图中量得断面过水面积为 $A=369\mathrm{m^2}$，湿周长 $\chi=61.6\mathrm{m}$。代入式（5.4），计算断面水力半径为

$$R=\frac{A}{\chi}=\frac{369}{61.6}=5.99\mathrm{m}$$

取 $n=0.03$，代入式（5.5），计算得谢才系数为

$$C=\frac{1}{n}R^{\frac{1}{6}}=\frac{5.99^{\frac{1}{6}}}{0.03}=44.92\mathrm{m^{0.5}/s}$$

在剖面图中量得 $J=0.16$，代入式（5.6），计算得流速为

$$V=C\sqrt{RJ}=44.92\times\sqrt{5.99\times0.16}=43.97\mathrm{m/s}$$

与此对应，在该断面的最大流量应为

$$Q=AV=369\times43.97=16225\mathrm{m^3/s}$$

流量 $Q=16225\mathrm{m^3/s}$ 远大于大坝瞬时全溃时在 $C-C'$ 剖面处形成的最大流量 $Q_{LM}=452.4\mathrm{m^3/s}$，故大坝瞬时全溃时水深应低于 10m。

分别取水深为 5m、2.5m、1.5m，计算断面的最大流量。各水深参数取值及计算结果见表 5.2。

表5.2　不同水深断面 C–C' 最大流量表

水深/m	湿周/m	过水断面面积/m^2	粗糙系数/($s\cdot m^{-1/3}$)	水力坡度	河床断面平均流速/(m/s)	断面的最大流量/(m^3/s)
H	c	A	n	J	V	Q
5	41	134	0.03	0.16	43.98	3936
2.5	30	59	0.03	0.16	20.67	1213
1.5	25	32	0.03	0.16	15.64	500

从表中计算结果可知，水深为1.5m时断面的最大流量 $Q=500m^3/s$ 略大于 $Q_{LM}=452.4m^3/s$，因此可得，大坝瞬时全溃时在断面 C–C' 处形成的洪水水位深不会超过1.5m。

D–D' 剖面：

采用与 C–C' 剖面相同的计算方法进行计算，参数取值略有变化，其参数取值及计算结果见表5.3。

表5.3　不同水深断面 D–D' 最大流量表

水深/m	湿周/m	过水断面面积/m^2	粗糙系数/($s\cdot m^{-1/3}$)	水力坡度	河床断面平均流速/(m/s)	断面的最大流量/(m^3/s)
H	c	A	n	J	V	Q
3.5	33.1	87.7	0.03	0.082	18.28	1603.16
2	27	42	0.03	0.082	12.84	539.28
1.5	25	30	0.03	0.082	10.78	323.40
1.2	23	23	0.03	0.082	9.45	217.35
1	22	17.7	0.03	0.082	8.23	145.67

从表中可以看出，当水深为1.2m时断面的最大流量 $Q=217m^3/s$ 略大于 $Q_{LM}=167.77m^3/s$，因此可得，大坝瞬时全溃时在断面 $D-D'$ 处形成的洪水水位深不会超过1.2m。

5）溃坝洪水影响范围确定

上述分析表明大坝瞬时全溃时在断面 C–C' 处形成的洪水水位深不会超过1.5m，在断面 D–D' 处形成的洪水水位深不会超过1.2m；断面 C–C'、断面 D–D' 矿区厂房均高于河床13m。从断面 D–D' 向下游方向，由于大坝瞬时全溃形成的洪水水位深将小于1m，沿河建筑及耕地均高出河床1m，由此可确定由于2#危岩体失稳形成堰塞湖对下游造成的风险较小。

二、倾倒式危岩

（一）猴儿沟5#危岩体

1）危岩体概况

该危岩体位于猴儿沟主沟左侧山体上部向山脊一线陡坡，危岩体三面临空，正（W）面向洋水河河谷方向临空，N侧面向猴儿沟方向临空，从正面看，崩塌犹如三根柱子立在斜坡上（图 5.20）。该危岩体长（沿坡走向宽）100m，危岩体顶部高程 1115 ~ 1130m，中间高两侧低，与危岩体底部最大高差 80m，临空面坡度 70°，坡向 316°。斜坡上部为灯影组（$Z_b$dn）白云岩，产状 115°∠45°，巨厚层状，层间结合紧密。向下依次为陡山沱组（Z_bd）磷矿层及石英砂岩、南沱组（$Z_a$nn）页岩。岩体内部发育两组节理：J1：330°∠55°，J2：257°∠79°（图 5.21）。危岩体中可见多条纵向裂缝和横向裂缝。从后缘到前缘可见 3 条主要切层裂缝，L1 顶部张开约 1m，向下逐渐减小，最窄处 20cm。L2 顶部张开 10cm，向下变宽达 30cm。L3 张开约 30cm，从顶部贯通至底部。在崩塌体正面可见两条主要的切层裂缝，L4 张开约 1m，L5 张开约 1.5m，L4、L5 将岩体切割成三根“细而长”的柱体。裂缝中充填块碎石，裂缝两侧面可见明显的溶蚀痕迹。危岩体顶部略有植被，发生崩塌的部位是灯影组白云岩构成的陡坡，位于危岩体中部，坡向 22°。由调查分类判定该危岩体为不稳定。

坡体在地下采空的卸荷条件下，首先沿陡倾结构面产生拉裂缝。裂缝逐渐从顶部一直向底部贯通，且表现出上部宽，下部窄的特征。切割的块体在重力作用下向临空倾倒。由于切割块体体积较大，在初始倾倒阶段需要很长的一段时间，当地下预留矿柱被偷采或产生冒顶时，地表产生不均匀垂直位移，块体进一步向临空方向倾倒。当倾倒力矩大于岩块的抗倾覆力矩时，岩体将产生崩塌失稳。

图 5.20　猴儿沟 5#崩塌正面、侧面远景及素描图

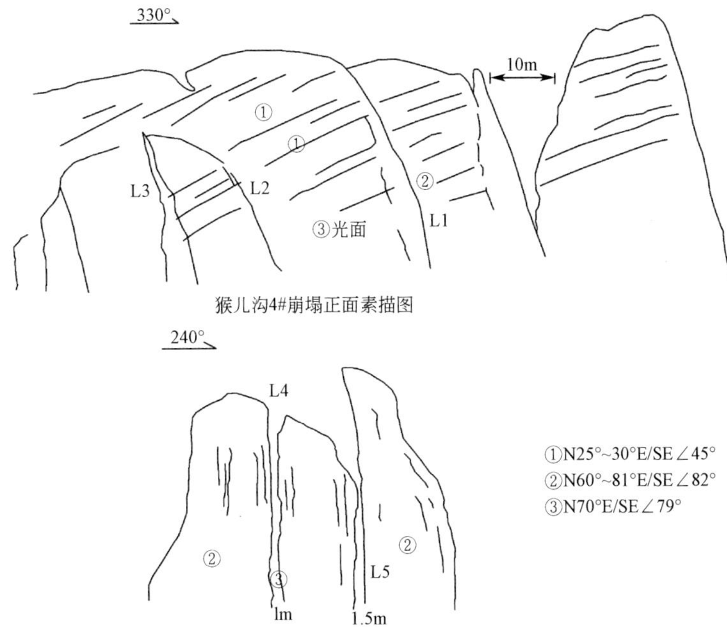

图5.20　猴儿沟5#崩塌正面、侧面远景及素描图（续）

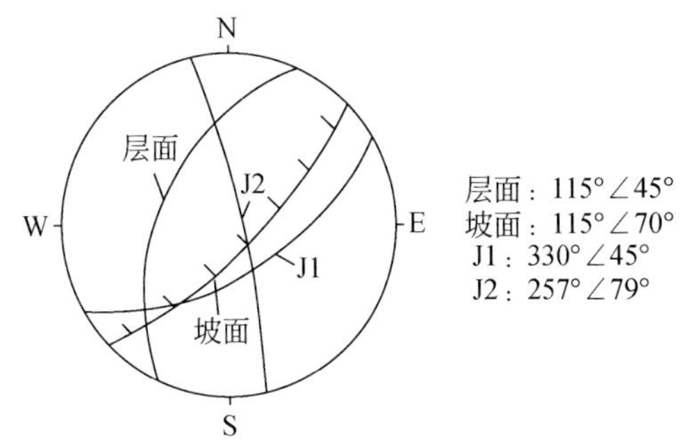

图5.21　赤平投影及地质剖面图

2）崩积体特征

该崩积体以白色、灰白色白云岩为主，沿危岩体下部斜坡呈扇形向沟内方向堆积，处于基本稳定状态，堆积方向22°。崩积体上部靠近崩源处高程1050m，下部最远端高程975m。该崩积体长约135m，横向平均宽度约60m。崩积体下部斜坡及沟内原地表植被主要为低矮灌木，崩塌落石自崩塌源而下，沿崩落路径翻滚、跳跃、滑动，原坡面被改造，植被遭到破坏。根据现场调查分析，可将崩积体分为崩落区（Ⅰ）、堆积区（Ⅱ）两个区域。

Ⅰ崩落区：高程990m至崩塌源底部，该区位于区内平均坡度35°。该区崩积体自崩塌源下部在斜坡上堆积。区内崩积体块径普遍较小，一般在0.2m以内。偶尔有块径在0.3～0.5m的块石在该区中下部散落。区内原坡表植被90%遭到破坏。

Ⅱ堆积区：高程975m至990m，区内堆积坡度在25°左右。该区主要堆积的是块径在0.5～1m范围内的块石，靠近下边界有一块径在2m左右的大块岩体停积。区内大块落石间有碎块石填充。该区内原坡表植被60%遭到破坏。

3）危岩体滚石模拟

选取与剖面线方向一致的落石的路径 1（o—A）作为模拟轨迹。选取落石数量为 100 个，落石块径选取崩积体中块径最大为 2m。该崩塌失稳模式为倾倒式，因此取初始水平和竖直速度均为 3m/s。模拟结果如图 5. 22 所示，可以看出落石崩落后在危岩体底部及下部斜坡坡脚的陡缓交界处发生弹跳，之后以滚动状态运动，最远运动距离主要在 z 点与 A 点之间的缓坡地带。而这与调查中斜坡上崩积体主要为小块石，而大块石主要在斜坡坡脚平缓地带停积的情况基本一致。

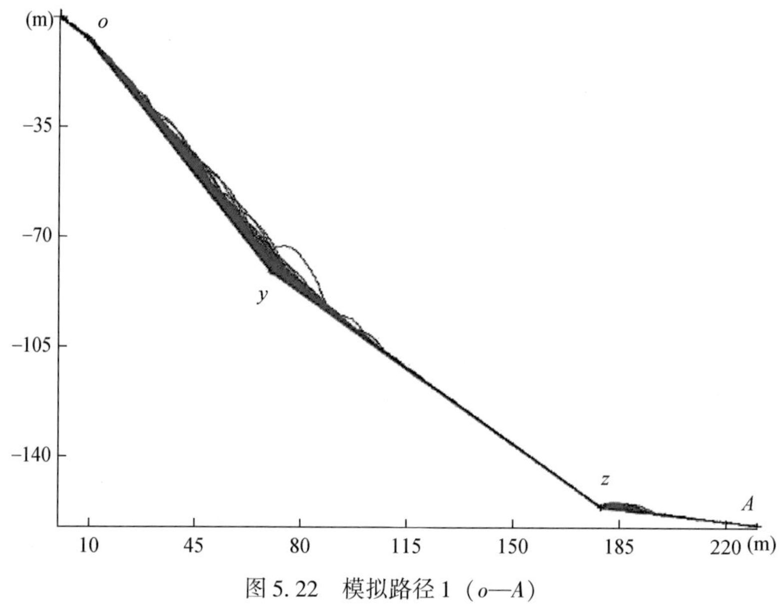

图 5. 22　模拟路径 1（o—A）

沿用表 5. 1 所选参数，选取路径 2（O—D）进行模拟，落石块径及初速度与路径 1 一致，模拟结果如图 5. 23 所示，可以看出落石崩落后基本以滚动的状态向下运动，运动距离略有差异，少数停积在危岩体下部斜坡上，但多数落石一直运动 C 点下方，CD 坡段间的平缓地带然后停积。

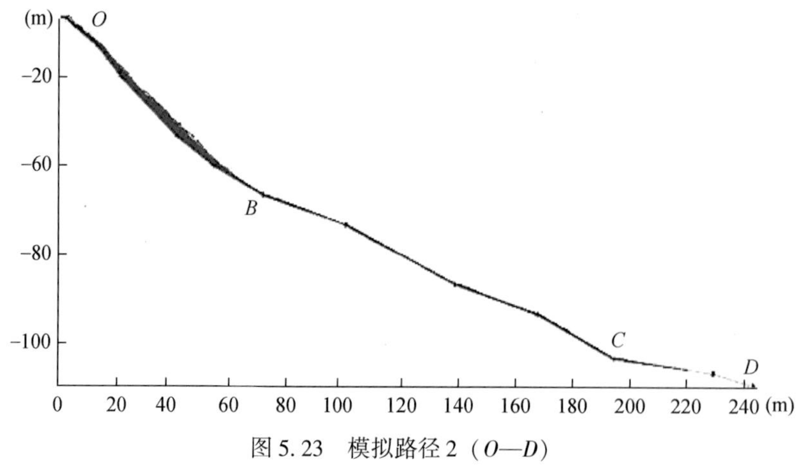

图 5. 23　模拟路径 2（O—D）

4）危岩体危害范围及其危险程度

根据实际调查和滚石模拟的结果可以推测出危岩体可能失稳后的危害范围，如图5.24所示。由路径1、2的落石运动过程模拟及实际调查都可以看出，落石主要以滚动的方式运动，大多停积在底部斜坡平缓地带，靠近山体斜坡及其下部植被较茂盛。因此，根据上述分析以及前文对危害范围危险程度的划分，可以将该危岩体的危害范围分为危险程度Ⅰ级、Ⅱ级、Ⅲ级3个区域。

5）承灾体易损性分析

根据实际调查，该危岩体危害范围内的受威胁对象主要为旱地，而根据实测图形可得其危害范围约20706m^2。该危岩体危害范围内所有承灾体经济损失为22.3万元。

6）危岩体风险

根据实际调查判断该危岩体为欠稳定，则其崩落概率为0.9，可得该危岩体风险为20.1万元。

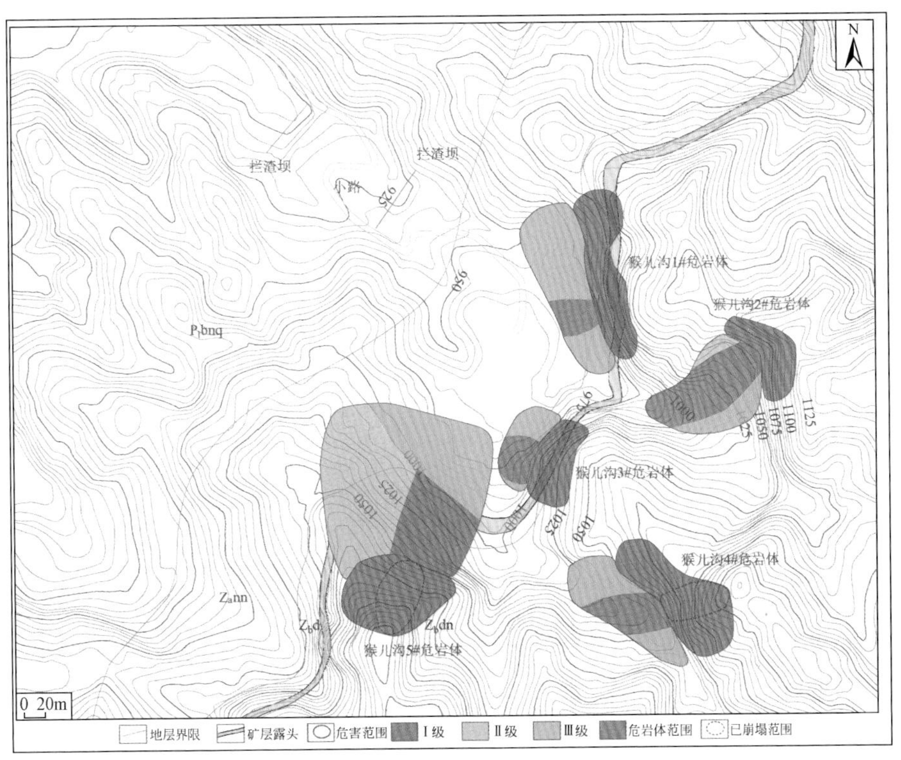

图5.24　猴儿沟危岩体危害范围

（二）赵家沟1#危岩体

1）危岩体概况

该危岩体位于赵家沟主沟沟口右侧山体上部向山脊一线陡坡。该危岩体长（沿坡走向宽）140m，危岩体顶部高程1085～1070m，中间高两侧低，与危岩体底部最大高差80m，临空面坡度80°，坡向285°（图5.25）。斜坡上部为灯影组（$Z_b$dn）白云岩，产状115°∠45°，巨厚层状，层间结合紧密。向下依次为陡山沱组（Z_bd）磷矿层及石英砂岩、南沱组（Z_ann）页岩。岩体内部发育两组节理（图5.26）：J1：313°∠80°，间距2～5m，可见迹长10～20m，裂缝张开2～5cm，充填碎石土，该组结构面构成崩塌的后缘切割面；J2：222°∠76°，间距5～10m，可见迹长10～15m，未见张开，该组结构面形成崩塌块体的侧缘边界。

该危岩体在崩源区可见结构面切割形成不稳定块体。沿313°∠80°结构面发育张拉4条裂缝，其中L1张开约1m，从顶部贯穿于底部，在底部形成一个直径约50cm的凹腔。L2张开约20cm，裂隙延伸较为曲折。L3张开约2m，从顶部向下逐渐减小至20cm，形成较新，其间有大量碎石岩屑，裂隙面较为粗糙，凹凸不平，在其后缘形成一个较大光面，光面高40m，宽30m，表面具黄褐色泥膜，层理面清晰可见。L4发育于后缘离临空面30余米，张开约1m，裂隙面较为粗糙，可见延伸长度约3m。裂缝切割形成的不稳定块体成柱状结构，柱高8～15m。危岩体顶部略有植被，发生崩塌的部位是灯影组白云岩构成的陡坡，位于危岩体中部，坡向262°。根据调查分类判断该危岩体不稳定。

从现场调查的结果来看，前缘的不稳定块体的高度明显低于后缘完整母岩的高度，说明不稳定块体顶部的块体已发生失稳。结合现场调查到的沿陡倾结构面发育的裂缝特征来看，可以推测顶部的失稳是在地下采空后沿陡倾结构面形成张拉裂缝，随着采空区范围的不断变大，裂缝也相应扩展，张开宽度增加，顶部的强风化岩体小规模崩落后充填在裂缝内。在暴雨以及岩体自重的作用下，不稳定岩体不断向临空方向倾倒，最后倾倒岩体根部以上一定位置被剪断、压碎，形成崩塌。

图5.25　赵家沟1#危岩体远景及侧面素描图

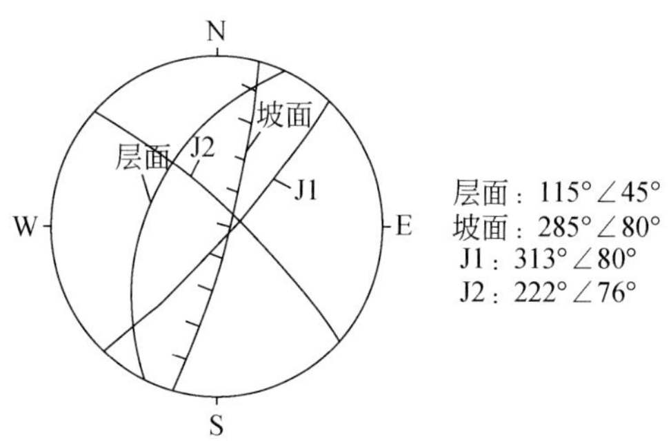

图 5.26　赤平投影

2）崩积体特征

该崩积体以灰色、灰白色白云岩为主，沿危岩体下部斜坡呈近扇形向沟内方向堆积，处于基本稳定状态，堆积方向 262°。崩积体上部靠近崩塌源处高程 1005m，下部最远端高程 915m。该崩积体长约 115m，横向平均宽度约 75m。崩积体下部斜坡及沟内原地表植被主要为低矮灌木，崩塌落石自崩塌源而下，沿崩落路径翻滚、跳跃、滑动，原坡面被改造，植被遭到破坏。根据现场调查分析，可将崩积体分为崩落区（Ⅰ）、堆积区（Ⅱ）和散落区（Ⅲ）3 个区域（图 5.27）。

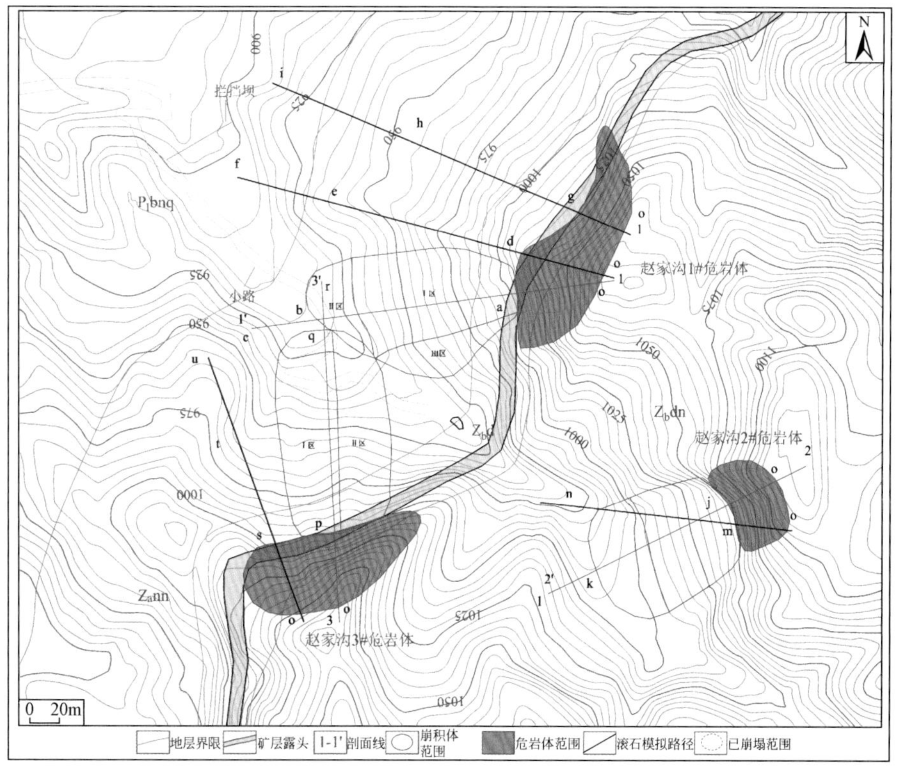

图 5.27　赵家沟危岩体、崩积体平面图

Ⅰ崩落区：高程930m至崩塌源底部，靠近危岩体下部山脊一侧，区内平均坡度33°。该区崩积体自崩塌源下部在斜坡上堆积。区内崩积体块径普遍较小，一般在0.2m以内，块径大小较均匀，偶尔有块径在0.3～0.5m的块石在该区坡表散落。区内原坡表植被90%遭到破坏。

Ⅱ堆积区：高程915m至930m，区内堆积坡度在15°左右。该区斜坡下边界沟底处有多块块径在2m左右的大块岩体停积，这些岩体上部由崩落的小块径崩积体覆盖，此小块径崩积体多为碎块石，区内植被覆盖约30%。

Ⅲ散落区：该区为崩积体靠近沟内一侧，区内平均坡度30°左右，且区内植被较完好。区内主要散落多块块径在1～1.5m的大块径岩体，该区内部分大块岩体上部同样有崩积体覆盖。

3）危岩体滚石模拟

根据实际调查中得到该危岩体形成的崩积体主要受沟谷影响顺斜坡向沟外堆积的特点，首先选取与该堆积方向近似一致的模拟路径1（o—c）作为模拟轨迹。选取落石数量为100个，落石块径选取堆积区的最大块径2m。由该崩塌失稳模式为倾倒式，因此取初始水平和竖直速度均为3m/s。模拟结果如图5.28所示。

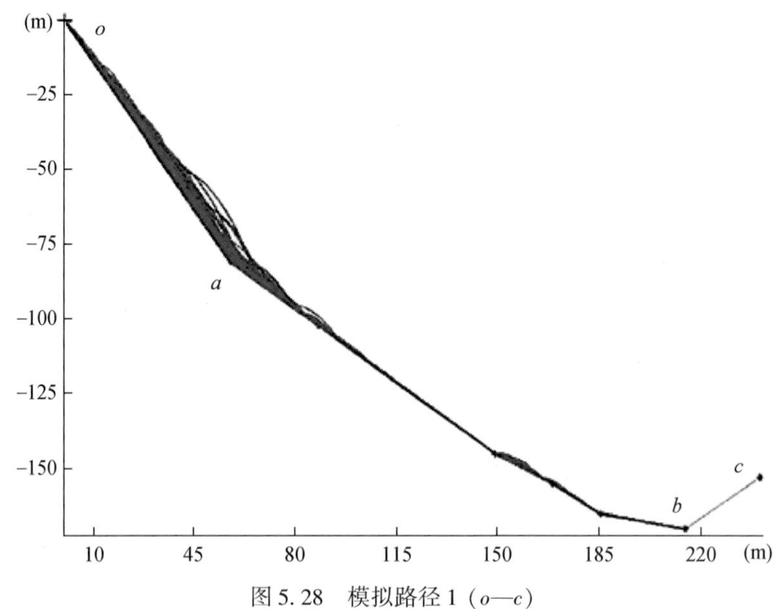

图5.28 模拟路径1（o—c）

由结果可以看出落石在危岩体下部陡缓交界处发生跳跃后，基本以滚动状态向下运动，最终至b点上部一线沟内缓坡停积。而这与实际调查中b点一线主要为落石堆积区这一情况基本吻合。沿用表5.15参数进行模拟，危岩体分别选取路径2（o — f）和路径3（o — i）进行模拟。模拟落石初速度与路径1一致，选取落石块径为2m。模拟结果如图5.29、图5.30所示。可以看出，两条模拟路径落石除在危岩体下部陡缓交界处发生跳跃外，均以滚动状态运动。

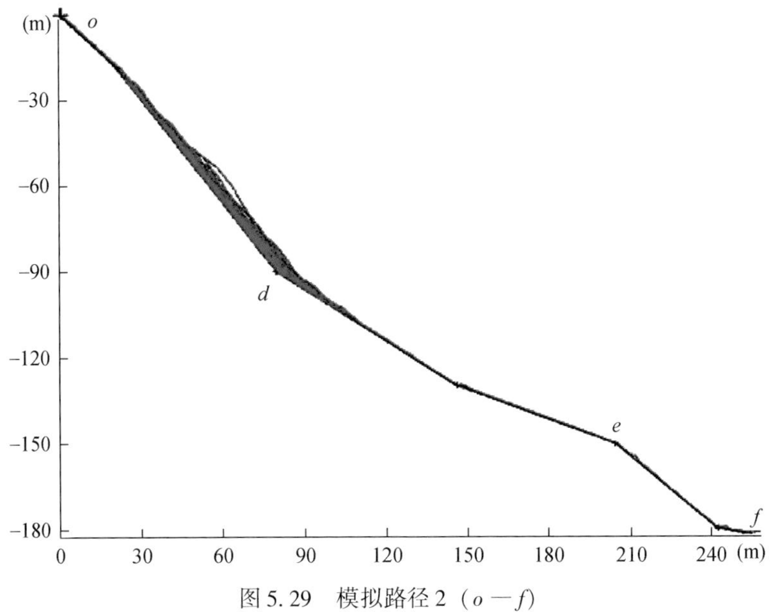

图5.29　模拟路径2（o—f）

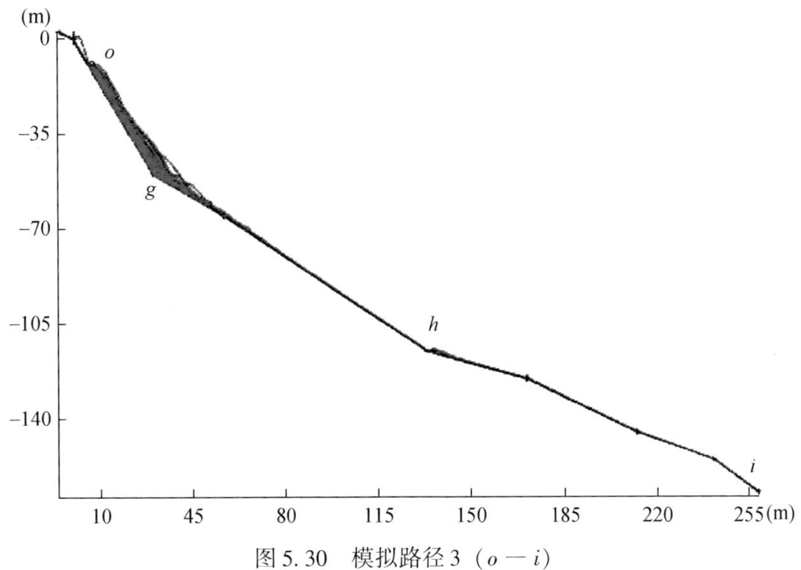

图5.30　模拟路径3（o—i）

而沿路径2运动落石一般停积在e点上方的坡段，但少数最远运动至沟底f点附近，而在调查中也发现在沟底有块径2m左右的大块岩体。沿路径3运动的落石一般运动至h点所在斜坡范围内，但有少数落石运动至更远的i点上方斜坡范围。

4）危岩体危害范围及其危险程度

根据实际调查和滚石模拟的结果可以推测出危岩体可能失稳后的危害范围，如图5.31所示。由路径1～3的落石运动过程模拟可以看出，落石主要以滚动方式运动，同时危岩体下部斜坡植被较为茂盛，而落石一般停积斜坡上，偶有散落在沟谷缓坡地带的落石。因此，根据上述分析以及前文对危害范围危险程度的划分，可以将该危岩体的危害范围分为Ⅰ—Ⅲ级3个区域（图5.31）。

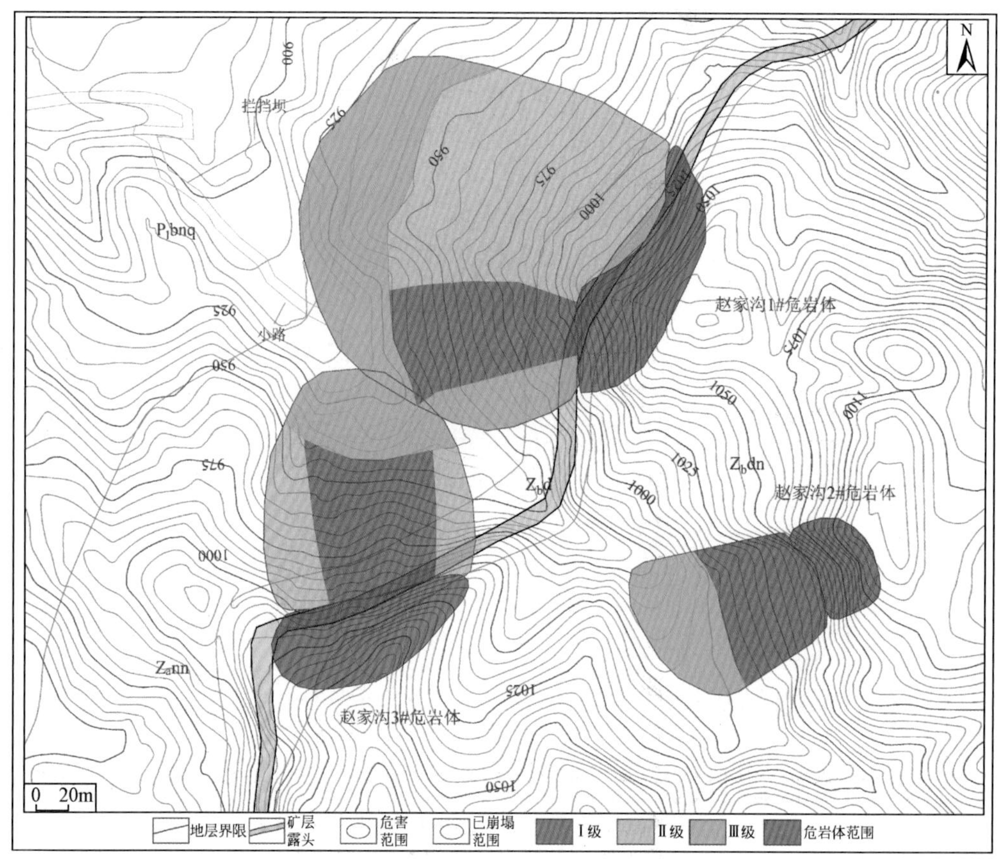

图5.31　赵家沟危岩体危害范围

5）承灾体易损性分析

根据实际调查，该危岩体危害范围内的受威胁对象主要为耕地、旱地，原有小路通往沟内，但现已废弃荒芜无人经过，故在此不作为承灾体单独计算。而根据实测图形可得其危害范围约34422m²。而在Ⅱ级和Ⅲ级危险范围内分别有8750m²和7000m²的耕地，其余均为旱地。则依据前文所述公式计算该危岩体危害范围内所有承灾体经济损失为46.02万元。

6）危岩体风险

根据实际调查判断该危岩体为不稳定，则其崩落概率为0.9，可得该危岩体风险为41.42万元。

（三）其他倾倒式危岩体风险评价

采取上节相同计算方法，分别计算其他倾倒式危岩体的风险值，计算结果见表5.4。

表5.4　右岸倾倒式危岩体风险统计表

编号	危岩体名称	崩落概率	危害范围面积/m^2	承灾体经济损失/万元	风险/万元
1	赵家沟1#危岩体	0.9	34422	46.02	41.42
2	姚孔沟1#危岩体	0.7	33200	30.19	27.26
3	猴儿沟5#危岩体	0.9	20706	22.30	20.10
4	长燕沟1#危岩体	0.7	21062	18.51	16.66
5	马路沟3#危岩体	0.7	6214	13.49	12.14
6	长燕沟2#危岩体	0.7	12580	11.11	10.00
7	赵家沟2#危岩体	0.7	8402	9.57	8.61
8	马路沟4#危岩体	0.7	11248	8.33	7.50
9	猴儿沟4#危岩体	0.7	5377	4.50	4.05

从分析结果（表5.4）可以看出，对倾倒式危岩体，在危害范围内风险值均小于50万元；风险在20万~50万元的危岩体有3处；风险在10万~20万元间的3处，其余风险均小于10万元。

在风险较大的3处危岩体中，如赵家沟1#、姚孔沟1#等，主要是由于其危害范围面积较大，危害范围内有耕地或乡道，依此计算其风险较大，但危害范围内基本不涉及厂矿活动和固定人员损失。

三、坠落式危岩

该类型危岩体岩体结构较其他两类危岩体较为完整，且风化侵蚀程度较前面两类危岩体要低得多，多处在矿层露头或其上部一线。其已崩塌范围多为浅表层坠落，所形成崩积体及其潜在危害范围一般较小。现选取代表性的红岩沟2#危岩体及熊家沟1#危岩体此类危岩体风险评价全过程展示。

（一）红岩沟2#危岩体

1）危岩体概况

该危岩体位于红岩沟南侧，长（沿坡走向）50m，危岩体顶部高程1015~1020m，中间高两边低，与危岩体底部最大高差60m，临空面坡度71°，坡向316°（图5.32）。斜坡上部为灯影组（$Z_b$dn）白云岩，产状125°∠45°，巨厚层状，层间结合紧密。发育两组节理：J1：310°∠60°，J2：20°∠86°（图5.33）。向下依次为陡山沱组（Z_bd）磷矿层及石英砂岩、南沱组（$Z_a$nn）页岩。发生崩塌的部位是灯影组白云岩构成的陡崖，位于危岩体中部，坡向316°。岩壁表面风化严重，裂缝较多，凹凸不平。由调查及分类判定该危岩体基本稳定。

图 5.32　红岩沟 2#危岩体远景图

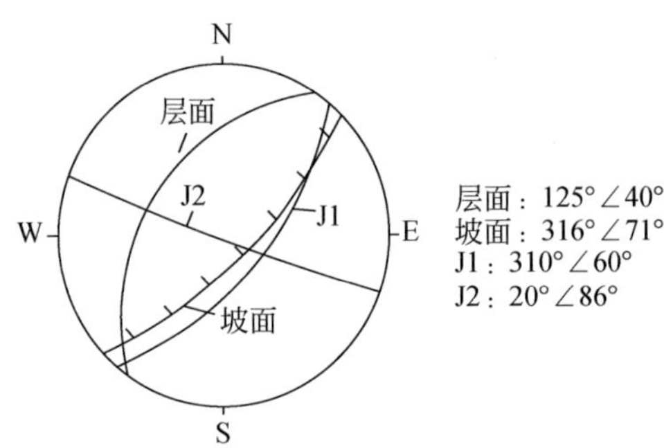

图 5.33　赤平投影及地质剖面图

2）崩积体特征

该崩积体以灰色、灰白色白云岩碎块石为主。崩积体堆积在危岩体下部沟内缓坡地带。该崩积体纵向长度约 50m，横向平均宽度约 40m。该崩积体多为碎块石，块径一般在 0.2m 左右，现大部分崩积体已被清除，只有部分堆积在危岩体下部。现崩积体范围内无植被覆盖。

3）危岩体滚石模拟

选取与剖面线方向一致的落石的路径 1（$o-n$）作为模拟轨迹。选取落石数量为 100 个，落石块径为 0.2m。该崩塌为浅表层坠落，因此取初始水平和竖直速度均为 0.1m/s。模拟结果如图 5.34 所示，落石均在靠近危岩体下部缓坡，运动距离很短，而实际调查中该危岩体落石基本在崩源区下部，范围较小，与模拟结果基本吻合。沿用表 5.1 所选参数以路径 2（$o-r$）进行模拟，选取落石块径及初速度与路径 1 一致。模拟结果如图 5.35 所示，落石一般运动至下方缓坡 q 点附近并停积。

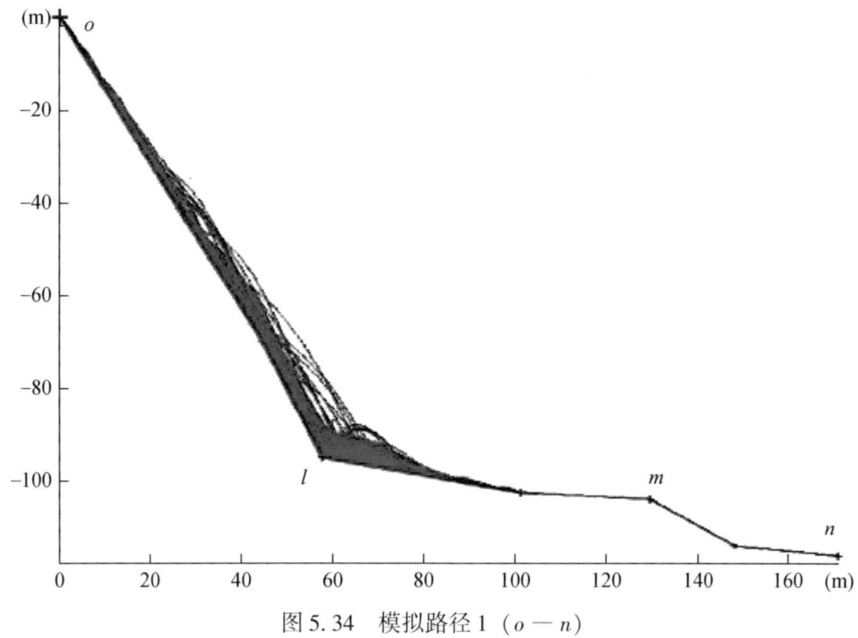

图 5.34　模拟路径 1（o — n）

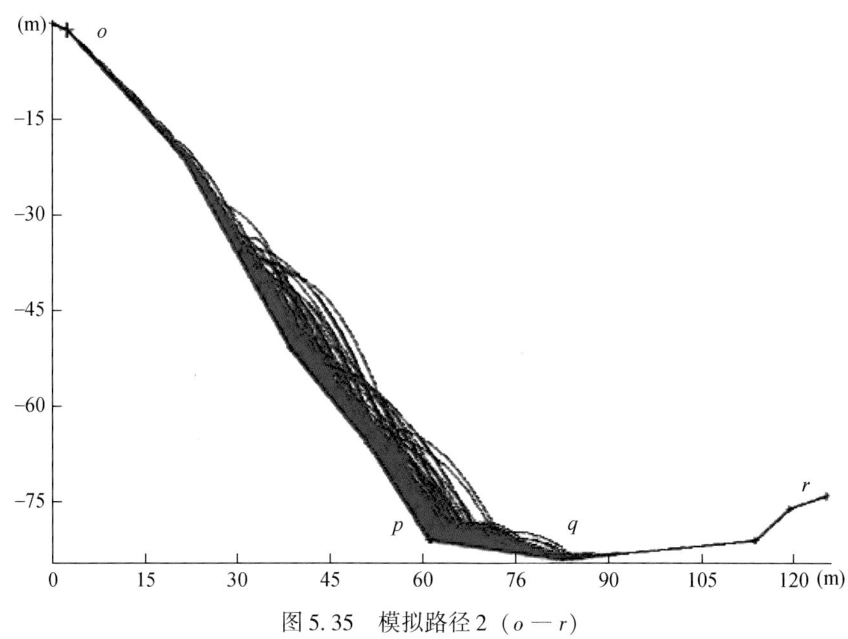

图 5.35　模拟路径 2（o — r）

4）危岩体危害范围及其危险程度

根据实际调查和滚石模拟的结果可以推测出危岩体可能失稳后的危害范围，如图 5.36 所示。由路径 1、2 的落石运动过程模拟及实际调查都可以看出，落石主要停积在沟内平缓地带。因此，根据上述分析以及前文对危害范围危险程度的划分，可以将该危岩体的危害范围分为Ⅳ级 1 个区域，但有约 540m^2 与 1#危岩体重合，危险程度为Ⅲ级，如图 5.37 所示。

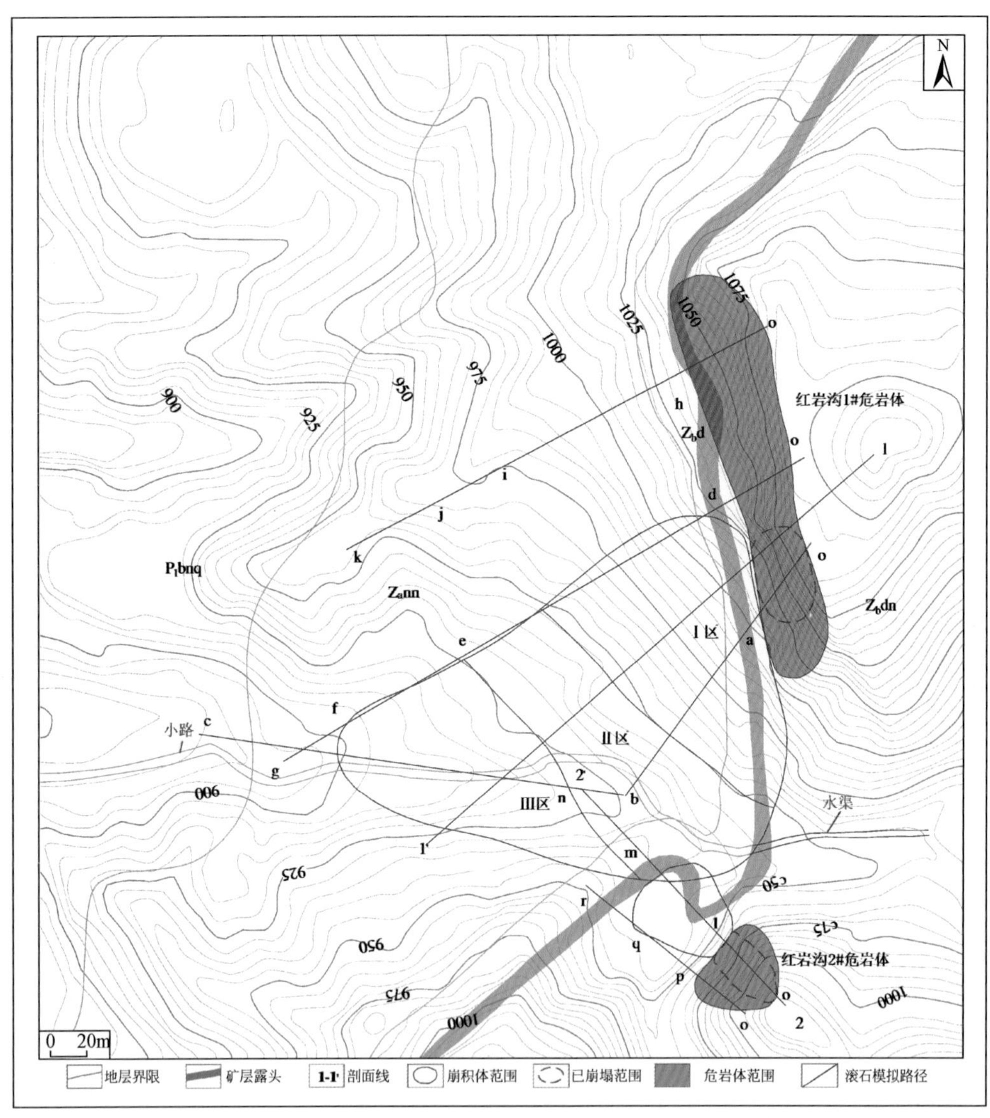

图 5.36　红岩沟危岩体平面图

5）承灾体易损性分析

根据实际调查，该危岩体危害范围内的受威胁对象主要为旱地，而根据实测图形可得其危害范围约 3034m^2，但该危害范围内 540m^2 已在 1#危岩体危害范围内已进行计算，在此不再计算。该危岩体危害范围内所有承灾体经济损失为 8.98 万元。

6）危岩体风险

根据实际调查判断该危岩体为欠稳定，则其崩落概率为 0.5。依据第 3 章中危岩体风险计算公式，可得该危岩体风险为 4.49 万元。

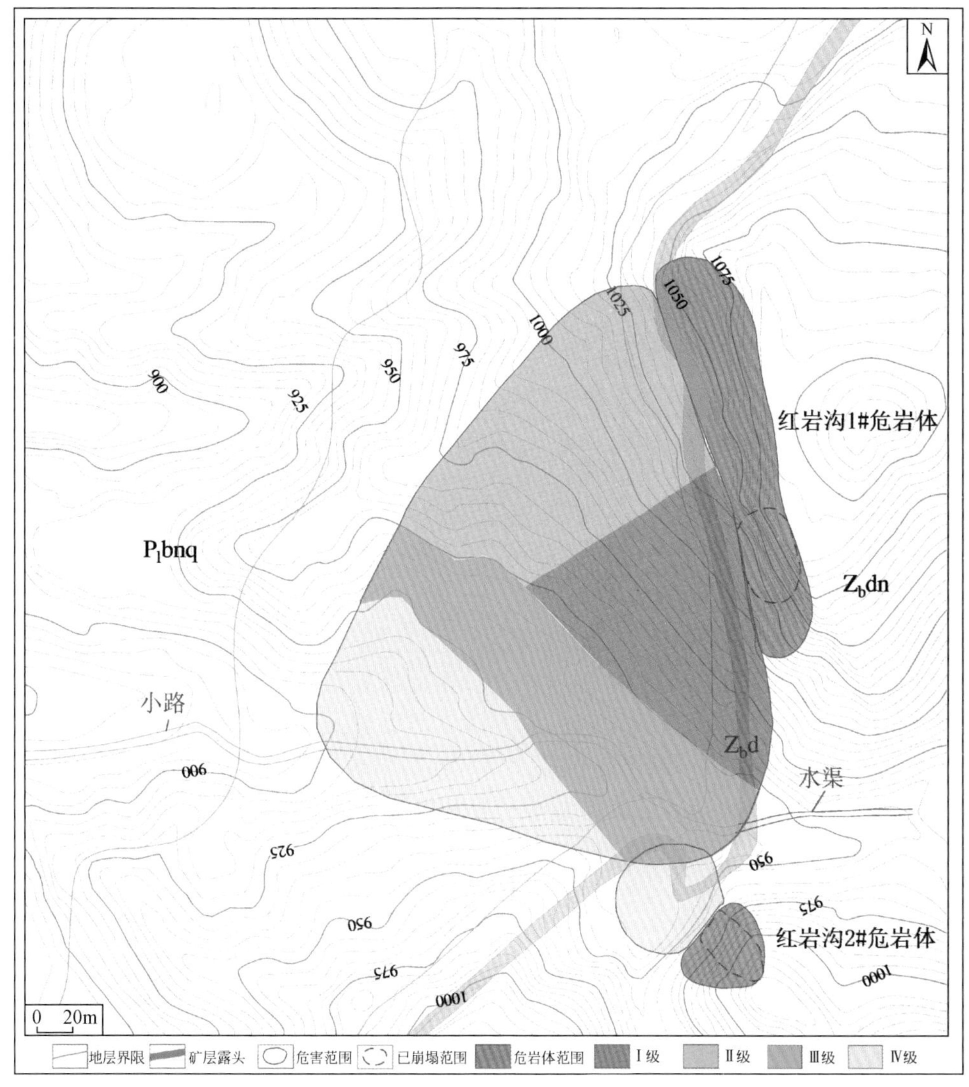

图5.37　红岩沟危岩体危害范围

（二）熊家沟1#危岩体

1）危岩体概况

该危岩体位于熊家沟北侧，与陈家沟相邻山脊上部。该危岩体长（沿坡走向宽）140m，危岩体顶部高程1175～1195m，北高南低，与危岩体底部最大高差50m，临空面坡度65°，坡向270°（图5.38）。斜坡为灯影组（Z_bdn）白云岩，产状103°∠31°，巨厚层状，层间结合紧密。向下依次为陡山沱组（Z_bd）磷矿层及石英砂岩、南沱组（Z_ann）页岩。岩体内部发育四组节理：J1：320°∠45°，J2：170°∠75°，J3：132°∠41°，J4：15°∠68°（图5.39）。危岩体顶部及表面植被较茂盛，岩体出露岩壁表面凹凸不平，可见交错切割形成的节理面。发生崩塌的部位是陡山沱组磷矿岩所构成的陡坡，为浅表层剥坠落，位于危岩体北侧。根据调查分类判定该危岩体为基本稳定。

图 5.38　熊家沟 1#危岩体远景

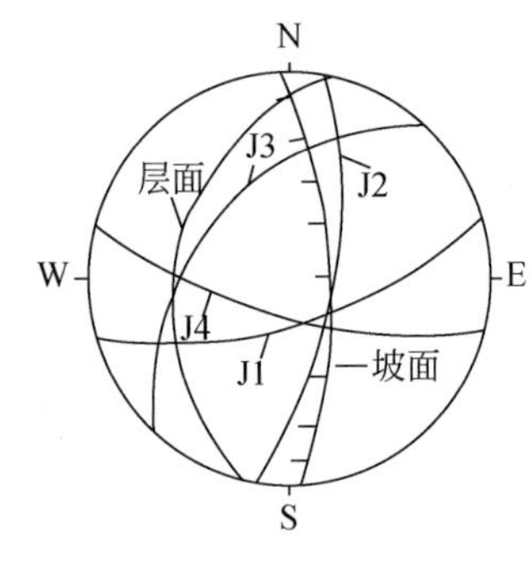

图 5.39　赤平投影

2）崩积体特征

该崩积体以灰白色白云岩碎块石为主，主要散落在危岩体下部，规模较小，长约 10m。在下部斜坡偶有块石散落。崩积体块径一般在 0.2m 以内，未见大块岩体，且崩积体所在斜坡植被茂盛，块石散落其间。

3）危岩体滚石模拟

选取与剖面线方向一致的落石的路径 1（$o-b$）作为模拟轨迹。选取落石数量为 100 个，落石块径为 0.2m。该崩塌为浅表层坠落，因此取初始水平和竖直速度均为 0.1m/s。模拟结果如图 5.40 所示，落石均在靠近危岩体下部缓坡，运动距离很短，而实际调查中该危岩体落石基本在崩源区下部，范围较小，与模拟结果基本吻合。沿用表 5.1 所选参数以路径 2（$o-e$）进行模拟，选取落石块径及初速度与路径 1 一致。模拟结果如图 5.41 所示，落石最远运动至下方缓坡 e 点附近并停止。

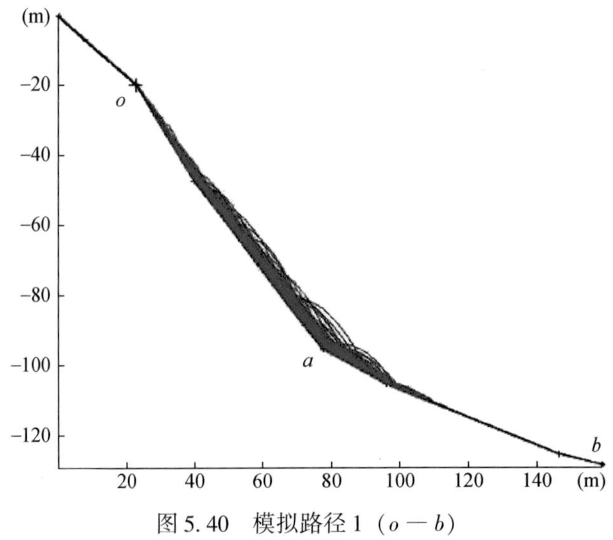

图 5.40　模拟路径 1（$o-b$）

4）危岩体危害范围及其危险程度

根据实际调查和滚石模拟的结果可以推测出危岩体可能失稳后的危害范围，如图 5.42、图 5.43 所示。由几条路径的落石运动过程模拟可以看出，落石运动距离一般不大，

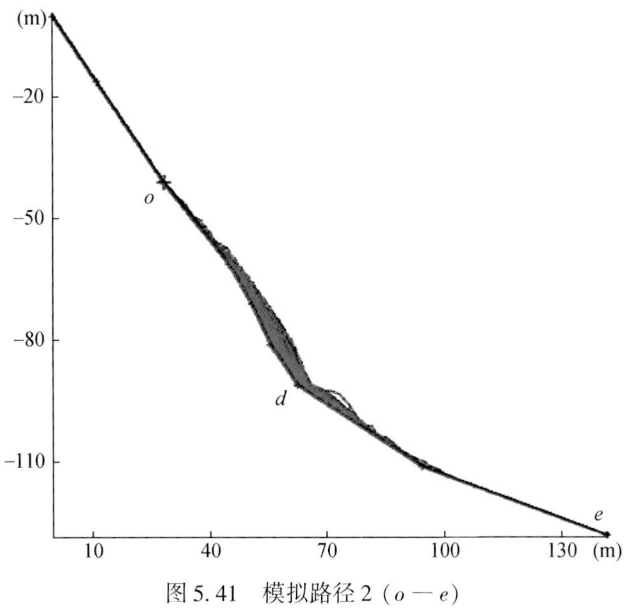

图 5.41　模拟路径 2（o—e）

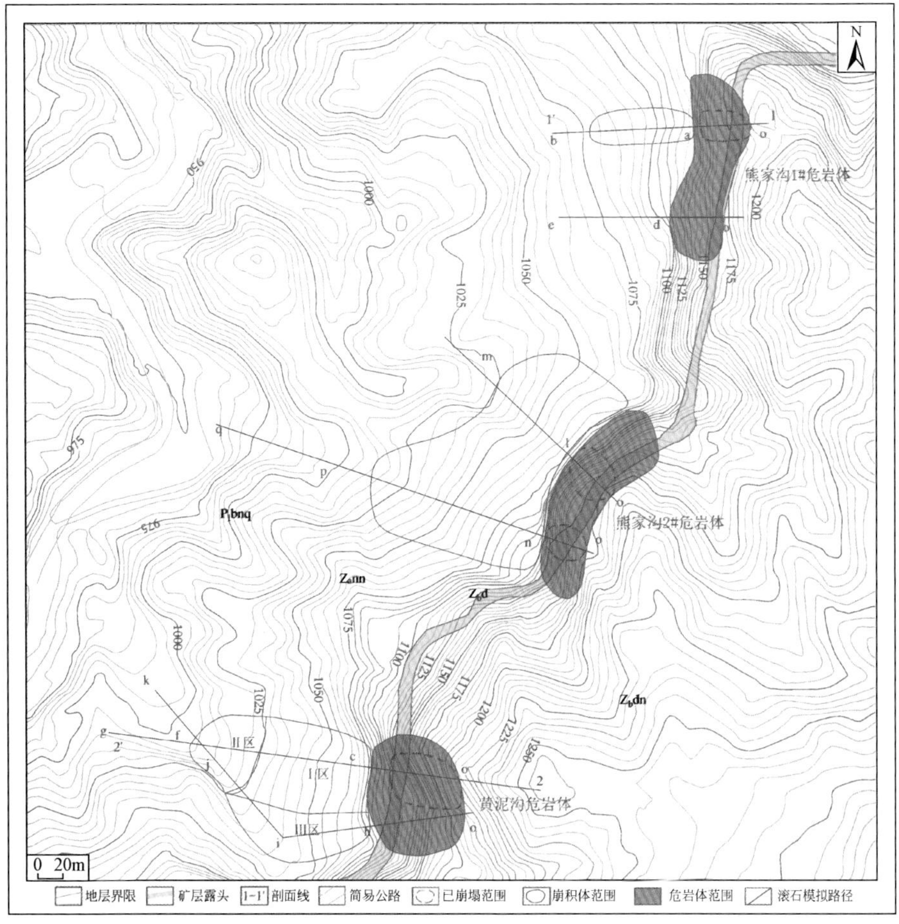

图 5.42　熊家沟至黄泥沟一线危岩体平面图

主要堆积在危岩体下方，且危岩体下方植被较茂盛。因此，根据上述分析以及前文对危害范围危险程度的划分，可以将该危岩体的危害范围分为Ⅲ级、Ⅳ级两个区域。

5）承灾体易损性分析

根据实际调查，该危岩体危害范围内的受威胁对象主要为旱地、耕地。而根据实测图形可得其危害范围约 12983m²，在Ⅳ级危险程度范围内有耕地 5700m²。根据前文中公式可得该危岩体危害范围内经济损失为 7.82 万元。

6）危岩体风险

根据实际调查判断该危岩体为不稳定，则其崩落概率为 0.5，可得该危岩体风险为 3.91 万元。

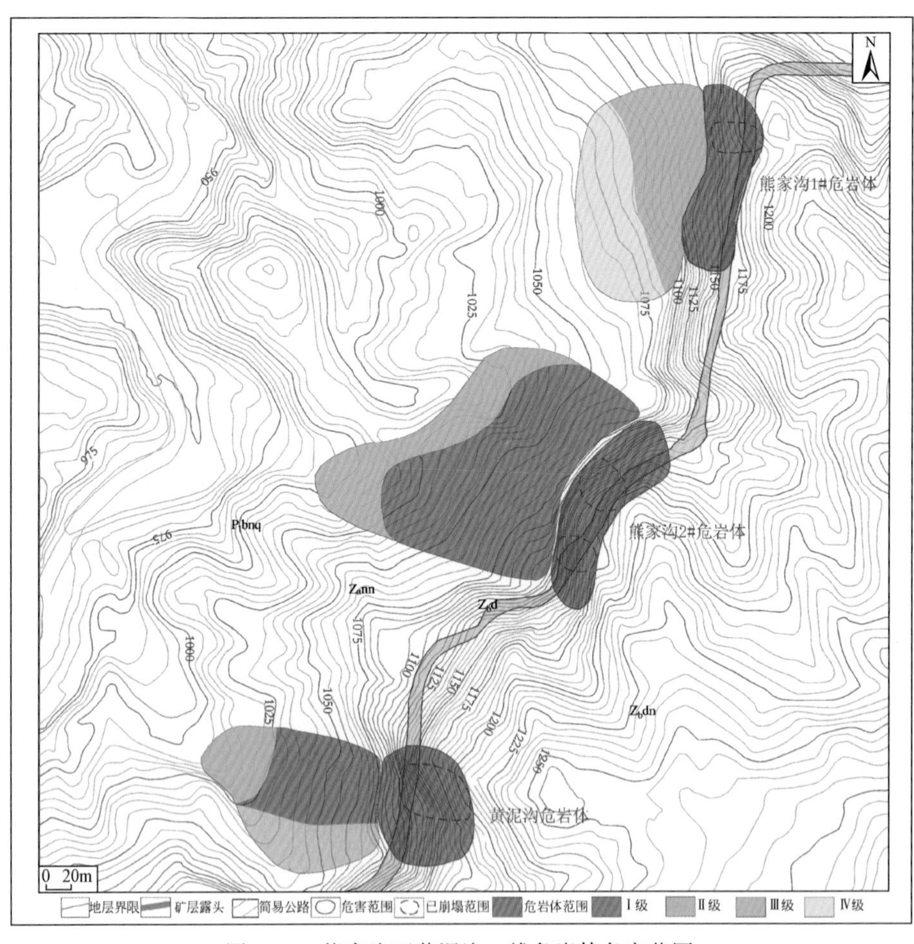

图 5.43　熊家沟至黄泥沟一线危岩体危害范围

第二节　采空区控制型滑坡风险评价示范

目前，社会经济的快速增长对资源的需求与日俱增，矿山开采环境明显恶化，潜在的地质灾害隐患不断增多，且随时可能发展成灾，造成人员伤亡、设施损毁、资源浪费等严重后果。近几年，矿山的地质灾害不断发生，频发的矿山地质灾害不仅给矿山企业造成巨大的经济损失，严重威胁人民群众的生命财产安全，而且制约着矿山产业的可持续发展。

马达岭煤矿区位于贵州省都匀市江洲镇富溪村，区内存在变形破坏现象复杂，崩塌、碎屑流、滑坡等地质灾害均有发现。它们共同影响着居住在小坝、干坝、唐家寨的3个居民区以及一个在生产的青山煤矿，共计102户300人，严重威胁当地居民的生命和财产安全。以马达岭煤矿区为研究对象，开展滑坡地质灾害进行风险评价研究，不仅可以为国土资源规划、制定减灾防灾规划、部署防治工程、环境保护以及进行地质灾害管理提供科学依据，而且通过项目的实施，可以探索建立单体滑坡地质灾害风险评价模型和技术方法，主要从以下几个方面展开研究：

（1）调查研究研究区的自然地质环境背景和地质灾害的基本特征，并总结地质灾害的发育特征和基本规律。

对马达岭煤矿区的各个地质灾害进行野外勘察，室内分析等工作，尤其是对已发生的马达岭崩滑体的地质环境背景条件、堆积体情况、形成机理、破坏模式和破坏后运动的特征以及影响范围进行分析研究。

（2）通过对马达岭煤矿区内已发生的典型滑坡——马达岭滑坡及其堆积物现状的野外调查和室内研究，反演分析并揭示马达岭滑坡运动特征、运动过程及破坏机制，为马达岭滑坡灾害回顾性风险评价提供理论依据与研究基础。探讨、研究马达岭滑坡灾害风险评价的流程、方法及参数，初步建立单体滑坡定量风险评价的模型。

（3）分别对煤洞坡斜坡及立山坡斜坡两个评价单元进行风险评价。风险评价的内容包括：

①危险性评价：

通过对历史地质灾害活动程度以及对地质灾害各种活动条件的综合分析，评价地质灾害活动的危险程度，确定地质灾害强度（规模）、发生概率以及可能造成的危害区的位置、范围。主要研究以下两个方面内容：稳定性评价和影响范围分析。

滑坡稳定性计算主要采用平推式滑坡平面滑动的计算方法对其稳定性分析、计算及评价，基于蒙特卡洛模拟法定量地表达滑坡灾害的失稳概率；通过对马达岭滑坡的反演分析，得到适合的模型公式结合地形特点定性分析-定量计算滑坡灾害的影响范围，并对潜在滑坡灾害危险性等级分区制图。

②易损性评价：

通过对研究区内各种不同承灾体数量、价值以及对不同种类、不同规模地质灾害的承受能力进行综合分析，针对多方面因素，对承灾区的易损性进行评价，从而确定可能遭受地质灾害危害的人口、财产等的损失量，最终对其易损性进行定量表达。

主要考虑以下两个方面：人员的易损性；财产的易损性。

综合研究区内各地质灾害的危险性评价和承灾体的易损性评价得到区内地质灾害的总体风险，并引入地质灾害风险可接受水平，对研究区地质灾害的风险进行评价，并对总体风险水平制图，最后针对风险总体情况提出相应的防治对策建议。

一、马达岭煤矿区地质环境背景

（一）自然地理

1. 交通位置

研究区位于贵州省黔南州都匀市江洲镇富溪村，地理坐标：东经 107°17′30″～107°18′28″，北纬 26°10′35″～26°11′29″。直线距离都匀市区 22km，所在区域有简易公路与平（浪）—江（洲）公路及 321 国道相接，交通较方便（图 5.44）。

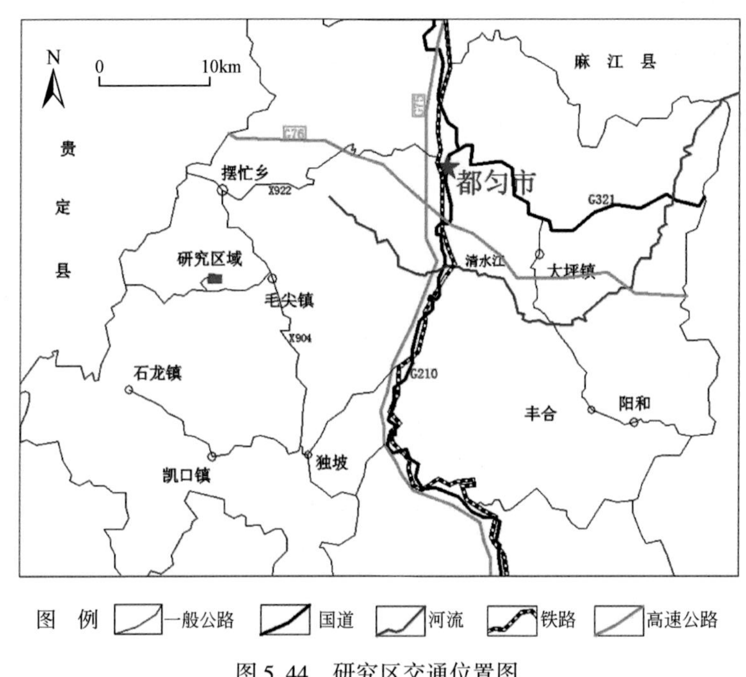

图 5.44　研究区交通位置图

2. 气象

研究区属中亚热带季风湿润气候区，冬无严寒、夏无酷暑，降水丰沛，雨热同季，年日照时数 1158 小时，年无霜期为 298 天。主要灾害性天气是干旱、低温、冰雹、霜冻、凝冻等。

多年平均气温 15.9℃，极端最高气温 36.3℃（1966 年 8 月 17 日），极端最低气温-6.9℃（1977 年 1 月 30 日）。

研究区所在都匀市多年平均降水量 1446mm，在空间分布上很不均匀，是贵州省的多雨中心之一。资料统计表明，除 1962 年 868mm 外，其余各年均在 1000mm 以上，最多是 1977 年 1968mm。春季占年降水量的 29%，夏季占 44%，秋季占 21%，冬季占 6%，其中 6 月降水量占年降水量的 17.4%（为全年第一高峰），6 月后逐月下降，10 月雨量又增多，降雨持续时间长达 180 天，降水量达 1169mm，暴雨出现在 4～11 月，5d/a，大于 100mm

的出现在 5 ~ 9 月，0. 4d/a，最大降雨强度时段 5 ~ 7 月。在空间上西北部多，东北部和南部少，多雨中心在甘塘、团山、摆忙一带，大于 1450mm/a，最高的甘塘镇达 1909. 8mm（1977 年）。日最大降水量 170. 5mm（1967 年 5 月 10 日），斗蓬山-螺丝壳一带是暴雨区和多雨中心。

研究区降水量大致处于 1426 ~ 1450mm/a。

3. 水文

研究区处于长江水系与珠江两大水系的分水岭-苗岭山脉附近，分水岭两侧冲沟发育，环状及树枝状水系发育。以苗岭山脉为分水岭，岭北属长江流域的乌江水系和沅江水系，岭南属珠江流域的红水河水系和柳江水系。境内共有中小河流 300 余条，总长约 5000km，其中流域面积在 300km^{2}以上的河流有 30 条，流域面积在 200km^{2}以上的河流有 45 条，河网密度约为 0. 2km/km^2，水库 110 座，水库容量 1156 万 m^3。

沟水流量受季节降雨影响变化较大，雨季常发生山洪，枯季流量小至干涸，动态变化显著。研究区西缘大部分属珠江流域，地表水汇入瓮树河；东面属长江流域地表水汇入菜地河。马达岭煤矿区属剑江河支流富溪河源头地带，河水由西向东与菜地河汇集，流入大河，最终汇入剑江河。富溪河为区内地下水的最低排泄基准面。主河道受地形控制，沿富溪过这一宽缓溶蚀槽谷中部流动，在区内总体水力坡降较平缓，属雨源性河流，汛期河水涨幅较大。

（二）地形地貌

研究区所在地属溶蚀侵蚀低中山地形地貌，地表多为峰丛、峰林、槽谷地形，局部见有溶丘、洼地分布，坡顶为较为开阔的台地，坡上大部分被第四系残积、坡积物掩盖，基岩常以陡崖形式出露。总体地势东、西高，南、北低，最高点为东侧山头，海拔标高 1592. 6m，最低点在研究区南西端的河谷中，标高 1037m，最大相对高差 419. 1m，斜坡上部陡峻，中下部较缓，地形地貌较简单（图 5. 45）。

图 5. 45　研究区溶蚀侵蚀低中山地形地貌

（三）地层岩性

研究区内第四系零星分布于沟谷、地势低洼处及缓坡，与下伏地层呈角度不整合接触。为残坡积物：主要分布于坡表，厚约 3 ~ 5m，植被茂盛；崩落物堆积：多分布于陡崖下部；冲积物：主要冲沟两侧及盆地中，灰黄色、灰褐色含砂、砾黏土和亚黏土，厚度 0 ~ 16m。出露的基岩由新至老依次为：第四系（Q）；石炭系下统祥摆组（C_1x）：北西大部分地区；石炭系下统汤耙沟组（C_1t）：呈条带状沿 NE 向分布于研究区中部；泥盆系上统者王组（D_3z）：呈条带状沿 NE 向分布于区内中部；泥盆系上统望城坡组（D_3w）：区内南东部大部分地区。区内地层岩性如表 5.5 所示。

表 5.5　研究区地层岩性表

系	统	地层名称	代号	特征
第四系	全新统	残坡积层	Q_4^{dl+el}	成分为含砂、砾黏土和亚黏土，夹有碎块石，结构松散-中密，块石主要为砂岩、泥岩等，呈棱角状，碎石粒径 2 ~ 200mm，约占 30%，偶见较大块石，其余为角砾、粉质黏土充填
		崩坡积层	Q_4^{col+dl}	滑坡崩坡积物主要以块石为主，块径一般在 200 ~ 800mm，最大 2 ~ 4m，约占 60%，棱角状，不规则排列，成分为砂岩、泥岩、碳质页岩等。其余为碎石和角砾、黏土充填
		冲洪积层	Q_4^{al+pl}	以漂石、卵石、圆砾为主及砂层和黏土，粒径 2 ~ 200mm
石炭系	下统	祥摆组	C_1x	区内主要含煤岩系。岩性为灰、浅灰色薄至厚层状细粒石英砂岩间夹暗灰色薄至中厚层状泥质粉砂岩、黑色碳质泥岩、含碳泥质粉砂岩，泥质岩中常见植物化石及细粒状黄铁矿不均匀分布。该组地层岩性组合特征为石英砂岩与泥质粉砂岩及碳质泥岩互为消长关系，石英砂岩较为稳定，泥质岩多呈透镜状或似层状产出。其中间夹 1 ~ 12 层不等厚煤层（0.02 ~ 0.90m）
		汤粑沟组	C_1t	上部为灰、深灰、灰黑色中至厚层状粗晶生物石灰岩，局部夹石英砂岩透镜体；中部为暗灰、灰绿色薄至中厚层状钙质粉砂岩、黏土岩夹深灰色薄至中厚层状瘤状灰岩，局部夹浅至深灰色中厚层状细粒石英砂岩；底部为灰至深灰色薄层瘤状灰岩，厚 42 ~ 124m。与下伏者王组（D_3z）整合接触
泥盆系	上统	者王组	D_3z	岩性为灰至深灰色中厚层状微晶灰岩，富含介形虫，厚 30 ~ 70m。与下伏望城坡组（D_3w）整合接触
		望城坡组	D_3w	灰至灰黑色厚层灰岩、白云岩夹灰黄色钙质泥岩，厚 110 ~ 190m，未见底

（四）地质构造

研究区在构造演化过程中，经历了多次构造作用和地壳活动，具有多期次相叠加的特点，构造相对较复杂，大地构造上位于黔南地陷和贵定构造变形区的东南部，主要发育都匀向斜、凯口背斜和河阳向斜等近 SN 走向的褶皱构造，及受 SN 向的挤压作用大多近 EW 向展布的断层，局部发育次级小断层和小褶皱，如图 5.46 所示。另据《中国地震动参数区划图》（GB18306-2001），研究区为 VI 度地震基本烈度区，地震动峰值加速度 0.05g，稳定性较好。

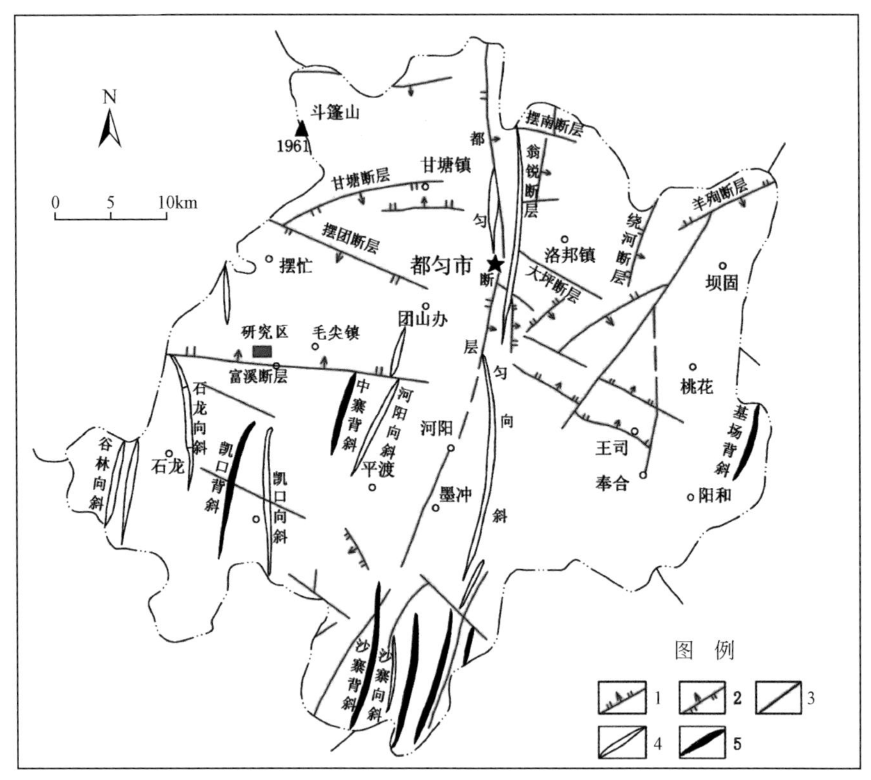

图5.46　区域地质构造图

1. 正断层；2. 逆断层；3. 性质不明断层；4. 向斜轴；5. 背斜轴

(五) 水文地质条件

含水层主要为下汤粑沟组碳酸盐岩夹碎屑岩、上泥盆统尧梭组及望城坡组碳酸盐岩地层，其次为分布于冲沟、缓坡地带的第四系松散层。现对地层含水性简述如下：

1. 孔隙水

第四系孔隙含水层（Q）分布于研究区沟谷、地势低洼处及缓坡，为残坡积物、崩积物及冲积物，灰黄色、灰褐色含砂、砾黏土和亚黏土，厚度0.5～16m。孔隙发育，含孔隙水，含水较弱，季节性变化大。

2. 基岩裂隙水

该区内基岩裂隙水主要赋存于汤粑沟组（C_1t）、上泥盆统者王组（D_3z）及望城坡组（D_3w）。汤粑沟组以岩溶含水层及裂隙含水层为主，出露于研究区南东部。该组节理裂隙、溶蚀裂隙、溶洞较发育，含基岩裂隙及溶洞裂隙水，富水性弱至中等。上泥盆统者王组（D_3z）及望城坡组（D_3w）以碳酸盐岩溶洞裂隙水层为主，出露于研究区南东部。该组溶蚀裂隙、溶洞发育，主要为溶洞水，富水性强。

根据各含水层水文地质特征及动态变化特征，区内地下水补给来源主要为大气降水和地表水，大气降水的大部分是沿着山坡和沟谷径流补给地表水，少部分则是通过第四系松散层的孔隙和岩层的节理、裂隙及断层的构造破碎带渗入地下补给地下水，区内最低侵蚀基准面1080m，煤层最低开采标高1250m，高于最低侵蚀基准面标高170m。地下水一般限于顺层运动，有的部分通过泉点涌出地面，流入冲沟排出矿区，排泄条件较好，地层产状平缓，地下水自分水岭分别向SE和NW向径流排泄。

该区含水性与导水性差，地下水径流模数1.53L/(s·km^2)，泉点流量一般小于0.5L/s，透水率$q=0.000023\sim0.31$L/(s·m)，渗透系数$k=0.0000192\sim0.255$m/d。但由于研究区内岩石节理、岩层层理发育，在矿井采掘和矿山采煤活动的影响下，将改变地层的含水性与导水性。

综上所述，研究区内水文地质类型属基岩裂隙直接充水矿床，水文地质条件较简单。

（六）新构造运动与地震

研究区内的断裂谷地、断层崖、断层三角面的特征及其附近常伴有河谷裂点及水文网变迁，阶地、夷平面发育完整等一系列新构造迹象，表明区内具有弱活动断裂发育。例如，都匀南东至王司一带平直的NW向谷地成群展布，导致SN向清水江向SE转折，河流边崖有温泉出露（马寨的长塘温泉），凯口附近NW向断裂谷地发育，向SE向延伸可与独山NW向活动断裂相接。

根据《中国地震动参数区划图》（GB18306-2001）的资料显示，区内区域上地震反应谱特征周期为小于0.35s，动峰值加速度小于0.05g，相应地震基本烈度小于Ⅴ度。根据《贵州省地震史》资料记载，境内于1950年以前发生过地震，均小于4级，稳定性较好。

（七）人类工程活动

研究区内人类工程活动较为强烈，主要是煤矿采掘以及为运输煤矿而修建的道路。区内煤矿开采历史悠久，20世纪70年代都匀县（现都匀市）和富溪公社（现江洲镇富溪村）先后在研究区内进行煤矿采掘。1996年，都匀煤矿和富溪煤矿整合成立了青山煤矿（3万t/a），在原开采范围内继续开采；1999年江洲镇和平煤矿（3万t/a）成立，开始在研究区北东侧进行煤矿开采；2006年经政府要求，和平煤矿和青山煤矿整合为青山煤矿，设计生产规模为15万t/a，在+1400m标高处掘主平硐，利用原青山煤矿的回风斜井改造为回风井，利用原和平煤矿的风井改造为副井，最终为三条井筒。

研究区内除现有的青山煤矿进行合法开采外，还有当地村民私采所形成的小煤窑，开采深度浅，采空区一般分布无规律，且多不设支撑或设临时支撑，任其自由垮落；经调查访问，小煤窑开采的巷道一般不长，多在50～100m左右，仅个别达200余米。小煤窑多分布在煤层露头处附近（如A7和A9煤层），数量多，开采作业不规范，虽然政府多次组织人员炸毁和封堵了大量小煤洞，但是仍然能看到附近村民私采煤矿的活动。

经过近40年的不断开采，研究区内形成了大小不一、分散的采空区，其中原青山煤矿和和平煤矿共形成了1.06×10^5m^{2}的采空区，私挖盗采的小煤窑形成的采空区还不清楚。研究区内目前除原青山煤矿和和平煤矿主平硐外，还有6个煤矿老窑口，老窑开采历史悠久，以斜井为主，老窑巷道有积水，部分老窑有废水流出，见表5.6。

表 5.6　老窑情况表

老窑编号	位置	开采煤层	煤厚/m	巷道斜长/m	方位/(°)	巷道坡度/(°)
LD1	研究区南东部主采煤层露头线附近	A9	1.25	50	10	-8
LD2		A7	1.25	50	10	-8
LD3		A7、A9	1.30	150	320	-5
LD4		A7	1.27	160	290	-10
LD5	研究区北部	A7	1.20	20	320	-6
LD6		A7	1.10	30	5	-7

二、马达岭滑坡运动特征分析

(一) 概述

马达岭煤矿区地质环境条件复杂，地形地貌复杂多样，区内人类工程活动较强烈，特别是随着采矿活动的迅猛发展，自然环境条件破坏较为严重，区内主要发育的灾害为崩塌和滑坡（图5.47），现将主要存在的地质灾害情况进行统计，见表5.7。其中2006年5月18日凌晨4时所发生的马达岭滑坡是本节的研究对象。

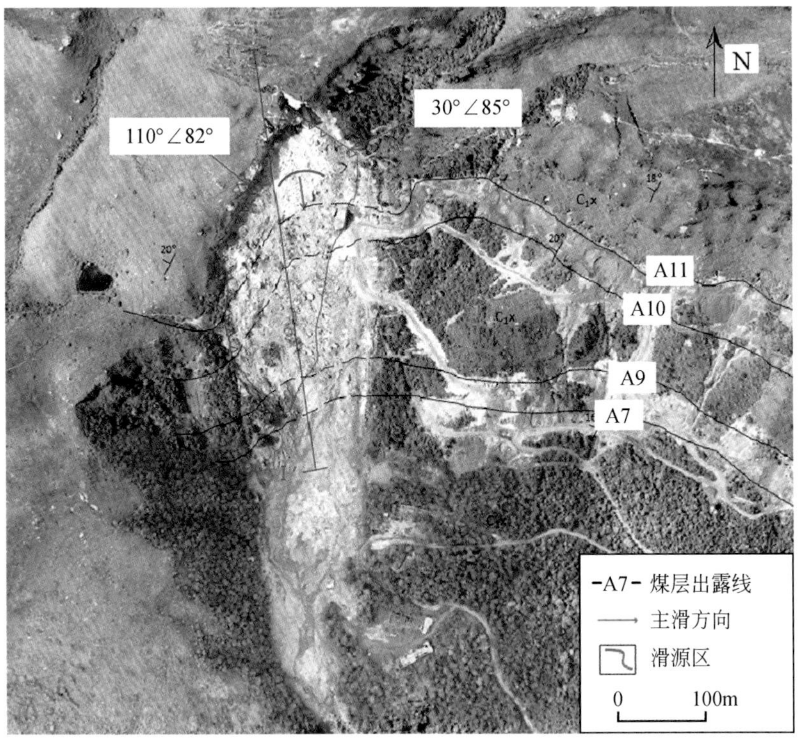

图5.47　马达岭煤矿区航拍全景图

表 5.7 马达岭煤矿区地质灾害发育现状统计表

编号	灾害类型	概况
马达岭滑坡	滑坡	2006 年 5 月 18 日凌晨 4 时，约 110 万 m^3 山体突然发生整体启动，在获得巨大的动能后，剧烈撞击并铲刮西侧小山坡，崩滑体大部分崩解，同时带动了崩滑体前缘陡坡的次级滑动，受到西侧小山坡阻挡，偏转近 40°后，高速运动的碎屑流顺着沟谷向下游流动，在沟谷中形成了长约 1.4km 的堆积区，并在沟口停滞下来，淹没了农田 20 亩以及干坝居民区内部分河流，所幸无人员伤亡。据调查，滑坡发生之前当地一直断断续续地在下雨，但 17 日晚到 18 日凌晨，雨基本停住了，18 日凌晨 4 时左右，就听马达岭山体“砰”的一声巨响，斜坡整体失稳
HP1	滑坡	该滑坡发生于 2007 年，位于煤洞坡斜坡上方中部，滑移方向 185°，坡度 35°，规模较小，长 22m，宽 15m，高 10m，滑体物质为全风化砂岩，砂岩产状 235°∠8°，堆积物以碎石土为主，砂岩块石块径 10cm，滑体堆积物堆积至公路以下的煤矸石堆中
HP2	滑坡	该滑坡发生于 2007 年 7 月，位于青山煤矿公路转角处，滑坡整体坡向为 102°，长约 120m，高 20m，厚 2 ~ 5m，体积 5000 ~ 12000m^3，滑体物质主要是砂岩夹碳质页岩，堆积于公路上方平台。滑坡后缘壁出露，高度约为 8m，近直立，出露基岩岩性为石英砂岩与碳质页岩互层，岩层产状为 330°∠18°，发育有两组垂直节理，产状分别为 195°∠67°，120°∠87°，据走访调查，属于岩质滑坡，滑坡共有两层煤层出露，煤层 A7 在上部出露，在第二个平台处有厚 1m 的煤系地层出露，崩落块石有 1.5 ~ 2.5m 左右，从断面来看，滑动方式为坐落
BT1	崩塌	该崩塌发生于 2004 年，崩塌体政体崩落方位为 265°，高约 20m，宽约 30m，厚 2 ~ 5m，体积 1200 ~ 3000m^3，后壁出露，近直立，岩石岩性为砂岩，表面风化破碎，岩层产状为 350°∠10°，发育有两组节理裂隙，一组产状为 325°∠87°，节理间距为 1.5m，另一组产状为 230°∠85°，节理间距为 1m。据走访调查，现今仍有小规模的局部垮塌，崩塌体下方可见高约 10m 的近直立陡崖，陡崖下方存在大量煤洞，现仍有附近（干坝）村民小规模的采煤，采掘深度 30 ~ 50m 不等，部分居民反映采掘巷道约 50m 处可见自山顶而下的拉张裂缝
BT2	崩塌	山顶崩塌，整体崩落方向 260°，长 10m，高 20m，宽 5m，近直立。岩石岩性为薄至中厚层强风化砂岩，岩层产状为 290°∠6°。发育有两组节理，一组产状 270°∠75°，另一组 10°∠近直立，节理间距分别为 3m、4m。崩坡积物及次生小型碎屑流，整体坡向 125°，坡度为 34°，高约 50m，长约 100m，宽 10m，厚 4m

（二）马达岭滑坡基本特征

1. 滑坡概况

马达岭滑坡前缘高程 1400m，后缘高程 1550m，高差 150m，滑坡平面面积 3.02 万 m^2，体积约 110 万 m^3，主滑方向 190°。滑坡体相对周围坡体存在明显的下切，后壁位于斜坡顶部，下错出露高约 50m，坡度约 85°，两侧边界在坡顶相交，形成明显的控制性边界，呈典型的圈椅状地形（图 5.48）。

2. 滑坡堆积物特征

按照滑坡堆积特征的不同，可以将滑坡体分为以下几个区：滑源区、滑体堆积区、碎屑流流通区及碎屑流堆积区，具体分区情况见图 5.49。

1）滑源区

滑源区位于高程 1400 ~ 1550m，整个堆积区由上到下形成了 3 个阶梯，两个平台，滑源区处于第一个平台之上。滑源区堆积体在平面上呈“舌型”，剖面整体上呈弧形。该区原始地形坡度为 32°，滑坡发生后，除后缘壁较陡外，堆积体坡度变缓，平均 22°（图 5.49）。

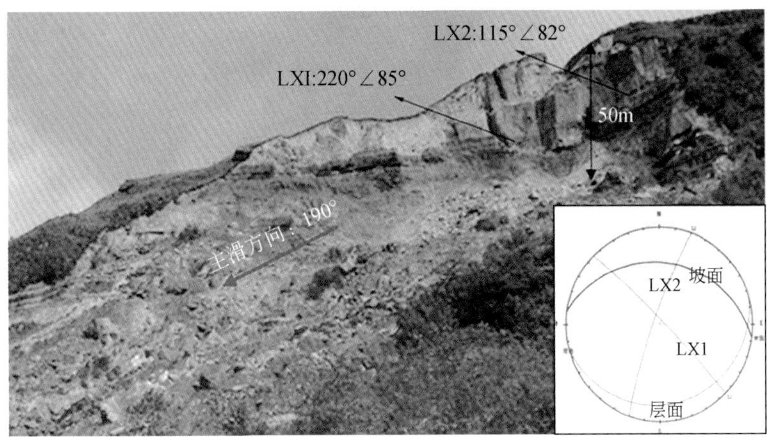

图5.48 马达岭滑坡滑源区概貌及赤平投影图

堆积物主要由块度为2.0～3m的砂岩块体组成，滑源区物质的粒径分布并不均匀，最大的块石主要分布在滑坡体后缘附近，最大块石方量达到了200m³，边缘的块径较小[图5.49(a)]。可见滑坡发生时，整体表现为“平推式滑坡”，前方滑体整体沿滑坡剪出口位置处的平台抛出，后方山体自然散落，解体后堆积于后缘下方。

图5.49 马达岭滑坡运动特征研究平面示意图

(a) 砂岩块径中间大边缘小；(b) 滑体解体堆积块径均匀；(c) 碎屑流中部东侧山顶砂岩巨石；(d) 碎屑流中部层序结构完整煤洞；(e) 碎屑流流通区陡坡处出露基岩；(f) 沟口碎屑流物质平缓堆积

2）滑体堆积区

滑体堆积区位于高程1220～1400m，处于第二个平台之上。堆积物主要由祥摆组砂岩的大块石、煤渣、碎石组成［图5.49（b）］。滑体物质在两次铲刮后，转向SN向跌入下游沟谷中，沿沟谷中形成了厚约5～10m，面积3000m^{2}的主堆积区，主堆积区主要由祥摆组砂岩的大块石、煤渣、碎石组成。可见的最大块石长轴达11m，体积超过300m^3。在主堆积区前缘，主要堆积砂岩块石；而在铲刮区前缘主要堆积碎石和煤渣，块石较少。

值得一提的是，该区内存在两处比较典型的堆积特征：①筧槽冲沟谷中部，高程1255m处，可见层位有序下滑至此的煤洞［图5.49（d）］，煤层顶底板及煤洞的结构完整。反映出了滑体物质平推出去之后，大块物质整体坐着运动的特点。②筧槽冲沟谷中下部，高程1230m处，冲沟东侧可见一山顶处滑坡的砂岩巨石［图5.49（c）］，巨石块径为11m×10m×6m左右，块石底部可见大量煤碎屑，表面覆盖有苔藓等只有在山顶处可见的植被。由此可推断该砂岩巨石来自滑坡山顶，滑坡启动后直接被抛飞而出，下方软岩在碰撞中破碎，砂岩巨石被下伏的地表水与碎屑物质组成的流体运移至该处最终停积下来。

3）碎屑流流通区

碎屑流流通区位于高程1170～1220m，该区地形狭长，坡度较陡，沟谷中间底部出露基岩，呈阶梯状［图5.49（e）］。由于雨水、地表冲沟作为主要的水动力来源，滑坡体在继续下滑过程中，被铲刮的斜坡体两侧及坡表的松散物质作为碎屑流的主要物源，碎屑流不断壮大，高速下滑。较大的块石在向下运动的过程中，由于碰撞碎裂成更小的块石，动能减小；较小的碎石及泥砂，随水流形成的下垫面，继续前行，直至停止。

4）碎屑流堆积区

碎屑流堆积区位于高程1135～1170m，堆积区长约400m，平均宽20m，厚约5m［图5.49（f）］。堆积体主要由砂岩碎石和煤屑组成，泥质含量大。从宏观上看碎屑流堆积区具有清晰的流线和分区分带特征，上游碎石块度较大，块径多为0.3～0.5m，泥质含量较小，约占10%，而下游块径多为0.1m以下，泥质含量可达70%以上。

滑体物质在高速运动过程中，随着动能逐渐减小，大块石在主堆积区逐渐停积，粒径相对较小的块石和煤渣等碎屑物质在强大的惯性和水流裹挟下继续顺沟谷向前运动，形成碎屑流，直到动能完全耗散才在沟口平缓处淤积下来，形成碎屑堆积区。

3. 滑坡运动特征研究

通过现场的调查走访、RTK实地测图、三维激光扫描等手段，得出马达岭滑坡高程在1400～1550m，主滑坡一次运动全过程水平距离约1400m，相对运动高程差420m，通过对滑坡-碎屑流运动特征的分析，可估算出其运动过程对应的运动速度，综合考虑实际的情况，这里采用目前较为通行的谢德格尔法，其计算公式为

$$V_S=\sqrt{2g\ (H-fL)} \tag{5.7}$$

式中，V_S为估算点的滑体速度，m/s；g为重力加速度，m/s^2；H为滑坡后缘顶点至滑程估算点高差，m；L为滑坡后缘顶点至滑程估算点水平距离，m；f为等效摩擦系数，即滑坡后缘顶点至滑坡运动最远点连线斜率。前文中已经得到$f=H/L=0.3$。

根据滑坡运动路径纵断面图（图5.50），可确定滑坡沿途的滑动距离、高差与等效摩

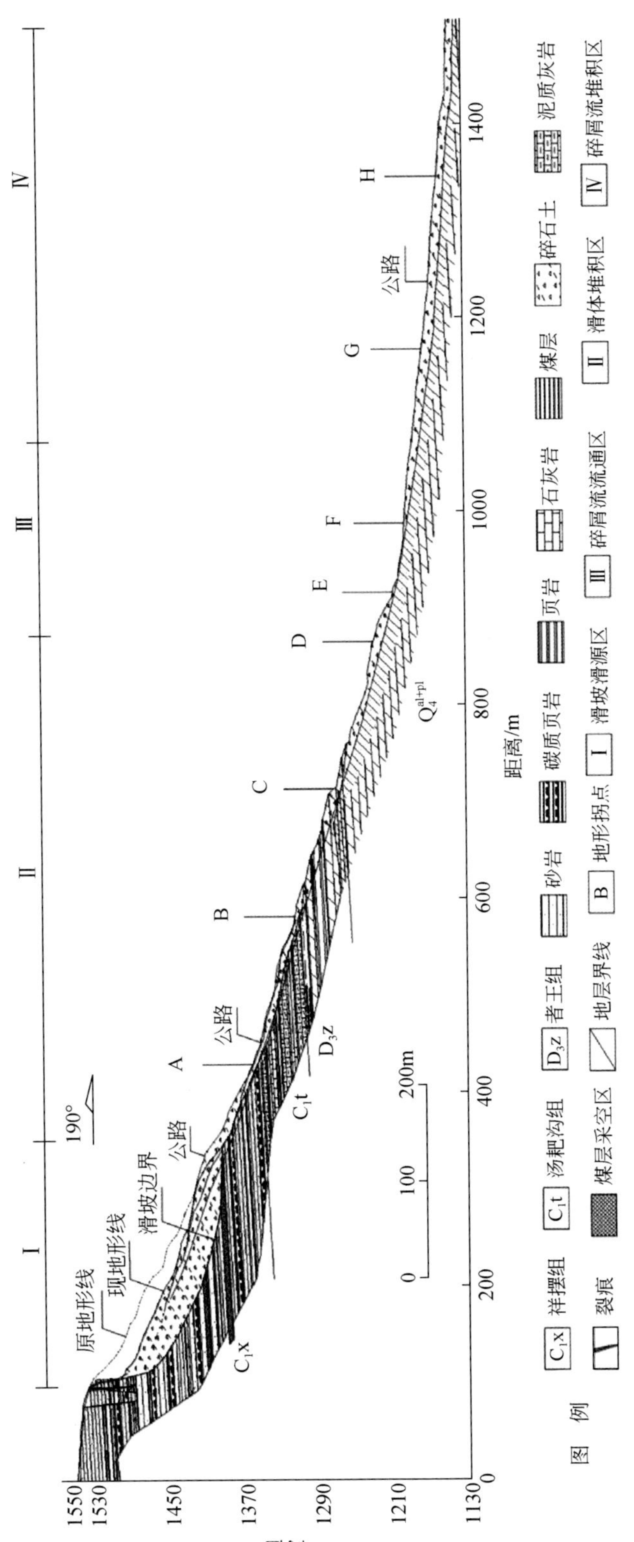

图5.50　马达岭滑坡运动路径纵断面图

擦角之间的几何关系，结合上述公式，可计算出滑坡沿途的运动速度，结果见表 5.8。用图形方式表示见图 5.51，从图中可看出，在滑动水平距小于 400m 时，滑动速度有小幅波动，在 400～900m，滑坡速度基本保持 40m/s，滑坡体移动了约 900m 后，速度呈下降趋势。从中还可以看出马达岭滑坡初始速度为 42.4m/s，最大速度 44.3m/s，平均速度为 33.4m/s，故其为一高速岩质滑坡。

表 5.8　谢德格尔法计算滑体运动速度结果

f=0.3													
水平距离/m	200	300	400	500	600	700	800	900	1000	1100	1200	1300	1400
滑坡速度/(m/s)	42.4	37.4	43.6	41.5	44.3	43.6	42.4	40	36.1	30.7	20.9	11.8	0

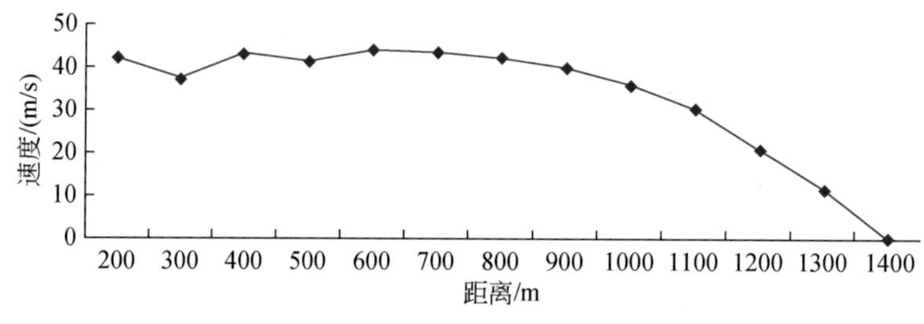

图 5.51　滑体各位置运动速度示意图

4. 滑坡运动过程分析

通过对滑坡堆积体特征及运动特征的分析，可将马达岭滑坡的运动过程分为以下几个阶段：

1）滑坡形成阶段

由于煤矿开采年代较久，开采后没有及时治理，任其自由垮落，致使采空区顶板变形、垮塌。暴雨导致地表水沿张开的裂缝、裂隙渗入采空区，导致裂缝宽度不断扩大，进一步弱化底部未采煤层或碳质页岩的力学性能，最终形成贯通的滑面。

2）滑坡溃滑阶段

滑坡突然启动后具有较高的势能，铲刮其前方和西侧的山体基岩和坡体表层的松散堆积物，并在铲刮位置留下了明显的痕迹。随后，滑坡体在下滑的过程中，将山坡表面的松散物质铲刮带走，后续滑体物质在此停积，而另一部分滑体沿着有利运动的沟谷继续前进。

3）碎屑流流动阶段

此阶段，碎屑流的物质来源是滑体解体以及运动过程中铲刮底部和两侧山体提供的，碎屑物质沿着有利的沟谷地形一路前行。最初沿着南偏东 15°方向而后偏转至南偏西 20°方向；在拐弯处，由于地形狭窄，坡度平均为 30°～35°，碎屑物质加速运动，且在弯道处有明显的超高现象。

4）碎屑流停积阶段

笕槽冲沟谷谷口位置处地形平缓、开阔，随着能量的耗散，碎屑流逐渐减速最终在该处呈“扇形”停积。

5）次生泥石流发生阶段

滑坡及碎屑流停积后的松散堆积体，由于自身稳定性较差，在暴雨触发作用下，形成了次生泥石流灾害。次生泥石流灾害规模较小，约5万m^3，主要沿着沟谷东侧底部发育，带走大量的泥沙并堆积于公路以下远端区域。

（三）滑坡破坏机制分析

1. 采空水对滑坡形成的重要触发作用

研究区由于开采后缺乏管理，老空水的赋存也成为马达岭滑坡发生的因素之一。老空水通常以静储量为主，聚集在采空区下部，其采空区的范围及形状决定其赋存形态。一旦突水，来势凶猛，瞬间涌水量大，具有很强的破坏性。

从斜坡的地形上看，马达岭滑坡处于研究区的北西侧，位于坡顶的主沟沟口处，而地层本身又是向西侧缓内倾，因此，整个矿区的水（老空水、地下水、雨水等）全部沿裂隙、采空区汇聚于此，至滑面（A7煤层）处，煤矿停止开采后，采空区缺乏管理，老空水无法排泄，溶蚀、冲刷，掏空了整个滑坡。马达岭滑坡发生前降雨持续了几天几夜，致使地下水位急剧抬升，超过了滑坡触发的临界水头高度。

采空水对滑坡形成的重要触发作用有以下几点：

（1）采空水通过裂隙带或坡体后缘裂缝入渗到斜坡后，使地下水位反馈升高，产生巨大的静水和动水压力，相应增加了岩体的下滑力。

（2）采空水渗入岩土体后，产生浮托力，大幅度降低了岩土体的抗滑动摩擦阻力。

（3）采空水渗入岩土体后使岩土体饱和、软化，增加了滑体的重量，产生附加应力，抗剪强度降低；同时雨水顺着地表裂缝深入到采空区后，软化了采空区里的煤柱，很大程度上降低了煤柱的抗剪强度，使采空区变形失稳，进而加剧了上部边坡的变形。

2. 马达岭滑坡形成机制分析

马达岭滑坡所在斜坡中下部含有软岩夹层，软岩夹层的塑性变形和煤层的开挖使坡顶形成拉裂缝，裂缝随着采空区顶板的冒落破坏不断向下扩展，一旦延伸到采空区的冒裂范围内时，主滑面便基本贯通，这时坡脚处的残留煤层和中部局部锁固段便会产生应力集中的现象，由于应力的不断积累和降雨的促进作用，坡体便会随着锁固段的突然剪坏而迅速启动，形成滑坡。据此分析，滑坡的发展演化过程可以分为以下4个阶段：

1）采空塌陷、后缘拉裂阶段

马达岭斜坡为上硬下软的微反倾山脊，受重力控制，斜坡体内软岩夹层受压产生塑性变形，驱使斜坡顶部形成拉应力区，产生拉张裂隙［图5.52（a）］。煤层开挖破坏了边坡原有的应力平衡，引起了斜坡应力重分布，使坡顶拉应力变大，裂缝向下延伸，裂缝产状：18°∠83°；同时采空区顶板岩层受自重应力控制，弯曲下沉，采空区向上一定高度内形成冒裂区，而岩石抗拉能力很差，冒裂区内岩体竖向裂隙发育，且裂隙产状与后缘拉裂缝产状一致。同时降雨入渗到裂缝又会形成静水压力和动水压力，对裂缝的扩展延伸也有一定影响。

硬岩区：厚层砂岩局部夹碳质页岩及煤层；软硬互层：砂岩与碳质页岩互层，砂岩单层厚度1～2m，碳质页岩单层厚度0.1～0.5m不等；硬岩夹软岩：中厚层砂岩夹薄层碳质页岩及煤层。

2）斜坡中部滑面贯通阶段

采矿活动停止后，采空区失去维护，顶板岩体不断冒落破坏，形成冒落带［图5.52（b）］。采空区的塌陷：一方面使斜坡岩体松动，裂隙发育，破坏了岩体完整性；另一方面，受重力控制，斜坡顶部及坡表都将出现拉应力集中，后缘裂缝进一步向下延伸，坡表形成拉裂缝。结合现场勘察分析发现，冒裂区内裂隙的发育有两种形态，在砂岩中，裂隙平直，近垂直发育，且在软岩夹层中中断；碳质页岩中，裂隙曲折平缓，受采空区影响，岩体弯曲下沉，碳质页岩层多沿层面产生离层现象。所以在采空区上方的岩体内也就形成了两组优势结构面，产状为18°∠83°、300°∠7°（层面），受两组结构面切割，斜坡岩体破碎，松动。降雨随着地表裂缝渗入坡体内部，这时两组结构面在斜坡体内贯通，形成“台阶状”的斜坡中部滑面，此“台阶状”的中部滑面与斜坡后缘拉裂缝一起形成了滑坡的控制性滑面。

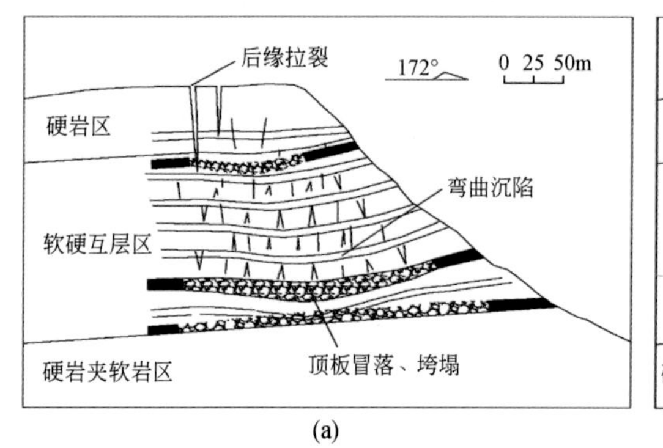

(a)

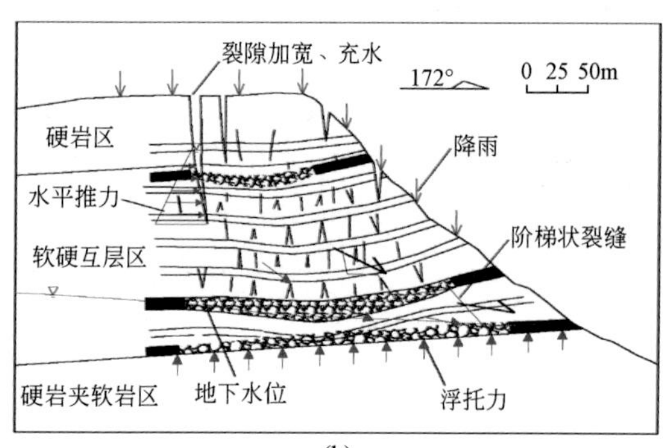

(b)

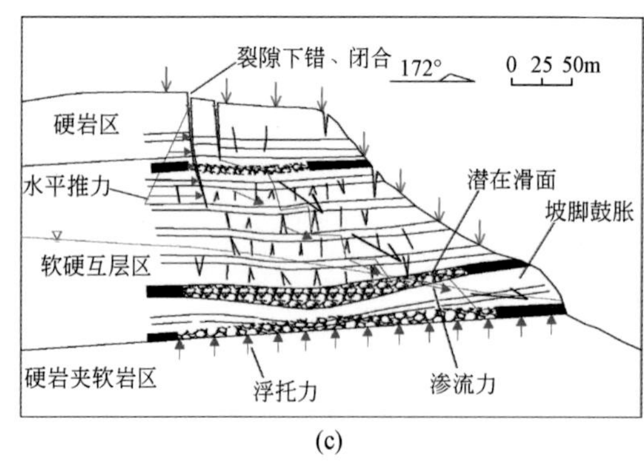

(c)

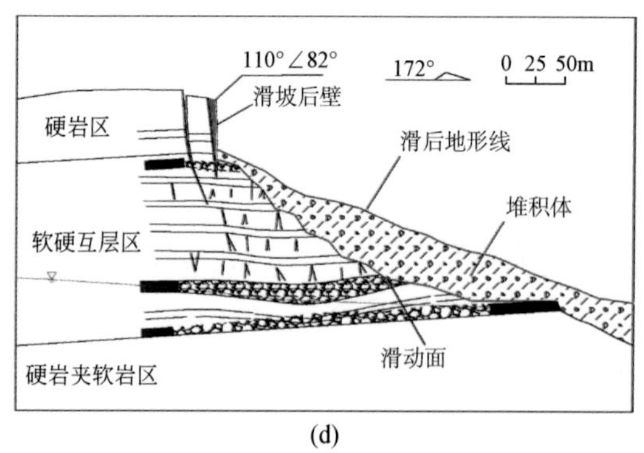

(d)

图5.52 滑坡发展过程

（a）采空塌陷、后缘拉裂阶段；（b）斜坡中部滑面贯通阶段；（c）滑面整体贯通阶段；（d）滑坡整体破坏阶段

3）滑面贯通阶段

随着坡体中部滑面的贯通，斜坡中上部开始出现蠕滑变形，沿斜坡底部冒落区和坡脚残留煤层逐渐形成贯通的滑面，深度约40m，向坡外深度逐渐减小；连续的暴雨导致地表

水沿地表张开的裂缝及坡体内裂隙渗入坡体内部，由于坡体为反倾层状结构，渗入坡体内的降雨在坡脚采空区处积存，对坡体产生一定的浮托作用的同时，也进一步弱化了潜在滑面和底部残留煤层的力学性能，导致滑面在斜坡体内逐渐贯通［图5.52（c）］。

4）滑坡整体破坏阶段

随着采空区的不断破坏和滑坡体蠕滑变形的发展，并在降雨的促进作用下，中部“台阶状”滑面形成的局部锁固段和残留煤层被剪断，形成贯通的滑动面，滑面平均深度40～60m，剪出口在A7煤层处，高程约1400m。滑面贯通后，滑坡整体下滑，随后，滑体后缘陡壁不断崩塌，崩滑体崩解后顺着沟谷向下游流动，形成长1.4km的碎屑流堆积区［图5.52（d）］。

三、马达岭滑坡灾害风险评价

（一）危险性评价

由于马达岭滑坡已经于2006年发生，因此，下面的计算及分析均为滑坡发生之前的反演。

根据前述滑坡风险评价的理论与方法研究，单体滑坡危险性评价过程主要包含两个方面的内容：

滑坡稳定性评价：滑坡稳定性及失稳概率分析，估算滑坡在不同工况下滑动的稳定性及失稳的概率并对滑坡的稳定性进行评价；

滑坡影响范围分析：不同工况下滑坡失稳，推测其可能的运移距离、运移路径等，并估算滑坡可能的破坏范围。

1. 马达岭滑坡稳定性评价

通过前文中对马达岭滑坡形成机制的研究得到以下结论：

马达岭滑坡受坡顶大深拉裂缝及斜坡硬岩层内近垂直发育优势结构面控制，最终破坏模式为推移式，是在平面上的剪切破坏，滑面呈“阶梯状”，可简化为图5.53（a）。

2. 计算公式

大多数岩质滑坡在滑动之前会在坡顶或坡面上出现张裂缝，如图5.53（b）所示。张裂缝中不可避免地充有水，从而产生侧向水压力，使岩质斜坡的稳定性降低。在分析中往往作下列假定：

（1）滑动面及张裂缝走向平行于坡面。

（2）张裂缝垂直，其充水深度为Z_W。

（3）水沿张裂缝底进入滑动面渗漏，张裂缝与坡趾间的水压力按线性变化（三角形分布），如图5.53（c）所示

（4）滑动块体质量（W）、作用在滑体底面上水浮托力（U）和张裂缝中水压力（V）三者的作用线均通过滑体的重心，即假定没有岩块转动的力矩，破坏只是由于滑动。一般而言，力矩造成的误差可以忽略不计。

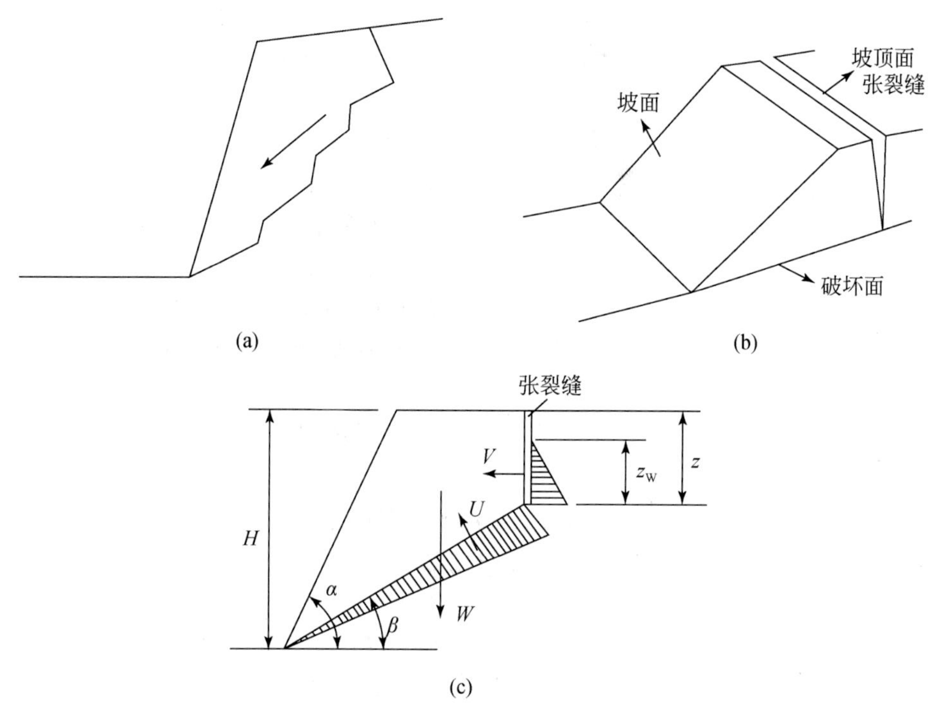

图 5.53　平面滑动岩坡稳定性分析示意图

（a）被横交节理连通的节理祖上的阶梯式滑坡；（b）简化立体图；（c）受力分析剖面图

潜在滑动面上的安全系数可按极限平衡条件求得，这时安全系数等于总抗滑力与总滑动力之比。

天然状态下稳定性计算：

$$F_S = \frac{W\cos\beta\tan\varphi + cL}{W\sin\beta} \tag{5.8}$$

当张裂缝位于坡顶面时，W 按下列公式计算：

$$W = \frac{1}{2}\gamma H^2 \ \{[1-(Z/H)^2]\ \cot\beta - \cot\alpha\} \tag{5.9}$$

式中，L 为滑动面长度，m；F_S为边坡的安全系数；c 为滑动面黏聚力；φ 为滑动面的内摩擦角；W 为滑体自重；α 为坡角；β 为滑动面倾角。

考虑水的影响下稳定性计算：

水对滑坡稳定性的影响不仅是多方面的，而且是非常活跃的，大量事实证明，大多数边坡的破坏和滑动都与水的作用有关。处于水下的透水岩体将承受水的浮托力，而不透水的岩体坡面将承受静水压力，充水的张裂隙将承受裂隙水静水压力的作用；地下水的渗流将对滑坡岩体产生动水压力。此外，降雨也会对入渗范围内岩土造成影响，增加岩体自重。因此，在稳定性计算中，对于处于地下水位以下的岩体，计算下滑力时，采用饱和容重，计算抗滑力时，采用浮容重；对降雨入渗范围内的岩土，下滑力和抗滑力均采用饱和容重。降雨入渗深度计算公式如下：

$$F_S=\frac{cL+\left(W\cos\beta-U-V\sin\beta\right)\tan\varphi}{W\sin\beta+V\cos\beta} \tag{5.10}$$

式（5.10）中 L、U、V 的计算公式为

$$L=\frac{H-Z}{\sin\beta} \tag{5.11}$$

$$H=\frac{1}{2}\gamma_w Z_w L \tag{5.12}$$

$$V=\frac{1}{2}\gamma_w Z_w^2 \tag{5.13}$$

式中，U 为作用在滑体底面上水浮托力；V 为张裂缝中的水压力；其他符号意义同式(5.8)。

3. 计算参数

对于岩质不稳定斜坡体，滑体内岩体结构面复杂，滑动带的力学参数受其埋深、取样的环境条件等限制，其力学参数一般不易准确获得，给计算模型参数的选取带来很大困难，然而，计算参数的选取又直接的关系到斜坡稳定性计算结果的准确与否，所以选取合理的滑带力学参数显得尤为重要。结合煤洞坡变形体的实际情况，计算中实际选用参数应根据以下几种方法共同确定。

1）试验法

斜坡结构为典型的上硬下软，坡体内各个层位不同岩体较均一，现场采集坡体内的砂岩和煤岩做室内岩石力学试验，实验结果已作整理与分析，此方法得到的结果可以为坡脚煤层剪出口处的抗剪强度做一定的参考。

2）工程类比法

工程类比的方法是优先选择本地区地质条件与所研究区域相近，且工程已竣工及效果良好的防治工程。因此该方法多是根据当地类似工程的一些经验数据及某些工程技术人员的经验来确定。在此，参考文献中与该工程类似的工程，并根据斜坡自身的结构特征进行一定折减，定出一个取值范围，下一步便可以通过反演计算较为准确的斜坡强度参数值。

3）反演计算法

滑动带岩体的强度参数的反演计算方法目前应用较广，它是通过已知稳定性系数及滑面等条件情况下反算滑面的岩体抗剪强度参数。在反算已知稳定性系数的坡体选择中，多考虑研究区域内已经发生整体滑动破坏且滑面已确定的斜坡体。目前研究区域内符合条件的滑坡即前文研究的马达岭滑坡体。

在室内试验和工程类比取值的基础上，通过马达岭滑坡的反演计算得到研究区域内的不稳定斜坡滑面的强度参数，进而计算得到符合要求的各个剖面变形体的斜坡稳定性系数。马达岭滑坡发生时地质、气象条件表明，降雨诱发斜坡的滑动破坏，而天然状态下斜坡处于稳定或基本稳定状态，根据这一思路，通过不断的反演验算，得到马达岭滑坡各个层位滑带及岩体的力学参数，见表5.9。

表 5.9 斜坡稳定性计算参数表

参数 / 岩性	容重（γ）/(kN/m³)	饱和容重（γ_s）/(kN/m³)	弹性模（E）/KPa	泊松比（μ）	黏聚力（C）/kPa	摩擦角（φ）/(°)	渗透系数（K）/(m/s)
碳质页岩	22	22.5	5×10^4	0.32	430	30	2×10^{-3}
砂岩	26	26.5	9×10^4	0.2	850	35	2×10^{-3}
碎石	24	25	3×10^4	0.25	330	30	2×10^{-5}
石灰岩	25	26	1.5×10^7	0.2	20000	37	5×10^{-6}

4）计算工况

研究区内地震基本烈度小于Ⅴ度，稳定性好，因此选择工况时不考虑地震的影响，而暴雨是诱发滑坡的最主要因素，其影响主要体现在以下 4 个方面：①降雨通过裂隙带或坡体后缘裂缝入渗到斜坡后，使地下水位反馈升高，产生巨大的静水和动水压力，相应增加了岩体的下滑力。②雨水渗入岩土体后，产生浮托力，大幅度降低了岩土体的抗滑动摩擦阻力。③雨水渗入岩土体后使岩土体饱和、软化，增加了滑体的重量，产生附加应力，抗剪强度降低；同时雨水顺着地表裂缝深入到采空区后，软化了采空区里的煤柱，很大程度上降低了煤柱的抗剪强度，使采空区变形失稳，进而加剧了上部边坡的变形。④研究区由于开采后缺乏管理，老空水的赋存也成为马达岭滑坡发生的因素之一。老空水通常以静储量为主，聚集在采空区下部，其采空区的范围及形状决定其赋存形态。一旦突水，来势凶猛，瞬间涌水量大，具有很强的破坏性。

综合上述分析并根据马达岭滑坡的实际情况，本书考虑以下 3 种工况：

工况一：天然状态，这里的天然状态应为煤层开采后，斜坡冒落变形后的状态，该工况考虑的荷载主要为斜坡岩体自重；

工况二：天然+5 年一遇降雨（强度重现期按 5 年考虑），该工况除考虑岩体自重荷载外，还考虑因降雨引起的岩体强度降低，暴雨工况中考虑不稳定斜坡体底部 1/3 饱水，马达岭滑坡即是在该工况下发生；

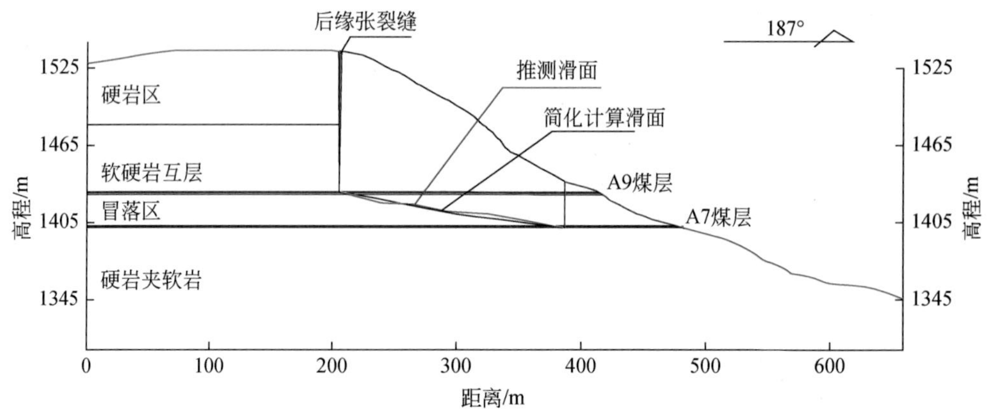

图 5.54 马达岭滑坡稳定性计算简图

工况三：天然+20年一遇降雨（强度重现期按20年考虑），考虑20年一遇降雨条件下，该工况除考虑岩体自重荷载外，还考虑因降雨引起的岩体强度降低，暴雨工况中考虑不稳定斜坡体底部2/3饱水。

5）计算结果

运用上述方法、工况及参数对马达岭滑坡的稳定性进行反演计算，并对其稳定性进行回顾评价，计算简图及结果见图5.54，表5.10。

表5.10　马达岭滑坡灾害稳定性计算结果表

计算剖面	计算工况	稳定性系数	稳定性评价
1-1′剖面	工况一：天然状态	1.211	稳定
	工况二：5年一遇降雨	0.995	不稳定
	工况三：20年一遇降雨	0.987	不稳定

注：稳定性状态依《滑坡防治工程勘查规范》（DZ/T 0218—2006）表4.1划分。

4. 滑坡失稳概率计算

根据滑坡特点及其稳定性影响因素综合考虑，采用蒙特卡洛模拟法。

蒙特卡洛模拟法的计算步骤为：①建立稳定性状态函数；②选取随机变量；③计算失稳概率。

1）随机变量的选取

根据对稳定性的影响程度选取随机变量。影响滑坡稳定的因素较多，主要分为两类：一类是滑坡本身特征，包括地形地貌、地质构造、岩体特征、地下水等因素；另一类是外在影响因素，包括降雨以及人为误差（岩体取样、测试和计算误差）。在确定滑坡稳定性状态方程时，已经考虑到滑坡本身特征及降雨的影响，并在状态方程中有所体现，因此，这里只考虑人为误差对稳定性程度的影响。

人为误差重点体现在对岩体参数的取值上：在影响滑坡稳定的各岩土参数中，对可靠度分析成果影响最大的主要是岩体的抗剪强度指标黏聚力c和内摩擦角φ，而岩体的重度γ因其变异系数较小，将重度γ作为常量来处理不会带来过大的误差。因此，选取c、φ作为随机变量。

2）随机变量的处理

随机变量c、φ通常服从正态分布（非标准正态分布）。非标准正态分布$N(\mu, \sigma^2)$可用标准正态分布$N(0, 1)$的随机变量X'经线性变换得

$$X=\mu+\sigma x' \tag{5.14}$$

用二元函数变换可得出下式：

$$X_2^1=(-2\ln u_1)^{\frac{1}{2}}\sin(2\pi u_2) \tag{5.15}$$

式中，X_1^1和X_2^1是两个相互独立的标准正态分布随机变量；u_1和u_2是两个［0，1］区间均匀随机数，再由式（5.15）得到正态分布$N(\mu, \sigma^2)$的随机数：

$$X_1=\mu+\sigma(-2\ln u_1)^{\frac{1}{2}}\cos(2\pi u_2)$$

$$X_2=\mu+\sigma(-2\ln u_1)^{\frac{1}{2}}\sin(2\pi u_2)$$

$$X_{n-1}=\mu+\sigma\ (-2\ln u_1)^{\frac{1}{2}}\cos\ (2\pi u_n)$$
$$X_n=\mu+\sigma\ (-2\ln u_{n-1})^{\frac{1}{2}}\sin\ (2\pi u_n)$$
$$\mu=\frac{1}{N}\sum_{i=1}^{n}X_i$$
$$\sigma=\left[\frac{1}{N-1}\sum_{i=1}^{N}(X_i-\mu)^2\right]^{\frac{1}{2}} \tag{5.16}$$

u_n是参与计算的随机数，可通过“数论”中提出的“同余”的概念来产生均匀分布的随机数。同余法又分：加同余法、乘同余法和混合同余法，由于由数学公式产生的随机数为伪随机数，在应用中必须对其进行独立性和均匀性等检验，而目前在计算机语言中产生均匀随机数的方法都是经过检验的，应用时可以直接调用产生随机数的函数即可。

由于滑坡在工况一天然状态下处于稳定状态，滑坡滑动的可能性极小，可忽略不计，因此滑坡失稳概率的计算仅针滑坡在工况二、工况三条件下基本稳定～不稳定状态下的情况。现以工况二，5 年一遇降雨条件为例，说明 c、φ 值随机选取过程：

1）黏聚力（c）

（1）首先通过 Rnd（ ）函数产生随机数：

$$u_1=0.367825,\ u_2=0.143300,\ u_3=0.363575,\ u_4=0.785400$$

（2）将已知数据代入式（5.27）中计算：

$$c_1=21+1.15\times(-2\ln 0.367825)^{\frac{1}{2}}\cos\ (2\pi\times 0.143300)=21.27$$
$$c_2=21+1.15\times(-2\ln 0.367825)^{\frac{1}{2}}\sin\ (2\pi\times 0.143300)=22.27$$
$$c_3=21+1.15\times(-2\ln 0.363575)^{\frac{1}{2}}\cos\ (2\pi\times 0.785400)=21.36$$
$$c_4=21+1.15\times(-2\ln 0.363575)^{\frac{1}{2}}\sin\ (2\pi\times 0.785400)=19.41$$

2）内摩擦角（φ）

首先通过 Rnd 函数产生随机数：由于在计算稳定性时，岩体参数 c、φ 的赋值是在同一时刻，因此随机数与计算 c 时的相同。

$$u_1=0.367825,\ u_2=0.143300,\ u_3=0.363575,\ u_4=0.785400$$

将已知数据代入式（5.29）中计算：

$$\varphi_1=32+0.89\times(-2\ln 0.367825)^{\frac{1}{2}}\cos\ (2\pi\times 0.143300)=32.78$$
$$\varphi_2=32+0.89\times(-2\ln 0.367825)^{\frac{1}{2}}\sin\ (2\pi\times 0.143300)=32.98$$
$$\varphi_3=32+0.89\times(-2\ln 0.363575)^{\frac{1}{2}}\cos\ (2\pi\times 0.785400)=31.27$$
$$\varphi_4=32+0.89\times(-2\ln 0.367825)^{\frac{1}{2}}\sin\ (2\pi\times 0.143300)=30.76$$

通过式（5.14）可以分别得到多个 c、φ 随机值，随机抽取样本点 c_j，φ_j 组成一组样本值（c_j，φ_j）。

3）失稳概率计算

将样本（c_j，φ_j）代入式（5.26）可算出对应的稳定性系数 Fs，如此重复 N 次，便可得 N 个相对独立的稳定性系数样本值 F_1，F_2，…，F_N。若定义 $\{F_S\leq 1\}$ 为滑坡破坏事件，且在 N 次抽样中出现该事件 M 次，则滑坡失稳概率为

$$P_F = P\{F_S \leqslant 1\} = \frac{M}{N} \tag{5.17}$$

N 越大，计算结果越加准确。对于本次计算，当 $N=10000$ 时，结果趋于稳定。工况三按上述相同的方法进行计算。两种工况下计算结果见表 5.11。

表 5.11　滑坡失稳概率蒙特卡洛法计算结果

工况编号＼项目	失稳次数/次	计算次数/次	失稳概率 P_F
二	2303	10000	23.03
三	3696	10000	36.96

综合考虑我国现行建筑结构目标可靠度指标的规范值，并调查三峡库区斜坡实际破坏的破坏概率，徐卫亚等按破坏概率对斜坡危险性进行分级（表 5.12），分级结果见表 5.13。

表 5.12　斜坡危险性等级分类一览表

稳定性描述	必然破坏	高危险	中等危险	低危险	稳定
破坏概率	>90	60 ~ 90	30 ~ 60	5 ~ 30	<5

表 5.13　马达岭滑坡破坏概率及危险性评价表

计算工况	蒙特卡洛法 P_f ()	危险性评价
工况二：天然+5 年一遇降雨	36.96	中等危险
工况三：天然+20 年一遇降雨	44.71	中等危险

由此可得，马达岭滑坡在 5 年一遇降雨的工况下的破坏概率为 36.96，在 20 年一遇降雨的工况下的破坏概率为 44.71，两种工况下滑坡的危险性均为中等危险。

(二) 危害范围分析

1. 滑坡影响范围反演分析

计算模型：

关于滑坡滑移距离的预测，许多学者和工程技术人员通过实测资料的统计分析，建立了多种预测模型。针对马达岭滑坡的特点，选取以下 3 个模型进行滑移距离预测，模型介绍如下。

模型 1：基于前后缘高程的经验公式模型：

该模型是陈希儒（1984）以多元回归分析理论为基础，根据计算竖曲线上的高程值原理推出来的，基于前后缘高程的经验公式推测滑距的方法，适用于圆弧形、类圆弧形土质及岩质滑坡。公式如下：

$$S = 2(H_1 - H_2) \tag{5.18}$$

式中，S 为滑距，m；H_1 为滑坡后缘高程，m；H_2 为滑坡前缘高程，m。

模型 2：基于滑坡体积的模型

该模型是戴小川（1992）以矿床勘探中应用最广的一种储量计算理论为基础，根据平行断面法体积计算原理推出来的，适用于平面型岩质滑坡。

$$\log (H/L) = -0.094\log V+0.1 \tag{5.19}$$

式中，H 为滑体垂直滑落高度（滑坡前后缘高差），m；L 为水平滑移距离，m；V 为滑动体的体积，m^3。

模型 3：基于滑坡物理力学参数的模型

该模型是段永侯（1993）根据动力固结法计算原理推出来的，适用于平面型和折线型岩质滑坡。

$$L=n\times\Delta H/(0.5\tan\varphi) \tag{5.20}$$

式中，L 为滑坡体最大水平滑移距离，m；ΔH 为滑坡前、后缘高差，m；n 为滑坡滑出条件系数；φ 为内摩擦角，(°)。

2. 计算模型及参数适宜性分析

1）计算模型

前文对马达岭滑坡灾害现状的研究不难得到各个模型计算所需数据：马达岭滑坡后缘高 1550m，前缘高 1400m，前后缘高差 ΔH=150m，滑坡实际运动距离 L=1.4km。代入模型 1 可得，L=300m，与滑坡实际运动距离 1400m 相差较大，说明该基于前后缘高程的经验公式方法不适用于马达岭滑坡滑程计算；代入模型 2 可得，滑坡体积 $V=10\times10^{10}m^3$ 远远大于滑坡实际体积 $110\times10^4m^3$，同样不适用于马达岭滑坡滑程计算；代入模型 3，反演得到滑坡滑出条件系数 n=1.61。

2）参数适宜性分析

前文研究中已经得到马达岭滑坡为一高速远程滑坡，为了验证由马达岭滑坡反演得出的滑坡滑出条件系数，特选取了 10 余个西南山区 $\Delta H/L$ 小于 0.33 的典型高速远程滑坡，对能够取得参数的 5 个滑坡进行反演计算，所得到参数反算结果见表 5.14。

由表可得西南山区典型高速远程滑坡滑出条件系数 n 值为 1.17，最大为 1.95，平均为 1.54，马达岭滑坡反演结果 n=1.61 在此范围之内，故此值可用于马达岭滑坡及研究区内滑坡灾害滑程的估算使用。

结合马达岭滑坡路径分析的平剖面图（图 5.49、图 5.50），可知滑坡滑出到最终停积经过了数次转折，表 5.14 中的各个滑坡的运动过程中也都是经历多次转折，在分析研究滑坡的速度和方量时滑坡水平距离均取得最大运动距离，从中可以看出，该模型是把滑坡从滑出到最终停积整个过程等效的看作一个连续过程，考虑了能量耗散、铲刮解体等全过程得到的一个等效系数。

表 5.14　西南山区典型高速远程滑坡滑出条件系数 n 值反演结果统计表

滑坡名称	发生年份	前后缘高差（ΔH）	滑程（L）	ΔH/L	内摩擦角/(°)	n
云南头寨滑坡	1991	480m	3650m	0.132	18	1.24
四川金鼓滑坡	2008	200m	1000m	0.2	25	1.17

续表

滑坡名称	发生年份	前后缘高差（ΔH）	滑程（L）	$\Delta H/L$	内摩擦角/(°)	n
典型四川东河口滑坡	2008	200m	2400m	0.083	18	1.95
重庆鸡尾山滑坡	2009	300m	2000m	0.15	28	1.77
贵州关岭滑坡	2010	200m	1500m	0.133	22	1.52

注：表中引用数值均按原论文中最不利的情况进行取值。

（三）马达岭滑坡灾害易损性评价

据走访调查，马达岭滑坡共损毁田地 20 余亩，无其他威胁对象。财产总价值 7 万元，损失率为 1。因此，马达岭滑坡财产易损性定量表达为 7 万元。

（四）马达岭滑坡灾害风险评价

1. 风险计算

对于单种地质灾害的唯一承灾体，财产损失与生命损失，风险计算的基本公式如下：

$$R=P_f\times M\times V_P \tag{5.21}$$

式中：R 为滑坡灾害风险（财产损失或潜在的死亡人数）；P_f为地质灾害的发生概率；M 为承灾体价值损失量；V_P为承灾体价值（人员伤亡）损失率。

当承灾体承受不止一个地质灾害影响或承灾体不唯一时，需要计算地质灾害的总风险，此时可采用下面的计算公式：

$$RT=\sum_{i=1}^{n}(P_f\times M\times V_P) \tag{5.22}$$

式中：RT 为总风险；i 为不同地质灾害或不同承灾体的类型；n 为地质灾害或承灾体的数量。

通过前文的研究计算结果可知，马达岭滑坡的发生概率为 23.03%，财产易损性总价值为 7 万元，承灾体损失率为 1，代入式（5.21）计算可得财产风险为 1.612 万元。

2. 风险可接受水平的确定

在做滑坡灾害风险评价时会遇到以下问题：何种条件下的风险是可以接受，何种条件下的风险是不能接受，必须采取措施控制，这就需要有一标准能够帮助决策者对风险的接受与否做出科学的判断，即可接受风险水平的问题。

滑坡灾害可接受风险水平研究是近几年来国际上一个令人关注的新的学术课题。我国对该问题的研究起步较晚，还缺乏较深入的认识。滑坡灾害可接受风险一般以人员伤亡和经济损失来表征。

对人员伤亡来说，目前主要采用 F（滑坡概率）$-N$（人员伤亡）准则法，Fell 和 Hartford 在分析各种行业分析的基础上提出了滑坡风险的死亡人数风险接受水平：对于现有边坡，处于高危地区的人群可接受的风险是 10^{-4}a，一般人群可接受的风险是 10^{-6}a；对于新建边坡，处于高危地区的人群可接受的风险是 10^{-5}a，一般人群可接受的风险是 10^{-6}a。

此外,香港政府建议把有害化学物质储存的风险接受准则作为香港地区滑坡的风险接受水平（图 5.55），该风险接受准则是以 $F-N$ 曲线形式表示的，在图中有 3 个区：分别是不可接受的风险区（$>10^{-3}$ a）、中等风险（ALARP）区（$10^{-3} \sim 10^{-5}$ a）及可接受风险区（$<10^{-5}$ a）。如果滑坡风险部分或全部位于不可接受的风险区，那么就要采取相应的措施来降低滑坡风险，使之位于中等风险（ALARP）区或可接受的风险区。此图所示的风险接受准则已经被香港政府所采用。

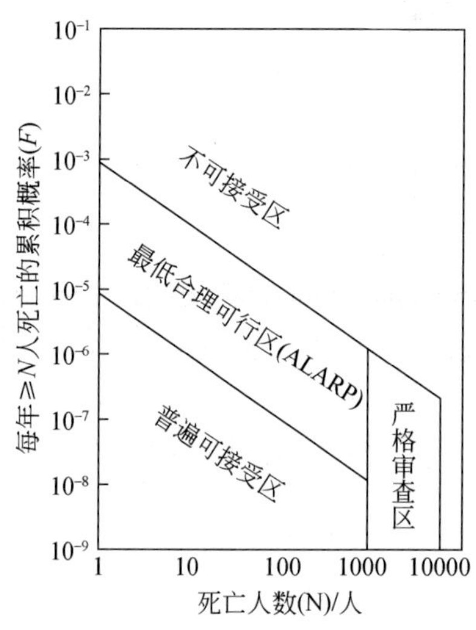

图 5.55　临时性社会风险容许标准（据香港土木工程办公室，1998）

本书研究区为马达岭煤矿区，因此在计算死亡人数风险接受水平时，人口基数应为马达岭煤矿区内的总人口，即为干坝、唐家寨、小坝和青山煤矿的职工、家属等常住人口，共计 300 人，区内流动人口在本书的研究中不作考虑。

对于经济损失，目前没有一个较为准确、普遍认可的标准，通常采用损益比（costbenefit ratio）、不同年概率条件下的经济损失值等方法来表示。本书得到的易损性结果相对于人员伤亡的风险而且较小，因此这里主要对人伤亡的可接受风险水平进行分析，经济损失值这里只是作为辅助参考，不作具体的分析评价。

3. 风险评价

综合考虑风险计算得到的结果用风险可接受水平进行分析评价，从而得出评价对象的总体风险情况，并绘制风险评价分区图，在图中能够清晰直观地看出评价区风险情况分区、风险等级大小等风险总体情况，为防灾减灾工作提供形象具体的指导。

通过前文的研究计算结果可知马达岭滑坡财产风险为 1.612 万元，处于风险可接受区（图 5.55）。

第三节　小流域地质灾害风险评价示范（羊水河）

针对研究区内大量崩积体作为区内泥石流主要物源这一特点，选取龙洞沟至上洋水河上游尽头一线支沟以及上洋水河主沟作为研究对象，以 1995 年已发生的泥石流灾害作为参考，同上一节中单体危岩风险评价类似，主要从其危险性和易损性两个方面对单沟崩塌次生泥石流进行风险评价，考虑不同暴雨情况下可能次生的泥石流灾害，计算出次生泥石流发生后危害范围内的风险。

针对右岸一线崩塌所在支沟可能次生的泥石流，对 14 条支沟分别进行了风险评价。现选取龙洞沟、姚孔沟、上河沟 3 条支沟泥石流风险评价进行详细介绍。

一、龙洞沟

（一）龙洞沟概况

龙洞沟位于上洋水河右岸中部，是右岸一线分布崩塌最北侧支沟，主沟平均宽度 85m，支沟平均宽 30m，沟内由北至南主要分布龙洞沟 1#～4#危岩体，如图 5.56 所示。两条支沟与主沟交汇至沟口一线为主要居民聚集地，在两侧支沟内各有一座拦渣坝，北侧支沟拦渣坝新建成不久，且下部有以新修水渠通过，南侧支沟内拦渣坝经历时间较久，且坝内库容余量不多，坝内已堆积至距坝顶约 1m 处。

图 5.56　龙洞沟航拍影像

（二）危害范围划分

根据调查取得的资料，选取相关计算参数，计算该次生泥石流在不同发生概率情况下的一次冲出量，并以此计算该泥石流的最大堆积长度和宽度。并依据流速、平均水深等参数计算流通区平均宽度。所选参数及计算结果如表 5.15、表 5.16 所示。

表 5.15　龙洞沟泥石流计算参数

支沟＼参数	流域面积/km²	沟长/km	比降	泥石流糙率系数	泥石流堵塞系数	洪峰流量/(m³/s)		
						$P=2$	$P=5$	$P=20$
龙洞沟	1.32	2.22	16.4	7.5	2.0	25	20	14

表 5.16　龙洞沟泥石流计算结果

发生概率＼各项数值	Q_H/m³	Q_C/(m/s)	V_C/(m/s)	L/m	B/m	流通区平均宽度/m
$P=0.02$	6294	75.5	2.84	107.7	66.5	24
$P=0.05$	3771	55.2	2.63	83.1	45.4	
$P=0.2$	1482	33.9	2.34	—	—	

北侧支沟新修拦渣坝库容 3.1 万 m³，高度 4m。按计算得出的一次最大冲出量全部由该支沟进入，泥石流会在此坝堆积且能完全容纳，不会冲入主沟。通过计算泥石流爬高为 1.71m，也不会发生翻坝现象。由于南侧支沟拦渣坝时间已久，经调查发现该坝已堆积至距坝顶 1m 处，南侧拦渣坝宽 30m，可堆积长 60m，可堆积方量 1800m³。若发生泥石流，

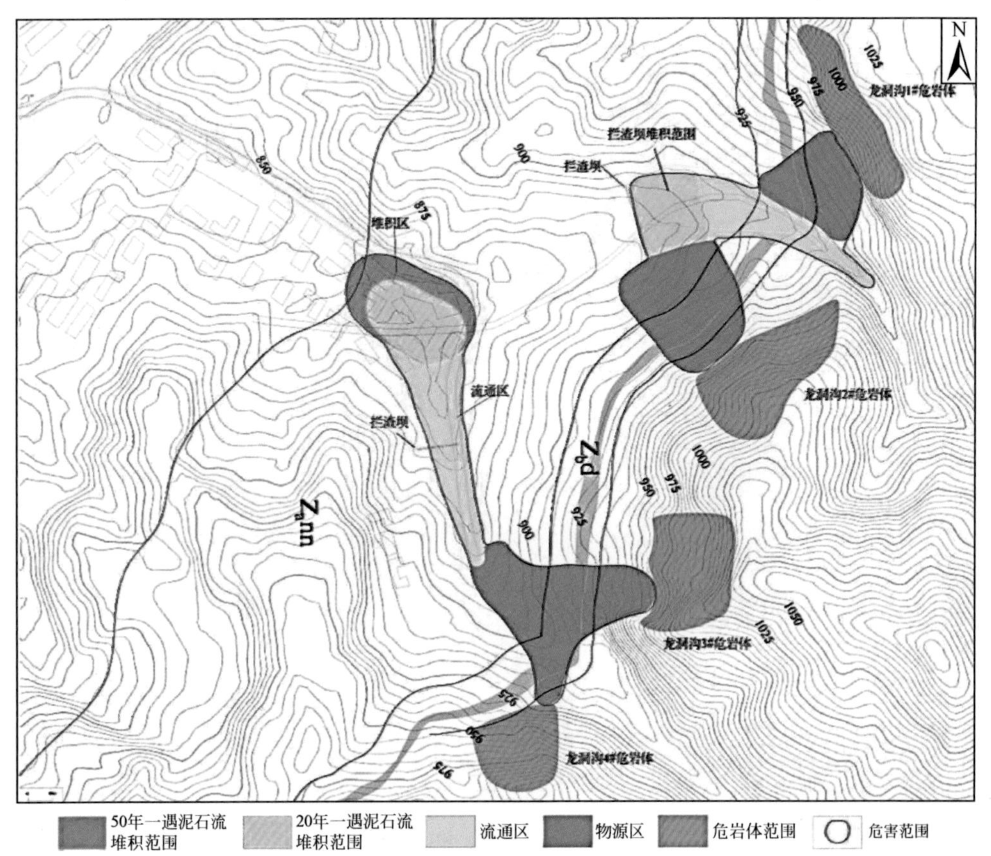

图 5.57　龙洞沟泥石流危害范围图

泥石流在此处堆积，填满后会翻坝继续前进，但冲入主沟方量会减少。因此在本书计算中遇到有类似沟内有拦渣坝阻挡的情况，在计算最大堆积长度和宽度的时候，所用一次最大冲出量将除去可在拦渣坝内堆积的方量。而由表 5.16 的计算结果也可以看出，5 年一遇暴雨次生的泥石流其一次冲出量在拦渣坝内可完全堆积，不会冲入主沟内。则可能次生泥石流灾害的危害范围如图 5.57 所示。

（三）危险度计算

对龙洞沟泥石流在不同工况下的危险度进行计算，如表 5.17 所示，从结果可以看出龙洞沟泥石流危险程度不高。

（四）承灾体分析及风险计算

由危害范围图可以看出，该泥石流危害范围内承灾体主要是居民、房屋及简易道路，通过调查及航片图像对比，危害范围内共有居民 26 户 112 人，房屋 23 间，均为砖混结构，简易道路长 125m。流通区与拦渣坝堆积范围内承灾体主要对象是旱地和耕地以及部分乡道。在本书计算中，针对流通区和拦渣坝内的堆积范围均采用最大范围及最高危险度进行风险损失估算。则各区及整个危害范围内风险如表 5.17、表 5.18 所示。

表 5.17　龙洞沟泥石流危险度

沟名	发生概率	$M/10^3$	F	S_1/km^2	S_2/km	S_3/km	S_6/km^{-1}	$S_9/\%$	$H_{单}$
龙洞沟	$P=2$	6.294	2	1.32	2.22	0.364	0.81	35	0.24
	转换值	0.27	0.15	0.27	0.45	0.24	0.04	0.58	
	$P=5$	3.771	5	1.32	2.22	0.364	0.81	35	0.27
	转换值	0.19	0.35	0.27	0.45	0.24	0.04	0.58	
	$P=20$	1.482	20	1.32	2.22	0.364	0.81	35	0.32
	转换值	0.06	0.65	0.27	0.45	0.24	0.04	0.58	

表 5.18　龙洞沟泥石流风险

区域	堆积区	流通区	物源区	危害范围
风险/万元	42.32	9.81	7.19	59.32

二、姚孔沟

（一）姚孔沟概况

姚孔沟位于上洋水河右岸上游，主沟平均宽度 65m，支沟平均宽 25m，该沟向南一线主要分布姚孔沟 1#危岩体—陈家沟 3#危岩体（图 5.58），南侧的陈家沟与该沟在沟口附近交汇，该一线危岩体下部崩积体为次生泥石流的主要物源。沟内植被发育，沟口平缓地带为居民主要居住地，屋后一线主要为耕地。在南侧陈家沟内有一新建成不久的拦渣坝，坝高约 10m，坝内渣量较少，库余充足。

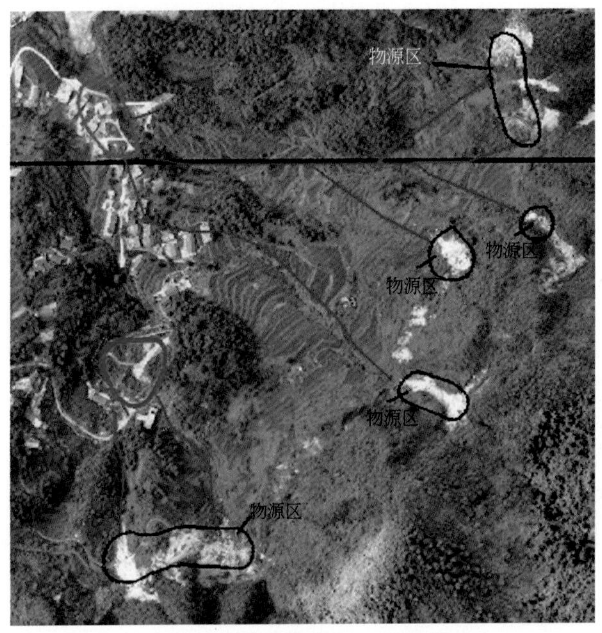

图 5.58　姚孔沟至陈家沟一线航拍影像

（二）危害范围划分

根据调查取得的资料，选取相关计算参数，计算该次生泥石流在不同发生概率情况下的一次冲出量，并以此计算该泥石流的最大堆积长度和宽度。并依据流速、平均水深等参数计算流通区平均宽度。所选参数及计算结果如表 5.19、表 5.20 所示。

表 5.19　姚孔沟泥石流计算参数

参数 / 支沟	流域面积 /km^2	沟长/km	比降	泥石流糙率系数	泥石流堵塞系数	洪峰流量/(m^3/s)		
						P=2	P=5	P=20
姚孔沟	1.01	1.26	56.7	10	1.5	9	7	5

表 5.20　姚孔沟泥石流计算结果

各项数值 / 发生概率	Q_H/m^3	Q_C/(m/s)	V_C/(m/s)	L/m	B/m	流通区平均宽度/m
P=0.02	1698	20.38	3.95	78.6	41.5	8
P=0.05	990	14.49	3.32	62.5	27.7	
P=0.2	396	9.07	2.60	35.2	4.3	

（三）危险度计算

对龙洞沟泥石流在不同工况下的危险度进行计算，如表 5.21 所示，从结果可以看出龙洞沟泥石流危险程度不高。

表 5.21　姚孔沟泥石流危险度

沟名	发生概率	$M/10^3$	$M/\%$	S_1/km^2	S_2/km	S_3/km	S_6/km^{-1}	$S_9/\%$	$H_{单}$
龙洞沟	$P=2$	1.698	2	1.01	1.26	0.7	0.41	35	0.18
	转换值	0.08	0.15	0.25	0.33	0.47	0.02	0.58	
	$P=5$	0.99	5	1.01	1.26	0.7	0.41	35	0.21
	转换值	0.00	0.35	0.25	0.33	0.47	0.02	0.58	
	$P=20$	0.369	20	1.01	1.26	0.7	0.41	35	0.30
	转换值	0.00	0.65	0.25	0.33	0.47	0.02	0.58	

（四）承灾体分析及风险损失计算

由危害范围图（图 5.59）可以看出，该泥石流危害范围内承灾体主要是居民、房屋

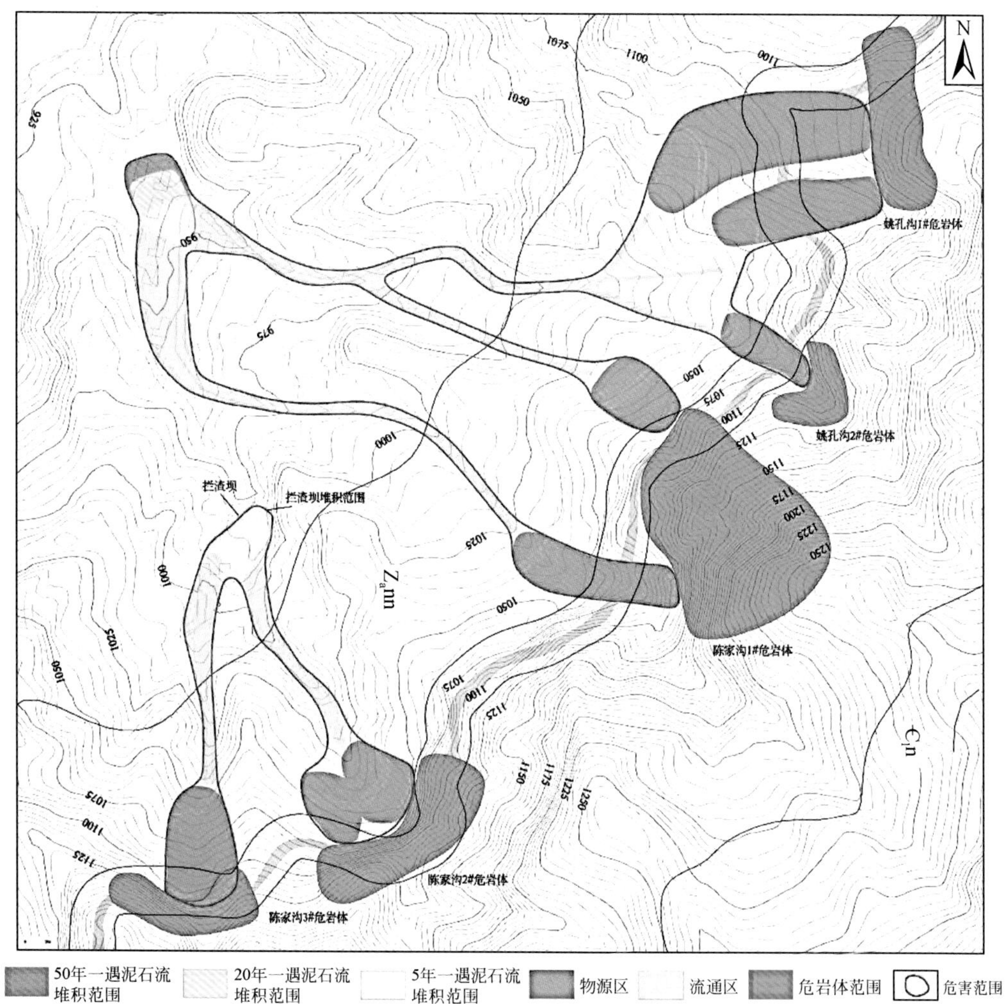

图 5.59　姚孔沟泥石流危害范围图

及简易道路，通过调查及航片图像对比，危害范围内共有居民 10 户 48 人，房屋 8 间，均为砖混结构，简易道路长 100m。在陈家沟内泥石流主要堆积至新建拦渣坝内，且该坝库容能完全容纳泥石流最大冲出量，该沟内流通区影响范围内主要有居民 2 户 8 人、房屋 2 间以及一座厂房。姚孔沟北侧流通区影响范围内主要是耕地及旱地。而南侧流通区上游影响范围内为耕地，下段通过居民区，其影响范围内有居民 12 户 52 人，房屋 9 间，5 间为砖混结构，其余为砖木结构。则各区及整个危害范围内风险如表 5. 22 所示：

表 5. 22　姚孔沟泥石流风险

区域	堆积区	流通区	物源区	危害范围
风险/万元	20. 68	38. 12	8. 69	67. 64

三、平安磷矿支沟

（一）平安磷矿支沟概况

上河沟位于上洋水河上游尽头，该沟口向下游依次为平安磷矿及上河磷矿。且该沟口处为平安磷矿 1#、2#危岩体所在（图 5. 60），这两处危岩体已崩塌部分产生的崩积体已堆积在沟口向下游一线。该沟口下游平缓地带主要为平安磷矿工作区。

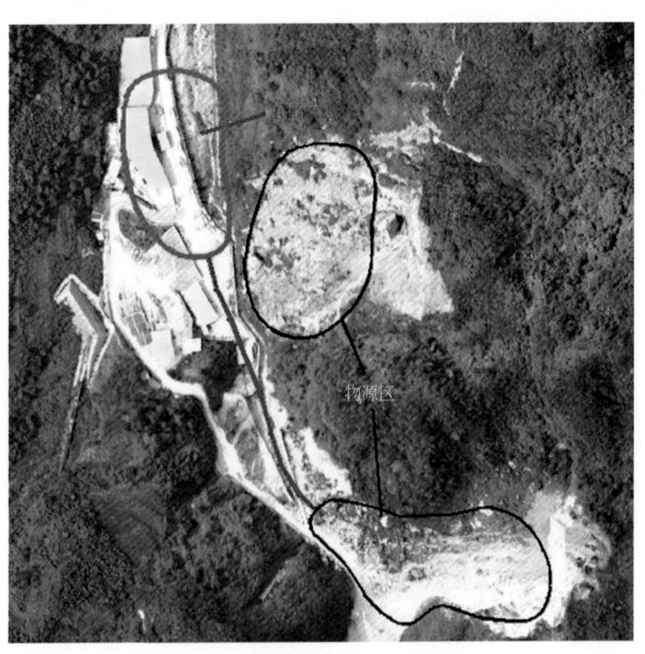

图 5. 60　平安磷矿支沟航拍影像

（二）危害范围划分

根据调查取得的资料，选取相关计算参数，计算该次生泥石流在不同发生概率情况下的一次冲出量，并以此计算该泥石流的最大堆积长度和宽度。并依据流速、平均水深等参数计算流通区平均宽度。所选参数及计算结果如表5.23、表5.24所示。

表5.23　平安磷矿支沟泥石流计算参数

参数 / 支沟	流域面积/km^2	沟长/km	比降	泥石流糙率系数	泥石流堵塞系数	洪峰流量/(m^3/s)		
						$P=2$	$P=5$	$P=20$
平安磷矿支沟	1.22	1.45	17.2	5.5	2.5	23	17	13

表5.24　平安磷矿支沟泥石流计算结果

各项数值 / 发生概率	Q_H/m^3	Q_C/(m/s)	V_C/(m/s)	L/m	B/m	流通区平均宽度/m
$P=0.02$	7235	86.8	2.81	121.9	78.7	12
$P=0.05$	4007	58.65	2.52	104.3	63.5	
$P=0.2$	1719	39.32	2.32	79.0	41.8	

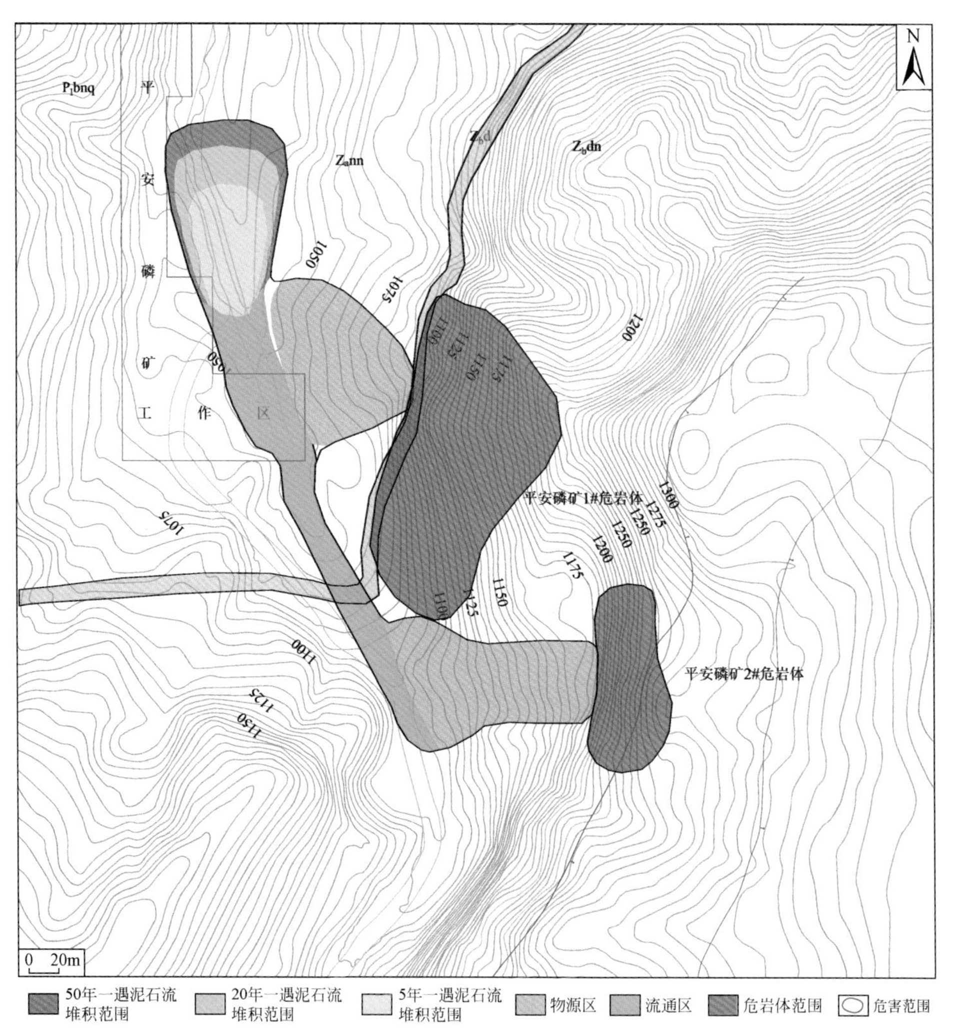

图5.61　平安磷矿支沟泥石流危害范围

（三）危险度计算

对龙洞沟泥石流在不同工况下的危险度进行计算，结果如表 5.25 所示。

表 5.25　平安磷矿支沟泥石流危险度

沟名	发生概率	$M/10^3$	$M/\%$	S_1/km^2	S_2/km	S_3/km	S_6/km^{-1}	$S_9/\%$	$H_{单}$
龙洞沟	$P=2$	7.235	2	1.22	1.45	0.249	0.7	35	0.23
	转换值	0.29	0.15	0.26	0.35	0.17	0.04	0.58	
	$P=5$	4.007	5	1.22	1.45	0.249	0.7	35	0.26
	转换值	0.20	0.35	0.26	0.35	0.17	0.04	0.58	
	$P=20$	1.719	20	1.22	1.45	0.249	0.7	35	0.31
	转换值	0.08	0.65	0.26	0.35	0.17	0.04	0.58	

（四）承灾体分析及风险损失计算

该泥石流危害范围及其流通区影响范围（图 5.61）主要在平安磷矿工作区一线，堆积区主要威胁对象是两间矿区工作厂及一座两层砖混结构建筑、矿区道路 140m 以及日常在矿区工作的工人及来回过往的拉渣车。而流通区影响范围内承灾对象与平安磷矿 1#危岩体威胁对象基本一致，为两间厂房及一般砖混结构房屋、道路、工人及拉渣车。则各区及整个危害范围内风险如表 5.26 所示。

表 5.26　平安磷矿支沟泥石流风险

区域	堆积区	流通区	物源区	危害范围
风险/万元	94.95	92.15	4.86	191.96

四、其他沟次生泥石流风险评价

对于右岸一线危岩体分布的各个支沟，将各危岩体已崩塌部分所形成的崩积体作为物源，考虑其在暴雨激发下次生成为泥石流的情况，对每一支沟进行风险评价。各支沟选取计算参数如表 5.27 所示。

表 5.27　右岸各支沟计算参数

支沟	流域面积/km^2	沟长/km	比降	主沟平均宽度/m	泥石流糙率系数	泥石流堵塞系数	洪峰流量/(m^3/s)		
							$P=2$	$P=5$	$P=20$
猴儿沟	0.80	2.19	20.0	45	4.5	4.0	15	12	8
龙洞沟	1.32	2.22	16.4	85	7.5	2.0	25	20	14
平安磷矿支沟	1.22	1.45	17.2	65	5.5	2.5	23	17	13
青菜冲沟	0.93	2.07	19.9	30	5.5	3.0	18	15	10

续表

支沟	流域面积/km²	沟长/km	比降	主沟平均宽度/m	泥石流糙率系数	泥石流堵塞系数	洪峰流量/(m³/s)		
							$P=2$	$P=5$	$P=20$
马路沟	1.50	2.37	14.3	80	7.0	1.8	27	22	15
红岩沟	1.14	2.01	17.0	40	7.5	2.3	22	18	12
赵家沟	0.60	1.84	24.2	45	6.5	3.0	12	10	7
长燕沟	0.58	1.57	33.4	30	8.0	2.0	13	10	8
牛赶冲沟	0.78	2.17	21.0	60	8.8	1.5	14	12	8
黄泥沟	0.42	1.24	41.3	40	5.5	2.5	10	8	6
姚孔沟	1.01	1.26	55.6	65	10.0	1.5	9	7	5
熊家沟	0.36	0.98	54.4	40	10.0	2.0	8	6	4
上河沟1#	0.32	0.91	63.1	40	6.0	2.5	6	4	3
上河沟2#	0.12	0.74	66.8	20	7.0	2.0	5	3	2

根据调查取得的资料，选取相关计算参数，计算该次生泥石流在不同发生概率情况下的一次冲出量，并以此计算该泥石流的最大堆积长度和宽度。并依据流速、平均水深等参数计算流通区平均宽度，计算结果如表5.28所示。

表5.28　右岸各支沟泥石流计算结果

支沟名称	发生概率	Q_H/m^3	$Q_C/(m/s)$	$V_C/(m/s)$	L/m	B/m	流通区平均宽度/m
猴儿沟	$P=0.02$	7552	90.6	3.07	114.1	71.8	6
	$P=0.05$	5518	66.2	2.85	100.4	60.2	
	$P=0.20$	3226	38.7	2.48	68.9	33.2	
龙洞沟	$P=0.02$	6294	75.5	2.84	107.7	66.5	24
	$P=0.05$	3772	55.2	2.63	83.1	45.4	
	$P=0.20$	1482	33.9	2.34	—	—	
平安磷矿支沟	$P=0.02$	7235	86.8	2.81	121.9	78.7	12
	$P=0.05$	4007	58.65	2.52	104.3	63.5	
	$P=0.20$	1719	39.32	2.32	79.0	41.8	
青菜冲沟	$P=0.02$	6794	81.5	3.90	95.8	56.2	12
	$P=0.05$	4243	62.1	3.68	39.8	8.2	
	$P=0.20$	1587	36.3	3.21	—	—	
马路沟	$P=0.02$	6169	73.4	2.64	117.2	74.6	8
	$P=0.05$	3730	54.6	2.47	102.1	61.7	
	$P=0.20$	1430	32.7	2.17	73.5	37.1	

续表

支沟名称	发生概率	Q_H/m^3	$Q_C/(m/s)$	$V_C/(m/s)$	L/m	B/m	流通区平均宽度/m
红岩沟	$P=0.02$	6369	76.4	4.03	93.2	54.1	16
	$P=0.05$	3902	57.1	3.77	27.1	5.2	
	$P=0.20$	1460	33.4	3.29	—	—	
赵家沟	$P=0.02$	4526	54.3	3.02	—	—	18
	$P=0.05$	2828	41.4	2.84	—	—	
	$P=0.20$	1111	25.41	2.53	—	—	
长燕沟	$P=0.02$	3272	39.26	4.62	98.2	58.3	6
	$P=0.05$	1885	27.26	3.89	81.8	44.2	
	$P=0.20$	846	19.36	3.65	57.8	23.7	
牛赶冲沟	$P=0.02$	2643	31.71	2.74	79.4	42.2	10
	$P=0.05$	1697	24.84	2.60	56.1	22.1	
	$P=0.20$	634	14，52	2.27	—	—	
黄泥沟	$P=0.02$	3416	37.75	3.18	99.5	59.4	10
	$P=0.05$	1885	27.6	2.95	81.8	44.2	
	$P=0.20$	793	18.15	2.36	55.9	22.0	
姚孔沟	$P=0.02$	1698	20.38	3.95	78.6	41.5	8
	$P=0.05$	990	14.49	3.32	62.5	27.7	
	$P=0.20$	396	9.07	2.60	35.2	4.3	
熊家沟	$P=0.02$	2014	24.16	4.14	83.7	45.9	6
	$P=0.05$	1137	16.65	3.74	66.7	31.2	
	$P=0.20$	661	9.68	3.25	50.5	17.3	
上河沟 1#	$P=0.02$	1857	22.65	4.10	81.3	43.8	13
	$P=0.05$	943	13.8	3.53	61.1	26.4	
	$P=0.20$	396	9.07	3.23	35.2	4.5	
上河沟 2#	$P=0.02$	1258	15.1	3.89	69.7	33.8	4
	$P=0.05$	565	8.28	3.21	45.8	13.3	
	$P=0.20$	330	4.84	2.80	29.7	0.95	

根据计算得出的结果，可以划分出泥石流灾害的最大危害范围，并依据危险度和范围内承灾体的易损性计算出范围内的风险，流通区风险按最大危险度计算，计算结果如表 5.29 所示。在调查过程中发现，由于主沟内河道狭窄以及沟内拦渣坝淤积情况较严重，同时在主沟河道旁除公路通过外多为居民聚集区和开阳磷矿生产工厂所在，使得上洋水河主沟内部分河段在暴雨情况下存在一定的风险损失。因此，本书在获取各段河道暴雨洪峰流量的基础上，计算发生泥石流情况下泥石流高度与河道淤积情况进行对比，对龙洞沟至平安磷矿一线支沟以及主沟上洋水河内各河段估算其危害范围内的风险。

表 5.29　右岸各支沟泥石流危险度及风险

支沟名称	泥石流危险度			泥石流风险/万元			
	$P=2$	$P=5$	$P=20$	堆积区	流通区	物源区	危害范围
猴儿沟	0.24	0.29	0.35	43.67	13.92	5.26	62.85
龙洞沟	0.24	0.27	0.32	42.32	9.81	7.19	59.32
平安磷矿支沟	0.23	0.26	0.31	94.95	92.15	4.86	191.96
青菜冲沟	0.23	0.27	0.32	7.86	10.42	2.55	20.83
马路沟	0.23	0.27	0.32	54.21	4.28	5.44	63.93
红岩沟	0.22	0.26	0.31	10.72	9.87	11.32	31.91
赵家沟	0.20	0.24	0.29	6.83	0.95	7.31	15.09
长燕沟	0.19	0.23	0.29	13.48	5.89	3.45	22.82
牛赶冲沟	0.19	0.23	0.29	46.67	53.26	3.18	103.11
黄泥沟	0.18	0.22	0.28	5.42	15.54	3.21	24.17
姚孔沟	0.18	0.21	0.30	20.68	38.12	8.69	67.64
熊家沟	0.15	0.19	0.27	8.43	13.58	4.82	26.83
上河沟 1#	0.15	0.18	0.27	87.65	5.65	2.34	95.64
上河沟 2#	0.12	0.17	0.26	36.21	3.17	1.12	40.5

第四节　县域地质灾害风险评价示范（开阳县）

一、开阳概况

开阳县地处黔中腹地，行政隶属贵阳市（图 5.62）。总面积 2026km^2，辖 6 镇 10 乡，总人口 43 万人。南距省会城市贵阳 66km，北距历史名城遵义 110km，位于连接贵阳与遵义两大城市的次中心区域，区位优势明显。处于新构造运动时期强烈隆升的云贵高原东部向湖南丘陵过渡的斜坡地带，即新华夏系 NNE 向紫荆关断裂带和龙门山断裂带控制的全国地势第二级阶梯上，地势西高东低，坡度较缓，平均海拔约 1080m。而贵州又处于世界发育最复杂、类型最齐全、集中分布面积最大的东亚喀斯特区域中心，是中国喀斯特强烈发育的区域；开阳县具典型的喀斯特地貌。同时开阳县具有丰富的磷矿资源，至 2008 年累计探明的磷矿资源储藏总量达 6.68 亿吨，其中 P205 含量高于 32 的优质富矿储量 3.92 亿吨，是全国著名的三大磷矿产区之一；区域内水资源也十分丰富，水能资源理论蕴藏量 83 万 kW，可开发量 45 万 kW。总装机容量 38.3 万 kW 的大花水、格里桥、南江、紫江 4 个水电站已建成投运。自然原因以及人类工程活动的扰动使得开阳县成为地质灾害较严重的县市。

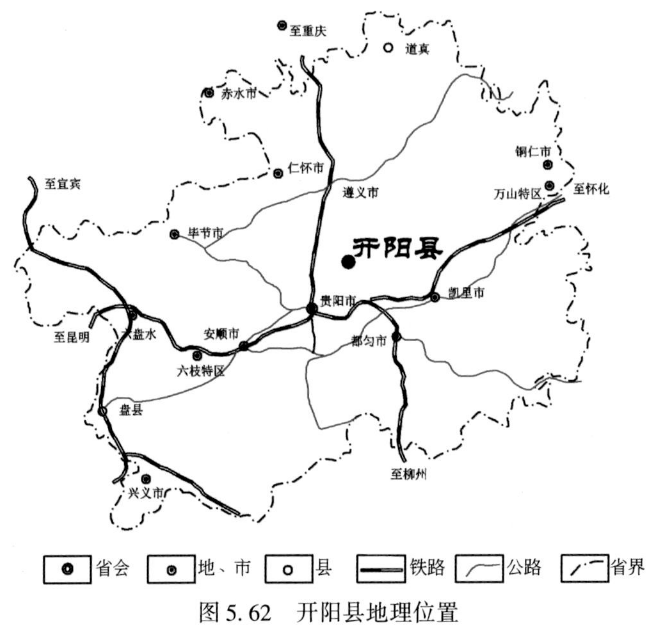

图 5.62　开阳县地理位置

二、开阳县地质灾害发育分布规律

2001 年“开阳县地质灾害调查与区划报告”调查各类地质灾害 145 处，其中滑坡 52 处、崩塌 35 处、泥石流 2 处、地面塌陷 17 处、不稳定斜坡 24 处、地裂缝 15 条。

2007 年地质灾害详查共发现各类地质灾害及不良工程地质现象点 239 处，其中滑坡 102 处、崩塌 71 处、泥石流 20 处、不稳定斜坡 22 处、地面塌陷 21 处。已发生的 20 处地质灾害（5 处地质灾害已消除隐患）共损毁房屋 477 间，毁田 146 亩，造成人员伤亡 33 人，失踪 3 人，损毁道路及桥梁共 10.18km，直接经济损失 20539.915 万元；166 处地质灾害中地质灾害隐患点 161 处（其中 5 处有灾情损失的地质灾害已消除隐患），共威胁高等级公路 1915m、国道 40m、省道 240m、县道 3149m、乡村公路 460m，威胁居民 4922 户 25098 人（含一所学校 840 人），威胁资产达 45830.15 万元。

三、评价专题数据

在资料收集和野外调查基础上，根据评价需要，运用 ArcGIS 软件，将 1∶5 万地质图矢量化，并分为地层和构造两个图层。矢量化 1∶5 万地形图，结合 AsterGDem 数据，生成数字高程模型（DEM），并据 DEM 生成坡度、坡向、剖面曲率、水平曲率；提取河流、道路并做缓冲分析。所有图层均栅格化为 30m×30m 的栅格数据。数据详细信息如表 5.30 所示。

表 5.30　评价所用数据及来源

数据	数据来源	数据类型	生成专题因子图层
灾害点	野外调查，历史资料，航片解译	point	灾害点
DEM	1∶5 万地形图	raster	坡度
			坡向
			剖面曲率
			水平曲率
河流	1∶5 万地形图	line	距河流距离
道路	1∶5 万地形图	line	距道路距离
植被覆盖	Landsat ETM+野外调查	raster	NDVI

四、评价基本单元选择

如前所述，危险性评价基本单元作为最小的空间图元，可以是规则的，也可以是不规则的，但在现有的评价模型中都被视为一个不可再分的潜在滑坡或斜坡。采用自然坡面作为基本评价单元，能够充分反映坡体的自然属性。但自然坡面单元数据的获取，无疑是较未困难的，如果采用人工编绘，虽然结果会比较好，但需花费大量的人力物力。采用水文学的方法，以研究区的 DEM 数据为基础，求取集水区得到分水岭线以及沟谷线，沟谷线与分水岭线就将研究区划分成一个一个单元，可作为自然斜坡单元，且 DEM 精度越高，其自动划分的单元越接近现实的斜坡单元，评价因子图层见图 5.63。

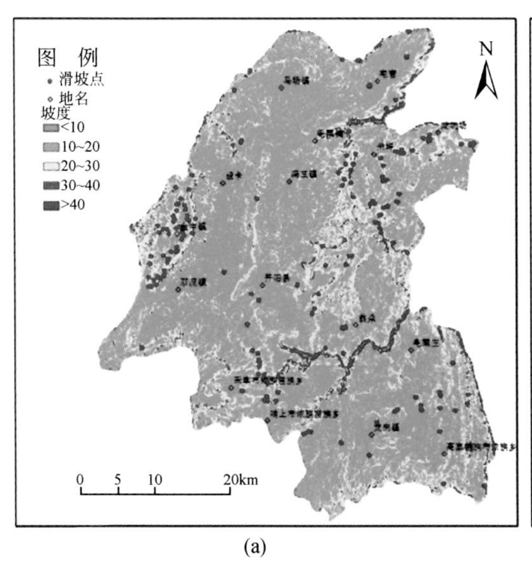

(a)

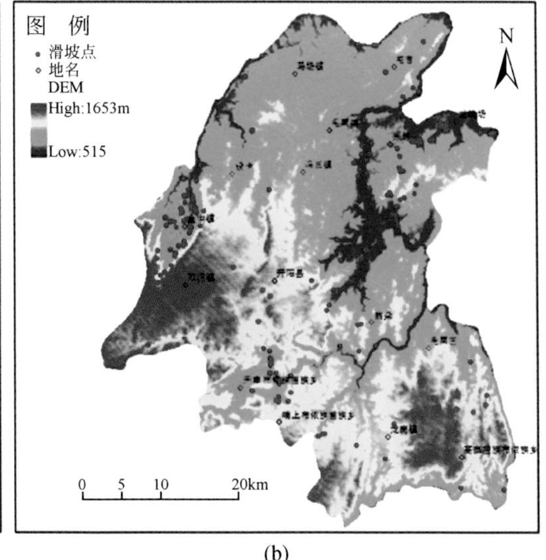

(b)

图 5.63　部分评价因子图层

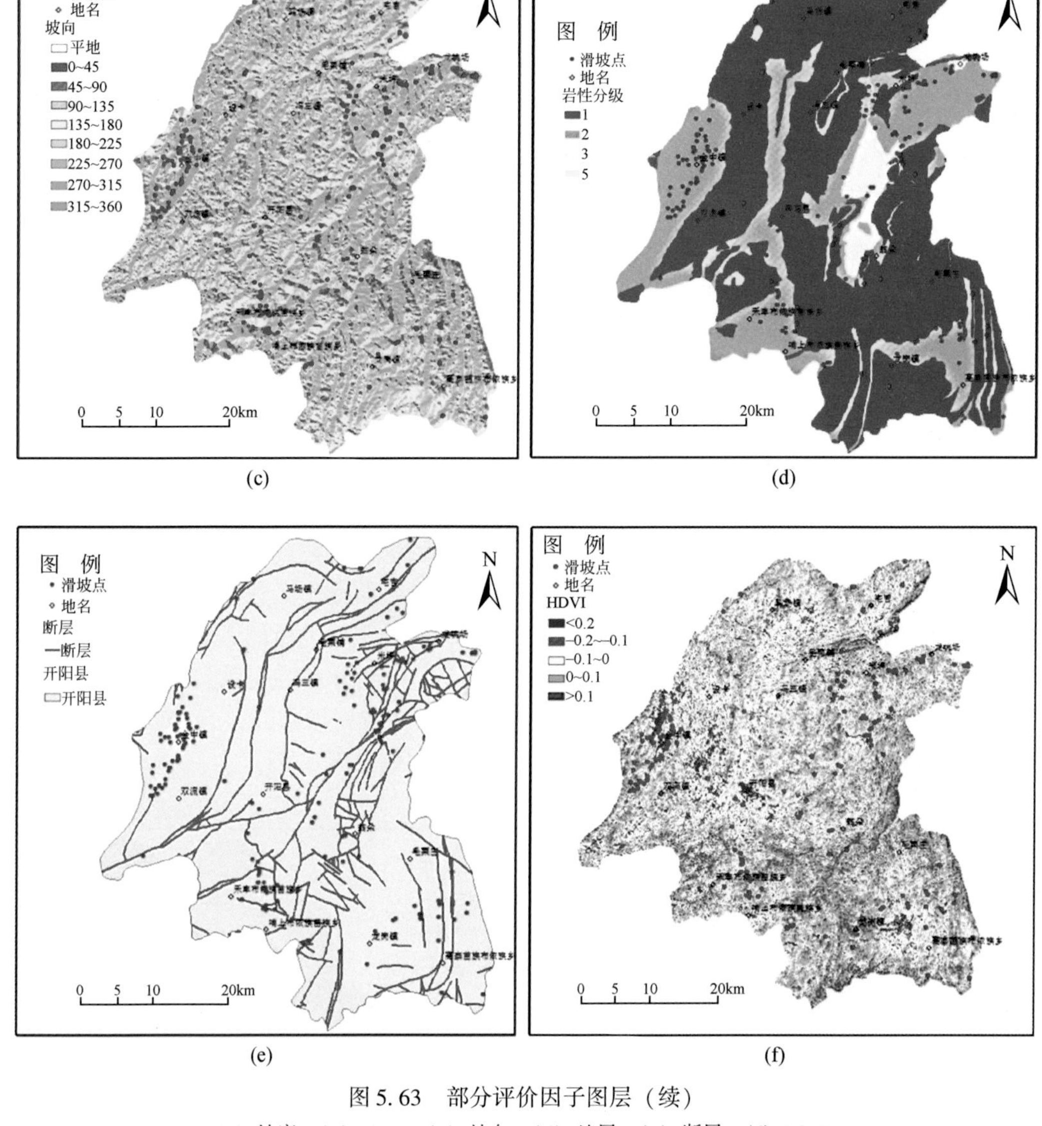

图 5.63　部分评价因子图层（续）

（a）坡度；（b）DEM；（c）坡向；（d）地层；（e）断层；（f）NDVI

本次评价收集开阳县全域的 DEM 数据为 AsterGDEM 数据，其空间分辨率为 30m。采用上述方法将整个开阳县划分为 2859 个单元，划分的结果如图 5.64、图 5.65 所示。

如图 5.64 所示，黄色线为集水区边界，即分水岭线，青色线表示沟谷。集水区 A 被水系分成 a、b 两个坡面，坡向大体相反。集水区 B，由于沟谷尚未发育，故将其作为一个坡面处理。

图 5.64　斜坡单元示意图

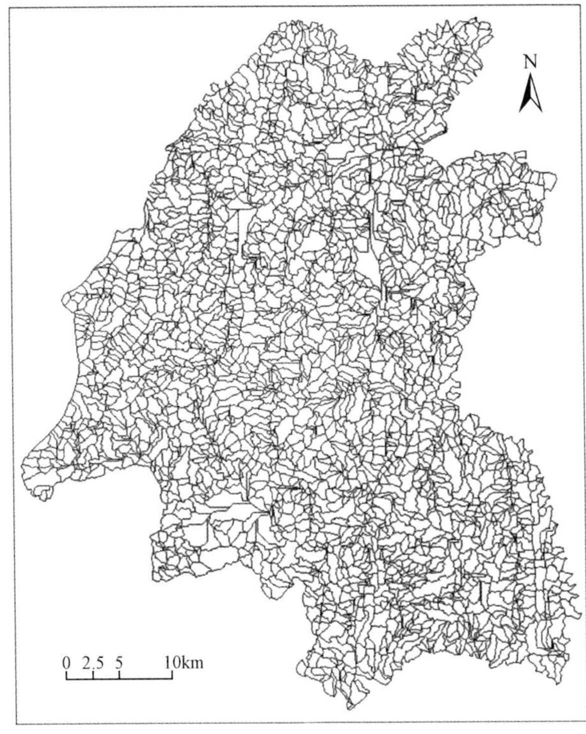

图 5.65　开阳县斜坡单元划分图

五、滑坡灾害危险性评价

采用信息量法和Logistic回归分析相结合的方法对开阳县滑坡地质灾害进行危险性评价。首先将各个因子图层分级处理，将灾害点信息图层与各专题图层叠加分析，分别得到每个因子等级范围内灾害点个数及其占总灾害数的比例。求取各个因子等级的信息量，各因子的信息量计算结果见表5.31，再将各个因子等级的信息量归一化作为Logistic回归分析模型中的I_{ij}指标，在SPSS中进行Binary Logistic Regression分析，Logistic回归分析结果见表5.32。从表中看出，剖面曲率、水平曲率、距断层距离、距水系距离几个因子的显著性较低，故不适宜作为评价因子，根据公式，开阳示范区的危险性可有下式求得。

$$Z=-11.468+3.514\times[\text{地层}]+1.797\times[\text{DEM}]+1.73\times[\text{坡度}]+1.395\times[\text{坡向}]+1.243\times[\text{NDVI}] \tag{5.23}$$

所得开阳县危险性如图5.66所示。

表5.31 评价因子信息量计算表

评价因子	因子等级	面积百分比（a）	滑坡百分比（b）/%	比率（b/a）	信息量（归一化）
DEM	<700	2.74	5.32	1.94	0.801910325
	700～800	4.38	13.83	3.15	1
	800～900	9.35	13.30	1.42	0.674257634
	900～1000	19.39	27.13	1.40	0.667538216
	1000～1100	21.33	17.02	0.80	0.43788522
	1100～1200	17.41	11.70	0.67	0.367590049
	1200～1300	13.67	5.32	0.39	0.144134142
	>1300	11.73	6.38	0.54	0.281333863
坡度	<10°	40.77	19.15	0.47	0.221065808
	10°～20°	39.64	37.77	0.95	0.510348681
	20°～30°	14.11	28.72	2.04	0.821040321
	30°～40°	4.13	12.23	2.96	0.974419703
	>40°	1.35	2.13	1.57	0.714966902
坡向	Flat（-1）	0.66	0.00	0.00	0.530168328
	N（337.5～22.5）	12.53	7.45	0.59	0.31724234
	NE（22.5～67.5）	13.53	14.36	1.06	0.554451941
	E（67.5～112.5）	13.72	15.96	1.16	0.591994189
	SE(112.5～157.5)	12.87	9.57	0.74	0.409239729
	S(157.5～202.5)	11.24	9.57	0.85	0.464439094
	SW(202.5～247.5)	10.78	9.57	0.89	0.481818911
	W(247.5～292.5)	11.71	14.36	1.23	0.613676126
	NW(292.5～337.5)	12.95	19.15	1.48	0.690077704

续表

评价因子	因子等级	面积百分比（a）	滑坡百分比（b）/%	比率（b/a）	信息量（归一化）
剖面曲率	<-0.3	9.33	7.45	0.80	0.438147587
	-0.3～-0.2	7.64	7.98	1.04	0.548056306
	-0.2～-0.1	13.13	9.57	0.73	0.400961962
	-0.1～0	18.53	19.68	1.06	0.554911586
	0～0.1	16.13	19.68	1.22	0.611590676
	0.1～0.2	15.28	13.83	0.91	0.489455117
	0.2～0.3	9.21	8.51	0.92	0.497831372
	>0.3	10.76	13.30	1.24	0.616635116
水平曲率	<-0.3	7.03	8.51	1.21	0.608603185
	-0.3～-0.2	7.70	4.79	0.62	0.335978273
	-0.2～-0.1	13.41	12.77	0.95	0.510047142
	-0.1～0	21.65	19.15	0.88	0.479994117
	0～0.1	16.95	19.15	1.13	0.580136904
	0.1～0.2	14.88	13.83	0.93	0.500129085
	0.2～0.3	9.08	10.11	1.11	0.574195055
	>0.3	9.32	11.70	1.26	0.623482635
工程岩组	硬质岩	40.28	9.57	0.24	0.096734274
	较硬质岩	25.78	42.55	1.65	0.671815936
	软硬互层	23.73	39.89	1.68	0.684056062
	软质岩	10.22	7.98	0.78	0.317833436
距道路距离	50	3.10	9.57	3.09	0.991259191
	100	3.07	2.66	0.87	0.470954396
	150	3.05	2.66	0.87	0.474808044
	200	3.02	4.26	1.41	0.670692418
	250	2.98	4.26	1.43	0.676034346
	300	2.95	3.72	1.26	0.625441866
	350	2.91	5.32	1.83	0.777070076
	400	2.87	5.85	2.04	0.821155193
	450	2.83	3.19	1.13	0.579064121
	500	2.78	3.72	1.34	0.649041181
距河流距离	50	4.29	2.66	0.62	0.334760213
	100	4.28	2.66	0.62	0.335240668
	150	4.23	6.91	1.64	0.731344451
	200	4.21	5.32	1.26	0.625600045
	250	4.21	5.85	1.39	0.665230291

续表

评价因子	因子等级	面积百分比（a）	滑坡百分比（b）/%	比率（b/a）	信息量（归一化）
距河流距离	300	4.15	11.17	2.69	0.93538184
	350	4.09	2.66	0.65	0.354062782
	400	4.04	4.26	1.05	0.551619123
	450	3.95	4.79	1.21	0.608821692
	500	3.89	1.06	0.27	0
距断层距离	50	4.81	9.57	1.99	0.811998715
	100	4.70	2.66	0.57	0.296896477
	150	4.57	2.66	0.58	0.308601883
	200	4.40	4.26	0.97	0.516545131
	250	4.19	4.26	1.02	0.536321444
	300	4.03	3.72	0.92	0.498053011
	350	3.85	5.32	1.38	0.662735258
	400	3.66	5.85	1.60	0.721678704
	450	3.52	3.19	0.91	0.489553733
	500	3.39	3.72	1.10	0.568520504

表 5.32　Logistic 回归分析结果表

评价因子＼参数	B	S. E	Wals	df	Sig.	Exp(B)
地层	3.514	0.134	685.826	1	0	33.594
DEM	1.797	0.120	223.955	1	0	6.031
坡度	1.730	0.120	207.901	1	0	5.642
剖面曲率	−0.123	0.386	0.102	1	0.750	0.884
坡向	1.395	0.253	30.419	1	0	4.037
水平曲率	0.247	0.380	0.423	1	0.515	1.281
距河流距离	0.001	0.010	0.007	1	0.936	1.001
距断层距离	0.001	0.016	0.004	1	0.952	1.001
NDVI	1.243	0.124	225.78	1	0	3.78
常量	−11.468	0.338	1149.818	1	0	0

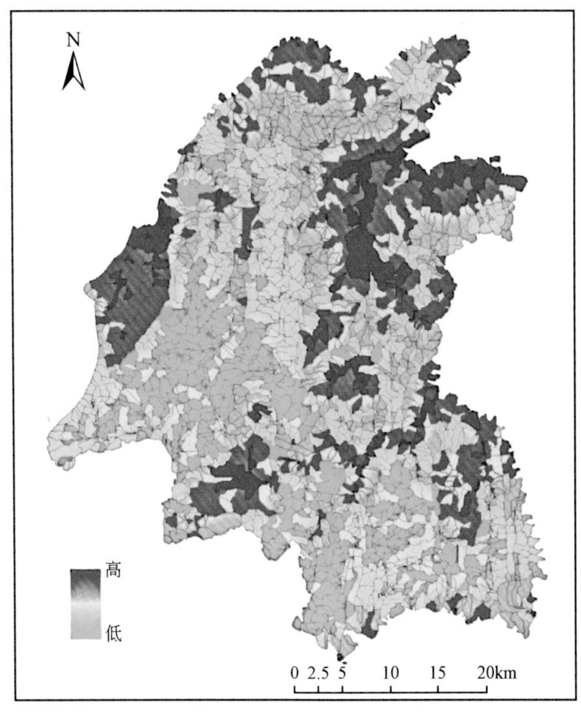

图 5.66　开阳县地质灾害危险性分区图

六、易损性分析

收集到开阳县居民地分布数据，通过居民地数据模拟人口分布数据，每个居民地图斑算一户人家，得到每个斜坡单元平均每平方千米居民户数密度图，详见图 5.67。

七、风险分析

根据开阳县危险性图和易损性图，得到开阳县地质灾害风险图，根据自然断点法将风险值分为高、中、低个等级，见图 5.68。各个等级风险统计见表 5.33。按乡镇行政区统计各乡镇的单位面积平均风险如图 5.69 所示，风险值从高到低前五位依次是：金钟镇、禾丰乡、毛云乡、永温乡、南江乡。

表 5.33　开阳县风险区划统计表

风险等级	低	中等	高
斜坡单元数	1338	994	527
单元数比例	47	35	18
面积比例	36	44	20

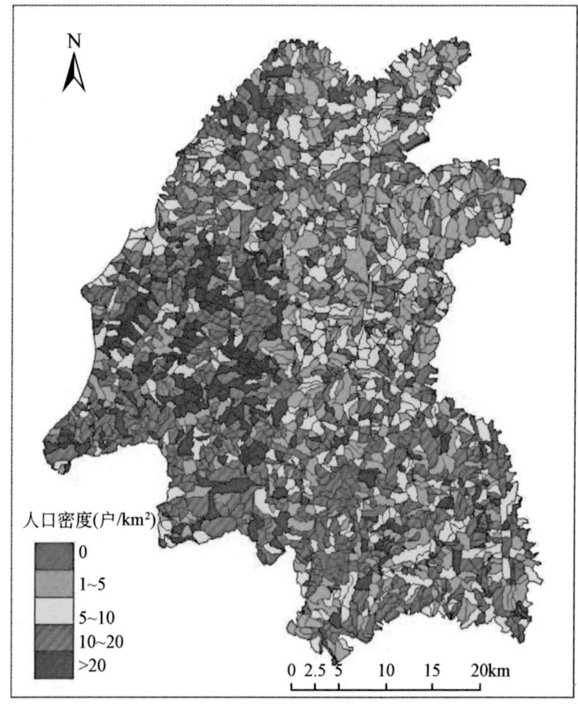

图 5.67　开阳县居民地分布密度图

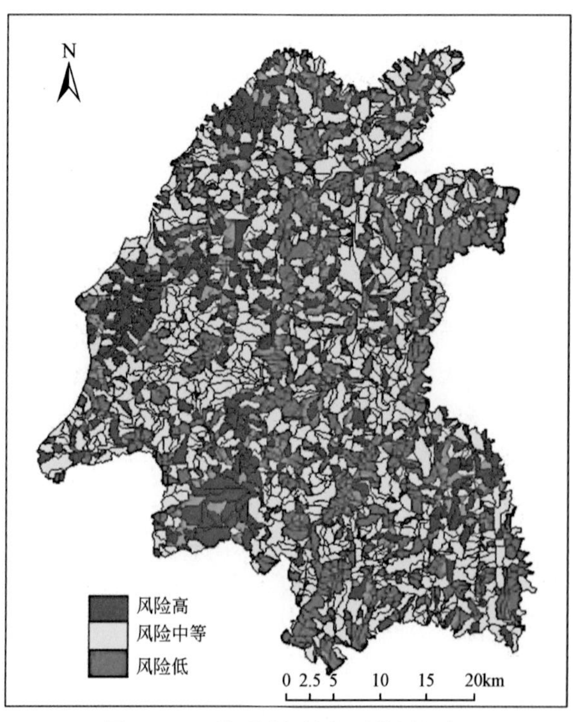

图 5.68　开阳县风险图（斜坡单元）

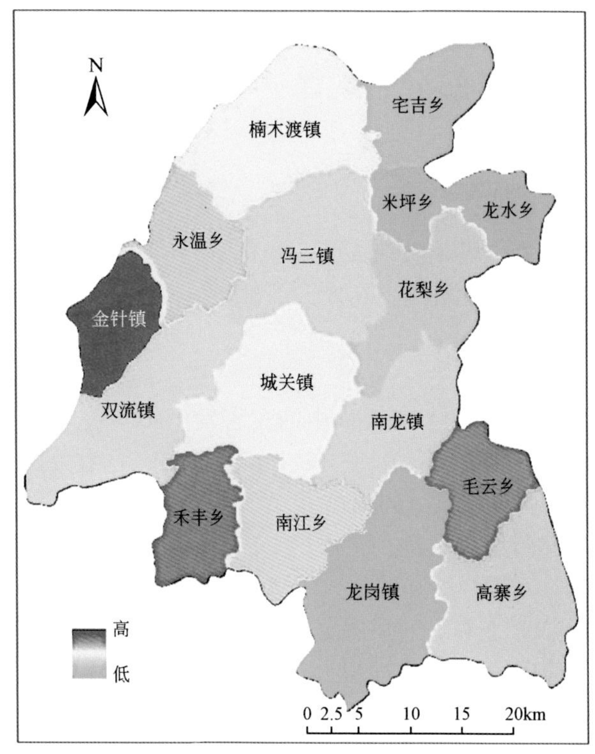

图5.69　开阳县风险图（乡镇）

第五节　省域地质灾害风险评价示范

一、地质环境背景

贵州地处西南腹地，地处东经103°36′～109°35′、北纬24°37′～29°13′之间。属于亚热带湿润季风气候区，气候温暖湿润，冬暖夏凉，气候宜人，全省大部分地区年平均气温为14.0℃。地处新构造运动时期强烈隆升的云贵高原东部向湖南丘陵过渡的斜坡地带，即新华夏系NNE向紫荆关断裂带和龙门山断裂带控制的全国地势第二级阶梯上，地势西高东低，自中部向北、东、南三面下降，坡度较缓，平均海拔约1000m。贵州是中国喀斯特强烈发育的省区，80以上的县、市均为喀斯特地区，喀斯特地貌非常发育，是世界发育最复杂、类型最齐全、集中分布面积最大的东亚喀斯特区域中心。分布地层以沉积岩为主，地层发育齐全、类型多样、厚度巨大，火成岩种类较为齐全，但分布面积不大。大地地构造单元划分为扬子陆块、江南造山带和右江造山带3个一级构造单元，简称“一块两带”。贵州矿产资源种类繁多，储量丰富，分布广泛，全省已发现矿产（含亚矿种）128种，其中76种探明了储量，许多矿产资源居全国前列。特殊的自然条件，加上人类工程活动的扰动，使贵州成为一个地质灾害频发的地区，各种地质灾害均有发生，尤以崩塌、滑坡为主。

二、贵州省地质灾害空间分布规律

（一）地质灾害空间分布规律

根据地质灾害详查资料，贵州省现查明已经发生的滑坡5289处，崩塌2612处，泥石流183处，地面塌陷843处，地裂缝176处，不稳定斜坡1767处。详细分布见表5.34。

（二）地质灾害时间分布规律

根据数据库中滑坡主表“ZHAB00A”中的灾害发生年字段（ZHAB00A010）、灾害发生月字段（ZHAB00A011），崩塌主表“ZHAB01A”中的灾害发生年字段（ZHAB01A118）、灾害发生月字段（ZHAB01A119），统计出2000～2012年贵州省发生滑坡、崩塌的年发生数量和月发生数量。统计结果见表5.35，可以看出2005年之前，每年发生滑坡均在200左右，2006年开始激增，到2010年发生滑坡567个，达到最高峰。2011～2012年又回落到200左右。崩塌灾害的2007年之前年发生数量均在100个左右或低于100个。2008年猛增至210个，2010年发生255个，2011～2012年发生数量又回落到100个以下（图5.70）。

从按月统计表5.36可以看出，无论是崩塌还是滑坡，5～7月是发生的最高峰，这和雨季地质灾害发生频率更大的规律相符合（图5.71）。

表5.34　贵州省崩滑流地质灾害分布情况表

市	县	灾害数量/个			县	灾害数量/个		
		滑坡	崩塌	泥石流		滑坡	崩塌	泥石流
安顺市	安顺市西秀区	22	51	0	普定县	49	65	0
	关岭布依族苗族自治县	49	59	0	镇宁布依族苗族自治县	58	83	0
	平坝县	29	48	0	紫云苗族布依族自治县	68	78	0
	毕节市	97	26	10	纳雍县	92	65	6
	大方县	99	48	1	黔西县	60	62	1
	赫章县	52	27	16	威宁彝族回族苗族自治县	101	33	14
	金沙县	21	47	2	织金县	61	44	0
贵阳市	贵阳市白云区	9	7	0	开阳县	34	14	5
	贵阳市花溪区	19	18	1	南明区	2	0	0
	贵阳市南明区	3	18	0	清镇市	47	28	1
	贵阳市乌当区	31	31	2	息烽县	43	12	2
	贵阳市小河区	10	13	0	修文县	25	8	1
	贵阳市云岩区	7	7	0				

续表

市	县	灾害数量/个			县	灾害数量/个		
		滑坡	崩塌	泥石流		滑坡	崩塌	泥石流
六盘水市	六盘水市六枝特区	55	42	0	盘县	347	87	8
	六盘水市钟山区	33	16	0	水城县	234	63	1
黔东南苗族侗族自治州	岑巩县	38	18	2	黎平县	30	10	0
	从江县	37	1	3	麻江县	29	11	2
	丹寨县	42	2	3	榕江县	108	13	3
	黄平县	35	27	0	三穗县	38	8	1
	剑河县	23	5	2	施秉县	33	4	0
	锦屏县	19	3	0	台江县	22	2	0
	凯里市	117	23	6	天柱县	38	2	0
	雷山县	41	11	0	镇远县	21	19	2
黔南布依族苗族自治州	长顺县	23	52	0	三都水族自治县	39	4	0
	都匀市	90	42	7	瓮安县	45	20	1
	独山县	10	25	0	安龙县	29	95	1
	福泉市	56	11	4	册亨县	41	11	1
	贵定县	74	20	1	普安县	61	30	3
	惠水县	16	52	0	晴隆县	114	27	8
	荔波县	25	73	2	望谟县	181	20	4
	龙里县	12	5	1	兴仁县	90	30	0
	罗甸县	47	53	0	兴义市	161	75	0
	平塘县	50	60	1	贞丰县	99	45	6
铜仁地区	德江县	113	31	1	铜仁市	14	7	0
	江口县	29	25	5	万山特区	15	1	0
	石阡县	65	9	0	沿河土家族自治县	120	25	1
	思南县	86	39	0	印江土家族苗族自治县	65	8	2
	松桃苗族自治县	50	14	6	玉屏侗族自治县	11	6	0
遵义市	赤水市	115	50	1	务川仡佬族苗族自治县	24	11	0
	道真仡佬族苗族自治县	160	38	3	习水县	133	55	9
	凤冈县	65	49	6	余庆县	36	7	1
	湄潭县	31	14	1	正安县	95	23	0
	仁怀市	85	37	5	遵义市红花岗区	9	5	1
	绥阳县	28	27	4	遵义市汇川区	11	12	0
	桐梓县	111	32	1	遵义县	109	57	1

表 5.35　地质灾害年统计表

灾种＼年份	2000	2001	2002	2003	2004	2005	2006	2007	2008	2009	2010	2011	2012
滑坡/个	192	132	217	183	188	198	272	357	389	405	567	217	209
崩塌/个	89	72	92	108	69	127	105	106	210	167	255	97	55

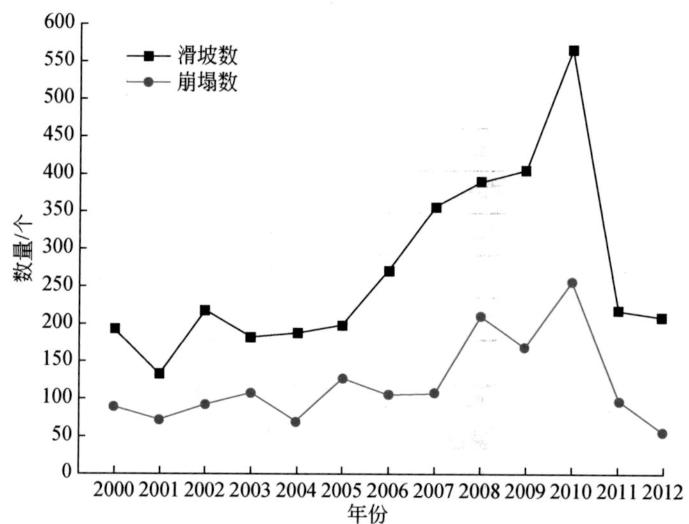

图 5.70　地质灾害年发生规律图

表 5.36　地质灾害月统计表

灾种＼月份	1	2	3	4	5	6	7	8	9	10	11	12
滑坡/个	57	44	79	219	650	1387	1004	203	71	26	14	21
崩塌/个	48	18	40	96	229	386	273	75	28	34	9	9

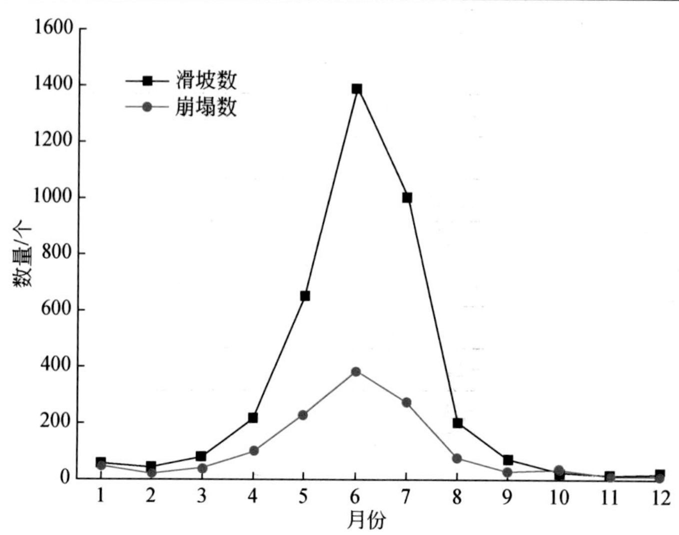

图 5.71　地质灾害月发生规律图

（三）地质灾害主要影响因素

对地质灾害的空间分布规律进行分析，有助于找寻地质灾害的发生与其致灾因子之间的关系，为危险性评价及风险评价影响因子选择提供支持。根据以往学者的研究成果，影响地质灾害的因素主要有地形地貌因素、地层岩性因素以及地质构造等因素。为探究贵州省地质灾害与其影响因素之间的关系，选择了通过 GIS 平台，对历史灾害点与相关因素图层进行关联分析，得到灾害点位置的相关属性并统计分析，找出其规律。

对贵州省历史滑坡、崩塌进行了分析。其中，滑坡点、崩塌点数据来源于课题 6，数据库中数据表“ZHAB00A”、“ ZHAB01A”。将表中每条记录按照其经度、纬度字段生成点图层，其他字段以属性表的形式存储。地形地貌因素主要考虑坡度、坡向、绝对高程、地形起伏度，数据来源于 AsterGDEM，空间分辨率为 30m×30m；地层岩性属性数据来自于空间数据库中“DA20520000Z”图层，该图层为贵州省 1∶25 万地质图矢量化后地层造区图层，每个区有地层代码属性，为探寻地质灾害与地层岩组的关系，按工程岩组对地层代码进行了分类，具体分类标准见表。地质构造主要类型断层、褶皱。由于空间数据库中只有断层数据，故构造属性仅以断层表征，空间数据库中图层“DB10520000Z”为贵州省 1∶25万断层线数据，但数据只有断层的空间展布信息，没有断层规模、断层类别、上下盘等具体属性。灾害点信息以点图层的方式存储，其余图层均栅格化，空间分辨率为 30m×30m。

1）地质灾害与坡度的关系

根据表 ZHAB00A 中的 ZHAB00A046 字段、表 ZHAB01A 中的 ZHAB01A046，统计出滑坡、崩塌与坡度之间的关系见表 5.37。可见发生在坡度为 20°～40°的滑坡数量最多，而崩塌灾害则在坡度为 60°～90°最为密集。

表 5.37　地质灾害与坡度关系表

坡度/(°)	<10	10～20	20～30	30～40	40～50	50～60	60～70	70～80	80～90
滑坡数/个	34	550	1641	1621	794	294	132	57	21
崩塌数/个	2	14	60	172	230	281	452	590	808

2）地质灾害与坡向的关系

坡向数据应用 ArcGIS 中的 aspect 工具生成，同样也是栅格单元的平均坡向值。据表 ZHAB00A 表中 ZHAB00A065 字段、ZHAB01A 表中 ZHAB01A047 字段统计灾害点与坡向关系见表 5.38，图 5.72。从灾害发生数量上分析，各个方向的灾害发生量相差不大，滑坡在 SE 方向发生最多，而崩塌则在南向发生最多。

表 5.38　地质灾害与坡向关系表

坡向分级	面积比例/%	滑坡		崩塌	
		数量/个	比例/%	数量/个	比例/%
N（337.5°～360°，0°～22.5°）	12.52	532	10.09	264	10.13

续表

坡向分级	面积比例/%	滑坡		崩塌	
		数量/个	比例/%	数量/个	比例/%
NE（22.5°～67.5°）	11.81	563	10.68	258	9.90
E（67.5°～112.5°）	9.86	725	13.75	328	12.58
SE（112.5°～157.5°）	16.64	752	14.26	342	13.12
S（157.5°～202.5°）	12.32	694	13.16	437	16.76
SW（202.5°～247.5°）	11.55	619	11.74	324	12.43
W（247.5°～292.5°）	12.06	725	13.75	356	13.66
NW（292.5°～337.5°）	13.24	664	12.59	298	11.43

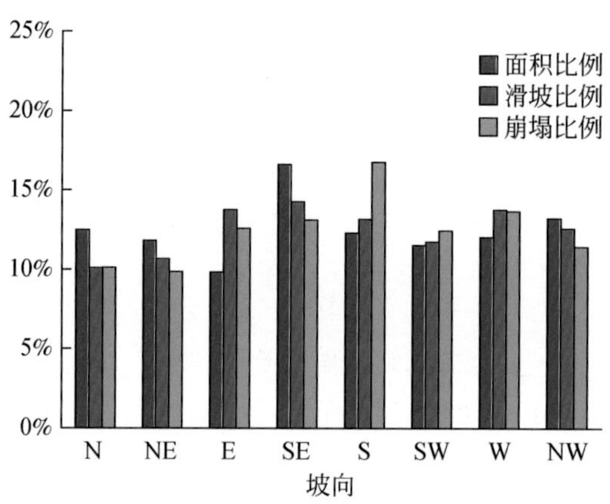

图 5.72　地质灾害与坡向关系图

3）地质灾害与绝对高程的关系

如表 5.39，图 5.73 所示。

表 5.39　地质灾害与高程关系表

高程分级/m	面积比例/%	滑坡		崩塌	
		数量/个	比例/%	数量/个	比例/%
<500	5.32	438	8.31	96	3.71
500～1000	41.13	2299	43.62	832	32.11
1000～1500	36.90	1626	30.85	1245	48.05
1500～2000	11.83	816	15.48	377	14.55
2000～2500	4.57	92	1.75	40	1.54
>2500	0.24	0	0	1	0.04

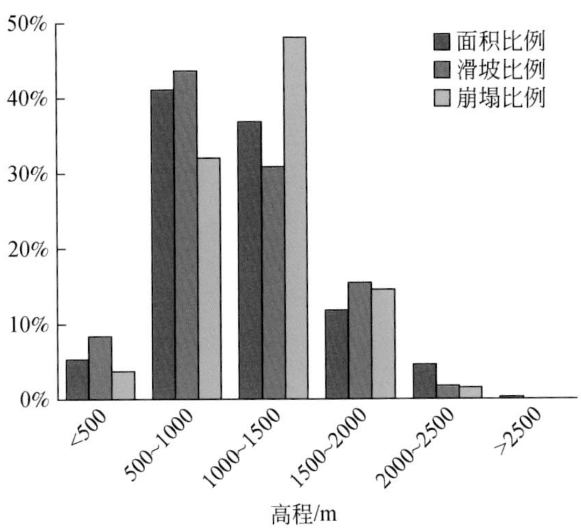

图 5.73　地质灾害与高程关系图

在高程低于 1000m、1500 ~ 2000m 的区域，滑坡灾害发生的概率略高于平均水平。而崩塌灾害则在 1000 ~ 2000m 的区域，发生概率明显高于平均水平。

4）地质灾害与地形起伏度的关系

地形起伏度，能反映地表起伏变化，常用某一确定面积内最高点和最低点海拔高度之差来表示。以 DEM 为数据基础，采用移动窗口法确定每个栅格的地形起伏度值，根据前人研究结果，窗口面积取 $2km^2$，即每个栅格的地形起伏度值为以该栅格为中心，$2km^2$ 范围内最高高程和最低高程之差。

对于滑坡，地形起伏度小于 300m 时，其发生概率小于平均水平，高于 300m 时，发生概率偏高。而对于崩塌，也存在同样的规律。贵州省内地质灾害与起伏度的关系如表 5.40,图 5.74 所示。

表 5.40　地质灾害与起伏度关系表

起伏度分级/m	面积比例/%	滑坡		崩塌	
		数量/个	比例/%	数量/个	比例/%
<100	2.30	41	0.78	39	1.51
100 ~ 200	17.07	487	9.24	366	14.13
200 ~ 300	27.72	1321	25.06	734	28.33
300 ~ 400	24.65	1515	28.74	649	25.05
400 ~ 500	15.50	1021	19.37	376	14.51
500 ~ 600	7.62	512	9.71	228	8.80
>600	5.15	374	7.10	199	7.68

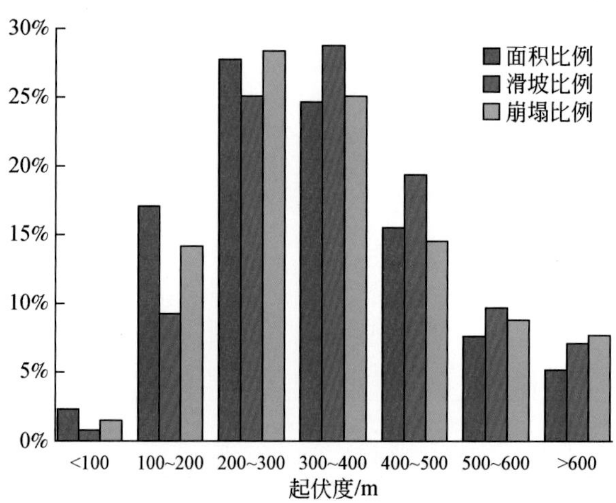

图 5.74　地质灾害与起伏度关系图

5）地质灾害与地层岩组的关系

根据空间数据库中地层造区图层“DA20520000Z”，对其地层代码按亚类进行分类，共 12 类。再按照亚类的工程特性分为硬质岩体、较硬质岩体、软硬互层岩体、软岩体 4 类，如表 5.41、表 5.42 所示。

对于滑坡，单从发生数量上分析，各种岩体中发生数量比例差别不是很大，但将其与各种岩组所占比例对比分析，在占总面积比例 40% 的硬质岩体中，发生的滑坡数比例仅为 22%，远远低于平均水平，而在软质岩体中的情况则恰好相反，20% 的滑坡发生在占总面积 10% 的软质岩地区，软质岩地区发生滑坡的概率为平均水平的两倍。软硬互层及较硬质岩地区其发生滑坡的概率也高于平均水平。

对于崩塌，就发生数量分析，硬质岩地区发生了 46 次崩塌，其次是软硬互层地区，发生的崩塌占 27%，较硬质岩地区和软质岩地区发生崩塌数量相当，分别占 13%、14%。对比每类岩体所占面积，发现硬质岩、较硬质岩、软质岩中的发生概率略高于平均水平，如表 5.41，图 5.75 所示。

表 5.41　地质灾害与地层岩组关系表

地层岩组	面积比例/%	滑坡		崩塌	
		数量/个	比例/%	数量/个	比例/%
硬质岩体	40	1160	22	1203	46
较硬质岩体	26	1554	29	356	14
软硬互层岩体	24	1486	28	708	27
软质岩体	10	1071	20	324	13

表 5.42　贵州工程岩组类型表类型表

工程岩组	建造类型	亚类	包含地层的岩组代号
硬质岩体	碳酸盐岩类（Ⅰ）	中-厚层状硬质岩体（$Ⅰ_1$）	Tf、T_2y、T_2gc、T_2I、T_2g、T_2p、T_1m、T_1yn、T_1a、T_1d、P_1m、P_1q、hz、C_2m、C_2I、C_2d、C_2hs、C_1d、C_1xg、C_1y_2、C_1b、C_1bi、C_1s、$C_{1X}I$、D_3gp、D_{3w}、dh、D_3x、D_3y、D_1I、Dg、O_1t、O_1h、gt、€$_3$z、€$_3$s、€$_2$p、€$_3$b、€c、€y、€h、€$_2$a、€$_2$dp、€$_2$g、€$_1$I、mt、€$_2$s、€$_2$j、€q、Is
	碎屑岩类（Ⅱ）	中-厚层状硬质岩体（$Ⅱ_1$）	D_1s、D_1d、Dm
		碎屑岩夹碳酸盐岩硬质岩体（$Ⅱ_6$）	D_2d、D_2I、D_2dh
	岩浆岩类（Ⅳ）	块状硬质岩体	β_P、r
较硬质岩体	碎屑岩类（Ⅱ）	薄-中层状较硬质岩体（$Ⅱ_2$）	E—K、Sgz、Swx、S_2h、Sx、S_1r、S_1m、S_1I、S_1x、Im、O_3gy、O_3w、O_3j、O_2b、O_2s、O_1g、O_1d、O_1m、OI、O_1tg、O_1I、€$_1$mc、€$_1$p、€$_1$z、€$_1$w、€$_1$b、€$_1$jm、€$_2$k、Zy、Z_1d、Z_1n、Z_1m、Z_1cj、Is、Ib、Z_2d、Z_1g、Z_1t、Z_1f、Z_1I、Z_1c
	变质岩类（Ⅲ）	薄-中层状较硬质岩体	Pt_3、Pt_2
软硬互层	碳酸盐岩类（Ⅰ）	碳酸盐岩夹碎屑岩硬夹软岩体（$Ⅰ_2$）	T_1y、T_2g、T_1I、T_1z、P_2d、P_2w、P_1sd、P_1h、P_1s、P_1I、C_1dw、C_1m、C_1w、C_1x、C_1t、C_1g、C_1z、yh、tz、dy、gz
		中-薄层状硬夹软岩体（$Ⅱ_4$）	J 和黔北、黔中地区 T_3、T_2bd
		薄-中层状软夹硬岩体（$Ⅱ_5$）	黔南地区的 T_3、T_2x、T_2b、T_2xm、P_2sw
		碎屑岩夹碳酸盐岩软夹硬岩体（$Ⅱ_7$）	€$_1$c、€$_1$j、€$_1$m、€$_1$q、€$_1$b、S_1hj、S_1sn、S_1s、Im
软质岩体	碎屑岩类（Ⅱ）	薄层状软质岩体（$Ⅱ_3$）	N、T_1f、P_2x、P_2wj、P_2I、P_2d、P_2c、C_1j、D_Zh、Dn
	松散岩类（Ⅴ）	松散状软质岩体	Q

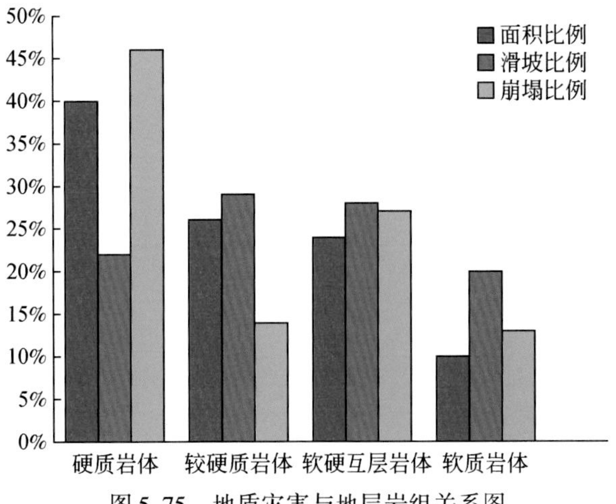

图 5.75　地质灾害与地层岩组关系图

6）地质灾害与构造的关系

如表 5.43 所示。

表 5.43　地质灾害与构造部位的关系

构造部位	断层	向斜	背斜	单斜	无构造相关	未注明
滑坡数/个	1049	699	402	1185	59	1937
崩塌数/个	522	275	199	600	81	935

注：从表 ZHAB00A、ZHAB01A 按照构造部位统计地质灾害与构造的关系。不难发现无论滑坡还是崩塌，都与构造紧密联系，在断层和单斜构造部位，发生灾害量大。因此进一步分析构造对滑坡的影响有较大的意义。由于在空间数据库中没有单斜、背斜、向斜的相关资料，故仅对断层与地质灾害的关系做进一步分析。

断层对地质灾害的影响主要有两个方面，其一是断层错动使得断层周围岩石较为破碎，从一定程度降低了岩土体的稳定性；其二是有利于形成地质灾害发生的地形条件。由于地形条件对地质灾害的影响有坡度、起伏度来分析其之间的规律，故此处仅对断层对降低岩土体稳定性方面进行考虑。不同断层对其周围岩土体的影响不甚相同，如不同规模的断裂，其影响范围不同，甚至差距很大，正断层、逆断层、走滑断层对周围岩土体影响程度及影响方式均不相同，同一断层对其两盘的影响也不尽相同，故严格意义来说应对不同断层采取不一样的分析措施。但由于断层数据来源于空间数据库中断层线图层（DB10520000Z），该图层仅有断层线的空间展布信息，没有断层的特性，如断裂带的宽度、断层的类别等。所以将断层数据图层中的所有断层按相同的处理方式分析，断层仅影响其周围一定距离的岩土体的强度，随着距离断层的距离不同而不同，且对两盘不加区别。根据前人研究结果综合分析，认为断层对其两侧 1000m 以内的岩土体具有较大影响。对断层图层进行缓冲分析，缓冲距离分别为 200m、400m、600m、800m、1000m。并将灾害点图层与缓冲区图层进行叠加关联分析，得到滑坡和崩塌与断层之间的统计关系（表 5.44，图 5.76）。

可以看出，离断层越近，发生地质灾害的概率越大，且断层对滑坡的影响大于对崩塌的影响。

表 5.44　地质灾害与断层关系表

距断层距离/m	滑坡		崩塌	
	数量/个	比例/%	数量/个	比例/%
<200	772	14.65	319	12.31
200～400	514	9.75	246	9.49
400～600	374	7.10	247	9.53
600～800	344	6.53	204	7.87
800～1000	308	5.84	185	7.14

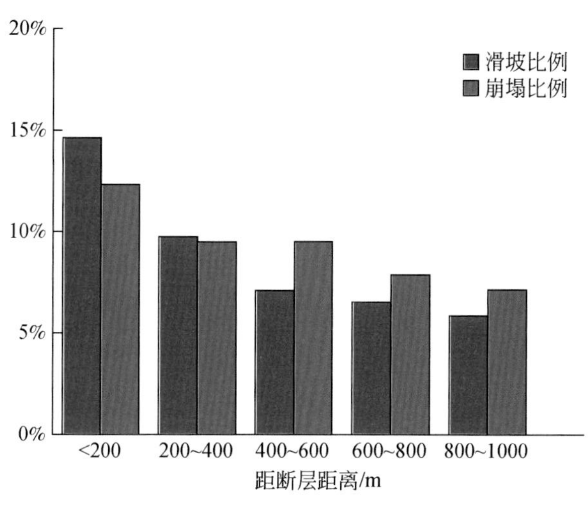

图5.76　地质灾害与断层关系图

7）地质灾害与道路的关系

道路对地质灾害的影响主要是修建道路会对斜坡进行开挖，改变了坡体原有的应力状态，使坡体产生卸荷变形，降低了坡体的稳定性，加大发生地质灾害的可能性。尤其是在山区新近修建的道路，发生地质灾害的可能性显著增大。道路对地质灾害的影响因其等级不同而有所差异。高等级公路路面宽度大，对坡体的切割就更大，对坡体的稳定性影响也更大。当然，对不同切割坡体采取的防护措施效果也不一样。对同等级道路或者同一条道路，其在地势较平坦地区和山区，影响程度不一样，在地势平坦地区，由于不用切割坡体或切割很少，其影响基本可以忽略不计，然而在缺乏高分辨率的遥感图像及高程数据的情况下，要获取道路对坡体的切割准确数据无疑是相当困难的。对同一道路同一段，其两侧的影响也不一样，如一侧切坡而另一侧不切坡。但就风险评价而言，道路一侧发生滑坡，滑坡体可能危及道路另一侧的人财物安全，故不对道路两侧区别对待。

道路数据为空间数据库中的铁路（LC10520000A）、国道（LC10520000B）、省道（LC10520000C）、县级路（LC10520000D）4个图层合并而成，并对图层进行缓冲分析，缓冲距离分别为200m、400m、600m、800m、1000m。将灾害点图层与缓冲区图层进行叠加关联分析，得到滑坡和崩塌与道路之间的统计关系。从表5.45和图5.77中可以看出，离道路越远发生的滑坡的概率越小，且在距道路400m以内的区域，影响随距离变化较大，从400m到1000m，虽然总体规律依然是距道路越远发生的概率越小，但差距已经不大。而对于崩塌，仍然有距道路越远发生概率越小的规律，但不及滑坡的明显。

表5.45　地质灾害与道路关系表

距道路距离/m	滑坡		崩塌	
	数量/个	比例/%	数量/个	比例/%
<200	781	14.82	308	11.89
200～400	463	8.78	228	8.80

续表

距道路距离/m	滑坡		崩塌	
	数量/个	比例/%	数量/个	比例/%
400 ~ 600	349	6. 62	221	8. 53
600 ~ 800	307	5. 82	169	6. 52
800 ~ 1000	308	5. 84	173	6. 68

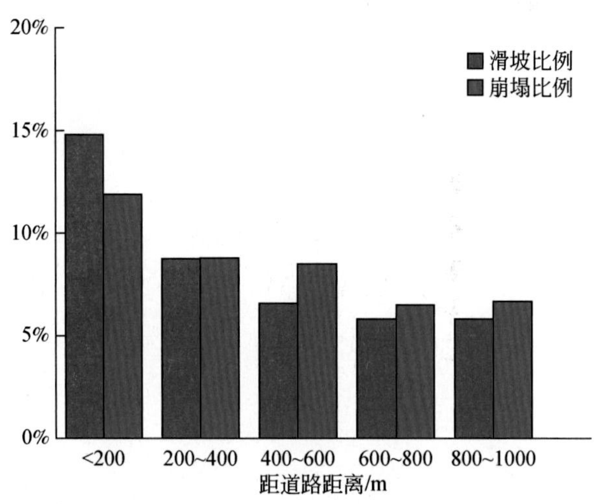

图 5. 77　地质灾害与道路关系图

8）地质灾害与河流的关系

河流水系数据来源于空间数据库中水系图层“LB10520121Z”。采用和道路图层一样的处理方式，对其进行缓冲分析，得到地质灾害与河流之间的关系。从灾害比例可以看出，离河流越近，发生灾害的概率就越大。其中，距河流小于 200m 的区域，面积占总面积的 17%，却发生了占总滑坡数 28% 的滑坡发生。对比滑坡和崩塌的数据可以看出，河流对滑坡的影响较对崩塌的影响大（表 5. 46，图 5. 78）。

表 5. 46　地质灾害与河流关系表

距河流距离/m	滑坡		崩塌	
	数量/个	比例/%	数量/个	比例/%
<200	1483	28. 14	501	19. 34
200 ~ 400	1111	21. 08	387	14. 94
400 ~ 600	801	15. 20	383	14. 78
600 ~ 800	546	10. 36	302	11. 66
800 ~ 1000	404	7. 66	203	7. 83
>1000	926	17. 57	815	31. 46

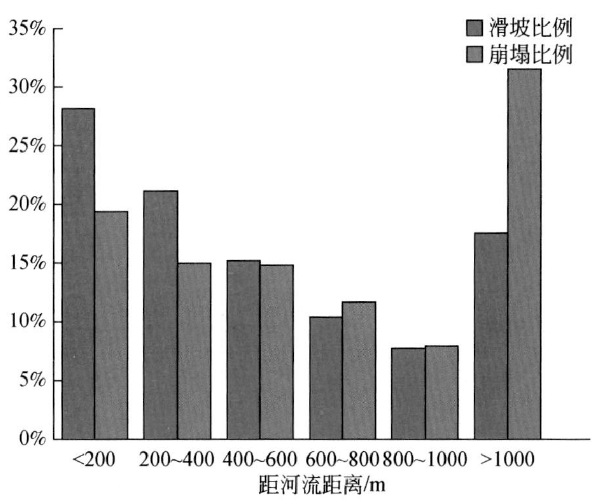

图 5.78　地质灾害与河流关系图

三、地质灾害危险性评价方法

（一）综合评判法

1. 评价因子及权重取值

对大量地质灾害实例调查统计研究表明，地形地貌、地层岩组、构造是地质灾害发生概率、发生规模、发生类型主要控制因素。为探究贵州省地质灾害与其影响因素之间的关系，通过 GIS 平台，对历史灾害点与相关因素图层进行关联分析，得到灾害点位置的相关属性并统计分析，找出其规律。其中地形地貌取权重 0.4，地层岩组按照贵州省岩土类型分为硬质岩体、较硬质岩体、软硬互层岩体、软质岩体 4 个等级。构造用距断层距离表示。

1）地形地貌因素的发生概率量化

地形地貌整体取权重 0.4，以坡度和起伏度表征，权重各占 0.2。根据已有地质灾害的统计分析，不同坡度地区发生地质灾害频度明显不同，有随坡度增大，发生地质灾害频度增大的规律。同样，起伏度的增加，说明区域内高差增大，发生地质灾害的频度也明显增大。

2）地层岩组因素的发生概率化

地层岩组取权重 0.4，地层岩组对地质灾害发生作用明显，不同的岩层组合，发生地质灾害的频度各不同。

3）构造因素的发生概率化

构造取权重 0.2。由于仅收集到贵州省的断层数据，故仅以断层缓冲区进行分析。

2. 危险性指数计算

$$LHI = \sum_{1}^{i} \omega_i C_{ij} \tag{5.24}$$

式中，w_i为第 i 个因子的权重；C_{ij}为第 i 个因子第 j 个等级的概率取值。

根据式（5.24)，得到贵州省地质灾害危险性如表 5.47，图 5.79 所示。

表 5.47　评价因子权重表

控制因素	评价因子	因子等级	滑坡概率取值	综合权重取值
地形地貌（权重：0.4）	坡度（权重：0.2）	<10	0.1	0.02
		10～20	0.2	0.04
		20～30	0.3	0.06
		30～40	0.4	0.08
		>40	0.5	0.1
	起伏度（权重：0.2）	<200	0.1	0.02
		200～400	0.3	0.06
		400～600	0.5	0.1
		>600	0.7	0.14
地层岩组（权重：0.4）	岩土类型	硬质岩体	0.1	0.04
		较硬质岩体	0.2	0.08
		软硬互层岩体	0.4	0.16
		软质岩体	0.5	0.2
构造（权重：0.2）	距断层距离（m）	<200	0.4	0.08
		200～400	0.3	0.06
		400～600	0.2	0.04
		600～800	0.15	0.03
		800～1000	0.1	0.02

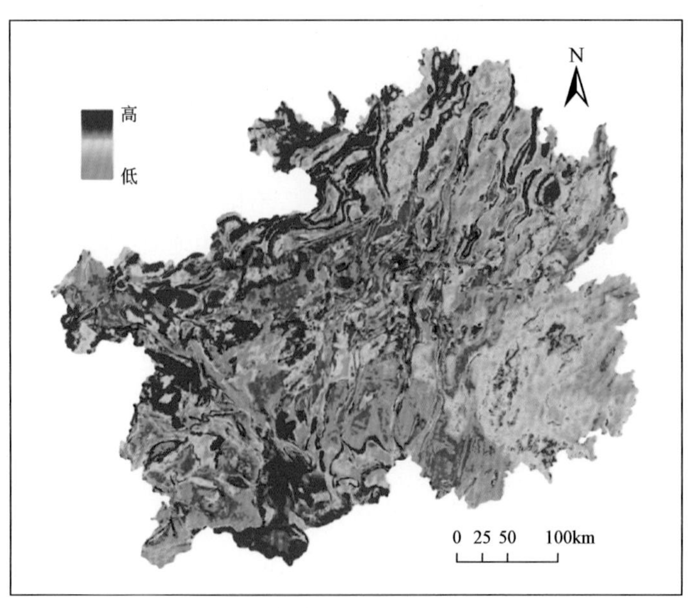

图 5.79　滑坡危险性指数图（综合评判法）

（二）证据权法

1. 方法介绍

采用证据权法进行评价。证据权法最初是一种非空间分析方法，用于医学诊断，由加拿大数学地质学家 Agterberg 引入地学应用，最初应用于矿产资源远景预测中，近年来也被用于地质灾害危险性评价研究中。该方法主要运用的是相似类比理论，即认为在一定条件下发生或不发生地质灾害，相似条件下地质灾害发生概率相当。作为一种定量评价方法，该方法以贝叶斯统计模型为基础，通过对已经发生的滑坡与影响滑坡产生影响因子（坡度、坡向、地层岩性等）进行空间关联分析，求取各个影响因子对滑坡发生的贡献率（即权重），最后将各个影响因子赋予相应权重并叠加，得到地质灾害危险性指数，该指数高低表示了该区发生地质灾害的可能性大小。

为方便应用 GIS 软件分析计算，评价单元采用栅格单元，将研究区划分为面积相等的 N 个单元，并将每个因子图层划分为不同等级，将每个评价因子图层与历史滑坡灾害点数据关联分析，计算该评价因子中各个等级的权重值。计算公式如下：

$$W^{+}=\ln\frac{P\{C\mid L\}}{P\{C\mid \bar{L}\}}=\frac{A(C\cap L)/A(L)}{A(C\cap\bar{L})/A(\bar{L})} \tag{5.25}$$

$$W^{-}=\ln\frac{P\{\bar{C}\mid L\}}{P\{\bar{C}\mid \bar{L}\}}=\frac{A(\bar{C}\cap L)/A(L)}{A(\bar{C}\cap\bar{L})/A(\bar{L})} \tag{5.26}$$

$$C=W^{+}-W^{-} \tag{5.27}$$

式中，$P\{x\mid y\}$ 表示 y 出现时 x 发生的条件概率；C 表示因子等级；L 表示滑坡，上画线表示因子等级不出现或者滑坡不发生；W^{+} 为正相关权重，W^{-} 为负相关权重，当 $W^{+}>0$ 或者 $W^{-}<0$ 时，影响因子与滑坡地质灾害呈正相关关系，当 $W^{+}<0$ 或者 $W^{-}>0$ 时，影响因子与滑坡地质灾害呈负相关关系，当 $W^{+}=0$ 或者 $W^{-}=0$ 时，影响因子与滑坡地质灾害不相关。C 为正相关权重 W^{+} 与负相关权重 W^{-} 之差，用以表示该因子等级对滑坡发生的影响权重值。将每个影响因子等级的 C 相加，即得到该栅格最终的危险性系数。

2. 评价数据及评价因子

危险性评价因子很多，在参考国内外学者广泛使用的危险性评价因子的基础上，结合实际收集到的有效数据，最终选取高程、坡度、坡向、起伏度、距河流距离、距道路距离、距断层距离、地层岩组 8 个评价因子。并将所有评价因子分级后栅格化，以便在 GIS 系统中进行危险性指数计算。

本次评价收集到的数据包括地质灾害编录数据、1：5 万地质图、1：25 万地质图、30m 分辨率的 DEM 数据、1：25 万地形图数据以及分辨率为 30m 的 TM 影像。生成因子图层 8 个（表 5.48）。

表 5.48　使用数据及因子图层

数据来源	生成影响因子图层	因子分级
地质详查	灾害点	

续表

数据来源	生成影响因子图层	因子分级
1：5 万地形图 DEM	高程/m	<500，500 ~ 1000，1000 ~ 1500，1500 ~ 2000，2000 ~ 2500，>2500
	坡度/(°)	0 ~ 10，10 ~ 20，20 ~ 30，30 ~ 40，>40
	坡向	Flat，N，NE，E，SE，S，SW，W，NW
	起伏度/m	<200，200 ~ 400，400 ~ 600，>600
1：5 万地形图	距河流距离/m	0 ~ 200，200 ~ 400，400 ~ 600，600 ~ 800，800 ~ 1000，>1000
1：5 万地形图	距道路距离/m	0 ~ 200，200 ~ 400，400 ~ 600，600 ~ 800，800 ~ 1000，>1000
1：5 万地质图	距断层距离/m	0 ~ 200，200 ~ 400，400 ~ 600，600 ~ 800，800 ~ 1000，>1000
1：5 万地质图	地层岩性	I_1，I_2，II_1，II_2，II_3，II_4，II_5，II_6，II_7，Ⅲ，Ⅳ，Ⅴ

3. 因子权重计算

根据式（5.25）~ 式（5.27），分别计算出滑坡、崩塌各评价因子的权重值。

表 5.49　权重计算表

因子	因子等级	滑坡数/个	滑坡比/%	栅格数	面积比/%	W^+	W^-	C
距断层/m	<200	772	14.65	19760790	10.09	0.372254	−0.05196	0.424216
	200 ~ 400	514	9.75	17874141	9.13	0.065828	−0.00686	0.072688
	400 ~ 600	374	7.10	15867084	8.11	−0.13304	0.010927	−0.14396
	600 ~ 800	344	6.53	14100111	7.20	−0.09859	0.00726	−0.10585
	800 ~ 1000	308	5.84	12592531	6.43	−0.09605	0.006276	−0.10233
	>1000	2959	56.14	115573879	59.04	−0.05035	0.068371	−0.11872
距道路/m	<200	1483	28.14	33694078	17.21	0.491475	−0.14151	0.632983
	200 ~ 400	1111	21.08	31531672	16.11	0.268989	−0.06108	0.330072
	400 ~ 600	801	15.20	28360495	14.49	0.047823	−0.00833	0.056156
	600 ~ 800	546	10.36	23901848	12.21	−0.16438	0.020862	−0.18525
	800 ~ 1000	404	7.66	18889620	9.65	−0.23025	0.021726	−0.25197
	>1000	926	17.57	59390782	30.34	−0.54632	0.168315	−0.71463
距河流/m	<200	781	14.82	15914934	8.13	0.600297	−0.07558	0.675876
	200 ~ 400	463	8.78	14892930	7.61	0.143802	−0.01282	0.156618
	400 ~ 600	349	6.62	13829969	7.06	−0.06481	0.004759	−0.06957
	600 ~ 800	307	5.82	12876633	6.58	−0.12161	0.00803	−0.12964
	800 ~ 1000	308	5.84	11978262	6.12	−0.04604	0.002928	−0.04897
	>1000	3063	58.11	126275808	64.50	−0.10436	0.165583	−0.26995
高程/m	<500	438	8.31	10422117	5.32	0.445261	−0.03205	0.477308
	500 ~ 1000	2299	43.62	80517244	41.13	0.058717	−0.04317	0.101885
	1000 ~ 1500	1626	30.85	72245882	36.90	−0.17924	0.091647	−0.27089
	1500 ~ 2000	816	15.48	23160343	11.83	0.268939	−0.04229	0.311224
	2000 ~ 2500	92	1.75	8953708	4.57	−0.96334	0.029208	−0.99255
	>2500	0	0.00	469242	0.24	0	0	0

续表

因子	因子等级	滑坡数/个	滑坡比/%	栅格数	面积比/%	W^+	W^-	C
坡向	N	440	8. 35	24511692	12. 52	−0. 40543	0. 046603	−0. 45203
	NE	583	11. 06	23122275	11. 81	−0. 06565	0. 008474	−0. 07413
	E	764	14. 49	19307313	9. 86	0. 385054	−0. 05276	0. 437812
	SE	753	14. 29	32568005	16. 64	−0. 15231	0. 027803	−0. 18011
	S	703	13. 34	24125186	12. 32	0. 07906	−0. 01163	0. 090691
	WS	619	11. 74	22604443	11. 55	0. 016917	−0. 00223	0. 019146
	W	704	13. 36	23615425	12. 06	0. 101839	−0. 01482	0. 116654
	NW	705	13. 38	25914197	13. 24	0. 010365	−0. 00159	0. 011955
坡度/(°)	<10	1154	21. 89	60128610	30. 71	−0. 33855	0. 119837	−0. 45838
	10 ~ 20	2789	52. 91	75618156	38. 63	0. 314709	−0. 26497	0. 579682
	20 ~ 30	1099	20. 85	42087042	21. 50	−0. 03063	0. 008227	−0. 03885
	30 ~ 40	189	3. 59	14183198	7. 24	−0. 70337	0. 038693	−0. 74206
	>40	35	0. 66	3751530	1. 92	−1. 05988	0. 012687	−1. 07256
起伏度/m	<100	41	0. 78	4499098	2. 30	−1. 08337	0. 015442	−1. 09881
	100 ~ 200	487	9. 24	33413516	17. 07	−0. 61375	0. 090207	−0. 70396
	200 ~ 300	1321	25. 06	54265081	27. 72	−0. 10078	0. 036105	−0. 13689
	300 ~ 400	1515	28. 74	48252251	24. 65	0. 15369	−0. 05587	0. 209563
	400 ~ 500	1021	19. 37	30348044	15. 50	0. 22277	−0. 04686	0. 26963
	500 ~ 600	512	9. 71	14917289	7. 62	0. 242769	−0. 02292	0. 265694
	>600	374	7. 10	10073257	5. 15	0. 321339	−0. 02077	0. 342111
地层岩组	$Ⅰ_1$	1087	20. 62	75463415	38. 55	−0. 62553	0. 255957	−0. 88148
	$Ⅰ_2$	482	9. 14	27881985	14. 24	−0. 44309	0. 057748	−0. 50084
	$Ⅱ_1$	14	0. 27	465971	0. 24	0. 10965	−0. 00028	0. 109926
	$Ⅱ_2$	1142	21. 67	27486456	14. 04	0. 433815	−0. 0929	0. 526711
	$Ⅱ_3$	1045	19. 83	18535485	9. 47	0. 739072	−0. 1215	0. 860572
	$Ⅱ_4$	451	8. 56	4396587	2. 25	1. 337672	−0. 06673	1. 404406
	$Ⅱ_5$	404	7. 66	7402061	3. 78	0. 706641	−0. 0412	0. 747841
	$Ⅱ_6$	59	1. 12	2872669	1. 47	−0. 27075	0. 003526	−0. 27428
	$Ⅱ_7$	149	2. 83	6771771	3. 46	−0. 20186	0. 006528	−0. 20839
	Ⅲ	412	7. 82	22964884	11. 73	−0. 40599	0. 043391	−0. 44939
	Ⅳ	0	0. 00	35854	0. 02	0	0	0
	Ⅴ	26	0. 49	1038103	0. 53	−0. 07234	0. 000372	−0. 07271

表 5.50　崩塌权重计算表

因子	因子等级	崩塌数/个	灾害比/%	栅格数	面积比/%	W^+	W^-	C
距断层/m	<200	319	12. 31	19760790	10. 09	0. 198628	−0. 02498	0. 223607
	200 ~ 400	246	9. 49	17874141	9. 13	0. 039111	−0. 00402	0. 043126
	400 ~ 600	247	9. 53	15867084	8. 11	0. 162278	−0. 01566	0. 177939
	600 ~ 800	204	7. 87	14100111	7. 20	0. 089072	−0. 00726	0. 096329
	800 ~ 1000	185	7. 14	12592531	6. 43	0. 104387	−0. 00759	0. 11198
	>1000	1390	53. 65	115573879	59. 04	−0. 09572	0. 123589	−0. 21931
距道路/m	<200	501	19. 34	33694078	17. 21	0. 116419	−0. 026	0. 142422
	200 ~ 400	387	14. 94	31531672	16. 11	−0. 07544	0. 013854	−0. 08929
	400 ~ 600	383	14. 78	28360495	14. 49	0. 020172	−0. 00346	0. 02363
	600 ~ 800	302	11. 66	23901848	12. 21	−0. 0464	0. 006285	−0. 05268
	800 ~ 1000	203	7. 83	18889620	9. 65	−0. 20828	0. 01988	−0. 22816
	>1000	815	31. 46	59390782	30. 34	0. 036183	−0. 01618	0. 052359
距河流/m	<200	308	11. 89	15914934	8. 13	0. 379982	−0. 04176	0. 421746
	200 ~ 400	228	8. 80	14892930	7. 61	0. 145595	−0. 01299	0. 158583
	400 ~ 600	221	8. 53	13829969	7. 06	0. 188461	−0. 01589	0. 204351
	600 ~ 800	169	6. 52	12876633	6. 58	−0. 00838	0. 000588	−0. 00897
	800 ~ 1000	173	6. 68	11978262	6. 12	0. 087333	−0. 00597	0. 093298
	>1000	1492	57. 58	126275808	64. 50	−0. 11346	0. 178071	−0. 29153
高程/m	<500	96	3. 71	10422117	5. 32	−0. 36245	0. 016951	−0. 3794
	500 ~ 1000	832	32. 11	80517244	41. 13	−0. 24751	0. 142522	−0. 39003
	1000 ~ 1500	1245	48. 05	72245882	36. 90	0. 263953	−0. 1944	0. 458354
	1500 ~ 2000	377	14. 55	23160343	11. 83	0. 20694	−0. 03133	0. 238275
	2000 ~ 2500	40	1. 54	8953708	4. 57	−1. 08606	0. 031257	−1. 11732
	>2500	1	0. 04	469242	0. 24	−1. 82624	0. 002014	−1. 82825
坡向	N	185	7. 14	24511692	12. 52	−0. 56167	0. 059691	−0. 62136
	NE	304	11. 73	23122275	11. 81	−0. 00664	0. 000885	−0. 00752
	E	405	15. 63	19307313	9. 86	0. 460545	−0. 06614	0. 526684
	SE	356	13. 74	32568005	16. 64	−0. 19127	0. 034151	−0. 22542
	S	322	12. 43	24125186	12. 32	0. 008429	−0. 00119	0. 009619
	WS	310	11. 96	22604443	11. 55	0. 03556	−0. 00474	0. 040297
	W	339	13. 08	23615425	12. 06	0. 081235	−0. 01168	0. 092911
	NW	370	14. 28	25914197	13. 24	0. 075847	−0. 01209	0. 087941

续表

因子	因子等级	崩塌数/个	灾害比/%	栅格数	面积比/%	W^+	W^-	C
坡度/(°)	<10	682	26.32	60128610	30.71	-0.15432	0.061466	-0.21579
	10~20	954	36.82	75618156	38.63	-0.0479	0.029011	-0.07691
	20~30	614	23.70	42087042	21.50	0.09739	-0.02841	0.125803
	30~40	249	9.61	14183198	7.24	0.282533	-0.02583	0.308364
	>40	92	3.55	3751530	1.92	0.61677	-0.0168	0.633574
起伏度/m	<100	39	1.51	4499098	2.30	-0.42319	0.008083	-0.43127
	100~200	366	14.13	33413516	17.07	-0.1892	0.034861	-0.22406
	200~300	734	28.33	54265081	27.72	0.021762	-0.00847	0.030235
	300~400	649	25.05	48252251	24.65	0.016124	-0.00533	0.021455
	400~500	376	14.51	30348044	15.50	-0.06601	0.011651	-0.07766
	500~600	228	8.80	14917289	7.62	0.14396	-0.01285	0.156814
	>600	199	7.68	10073257	5.15	0.400561	-0.02709	0.427649
地层岩组	I_1	1164	44.92	75463415	38.55	0.153105	-0.10957	0.262674
	I_2	514	19.84	27881985	14.24	0.331381	-0.06748	0.398857
	II_1	9	0.35	465971	0.24	0.377996	-0.0011	0.379093
	II_2	302	11.66	27486456	14.04	-0.18613	0.027363	-0.2135
	II_3	307	11.85	18535485	9.47	0.224298	-0.02665	0.250946
	II_4	76	2.93	4396587	2.25	0.267042	-0.00706	0.2741
	II_5	43	1.66	7402061	3.78	-0.82343	0.021809	-0.84524
	II_6	30	1.16	2872669	1.47	-0.23691	0.003136	-0.24005
	II_7	75	2.89	6771771	3.46	-0.17814	0.00583	-0.18397
	Ⅲ	54	2.08	22964884	11.73	-1.72786	0.103717	-1.83158
	Ⅳ	0	0.00	35854	0.02	0	0	0
	Ⅴ	17	0.66	1038103	0.53	0.212955	-0.00127	0.214221

4. 危险性指数计算

评价单元的最终危险性指数（LHI）等于各因子图层的权重与指标值的乘积之和。

根据表5.49的计算结果，将各个因子图层栅格化，栅格的值即为表5.50中计算得到的 C 值。最后将各个因子图层叠加，生成最终的危险性分区如图5.80、图5.81所示。

5. 与综合评判法比选

采用成功率曲线方法对本次预测作精度分析。成功率曲线是验证预测模型的一种有效方法，广泛应用于地质灾害敏感性、危险性评价结果的验证。横轴表示评价结果中危险性指数从高到低的面积百分比，纵轴表示对应的滑坡数所占百分比。成功率曲线的线下面积（Area Under the Curve，AUC）越大，说明预测的效果就越好，该值可以作为预测灾害危险性准确率使用。

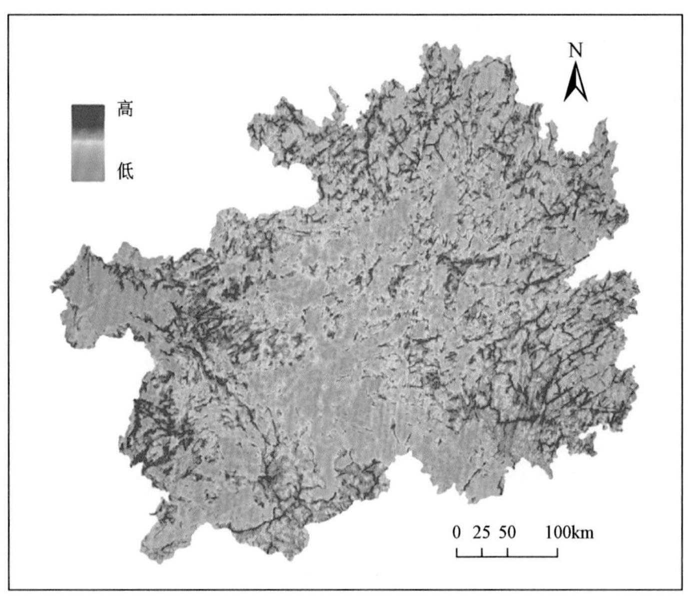

图 5.80　贵州省滑坡地质灾害危险性图（证据权法）

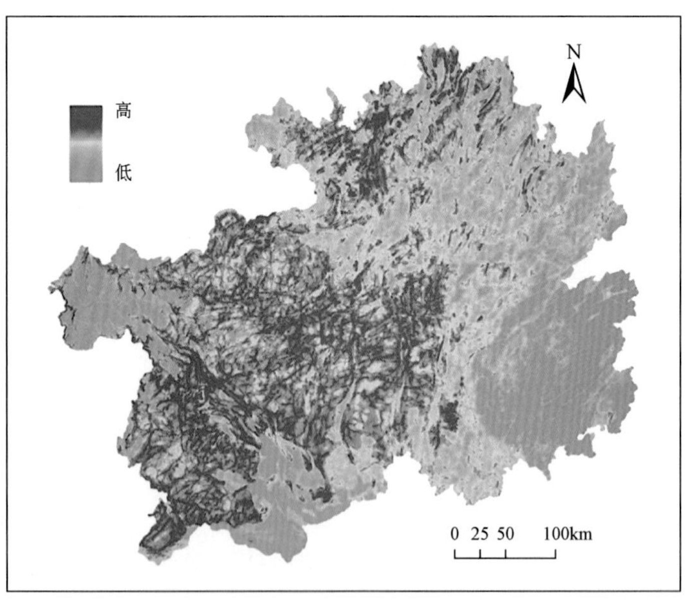

图 5.81　贵州省崩塌地质灾害危险性图（证据权法）

采用证据权法滑坡灾害预测的成功率曲线 AUC 为 0.71，即可以认为此次危险性模型评价的精度为 71（图 5.82），崩塌灾害预测的成功率曲线 AUC 为 0.67（图 5.83），崩塌预测的精度略低于滑坡，这和崩塌灾害的样本数量远小与滑坡灾害样本数量有关。采用综合评判法的成功率曲线 AUC 为 0.59（图 5.84）。证明了应用证据权法评价贵州省滑坡地质灾害危险性的精度较应用综合评判法的预测精度高，故选取证据权法的预测结果作为下一步风险评价的基础。

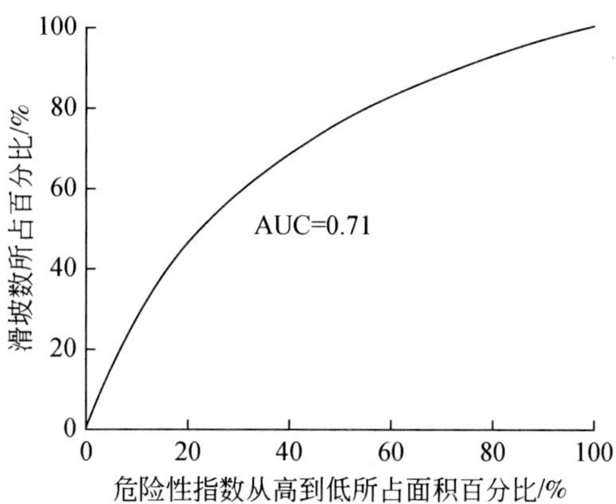

图 5.82　滑坡成功率曲线图（证据权法）

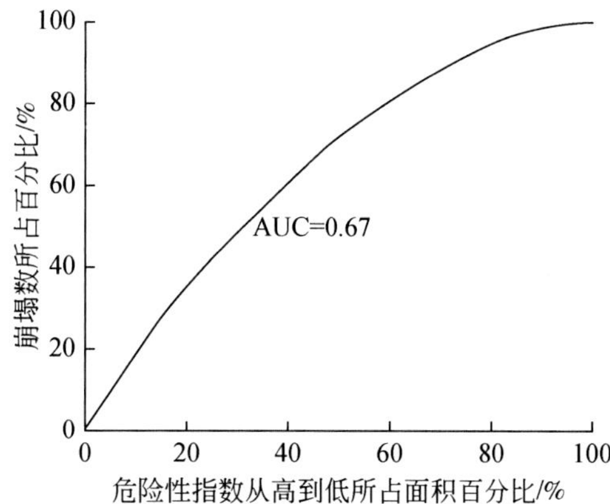

图 5.83　崩塌成功率曲线图（证据权法）

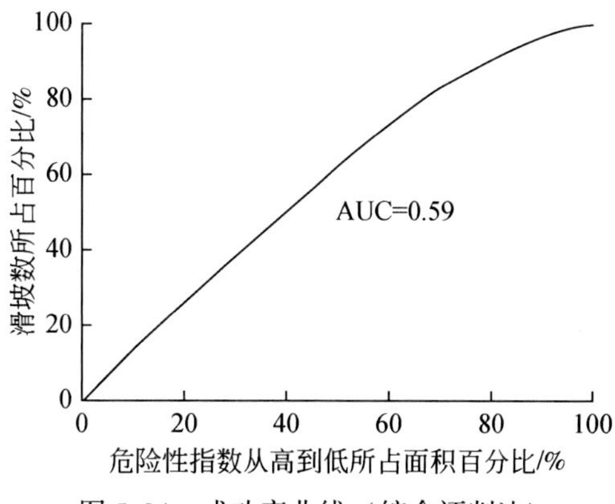

图 5.84　成功率曲线（综合评判法）

（三）基本致灾因素概率的危险性评价

1. 致灾因素概率模型

大量统计研究表明，贵州省地质灾害发生受地形地貌、岩性、构造三大因素控制，它们构成全省地质灾害发生的主要因子。不同的地形地貌、岩性、构造类型对地质灾害发育的频度大小影响十分明显。从一定意义上讲，各种不同条件下地质灾害发育频度是其致灾内因的反映。大量已发生地质灾害实例表明，地质灾害发生是由多因素综合作用的结果，具有不确定性和随机性。我们分析研究某一区域地质灾害发生的可能性，事实上是在对地质灾害发生概率作出判断，发生概率大，说明发生地质灾害可能性就大，反之，则小。这样，我们可以引入地质灾害发生概率的概念，把地形地貌、岩性、构造每一致灾单因素进行概率量化。每一单因素致灾的概率与该种因素致灾的频度有关，还与该种致灾因素的关联度即概率系数有关。据此可建立致灾因素概率模型，用下式表示：

$$Y=a_{(g,r,s)}\times P_{(g,r,s)} \tag{5.28}$$

式中，Y 为发生概率；P 为地质灾害发育频度；P_g、P_r、P_s 分别为地形地貌、岩性、构造因素影响下的地质灾害发育频度；$a_{(g,r,s)}$ 为各因素概率系数，取值 0.1 ~0.6。

关于概率系数 $a_{(i,j,k)}$ 的取值，采用效果测度方法，先对样本值进行无量纲化处理，公式为

$$X_0^1=\frac{\min X_i(k)}{X_i(k)} \tag{5.29}$$

式中，$X_i(k)$ 为第 i 比较序列第 k 个样本值；$\min X_i(k)$ 为第 i 比较序列中的最小值。

按无量纲化后参考序列作为测度标准，用无量纲化后的比较序列与参考序列的效果测度值作为关联系数。

当 $X'_i(k)<X'_0(k)$ 时：

$$Y_i(k)=\frac{X'_i(k)}{X'_0(k)} \tag{5.30}$$

当 $X'_i(k)>X'_0(k)$ 时：

$$Y_i(k)=\frac{X'_0(k)}{X'_i(k)} \tag{5.31}$$

式中，$Y_i(k)$ 为第 i 个比较序列第 k 个样本同参考序列的接近程度，即关联系数。

将各因素序列关联系数的平均值称为关联度，即各致灾因素的概率系数。

$$a_{(g,\ r,\ s)}=\frac{1}{N}=\sum_{i=1}^{n}Y_i(k) \tag{5.32}$$

按照每个市或州选取一个县来昨晚统计样本，共选择 9 个样本数据如表 5.51 所示。表 5.51 中，X_0 为地质灾害分布密度，处/100km^2；X_1 为地质灾害发生地地形坡度；X_2 为地质灾害基岩岩石比率，表示软质岩产生地质灾害的百分数与其出露面积百分数之比。X_3 为断裂带密度，km/100km^2。

据表 5.51 所列数据，按式（5.30）~式（5.32）计算，分别求得第一次效果测度值（表 5.52）、第二次效果测度值（表 5.53）。

表 5.51　标本信息数据

样本	六盘水	毕节	遵义	铜仁	黔东南	黔南	黔西南	贵阳市	安顺市
	盘县	纳雍	凤冈	印江	凯里	都匀	兴义	开阳	关岭
滑坡个数/个	347	92	65	65	117	90	191	34	49
滑坡密度（X_0）	8.52	3.74	3.44	3.33	8.97	3.93	6.55	1.68	3.34
滑坡平均坡度正切值（X_1）	0.59	0.53	0.66	0.60	0.66	0.63	0.66	0.64	0.59
软硬互层滑坡面积比（X_2）	0.31	0.85	0.45	0.45	2.89	0.35	0.85	2.48	2.02
断层密度（X_3）	33.96	30.09	47.86	27.04	41.44	34.62	43.40	51.83	40.32

表 5.52　第一次效果测度值

样本	六盘水	毕节	遵义	铜仁	黔东南	黔南	黔西南	贵阳市	安顺市
	盘县	纳雍	凤岗	印江	凯里	都匀	兴义	开阳	关岭
滑坡密度（X'_0）	0.20	0.45	0.49	0.50	0.19	0.43	0.26	1.00	0.50
滑坡平均坡度正切值（X'_1）	0.90	1.00	0.80	0.88	0.80	0.84	0.80	0.83	0.90
软硬互层滑坡面积比（X'_2）	1.00	0.36	0.69	0.69	0.11	0.89	0.36	0.13	0.15
断层密度（X'_3）	0.80	0.90	0.56	1.00	0.65	0.78	0.62	0.52	0.67

表 5.53　第二次效果测度值

样本	盘县	纳雍	凤岗	印江	凯里	都匀	兴义	开阳	关岭	$a(i, j, k)$
滑坡平均坡度正切值（Y_1）	0.22	0.45	0.61	0.57	0.23	0.51	0.32	0.83	0.56	0.48
软硬互层滑坡面积比（Y_2）	0.20	0.81	0.71	0.73	0.57	0.48	0.70	0.13	0.31	0.52
断层密度（Y_3）	0.25	0.50	0.86	0.50	0.29	0.55	0.41	0.52	0.75	0.51

计算结果为：a_g地形地貌概率系数为0.48；a_r岩性概率系数为0.52；a_s构造概率系数为0.51。

2. 地形地貌因素的发生概率量化

地形地貌中，坡度不同区域，其地质灾害的发育频度差异明显。

将坡度分成4个等级。据式（5.32）和表5.53，a 取值为0.48，计算并确定出不同地貌类型的发生概率值如表5.54所示。

表 5.54　不同地貌类型发育频度及发生概率值表

坡度分类	<10°	10°~20°	20°~30°	30°~40°	>0°
频度	0.3	2~5	5~10	10~12	12~14
计算发生概率	0.144	0.96~2.4	2.4~4.8	4.8~5.76	5.76~6.72
发生概率取值	0.144	1.64	3.6	5.28	6.24

3. 岩性因素的发生概率量化

岩性因素中，硬质岩、较硬质岩、软硬互层岩、软质岩的地质灾害频度差异明显。根据四大岩类的地质灾害频度统计，其频度依次由硬质岩、较硬质岩、软硬互层岩、软质岩增加。a 取值为 0.52，计算并确定出不同岩性发生概率如表 5.55 所示。

表 5.55　不同岩性发育频度及发生概率值表

岩类	硬质岩	较硬质岩	软硬互层岩	软质岩
频度	2~3	3~6	6~10	10~15
计算发生概率	1.04~1.56	1.56~3.12	3.12~5.2	5.2~8.4
发生概率取值	1.33	2.64	4.16	6.8

4. 构造因素的发生概率量化

构造因素中，距断层距离远近，其地质灾害的发育频度差异明显。根据统计，如表 5.56 所示，其频度由于距离断层的距离增加而减少。a 取值为 0.51。计算并确定不同构造类型地质灾害发生概率值如表所列。

表 5.56　不同构造类型发育频度及发生概率值表

距断层距离/m	<200	200~400	400~600	600~800	800~1000
频度	3~5	2~3	1~2	0.6~1	0.3~0.6
计算发生概率	1.53~2.55	1.02~1.53	0.51~1.02	0.306~0.52	0.153~0.306
发生概率取值	2.04	1.25	0.77	0.41	0.23

四、地质灾害危险性区划及评价

仅仅知道单一具体因素的地质灾害发生概率对评价某一区域地质灾害的危险性概率是不够的。众所周知，一个区域内发生地质灾害原因是多元的，在评价区域性地质灾害危险性时，就要求我们从单纯的因素分析上升到区域性危险性评价，从单一因素上升到多因素分析，从发生概率上升到危险性概率的计算。为此，构建单元危险性概率模型来解决这一系列问题。

将贵州省以县、区为一个单元，进行剖分。以一个单元为对象，分别求出地形地貌危险性概率、岩性危险性概率、构造危险性概率，再进行合成求出该单元危险性概率。按此方法，逐一求出全部单元的危险性概率值，从而进行全省地质灾害的危险性评价与区划。

1）地形地貌危险性概率

根据贵州省 AsterGDEM 数据，生成坡度图，并对坡度图按表进行分级处理，对每个单元按坡度分级提取地形地貌信息，包括具体坡度等级、分布面积、比例等，按地形地貌因素发生概率值表 5.54 分别取值，代入式（5.33）进行计算，求出单元地形地貌危险性概率值。

$$F_g = aF_{g1} + bF_{g2} + cF_{g3} + dF_{g4} \tag{5.33}$$

式中，F_g 为单元地形地貌危险性概率值；F_{g1} 为单元内坡度<10°发生概率值；F_{g2} 为单元内 10°～25°发生概率值；F_{g3} 为单元内 25°～40°发生概率值；F_{g4} 为单元内>40°发生概率值；a、b、c、d 分别为坡度<10°、10°～25°、25°～40°、>40°在单元内所占的面积系数。

2）岩性危险性概率

根据贵州省 1∶25 万地质图，对每个单元按硬质岩体、较硬质岩体、软硬互层岩体、软质岩体提取岩性信息，包括岩石类型、分布面积、比例等。不同岩石类型的岩性因素发生概率值在表 5.55 中取得，按照式（5.34）进行计算，求出单元岩性危险性概率值。

$$F_r = aF_{r1} + bF_{r2} + cF_{r3} + dF_{r4} \tag{5.34}$$

式中，F_r 为单元岩性危险性概率值；F_{r1} 为硬质岩体发生概率值；F_{r2} 为较硬质岩体发生概率值；F_{r3} 为软硬互层岩体发生概率值；F_{r4} 为软质岩体发生概率值；a、b、c、d 分别为硬质岩体、较硬质岩体、软硬互层岩体、软质岩体分布的面积系数。

3）构造危险性概率

根据贵州省 1∶25 万地质图，提取断层信息，并对断层进行缓冲分析，缓冲距离分别是 200m、400m、600m、800m、1000m，计算各自所占面积及比例等。不同缓冲距离的概率值在表 5.56 中取得，按式（5.35）进行计算，求出单元构造危险性概率值。

$$F_s = aF_{s1} + bF_{s2} + cF_{s3} + dF_{s4} + eF_{s5} \tag{5.35}$$

式中，F_s 为单元构造危险性概率值；F_{s1} 为距断层距离<200m 发生概率值；F_{s2} 为距断层距离 200～400m 发生概率值；F_{s3} 为距断层距离 400～600m 发生概率值；F_{s4} 为距断层距离 600～800m 发生概率值；F_{s5} 为距断层距离 800～1000m 发生概率值；a、b、c、d、e 分别为<200m、200～400m、400～600m、600～800m、800～1000m 分布的面积系数。

4）单元地质灾害危险性概率

以地质灾害发育度为权重，对每个单元内地形地貌危险性概率、岩性危险性概率、构造危险性概率进行合成，从而得到单元危险性概率模型：

$$H = R_1 wF_g + R_2 wF_r + R_3 wF_s \tag{5.36}$$

式中，H 为单元危险性概率值；F_g 为单元地形地貌危险性概率值；F_r 为单元岩性危险性概率值；F_s 为单元构造危险性概率值；R 为单元地质灾害发育度，为单元内已发生地质灾害的处数，即面密度。取值如表 5.57 所示。

表 5.57　单元地质灾害发育度取值表

单元地质灾害发生数/个	<1	1～5	>5
发育度	1.0	1.1	1.2

根据式（5.36），计算得到贵州省危险性图，如图 5.85 所示。

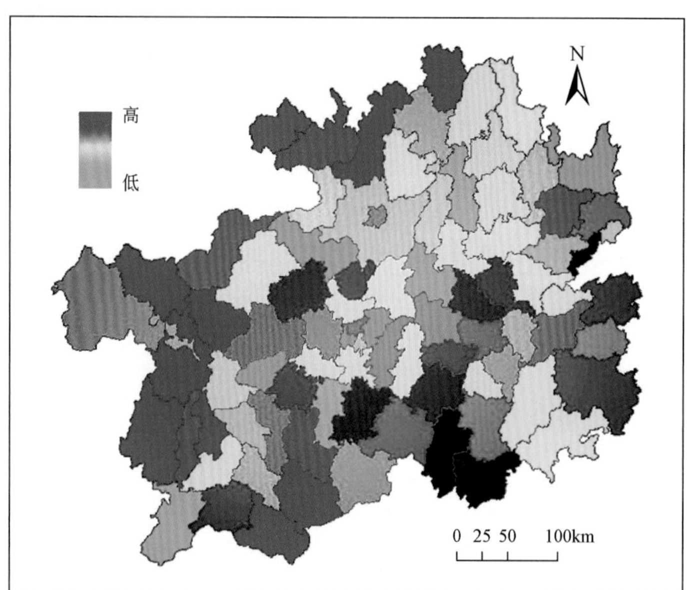

图 5.85　贵州省地质灾害危险性分区图

五、易损性分析

由于此次易损性评价因子中的大部分数据都来自 2009 年中国区域经济统计年鉴，并且数据都是以县市级行政区为统计单元，因此，此次易损性评价中，选择县级行政区作为基本评价单元。

危险性的评价因子来源于地质灾害的自然属性，而易损性的评价因子则为其社会属性，来源更加复杂宽泛、复杂，描述起来也相对困难，并且资料获取以及资料的准确度保证较为困难。人口密度、人口素质、建筑面积、交通流量、公路密度、经济发展水平、耕地面积、矿产资源分布等，均可以且被前人用以评价易损性。但总的来说，易损性评价的内容应该主要包括以下两个方面内容：人口易损性和物质经济易损性。本次评价在全省区域尺度上，由于收集的数据有限，选取 2009 年人口密度作人口易损性分析，以 2009 年各县市 GDP 总额作为经济易损性分析（表 5.58）。

表 5.58　贵州省各县市人口、经济统计表（据 2009 中国区域经济统计年鉴）

县（市）	人口/万人	GDP/万元	经济密度/(万元/km^2)	人口密度/(人/km^2)	县（市）	人口/万人	GDP/万元	经济密度/(万元/km^2)	人口密度/(人/km^2)
兴义市	78	1023462	351	269	金沙县	63	536727	211	248
荔波县	17	113378	47	71	开阳县	43	559585	277	212
从江县	33	129280	39	99	平塘县	31	125386	45	111
黎平县	51	170753	38	114	罗甸县	34	170493	57	113

续表

县（市）	人口/万人	GDP/万元	经济密度/（万元/km²）	人口密度/（人/km²）	县（市）	人口/万人	GDP/万元	经济密度/（万元/km²）	人口密度/（人/km²）
天柱县	40	191113	88	181	龙里县	22	229768	151	142
沿河县	61	232204	93	242	惠水县	44	220697	90	179
桐梓县	68	370003	116	213	麻江县	21	94013	75	168
贵阳市	157	470003	195	653	福泉市	32	397243	235	187
道真县	33	128279	59	155	余庆县	29	218845	135	179
赤水市	30	269227	145	162	湄潭县	48	210865	113	259
普定县	45	227132	209	412	瓮安县	45	269568	136	228
息烽县	25	413671	398	241	黄平县	37	113630	68	220
修文县	29	348649	328	275	凯里市	48	589044	451	369
六盘水市	112	370003	104	316	都匀市	48	576368	252	211
普安县	32	151000	106	222	独山县	35	157098	65	143
镇宁县	37	227132	132	214	石阡县	40	152734	70	182
晴隆县	31	123733	93	230	镇远县	26	175979	94	139
兴仁县	50	261775	146	279	施秉县	16	95482	61	102
贞丰县	37	228799	152	249	剑河县	25	92473	45	122
望谟县	30	73809	25	101	台江县	15	64975	53	120
安龙县	44	280018	125	199	雷山县	15	55671	47	125
关岭县	35	160812	110	236	榕江县	34	127579	39	104
紫云县	35	118163	52	156	三都县	34	118119	50	142
长顺县	26	118758	77	167	松桃县	69	316513	11	241
大方县	103	536685	152	292	江口县	23	111697	59	120
纳雍县	87	527836	214	352	岑巩县	22	103779	69	149
清镇市	50	764651	511	335	印江县	43	191580	98	218
织金县	102	401140	140	354	思南县	66	291332	131	296
平坝县	35	322962	322	344	习水县	69	370250	120	223
安顺市	22	322962	188	130	凤冈县	43	174356	92	225
黔西县	88	536685	215	354	务川县	44	150128	54	157
赫章县	72	255525	79	222	毕节市	139	840404	247	408
遵义县	118	1060802	207	231	威宁县	126	439216	69	200
三穗县	22	92633	90	210	仁怀县	64	1157394	657	362
丹寨县	16	66677	71	171	绥阳县	53	240512	94	207
德江县	50	233174	113	242	正安县	62	181738	70	239
玉屏县	15	203690	390	284	册亨县	23	69664	27	89
锦屏县	22	103941	65	138					

由表制作出人口密度图（图 5.86）和经济密度图（图 5.87），用以表示易损性大小。

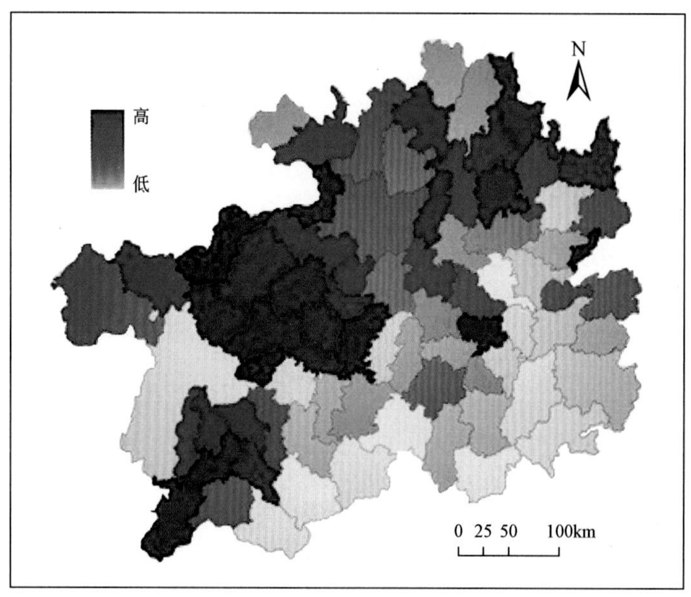

图 5.86　人口密度图

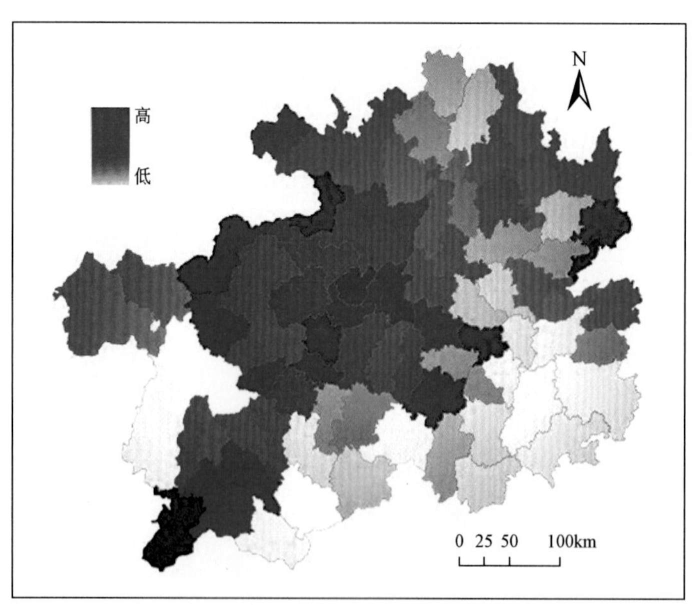

图 5.87　经济密度图

六、风险分析制图

地质灾害风险根据地质灾害的危险性与易损性计算得

$$风险 = 危险性 \times 易损性$$

由于危险性指数图是以栅格为基本单元，而易损性图是以县市级行政区划为基本单元，必须先统一评价单元，为便于 GIS 平台中计算，故将易损性图栅格化，并与危险性图具有相同大小的栅格单元。将滑坡危险性图、崩塌危险性图综合得到崩塌滑坡危险性图。分别将易损性和危险性指数作归一化处理，再对每一个栅格单元的危险性和易损性进行计算，得到每个栅格单元的风险值。按各县市行政区统计区内的栅格单元的平均值，以表示县市单元的滑坡、崩塌平均风险（图 5. 88、图 5. 89），统计县市行政区内的栅格单元值的和（图 5. 90、图 5. 91），以表示县市单元的总风险，图中红色表示风险高，绿色表示风险低。得到崩塌滑坡风险前 10 位县市、各市州崩塌滑坡风险排名情况（图 5. 92、图 5. 93，表 5. 59、表 5. 60）。

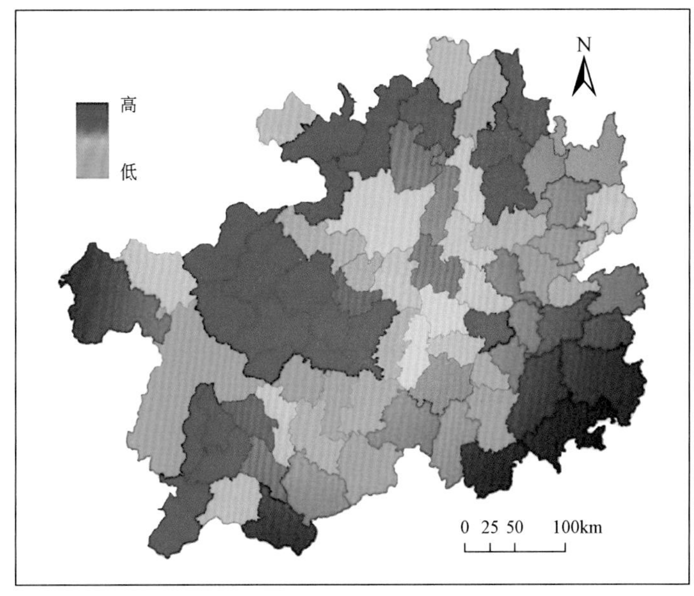

图 5. 88　崩塌、滑坡人口风险（县区平均）

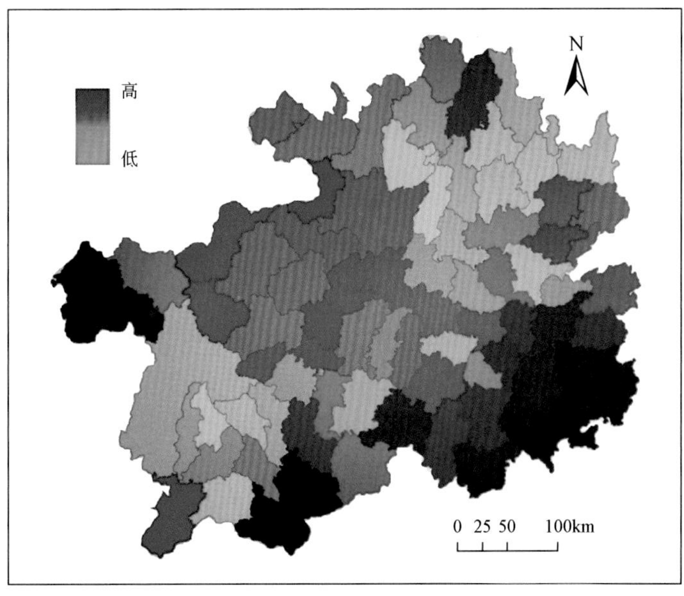

图 5. 89　崩塌、滑坡经济风险（县区平均）

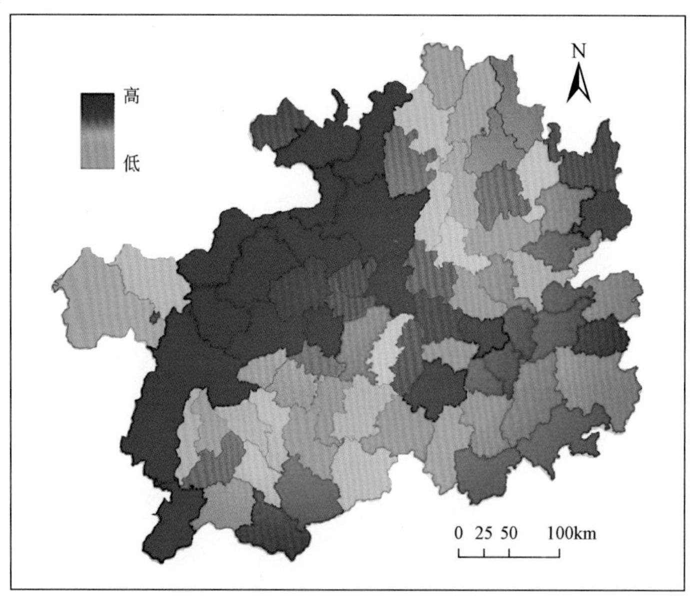

图 5.90　崩塌、滑坡人口风险（县区汇总）

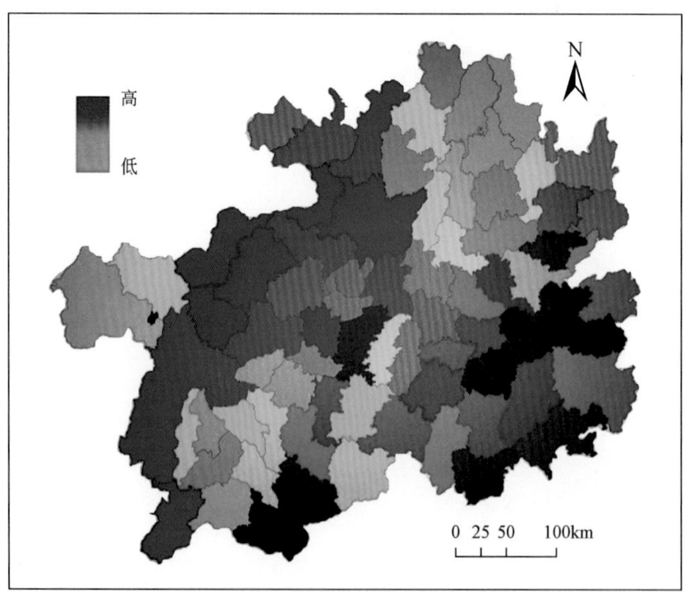

图 5.91　崩塌、滑坡经济风险（县区汇总）

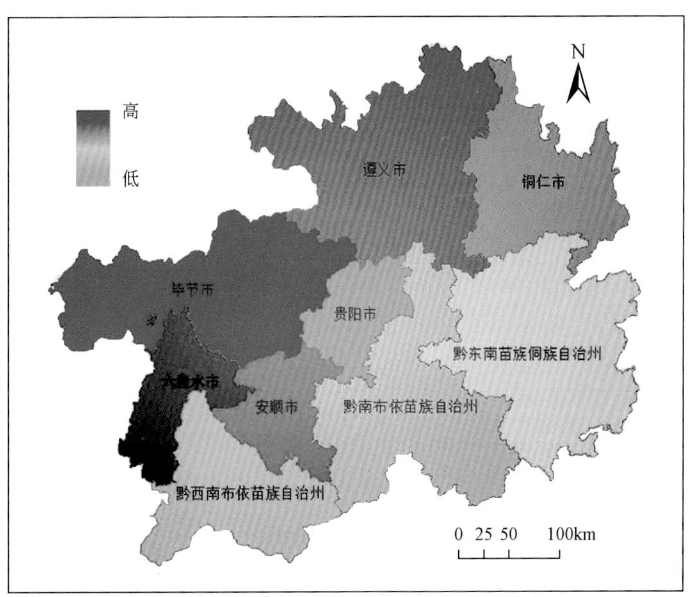

图 5.92　崩塌、滑坡人口风险（市州汇总）

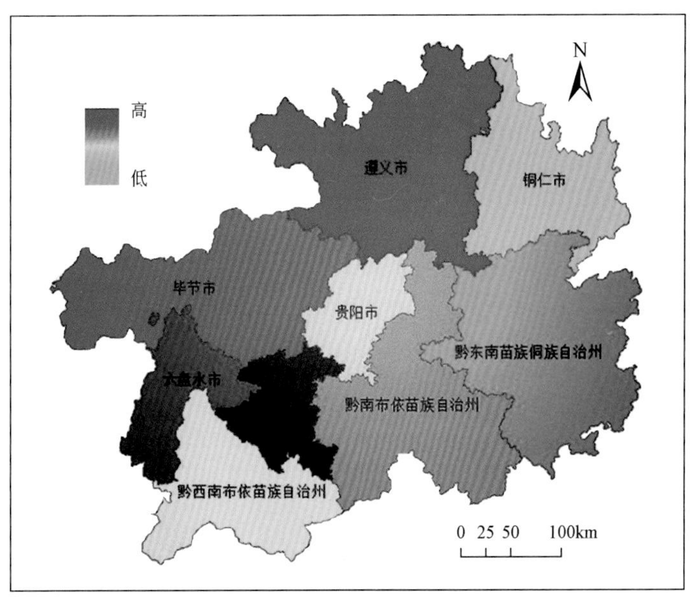

图 5.93　崩塌、滑坡经济风险（市州汇总）

表 5.59　风险（区域汇总）前 10 位县市表

风险排名 风险类别	1	2	3	4	5	6	7	8	9	10
人口总风险	毕节	织金	大方	纳雍	遵义	桐梓	习水	兴义	黔西	仁怀
经济总风险	仁怀	兴义	毕节	遵义	清镇	纳雍	都匀	大方	凯里	开阳

表 5.60　各市总风险汇总排名

风险总值排名	人口总风险	经济总风险
1	遵义市	毕节市
2	毕节市	遵义市
3	黔南布依苗族自治州	铜仁市
4	贵阳市	黔南布依苗族自治州
5	黔西南布依苗族自治州	黔东南苗族侗族自治州
6	铜仁市	黔西南布依苗族自治州
7	黔东南苗族侗族自治州	贵阳市
8	六盘水市	安顺市
9	安顺市	六盘水市

第6章 岩溶山地重大地质灾害成灾模式研究

第一节 重大崩滑地质灾害发育模式

一、边坡破坏基本类型

自然边坡演化具有明显的阶段性，从宏观上看，大致可以分为3个阶段，即边坡变形、破坏和破坏后的继续运动。其中边坡变形是指边坡岩土体中存在未形成贯通性破坏面之前的变形和局部破裂。在边（斜）坡演化过程中，已有明显变形破裂迹象的岩土体，或已查明处于进展性变形的岩土体，称为（时效）变形体。

边（斜）坡破坏是指边坡岩土体中已经形成了贯通性破坏面或快速充分解体并离开原位。本报告中，我们参照瓦恩斯（D. Varnes）分类、国内常用分类及应用习惯，以边坡孕育后期及破坏时主控机理为基本依据，将边坡破坏分为3种基本类型，即崩塌（collapse）、滑坡（landslide）和泥石流（debris flow）（表6.1）。本书主要讨论崩塌和滑坡。其中崩塌是以拉断破坏为主，可以分为坠落和山崩两类；滑坡以剪切破坏为主，包括滑坡（沿特定弱面的剪切滑动）和侧向扩离（下伏软弱物质发生塑性流动）两个亚类。

边坡破坏后的继续运动大致可分为三类基本类型，第一类是就近堆积坡脚附近，坡体在重力作用下失稳和运动，当以滑动方式失稳时，坡体往往能较好地保持原结构特征或解体有限，如凤冈县洞卡拉滑坡、岑巩县大榕滑坡、习水县程寨滑坡、威宁猴场镇腰岩脚崩塌等。第二类为形成高速碎屑流，一般有4种情况，其一是坡体中存在高能积累部位，失稳时发生强烈破坏，并因内能释放而岩体破碎，并高速运动形成碎屑流，如关岭县大寨和龙朝树滑坡，云南镇雄滑坡，龙羊峡近坝库区的查纳滑坡和甘肃洒勒山滑坡等；其二坡体失稳后处于高位，由于大高差导致高势能，如马达岭滑坡；其三是由于“强夯”效应导致堆积体获得高能量，并形成高速碎屑流，如西藏易贡滑坡和贵州纳雍佐家营崩滑灾害，上部滑坡或崩塌体以高速冲击“强夯”下部松散堆积体，并因此形成高速碎屑流；其四是处于高处坡体，在强震作用下高速启动，在运动过程中撞击破碎又释放能量，形成高速碎屑流，这种情况，在贵州境内极其罕见。第三类是转化为泥石流，松散堆积层在高强度快速饱水条件件稳定性急剧降低，启动后转化为泥石流。

表 6.1 边坡破坏基本类型

基本类型	亚类	主要特征
崩塌	坠落（崩塌）	陡坡上岩土体在重力及内、外动力作用下，小规模多次突然坠落，通常以自由下落、跳跃、滚动等形式运动，堆积于坡麓形成锥形堆积体
	山崩（崩塌）	陡坡上较大范围岩土体在重力及内外动力作用下，整体性突然滑落、溃屈或倾倒破坏。是拉破坏为主导的大块体失稳
滑坡	滑坡（滑动）	失稳坡体在自重及外动力和地震等作用下，沿特定的弱面发生滑移。坡体中可能存在多个弱面（带）
	侧向扩离（塑流破坏）	坡体具有分散移动特征。坡体中没有一个轮廓分明的控制基底的剪切面或塑流带；岩土体的侧向扩展是因为下伏软弱物质的液化或塑流
泥石流		启动后，形成携带大量泥沙、块石等固体物质的特殊洪流。基本条件，即具有可大量汇水地形，松散物质丰富，短时间内有大量水的来源

实际上，贵州山区灾害多在强降雨作用下诱发，而山区沟谷往往具有较大高差，崩滑灾害高速启动形成的碎屑流在运动过程中，混合地表水，并冲击、刮铲沿途松散堆积体，导致其中产生超孔隙水压力并液化，而新混合碎屑流也混合有大量空气，这使得碎屑流运动阻力会减小，而较大坡降使其继续获得动能。这些综合效应导致碎屑流流动更远，最后也可能转化为泥石流，如关岭县大寨滑坡形成的碎屑流滑动约 1.2km，马达岭滑坡形成的碎屑流最后转化为泥石流。

二、贵州省崩滑主要发育模式

（一）崩滑灾害孕育过程中的主控因素分析

在广泛调查、分析和规律总结基础上，选择了 9 个滑坡点和 6 个崩塌点（表 6.2）开展了深入研究，结合西南地区典型大型滑坡和崩塌形成机制研究成果，分析总结了贵州滑坡、崩塌灾害主要发育模式。

表 6.2 典型崩滑灾害点发育模式及形成机理

典型崩滑灾害点		发育模式	形成机理
(1)	遵义市习水县程寨滑坡	弱面控制型	蠕滑-拉裂-滑移
(2)	德江县钱家乡香树坪滑坡		蠕滑-拉裂
(3)	岑巩县新龙组大榕滑坡		蠕滑-拉裂-滑移
(4)	关岭县岗乌镇大寨滑坡	关键块体型	压缩-倾倒-剪断型
(5)	关岭县断桥镇龙朝树滑坡		压缩-倾倒-剪断型
(6)	铜仁地区印江县岩口滑坡		滑移-拉裂-剪断型
(7)	凤冈县石径乡洞卡拉滑坡		滑移-拉裂-剪断型
(8)	都匀市江洲镇马达岭滑坡	采空区控制型	塌陷-拉裂-剪断

续表

<table>
<tr><th colspan="2">典型崩滑灾害点</th><th>发育模式</th><th>形成机理</th></tr>
<tr><td>(9)</td><td>大方县瓢井乡德兴煤矿滑坡</td><td>复合型</td><td>挤压–蠕滑</td></tr>
<tr><td>(10)</td><td>开阳县金中镇洋水河磷矿区崩塌群</td><td rowspan="5">采空区控制型</td><td>沉陷–拉裂–倾倒
沉陷–拉裂–滑塌
沉陷–拉裂–剪断</td></tr>
<tr><td>(11)</td><td>威宁县猴场镇腰岩脚崩塌</td><td>塌陷–倾倒–拉裂</td></tr>
<tr><td>(12)</td><td>那雍县鬃岭煤矿中岭高边坡变形体及崩塌</td><td>塌陷–倾倒–拉裂</td></tr>
<tr><td>(13)</td><td>黔东南凯里市龙场镇龙场崩塌</td><td>塌陷–剪断</td></tr>
<tr><td>(14)</td><td>大方县云顶村云龙山变形体</td><td>塌陷–倾倒–拉裂</td></tr>
<tr><td>(15)</td><td>思南县凉水井镇危岩体</td><td>软弱基座型</td><td>压缩–拉裂–倾倒</td></tr>
</table>

在边坡时效变形过程中，坡体中不同部位的变形破坏程度不同，而不同结构变形坡体，其中变形破坏现象的空间变化规律也不同，这表明，在边坡演化过程中，存在着控制坡体稳定程度或演化进程的主控结构或部位。根据主控结构或部位作用方式，我们将其分为两类，一是“强”结构，它是在坡体时效变形期间逐步形成的，其中逐渐形成高应力集中，而变形破坏程度却相对较低。显然，强结构部分岩体是控制坡体演化和稳定的关键块体；二是“弱”结构，它是坡体演化过程中首先达到破坏的部位，而且由于其逐步破坏，坡体进一步变形和稳定性降低，一般在坡体时效阶段，“弱”结构部位往往首先孕育出潜在滑面。坡体中可发展为“弱”结构的结构单元有软岩组，弱面以及潜在灾害体下的采空区等。

此外，边坡演化进程及机制也可能因强外动力作用（如强降雨、地震、地表水位变化、人类工程活动等）而发生改变（转化），因此，强外动力作用也是影响边坡演化进化进程的主控因素，可称为主控诱发因素。

由此可见，崩滑灾害孕育及发生主控因素可以分为三类：即关键块体控制模式，弱结构控制模式和强外动力诱发模式。

（二）贵州滑坡主要发育模式

基于贵州省内典型滑坡形成机制分析，结合专题一研究成果及西南地区大型滑坡灾害形成机制研究成果，我们将贵州滑坡灾害发育主控结构归纳为 4 种类型，即弱面、关键块体、软弱基座和采空区。斜坡结构类型不同，其孕育演化过程中形成的主控结构及在坡体中的分布不同，由此显示不同地质力学演化模式（表 6.3、表 6.4）。现简要说明如下。

1）弱面控制型滑坡

滑坡孕育过程中，坡体中“弱面”结构可分为三类，一是结构性弱面，包括软岩夹层、破碎带厚度不大的断层、层间挤压带、方位不利的长大裂隙等；二是应力型弱带，如均质坡体中的最大剪应力集中带；三是复合型弱面，如中倾外层状结构坡中，“层面”与最大剪应力带复合时才可能发展而成滑面，而软硬岩接触面和基覆界面，往往因剪应力集中而易发展为滑面。

表 6.3　贵州滑坡主要发育模式

发育模式	机理	边坡结构特征	形成机制
（一）弱面控制型	平推（滑移）式	平缓倾外层状边坡，通常为软弱互层型，硬质岩层一般为较坚硬岩或较软岩。岩层倾角一般不大于残余摩擦角，以薄层状结构为主，软硬互层	坡体下部软岩塑性变形或前缘卸荷回弹，坡体中发育受构造结构面控制的横向张裂缝。强降雨条件下，横张裂缝中形成高水位，在后缘裂缝中高静水压力及潜在滑面上高扬压力作用下，坡体启动而短时快速滑坡
	滑移-拉裂	中缓倾外层状边坡，岩层倾角在弱面残余摩擦角与峰值摩擦角之间；或者坡体中发育中缓倾外软弱结构面或长大裂隙。控制性弱层出露于坡脚	受卸荷回弹、风化等作用下，控制软层强度降低，沿弱面蠕滑，导致坡体出现张裂缝。弱面进一步软化。在强降雨条件下，高静水压力和滑面上扬压力作用下滑移破坏
	蠕滑-拉裂	均质软岩边坡，碎裂结构，或由构造改造或风化卸荷等表生改造而成。或为软岩层状边坡，岩石为沉积岩或变质岩，层面或片理面倾内坡内	随边坡高度的增加，由于坡体中应力重分布，发育自坡脚的最大剪应力带中，应力状态超过长期强度屈服面的范围在坡体中逐步向坡体上部扩展，其蠕变滑移，导致边坡上部拉裂；在强降雨或长时间降水条件下，会加速变型、失稳
		土质滑坡主要发生于古滑坡堆积体、崩坡积体、残坡积和人工堆积体中。“弱面”有两类，一是基覆界面，二是由最大剪应力控制的应力性弱面	在中后缘加载、前缘开挖和长时间降雨等多因素综合作用下，导致坡体中下部沿弱面蠕滑，坡体后缘拉裂、下沉。一般在长时间降雨条件下发生，滑体主体失稳后，后缘形成较大范围的牵引式滑动区
	弯曲-拉裂	中陡至近直立层状结构边坡，以中薄层状结构为主，坡度为中-中陡坡，岩石为较软岩-软岩	边坡表生改造及应力重分布，导致浅表部出现拉剪破坏，岩层宏观表现为弯曲变形。最大剪应力集中带中下部逐步演化为应力性“弱面”。浅表部变形与“弱面”变形耦合，在宏观上成为岩层最大弯曲部位；而中上部坡体，岩层弯曲最大部位拉裂，并逐步贯通
	滑移-压致拉裂	中等至陡的平缓层状体斜坡中，发育多条平缓弱面	在卸荷回弹基础上，由于地应力分异和外动力作用，导致沿多层弱面发生蠕滑。弱面上局部锁固点导致上覆岩体拉裂。张裂向上发展时，显示压致拉裂特征。在强降雨条件下，可能发展为平推式滑坡
	弯折-滑移-拉裂	上软下硬型边坡，岩层中-中缓顺外。上部软层一般 15 ~ 25m 厚，为相对隔水层。斜坡坡度与层面倾角大体一致；下伏硬质岩层为导水层	强降雨下，下伏导水岩层饱水，形成承压水，坡体中下部表层软岩在下部高地下水压力顶托下，发生溃折破坏，翻裹，导致上部坡体发生牵引式下滑破坏

续表

发育模式	机理	边坡结构特征	形成机制
（二）关键块体型	滑移-拉裂-剪断	坡体中发育中等（斜）倾外的长大裂隙，软岩夹层、层间挤压带、断层等弱面。弱面倾角与其峰值内摩擦角相当或略小。硬质岩层中发育2～3组节理。软面向下未延伸至坡脚，或延伸至近坡脚，但出露不充分，即在坡脚存在阻滑岩体	弱面上覆岩体在两侧或内侧具有切割边界（可以不完全）条件下，向下滑移，后缘拉裂，前缘受挡，因此形成“锁固段”，即控制坡体稳定的关键块体。自然条件下因内外动力作用（如强降雨，弱面因风化而强度降低）导致锁固段内应力集中过大，或因人类工程开挖导致锁固段抗力不足时，边坡会高速失稳
	滑移-弯曲-剪断	中等倾外层状边坡，高差一般在100m以上；层面倾角与弱面峰值内摩擦角相当或略小；以软质岩边坡中常见，或硬质岩层中发育少量薄层软岩。坡体中发育2～3组节理。层面或软岩夹层构成控制性“弱面”。弱面可向下延伸至坡脚及以下。硬质岩坡脚，因外动力作用（流水作用，工程开挖等）而坡体厚度明显减小	弱面上覆岩体向下蠕滑、滑移，坡体后缘出现拉裂，坡脚岩体受压而应力集中，逐步形成控制坡体稳定的“锁固段”，岩层发生纵向弯曲而（轻微）隆起，表层会横向张裂，下部岩体发生剖面“X”型破裂。随坡体时效变形的继续发展，锁固段应力进一步集中，或在外动力作用下，锁固段应力短暂提高，会导致坡体高速失稳
	蠕滑-拉裂-剪断	平缓层状高陡边坡，往往具有两面或三面临空条件，坡脚部位存在软岩夹层，处岩层倾角小于软岩或层面的残余强度，或微倾坡内	坡脚附近，因应力分异，尤其软硬岩界面剪应力集中，导致软岩屈服。在边坡岩体卸荷回弹基础上，坡脚软岩因地应力过高而进一步发生蠕滑，坡顶因此出现拉裂，坡体进入时效变形阶段。随蠕滑段加深，坡顶拉裂缝进一步拉开、加深，在拉裂缝下端与坡脚蠕滑段之间，剪应力逐步集中，演化为控制坡体稳定的“锁固段”。当锁固段内应力集中到足够程度，坡体会高速失稳
	压缩-倾倒-剪断	为中或中陡倾内的上硬下软型高陡边坡；下卧软层中陡坡段临空高度一般在20m以上。上覆硬岩以中厚层至块状岩体为主，坡体中垂直层面节理较发育，将岩体切割为块状结构。地形坡度为中到中陡，一般为突出山脊	下卧软层浅表层在上覆岩层压力下塑性变形、挤出，导致上覆硬层浅表部岩体向下倾倒，硬层中上部岩体发生脆性断裂式弯曲，并逐步贯通，但地表的变形破坏现象一般不太明显；浅表部岩体的风化进一步强化时效变形的发展；时效变形的发展导致硬层下部岩体应力集中，形成锁固段。在锁固段应力集中到足够大，或外力作用（如强降雨导致的高地下水压）下，短时导致锁固段应力过大，坡体将发生高速滑动失稳。这类滑坡的发生往往具有突发性和隐蔽性

续表

发育模式	机理	边坡结构特征	形成机制
（三）软弱基座型	塑流-拉裂	为近水平-缓倾坡外层状结构边坡，下卧软层厚度较大，有较充分的侧向临空条件；上覆硬层内往往发育 2～3 组陡倾构造结构面，其中有一组近于平行陡坡面，有一组与坡面大角度相交	下卧软弱层在上覆岩层压力下发生塑性变形，包括向临空方向的侧向变形和挤入上覆岩层中的张裂缝内，导致上覆硬岩层侧向扩离、“漂移”，硬岩底面参差不齐。通常近坡面附近下卧软层因应力分异明显而先发生塑性流动，然后逐次向后缘发展。在强降雨条件下，可发生平推式滑移
（四）采空区控制型	塌陷-拉裂-剪断	一般为近水平层状边坡，或中缓倾横向边坡；宏观上具有上硬下软结构特征，下部软层中有单层或多层可采煤层。采空区有位于坡面附近 20～200m 范围内的小煤窑采空区和坡体深处由大规模开采形成的采空区。大范围的采空结构体塌陷形成了低强度、高空隙度软层	下部采空区因临时支护失效或拆除而发生塌陷，导致上覆岩层（不同程度地）拉裂、沉陷，宏观上表现为一定程度向外倾倒变形。大范围的“采空”结构体塌陷形成的低强度、高空隙度软层，在应力状态超过其长期强度时发生蠕滑。在强降雨时，坡体中易形成高地下水位，在地下水的软化、侧向压力及底部扬压力作用下，坡体发生剪切滑移，甚至失稳
（五）复合型	单体复合	坡体结构在空间上存在明显差异	变形体在空间上，存在不同的时效变形模式。如前部和后部，深部和浅部。对堆积层坡，局部沿基覆界面，局部沿基岩中的强风化带滑移
		随坡体时效变形发展，坡体结构出现明显变化	变形体在时效变形初期和后期，具有不同的演化模式。如中陡倾内层状结构软质岩边坡，初期时效表现模式为弯曲-拉裂，后期可能转化蠕滑-拉裂等
	多体复合	后部崩滑体挤压浅部（土质）坡体	后部坡体失稳后，挤压浅部坡体，后部失稳体的持续变形，导致前部坡体持续蠕变变形
		危岩体位于高处，失稳后可覆盖在下部堆积体上	上部危岩体失稳后，冲击下部堆积体，导致其高速启动，并形成碎屑流

表 6.4　滑坡类型及其形成机制示意图表

滑坡类型	形成机理	边坡结构特征及形成机制示意图
弱面控制型	平推（滑移）式	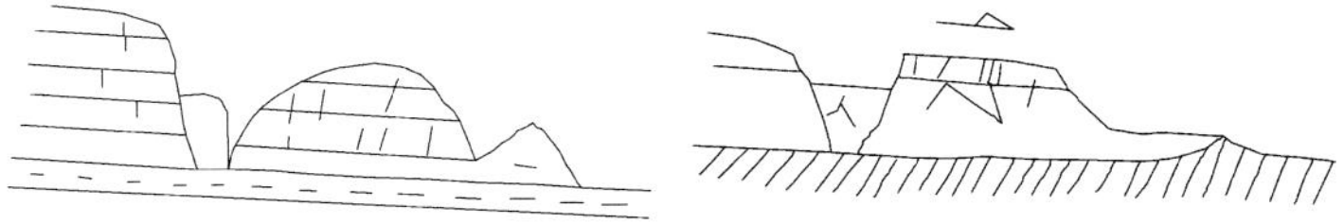
	滑移-拉裂	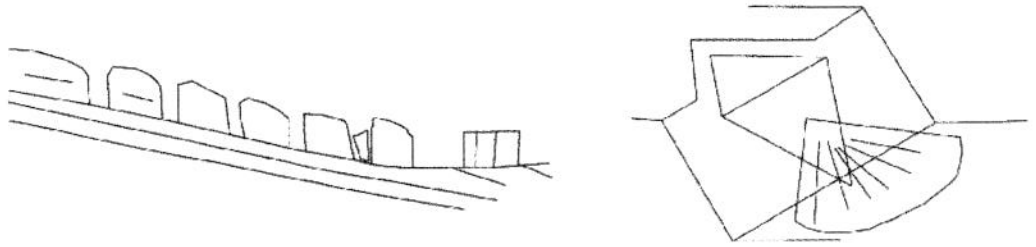
	弯曲-拉裂	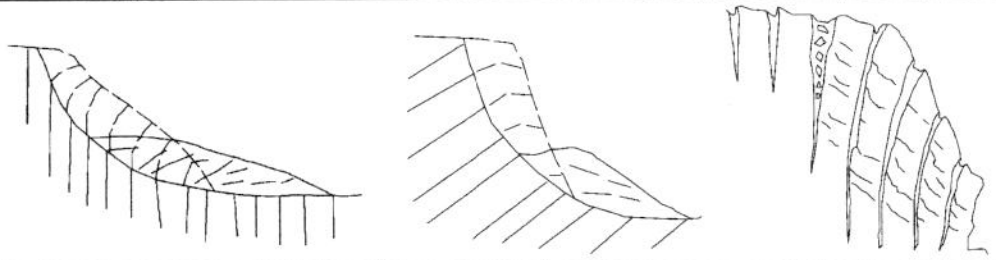
	蠕滑-拉裂 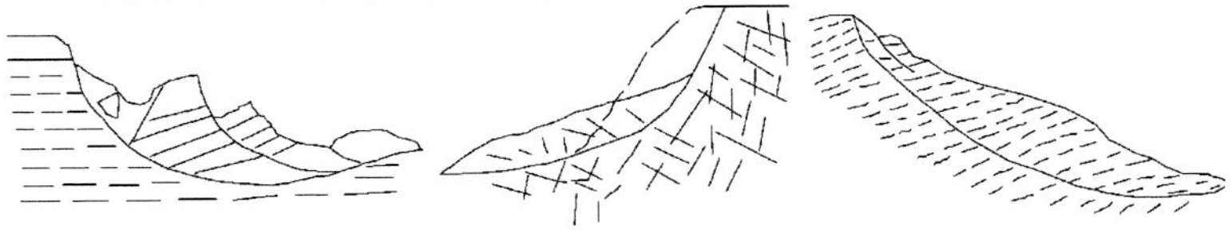 	
	滑移-压致拉裂	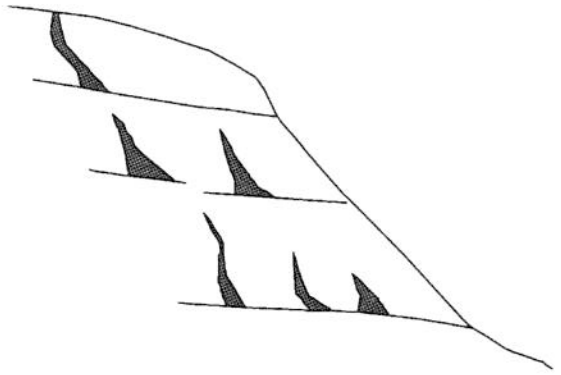
	弯折-滑移-拉裂型	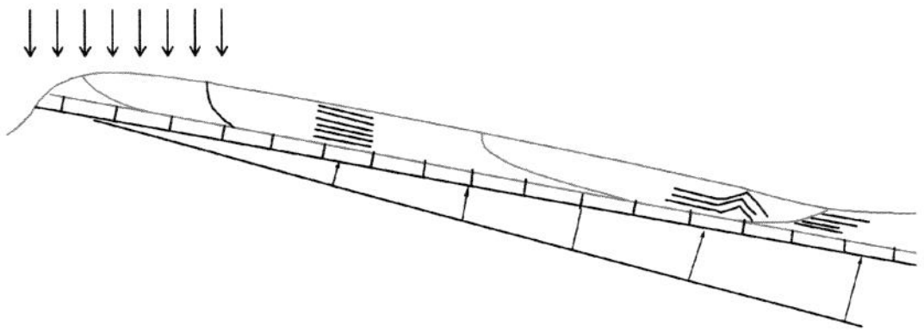

续表

滑坡类型	形成机理	边坡结构特征及形成机制示意图
关键块体型	滑移-拉裂-剪断型	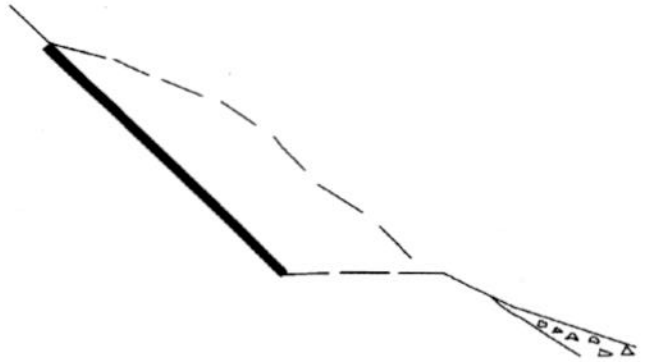 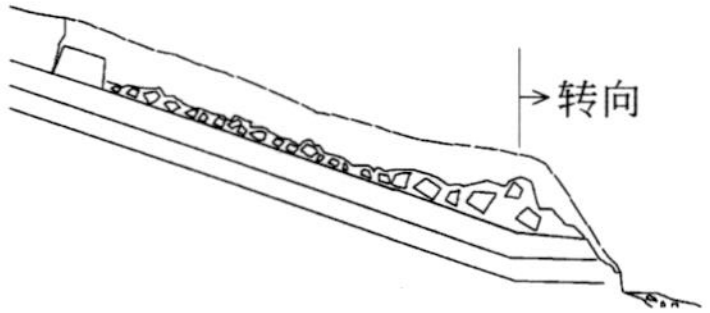
	滑移-（拉裂）-弯曲-剪断	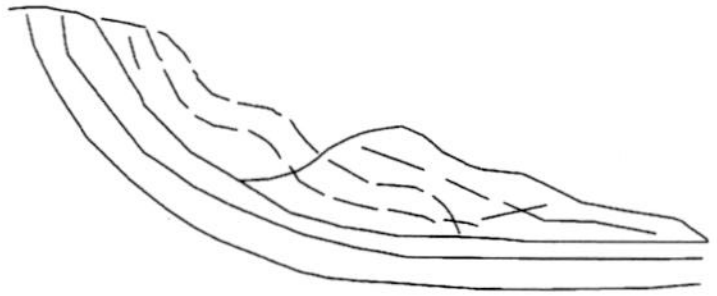 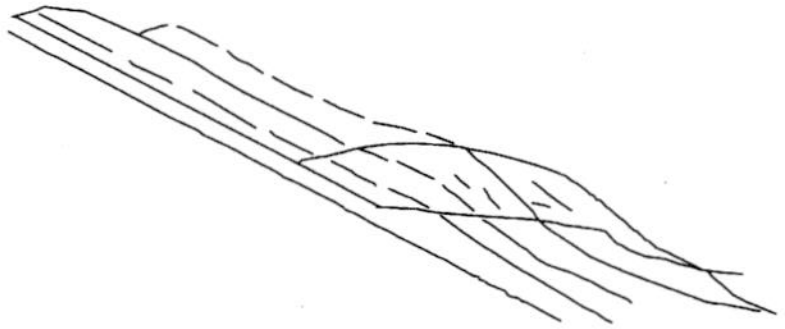 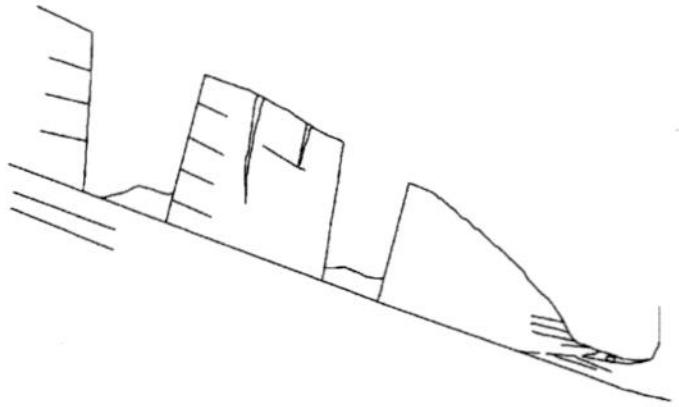
	蠕滑-拉裂-剪断	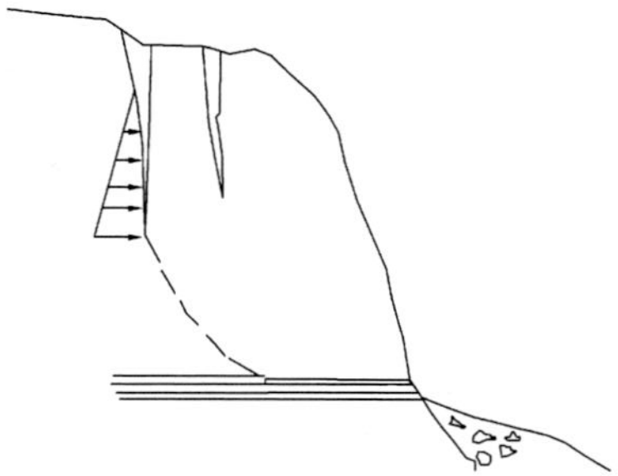

续表

滑坡类型	形成机理	边坡结构特征及形成机制示意图
关键块体型	压缩-倾倒-剪断	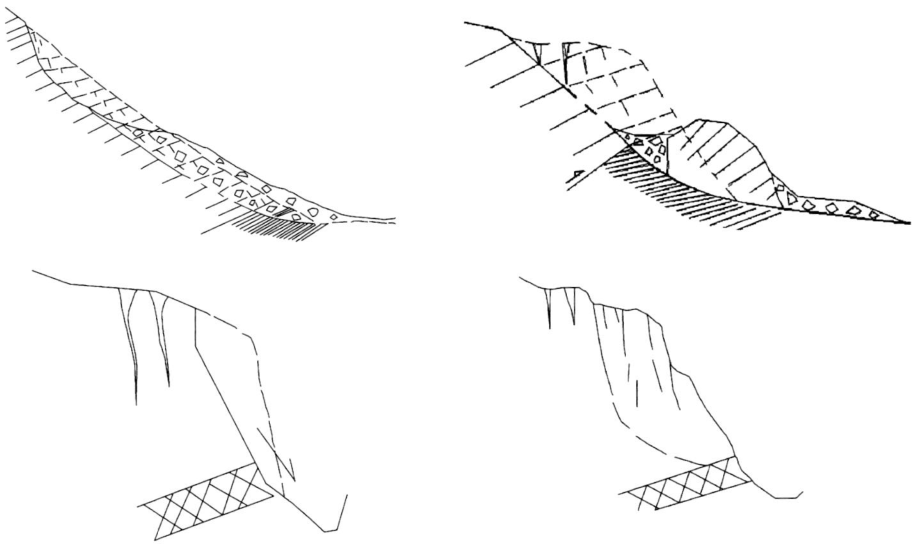
软弱基座型	塑流-拉裂	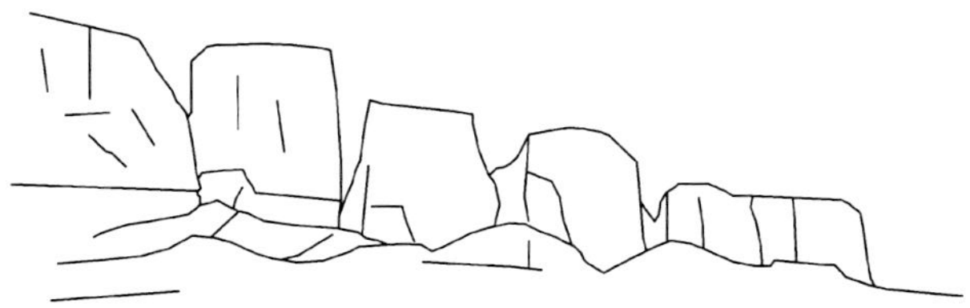

续表

滑坡类型	形成机理	边坡结构特征及形成机制示意图
采空区控制型	塌陷-倾倒-剪断型	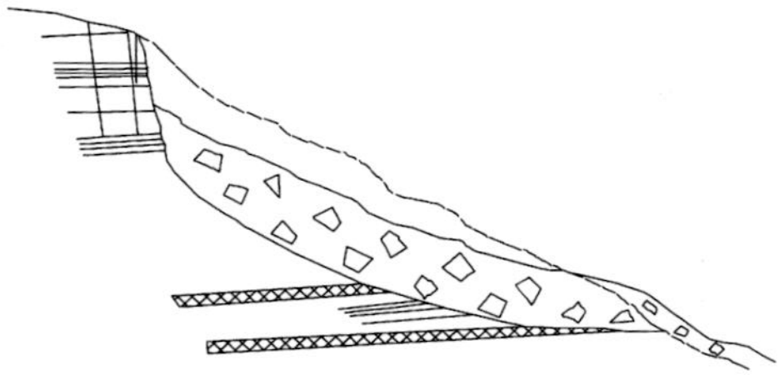
复合型	单体复合	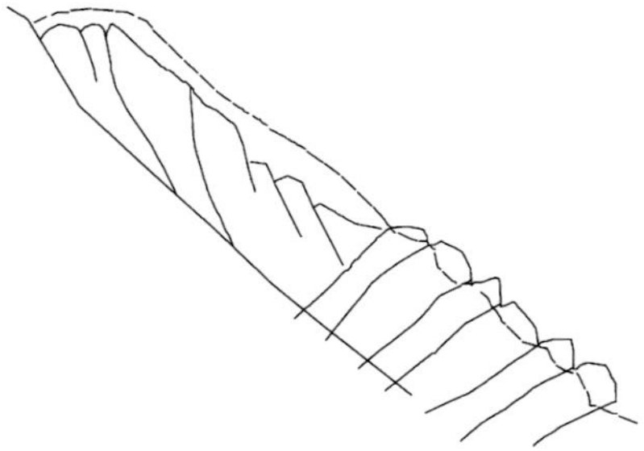
	多体复合	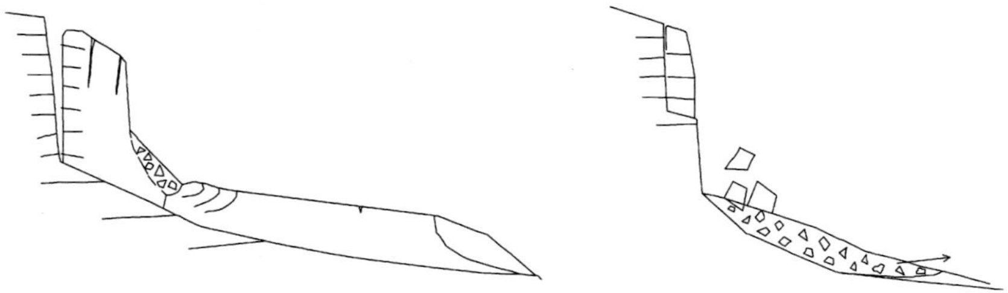

“弱面”控制型滑坡的演化机理可以归纳为 6 种：平推式、滑移-拉裂模式、蠕滑-拉裂模式、弯曲-拉裂模式、滑移-压致拉裂模式、弯折-滑移模式。由此将该类滑坡分为六类。现分述如下：

Ⅰ. 平推式滑坡：

边坡具有软硬互层结构特征；边坡主控结构面为层面或软弱夹层，弱面平缓倾外或缓倾外，弱面倾角一般不大于残余摩擦角。坡体中软岩具薄层状结构，一般为相对隔水层，硬质岩层由于结构面较发育且有张性结构面而具有较高的渗透系数。一般情况下，边坡时效变形模式为滑移-压致拉裂或塑流-拉裂，并因此在坡体中产生横向张裂缝。强降条件下，张裂缝可快速充水，滑面附近硬质岩中形成高水压力，两者的联合作用，推动滑体快速启动。滑体启动后，裂隙中水位快速下降，推力迅速减小，故这类滑坡一般滑动距离不大。强降雨作用下的坡体破坏过程或为整体滑移-拉裂，或为牵引式滑移-拉裂。这类滑坡较为少见。

Ⅱ. 滑移-拉裂型滑坡：

坡体中存在中缓倾外的弱面，对于层状结构顺向坡，弱面通常为软岩夹层、层间挤压带、断层等；其他类型结构坡体中，为顺向长大裂隙或断层等软弱结构面。“弱面”倾角一般在残余摩擦角与峰值摩擦角之间。滑体厚度一般在 30 ~ 50m。坡体前缘由于自然侵蚀或工程开挖等因素临空高度增加，并揭露到“弱面”。一般条件下，滑体可沿弱面发生蠕滑；在强降雨和地震等条件下，将沿弱面产生进一步滑移，甚至滑坡。这类岩质滑坡在贵州较为常见，如德江县香树坪滑坡。

堆积层土质坡在坡脚过大规模不合理开挖或冲刷下，会沿基覆界面发生牵引式滑移-拉裂变形和破坏。由人类工程活动导致的这类滑坡通常规模较小。

Ⅲ. 蠕滑-拉裂型滑坡：

坡体主要由软岩或以软岩为主岩组构成，主要发育于近水平层状结构软质岩边坡、中缓反倾薄层状软质岩边坡、斜向层状软岩坡和碎裂结构边坡中。坡体中无控制性长大结构面，坡体中下部，可形成由最大剪应力带控制形成的应力型弱带。强降雨、前缘开挖或冲刷、中后缘不合理加载等都会导致坡脚附近弱带扩展和坡体稳定性的降低。沿“弱面”的蠕滑，主导滑体前移及表层变形，后缘出现拉裂缝并持续加深，中部逐渐出现剪应力集中，局部直至全部超过长期强度持续蠕变变形。由于滑体规模较小，岩体较软弱，故高应力集中段和应力集中程度都较低，即不会形成“锁固段”。

贵州境内较大规模的土质滑坡主要发生于古滑坡堆积体、崩坡积体、残坡积和人工堆积体中，均为“弱面”控制型滑坡。“弱面”有两类，一是基覆界面，二是由最大剪应力控制的应力性弱面。土质滑坡诱发因素主要有三类，即中后缘加载、前缘开挖和长时间降雨等，而且通常是多因素综合作用。根据这类滑坡时效变形发展过程，可大致分为两个亚类：一是蠕滑-拉裂-剪断型，其时效变形过程为，中下部坡体蠕滑，导致坡顶出现拉裂，中段剪应力集中，直至发展为剪切破坏；二是蠕滑-拉裂-滑移型，其时效变形过程为下部坡体蠕滑，导致坡体中上部拉裂，整体上，坡体中下部变形发展较快，这导致上部坡体前缘支撑减弱，并因此产生牵引式滑移。

以蠕滑-拉裂模式为主失稳的大型滑坡典型案例为岑巩县大榕滑坡。

Ⅳ. 弯曲-拉裂型滑坡：

坡体由软弱岩组、软硬互层岩组或较软岩组构成。中陡至近直立层状结构边坡，以中薄层状结构为主，坡度为中-中陡坡，岩石为较软岩-软岩。贵州境内该类边坡分布面积较少。弯曲-拉裂发展过程具有明显的阶段性，边坡表生改造及应力重分布，导致浅表部出现拉剪破坏，岩层宏观表现为弯曲变形。最大剪应力集中带中，会出现局部直至较大范围超过岩体长期强度，并持续蠕变变形，并逐步演化为应力性“弱面”。根据边坡应力场特征，“弱面”位于坡体中下部。浅表部变形与“弱面”变形耦合，在宏观上成为岩层最大弯曲部位；而中上部坡体，岩层弯曲最大部位拉裂，并逐步贯通。应力性“弱面”与拉裂面贯通时，坡体会演化成蠕滑-拉裂型滑坡；当弯曲范围及程度足够大，坡体中下部层面也可能转化为主控弱面，形成滑移-压致拉裂模式失稳或滑移-拉裂模式失稳。

Ⅴ. 滑移-压致拉裂型滑坡：

坡体中以软弱岩组为主或以软硬互层岩组为主；中等至陡的平缓层状体斜坡中，发育多条平缓弱面。这类边坡较为常见。在卸荷回弹变形基础上，由于地应力分异和外动力作用，导致沿多层弱面发生蠕滑。由于弱面上存在局部锁固点，导致上覆岩体多处产生局部拉应力而张裂。伴随持续蠕滑过程，张裂向上发展，转向与最大主应力方向基本一致，显示压致拉裂特征。当坡体中后缘拉裂面贯通时，会发展为滑坡。在强降雨条件下，可能发展为平推式滑坡。由于这类演化模式的典型变形破坏现象均位于坡体中，因此目前尚未见典型实例。

Ⅵ. 弯折-滑移-拉裂型滑坡：

具有上软下硬或软硬互层型结构特征，岩层中-中缓顺外，岩层倾角与软层峰值摩擦角相当或略小。斜坡坡度与层面倾角大体一致；上部软层具有薄层状结构，一般 15 ~ 25m 厚，为相对隔水层。下伏硬质岩层或为砂岩，或为碳酸盐岩，导水层性较强。在自重作用下，在软硬岩界面处产生的剪应力，不足以使边坡发生时效变形。在持续强降雨下，下伏导水岩层由于补给充分，地下水位提升很快，并在中下部形成承压水，高地下水压力顶托上部厚度不大的软岩，在水压力足够大时，上覆软岩发生弯折破坏，高压涌水会导致折断岩体强烈翻裹，由此使得上部软岩失去前部支撑，而发生牵引式下滑破坏，即其失稳模式为溃折-滑移-拉裂。典型案例为遵义市湄潭县黄家坝乡岩坪村七星组滑坡。

2）“关键块体”型滑坡

“关键块体”是在边坡时效变形过程中逐步形成，其具有较高的强度（主要指抗压和抗剪强度）和完整性，并积累了高应力，已成为控制坡体中滑面形成和整体稳定的关键部位。“关键块体”总是位于坡体中下部或前部。“关键块体”被突破后，滑坡高速启动，往往形成高速远程碎屑流。在贵州境内，“关键块体”型滑坡根据坡体结构特征及演化模式，可以分为如下 4 种类型。

Ⅰ. 滑移-拉裂-剪断型：

坡体中发育中等（斜）倾外弱面，弱面一般为软岩夹层、层间挤压带、断层等软弱结构面，并构成主控滑移面，属于半块体型边坡。根据弱面方位与总体边坡坡面相对关系，滑体所在斜坡属于斜向坡。弱面倾角与其峰值内摩擦角相当或略小。硬质岩层中发育 2 ~ 3 组节理，节理产状与层面近于垂直。坡体中与弱面倾向基本一致的这组结构面中往往发育有长大刚性结构面，并可构成侧向滑移面。在潜在滑坡前缘存在阻滑岩体，在坡体时效过程中应力逐步积累，构成控制坡体稳定的“关键块体”。自然条件下因内外动力作用（如强降雨，弱面因风化而强度降低）导致关键块体内应力集中过大，或因人类工程开挖导致关键块体抗力不足时，边坡会高速失稳。典型实例为印江县岩口滑坡。

Ⅱ. 滑移-弯曲-剪断型：

坡体由软弱岩组或软硬互层岩组构成；为中等或中缓倾外层状边坡，坡体高差一般在 100m 以上；层面倾角与软弱层峰值内摩擦角相当或略小；以软质岩边坡中常见和典型，或硬质岩层中发育少量薄层软岩。坡体中发育 2 ~ 3 组节理，其中与层面倾向基本一致的陡节理往往发育为长大裂隙。软质岩边坡中，弱面为大致与最大剪应力复合的层面；硬质岩中，弱面为软岩夹层。弱面可向下延伸至坡脚及以下。在硬质岩坡脚，因外动力作用（流水作用，工程开挖等）而坡体厚度明显减小。坡体上覆岩体向下蠕滑、滑移，坡体后缘出现拉裂，坡脚岩体受压而应力集中，逐步形成控制坡体稳定的“关键块体”，岩层发生纵向弯曲而（轻微）隆起，表层会横向张裂，下部岩体发生剖面“X”型破裂。随坡体时效变形的继续发展，锁固段应力进一步集中，或在外动力作用下，关键块体内应力短暂提高，会导致坡体高速失稳。研究表明，习水县程寨滑坡为古滑坡堆积体复活，该古滑坡形成机制为滑移-弯曲模式。

Ⅲ. 蠕滑-拉裂-剪断型：

平缓层状高陡边坡，往往具有两面或三面临空条件，坡脚部位存在软岩夹层，处岩层倾角小于软岩或层面的残余强度，或微倾坡内。坡脚附近，因应力分异，导致软岩屈服，尤其软硬岩界面剪应力集中。在边坡岩体卸荷回弹基础上，坡脚软岩因地应力过高而进一步发生蠕滑，坡顶因此出现拉裂，坡体进入时效变形阶段。随蠕滑段加深，坡顶拉裂缝进一步拉开、加深，在拉裂缝下端与坡脚蠕滑段之间，剪应力逐步集中，演化为控制坡体稳定的“锁固段”。当锁固段内应力集中到足够程度，坡体会高速失稳。贵州境内平缓层状高陡边坡较为常见，但尚未发现处于时效变形阶段或近期发生的实例点。

Ⅳ. 压缩-倾倒-剪断型：

为中或中陡倾内的上硬下软型高陡边坡；下卧软层中陡坡段临空高度一般在 20m 以上。上覆硬岩以中厚层至块状岩体为主，坡体中垂直层面节理较发育，将岩体切割为块状结构。地形坡度为中到中陡，一般为突出山脊。下卧软层浅表层在上覆岩层压力下塑性变形、挤出，导致上覆硬层浅表部岩体向下倾倒，硬层中上部岩体发生脆性断裂式弯曲，并逐步贯通，但地表的变形破坏现象一般不太明显；浅表部岩体的风化进一步强化时效变形的发展；时效变形的发展导致硬层下部岩体应力集中，形成锁固段。在锁固段应力集中到足够大，或外力作用（如强降雨导致的高地下水压）下，短时导致锁固段应力过大，坡体将发生高速滑动失稳。这类滑坡的发生往往具有突发性和隐蔽性。典型案例如关岭县大寨滑坡和龙朝树古滑坡。

3）软弱基座型

边坡类型为近水平-缓倾坡外层状结构极陡坡，下卧软层厚度较大，有较充分的侧向临空条件；上覆硬层内往往发育 2 ~ 3 组陡倾构造结构面，其中有一组近于平行陡坡面，有一组与坡面大角度相交。下卧软弱层在上覆岩层压力下发生塑性变形，包括向临空方向的侧向变形和挤入上覆岩层中的张裂缝内，导致上覆硬岩层侧向扩离、“漂移”，硬岩底面参差不齐。通常近坡面附近下卧软层因应力分异明显而先发生塑性流动，然后逐次向后缘发展。即这类边坡演化过程主要由软弱基座控制，其时效变形模式为塑流-拉裂。但在强降雨条件下，因横向张裂缝快速充水，形成高侧向静水压力和底部扬压力，可以转化为平推式滑坡。近水平软弱基座型斜坡在贵州很常见。本次调查，在威宁县猴场镇发现侧向扩离式滑坡。

4）采空区控制型

采空结构是指由采矿形成的地下采空区及由其导致的直接塌陷区。范围较大的“采空”结构区对坡体变形和破坏具有明显的控制性意义。采空结构可以产生塌陷变形，具有较大的垂向变形空间，并因此提供了较大的水平向可压缩性，导致较大范围岩土体应力发生重分布。在贵州具有代表性的案例是都匀市江州镇马达岭滑坡。这类边坡一般为近水平层状边坡，或中缓倾横向边坡，宏观上具有上硬下软结构特征，下部软层中有单层或多层可采煤层。采空区主要有两类，一是历史上无序小规模开采形成采空区，多分布近坡面 20～200m 范围内，即直接位于潜在滑坡体以下；二是大规模开采形成的采空区，多分布在坡体深处。前者对边坡稳定性的影响更为显著。下部采空区因临时支护失效或拆除而发生塌陷，导致上覆岩层（不同程度地）拉裂、沉陷。大范围的“采空”结构体塌陷形成了低强度、高空隙度软层，在应力状态超过其长期强度时发生蠕滑。在强降雨时，坡体中易形成高地下水位，在地下水的软化、侧向压力及底部扬压力作用下，坡体发生剪切滑移，甚至失稳。

5）复合型滑坡

复合型滑坡大致可以分为单体复合型滑坡和多体复合型滑坡。单体复合型滑坡，主要包括两类，一是由于在空间上坡体结构存在明显差异，不同部位的时效变形基本模式不同；二是在边坡时效变形过程中，坡体结构发生明显变化，因而边坡的时效变形基本模式发生转化。多体复合型滑坡，常见的是崩塌-滑坡复合灾害，大致可以分为两类，一是挤压型复合，如大方县德兴煤矿区滑坡，右后侧崩塌体持续变形，推动沟内残坡积缓慢蠕滑变形；二是冲击型复合，最为典型是西藏易贡滑坡。贵州省纳雍县佐家营崩塌，约1万 m^3 崩塌体冲击坡脚崩坡积体，导致其高速滑动，形成碎屑流。

（三）贵州崩塌主要发育模式

崩塌分为坠落和山崩两类。其中坠落以小规模多次突然坠落为特点，而小块体坠落的机制往往各不相同，在土质和岩质陡坡上均可能发生，坠落体堆积形成倒石堆。贵州较大规模的崩塌（即山崩）仅见于岩质坡体中，对崩塌发育模式分两级进行描述：首先根据边坡宏观结构类型进行一级分类，将崩塌分为软弱基座型崩塌、弱面控制型崩塌和采空区控制型崩塌三类（表 6.5）。这三类结构导致岩体发生以拉裂为主的演化过程；再结合崩塌发生时岩石破坏机理不同，分为倾倒（拉破坏）、滑移（剪切）、坐落（塑性流动，软岩中）和直接塌落四类。

1. 软弱基座型崩塌

软弱基座型崩塌的演化特征是软弱基座的压缩变形导致上覆岩体进一步演化，并进形成崩塌。贵州境内，这类危岩体及形成的崩塌堆积很常见，一般演化过程漫长。这类崩塌的地质力学模式主要有如下四类：

Ⅰ．压缩-拉裂-倾倒模式：

为上硬下软型陡坡-极陡坡；下伏软岩近水平-中等倾角倾向坡内；上覆硬岩中发育2～3组结构面，其中一组与坡面近于平行。下伏软岩在上覆岩体压力、地下水作用（软化和水压力效应）、风化作用等联合作用下，近坡面附近首先发生塑性变形而侧向挤出，或因差异风化而形成凹岩腔，由此导致上部岩体因支撑不足而略有倾倒，并形成长大拉裂缝，碳酸盐岩中还会形成溶蚀裂隙或裂隙型溶洞，并构成危岩体后缘切割面，后缘切割面甚至可直达下卧软层。在降雨等条件下，当危岩体下伏软质支撑能力不足，或危岩体下部残留硬岩发生累进性破坏而倾倒-拉裂失稳。

Ⅱ．压缩-拉裂-滑移（滑塌）模式：

为上硬下软型陡坡-极陡坡；下伏软岩近水平-中等倾角倾向坡内。上覆硬岩中发育2～3组结构面，其中一组与以中-中陡倾角倾向倾外，一般发育较少。下伏软岩在上覆岩体压力、地下水作用（软化和水压力效应）和风化作用等联合作用下，近坡面附近首先发生塑性变形而侧向挤出，甚至因差异风化而形成凹岩腔，导致上部坡体出现拉裂，倾外结构面扩展，由此逐步形成危岩体。后缘拉裂缝逐步向下发展，如与倾外结构面组合，则将沿由倾外结构面控制的滑移面发生滑移破坏。降雨等条件下，如后缘裂隙可积水，则可能诱发危岩体滑移失稳。

Ⅲ．压缩-拉裂-坐落模式：

为上硬下软型陡坡-极陡坡，下伏软岩近水平-中等倾角倾向坡内。上覆岩体以硬岩为主，但在中下部夹有厚度不大的软层；坡体中发育2～3组结构面。下伏软岩在包括上覆岩体的压力、地下水作用（软化和水压力效应）和风化作用等联合作用下，近坡面附近首先发生塑性变形而侧向挤出，甚至因差异风化形成凹岩腔，导致上部坡体出现拉裂，由此逐步形成危岩体。危岩体后侧拉裂缝邻近或发展到软弱夹层时，软岩夹层因受力过大而发生塑流变形，并形成滑移面，导致危岩体以坐落方式失稳。

Ⅳ．直接塌落：

常见于上硬下软型陡坡-极陡坡上，下伏软岩近水平-中等倾角倾向坡内；上覆硬岩中可以夹有软弱层，或者上覆岩体为碳酸盐岩，这样因差异风化或岩溶现象而易出现局部倒悬坡。坡体中发育2～3组结构面。因下卧软层压缩变形，会加剧陡坡表面结构面性状弱化和扩展，并在结构面发育的部位切割出悬空块体。当顶部或侧面结构面强度不足时，块体将直接掉落。

2. 弱面控制型崩塌

弱面控制型崩塌主要有四类演化模式。贵州境内，这类危岩体及形成的崩塌堆积很常见，演化过程一般也很漫长。

Ⅰ．蠕滑-拉裂-倾倒模式：

弱面为近水平或中等倾内分布的厚度不大的软岩夹层。坡表附近，软层因卸荷回弹而弱化，在降雨作用、风化作用下，软岩性状进一步弱化，在上覆岩体压力下，发生蠕滑和一定的压缩变形，上覆岩体进一步拉裂，形成危岩体，并进一步发展为倾倒破坏。

表 6.5　贵州崩塌主要发育模式表

崩塌类型	机理	斜坡结构特征	形成机制	形成机制示意图
软弱基座型	压缩-拉裂-倾倒	为上硬下软型陡坡-极陡坡，岩层近水平-中等倾角倾向坡内，以中等以上倾角临空一定高度。上覆硬岩中发育 2 ~ 3 组结构面，有一组与坡面近于平行	近坡面附近下伏软岩首先发生塑性变形而侧向挤出，并因差异风化而形成凹岩腔，导致上部坡体出现拉裂。上覆硬岩下部也会因软岩塑流而发生拉裂，由此逐步形成危岩体。在降雨等条件下，危岩体因下伏软质支撑能力不足而发生倾倒破坏	
	压缩-拉裂-滑移（剪断）	为上硬下软型陡坡-极陡坡，岩层近水平-中等倾角倾向坡内，以中等以上倾角临空一定高度。上覆硬岩中发育 2 ~ 3 组结构面，其中一组与以中-中陡倾角倾向倾外，该组结构面属于基体裂隙，发育较少	下伏软岩在包括上覆岩体的压力、地下水作用（软化和水压力效应）和风化作用等联合作用下，近坡面附近首先发生塑性变形而侧向挤出，并因差异风化而形成凹岩腔，导致上部坡体出现拉裂，由此逐步形成危岩体。后缘拉裂缝逐步向下发展，如与倾外结构面组合，则将沿由倾外结构面控制的滑移面发生滑移破坏。降雨等条件下，如后缘裂隙可积水，则可能诱发危岩体失稳	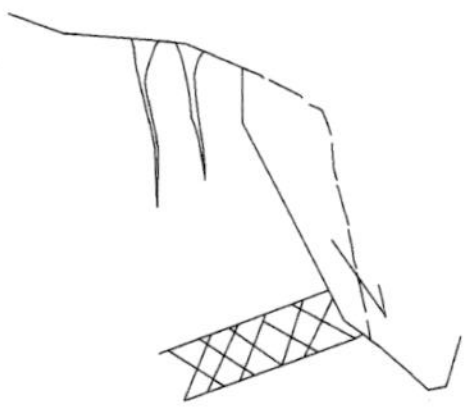
	压缩-拉裂-坐落	为上硬下软型陡坡-极陡坡，下伏软岩近水平-中等倾角倾向坡内；以中等以上倾角临空一定高度。上覆岩体以硬岩为主，但在中下部夹有厚度不大的软层；坡体中发育 2 ~ 3 组结构面	近坡面附近下伏软岩首先发生塑性变形而侧向挤出，并因差异风化可形成凹岩腔，导致上部坡体出现拉裂，由此逐步形成危岩体。危岩体后侧拉裂缝邻近或发展到软弱夹层时，软岩夹层因受力过大而发生塑流变形，并形成滑移面，导致危岩体以坐落的方式失稳	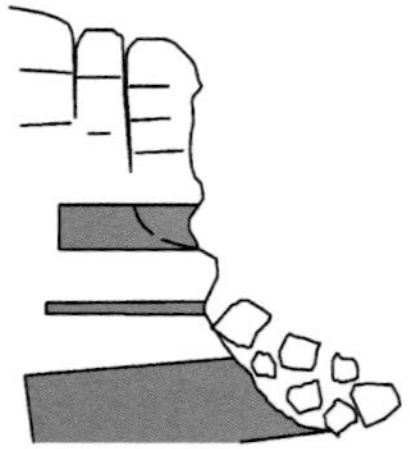
	压缩-直接塌落	常见于上硬下软型陡坡-极陡坡；岩层近水平-中等倾角倾坡内，以中等以上倾角临空一定高度。当上覆硬岩中夹有软弱层，或上覆岩体为碳酸盐岩，这样因差异风化或岩溶现象而易出现局部倒悬坡。坡体中发育 2 ~ 3 组结构面	因下卧软层压缩变形，会加剧陡坡表面结构面性状弱化，并在结构面发育的部位切割出悬空块体。当顶部或侧面结构面强度不足时，块体将直接掉落	

续表

崩塌类型	机理	斜坡结构特征	形成机制	形成机制示意图
弱面控制性	塑流-拉裂-倾倒	陡-极陡型岩质斜坡中；弱面为近水平分布的厚度不大的软岩夹层	坡表附近，软层因卸荷回弹而弱化，在降雨作用、风化作用下，软岩性状进一步弱化，在上覆岩体压力下，发生蠕滑和一定的压缩变形，上覆岩体进一步拉裂，形成危岩体，并进一步发展为倾倒破坏	
	拉裂-滑移（剪断）	陡-极陡硬质岩坡。坡体中发育 2 ~ 4 组结构面，其中一组近直立，较发育，同时发育一组中等倾坡外结构面，相对发育较少或局部胶结较好	在边坡形成过程中，在以卸荷回弹为主导的表生改造作用下，坡肩部位陡裂张开，迹长增加；而倾外结构面被改造程度相对较弱。当陡缓裂可以组合成危岩体时，由缓裂控制的滑面因此应力集中。在降雨等作用下，可以发生滑移失稳	
	弯曲-拉裂-倾倒	坡体为中陡倾外-近直立中-中厚层状结构坡，坡度陡-极陡，以硬质岩为主。一般总发育程度不同的与层面近于垂直的结构面	坡肩附近，中陡倾结构面在表生改造过程中张开，性状变差，导致表层岩层向外倾倒。如坡体进一步时效变形阶段，则岩层弯曲（倾倒）范围和程度进一步增加，岩层折断，或垂直层面的结构面楔形张开，显示结构性弯曲，大多以倾倒方式失稳	
	直接塌落	为块状结构坡，或近直立似层状结构。坡度陡-极陡。坡脚因河流、湖水、库水等侵蚀或差异风化而形成凹岩腔；灰岩中可因岩溶作用形成凹岩腔，导致坡体出现倒悬坡	在表生改造作用下，凹岩腔上部岩体中的近直立结构面进一步强化。在降雨，温差和其它风化作用下，局部块体会直接塌落	

续表

崩塌类型	机理	斜坡结构特征	形成机制	形成机制示意图
采空区控制型	塌陷-拉裂-倾倒	边坡陡-极陡，坡体下部存在可采矿层，矿层产状一般近水平-中等倾角倾向坡内。采空区通常分布在坡脚以内一定深度。上覆岩体中发育 2 ~ 3 组结构面	“采空”结构区上部岩体塌陷（冒顶），导致坡面附近原有裂缝扩展，或产生新裂缝，由此在坡面特定部位逐步形成危岩体。“采空”结构区的进一步变形或发展，会导致危岩体边界结构面进一步扩展。在爆破震动或降雨等条件下，危岩体发生倾倒失稳	
	塌陷-拉裂-滑移（剪断）	边坡陡-极陡，坡体下部存在可采矿层，矿层产状一般近水平-中等倾角倾向坡内。采空区通常分布在坡脚以内一定深度。上覆岩体中发育 2 ~ 3 组结构面。坡体中有少量中缓倾外结构面发育	“采空”结构区上部岩体塌陷（冒顶），会导致坡面附近原有裂缝会因此扩展，或产生新的裂缝，由此在坡面特定部位逐步形成危岩体。“采空”结构的进一步变形或发展，会导致危岩体边界结构面进一步扩展。中缓倾外结构面与后缘陡裂组合，危岩体将产生滑塌破坏。爆破震动或降雨等条件，会诱发灾害发生	
	塌陷-拉裂-坐落	边坡陡-极陡，坡体下部存在可采矿层，矿层产状一般近水平-中等倾角倾向坡内。采空区通常分布在坡脚以内一定深度。上覆岩体中发育 2 ~ 3 组结构面。上部坡体中发育厚度不大的软岩夹层	“采空”结构区上部岩体塌陷（冒顶），导致坡面附近原有裂缝扩展，或产生新裂缝，由此在坡面特定部位逐步形成危岩体。“采空”结构的进一步变形或发展，会导致危岩体边界结构面进一步扩展。当危岩体边界结构面接近或达到软层时，软层会因过大压力而发生塑性破坏，形成滑移面，从而导致危岩体以坐落方式失稳。爆破震动或降雨等条件下，会诱发危岩体失稳	
	塌陷-直接塌落	边坡陡-极陡，坡体下部存在可采矿层，矿层产状一般近水平-中等倾角倾向坡内。采空区通常分布在坡脚以内一定深度。上覆岩体中发育 2 ~ 3 组结构面	坡面上有局部倒悬坡。当“采空”结构区足够近时，其进一步发展会影响倒悬体的岩体结构，尤其是由结构面围限的危岩体。在地震、爆破震动、冒顶震动以及降雨等条件下，可诱发倒悬危岩体直接掉落	

Ⅱ. 拉裂-滑移模式：

陡-极陡硬质岩边坡，其中发育2～3组结构面，其中一组近直立，较发育，同时也有一组中等倾外，相对发育较少。在边坡形成过程中，在以卸荷回弹为主导的表生改造作用下，坡肩部位陡裂张开，迹长增加；而倾外结构面被改造程度相对较弱。当陡缓裂可以组合成危岩体时，由缓裂控制的滑面因此应力集中。在降雨等作用下，可以发生滑移失稳。规模通常较小。

Ⅲ. 弯曲-拉裂-倾倒：

坡体为中陡倾外-近直立层状结构坡，坡度陡-极陡，以硬质岩为主，为中-中厚层状结构。硬岩中，一般总发育程度不同的与层面近于垂直的结构面。坡肩附近，中陡倾层面在表生改造过程中错动、张开，性状变差。随岩层弯曲（倾倒）范围和程度进一步增加，岩层折断，或垂直层面的结构面楔形张开，显示结构性弯曲，大多以倾倒方式失稳，即失稳机制为弯曲-拉裂-倾倒。也有部分块体沿拉裂面发生滑塌失稳，其失稳模式为弯曲-拉裂-滑塌。

Ⅳ. 直接塌落：

块状结构坡，坡度陡-极陡。坡脚因河流、湖水、库水等侵蚀或差异风化而形成凹岩腔；石灰岩中可因岩溶作用形成凹岩腔，导致坡体出现倒悬坡。在表生改造作用下，凹岩腔上部岩体中的近直立结构面进一步强化。在降雨，温差和其他风化作用下，局部块体会直接塌落。

3. 采空区控制型崩塌

采空区控制型崩塌的基本特点是采空区塌陷导致上覆岩土体或坡面附近岩土体变形，并进一步崩塌失稳。根据崩塌发生机制可分为四类：塌陷-拉裂-倾倒模式、塌陷-拉裂-滑移（滑塌）模式、塌陷-拉裂-坐落模式和塌陷-直接塌落。

采空区控制型崩塌发生于陡坡-极陡坡，坡体下部存在可采矿层，矿层产状一般近水平-中等倾角倾向坡内。采空区通常分布在坡脚以内一定深度。上覆岩体中发育2～3组结构面。矿体回采后，一般会拆除临时支护，回采保安柱（部分小煤窑会保留临时支护，但3～5年，临时支护会因腐朽而失效），这样就导致上部岩体塌陷（冒顶），由此会导致周围一定范围岩体变形破坏，坡面附近原有裂缝会因此扩展，或产生新的裂缝，由此在坡面处特定部位逐步形成危岩体。采空结构的进一步变形或发展，会导致危岩体边界结构面进一步扩展。当坡体中无中缓倾外结构面发育时，在爆破震动或降雨等条件下，危岩体发生倾倒失稳，即塌陷-拉裂-倾倒模式；如果坡体中发育有中缓倾外结构面，其与后缘陡裂组合，危岩体将产生滑塌破坏，即塌陷-拉裂-滑坡模式；如果上部坡体中发育厚度不大的软岩夹层时，当危岩体边界结构面接近或达到软层时，软层会因过大压力而发生塑性破坏，形成滑移面，从而导致危岩体以坐落方式失稳。陡坡段存在软岩夹层时，坡面会因差异风化而出现凹岩腔；或者坡体岩性为碳酸盐岩，则坡面会因差异溶蚀而出现凹岩腔。从而在坡面上出现局部倒悬坡。当“采空”结构区足够近时，其进一步发展会影响倒悬体的岩体结构，尤其是由结构面围限的危岩体，在地震、爆破震动、冒顶震动以及降雨等条件下，可诱发倒悬危岩体直接掉落，即产生直接塌落。

在碳酸盐岩构成的陡-极陡坡上，往往有在地质历史上形成单层或多层溶洞或溶蚀凹槽。即碳酸盐岩坡体中，存在自然因素导致的“采空”结构。由这类“采空”结构，也可能会导致崩塌灾害的发生。

第二节　典型重大地质灾害机理研究

一、贵州关岭滑坡全程动力特性分析

在诱发滑坡的环境条件中，降雨、地震、人类活动是三大主要因素。有统计资料表明，大多数滑坡均是发生在降雨期间或之后，而一个地区的滑坡发育程度也与降雨量有着密切的关系。2010 年 6 月 28 日 14 时 30 分，贵州关岭县岗乌镇大寨村永窝村民组因连续强降雨引发一起罕见的滑坡碎屑流复合型特大灾害，致使岗乌镇大寨村两个村民组 37 户 99 名村民遇难。

在强降雨诱发下，位于 1000 ~ 1213m 高程约 117.6 万 m^3 的崩滑体快速向 NE 下滑约 500m，剧烈撞击并铲刮对面小山坡，偏转约 80°后转化为高速碎屑流直角形高速下滑约 1000m，撞击并铲动了大寨村民组一带的表层堆积体，总滑程约 1.5km（图 6.1）。本章简单介绍了关岭滑坡的自然地质条件和滑坡-碎屑流空间堆积特征，并采用 DAN 数值模拟的方法对其运动全过程进行模拟研究。

图 6.1　关岭滑坡-碎屑流航空影像

1. 滑坡自然地质条件

1）自然地理条件

关岭滑坡发生范围介于 E105°16′23″ ~ 105°17′09″，N25°59′20″ ~ 25°58′55″之间，该区域位于关岭县西北部，安顺市关岭县、黔西南州晴隆县和六盘水市六枝特区 3 县（特区）交界部位，北盘江光照水电站库岸旁，距光照水电站坝址约 3km，行政区划属于关岭县岗乌镇大寨村永窝组、大寨组。滑坡区距关岭县城直线距离约 32km（图 6.2），国道 G320 通过岗乌镇南端，交通较为便利。

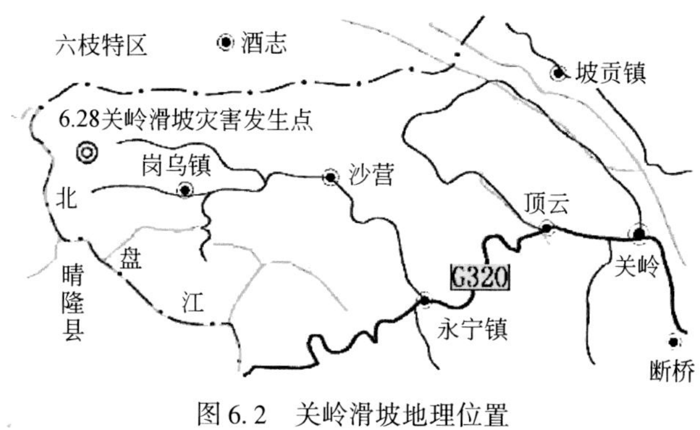

图 6.2　关岭滑坡地理位置

2）气象水文条件

滑坡区气候跨越温带、亚热带，主要以中亚热带季风湿润气候为主，四季分明，热量充足，水热同季。北盘江低热河谷地区有着“天然温室”之称，累计年平均气温为 16.2℃，雨量充沛，年降水量 1205.1 ~ 1656.8mm，是全省降水中心之一。根据岗乌镇雨量站资料，2010 年 6 月 28 日 0 时到 14 时，岗乌镇连续降雨 246mm，其中最大小时降雨量 52mm，为关岭县有气象记录以来的最大降水量。

滑坡区地下水按赋存状态分为碳酸盐岩岩溶水、基岩裂隙水和第四系松散岩类孔隙水三种类型。

碳酸盐岩岩溶水主要赋存于滑坡后缘外围山顶三叠系关岭组和永宁镇组石灰岩、白云岩地层中，形成管道流。补给来源为大气降雨，通过岩溶管道及岩溶裂隙运移，一部分补给碎屑岩基岩裂隙水；另一部分以泉的形式出露，补给冲沟地表水。地下水水量主要受降雨控制，季节性明显。

基岩裂隙水主要赋存在夜郎组碎屑岩和峨眉山玄武岩构造裂隙或风化裂隙中，与上部碳酸盐岩溶水具有较好的水力联系。该层地下水补给来源一部分为岩溶管道、裂隙水的运移补给，较少一部分来自坡体大气降雨的下渗补给。

松散岩类孔隙水主要赋存在沟谷两侧的第四系各种堆积物中，主要接受大气降雨补给，一部分下渗补给二叠系碎屑岩；另一部分侧向补给冲沟表水，水量主要受降雨量控制。

3）地形地貌

滑坡区在区域上位于云贵高原东部脊状斜坡南侧向广西丘陵倾斜的斜坡地带，总体地势为西北高、东南低。区内一般海拔在 800 ~ 1500m，为溶蚀–侵蚀深切低中山河谷斜坡地貌，此类地形为地壳强烈上升和河流侵蚀、溶蚀综合作用所致，出露地层为中、下三叠统。河流切割深度一般 500 ~ 1000m，河谷形态呈峡谷、隘谷。

4）地层岩性

滑坡区出露的地层有第四系（Q）、三叠系下统永宁镇组（T_1yn）、三叠系下统飞仙关组（T_1f）、二叠系上统龙潭组和长兴组（P_3l+c）、二叠系上统峨眉山玄武岩（$P_3\beta$）。

三叠系下统飞仙关组（T_1f）主要分布于滑坡启动区与碎屑堆积区上部，飞仙关组（T_1f）与龙潭组和长兴组（P_3l+c）分界线为滑坡启动区下边界，岩性为紫红、褐色粉砂质泥岩、泥质粉砂岩互层、长石砂岩，夹薄层泥质灰岩条带，强–中风化，薄至中厚层状，泥、粉、粗砾屑结构，厚度约400m。三叠系下统永宁镇组（T_1yn）：分布在滑坡启动区后部，岩性为浅灰至深灰色石灰岩、泥质灰岩、白云岩夹少量泥岩，强–中风化，中厚层状，产状为185°∠35°，岩质坚硬，节理裂隙发育，厚度约155m。

二叠系上统龙潭组和长兴组（P_3l+c）主要分布于碎屑堆积区，灰褐、灰黑色石灰岩、粉砂岩、粉砂质泥岩、碳质泥岩互层夹煤层，全–中风化，薄层状，泥晶、粉晶结构，埋深0～21.4m，厚度347～600m；

第四系松散堆积层（Q_4）包括滑坡–碎屑流堆积物（Q_4^{del}）、冲洪积物（Q_4^{al+pl}）、残坡积物（Q_4^{dl+el}）、耕植土（Q_4^{pd}）等。

二叠系上统峨眉山玄武岩（$P_3\beta$）分布于滑坡–碎屑流外围，火山角砾岩、拉斑玄武岩、杏仁状玄武岩、凝灰岩。

5）地质构造

滑坡区大地构造单元为扬子准地台、上扬子台褶带，三级构造单元为曲靖台褶束和威水断褶束，以普安“山”字形构造为主干构造。本区处于普安“山”字形构造脊柱、大田–法郎向斜北翼、王家寨向斜西段的北翼，为单斜构造，岩层总体产状走向近EW，倾角35°～40°。区内新构造运动表现为间歇性抬升，断块间差异运动不明显。晚更新世以来，断裂无活动表现，区域稳定性较好。根据全国地震区划图编制委员会编制的《中国地震动参数区划图》（GB18306—2001），滑坡区地震基本烈度为Ⅵ度。

2. 滑坡–碎屑流堆积特征

根据关岭滑坡–碎屑流灾害的运动过程和堆积特征，并结合现场调查及遥感解译成果，将永窝、大寨滑坡–碎屑流划分为崩滑源区、碎屑堆积区。崩滑源区位于高程950～1213m，碎屑堆积区分布于高程755～950m，如图6.3所示。

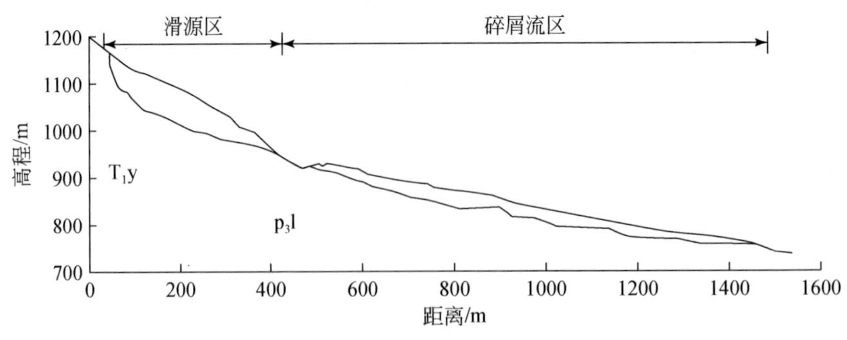

图6.3 关岭滑坡–碎屑流剖面图

1）滑坡启动区

滑坡启动区位于永窝–大寨沟域上游主沟左侧、永窝组村寨后部山体下部，长约280m，前缘宽约200m，后缘宽约250m，面积约6万m^2，分布高程范围为950～1213m，前后缘高差263m，平均坡度约35°，见图6.4。滑坡启动区平面近似呈椭圆形，前缘、后缘呈弧形展布，纵断面呈椅背状，滑面上部裸露，中下部被滑体与滑坡后缘崩塌堆积物所掩盖，在裸露的滑面以下形成一个扇形平台。滑床基岩为岩性为紫红、褐色强–中风化薄至中厚层粉砂质泥岩、泥质粉砂岩互层、长石砂岩，夹薄层泥质灰岩条带，岩石节理裂隙发育，软岩与较硬岩相间，总体强度较低，基岩局部岩层层面、节理面有溶蚀现象，裂隙面之间有溶孔，充填物为钙质、泥质。滑面呈曲面形，与冲沟斜交，共同构成滑坡区边界，滑面遍布一层钙质、泥质胶结物。

据调查滑坡启动区西侧（永窝-大寨沟域主沟东侧）未发生过滑动，现在局部被滑坡发生后上部临空面陆续崩落的岩土体掩盖。滑坡启动区泥质粉砂岩与粉砂质泥岩浸水后易软化，暴晒后易崩解，加上岩体节理裂隙发育，岩体有外倾节理面切割，易发生崩塌落石，构成危岩体，滑坡启动区西侧临空面经常散落碎石。

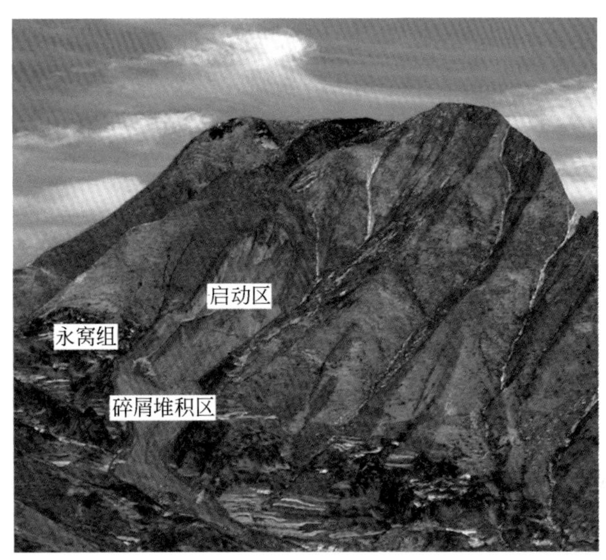

图6.4　滑坡-碎屑流沟域中上游影像

2）碎屑堆积区

滑坡-碎屑流堆积物主要分布于沟域碎屑堆积区，小部分分布于滑坡启动区下部，此处所说碎屑堆积区为滑坡-碎屑流主堆积区。碎屑堆积区主要沿永窝-大寨沟域主沟展布，平面上近似呈弧形，大寨组上部为转折端，转折端以上堆积区长轴方向约315°，和滑坡主滑方向一致，长约400m，转折端以下堆积区长轴方向约260°，长约500m。堆积区面积约118400m^2，分布高程介于755～950m，前后缘高差195m。

堆积区上部（永窝组段）平面上近似呈楔形，后缘宽约200m，前缘宽约90m，前缘碎屑流右侧铲刮点形成锁口，以下堆积区中部平均宽约55m，转折端变宽，转折端最大宽度约100m，堆积区下部变窄，平均宽约60m。

滑坡启动区下部与碎屑堆积区上部东侧堆积体主要是呈带状展布的块石，为粒径在20～200cm范围内的泥质粉砂岩、长石砂岩块石。岩石块体之间杂乱排列，空隙较大，无充填物。母岩为三叠系下统飞仙关组（T_1f）粉砂质泥岩、泥质粉砂岩互层、长石砂岩，岩石块体存在表面溶蚀现象，个别岩块表面可见溶孔，层理面、节理面可见方解石晶体片理。

碎屑堆积区中上部靠西北侧堆积物主要由碎石组成，呈扇形展布，分布面积约

73600m^2，平均厚度约 13m，体积约 88.3 万 m^3。粒径多从 2～20cm。母岩为三叠系下统飞仙关组（T_1f）粉砂质泥岩、泥质粉砂岩互层、长石砂岩。

碎屑堆积区中下部主要分布着碎石夹粉质黏土，碎石含量在 50% 以上，从中部向下部递减，下部粉质黏土含量较多，约占 30%～40%，碎石、角砾粒径 2～50mm，可见最大粒径 35cm，分布面积约 44800m^2，平均厚度约 10m，体积约 45 万 m^3。碎石母岩为三叠系下统飞仙关组（T_1f）粉砂质泥岩、泥质粉砂岩互层、长石砂岩。

3. 计算模型的建立

根据关岭滑坡运动剖面图可知滑坡的运动路径、原始坡体地形、堆积体分布等，结合地面调查所得关岭滑坡宽度分布，建立关岭滑坡-碎屑流的 DAN 物理模型如图 6.5 所示。

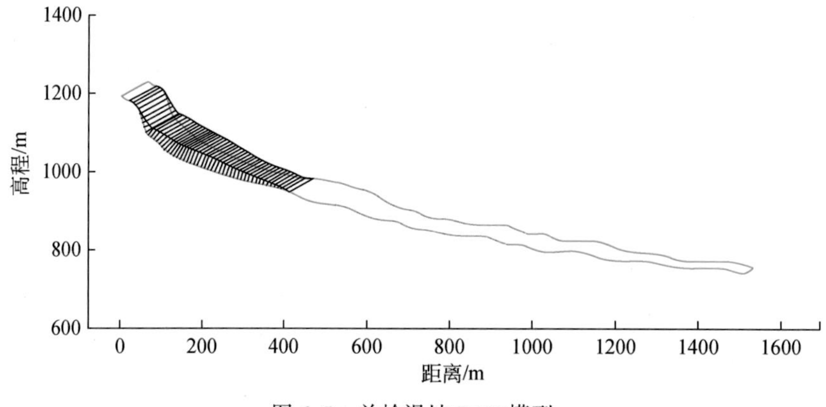

图 6.5　关岭滑坡 DAN 模型

由于滑源区呈现上陡下缓的“靴形地形”，滑坡源区沟谷较深，西侧沟谷深达 20～30m，为了避免 DAN 模型中滑缘区的滑体出现挠曲，保证模型的稳定性，选择形状系数为 0.5 的模型，该模型中的滑坡横断面等效为倒三角形。为了使滑源区滑体体积与遥感解译、分析值一致，需要适当调整滑源区宽度。

4. 计算分析

从前文可知，滑坡体在运动过程中具有明显的撞击特征，首先在永窝村附近与岸坡发生强烈碰撞，并且爬高 43m 直达永窝村摧毁了 21 户民居，留下长约 200m，宽约 100m 的铲刮痕迹。其次是滑坡体达到大寨村前撞击沟谷左侧壁，爬升 20～30m 并且铲刮了较软的龙潭组页岩地层及表层残坡积体土层，铲刮长度约 250m。与岸坡的碰撞使得滑坡体碎屑化，对岸坡的铲刮更是直接增加了滑坡体体积。此外，遥感解译得滑坡体初始体积 117.6 万 m^3，堆积体积 174.7 万 m^3，体积增幅达到 49%，因而在模拟中考虑铲刮效应的同时还需要考虑滑坡体碎裂后的体积膨胀率。

1）铲刮对模拟的影响

为了便于进行定性分析，选择了单变量流变模型-摩擦模型比较分析铲刮效应对于模拟结果的影响。下文讨论了摩擦模型在不考虑铲刮、仅考虑铲刮以及同时考虑铲刮与体积膨胀率三种工况下对于模拟结果的影响，即分别对铲刮深度 0m（即无铲刮）、10m、20m 的情况进行了试错法模拟，其中 20m 是通过试错法得到的在不考虑体积膨胀率的情况下，滑坡体体积达到最终堆积方量 174.7 万 m^3 所需要的铲刮深度，而 10m 则是考虑体积膨胀率 20% 时，最终堆积方量达到 174.7 万 m^3 所需的铲刮深度。无铲刮时滑坡体体积在运动过程中未发生变化，均为初始方量 117.6 万 m^3。值得注意的是，10m、20m 只是为一定铲刮深度范围内的某一个取值，在对流变模型的定性分析中，可能仍需要对其进行适当的调整。

(1) 铲刮效应对滑程及堆积分布的影响。

图 6.6 为不同铲刮深度下内摩擦角与滑程的关系，由图可知，当内摩擦角取值相同时，铲刮深度越小，滑坡运动越远，这是由于滑坡体铲刮岸坡岩体需要将一部分能量转移给被铲刮的岩体，而这个过程也消耗了一部分能量，因而表现为滑程的减小。反之，若采用 DAN 数值模拟方法中的摩擦模型对滑坡进行预测，在流变参数的选取上，发生铲刮效应的滑坡有效内摩擦角取值应小于不发生铲刮的情况。

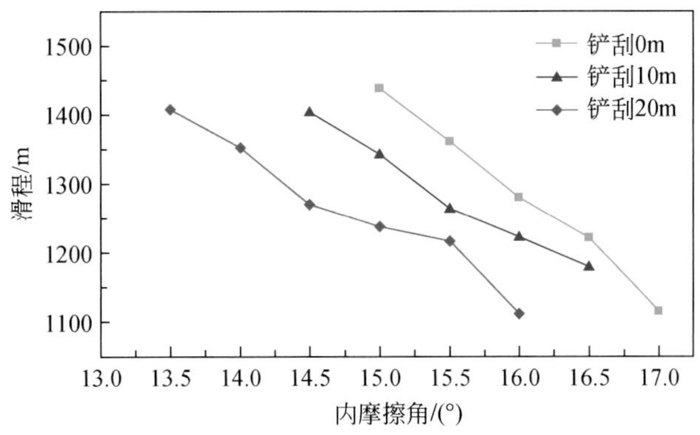

图 6.6　不同铲刮深度下内摩擦角与滑程的关系

在考虑铲刮效应对于堆积体分布的影响时，3 种模型分别采用了与实际滑程最接近参数，即铲刮深度 0m 模型内摩擦角取 15°，铲刮深度 10m 模型的内摩擦角取值 14.5°，铲刮深度 20m 模型的内摩擦角取值 13.5°。图 3.10 为摩擦模型在铲刮深度分别为 0m、10m、20m 时计算堆积体分布，由图 6.7 可知，3 种不同铲刮深度下的堆积体长度所差不大，堆积体厚度分布规律呈现一致性。同时，铲刮深度越大，堆积厚度越大，原因在于铲刮效应增加了滑坡体的体积，在滑坡宽度不变的情况下，表现为滑坡堆积体厚度的增大。

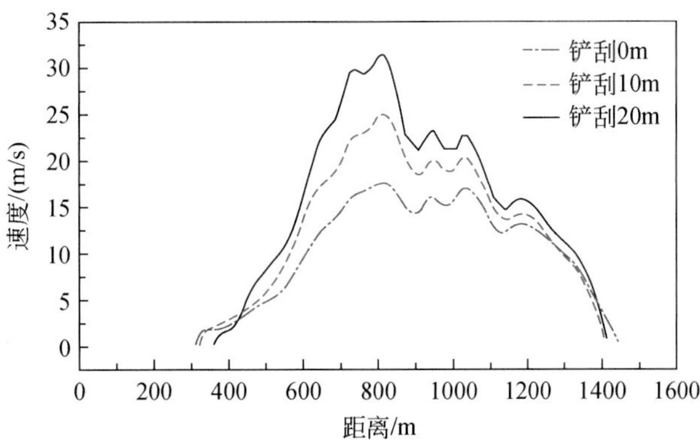

图 6.7　3 种不同铲刮深度模型模拟堆积体分布

（2）铲刮效应对滑坡速度和运行时间的影响。

滑坡前缘速度在滑坡的速度分析中具有代表性，因此在分析铲刮效应对滑坡速度的影响时，以滑坡前缘速度为考察对象。3 种不同铲刮深度模型中内摩擦角与考虑铲刮对堆积体分布影响时的取值相同，此 3 种模型所得滑坡体前缘随时间变化规律如图 3. 11 所示。由图 6. 8 可知，3 种模型模拟滑坡历时约 60s，表明在相同流变模型下，铲刮深度对于滑坡运动时间几乎无影响。

在前缘速度变化上有铲刮与无铲刮存在着不同，表现为无铲刮模型的滑坡前缘速度略高于有铲刮模型，原因在于无铲刮模型没有因发生铲刮而产生的动量损失。对比铲刮深度为 10m 与 20m 时可以发现两条滑体前缘速度变化曲线重合度较高，因而可以推断在同种流变模型中，铲刮深度对于滑体前缘速度变化无明显影响。

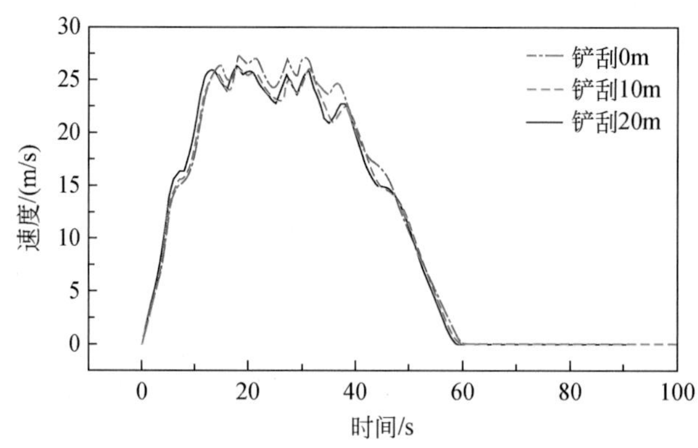

图 6. 8　3 种不同铲刮深度模型下滑坡体前缘速度随时间变化图

从上述比较分析中可知，铲刮效应的影响主要表现在模型参数的取值和堆积体厚度与体积方面，在滑坡速度分布上，无铲刮模型速度略高于有铲刮模型，但是铲刮深度对于速度的影响极小，在滑坡运动时间的铲刮效应的影响并不明显。

2）不同流变模型对模拟的影响

通过以上对铲刮效应影响的分析并结合关岭滑坡的实际特征，在建立基于不同流变关系的模型时，考虑铲刮效应和 20% 的体积膨胀率。结合 DAN 数值方法常用流变关系，建立了 Frictional 模型、Voellmy 模型和 F-V 复合模型，在 F-V 复合模型中，根据关岭滑坡的实际运动形式将 Frictional 模型应用于滑坡启动区，Voellmy 模型应用于碎屑流区。在 3 种模型参数取值上，采用试错法得到与实际滑程最为接近的参数（或参数组）如表 6. 6 所示。下文较为详细地讨论了不同流变模型对滑程、堆积体分布、滑坡速度、运动时间的影响。

表 6. 6　3 种模型参数取值

流变模型	流变参数
Frictional 模型	$\varphi=14.5°$
Voellmy 模型	$f=0.18$，$\xi=200\mathrm{m/s^2}$
F-V 复合模型	$\varphi=14.5°$，$f=0.18$，$\xi=200\mathrm{m/s^2}$

（1）计算滑程。

3 种不同模型计算的关岭滑坡运动过程如图 6.9 所示，其中滑体形态放大两倍显示。由图可知滑坡运动 40s 时，Frictional 模型中滑坡前缘的水平距离达到 1200m，Voellmy 模型滑坡前缘水平距离为 1150m，而 F-V 复合模型滑坡前缘位置约为 1080m。这表明了在相同条件下，Frictional 模型模拟滑坡运动速度快于 Voellmy 模型及 F-V 复合模型。Frictional 模

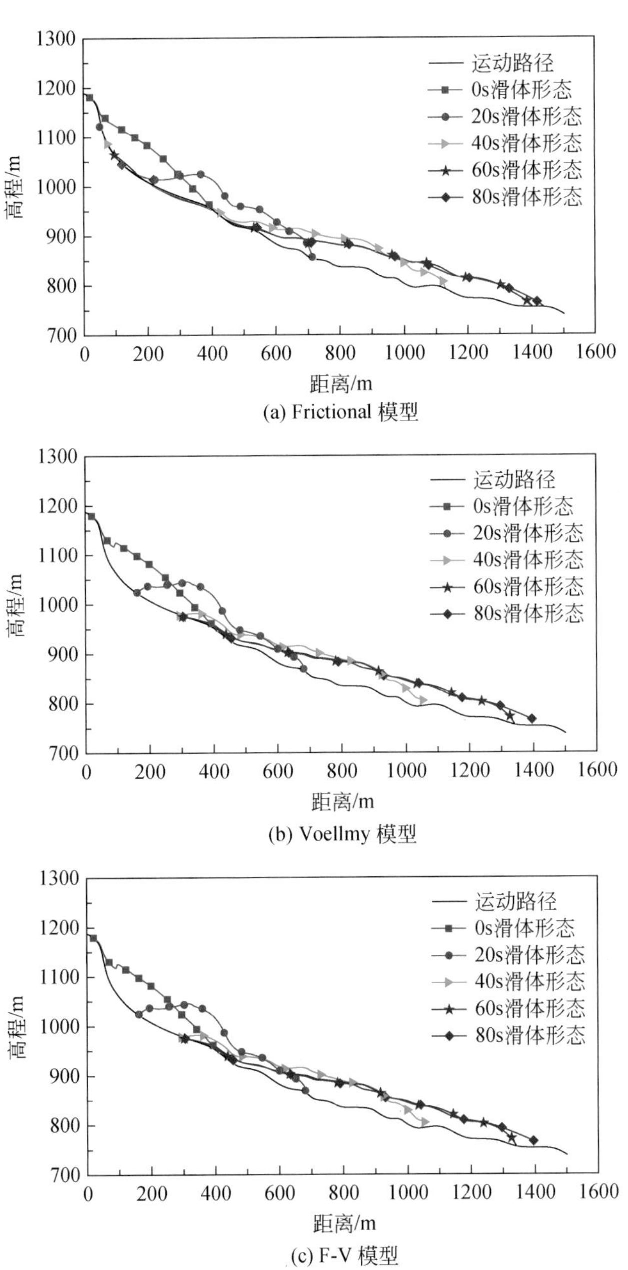

图 6.9　3 种模型模拟的滑坡运动形态变化

型计算堆积体前缘的水平坐标为 1429m，滑程约 1461m；Voellmy 模型的堆积体前缘水平坐标 1440m，滑程约 1472m；F-V 复合模型堆积体前缘水平坐标 1416m，滑程约为 1447m。在滑程模拟上，Voellmy 模型较 Frictional 模型与 F-V 复合模型更为接近真实值。

（2）堆积体分布。

3 种流变模型模拟的堆积物分布形态如图 3. 13 所示，由图 6. 10 可见，3 种模型所得堆积体厚度分布规律呈现较好的一致性，其中，Voellmy 模型和 F-V 复合模型堆积物分布规律几乎相同，区别在于两者堆积体分布范围不同，Voellmy 模型堆积物水平距离 1288m，F-V 复合模型堆积物水平距离 1035m。在堆积体厚度分布方面，Frictional 模型堆积物最大厚度 23. 7m，平均厚度 13m；Voellmy 模型堆积物最大厚度 26. 3m，平均厚度 15m；F-V 复合模型堆积物最大厚度 24m，平均厚度 14m。根据现场测绘资料，关岭滑坡主要堆积体长度约 960m，滑坡启动区残留有一小部分滑坡体，堆积体厚度约 10 ~ 20m，最大可达 30m，Voellmy 模型堆积物的厚度及分布更接近于资料描述。

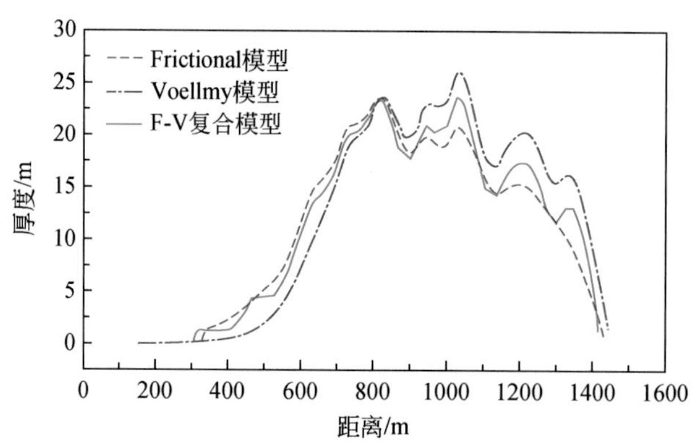

图 6. 10　3 种模型最终堆积体纵剖面图

（3）滑坡体积。

表 6. 7 是 3 种模型计算所得关岭滑坡体积，由表 3. 19 可见，关岭滑坡属于中型滑坡，滑坡源区体积约为 117 万 m^3，Voellmy 模型模拟计算得到堆积体积更接近于遥感解译获得的体积。由于滑坡体运动过程中与岸坡发生碰撞、碎屑并且铲刮岸坡，增大了滑坡体的体积，使得最终堆积体积增大约 49%，最终体积为 174. 6 万 m^3，铲刮区域的平均铲刮深度为 8m。

表 6. 7　3 种模型计算关岭滑坡体积对比

流变模型	初始体积/m^3	堆积体积/m^3
Frictional 模型	1，172，251	1，704，854
Voellmy 模型	1，172，251	1，746，256
F-V 复合模型	1，172，251	1，716，551

（4）滑坡速度。

在对滑体速度分布的研究中，3 种模型计算的滑坡在不同时刻滑体速度分布见图 6. 11。

由图 6.11 得到 Frictional 模型最大滑坡速度为 27.49m/s，平均速度约 24m/s；Voellmy 模型最大滑速为 25.62m/s，平均速度大约 21m/s；F-V 复合模型最大滑坡运动速度 23.19m/s，平均速度约为 19m/s。

由图 6.11 可知，Voellmy 模型中滑坡后缘的速度变化幅度小于 5m/s，滑坡后缘仅滑行约 180m，而 Frictional 模型及 F-V 复合模型滑坡后缘速度的变动幅度比较大，后缘最大速度达 23m/s。当滑体位于 0 ~ 400m 滑程范围（即滑坡体位于滑坡源区时）内时，Frictional 模型与 F-V 复合模型滑坡体速度大于 Voellmy 模型。

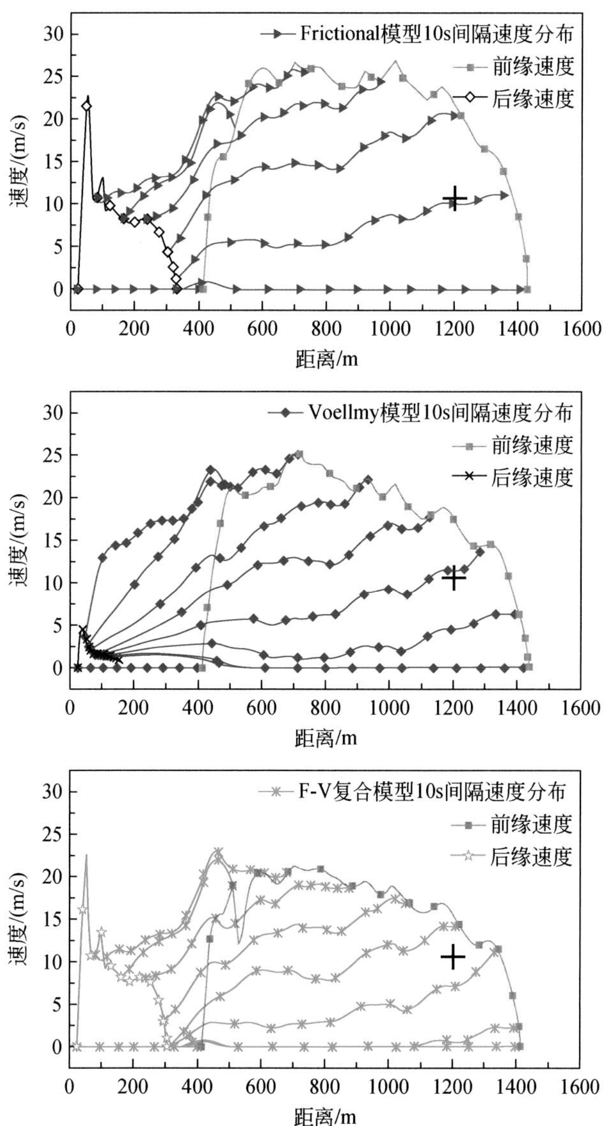

图 6.11　3 种模型计算不同时刻滑坡体的运动速度

十字点为滑坡抵达大寨村时滑坡速度的理论值

（5）滑坡运动时间。

将滑坡体前缘速度减小为零的时间作为滑坡运动时间的判断标准，3 种模型计算滑坡前缘速度随时间变化规律如图 6.12 所示，由图 6.12 可知，Frictional 模型计算滑坡运动时间约 60s，Voellmy 模型运动时间大约 70s，F-V 复合模型运动时间约 75s，3 个模型模拟计算关岭滑坡运动时间在 1min 至 1.5min。

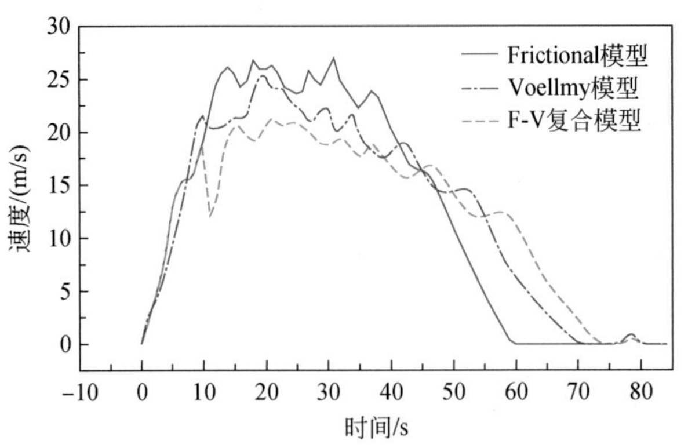

图 6.12　3 种模型下滑坡体前缘速度随时间变化图

从上述比较与分析中可知，Voellmy 模型的模拟计算结果在关岭滑坡的滑程、堆积体分布、体积、运动时间方面较其他两个模型更为接近现场调查资料。

5. 本节小结

在本节中，采用了 DAN 数值模拟方法对 2010 年 6 月 28 日下午发生于贵州省关岭县永窝-大寨村的特大滑坡灾害进行了模拟研究，通过讨论与分析得到如下结论：

（1）铲刮效应的影响主要表现在模型参数的取值和堆积体厚度与体积方面，在滑坡速度分布上，无铲刮模型速度略高于有铲刮模型，但是铲刮深度对于速度的影响极小，在滑坡运动时间的铲刮效应的影响并不明显。

（2）在 Frictional 模型、Voellmy 模型以及 F-V 复合模型中，Voellmy 模型对关岭滑坡的模拟更加地贴近于实际，并且得到 Voellmy 模型的流变参数：摩擦系数 $f=0.18$ 湍流系数 $\xi=200\mathrm{m/s^2}$。

（3）由 Voellmy 模型得到关岭滑坡滑程为 1472m，滑坡最大速度 25.62m/s，平均速度达 21m/s。滑坡堆积体主要分布于碎屑流区，少量残留在滑坡启动区，最终堆积体平均厚度 15m，最大厚度 26.3m。滑坡初始体积约 117 万 $\mathrm{m^3}$，堆积体积约 $175\mathrm{m^3}$，铲刮区平均铲刮深度 8m，滑坡历时 1～2min。

二、福泉小坝滑坡数值模拟研究

降雨、地震、人类活动是诱发滑坡的主要因素。2014 年 8 月 27 日，由于连续降雨及未剥离山体直接开采磷矿等因素，导致贵州福泉小坝组突发山体滑坡地质灾害。福泉小坝滑坡发生后，滑体以较大的剪出速度冲入坡脚深水塘，水体在强大冲击力作用下形成涌浪，造成 15 人死亡，77 栋房屋损毁，直接经济损失超千万元。

本章简单介绍了福泉小坝滑坡的地质条件和灾害特征；采用国际上通用的模拟滑坡过程的 DAN-W 软件，反演不同时刻滑体的形态与运动过程，揭示其运动特性；在 DAN-W 模型的基础上，利用 FLUENT 软件对滑块入水所产生的涌浪及其传播过程进行模拟。

1. 概述

2014 年 8 月 27 日 20：30 左右，位于贵州省黔南州福泉市道坪镇英坪村小坝组突发山体滑坡地质灾害。小坝滑坡位于福泉市北西部，距福泉市区约 58km，中心点坐标为：东经 107°21′38″，北纬 26°57′27″，海拔高程 1330.7m。滑坡区所在的福泉市东邻凯里市和黄平县，南与麻江县接壤，西界开阳，北与瓮安县相连，如图 6.13 所示。南北长 55.2km，东西宽 52.1km，总面积 1690.8km^2。滑坡造成英坪村小坝村民组、新湾村民组受灾。截至 8 月 29 日 10 时，灾害造成 15 人死亡，8 人失联，后经证实 23 人死亡；22 人受伤，77 栋房屋损毁，直接经济损失超千万元。

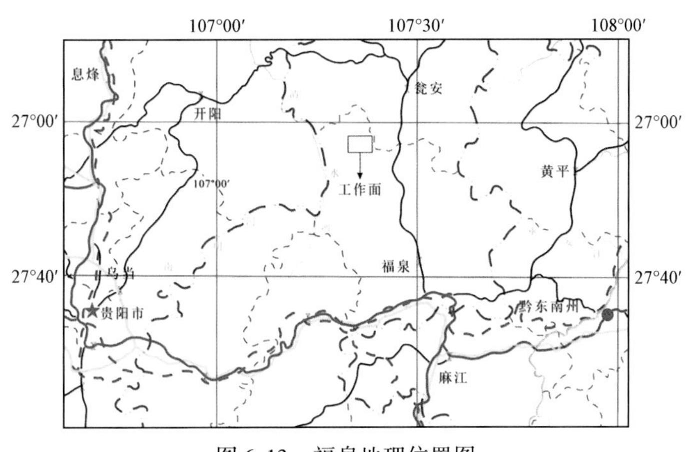

图 6.13　福泉地理位置图

2. 福泉地质条件概况

1）地形地貌

滑坡下滑及运动过程中铲刮挟带沟谷表层坡积土，在堆积区形成面积约 11.7 万 m^2，厚度为 10 ~ 40m 的堆积体，如图 6.14 所示。堆积体主要由磷块岩、硅质岩、白云岩、含砾白云岩、土粒及被破坏房屋的砖、木、混凝土碎块等物质混杂组成，其中岩石最大可见粒径约 3.0m×4.0m。

2）地质构造

调查区位于川黔南北构造带的白岩-道坪背斜上，该背斜之东为瓮安向斜，背斜之西是平寨向斜。滑坡位于道坪背斜东翼，岩层产状为单斜。受道坪背斜轴部宽缓、向 SW 倾伏的形态控制而使岩层走向、倾斜在调查范围内有规律的变化，走向上由 SW 至 NE10° ~ 70°，倾向 SE，倾角 35° ~ 60°。因受小坝断裂牵引的影响导致岩层产状局部变异，滑坡所在斜坡岩体节理裂隙发育，岩体破碎，岩土工程性质差。

图 6.14　福泉滑坡堆积体

3）水文地质条件

调查区发育的地下水类型主要为：碳酸盐岩类岩溶水及松散岩类孔隙水。虽分布面积广，但厚度较薄，故含水性极弱，分述如下：

（1）松散岩类孔隙水：储存于第四系（Q）黏土、亚黏土中，在调查区内大面积分布。由滑坡堆积体及第四系覆盖层组成，厚薄不均，滑坡堆积体透水性较好。

（2）纯碳酸岩类岩溶水：储存于震旦系上统灯影组（Z_2dy）白云岩中，分布于本区中部第四系（Q）下伏，质纯层厚。根据区域水文地质资料，岩溶发育，岩溶地下水十分丰富。

（3）碎屑岩类裂隙水：储存于震旦系下统陡山沱组（Z_1ds）磷块岩中，富水性差。

根据区域水文地质资料，本区地下水的埋藏类型为潜水，其埋深在 50m 之内。与所有岩溶水一样，本区地下水动态受大气降雨的影响较为明显。

3. 福泉滑坡灾害特征及成因

1）滑坡体特征

滑坡体平面呈“簸箕形”，如图 6.15 所示，滑坡体长约 160m，宽约 60～140m，厚约 20～50m，滑坡后缘高程 1450m，前缘高程 1231m，垂直高差约 219m，滑坡体约 141 万 m^3。在滑坡上部现仍残余 56 万 m^3，且稳定性极差。

滑坡体的主要物质组成为：第四系（Q）残坡积成因黏土、亚黏土、碎石及震旦系上统陡山沱组（Z_1ds）的中风化白云岩、磷块岩、硅质岩。滑坡滑向右侧由沟谷切割形成，左侧为节理结构面切割，后缘为拉张裂缝，形成的滑坡边界将滑坡体与母岩分离。

2）滑坡体运动过程

滑动面立面呈楔形，剖面近直线型，下滑方量约 85 万 m^3。如图 6.16 所示，滑坡体从盘山小路上方约 1310m 的高程剪出，沿 140°滑动方向向坡脚高速滑动，冲击坡脚一处蓄水量约 21 万 m^3的深水塘，塘口面积约 2.5 万 m^2。

图 6.15　福泉滑坡体特征

图 6.16　福泉滑坡运动特征

深水塘中的水体在高速滑坡冲击压力作用下，形成涌浪，如图 6.17 所示。由图 6.17 可见，滑坡体在剩余动能作用下，对采矿区西南侧岩土体形成强大推力，滑动距离约 50m，其滑动路径上西侧为一处高约 27m 的山包，部分碎屑物质在水气流的裹挟下越过该山包东南侧坡体，摧毁了新湾组 3 户居民房屋。滑坡路径东侧为英坪溪，在坡体平动过程中产生的侧压力作用下，推动小坝村民组一带近饱和土体平动，平动距离约 40m，对小坝组造成危害。因溪沟内的碎石土较为松散，沿溪沟隆起堆积，与其右侧黏土堆积形成明显的平面二元堆积结构。据量测，滑坡剪出口距离危害对象最远平面距离约 215m。

3）滑体堆积体特征

福泉小坝滑坡形成的堆积体主要由 4 个部分组成：一是主滑坡体物质，此部分物质主要堆积在深采坑内及其西侧山包东南侧，堆积方量约 110 余万 m^3，主要有漂石、块石、砾石夹杂黏土颗粒组成，以块石为主，约占 65%；二是滑坡剩余动能平推形成的滑坡，堆积体长约 50m、宽约 40m、深约 25m，堆积方量约 17 万 m^3，以黏土颗粒夹杂块石组成；

图 6.17 福泉滑坡岩土堆积体

三是由于侧压形成的堆积体长约 80m、宽约 60m、深约 15m，堆积方量约 15 万 m^3，其顺沟右侧堆积碎石夹杂黏土颗粒，左侧堆积黏土颗粒夹杂块、碎石，呈现平面二元堆积结构；四是由涌浪携带碎屑形成的堆积体，涌浪裹挟、刮擦、冲刷等形成的堆积体面积较大，堆积方量约 20 万 m^3，以黏土颗粒混杂岩粉、碎石、块石、砖木及混凝土碎块组成。此次滑坡地质灾害形成的堆积体方量总约 160 余万 m^3。

4）滑坡成因分析

（1）滑坡隐患形成过程分析。

斜坡岩体在地质构造作用和长期的物理化学风化作用下，斜坡岩体破碎，节理裂隙发育，可见明显的溶孔等溶蚀现象，岩体工程性质差；坡脚因各种原因及采矿形成的深水塘在其形成过程中改造了斜坡原始地形，使斜坡中下部地形变陡，坡脚形成一近陡立的临空面，斜坡应力重新分布，向坡脚集中，牵引坡体外倾，斜坡岩体结构趋于松弛，顺层发育的结构面扩展为拉张裂缝，形成滑坡地质灾害隐患。

（2）滑坡变形–破坏过程分析。

在长期的大气降水条件下，降水沿节理裂隙入渗，岩体软化和节理裂隙渐进性扩展。2014 年 7 月连续降雨，降雨量达 368.6mm，斜坡体上的拉张裂隙加速发展，滑坡岩体变形加剧，同时使深水塘积存大量地表水体。在自重作用下斜坡岩体产生累进性破坏，失稳下滑，岩体在蠕滑变形过程中积累的巨大应变能瞬时释放，同时因滑坡前缘高差所产生的势能在滑体运动过程中转化为巨大的动能，形成推移式高速岩质滑坡。

（3）滑坡体运动过程分析。

获得巨大动能的滑体以强大的冲击力冲击坡脚深水塘，塘中水体在强大冲击力作用下形成涌浪，涌浪裹挟着泥沙冲击新湾组、小坝组部分群众房屋，造成人员伤亡和房屋损毁。

（4）地质灾害成因分析。

综上所述，经过现场调查，综合气象、测绘、地质等资料，分析得出：福泉小坝山体滑坡是在多重因素综合作用下形成的。不利的地形地质组合、长期的物理化学风化是该山体滑坡隐患形成的内因；而长期的大气降水作用，及采矿形成的深水塘改造了原始地形和对岩体结构产生了影响是该山体滑坡隐患形成的外因。2014年7月连续降雨加速斜坡岩体变形，促进了该山体滑坡发展和发生。而斜坡岩体在自重作用下发生累进性破坏是最终导致8月27日山体滑坡发生的原因。具有较大动能的滑体，冲入深水塘中形成涌浪，涌浪直接造成人员伤亡和房屋损毁灾害。形成山体滑坡-涌浪灾害链。

4. 福泉小坝滑坡DAN-W模拟

1）DAN-W模型建立与选取

对比滑坡前后地形图，由图6.18所见，滑源区长约270m，前缘宽约260m，后缘宽约126m，面积约6.4万m^2，高程分布范围为1286～1410m，前后缘高差124m，平均坡度约36°，堆积体体积约为142万m^3。水塘塘口面积约2.5万m^2，平均深度为21m。在水平距离约为443m，高程约为1236m处滑体开始入水。

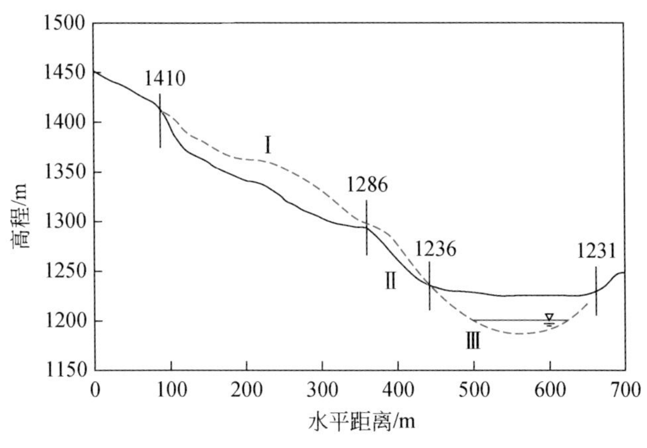

图6.18　福泉滑坡纵剖面图

根据实际情况及试算结果，通过试错法对比选择参数，DAN-W模型计算参数如表3.20所示。F表示Frictional，即摩擦流动模型。在数值模型中设置铲刮区，铲刮区位置Ⅱ如表6.8所示，最大铲刮深度为10m。滑源区1对应材料1，铲刮区Ⅱ对应材料2，其中，摩擦角设置为11°，对于干燥的岩石碎块，内摩擦角一般设为35°，滑体容重设为20kN/m^3。

表6.8　DAN-W模型计算参数

材料编号	1	2
模型	Frictional	Frictional
容重/(kN/m^3)	20.0	20.0
内摩擦角/(°)	35.0	35.0
摩擦角/(°)	11.0	11.0
最大铲刮深度/m	0	10.0

2）DAN 模拟结果分析

（1）滑坡入水前运动过程模拟。

由模型计算得到福泉小坝滑坡入水前每 3s 时间间隔的滑体形态，如图 6.19 所示。在水平距离 372m 处，地形凸起与滑体发生碰撞，使滑坡前原形态发生明显改变。由图 6.19 可知，滑体入水前运动约 9.2s。即在时间 9.2s 后，滑体入水，受水流的作用，滑坡体呈碎屑流态运动，将会在水塘中逐渐堆积。

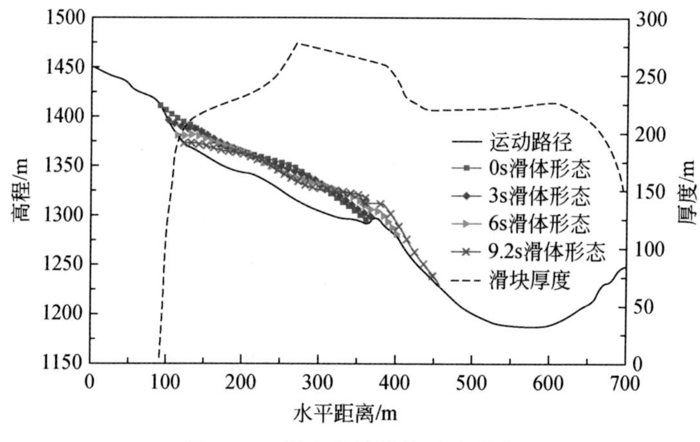

图 6.19　福泉滑坡体的运动形态

（2）速度分布。

滑坡前后缘速度及不同时刻滑体内的速度分布，如图 6.20 所示。由图 6.20 可知，滑体前缘速度大于后缘速度。整个运动过程中，在水平距离 $X=474$m 处，前缘速度达到最大值 30.1m/s；在水平距离 $X=157.4$m 处，后缘速度达最大值 9.8m/s。滑坡入水前，滑体前缘运动了 89.85m，而后缘仅运动了 31.54m。

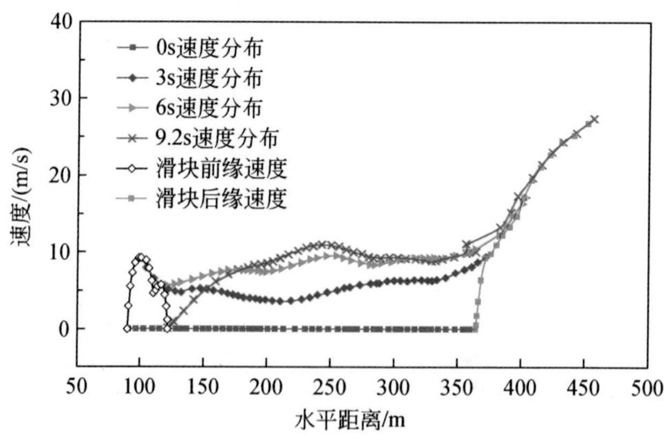

图 6.20　3s 间隔滑坡体内速度分布

不同时刻滑体内的速度分布如图 6.20 所示，图中直观地显示出每 3s 间隔滑体内速度变化趋势。由图可见，滑坡运动 9.2s 内，滑体速度在水平距离总体呈不断增大的趋势，并在入水前达最大值。这是由于滑体从高位下滑，势能转化为动能，使得滑体能够获得较大的速度。随着滑块入水，滑体内的速度在达到最大值后，将会呈现明显下降趋势。

5. 福泉小坝滑坡涌浪 FLUENT 模拟

分析滑坡体入水后的涌浪产生及传播过程，因此，选取滑坡体滑动方向所在河道断面作为 FLUENT 数值模型计算区域。根据 DAN-W 模拟结果，9.2s 滑块开始入水，滑体形态如图 6.21 所示，此时滑体面积约为 4600m²，滑块最大厚度为 26m。

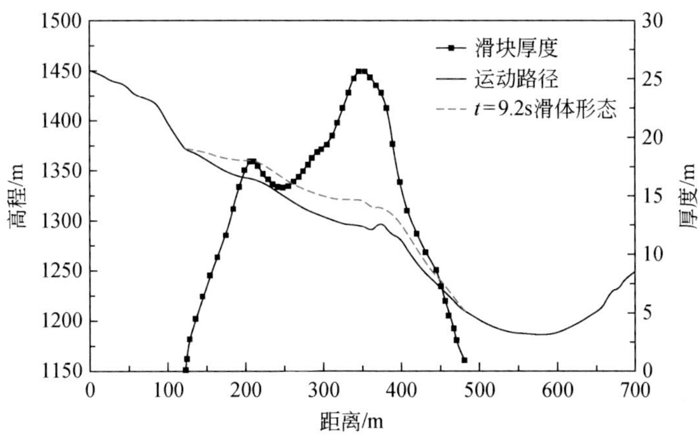

图 6.21　9.2s 福泉滑坡体形态

1）计算模型建立

为分析滑坡体入水后涌浪产生及传播过程，选取滑坡体滑动方向所在河道断面作为数值模型计算区域。FLUENT 涌浪模型坐标的选取与 DAN-W 模型一致，比例为 1 ∶ 1，斜坡坡度为 36°，对岸爬坡角度为 43°。根据观测资料及 DAN-W 模拟结果，小坝最大水深 21m，塘口宽度 136m，在水平距离 710m 处有高为 27m 的小山丘，滑坡距离危害对象最远平面距离 900m，如图 6.22 所示。

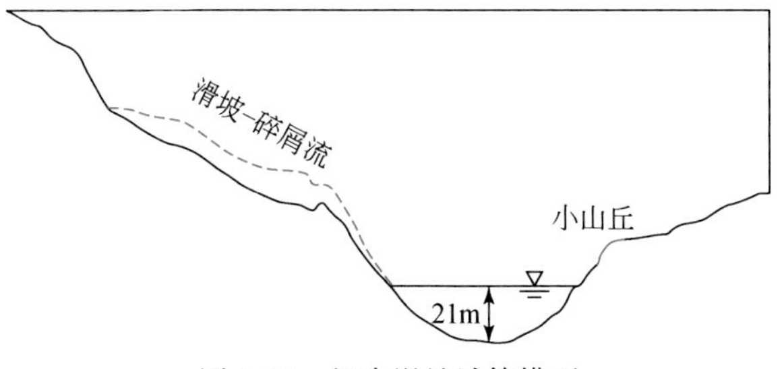

图 6.22　福泉滑坡计算模型

2）参数选取及网格划分

在运行环境中，模型计算参数如表 6.9 所示，重力加速度 $g=9.81\text{m/s}^2$，空气（工作流体）密度 $\rho_a=1.225\ \text{kg/m}^3$，水密度 $\rho_w=998.2\text{kg/m}^3$，滑体密度 $\rho_s=2100\text{kg/m}^3$，迭代精度为 10^{-5}。

表 6.9　FLUENT 模型计算参数

参数	符号	数值
滑块面积	A	4600m^2
水深	h	21m
水面宽度	X	136m
滑体速度	V	30. 1m/s
滑体密度	ρ_s	2100kg/m^3
水的密度	ρ_w	998. 2kg/m^3

涌浪流场控制方程仍采用不可压缩均质流体控制方程，即连续性方程和 N-S 方程；湍流模型采用重整化 RNG k-ε 湍流模型，自由表面设置为 VOF 三相流。边界条件设置：因河床坚硬，为固壁边界；滑坡体概化为流体，设置为交换面边界（interface）；计算域顶部为压力出口边界（pressure outlet）。

采用 FLUENT 前处理软件 GAMBIT 进行建模及网格划分。整个计算区域采用非结构化的三角形网格，在滑体附近进行适当加密，网格大小为 1m×1m，其他区域网格大小为 3m×3m，整个计算域内网格总数为 115，181。

3）计算结果分析

（1）涌浪传播过程分析。

滑坡体入水后，涌浪在坝体断面的传播情况见图 6. 26。由图 6. 23 可知，具有较大动能的滑体入水瞬间发生变形，滑体前缘快速将水体"推出"，形成涌浪［图 6. 24（b）］。随着滑坡体沿斜面的运动过程中，受重力作用的影响，滑体前缘碎屑流厚度增加，同时水面也呈现出较大波动。当 t = 12. 2s 时，在水平距离 X = 506m 处，形成高度为 29. 7m 的涌浪［图 6. 24（d）］。t = 14. 8s 时，大量碎屑流在小坝内堆积，大面积水体被掀起涌向对岸水平面［图 6. 24（e）］。

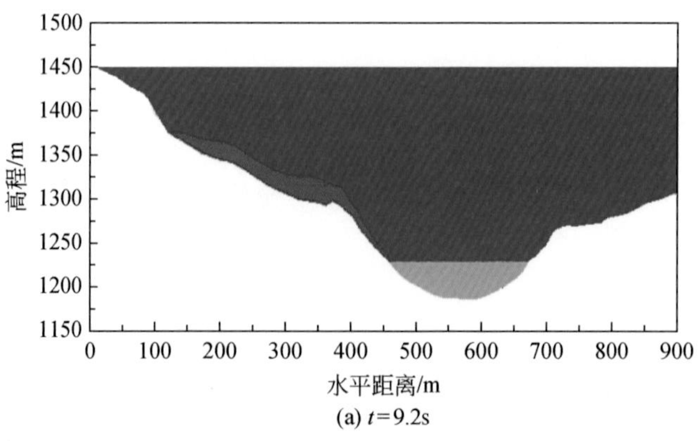

(a) t=9.2s

图 6. 23　不同时刻三相流密度变化图

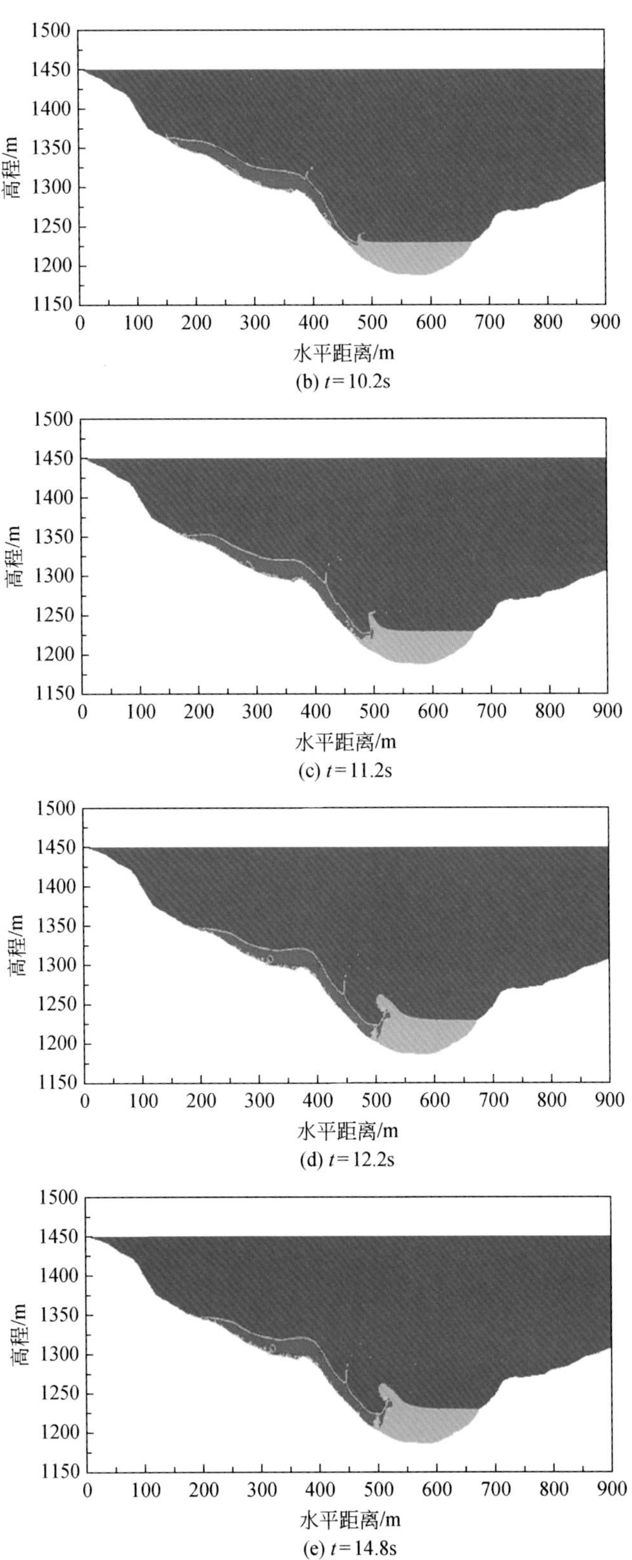

图 6. 23　不同时刻三相流密度变化图（续）

（2）涌浪爬坡过程分析。

图 6. 24 给出涌浪在对岸的爬坡过程，对于某一瞬时流场而言，涌浪前锋流速最大，直至涌浪传播到最远距离。当 $t=16.5$s 时，具有较大动能的滑坡-碎屑流及涌浪以强大的冲击力冲向对岸平地，大量堆积体将小坝填满。$t=20.2$s 时，涌浪携带碎屑形成的堆积体，在对岸平面上传播了 127m，到达水平位置 828m［图 6. 24（e）］，涌浪回落冲击小坝组部分房屋，造成了房屋损毁及人员伤亡，形成山体滑坡-涌浪灾害链。滑坡-碎屑流在运动的过程中，带有强大冲击力的滑体铲刮并夹带沿途表层岩体，$t=32.7$s 时，大量的滑坡-碎屑流堆积在坝体内。

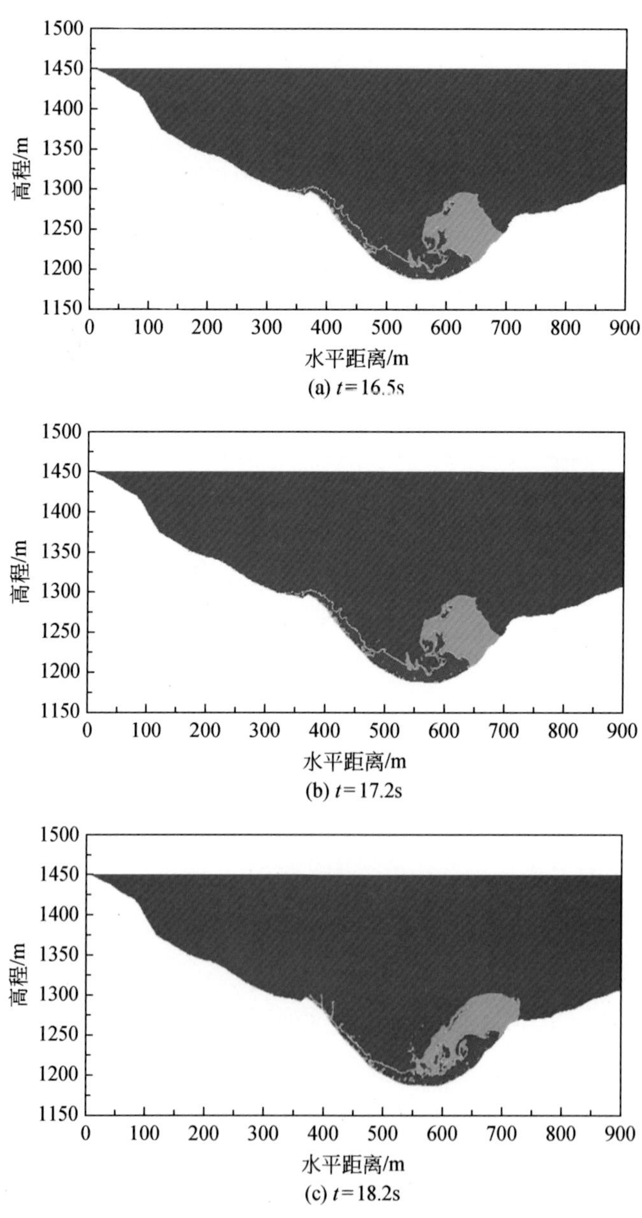

(a) $t=16.5$s

(b) $t=17.2$s

(c) $t=18.2$s

图 6. 24　不同时刻三相流密度变化图

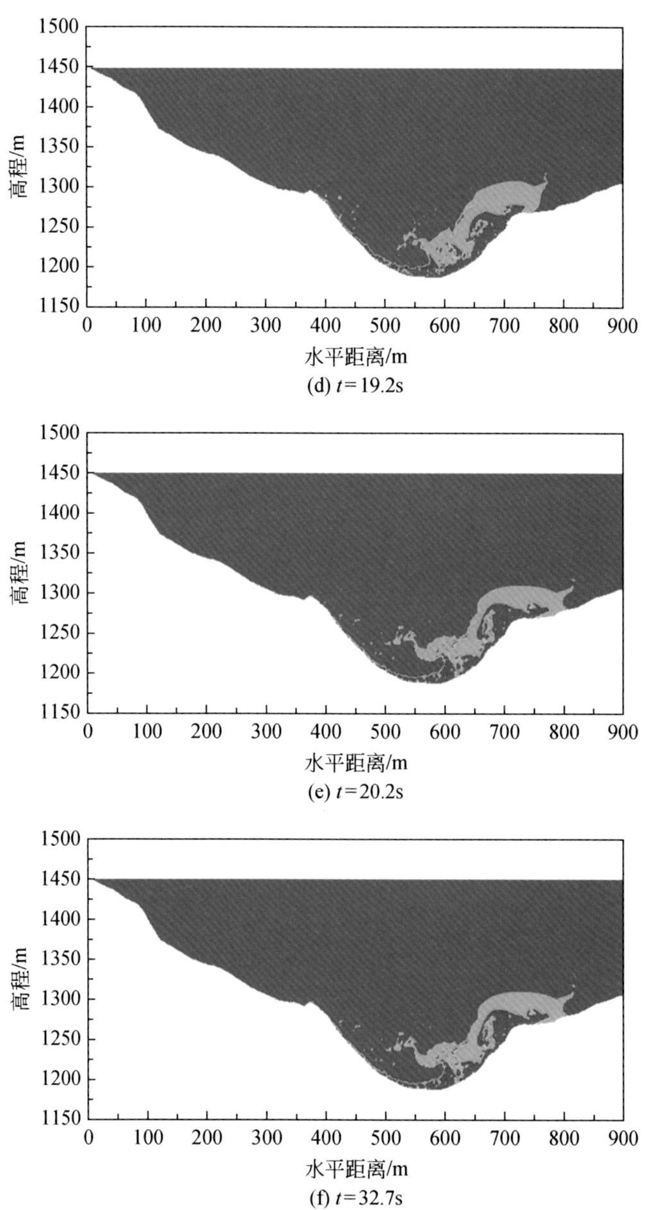

(d) t=19.2s

(e) t=20.2s

(f) t=32.7s

图6.24　不同时刻三相流密度变化图（续）

(3) 动压力场分析。

具有巨大动能的滑坡-碎屑流以强大的冲击力冲击坡脚深水塘，滑坡-碎屑流入水后流场最大动压力随时间变化曲线，如图6.25所示。从图6.25中可以看出，随着时间的增加，流场最大动压力呈现波浪变化趋势。在滑坡-碎屑流运动到21.7s时，计算域内流场的最大动压力值为5.4MPa，此时碎屑流运动到水平距离710m，翻越了高27m的小山丘。涌浪裹挟着泥沙以强大的冲击力冲击新湾组、小坝组部分群众房屋，造成人员伤亡和房屋损毁。随着能量的损耗，流场最大动压逐渐减少。当t=27.7s时，计算域内流场的最大动压力减少到最小值0.81MPa。

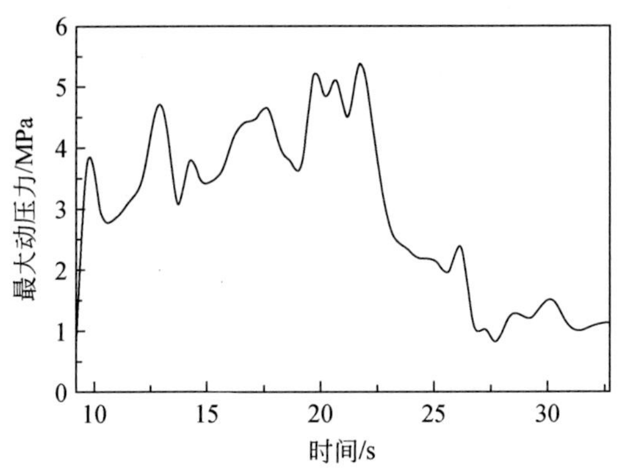

图6.25　不同时刻最大动压力

6. 本节小结

本节较为全面地阐述了2014年8月27号福泉小坝滑坡的基本概况，采用DAN-W数值模拟法直观再现了滑坡入水前运动的全过程，对不同时刻滑体形态、运动速度分布进行分析；在DAN-W模拟结果所提供的相关参数，利用FLUENT软件模拟滑坡涌浪过程。

根据实际资料得，滑坡启动区滑坡体积约141万m^3。通过已有滑坡实例流变模型及相关参数变化范围，根据不同区域的情况，在DAN-W模型中采用参数不同的Frictional流变模型。利用DAN-W模型分析滑体速度分布，可以判断福泉小坝滑坡入水前历时约9.2s，最大速度30.1m/s。因此被抛掷而下的滑体获得较大动能，冲击水体形成涌浪。

在DAN-W模型计算结果的基础上，利用FLUENT软件对福泉小坝实际滑坡涌浪的过程进行模拟。滑坡-碎屑流入水12.2s时，在水平距离506m处，形成高度为29.7m的涌浪；19.2s时，流场内的最大动压力值为5.2MPa；20.2s时，涌浪携带碎屑形成的堆积体，在对岸平面上传播了127m，到达水平位置828m。

三、贵州纳雍“8·28”崩塌成因分析

1. 地质环境条件

贵州纳雍“8·28”崩塌位于贵州省毕节市纳雍县张家湾镇普洒社区桥边组一带，崩塌区中心坐标为东经105°26′42″，北纬26°38′21″。区内村与村之间均有公路相通，交通方便（图6.26）。

2. 气象水文

1）气象

调查区地处中亚热带季风湿润气候带，气候温暖，雨量充沛，年平均降水量1200～1300mm，其中一年中6月为降雨量最多月，平均降水量为223.0mm，12月最少，平均22.0mm，5～9月降雨集中，占全年总降水量的73.7%。由图6.27降雨资料显示可知，进入2017年后，纳雍县张家湾1～5月降雨量为132.6mm，6月降雨161.6mm，7月降雨

228.7mm，8 月崩塌前降雨 44.3mm。2017 年 8 月 28 日崩塌灾害发生前 3 日无降雨。

图 6.26　崩塌地理位置及交通图

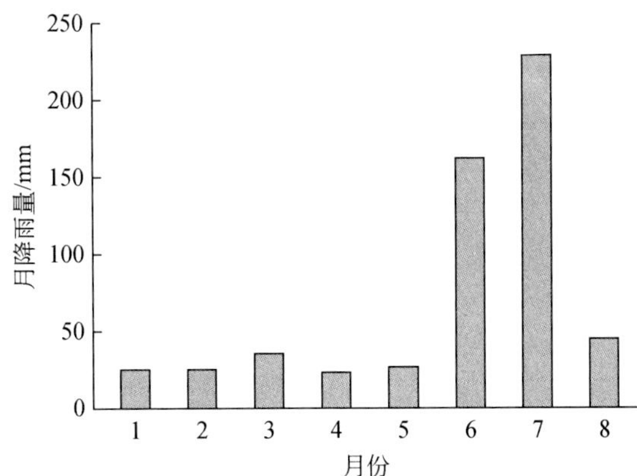

图 6.27　纳雍县张家湾 2017 年崩塌前逐月降雨量

2）水文

调查区处在长江流域的乌江水系的水公河附近，该河水浅滩多，河道蜿蜒，局部水流湍急，多用于水田灌溉和小型水力发电。

区内未见大的河流，矿区外西面的水公河为主要河流。自花鱼洞流入，从左家河流出，区内溪沟较多，矿山污废水经过处理过达标排放于附近溪沟，均向南汇入水公河。

3. 地形地貌

调查区位于乌蒙山系东南麓，是贵州高原第二阶梯黔西山原的一部分，即云贵高原向黔中山原的过渡地带，区内总体地势北低，南高。山脉总体走向为 SW 向，三叠系下统夜郎组形成陡峭山脊，纵贯全区，最高点位于南面的山峰顶，标高为 2175m，最低点位于普洒社区下的河沟中，标高为1875m，相对高差300m，地形坡度10°～25°，局部地段坡度达到55°，老鹰岩一带为陡崖（崩塌发育于此），高差200m左右，宽度约1km。二叠系上统龙潭组含煤地层露头部位地势平缓，一般标高1700～1900m，平均约1850m，大部分区域多被第四系覆盖。

4. 地质构造及地层岩性

1）地质构造

调查区位于张维背斜东南翼，整体为一单斜构造。地层倾向SSE向，走向NWW向，倾角5°～10°。区域内发育有3条断层F1、F2、F3，据"纳雍县张家湾镇普洒煤矿矿山地质环境保护与治理恢复方案（2010年1月，贵州地矿工程勘察总公司编制）"：

F1断层：其性质为正断层，呈NE向横穿矿区，东端抵F3横断层，倾向155°～167°，倾角63°～70°。断距5.00～29.00m。上盘地层倾向160°～175°，倾角8°～9°。下盘地层倾向161°～187°，倾角7°～8°。

F2断层：其性质为逆断层，倾向SE，倾角70°～75°，断距17.0～69.0m。上盘地层倾向157°～176°，倾角7°～9°。下盘地层倾向138°～167°，倾角7°～8°。该断层位于矿区中西部，NE端与F1相接。

F3断层：其性质为正断层，倾向NE，倾角75°～80°，位于矿区东侧矿界外，对矿区内煤层无影响。

其中F1和F2断层发育于普洒崩塌陡崖下部的斜坡中前部，由于被堆积体覆盖，在现场调查过程中未能对这两条断层进行复核，F3发育与调查区北侧的山坳处，距离崩塌源区直线距离约为400～500m。

根据《地震动参数区划图》（GB18306—2015）地震动峰值加速度为0.05g，地震动反应谱周期特征为0.35s，地震基本烈度值为Ⅵ度，本区及邻近区域近年来未发现有强震活动，崩塌发生前也未见可能影响坡体稳定性的地震显示，区域稳定性良好。

2）地层岩性

调查区内出露地层有第四系（Q），下三叠统夜郎组（T_1y）、上二叠统长兴组—大隆组（P_3c+d）、龙潭组（P_3l）、现按由新至老分述如下：

第四系（Q）：主要为黏土、砂质黏土，表层为腐殖层，夹砂岩转块，厚0～15m。

三叠系下统夜郎组（T_1y）：调查区内上部为青灰-灰褐色，薄至中厚层状石灰岩夹泥灰岩，产状170°～180°∠5°～7°，发育三组节理面：① 145°∠80°～90°，② 5°～7°∠70°～80°，③ 200°∠70°～80°；在小老鹰岩附近的山脊上能够看到石灰岩中岩溶较为发育，并在山坡上分布有成串的落水洞。中下部为紫红、灰色砂质泥岩夹粉砂岩、泥质砂岩、页岩，产状170°～180°∠8°～10°，发育三组节理面：① 100°～105°∠80°～90°，② 6°～9°∠80°～90°，③ 80°～90°∠80°～90°。崩塌体后壁顶部发育一层20～30m的泥岩层，泥岩呈土黄色，手可挖动。

二叠系上统长兴组—大隆组（P_3c+d）：其岩性上部为深灰、灰色泥质灰岩，夹燧石层、页岩、砂质页岩；下部为灰色中厚层状、薄层状石灰岩夹黏土岩、页岩。与龙潭组呈连续过渡关系，与龙潭组的分界以习惯称谓的"盖顶煤"顶板为准，该组顶部与下三叠统夜郎组（T_1y）呈整合接触。

二叠系上统龙潭组（P_3l）：即煤系地层。位于峨眉山玄武岩组假整合面之上，为一套近海相含煤沉积建造。分布于普洒煤矿区大部，主要岩性为细砂岩、粉砂岩、泥质粉砂岩、粉砂质泥岩、泥岩、碳质泥岩、石灰岩薄层以及煤层组成。含煤层 26～44 层，含可采煤层 6 层。普洒煤矿采煤层为 M6、M10、M14、M16、M18、M20 层。

5. 岩体结构

本区存在以下斜坡和岩体结构条件：

（1）山体岩体破碎。岩层面总体向南侧倾斜（岩层走向 N80°E — EW），倾角为 5°～10°，整体呈缓内倾岩体结构。这种岩体结构总体上讲不利于岩体发生失稳破坏。但是崩塌区域岩体结构破碎，节理裂隙发育，加之崩塌源区山体北西侧和北侧两面临空（其中，前缘陡崖临空方向为 N50°W）。在崩塌源区的南西前缘，由于受到稳定岩体（中厚层石灰岩山体）的阻挡，导致岩体易于沿接触面向 NW 发生偏转变形。

（2）三组结构面将山体切割成分离块体。通过对崩塌后部坡体上出露的岩体结构面进行统计，岩体内发育三组节理面：① N10°～15°E/SE∠80°～90°，② N81°～84°W/NE∠80°～90°，③ N50°～60°E/SE∠80°～90°，如图现场调查发现，崩塌体后壁顶部发育一层 20～30m 的泥岩层，泥岩呈土黄色，手可挖动。

从岩体结构分析，第③组结构面构成崩塌源区的原始临空面，第②组结构面将源区岩体与小老鹰岩陡壁切割开，第①组结构面将源区岩体与稳定岩体切割开，形成一个不规则的三棱柱体。这个“三棱柱体”在下部采煤等荷载的影响下，逐渐向临空方向变形，使第①和②组结构面逐渐拉开，并具备一定的贯通性。岩层中存在砂岩、粉砂岩、砂质泥岩和泥灰岩等软硬相间岩层互层，在重力作用下，软岩具一定的压缩空间，而硬岩则被错断，加之泥灰岩沿层面受到溶蚀的作用，强度降低，使得下部岩体出现沿 $45°+\varphi/2$ 的压剪性裂隙，为岩体向临空面方向滑动提供了底滑面。

（3）斜坡顶部的石灰岩中发育有岩溶。在小老鹰岩附近的山脊上能够看到石灰岩中存在一系列的溶蚀现象，包括岩石被溶蚀出凹腔，坡面山分布一系列成串的小型洼地，在堆积体中石灰岩块中存在的橙黄色溶蚀面等，如图 6.28 所示。

(a)

(b)

图 6.28　石灰岩体中存在的溶蚀现象

（a）中黄色箭头指向小型洼地

如前所述，整个斜坡岩体总体质量较差，强风化岩体分布范围广，深度大，在坡度较陡的部位容易产生局部滑塌。这些软硬相间且风化强度高的岩体在重力的长期作用下，逐渐向下部挤压变形而变得破碎，会使顺坡向的结构面被拉开。

6. 崩塌特征

1）崩塌规模与形态

通过对崩塌区多源、多期地形数据的处理、配对校准和分析，结合现场调查对普洒社区崩塌特征有了明确的认识。崩塌源区及堆积区均发育于小老鹰岩北侧，其中堆积区平面形态呈不规则的手掌状（图 6.29），向 300°～310°方向延伸。崩塌源区走向约 40°，位于小老鹰岩北侧，崩塌陡壁后缘海拔约 2120m，坡脚海拔约为 1922m，相对高差约为 200m（图 6.30）。

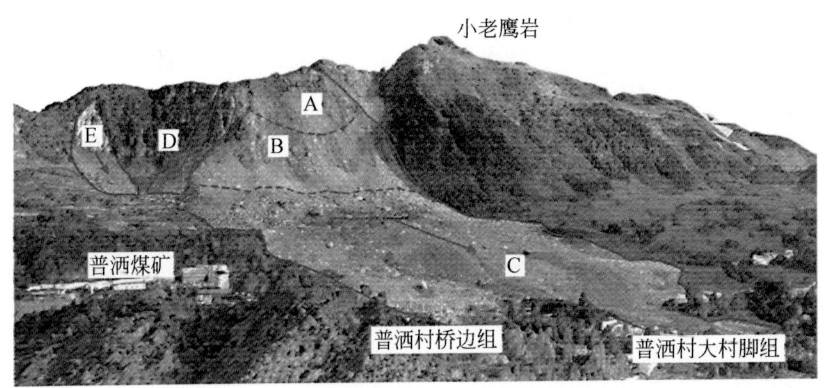

图 6.29　普洒社区崩塌及堆积区全貌图一

图 6.30　普洒社区崩塌及堆积区全貌图二

整个堆积区前部呈手指状延展，坡体表面舒缓，一般坡度 10°左右，局部发育田坎。堆积体前部直达普洒社区大树脚组和桥边组，其高程约为 1860m，堆积区前后缘高差约为 120～130m。堆积区中部 SW-NE 向宽约 360～380m，其中 NE 侧原始斜坡略高，两侧高程差约 10～15m。现场调查表明，崩塌发生后岩土体的运动方向为 NW 向，该方向从崩塌后壁至堆积区前缘的水平长度约为800～820m，陡壁坡脚至堆积区前缘的水平长度约为660m，堆积区平均厚度约为4m。

通过崩塌前后DEM数据差分处理分析，崩塌源区损失岩体方量约为49.1万m^3；陡崖下部堆积岩土体方量约为82.3万m^3。

根据现场调查和无人机航拍数据分析，可以将普洒社区崩塌堆积区分为崩塌源区（A区）、下落铲刮区（B区）、流通停积区（C区）和崩塌源区北侧的扰动崩塌区（D区）（图6.31）。

图6.31　普洒社区崩塌源区与下落铲刮区特征

2）崩塌分区及特征

（1）崩塌源区（A区）。

崩塌源区位于斜坡山体顶部，东部高程位于2080～2120m，剪出口位于坡顶向下60～90m处。崩塌源区崩落岩体平均高约85m，宽约145m，平均厚度约40m，总方量约49.3万m^3。源区所在山体斜坡为岩质斜向坡，岩层产状N80°E — EW/SE∠5°～7°。崩塌物质主要为三叠系下统夜郎组（T_1y）泥岩、粉砂岩夹泥灰岩，岩体内发育三组节理面：① N10°～15°E/SE∠80°～90°，② N81°～84°W/NE∠80°～90°，③ N10°W/NE — NS/E∠80°～90°。

现场调查发现，崩塌体后壁顶部发育一层20～30m的泥岩层，泥岩呈土黄色，手可挖动。从岩体结构分析，第①组结构面构成崩塌源区的原始临空面，第②组结构面将源区岩体与小老鹰岩陡壁切割开，第③组结构面将源区岩体与稳定岩体切割开，形成一个不规则的三棱柱体。这个“三棱柱体”在下部采煤等荷载的影响下，逐渐向临空方向变形，使第②和③组结构面逐渐拉开，并具备一定的贯通性，为岩土体的进一步变形提供了基础。

后壁上部为陡立的中厚-厚层石灰岩，厚度约为20m，由于下部岩体已经崩落，在石灰岩下部形成了两个凹腔（图6.32）。在中下部岩壁上发育有擦痕，倾向305°。

剪出口附近的主要岩体是粉砂岩和泥灰岩，虽经受多组结构面切割作用影响，但仍保持较大的块状结构，如崩塌堆积前部及中部岩体最大保持了10m×10m×15m的块径。

（2）下落铲刮区（B区）。

下落铲刮区主要分布在高程1920～2030m，当失稳岩体突然崩落后，以巨大的势能和动能铲刮下部坡表面原有的松散堆积物，甚至是凸出于坡表的岩体也受到铲刮，被铲刮的物质包括坡表原始覆盖层、老崩塌堆积物及少量基岩，铲刮作用使得本区域的陡壁表面退后约 1.5m。铲刮区宽约 180m，高 80m，则铲刮方量约 2.1 万 m^3（图 6.33）。

图 6.32　崩塌源区后壁特征

图 6.33　普洒社区崩塌下落铲刮区特征

（3）流通停积区（C 区）。

由图 6.34 可以看到，崩塌堆积区原本是一处相对开阔的缓斜坡区，斜坡整体坡度约 10°～15°，斜坡体表层为松软的耕植层，推测厚度约为 2m。斜坡前部是普洒社区大树脚组和桥边组居民区，居民区多位于斜坡前部的陡坎下。崩塌体突然失稳和高速崩落后，流经下落铲刮区，继续高速运动到达开阔的缓斜坡区，巨大的动能使得耕植层土体被高速铲刮和推挤，并将耕植层土体推挤到堆积区中前部，推测被铲刮耕植土厚度约 1.5m，埋没部分普洒社区大树脚组和桥边组的居民房屋，造成重大人员伤亡。

流通停积区后部覆盖有一层棕黄色泥岩破碎物质，乃是陡壁上部发育的三叠系下统夜郎组（T_1y）泥岩失稳后残留的。流通停积区中部分布有大量碎块石，成分主要是粉砂岩、泥灰岩，停积块体最大块径为 10m×10m×15m。流通停积区底部和前部为夹杂植物根系的松散棕黄色黏土，为耕植土被铲刮后的残留物。由于停积区整体呈手指状延伸，故采用平均纵长约 575m，宽度约 360m，推测铲刮厚度约 1.5m，则堆积区受铲刮方量约为 31 万 m^3（图 6.35）。

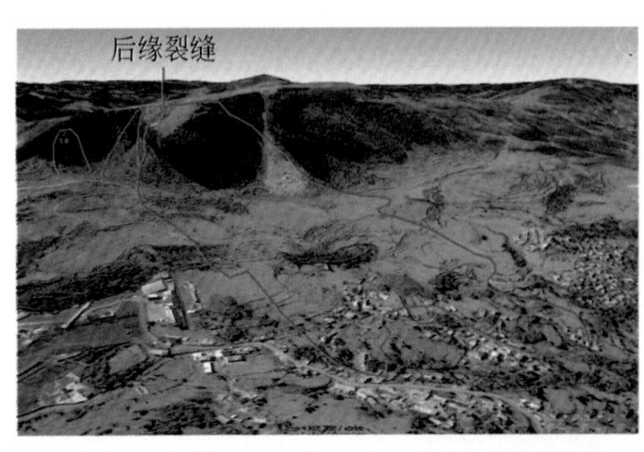

图 6.34　普洒社区崩塌前地貌及堆积区范围

图 6.35　停积区被铲刮的耕植土

根据现场调查和无人机航拍正射影像图可知，岩体崩塌后解体，以碎屑流形式高速运动，并因块体间不断碰撞破碎使能量耗散后最终停积下来。在整个高速运动过程中，大块石在运动途中最先停积，主要分布在停积区的中后部，而粒径相对较小的块石和碎屑物质呈流体状运动，一直到掩埋大树脚组和桥边组的居民房屋才停积下来。本崩塌堆积区的岩石块体具有明显的分选特征。

（4）扰动崩塌区（D）。

崩塌区右后侧（N 侧）因侧面临空，伴随主体变形，向 N 侧发育有一小型崩塌区（图 6.30D 区、图 6.31），该次级崩塌纵向斜长约为 140m，横向宽度 50～70m，平均厚度约为 2m，则总方量约 1.4 万～1.9 万 m^3。

E 区（图 6.30、图 6.31）崩塌发生于 2016 年，滑塌方向与本次崩塌体运动方向相同，堆积区域纵向长 70～80m，宽 50～60m，平均厚度约为 2m，则总方量约为 0.7 万～1.0 万 m^3。

综上所述，崩塌源区失稳岩体总方量约 49.3 万 m^3，下落铲刮区铲刮方量约 2.1 万 m^3，流通堆积区受铲刮方量约为 31 万 m^3，合计普洒社区崩塌总堆积物质方量约为 82.4 万 m^3。这与通过滑前滑后 DEM 数据进行差分计算出的堆积体总方量是一致的。

3）崩塌影响区特征

通过现场调查发现，崩塌发生时，受岩体变形而产生的牵引和拖拽作用的影响，在崩塌源区两侧和后部还分别残留有一系列的欠稳定岩体和区域，后部变形体（Ⅰ区），北侧变形体（Ⅱ区）和南侧变形体（Ⅲ区），其分布如图 6.36 所示。

（1）后部变形体（Ⅰ区）。

如图 6.37、图 6.38 所示，崩塌发生后，在崩塌源区后部产生了一系列走向 35°的拉裂缝，其中最大的呈拉陷槽状，长约 180m，可见深达 12m。该拉陷槽 N 侧张开，张开处下部即为扰动崩塌区（D 区），张开度约为 34m，S 侧与山体相连，发育有一系列的张性放射状裂隙，这些裂隙向南侧逐渐变小至闭合。拉陷槽的 SE 侧槽壁上出露棕黄色泥岩，已经中强风化，手可挖动，发育有二组结构面：① 108°∠82°，② 25°∠71°。

(a)现场照片（图中红色线为地面裂缝）

图 6.36　崩塌发生后崩塌后部变形体特征

(b)无人机航拍高清三维模型影像

图 6.36　崩塌发生后崩塌后部变形体特征（续）

图 6.37　普洒社区崩塌Ⅰ区后部的拉陷槽

图 6.38　普洒社区崩塌Ⅰ区右后部（北部）的长大裂缝

以该拉陷槽的北侧壁为边界，可构成一长约250m，宽约45m，高约30m，方量约22万m^3的后部变形体。该变形体主要由泥岩构成，下部靠粉砂岩、泥灰岩支撑，且后部拉陷槽的贯通性较好，使得自稳能力较差。

（2）北侧欠稳定区（Ⅱ区）。

如图6.39所示，崩塌源区北侧上部也残留有一处欠稳定区（Ⅱ区），其顶部高程约为2100m，Ⅱ区下部即为E区小型崩塌区。在本区东侧发育有一条长31m，走向235°的长裂缝，张开度约为20cm。

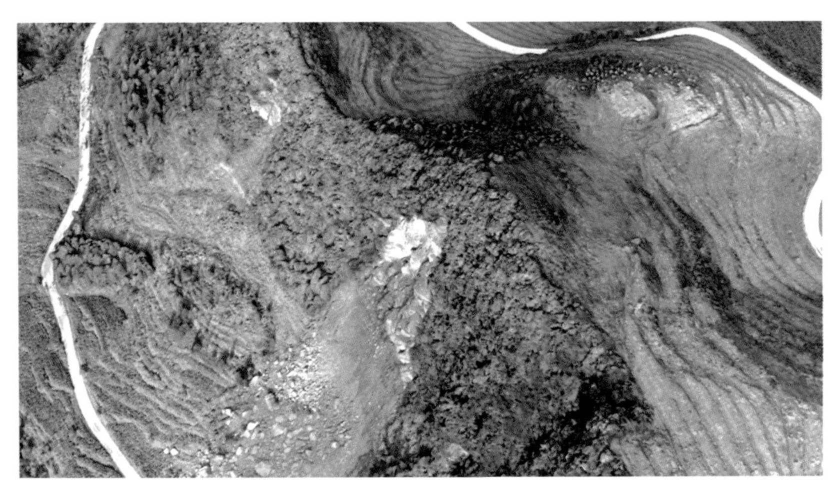

图6.39　普洒社区崩塌Ⅱ区变形体全景特征（无人机航拍三维模型影像）

本欠稳定区长约130m，宽约20m，高差约30m，估算方量约8万m^3。

现场调查表明，本区下部已经失稳形成E区崩塌（2016年发生），虽然后部发育有长裂缝，但是其与母岩保持较好的联结，整体失稳的可能性不大，但是较易发生局部掉块。

（3）南侧欠稳定区（Ⅲ区）。

如图6.40所示，普洒社区崩塌的S侧为小老鹰岩，出露石灰岩陡壁，其岩层产状：170°∠7°，发育两组结构面：① N40°E/NW∠85°，② N83°W/NE∠74°。经过现场调查，崩塌发生后，在小老鹰岩东侧坡体上发育有一系列的走向40°左右的张性裂缝，最长的延伸可达50m左右，裂缝中部出现塌陷，可见深度约为4～5m，宽度可达数米。甚至顶部坚硬的小老鹰岩石灰岩体也被裂缝错断。这些裂缝走向基本平行于第①组结构面走向。综合分析认为，本区张性裂缝为第①组结构面张开所致，其贯通性较好，这使得斜坡整体稳定性较差，一旦失稳对下部普洒社区居民区的影响最大。

从成因机理方面分析，崩塌岩体失稳时，对其左侧的小老鹰岩坡体施加了拖拽作用，由此导致小老鹰岩岩体沿第①组结构面被拉开。其变形区方量为38万m^3。

7. 采矿活动对地质环境的影响

1）采动影响角的确定

根据“纳雍县普洒煤矿矿区地质灾害危险性评估说明书”、“纳雍县普洒煤矿矿山地质环境保护与治理恢复方案”，移动角取值为上山和走向方向60°，下山方向55°。

(a)现场照片（图中红色线为地面裂缝）

(b)无人机航拍高清三维模型影像

图 6.40　普洒社区崩塌Ⅲ区后部地面裂缝特征

根据贵州地矿工程勘察总公司 2009 年 12 月提交的“纳雍县张家湾镇普洒煤矿崩塌地质灾害治理工程施工图设计”：依据实地调查“山体变形、开裂、崩塌迹象明显”及“地形形态及地质情况”，确定的崩塌后缘边界，对照采空区分布位置，作剖面图（图 6.41），得出崩塌后缘边界角为 60°。

根据普洒煤矿 2017 年 9 月提交的“贵州省纳雍县张家湾镇普洒煤矿井上井下对照图”及实测地裂缝分布，对照采空区分布位置，作剖面图（图 6.42），得出裂缝角为 60°。

本矿 M16、M14、M10 煤层倾角较小，为 7°～12°，煤层开采后采空区顶板岩层沿倾向与走向的移动特征基本相同。

综合以上分析，确定煤层开采后在倾向及走向方向的采动影响角均为 60°。

各采空区影响范围分析：根据贵州省地矿局 111 地质大队 2017 年 9 月提交的“纳雍

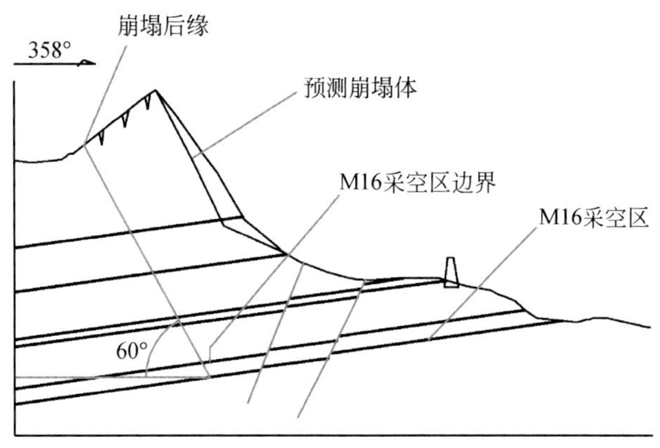

图 6.41　2009 年 12 月前采矿影响范围图

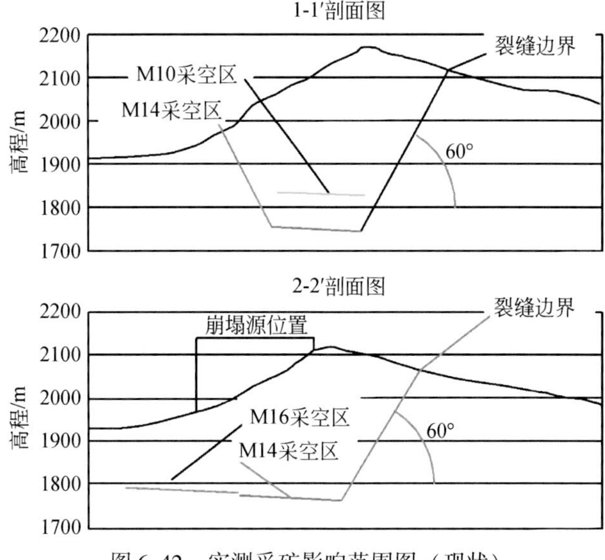

图 6.42　实测采矿影响范围图（现状）

县张家湾镇普洒煤矿崩塌地质灾害调查及危险区划报告”、普洒煤矿 2017 年 9 月提交的“贵州省纳雍县张家湾镇普洒煤矿井上井下对照图”、贵州地矿工程勘察总公司 2010 年 1 月提交的“纳雍县普洒煤矿矿山地质环境保护与治理恢复方案”及普洒煤矿提供的资料可知，老系统 21604 等回采工作面位于崩塌体边缘、新系统 11013 等回采工作面位于崩塌体下部。

采用前面确定的采动影响角 60°，结合各采空区位置及地形标高，分析各采空区的影响范围。“8·28”崩塌体位于采空区引起的上覆岩层移动影响范围内。

2）采矿活动影响程度分析

采空区“三带”：根据《建筑物、水体、铁路及主要井巷煤柱留设与压煤开采规范》（2017 版）及《建筑物、水体、铁路及主要井巷煤柱留设与压煤开采指南》（2017 版），分析普洒煤矿采空区“三带”值。

冒落带：

老系统 M16 煤层：

$$H_m = \frac{M}{(K-1)\cos\alpha} = \frac{2.04}{(1.2-1)\cos 12} = 10.4\text{m} \tag{6.1}$$

式中，H_m为冒落带最大高度，m；M为煤层厚度或采高，取最大煤层厚度 2.04m；K为冒落岩石碎胀系数，煤层顶板岩性为粉砂岩和粉砂质泥岩，取值 1.2；α为煤层倾角，煤层倾角 7°～12°，取 12°。

新系统 M14 煤层：

$$H_m = \frac{M}{(K-1)\cos\alpha} = \frac{1.95}{(1.2-1)\cos 12} = 10\text{m} \tag{6.2}$$

新系统 M10 煤层：

$$H_m = \frac{M}{(K-1)\cos\alpha} = \frac{2.95}{(1.2-1)\cos 12} = 15\text{m} \tag{6.3}$$

裂隙带：

根据普洒煤矿矿区地层综合柱状图分析，矿区地层以粉砂岩、粉砂质泥岩、细砂岩为主，所以裂隙带发育按中硬考虑。

老系统 M16 煤层：

$$H_{li} = \frac{100\sum M}{1.6\sum M + 3.6} + 5.6 = \frac{100\times 2.04}{1.6\times 2.04 + 3.6} + 5.6 = 35.3\text{m} \tag{6.4}$$

式中，H_{li}为裂隙带最大高度，m；$\sum M$ 为煤层厚度或采高，M16 煤层取最大煤层厚度 2.04m。

新系统 M14 煤层和 M10 煤层：

$$H_{li} = \frac{100\sum M}{1.6\sum M + 3.6} + 5.6 = \frac{100\times 4.9}{1.6\times 4.9 + 3.6} + 5.6 = 48.4\text{m} \tag{6.5}$$

式中，$\sum M$ 为煤层累计厚度或采高，M14 煤层取最大煤层厚度 1.95m、M10 煤层取最大煤层厚度 2.95m。

弯曲下沉带：

老系统 M16 煤层采空区 35.3m 以上为弯曲下沉带，新系统 M14 煤层和 M10 煤层采空区 48.4m 以上为弯曲下沉带。

3）采矿影响分析

根据贵州省地矿局 111 地质大队 2017 年 9 月 9 日提交的“纳雍县张家湾镇普洒煤矿崩塌地质灾害调查及危险区划报告”、普洒煤矿 2017 年 9 月提交的“贵州省纳雍县张家湾镇普洒煤矿井上井下对照图”、贵州地矿工程勘察总公司 2010 年 1 月提交的“纳雍县普洒煤矿矿山地质环境保护与治理恢复方案”及普洒煤矿提供的资料，老系统邻近崩塌体的 21604 回采工作面埋深为 200m 左右，新系统崩塌体下部的 11013 回采工作面埋深为 300m 左右，11413 回采工作面埋深为 380m 左右，老系统与新系统已开采工作面处埋深均大于采空区上部的裂隙带最大发育高度，所以普洒煤矿老系统 M16 煤层、新系统 M14 和 M10

煤层开采对崩塌体不能造成直接的破坏作用。

安全开采深度：

根据《地方煤矿实用手册》（1989年版），按煤系上覆岩层为中硬岩层的Ⅱ类煤田、煤层倾角7°~12°、地面建筑物和主要井巷的保护级别为Ⅰ类取安全系数 k 为250。

老系统M16煤层开采：

$$H_{\delta} = M \times k = 1.6 \times 250 = 400\text{m} \tag{6.6}$$

式中，H_{δ}为安全开采深度，m；M 为煤层厚度或采高，m，M16煤层取平均煤厚1.6m；k 为安全开采系数，取250。

新系统M10煤层开采：

$$H_{\delta} = M \times k = 1.7 \times 250 = 425\text{m} \tag{6.7}$$

式中，M 为煤层厚度或采高，m，M10煤层取实测采厚 m_{10}为1.7m。

新系统M14煤层开采：

$$\frac{h}{m} = \frac{80}{1.23} = 65 \tag{6.8}$$

根据煤层倾角7°~12°和h/m值65，查表取算术平均值C为0.225。

$$M = m_{14} + Cm_{10} = 1.23 + 0.225 \times 1.7 = 1.61\text{m} \tag{6.9}$$

$$H_{\delta} = M \times k = 1.61 \times 250 = 402\text{m} \tag{6.10}$$

式中，M 为M14、M10煤层开采后的综合作用厚度，m；h 为层间距，m，根据实测M14煤层与M10层间距为80m；m 为煤层采厚，m，M14煤层取平均煤层厚度 m_{14}为1.23m，M10煤层取实测采厚 m_{10}为1.7m。

可见，老系统M16煤层和新系统M14、M10煤层开采的安全开采深度均大于埋深，说明M16煤层和M14、M10煤层开采后采空区顶板岩层移动波及地表，也就是说采矿活动对崩塌体的稳定性造成影响。

4）影响程度分析

老系统M16煤层和新系统M14、M10煤层开采较深，不能对地表造成直接裂隙破坏，但造成了采空区上覆岩层移动变形破坏。

8. 崩塌形成原因分析

1）斜坡和岩体结构条件

本区存在以下斜坡和岩体结构条件：

（1）山体岩体破碎。岩层面总体向南侧倾斜，倾角5°~10°，整体呈缓内倾岩体结构。崩塌区域岩体结构破碎，节理裂隙发育，加之崩塌源区山体北西侧和北侧两面临空（其中，前缘陡崖临空方向为N50°W），南西侧被断裂切割，岩体分离性好，加之后缘裂缝发育，导致其形成悬臂状。在崩塌源区的南西前缘，由于受到稳定岩体（中厚层石灰岩山体）的阻挡，导致岩体易于沿接触面向NW发生偏转变形。

（2）三组结构面将山体切割成分离块体。通过对崩塌后部坡体上出露的岩体结构面进行统计，岩体内发育三组节理面：① N10°~15°E/SE∠80°~90°，② N81°~84°W/NE∠80°~90°，③ N50°~60°E/SE∠80°~90°。现场调查发现，崩塌体后壁顶部发育一层20~30m的泥岩层，泥岩呈土黄色，手可挖动。

从岩体结构分析。岩层中存在砂岩、粉砂岩、砂质泥岩和泥灰岩等软硬相间岩层互层，在重力作用下，软岩具一定的压缩空间，而硬岩则被错断，加之泥灰岩沿层面受到溶蚀的作用，强度降低，使得下部岩体出现沿 $45°+\varphi/2$ 的压剪性裂隙，为岩体向临空面方向滑动提供了底滑面。

（3）斜坡顶部的石灰岩中发育有岩溶。在小老鹰岩附近的山脊上能够看到石灰岩中存在一系列的溶蚀现象，包括岩石被溶蚀出凹腔，坡面山分布一系列成串的小型洼地，在堆积体中石灰岩块中存在的橙黄色溶蚀面等。

如前所述，整个斜坡岩体总体质量较差，强风化岩体分布范围广，深度大，在坡度较陡的部位容易产生局部滑塌。这些软硬相间且风化强度高的岩体在重力的长期作用下，逐渐向下部挤压变形而变得破碎，会使顺坡向的结构面被拉开。

2）煤矿采矿活动的影响分析

根据贵州省地矿开发工程施工公司 2008 年 7 月提交的“纳雍县普洒煤矿矿区地质灾害危险性评估说明书”以及贵州地矿工程勘察总公司 2010 年 1 月提交的“纳雍县普洒煤矿矿山地质环境保护与治理恢复方案”（以下简称两公司工作成果）。

（1）地质灾害危险性分区。“纳雍县普洒煤矿矿区地质灾害危险性评估说明书”将矿区及开采能影响的范围划分为一个地质灾害危险性大区（Ⅰ区），并在其中划出一个禁采区（大树脚-桥边-工业场地禁采区）。

（2）以往地表变形破坏情况。根据“纳雍县普洒煤矿矿山地质环境保护与治理恢复方案”，于 2009 年进行普洒矿区现场调查时，发现崩塌（BT1）1 处、地裂缝两处（DL1、DL2）和地面塌陷两处（TX1、TX2）。

（3）本次崩塌源区与地质灾害危险性分区的关系。本次崩塌源区位于划设的禁采区之外，但在危险性大区（Ⅰ区）范围内；本次崩塌源区位于预测的地质环境影响严重区。

（4）崩塌体稳定性分析。普洒煤矿于 2009 年 10 月委托贵州地矿工程勘察总公司对该崩塌地质灾害点进行治理工程施工图设计，并于 2009 年 12 月提交了设计文本及图件。设计单位采用上半球赤平投影法对崩塌区岩体进行边坡稳定性定性分析，使用理正岩土工程软件计算，该崩塌边坡安全系数为 0. 704，该崩塌体边坡不稳定。

（5）本次崩塌区与采矿活动区的关系。根据两公司工作成果，“8 · 28”崩塌体位于纳雍县张家湾镇普洒煤矿采空区引起的上覆岩层移动影响范围内。

下部存在采空区，使得上部岩体在重力作用下不断差异沉陷，对陡崖来说，将使垂向裂隙逐渐张拉开，并向下贯通。当裂隙拉开到一定程度，上部岩体脱离母岩，下部的岩桥在岩体自身重力的作用下被剪断，将造成上部岩体整体失稳崩塌。

推测普洒社区崩塌区岩体破碎及垂向裂隙发育正是在上述机理的作用下加剧恶化产生的。

岩体失稳时，由于右后侧最先临空，而左后侧与小老鹰岩岩体联结，使得崩塌危岩体右后侧首先向临空面发生倾倒位移，大量松散岩体掉落形成 D 区。当危岩体持续向临空方向变形，最终使岩体完全脱离母岩，下部中风化的粉砂岩、泥灰岩体强度不足以承担上部岩体的重量（约 1400t），岩桥被剪断，上部岩体整体倾倒失稳后堆积在斜坡下部。

9. 崩塌发生过程

2017 年 8 月 28 日 10 时 30 分许，崩塌源区进入最后加速失稳阶段，通过资料收集，共收集到 2 段崩塌发生过程的视频，分别是一段无人机视频和一段手机视屏，如图 6.43、图 6.44 所示。

（1）无人机视屏记录崩塌发生过程详述如下：

① 8 月 27 日，“乡镇监测人员陈伟在 8 月 27 日下午在监测过程中报告乡镇国土所所长洪文，称老鹰岩崩塌隐患点有变化”（据灾害发生后编制的“纳雍县张家湾镇普洒社区老鹰岩崩塌地质灾害管理情况调查报告”）。

② 8 月 28 日上午 10 时 23 分左右（无人机视频 0：27s），崩塌源区开始有小范围崩塌，并主要发生在崩塌源区的北侧。其后，无人机视频时间 1：16s、1：44s、2：17s、2：45s、3：16s、3：38s、3：58s、4：09s、4：42s、5：54s、6：14s、6：43s 北侧坡体分别有不同规模的小范围崩塌发生，至 6：14s 时南北两侧坡体都开始发生小规模崩塌。

③ 无人机视频时间 6：14s 时南北两侧坡体都开始发生小规模崩塌。

④ 无人机视频时间 6：43s 时，在源区的右后侧（北侧）出现一处小规模的滑塌，同时源区下部岩体开始出现挤压破碎变形带。

⑤ 无人机视频时间 6：52s 时，崩塌源区岩体下部的破碎带完全贯通，岩体开始向下失稳变形；

⑥ 至 6：55s 时，岩体完全失稳，49 万 m^3 破碎的岩体向临空方向坠落。

⑦ 至 7：21s 时，崩塌岩体整体失稳过程基本结束，仅有后部的少许小规模岩体在不断垮落。

普洒社区崩塌从开始出现持续小规模崩塌至整体失稳堆积在斜坡上，总体时间约为 7 分 21s。

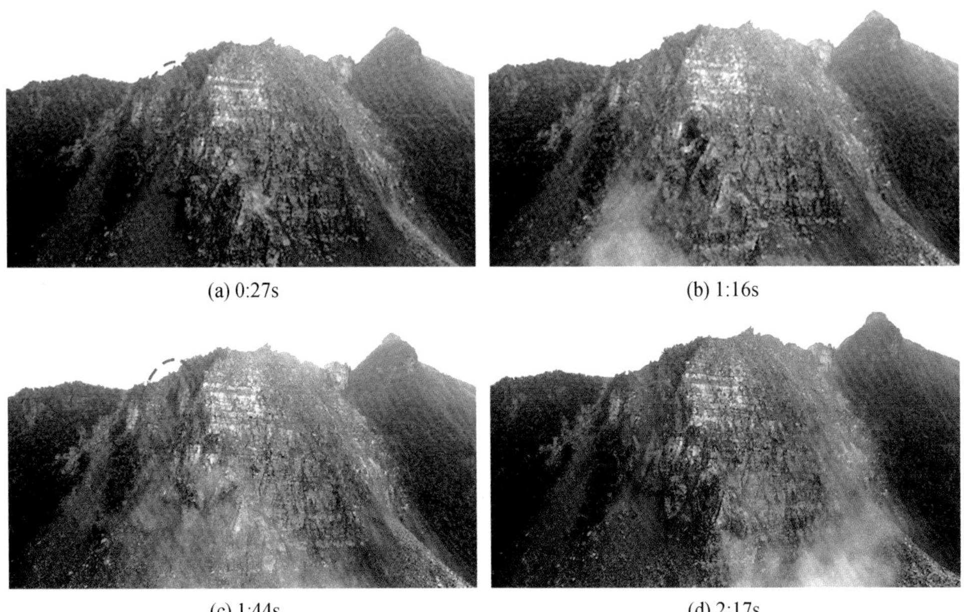

(a) 0:27s　(b) 1:16s

(c) 1:44s　(d) 2:17s

图 6.43　无人机视频展示崩塌发生过程

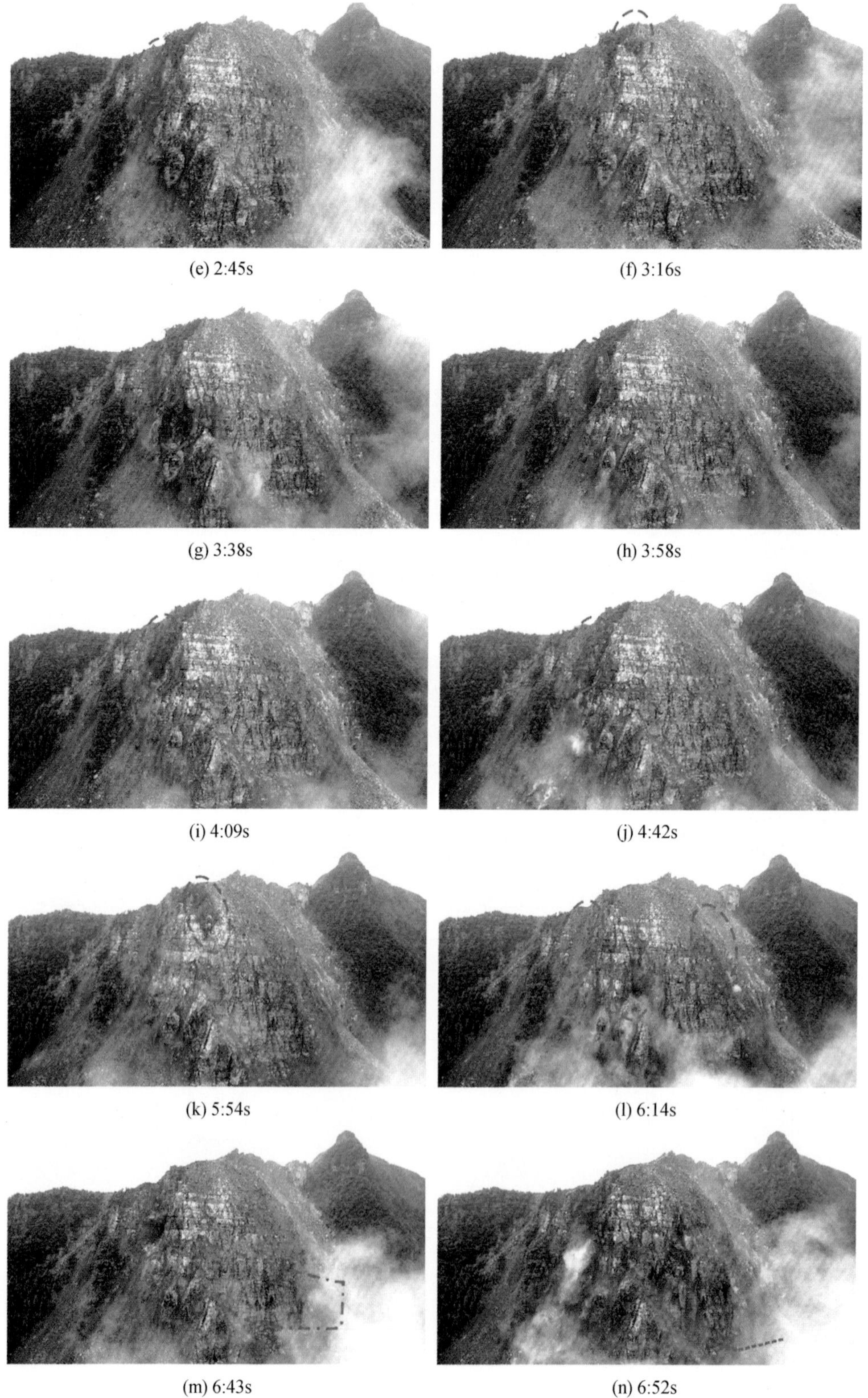

(e) 2:45s　(f) 3:16s

(g) 3:38s　(h) 3:58s

(i) 4:09s　(j) 4:42s

(k) 5:54s　(l) 6:14s

(m) 6:43s　(n) 6:52s

图 6.43　无人机视频展示崩塌发生过程（续）

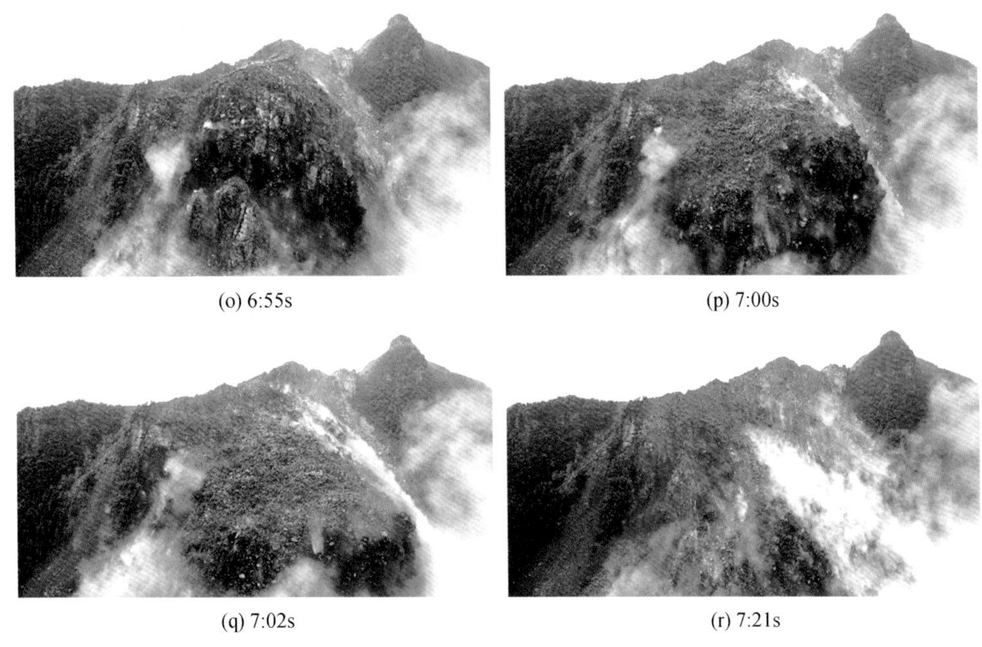

(o) 6:55s　(p) 7:00s

(q) 7:02s　(r) 7:21s

图 6.43　无人机视频展示崩塌发生过程（续）

（2）手机视频从崩塌区侧面全程记录了岩体的失稳过程，能较好地说明本次崩塌的失稳机理，具体过程分析如下：

① 0：02s 时，发生一次源区北侧岩体滑塌，对应图 6.44（a）所示崩塌；

② 0：16s 时，山体顶部发生小规模垮塌，对应图 6.44（b）所示崩塌；

③ 1：06s 时，山体北侧发生小规模垮塌，对应图 6.44（c）所示崩塌；

④ 1：36～1：42s 时，山体北侧持续发生小规模垮塌，对应图 6.44（d）～（f）所示崩塌；

⑤ 1：43s 时，山体整体开始向临空方向运动、滑塌；能够清楚地看到，岩体整体向斜坡下部倾倒→坍塌。

⑥ 1：43s 时，山体整体开始向临空方向运动；1：45s 时，上部岩体开始向临空方向弯曲倾倒；1：46s 时，岩体下部被剪断，整体被挤压破碎；1：48s，破碎的岩体整体向临空方向坍塌滑移，在斜坡前部形成巨大的烟尘。约 60 万 m^3 岩体完全破碎，并整体向下崩落。20s 后，崩塌岩体整体失稳过程基本结束，仅有后部的少许小规模岩体在不断垮落。

10. 结论

1）自然因素

从崩塌的失稳过程看，崩塌源区山体被结构面切割形成块体，在重力作用下逐渐向临空方向长期缓慢蠕动，致使下部起支撑作用的岩体长期受到挤压，应力不断积累增大，加上长期“久晴久雨”对岩体强度和采矿活动对应力环境的影响，使岩体结构逐渐解离，最终导致崩塌源区岩体向临空面倾覆，并产生连锁式的破坏解体，发生大规模垮塌。

图 6.44　手机视频展示崩塌发生过程

2）人为因素

纳雍“8·28”崩塌山体在张家湾镇普洒煤矿采矿活动影响范围内，张家湾镇普洒煤矿采矿活动对崩塌体的稳定性有影响。

3）综合结论

纳雍“8·28”崩塌区处于地质破碎带，岩体风化强烈，山高坡陡，加之底部采空区使山体稳定性降低，在重力和降雨的作用下，导致山体失稳，并转化为高位中远程滑动，形成大型崩塌灾害。

第三节　重大崩滑地质灾害成灾模式

通过分析贵州省以及西部山区重大地质发生特征，我们将其成灾模式初步归纳为以下五类。

一、变形体-潜在威胁模式

坡体因人类工程活动或自然外动力（强降雨、库水位升降等）作用，发生明显变形，严重威胁滑坡上、周边，尤其是前缘居民及公共设施等安全。如丹巴县城滑坡，由于城市建设，对其前缘进行了较大规模开挖，并形成建设正街。2004 年 10 月，尤其是 12 月以来滑坡开始活动强烈，造成建筑物剪裂变形严重，其中沿 18 ~ 50 号建筑之间 165m 长范围内，紧靠滑坡的房屋墙壁几乎全部被剪坏。由此严重威胁前缘县城安全。结果应急抢险和后期治理，滑坡最终稳定。另外一个案例就是小湾水电站左岸引水沟堆积体，因中下部开挖导致大范围明显变形，经过近 1 年的及时治理也最终稳定。

二、滑坡-随动破坏模式

随动破坏是指滑坡持续变形或滑动时，对滑坡体上、后缘牵引区及前缘堆积区内居民及公共设施直接造成破坏。缓坡前缘无河流或其他较大规模水体。一般发生于弱面控制型边坡中。滑坡发生时，会直接危害居民安全，破坏滑体上建筑及公共设施；滑体出剪出口后，会推挤、掩埋滑坡前缘建筑物和公共设施；滑体滑动，导致滑坡后壁因临空形成陡坡，并因此变形、甚至破坏。弱面控制型边坡往往导致这类成灾模式。典型案例如贵州省习水县程寨滑坡，导致前缘公路和房屋损毁。

三、滑坡-高速碎屑流模式

滑坡发生后，因自身内能释放而高速启动，或因为处于高位，滑体滑出剪出口后，由高重力势能转化为高速碎屑流。前者如贵州关岭县大寨滑坡（2010. 6. 28），高速碎屑流导致 99 人死亡；重庆武隆鸡尾山高速滑坡（2009. 6. 5），导致 74 人死亡，8 人受伤。2013 年 1 月 11 日 8 点 26 分，云南昭通市镇雄县果珠乡高坡村赵家沟村民组发生山体滑坡，滑坡形成的高速碎屑流造成 46 人遇难。后者如马达岭滑坡（2006. 5. 18）和北川县羌族自治县白什乡滑坡（2006. 12. 28）。

由于强力冲击作用形成的高速碎裂流也可以归入此类，如贵州省纳雍县鬃岭镇佐家营村岩脚组特大山体垮塌灾害，崩塌岩体冲击坡脚崩塌堆积体形成高速碎屑流导致严重灾害。

四、滑坡-堰塞坝堵江模式

滑坡发生后，滑体堵塞附近河流，形成堰塞坝和堰塞湖，由此淹没上游城镇，并以溃坝危险威胁下游安全。如印江县岩口滑坡（1996 年 9 月 19 日）造成直接经济损失达 1.5 亿元。2004 年 9 月 5 日，在暴雨诱发下，四川省宣汉县天台乡发生特大滑坡，造成前缘河道堵塞，淹没了上游的五宝镇，造成巨大财产损失，上万群众受灾。2000 年 4 月 9 日，西藏林芝地区波密县境内发生的易贡特大滑坡，滑坡堆积体长约 2500m、宽约 2500m、平均高约 60m，体积约 3 亿 m^3，并堵塞易贡藏布河，河水以每天 0. 8m 的速度上涨。6 月 11 日溃坝，使下游易贡藏布和及雅鲁藏布江下游两岸冲毁严重。2008 年汶川地震诱发的大型滑坡中，相当一部分堵塞河流。其中最著名的堵江事件为唐家山滑坡形成的高堰塞坝。

五、滑坡-高涌浪模式

滑坡发生后，高速冲入水体中而激起高涌浪。意大利瓦伊昂库区大型滑坡激起的涌浪高出坝顶100余米，造成近3000人死亡。1985年6月12日凌晨3时45分，湖北省宜昌市秭归县新滩镇发生大型滑坡，滑体堵塞长江江面约1/3宽度，江心及激起的巨浪达80余米，涌浪波及上下游共42km的江段。西部山区大型水电站近坝库区往往存在大型滑坡，应加强监测和预警工作。后该模式在贵州省福泉市道坪镇小坝“8·27”山体滑坡中得到验证。

第四节　突发性地质灾害发育规律

在选择的15个典型崩滑灾害点中，有13个点为近年来发生的重大地质灾害，其中具有突发性特征的地质灾害发育模式有3种类型，即弱面控制型滑坡、关键块体型滑坡和采空区控制型崩塌和滑坡。

一、弱面控制型滑坡

包括习水县程寨滑坡和岑巩县大榕滑坡。习水县程寨滑坡发生于2012年6月4日晚18时，造成10余幢房屋垮塌，近30幢严重变形，危及136余户近520人的生命财产安全，直接经济损失约3000万元。程寨滑坡为古滑坡堆积体复活。滑体具双层结构，上层为含碎石粉质黏土，下层为块碎石土。滑带沿基覆界面发育，厚0.2～0.5m，为紫红色软塑状黏土，遇水软化效应明显；滑床为沙溪庙组（J_2s）粉砂质泥岩，岩层中缓倾外。前缘因修建公路及车站而开挖坡脚；滑前一周降雨较大，累计达114mm。

岑巩县大榕滑坡发生于2012年6月29日6：20分，造成9栋木房损毁，70户312名群众直接受灾，受损（村级）公路600余米，掩埋稻田2.2亩，受损旱地127亩。大榕滑坡滑前结构比较复杂，具双层结构，上部主要为古滑坡堆积体，其中滑坡区左侧（西南侧）表层人工填土厚3～15m。下部为强风化基岩。滑带主要位于强风化带中。基岩以中缓倾角反倾坡内或斜向坡内。左前侧坡脚受河流侧向侵蚀强烈。滑前一周降雨较强，累计约85mm。

两滑坡共同特征：均发生在古滑坡堆积区；基覆界面为中缓倾外，斜坡面总体平缓；滑体上均为农业用地；滑前较强降雨持续时间较长，并由此诱发滑坡发生；在自然条件下都处于稳定状态或基本稳定状态。

大榕滑坡左侧坡脚受河流侧向侵蚀明显，为深切凹岸，有局部陡坡。主要影响因素是坡体左侧中上部不合理人工填土导致的加载和堵水效应；程寨滑坡具有不利于排水的双层结构。程寨滑坡发生前一年，本区遭遇大旱；堆积体坡脚因修建公路和修建车站开挖形成局部陡坡，这是滑坡发生的主要影响因素。滑坡在主要影响因素作用下，稳定性明显降低，处于基本稳定或缓慢蠕滑阶段，因而前兆变形迹象较微弱，或易被破坏或掩盖，从而易被忽视。

综上并结合踏勘点调查，总结该类滑坡识别要点如下：

（1）大规模的古滑坡堆积区，自然条件下处于稳定或基本稳定状态。

（2）较大规模的不合理人类工程活动是滑坡稳定性明显降低的控制性因素。主要包括：坡体中上部较大规模填土（包括公路开挖就近堆填）、较大规模建房、较大规模修建构筑物、较大规模堵水或无序排水等；坡体中下部或坡脚部位较大规模开挖包括修建道路、民房、街道等，形成较高临空面未进行高强度及时支护，坡脚部位为库水淹没等。这些较大规模工程活动导致坡体进入缓慢蠕滑阶段。

（3）当古滑坡堆积区出现较大规模工程活动时，要特别关注工程活动期内气候变化情况，尤其是降雨特征。

二、关键块体型滑坡

近期发生突发性灾害有关岭县大寨滑坡和印江县岩口滑坡。前者形成机理为压缩-倾倒-剪断，后者形成机理为滑移-拉裂-剪断。

（一）压缩-倾倒-剪断型滑坡

大寨滑坡发生于2010年6月28日下午14时30分，形成的高速碎屑流运行约1.1km。滑前具有超强降雨。大寨滑坡位于北盘江深切河谷左岸中上部陡缓交界部位，微地貌呈不对称“鼻梁状”；滑源区斜坡为中缓倾内上硬下软型，上覆硬岩包括夜郎组碎屑岩和永宁镇组碳酸盐岩，下伏软岩为龙潭组泥页岩夹煤层。

结合西南地区同类滑坡案例，总结本类滑坡地质特征及识别要点如下：

（1）自然斜坡为上陡下缓型高陡坡，陡坡段由坚硬岩组构成，高度一般在300m以上，坡度35°~70°，局部为陡崖；滑坡区位于陡坡段下部，一般具有“鼻梁”状微地貌特征微，坡度一般36°~44°，滑坡区高差一般达200~260m。

（2）斜坡结构类型为中缓倾内上硬下软型，软硬岩界面倾向坡内，倾角28°~44°。下卧软岩相对临空高度约占失稳坡高的10%~24%。软硬岩以整合或平行不整合接触时，相对临空高度一般15~50m，占失稳坡高比例一般不超过16%。

（3）较长时间超强降雨是滑坡发生诱发因素。

这类滑坡发生时的前兆变形现象不明显，因而需要从结构上进行识别。

（二）滑移-拉裂-剪断型滑坡

岩口滑坡发生于1996年9月18日23时，形成的堰塞湖淹没了上游郎溪镇，死亡3人，直接经济损失达1.5亿元。滑体位于三叠系夜郎组玉龙山段厚层石灰岩内，滑带沿沙堡湾段薄层泥页岩发育，滑床为二叠系上统长兴组石灰岩和燧石灰岩。岩层产状N27°E/SE∠30°，与坡向呈45°交角。坡体南侧（内侧）发育一条近EW向长大裂隙，其和薄层泥页岩夹层切割岩体形成可动块体，但滑坡前缘有阻滑岩体；坡脚采石场在持续破坏该阻滑岩体；滑坡由强降雨诱发。

这类滑坡滑前地质识别的关键在于对块体边界的识别和组合分析；大多情况下，在采石前坡体稳定，因而难以通过变形破坏现象调查事前避开。但采石过程对下部关键块体的破坏，必然降低坡体稳定性，并在采石场边坡上出现变形破坏现象，在滑坡后缘及内侧边界附近产生拉破坏。故在采石期间，应加强定期巡查，当出现变形破坏现象时，应及时进行专业评估。

三、采空区控制型崩塌和滑坡

近期发生的突发性灾害有凯里市龙场崩塌，威宁县猴场镇腰岩脚崩塌、纳雍县鬃岭镇中岭崩塌、左家营崩塌和都匀市马达岭滑坡。

1. 采空区控制型崩塌

腰岩脚崩塌发生于近水平上硬下软型高陡坡，上部硬质岩为石灰岩，厚约 85m，下伏软岩为泥页岩，软岩临空高度约 17m。崩塌前崖脚发育一个溶洞，宽 20m 左右，高 2 ~ 3m，平均深 4m 左右。后缘发育一条纵向裂隙型溶洞，深度约 65m，约占硬层厚度的 77%，高于溶洞顶约 5m，并将外侧岩体切割成高陡岩墙。

龙场崩塌发生于缓倾内上硬下软型极陡坡。陡崖高 215m，上部硬层为栖霞组和茅口组石灰岩，岩溶发育。下卧软层为厚约 13m 的梁山组，出露于河床处。高陡斜坡中存在 NNE 向溶蚀裂隙，切割深高度一般不低于 60m。当岩墙下部存在不利结构面或溶洞等缺陷时，稳定性较低，易于被诱发失稳。

第二类是卸荷裂隙，如中岭高边坡度约 60m，底界高于河床 80 ~ 85m；上部与地表落水洞斜向相通，且与坡顶岩体有较强连接。

中岭高边坡为缓倾内上硬下软型高陡边坡，以陡崖下缓坡平台为基准面，坡高 225 ~ 300m；下卧软岩为龙潭组，长兴组+大隆组属于较软岩，这两层软岩临空高度约占坡高的 10% ~15%。边坡上陡下缓，平均坡度 55°，坡体上部为近直立的陡崖。坡体下部存在多片采空区。

综合这些案例可见，突发性“采空”型崩塌发生于缓倾内或近水平上硬下软型陡–极陡坡上，坡高一般在 70 ~ 75m 以上；下卧软层相对临空高度与坡高比值一般不大于 20%；坡体中存在与陡崖面近似平行的深大切割面，主要有两类：

一类是产生于碳酸盐岩中的隐伏性溶蚀裂隙或裂隙型溶洞，如龙场崩塌和腰岩脚崩塌，深度在 60 ~ 65m。这类斜坡的东南侧崩塌，后缘边界为深切卸荷裂隙，这类斜坡高度通常较大（不小于 80m），下卧软层较陡，如中岭高边坡以及附近的鬃岭高边坡。但这类长大结构面发育区地形陡峻，难以到达。

自然条件下，下卧软层对坡体演化起到重要控制作用；下部或深部采煤形成的采空区对坡体演化起到加速或改变演化进程的不利作用。当坡体中存在长大切割面时，会发生大规模失稳。因此，这类灾害识别和有效监测的关键在于能否事前确定坡体中是否存在长大控制性结构面。由于采空区扩展是逐步进行的，因而对坡体的影响也是逐步加强，在这个过程中，后缘切割面往往会张开，或外侧相对上抬或有张开度减小，陡崖面上会产生裂缝或小块石坠落，这些都是采空区明显影响坡体稳定的前兆。采空区临界安全距离研究也是防灾预警的重要指标。

2. 采空区控制型滑坡

马达岭滑坡发生于 2006 年 5 月 18 日凌晨 4 时，方量约 190 万 m^3。滑坡发生前，当地一直断断续续地在下雨，而且 5 月 16 日和 17 日持续下雨，雨水较大。18 日凌晨，雨停。滑坡发生后，主要因高势能而继续运动，最后转化为泥石流。据调查估算，滑坡体前缘高程 1440m，后缘高程约 1555m，高差 115m。滑坡体后壁近于陡立，高约 40m，滑面深度约 40 ~ 60m。马达岭滑坡滑源区位于坡体上部坡肩部位，为缓倾内单向坡。基岩为下石炭统祥摆组，岩性为灰、浅灰色薄至厚层状细粒石英砂岩间夹暗灰色薄至中厚层状泥质粉砂岩、黑色碳质泥岩、含碳泥质粉砂岩，夹 1 ~ 12 层不等厚煤层。采空区深度达 200m。

这类滑坡发生前，岩体松弛，拉裂缝发育，且外侧岩体有下错，变形破坏现象明显。易于降雨入渗。通常也利于地下水渗流。防灾难度在于难以判断坡体稳定性，以及对降雨的敏感性，由此导致强降雨条件下的突发性。建议对坡肩部位，或坡顶平台边缘部位，外层有明显下错，张开，或具转动特征的变形体均列为危岩体，然后针对性划定危险区。

第 7 章　岩溶山地地质灾害监测预警技术研究

第一节　贵州地区降雨型崩滑灾害预警模型与判据

贵州省是一个地质灾害严重多发的地区，地质灾害种类多、分布广、影响大，严重制约着贵州省的国民经济发展，威胁当地人民生命财产安全。贵州主要地质灾害类型及所占比例如图 7.1 所示由地质灾害造成的损失约占全省整个自然灾害损失的 50% 以上，大量的地质灾害隐患点威胁着贵州省的许多城镇、建筑、交通、重要工程设施，涉及国土面积 60% 以上，已成为严重影响社会经济可持续发展的重要制约因素之一。根据全省 1999 ~ 2004 年完成的 43 个“县、市地质灾害调查与区划”工作等资料统计，全省已发生地质灾害上万处，有地质灾害隐患点 5000 余个，约 52 万人受威胁。全省 88 个县市（区）都不同程度存在地质灾害，每年发生地质灾害的次数、造成的人员伤亡和经济损失程度在全国处于前五位。

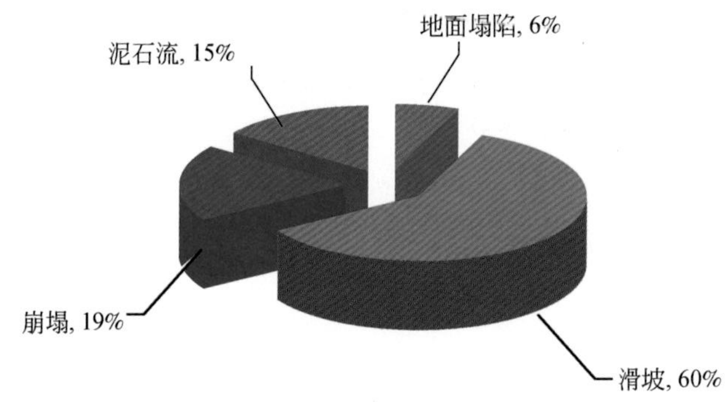

图 7.1　贵州主要地质灾害类型及所占比例

根据贵州地质灾害通报数据统计以及收集到的贵州省某些特殊崩滑数据（表 7.1），对该地区已发生数十个崩滑降雨量进行分析，对贵州区域性降雨型崩滑预警模型与判据进行分析。

表 7.1　贵州省崩滑数据统计表（数据来自历年贵州地质灾害通报）

发生地点	累计时间(D)/h	累计雨量(E)/mm	小时雨强(I)/(mm/h)
贵阳市云岩区二桥黔春路滑坡	24	213.8	8.9
凯里市翁色村滑坡	6	260	43.3
黄平县重安镇泥石流	6	176.1	29.35
印江县岩口滑坡	6	56.4	9.4
盘县特区红果镇纸厂村滑坡	8	248	31

续表

发生地点	累计时间(D)/h	累计雨量(E)/mm	小时雨强(I)/(mm/h)
晴隆县鸡场镇田坝村滑坡	96	150	1.56
松桃县迓架镇马鞍村滑坡	120	245.9	2.0
思南县城乌江西岸白虎岩滑坡	120	275.1	2.29
遵义县永乐镇新民村滑坡	36	217	6.03
六盘水市盘县特区民主镇博地村滑坡	72	131.5	1.8
六盘水市六枝特区新窑乡上锅厂山体滑坡	10	71.8	7.2
晴隆县紫马乡紫马金矿滑坡	14	110	7.8
开阳县金中镇青利磷矿泥石流	5	41.5	8.3
开阳县上洋水库泥石流	8	139	17.4
水城县金盆乡营盘村鱼岭组滑坡	10	150	15
松桃县寨英镇排木林村茶园坡组滑坡	8	154.7	19.3
关岭县乌岗镇大寨村滑坡	30	310	10.3
望谟县打易镇泥石流	10	315	31.5
望谟县新屯乡泥石流	10	127.6	12.76
望谟县昆饶乡泥石流	10	113.2	11.32
望谟县坎边乡泥石流	10	87.4	8.74
望谟县郊纳乡泥石流	10	80.9	8.09

图7.2是基于灾害发生时的累计雨量和降雨历时统计得到的散点图。该图表明，近年来贵州省所发生的灾害事件在图上的分布具有一定的集中度和规律性，取该曲线的下包络线，便可得到基于累计雨量和降雨历时的区域性降雨预警模型：

$$E = 20.611D^{0.4348} \tag{7.1}$$

式中，E 为累积降雨量；D 为降雨时间。

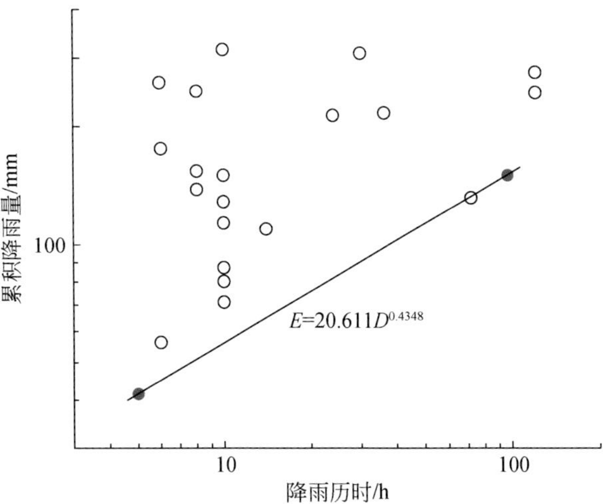

图7.2　累计降雨与历时关系图

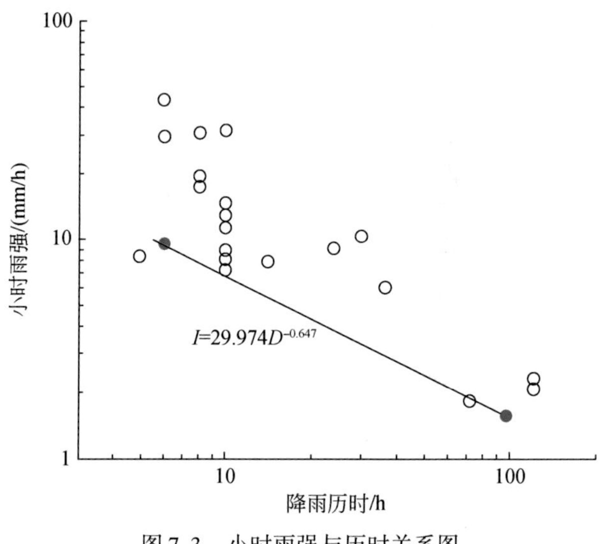

图 7.3　小时雨强与历时关系图

图 7.3 是基于灾害发生时的小时雨强和降雨历时统计得到的散点图。该图表明，近年来贵州省所发生的灾害事件在图上的分布具有一定的集中度和规律性，取该曲线的下包络线，便可得到基于小时雨强和降雨历时的区域性降雨预警模型：

$$I=29.974D^{-0.647} \tag{7.2}$$

式中，I 为小时降雨强度；D 为降雨时间。

第二节　基于变形的滑坡预警模型研究

一、滑坡的四级预警级别

《中华人民共和国突发事件应对法》中明确规定，可以预警的自然灾害、事故灾难和公共卫生事件的预警级别，按照突发事件发生的紧急程度、发展势态和可能造成的危害程度分为一级、二级、三级和四级，分别用红色、橙色、黄色和蓝色标示。也就是说，我国地质灾害预警实行的是四级预警机制，但地质灾害预警级别究竟如何划分，目前还没有可参考的标准。前已述及，斜坡的加速变形阶段是实施预警的关键阶段，结合地质灾害四级预警机制，将加速变形阶段进一步细分为初加速、中加速、加加速（临滑）3 个亚阶段（图 7.4），并建立如表 7.2 所示的滑坡预警级别与斜坡变形阶段的对应关系表。

图 7.4 所示的滑坡变形（累计位移）–时间曲线中各变形阶段曲线的主要差别在于曲线的斜率不同，总体变化规律为：在初始变形阶段，曲线斜率先是较大（初始起动），随后逐渐变小并趋于稳定；在等速变形阶段，曲线斜率较为稳定，基本不发生变化；一旦进入加速变形阶段，曲线斜率不断增加，直至到滑坡发生前的临滑阶段，变形曲线接近于竖直，其斜率趋于无穷大。因此，斜坡变形–时间曲线的斜率可作为定量划分斜坡变形阶段

的重要依据。为便于数学表达和直观理解，曲线上各点的斜率可用相应点处曲线的切线角来表达。根据滑坡变形–时间曲线的切线角变化特点，相关学者曾提出根据切线角逐渐趋近于 90°作为预测滑坡发生时间的依据。

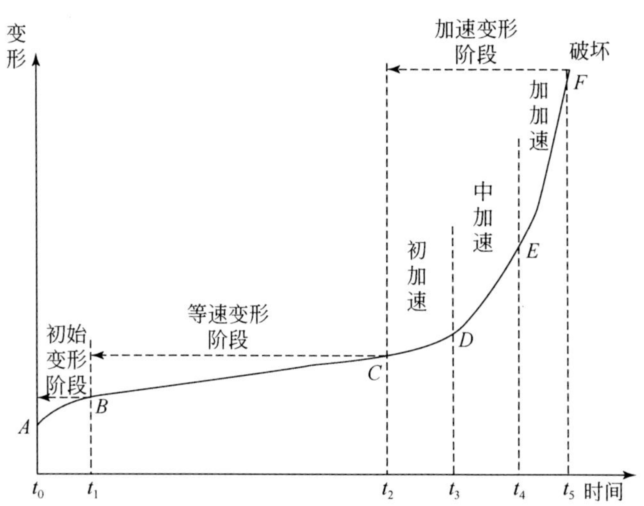

图 7.4　渐变型滑坡变形–时间曲线及其阶段划分

表 7.2　滑坡预警级别与斜坡变形阶段的对应关系表

变形阶段	等速变形阶段	初加速阶段	中加速阶段	加加速（临滑）阶段
预警级别	注意级	警示级	警戒级	警报级
警报形式	蓝色	黄色	橙色	红色

二、滑坡切线角预警判据

从图 7.4 可以看出，滑坡变形–时间曲线的切线角在不同的阶段有不同的特点，在初始变形阶段切线角先较大随后逐渐减小并趋于稳定；在等速变形阶段切线角基本保持不变，在 45°左右；在加速变形阶段切线角应从 45°开始逐渐向 90°发展。

为了解决纵横坐标拉伸变化引起的切线角变化，可通过对 S–t 坐标系作适当的变换处理，使其纵横坐标的量纲一致。可通过用累计位移 S 除以 v 的办法将 S–t 曲线的纵坐标变换为与横坐标相同的时间量纲。即定义：

$$T(i) = \frac{S(i)}{v} \tag{7.3}$$

式中，$S(i)$为某一单位时间段（一般采用一个监测周期，如 1 天、1 周等）内斜坡累计位移量；v 为等速变形阶段的位移速率；$T(i)$为变换后与时间相同量纲的纵坐标值。

根据 T–t 曲线，可以得到改进的切线角 α_i的表达式：

$$\alpha_i = \arctan \frac{T(i) - T(i-1)}{t_i - t_{i-1}} = \frac{\Delta T}{\Delta t} \tag{7.4}$$

式中，α_i为改进的切线角；t_i为某一监测时刻；Δt 为与计算 S 时对应的单位时间段（一般采用一个监测周期，如 1 天、1 周等）；ΔT 为单位时间段内 T（i）的变化量。

显然，根据上述定义：

当 $\alpha_i<45°$，斜坡处于初始变形阶段；

当 $\alpha_i\approx45°$，斜坡处于等速变形阶段；

当 $\alpha_i>45°$，斜坡处于加速变形阶段。

为此，结合图 6. 4 和表 6. 2 的四级预警级别，可建立如下与滑坡四级预警机制配套的定量划分标准：

当切线角 $\alpha\approx45°$，斜坡变形处于等速变形阶段，进行蓝色预警；

当切线角 $45°<\alpha<80°$，斜坡变形进入初加速变形阶段，进行黄色预警；

当切线角 $80°\leqslant\alpha<85°$，斜坡变形进入中加速变形阶段，进行橙色预警；

当切线角 $\alpha\geqslant85°$，斜坡变形进入加加速变形（临滑）阶段，进行红色预警；

当切线角 $\alpha\approx89°$，滑坡进入临滑状态，应发布临滑警报。

三、斜坡变形的加速度特征和预警判据

从渐变型滑坡变形-时间曲线的 3 个阶段演化模式分析得知，在斜坡的初始变形阶段，当变形在外界因素的作用下突然起动后，随着外界因素的减弱甚至消失，其变形速率会逐渐降低，其加速度应为负值，即加速度 $a<0$；在斜坡的等速变形阶段，由于其变形速率基本维持在一恒定值，加速度应基本为零，即加速度 $a\approx0$；而一旦斜坡进入加速变形阶段，随着变形速率的不断增加，其加速度就会变为正值，即加速度 $a>0$，并呈逐渐增大的趋势。大量的滑坡监测数据表明，当斜坡演化进入临滑阶段后，累计位移量、变形速率以及加速度均会急剧增长，这一典型的前兆特征可作为滑坡临滑预警预报的重要依据。

之所以在临滑阶段加速度会出现骤然剧增的现象，我们认为是与滑坡滑动面形成过程和机制有关。事实上，通过斜坡变形过程中的加速度特征，可以反推斜坡滑动面形成过程中下滑力与抗滑力之间的平衡与相对变化情况。在初始变形阶段，斜坡往往在外界因素作用下突然起动变形，此状态下滑动力等于斜坡自重所产生的下滑力分量与外界因素所产生的等效滑动力之和，抗滑力为斜坡自重在滑面上所产生抗滑力。在斜坡的初始变形阶段，斜坡的下滑力大于抗滑力，但随着外界作用的衰减和消失，其滑动力逐渐减小，致使其变形速率也逐渐减小。在等速变形阶段，斜坡的抗滑力和下滑力基本维持在一个动态平衡状态，也就是说此阶段抗滑力基本与下滑力处于相持和抗衡阶段，两者的数值始终保持在基本相等的状态。斜坡的宏观变形主要来自于滑动带岩土体在下滑力作用下的“流动”和“微破裂”。此阶段因为坡体中没有明显的“净”（剩余）下滑力存在，所以其加速度基本为零。但因岩土体的流动和微破裂一直在不断地进行，宏观上变形以等速率在不断地增长。在进入加速变形阶段后，斜坡的下滑力在总体上已略大于抗滑力，但岩土体会充分发挥其自组织特性和“上限”特性，尤其是滑带起伏地形和局部还未完全剪断的锁固段还在“挣扎”，并通过最大限度地发挥其抗力来极力与下滑力“抗争”，因此，在临滑阶段之前的加速变形阶段，斜坡系统仍基本处于动态平衡状态，致使下滑力方略占优势，加速度呈

波动振荡形式变化发展。一旦进入临滑状态后，滑动面完全贯通，滑带摩擦特性将发生根本性的变化，由滑带内的内摩擦转化为由滑体和滑床之间已完全贯通的滑面的外摩擦，其力学行为也由蠕变行为转化为运动学行为，并由此导致加速度的急剧增加，直至失稳破坏。

四、斜坡各变形阶段的稳定性及其预警判据

由上述分析可知，斜坡的变形–时间曲线蕴涵了深刻的力学内涵，因此，可根据滑坡的 S–t 曲线来推测和估算某一时刻滑坡的稳定性状况。

图 7.5 所示具有平面滑动特征的滑坡体概念模型，其变形过程中的加速度可表示为

$$a = \frac{F}{m} \tag{7.5}$$

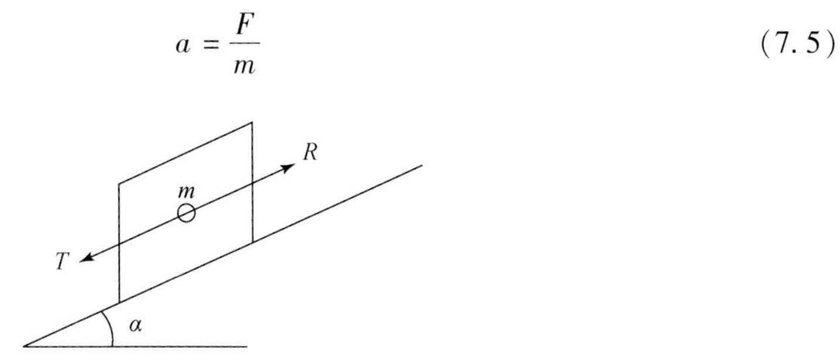

图 7.5　平面滑动滑坡稳定性分析图示

式中，a 为加速度；m 为滑体质量；F 为驱使滑体沿滑动面滑动的“净”（剩余）下滑力。通常，F 又可表示为

$$F = \sum T - \sum R \tag{7.6}$$

式中，R 为滑体沿滑带所具有的抗滑力；T 为滑动力（下滑力），$\sum$ 表示对滑体中多个条块求和。

而斜坡稳定性通常以稳定性系数 K 表示，其定义为滑体沿潜在滑面上的抗滑力 R 与滑动力 T 之比，即

$$K = \frac{\sum R}{\sum T} \tag{7.7}$$

综合式（7.6）和式（7.7），可以发现以滑坡变形加速度为桥梁，可见建立斜坡稳定性系数与斜坡变形阶段之间，也即强度稳定性与变形稳定性之间的相关关系。也即，滑坡稳定性系数 K 与 S–t 曲线中加速度 a 存在如下对应关系：

初始变形阶段：加速度 $a<0$，稳定性系数 $K>1$；

等速变形阶段：加速度 $a\approx0$，稳定性系数 $K\approx1$；

加速变形阶段：加速度 $a>0$，稳定性系数 $K<1$。

既然斜坡已经开始变形，说明其稳定性系数虽大于 1，但数值不会太大，参考相关规范，可对与 S–t 曲线相对应的各变形阶段的稳定性状况作如下规定：

初始变形阶段：加速度 $a<0$，稳定性系数 $1.05\leqslant K<1.15$，斜坡处于基本稳定状态；

等速变形阶段：加速度 $a\approx0$，稳定性系数 $1.00\leqslant K<1.05$，斜坡处于欠稳定状态；
加速变形阶段：加速度 $a>0$，稳定性系数 $K<1.00$，斜坡处于不稳定状态；
临滑阶段：加速度 $a>>0$，稳定性系数 $0<K\leqslant1.00$，斜坡处于极不稳定状态。

第三节　单体崩滑灾害临滑预警模型和判据研究

大量的历史崩滑流灾害资料、降雨资料是建立有效统计模型的基础，但由于我国大部分地区还缺乏持续和一定密度的雨量监测资料，因此，要想建立适合贵州省不同地区、不同类型滑坡崩塌灾害的降雨临界值统计预警模型，目前还不太现实。但单体崩塌滑坡的工程地质条件却是可以通过现场调查和勘测查明，降雨及其相关的水文地质条件也是可以通过现场监测和测试获取，为建立基于降雨入渗和作用机理的单体滑坡物理预警模型提供条件。

建立降雨诱发单体滑坡物理预警模型的基本原理是以降雨在斜坡中的作用机理为基础，充分考虑将降雨入渗后斜坡力学平衡体系和降入在斜坡中的入渗过程，以降雨过程中斜坡稳定性状况为依据，建立单体滑坡预警的解析模型或数值模型。

一、降雨诱发单体滑坡的预警模型

（一）降雨诱发土质滑坡成因机理与预警模型

1. 降雨诱发土质滑坡的成因机理

土质滑坡主要为孔隙介质，在降雨过程中，雨水一部分通过坡面地表径流流走，另一部分则入渗进入坡体，使地下水位面以上的非饱和带土体含水量不断增加，当雨水下渗至潜水面附近时，补充坡体内的水分，使潜水面逐渐抬高，并由此影响坡体的稳定性。随着降雨过程的结束和坡体内地下水的不断排泄，地下水位面又逐渐降低，甚至恢复到雨前的水平。

在降雨过程中，进入坡体内的雨水，将对土质斜坡稳定性产生显著的影响，具体主要体现在几个方面：

（1）在潜水面以上的非饱和带，随着雨水的下渗，是非饱和带的土壤含水率发生改变，由此导致土壤基质吸力的改变，基质吸力往往会使土体抗剪强度适当地增加。因此，当滑坡的滑带土在降雨过程之前部分或全部处于非饱和状态时，在降雨的初期，坡体的稳定性反而有可能呈一定幅度的提高。

根据非饱和土力学理论，土体的抗剪强度公式可表示为

$$\tau_f = c' + (\sigma - u_a)tg\varphi' + (u_a - u_w)tg\varphi'' \tag{7.8}$$

式中，u_a和 u_w分别为土体中空气压力和水压力；c' 和 φ' 为有效内聚力和内摩擦角，可由饱和土的常规 CU 试验测定；φ'' 为由基质吸力引起的内摩擦角，其测定相对复杂，但通常 $\varphi'' = \varphi'/2$。

（2）对于浅层斜坡，如通常由残坡积物组成的斜坡，其土体深度仅数米，一般不超过

10m，其下伏为基岩，为相对隔水层。在降雨过程中，雨水入渗坡体内部，并且在相对较短的时间内便可到达基覆界面。因基岩为相对隔水层，入渗的水流在土质斜坡内不断汇聚，并使其从非饱和状态逐渐变为全饱和状态，在孔隙水压力的作用下，使斜坡稳定性急剧降低，并由此导致浅层滑坡的发生。

对于浅层滑坡，一般情况下坡体内没有稳定的地下水位，常常处于非饱和状态，在降雨过程中斜坡土体逐渐由非饱和变饱和。但前期雨量会对土体的初始含水量产生明显的影响，进而影响触发滑坡降雨过程的地下水入渗速度和斜坡全饱水时间，所以在建立滑坡预警模型时需要考虑由前期降雨引起的坡体初始含水率。

（3）对于土质较厚的深层土质斜坡，在降雨过程中，水流从地表入渗坡体内部并逐渐向深部渗流。当入渗坡体内的水流逐渐到达潜水面，将转化为地下水使原地下水位面不断升高。随着地下水位的不断抬升，地下水所产生的孔隙水压力将对滑坡稳定性产生明显的影响。

（4）一场诱发滑坡的降雨过程往往会持续数天，再加上前期雨量对滑坡的发生也具有显著的影响以及滑坡往往滞后于降雨过程（最长可达 8 天），因此，现在众多的降雨诱发滑坡实例以及据此所建立的滑坡预警模型，一般都会考虑 5 ~ 15 天的持续时间。从已有研究结果可以明显看出，即使是泥岩，在地下水的长期浸泡作用下，其抗剪强度也会呈指数形式急剧衰减。在降雨过程中，滑带土受地下水长时间浸泡所导致抗剪强度不断衰减，并由此导致稳定性不断降低，也是降雨诱发滑坡发生的重要原因。

图 7.6 显示了某滑坡稳定性系数在降雨过程中动态变化过程。该图表明，在降雨初期，其存在一个土体从非饱和到逐渐饱和的过程，其稳定性系数反而有所增高。但随着斜坡大部分土体（尤其是滑带土）逐渐饱和，斜坡稳定性逐渐降低。因斜坡对降雨过程具有一定的滞后性，当降雨过程结束后，斜坡稳定性还会继续降低，直到经历一定时间后稳定性系数将会逐渐回升。

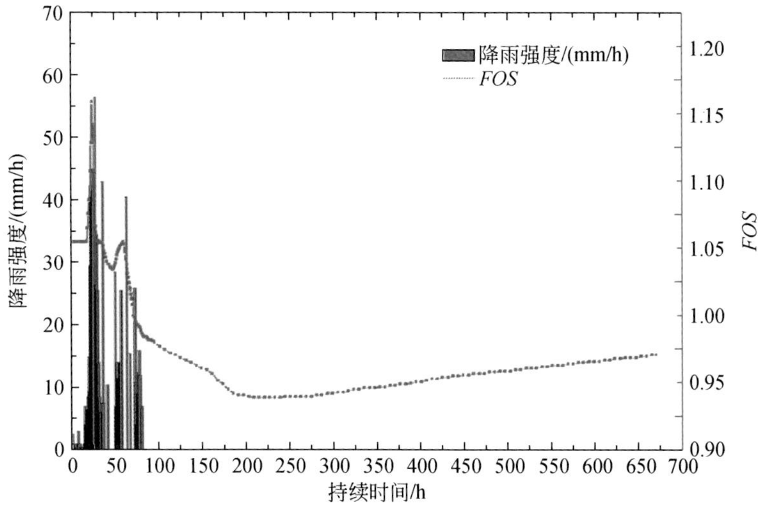

图 7.6　降雨过程中某滑坡稳定性系数动态变化过程

2. 降雨诱发土质滑坡预警模型的建立

采用极限平衡分析法计算滑坡稳定性，并根据降雨过程中稳定性系数的动态变化规律及相关判据建立土质滑坡的降雨预警模型。假定土体为圆弧滑动面，滑面总长为 L，在降雨过程中随着降雨时间 t 的变化，坡体内含水量也随之变化，对应土体的抗剪强度参数也产生变化。假设土体滑动面的内摩擦角为 φ，黏聚力为 c，如图 7.7 所示：

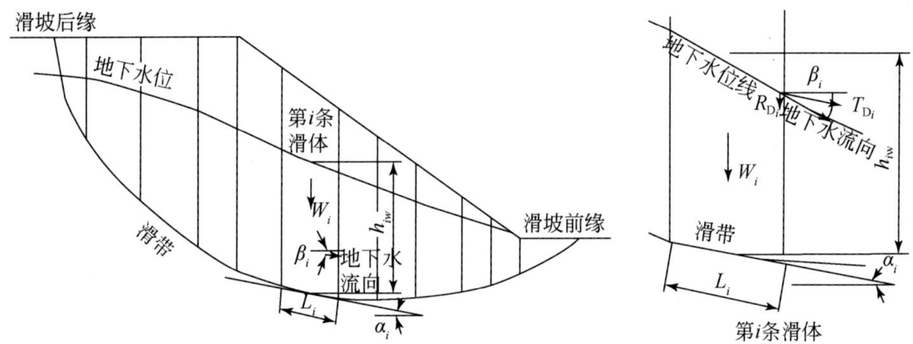

图 7.7　土质滑坡稳定性计算模型示意图

极限平衡分析法滑坡体稳定性系数 K 值为

$$K=\frac{\sum(w_i\cos\alpha_i-N_{wi}-R_{Di})\tan\varphi_i+c_iL_i}{\sum(w_i\sin\theta+T_{Di})} \tag{7.9}$$

式中：孔隙水压力 $N_{wi}=r_wh_{iw}L_i\cos\alpha_i$，即近似等于浸润面以下土体的面积 $h_{iw}L_i\cos\alpha_i$，乘以水的容重 r_w；渗透压力产生的平行滑面分力为

$$T_{Di}=r_wh_{iw}L_i\sin\beta_i\cos(\alpha_i-\beta_i) \tag{7.10}$$

渗透压力产生的垂直滑面分力为

$$R_{Di}=r_wh_{iw}L_i\sin\beta_i\sin(\alpha_i-\beta_i) \tag{7.11}$$

式中，K 为稳定性系数；h_{iw}为第 i 条块浸润面高度；w_i为第 i 条块的重量，kN/m；c_i为第 i 条块的内聚力，kPa；φ_i为第 i 条块的内摩擦角，(°)；L_i为第 i 条块滑面长度，m；α_i为第 i 条块滑面倾角，(°)；β_i为第 i 条块地下水流向，(°)。

代入以上参数后可得到坡体的稳定性系数 K 值的表达式：

$$K=\frac{\sum[w_i\cos\alpha_i-r_wh_{iw}L_i\cos\alpha_i-r_wh_{iw}L_i\sin\beta_i\sin(\alpha_i-\beta_i)\tan\varphi_i+c_iL_i]}{\sum[w_i\sin\theta+r_wh_{iw}L_i\sin\beta_i\cos(\alpha_i-\beta_i)]} \tag{7.12}$$

式中，稳定性系数 K 随时间的变化而变化，记为 $K(t)$，h_{iw}，c_i，ψ_i值随着降雨过程而变化，与降雨时长有关，记为 $h_{iw}(t)$，$c_i(t)$，$\varphi_i(t)$。为此，降雨过程中不同时刻的稳定性系数 $K(t)$ 值可表示为

$$K(t)=\frac{\sum[w_i\cos\alpha_i-r_wh_{iw}(t)L_i\cos\alpha_i-r_wh_{iw}(t)L_i\sin\beta_i\sin(\alpha_i-\beta_i)\tan\varphi_i(t)+c_i(t)L_i]}{\sum[w_i\sin\theta+r_wh_{iw}(t)L_i\sin\beta_i\cos(\alpha_i-\beta_i)]} \tag{7.13}$$

将滑坡体处于极限平衡状态，即 $K(t)=1$ 作为预警判据，即可获取降雨过程中的滑坡

发生时间。

降雨过程中，斜坡中地下水位的实时动态变化规律可以通过斜坡地下水位的实际观测得到，如果没有地下水位观测，也可以利用数值模拟软件（如 SEEP/W 专业地下水渗流分析软件）分析计算降雨过程中斜坡地下水位的动态变化过程。降雨过程中，滑带土抗剪强度衰减规律可通过试验得到。图 7.8 显示了同时考虑降雨过程中地下水位变化以及滑带土抗剪强度变化等因素后，斜坡的稳定性系数动态变化情况。

若将斜坡稳定性系数 $K(t)=1$ 作为降雨型滑坡预警判据，便可实现降雨型滑坡的动态预警。

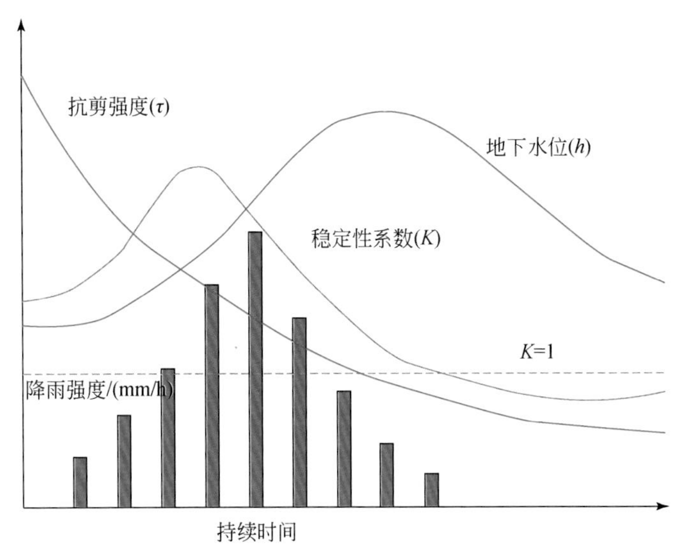

图 7.8　降雨过程中土质滑坡稳定性系数随地下水位和滑带土抗剪强度变化的示意图

目前，国内外比较常用降雨型滑坡、泥石流预警模型，一般为降雨强度（简称雨强，intensity，mm/h 或 mm/d）与降雨持续时间（duration，h 或 d）。对于一个具体的滑坡，按照上述思路，也可建立滑坡的雨强—持续时间的通用预警模型。具体做法为：

（1）通过滑坡勘测，获取滑坡具有代表性的工程地质剖面图。在此过程中，同时通过试验需要获取滑体及滑带土的基本物理力学参数、渗透系数以及正常工况下滑坡的初始地下水位。

（2）利用 SEEP/W 分析软件模拟分析不同降雨强度（intensity）的降雨过程中，滑坡地下水渗流场动态变化，尤其是坡体内地下水位的动态变化规律，分析计算在此过程中的斜坡稳定性系数，找出 K 接近或处于临界稳定状态的时刻，以此确定对应雨强条件下的持续时间（duration）。

（3）采用不同的雨强，重复（2）的工作，便可得到雨强（intensity）-持续时间（duration）曲线。如果结合不同的预警级别，给定不同的临界稳定状态条件，如 $K=0.95$，$K=1$，$K=1.05$ 等，便可得到不同对应预警级别的曲线。

图 7.9 就是利用上述思路建立的某滑坡降雨预警模型。虽然图 7.9 的建模思路与目前国内外降雨预警模型有较大差别，但该模型的预警曲线形态却与国内外学者利用统计分析

方法或其他力学分析方法建立的降雨型滑坡预警模型极为相似，说明其具有科学合理性。

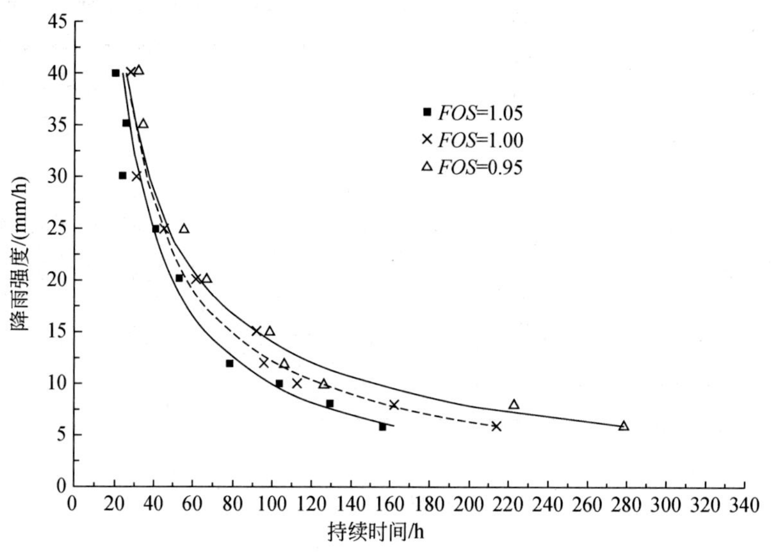

图 7.9　某滑坡的降雨预警模型

(二) 降雨诱发顺层岩质滑坡成因机理与预警模型

E. Hoek 在《岩石边坡工程》中，在对后缘有张裂缝的楔形岩质边坡做破坏分析时，对滑面处水压力分布模式作了如图 7.10 所示的假设，这一水压力分布模式其后便被众多教科书和规范所推荐采纳。但是，仔细分析可以发现，图 7.10 的水压力分布模式假设是一个静态的水文条件，其可能仅代表在特大暴雨条件下斜坡中水压力的实际最大值。但降雨是一个过程，往往持续多天，在整个降雨过程中，岩质滑坡地下水压力究竟是如何动态变化的，以及由此如何对斜坡稳定性产生影响，这一问题少有人研究。为了回答上述问题，本项目开展了相关的试验研究。

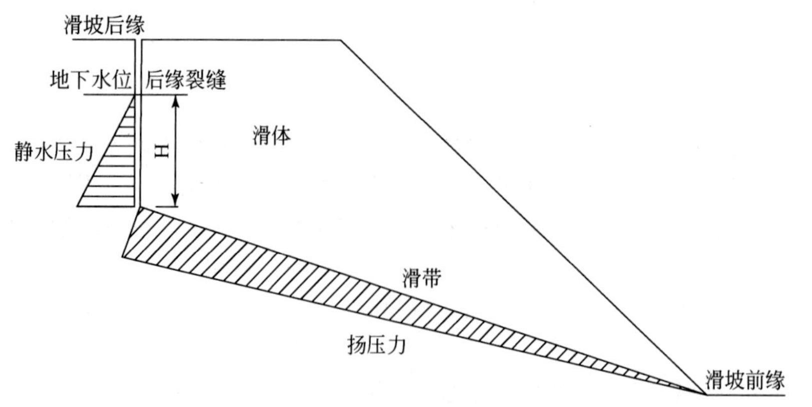

图 7.10　岩质滑坡水压力计算模型图（据滑坡防治工程勘查规范，DZ/T0218—2006）

（1）研究者为了验证图 7.10，选取垮梁子滑坡为试验原型（图 7.11），进行物理模型试验。在物理模型试验过程中发现，一组试验结束后，滑带可以在相对较长的时间内处于润湿状态（属弱透水性的滑带持水效果更佳），尽管滑带的渗透性较弱，但在后来的试验过程中，扬压力的形成速度要比没有前期试验润湿的情况下快很多。也就是说，在滑坡实例中，有前期降雨的后续降雨过程滑面处扬压力的形成速度加快，坡体稳定性更易受到破坏。分析其原因认为，孔隙性（包括空隙的大小、形状、孔隙率等）在一定程度上是主要影响因素，前期降雨的水分入渗导致滑带土孔隙率减小，空隙的水力连通情况被改善，相当于在一定程度上增大了滑带的渗透性，导致其水压力传导及形成速度加快。

（2）由于降雨过程对斜坡稳定性的影响是一个持续叠加过程，一场强降雨过程往往要历经数天，同时现有的监测和研究成果表明，前期雨量的降雨对斜坡的入渗速率、过程以及斜坡稳定性的影响也是显著的，况且，滑坡的发生往往滞后于降雨过程数小时乃至数天。因此，现行的临界雨量预警模型在考虑降雨持续时间时，往往多达15天。如果滑带长期浸泡于地下水中，其抗剪强度强度是否会发生明显的变化，究竟如何变化？也即地下水对滑带的软化效应是值得深入研究和认识的关键问题。为此，本项目开展了关于滑带土受长期地下水浸泡所产生的软化效应的试验研究。

图7.11　垮梁子滑坡物理模拟整体图

（3）前面我们分析了顺层岩质滑坡在降雨过程中，一方面，后缘裂缝中的水位以及底滑面上扬压力都会随着降雨过程而发生动态变化，尤其通常因底滑面渗透性能相对较差，地下水从后缘裂缝沿底滑面向剪出口外渗往往需要一定的时间和过程，甚至扬压力的分布形式还会随后缘拉裂缝水位以及后缘注水和前缘剪出口排水之间的相对关系而发生一定的变化，斜坡的稳定性状况自然跟随后缘拉裂缝静水压力和底滑面扬压力的变化而变化。另一方面，在数天的降雨过程中，底部滑带将部分甚至全部处于地下水的浸泡状态，滑带抗剪强度也会随降雨过程的持续而逐渐衰减，从而进一步使斜坡的稳定性恶化。如果以斜坡的稳定性系数 K 作为基本依据，采用解析方法或数值模拟方法，实时分析研究在整个降雨过程中，斜坡稳定性系数随水压力（包括后缘拉裂缝中静水压力和底滑面扬压力）和滑带抗剪强度的不断改变而呈现出的动态变化规律，并以稳定性系数接近或达到临界平衡状态，如 $K=0.95\sim1.05$ 作为预警判据，构建降雨诱发顺层岩质滑坡的物理预警模型。

假设一岩层倾角为 θ（$10°<\theta<20°$），后缘裂缝竖直的岩质斜坡，潜在滑面总长为 L，地下水从 C 点已经入渗到潜在滑面 A 点，AC 的高度为 h，那么此时后缘裂缝内已经充水并产生了一定的水头高度为 h_w，在经过时间 t_f 过后，地下水刚好渗流至 O 点贯通，t_f 为地下水由后缘向坡体前缘渗流贯通的总时间。由于该点底滑面上的地下水为持续渗流状态，AB 段的扬压力呈三角形分布，为了简化方便，考虑 B 点此时的水头为 0，在 t（$t<t_f$）时刻，地下水运移到 B 点，长度为 x，在 t（$t>t_f$）时刻，地下水运移到 O 点，长度为 L，假设内摩擦角为 φ，黏聚力为 c，如图 7.12 所示。

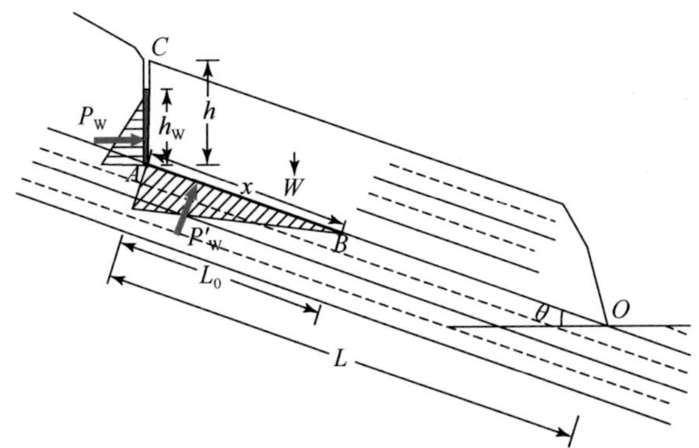

图 7.12　极限分析法滑坡稳定性模型示意图

按照传统的静态极限平衡分析法，可得滑坡体稳定性系数 K 值为

$$K=\frac{(w\cos\theta-U-P_w\sin\theta)\tan\varphi+cL}{w\sin\theta+P_w\cos\theta} \tag{7.14}$$

式中，w 滑坡体重力；θ 为岩层倾角；U 地下水扬压力；P_w 为静水压力等效集中荷载；c、φ 为滑坡体黏聚力和内摩擦角；L 为潜在滑面总长。

滑坡体重力为

$$w=rhL \tag{7.15}$$

式中，r 为坡体岩土体重度；h 为坡面到潜在滑面的垂直高度。

滑坡体地下水扬压力为

$$U=\frac{1}{2}r_w h_w x \tag{7.16}$$

式中，r_w 为水的重度；h_w 为裂缝充水高度；x 为地下水沿底滑面流动途径的长度，也即在底滑面上产生扬压力长度。

裂隙水作用在裂隙壁面的静水压力为

$$P_w=\frac{1}{2}r_w h_w^2 \tag{7.17}$$

代入以上参数后可得到坡体的稳定性系数 K 值为

$$K=\frac{\left(rhL\cos\theta-\frac{1}{2}r_{w}h_{w}x-\frac{1}{2}r_{w}h_{w}^{2}\sin\theta\right)\tan\varphi+cL}{rhL\sin\theta+\frac{1}{2}r_{w}h_{w}^{2}\cos\theta} \tag{7.18}$$

事实上，在降雨过程中，更准确地说是降雨影响阶段，h_w，x，c，φ 值是随着降雨过程的持续而不断变化的，与降雨时长有关，因此可记为 $h_w(t)$，$x(t)$，$c(t)$，$\varphi(t)$。$h_w(t)$ 可以通过对滑坡体的实际监测获得裂缝充水高度与时间的关系，$x(t)$ 与地下水沿底滑面渗流速度有关。若地下水沿底滑面渗流速度为 v，则在降雨初期，地下水从后缘裂缝底部沿底滑面渗流到达剪出口位置的时间为 $t_f=L/v$。显然，当渗透时间小于时间 t_f时，渗透距离 $L(t)$ 是随时间的增加而逐渐增加的，扬压力在底滑面上呈三角形分布，最终当 $t=t_f$时，最终达到底滑面总长度 L。当渗透时间 t 大于地下水渗流贯通的总时间 t_f时，渗透距离固定为坡体总长 L。$c(t)$，$\varphi(t)$ 随降雨过程时间变化而变化的规律可通过试验得到，一般符合指数衰减公式。因此，在降雨过程中，坡体稳定性系数 K 也会因后缘拉裂面静水压力、底滑面扬压力以及滑带强度随时间变化而变化，记为 $K(t)$。将以上参数代入稳定性系数公式中可得到：

当浸水时间 $t<t_f$时，稳定性系数 K 值为

$$K(t)=\frac{\left[rhL\cos\theta-\frac{1}{2}r_{w}h_{w}(t)vt-\frac{1}{2}r_{w}h_{w}(t)^{2}\sin\theta\right]\tan\varphi(t)+c(t)L}{rhL\sin\theta+\frac{1}{2}r_{w}h_{w}(t)^{2}\cos\theta} \tag{7.19}$$

当浸水时间 $t>t_f$时，稳定性系数 k 值为

$$K(t)=\frac{\left[rhL\cos\theta-\frac{1}{2}r_{w}h_{w}(t)L-\frac{1}{2}r_{w}h_{w}(t)^{2}\sin\theta\right]\tan\varphi(t)+c(t)L}{rhL\sin\theta+\frac{1}{2}r_{w}h_{w}(t)^{2}\cos\theta} \tag{7.20}$$

根据上述公式，可以计算得到降雨过程中，滑坡体稳定性系数 $K(t)$ 随时间的变化规律。当滑坡体处于极限平衡状态，即 $K(t)=1$ 时，将 r、h、L、θ、r_w的值和 $c(t)$、$\varphi(t)$ 两个与时间 t 的关系式代入上式中，即可得到滑坡后缘水头临界高度的 $h_w(t)$ 预警判据。在实际操作中，也可根据令 $K(t)$ 为不同值，如 0.85、0.95，来分别制定不同的预警级别。同时，在此预警模型中，前期降雨对滑坡稳定性的影响主要通过本次降雨前坡体内已有地下水位情况来加以考虑。

（三）降雨诱发楔形岩质滑坡成因机理与预警模型

近年来发生的一些典型滑坡实例表明，对于切层斜坡，如果结构面刚好将斜坡岩体切割成具有滑动条件楔形块状，并且从地形地貌角度楔形块体后缘刚好具有较好的汇水条件，则在强降雨条件下，地表水流通过楔形块体后缘裂缝快速进入槽状滑动面，使其扬压力不断增大，从而导致楔形块状滑坡发生。为此，本项目开展了系列的楔形块状滑坡水力学试验，基本查明了降雨期间滑动面上扬压力的形成与动态演化过程和规律，提出了降雨诱发楔形块状滑坡的稳定性计算方法，在此基础上，初步建立降雨诱发楔形块状岩质滑坡物理预警模型。

试验研究采用的主体仪器装置是成都理工大学地质灾害防治与地质环境保护国家重点试验室自主研发的楔形体滑坡模拟装置（图 7.13）。

试验开始后，随着水分由后缘到前缘逐渐渗流，各测压管中依次形成水压力，此阶段沿滑移线水压力主要呈近三角形分布模式，且三角形在逐渐向前缘延伸发展，如图 7.14（a）、（b）所示。随着作用时间的增加，水压力分布模式转变为近梯形分布模式，具体表现为以下 3 个阶段：①沿滑移线水压力主要呈逐渐减小型近梯形分布模式（Ⅰ型），即水压力从后缘到前缘为逐渐减小的趋势，但在滑面某处出现一个拐点，该模式下水压力的峰值为后缘处，如图 7.14（c）所示。②沿滑移线水压力主要呈先不变后减小型近梯形分布模式（Ⅱ型），即水压力从后缘到前缘先维持稳定的水压力值，在滑面某处出现拐点后呈逐渐减小的趋势，该模式下水压力的峰值为后缘至拐点处，如图 7.14（d）所示。③沿滑移线水压力主要呈先增大后减小型近梯形分布模式（Ⅲ型），即水压力从后缘到前缘先呈逐渐增大趋势，在滑面某处出现拐点达到峰值后呈逐渐减小的趋势，该模式下水压力的峰值为拐点处，如图 7.14（e）所示。

图 7.13　主体试验装置图（不同视角）

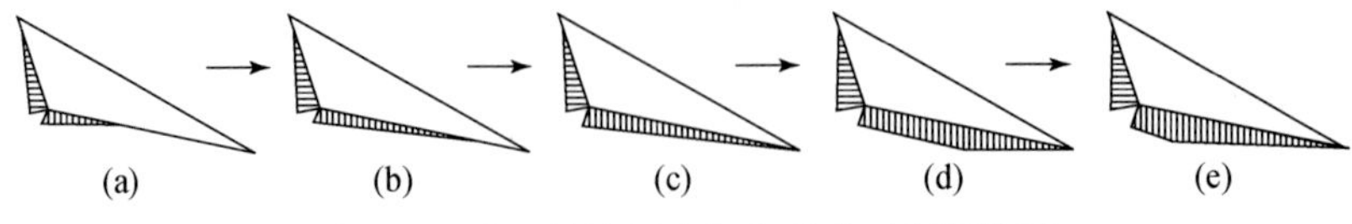

图 7.14　滑面处水压力初期形成过程概化图

在各注水速率下，随着作用时间的增加，滑面处水压力的初期形成过程规律特征为：

水压力分布模式由三角形分布→Ⅰ型梯形分布→Ⅱ型梯形分布→Ⅲ型梯形分布。

图 7.15 表示的是在各固定注水速率下，最终稳定后的各测点水压力与其位置关系，图例括号内的数值表示的是最终稳定所需要的时间。结合前面的分析可以发现：

在时间上，随着注水速率的增大，其达到最终稳定状态所需要的时间逐渐减少。随着后缘注水速率的增大，其渗流作用更加强烈，前缘渗水速率和后缘注水速率达到动态平衡所需时间更短。

在空间上，随着注水速率的增大，其达到最终稳定状态后水压力峰值在变大，两者正相关关系明显。并且，峰值出现的位置在逐渐向后缘移动。注水速率 30L/h、45L/h、60L/h 水压力峰值分别出现在 5 号、4 号、3 号测压管处，注水速率 75L/h、90L/h、105L/h、120L/h 水压力峰值则出现在 2 号测压管处。

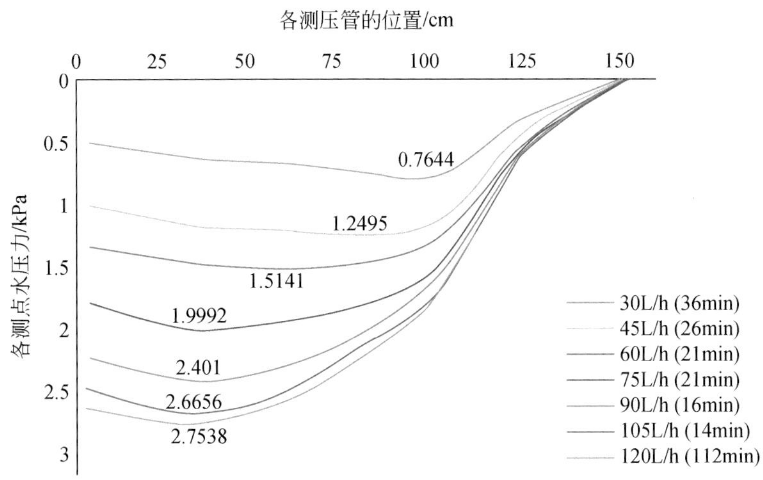

图 7.15　各注水速率最终稳定后水压力-位置关系图

分析其原因，认为这与前缘渗水速率和后缘注水速率的动态平衡相关。在后缘注水条件稳定的情况下，前缘渗水条件由差变好时，其达到最终稳定状态后扬压力的峰值位置应该是由前缘往后缘移动；在前缘渗水条件稳定的情况下，后缘注水条件由差变好时，其达到最终稳定状态后扬压力的峰值位置应该是由前缘往后缘移动。

受试验条件的限制，本试验的前缘渗水速率无法人为控制，在滑坡实例中意味着滑坡前缘渗水通道顺畅，则滑面处扬压力的峰值会随着后缘注水速率的增大而逐渐后移。

通过开展物理模拟试验，我们发现：在滑坡前缘渗水通道较差时，随着后缘注水速率的增大，滑坡前缘扬压力会出现雍高现象。而这种前缘坡体内扬压力的雍高，必然会促进地下水活跃带的形成，增强坡脚的软化效应，加速潜在滑动面的贯通，大大改善斜坡前缘的渗水条件（如斜坡前缘会出露泉眼等）。即在实际的斜坡变形发展过程中，在后缘注水条件稳定或增大的情况下，随着潜在滑动面的逐渐贯通，斜坡前缘的渗水条件有逐渐由差变好的趋势，滑面处扬压力的峰值有逐渐后移的趋势。

图 7.16 表示的是随着固定注水速率的增大，最终稳定后的滑面处水压力分布模式发展趋势图。图 7.16（a）～（c）即为先增大后减小Ⅲ型近梯形分布模式，但其扬压力的

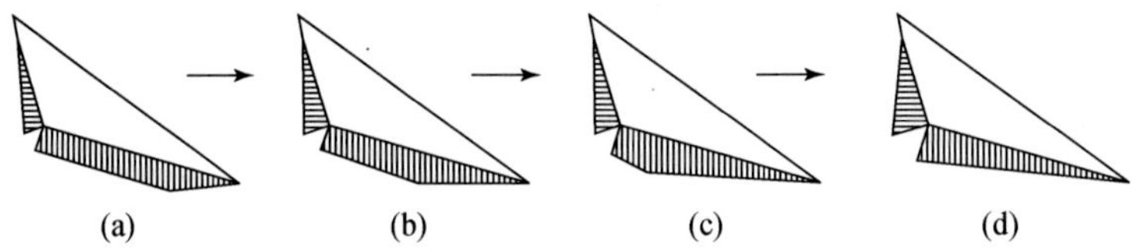

图 7. 16　滑面处水压力分布模式发展趋势图

峰值在逐渐向后缘移动。

据此，我们可以推测认为，在斜坡前缘渗水条件较好，后缘注水条件足够大时，水压力Ⅲ型近梯形分布模式会转变为三角形分布模式，如图 7. 17（a）所示。即 E. Hoek 提出的三角形分布模式假设，为特别条件下扬压力的实际最大值，据此所算出的边坡安全系数便偏为保守。

由水力学实验结果表明，双面滑动的楔形块状滑坡，受入渗阶段以及进出口水量相对大小等因素的影响，其底滑面沿滑移线方向的扬压力可概化为三角形和梯形两种分布模式（图 7. 17）。

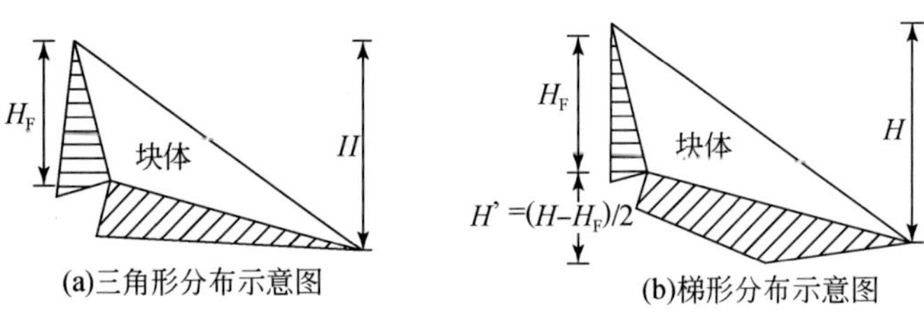

图 7. 17　楔形体水压力三角形分布示意图

针对后缘充水型楔形岩质滑坡的稳定性评价，拟采用传统的极限平衡分析法进行研究，通过处于平衡状态下的稳定性系数公式来反推两种分布模式下的失稳判据即临界水头。然后，根据失稳判据对后缘充水型楔形岩质滑坡在各种水压力分布模式下的稳定性进行分析。

楔形体滑坡的滑动形式分为单面滑动（图 7. 18）和双面滑动（图 7. 19），此次仅对后缘充水型楔形岩质滑坡在双面滑动形式下由地下水诱发失稳的评价方法及失稳判据进行研究。

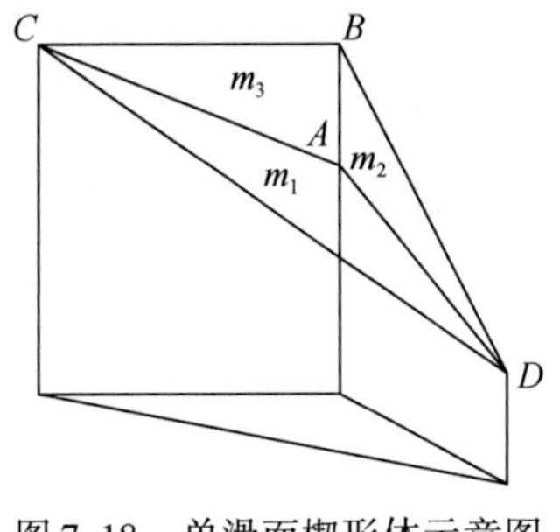

图 7. 18　单滑面楔形体示意图

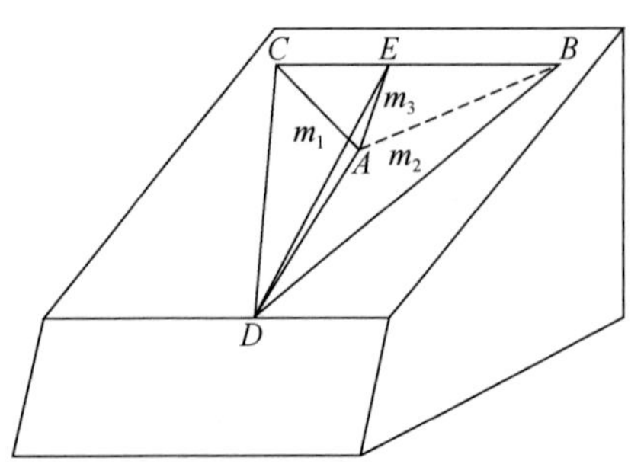

图 7. 19　双滑面楔形体示意图

在双滑面形式下，假设楔形体 $A-BCD$ 以后缘结构面 m_3（$\triangle ABC$）为张裂面，以左侧结构面 m_1（$\triangle ACD$）及右侧结构面 m_2（$\triangle ABD$）为滑移面，两侧结构面的交线为滑移线 AD，则滑坡在空间中的形态如图 7.19 所示。

在分析时，基本假设如下：

（1）滑坡基座及楔形体本身均为刚体；

（2）滑面为具有法向刚度及切向刚度（分别沿滑面交线及面内与交线垂直方向）的软弱夹层、断层或破碎带等；

（3）滑面服从摩尔-库仑破坏准则；

（4）块体本身不透水，即在后缘充水时，水只能顺着两侧结构面渗出坡脚；

（5）在滑动期间，楔形体与两侧结构面都保持接触；

（6）忽略力矩的影响，也就是假定没有倾倒或旋转滑动发生；

（7）楔形体的滑动从运动学上看是可能的，也就是说，作为滑面的两个平面之交线出露在坡面上。

楔形体计算的概化模型如图 7.20 所示：

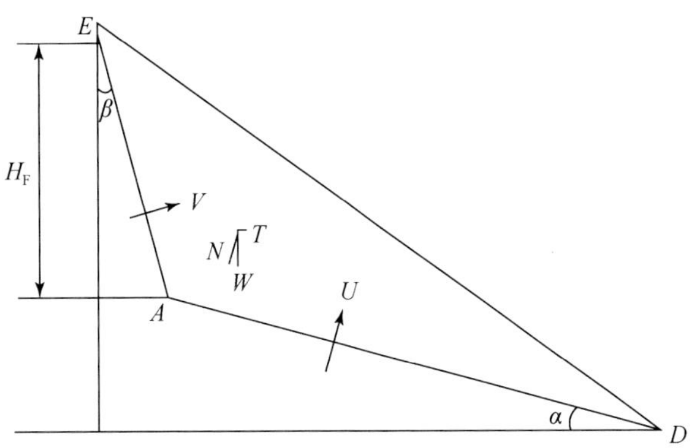

图 7.20　楔形体受力图

楔形体所受力的作用主要为：W 为楔形体的重量；N 为 W 沿垂直于滑移线 AD 方向的分力；T 为 W 沿平行于滑移线 AD 方向的分力；V 为后缘结构面上的总水压力；U 为两侧结构面上的总水压力。其中，α 为滑移线的倾角；β 为后缘结构面与竖直投影面的夹角，即后缘结构面的倾角为 $90°-\beta$。

此时，对于后缘充水型楔形岩质滑坡的稳定性系数采用下式进行确定：

$$K=\frac{(N_1-u_1-V_{01})\tan\varphi_1+(N_2-u_2-V_{02})\tan\varphi_2+c_1A_{m_1}+c_2A_{m_2}}{T+V_{\mathrm{AD}}} \tag{7.21}$$

式中，c_1，φ_1和 c_2，φ_2分别为两侧结构面 m_1和 m_2的抗剪强度指标，其余参数同前。

当后缘充水型楔形岩质滑坡处于极限平衡状态时，令稳定性系数 $K=1$，把 T、N_1、N_2、V_{AD}、V_{01}、V_{02}、u_1、u_2各表达式代入上式中，即可得出 $K=1$ 时后缘水头高度 H_{w}，即临界水头 H_α，最终计算式如下：

$$\frac{3}{\gamma}(W\cos\alpha\sin\delta_1\tan\varphi_1 + W\cos\alpha\sin\delta_2\tan\varphi_2 + c_1A_{m_1} + c_2A_{m_2} - W\sin\alpha)$$
$$= \left[H_{cr}A_{m_{11}} + \frac{(H_{cr}^2 + H_x^2 + H_{cr} + H_x)A_{m_{12}}}{H_{cr} + H_x} + H_{cr}A_{m_{13}}\sin(\alpha+\beta)\sin\delta_1\right]\tan\varphi_1$$
$$+ \left[H_{cr}A_{m_{21}} + \frac{(H_{cr}^2 + H_x^2 + H_{cr} + H_x)A_{m_{22}}}{H_{cr} + H_x} + H_{cr}A_{m_{23}}\sin(\alpha+\beta)\sin\delta_2\right]\tan\varphi_2$$
$$+ H_{cr}A_{m_3}\cos(\alpha+\beta) \tag{7.22}$$

由式（7.22）可见，临界水头的计算式较为复杂，它的适用条件是可应用于任意不对称双滑面型式下的各种水压力分布模式。该公式中坡体的几何参数及物理力学参数均可由现场获取，唯一在现场难以获取的参数即为 H_x，梯形水压力分布模式中拐点位置具体位于何处，其与后缘水头的关系，与水压力逐渐形成过程中时间上的关系都是未知的。将 H_x 用表达式来表示，可能需要后期更多的研究工作（如监测资料等）来继续探讨。然后，将该临界水头判据公式应用于实际现场才更具有可行性。

这里所说的对称指的是形态上的对称，而两侧结构面的特性以及水压力的分布特征并不一定对称。对于在对称双滑面型式下，其临界水头计算式只需在上式中，令 $\delta_1=\delta_2$ 即可化简得到。

对于在三种梯形水压力分布模式下，由前面的分析可知：当 $H_w<H_x$ 时，滑移线 AD 上水压力分布呈Ⅰ型梯形分布模式；当 $H_w=H_x$ 时，滑移线 AD 上水压力分布呈Ⅱ型梯形分布模式；当 $H_w>H_x$ 时，滑移线 AD 上水压力分布呈Ⅲ型梯形分布模式，故其临界水头计算式都是上式。

对于在三角形水压力分布模式下，其临界水头计算式只需在上式中，令其中 $L_0=L$，$H_x=0$（$\frac{H_x}{H_w}=\frac{L-L_0}{L}$ 的一个特例，方便化简）即可化简得到，如下：

$$H_{cr} = \frac{3(W\cos\alpha\sin\delta_1\tan\varphi_1 + W\cos\alpha\sin\delta_2\tan\varphi_2 + c_1A_{m_1} + c_2A_{m_2} - W\sin\alpha)}{\gamma\{[A_{m_1} + A_{m_3}\sin(\alpha+\beta)\sin\delta_1]\tan\varphi_1 + [A_{m_2} + A_{m_3}\sin(\alpha+\beta)\sin\delta_2]\tan\varphi_2 + A_{m_3}\cos(\alpha+\beta)\}} \tag{7.23}$$

因此，通过对处于极限平衡状态的临界水头 H_{cx} 与后缘结构面的水头高度 H_w 的比较，可以得出后缘充水型楔形岩质滑坡的失稳判据如下：

当 $H_w=H_{cx}$ 时，滑坡处于极限平衡状态；

当 $H_w<H_{cx}$ 时，滑坡处于稳定状态；

当 $H_w>H_{cx}$ 时，滑坡处于不稳定状态。

需要注意的是，该公式是基于三角形水压力分布模式的，这种模式计算得到的安全系数偏为保守，用作滑坡的监测预警时，应该充分认识这一点。上述公式是建立在准确获取楔形体的几何形态以及各滑移面上的抗剪强度值的基础上的，三角形水压力分布是在地下水充分渗透的条件下形成的，此时滑移面岩土体经过了浸水→饱水的过程，其抗剪强度指标也较初始状态降低，即 $c=c(t)$，$\varphi=\varphi(t)$。

下面通过对比各种情况下，当水压力达到稳定时，分析各分布模式下后缘充水型楔形岩质滑坡的稳定性。

在梯形模式下，当 $L_0=L$，$H_x=0$ 时，梯形分布模式就变成了三角形分布模式。所以，当两种模式在后缘的水压力 V 相同的情况下，表现为三角形分布模式下的 H_w（用 H_w^S 表示）等于梯形分布模式下的 H_w（用 H_w^T 表示），即 $H_w^S=H_w^T$，则在梯形模式下的两侧的水压力 u_1、u_2比在三角形分布模式下的水压力要大。

可以看出，在 V、c、φ 相同的情况下，当 u_1、u_2增大时，稳定性系数 K 将减小，所以在这种情况下，梯形分布模式下的后缘充水型楔形岩质滑坡的稳定性要比三角形分布模式下差。

（1）在实际情况下，三角形分布模式下的后缘水压力 V 肯定比在同一条件下梯形分布模式要大，即表现为三角形分布模式下的 H_w（用 H_w^S表示）大于梯形分布模式下的 H_w（用 H_w^T表示），即 $H_w^S>H_w^T$，此时，就得看梯形分布模式下的 H_x与 H_w^T的大小关系，这与梯形的三种分布模式有关。

① Ⅰ型梯形分布模式下，$H_x<H_w^T$，由于 $H_w^S>H_w^T$，故 H_w^S大于该梯形模式的最大水头高度。此时，三角形分布模式下比Ⅰ型梯形分布模式下的稳定性差；

② Ⅱ型梯形分布模式下，$H_x=H_w^T$，由于 $H_w^S>H_w^T$，故 H_w^S大于该梯形模式的最大水头高度。此时，三角形分布模式下比Ⅱ型梯形分布模式下的稳定性差；

③ Ⅲ型梯形分布模式下，H_x为该模式下的最大水头高度，即 $H_x>H_w^T$，由于 $H_w^S>H_w^T$，此时，则需根据 H_w^S与 H_x的大小关系来判断两种模式下的稳定性。

a. 当 $H_w^S>H_x$时，三角形分布模式下的两侧水压力 u_1、u_2比该梯形模式下的水压力要大，此时，三角形分布模式下比Ⅲ型梯形分布模式下的稳定性差；

b. 当 $H_w^S=H_x$时，三角形分布模式下的两侧水压力 u_1、u_2比该梯形模式下的水压力要小，此时，三角形分布模式下比Ⅲ型梯形分布模式下的稳定性好；

c. 当 $H_w^S<H_x$时，三角形分布模式下的两侧水压力 u_1、u_2比该梯形模式下的水压力要小，此时，三角形分布模式下比Ⅲ型梯形分布模式下的稳定性好；

（2）在实际情况下，梯形的三种分布模式下后缘的水压力大小关系为：Ⅰ型<Ⅱ型<Ⅲ型，Ⅰ型梯形分布模式下的 H_w（用 H_w^1表示），Ⅱ型梯形分布模式下的 H_w（用 H_w^2表示），Ⅲ型梯形分布模式下的 H_w（用 H_w^3表示），即表现为 $H_w^1<H_w^2<H_w^3$。此时，就得看三种模式下 H_x的大小关系，Ⅰ型梯形分布模式下的 H_x（用 H_x^1表示），Ⅱ型梯形分布模式下的 H_x（用 H_x^2表示），Ⅲ型梯形分布模式下的 H_x（用 H_x^3表示），当 $H_x^1\leqslant H_x^2\leqslant H_x^3$时，此时，两侧水压力 u_1、u_2的大小为关系为：Ⅰ型<Ⅱ型<Ⅲ型。因此，在这种情况下，Ⅲ型梯形分布模式下的稳定性最差，Ⅱ型梯形分布模式下的稳定性其次，Ⅰ型梯形分布模式下的稳定性较好。

而当 $H_w^1<H_w^2<H_w^3$时，$H_x^1>H_x^2>H_x^3$这种情况是不可能出现的。

根据以上的分析可以看出，在正常情况下，三角形分布模式下滑坡的稳定性要比梯形分布模式下差。而在梯形分布模式下，以Ⅲ型梯形分布模式下的稳定性最差，Ⅱ型梯形分布模式下的稳定性其次，Ⅰ型梯形分布模式下的稳定性较好。所以，在各种分布模式下，其稳定性之间的关系是：Ⅰ型梯形>Ⅱ型梯形>Ⅲ型梯形>三角形。

基于上述分析，滑坡预警是减灾防灾工作的基础，其采用的计算理论应该是以最大限度的满足保障灾害体威胁对象的生命财产安全为目标，在一定误差范围内，能够最为有效的做出预警才是工作的根本，采用三角形水压分布是比较可行的。

因此，采用三角形水压分布，通过对处于极限平衡状态的临界水头 H_{cr} 与后缘结构面的水头高度 H_w 的比较：

当 $H_w<H_{cr}$ 时，滑坡处于稳定状态；

当 $H_w=H_{cr}$ 时，滑坡处于极限状态，此时应该发出滑坡预警警报；

当 $H_w>H_{cr}$ 时，滑坡处于不稳定状态，滑坡预警警报应该相应提高等级，以保障威胁对象的生命财产安全。

二、崩塌预警模型和预警判据

崩塌按成因机理可分为倾倒式、滑移式、鼓胀式、拉裂式和错断式。按破坏模式可分为滑塌式、倒塌式和坠落式，表 7.3。

表 7.3　崩塌按破坏模式分类表

危岩类型	滑塌式	倒塌式	坠落式
破坏模式	危岩体后部存在与边坡倾斜方向一致的、贯通或断续贯通的破裂面，倾角较缓，破裂面的剪出部位多数出现在陡崖，也可能出现在危岩体基座岩土体中，危岩体沿着破坏面滑移失稳	危岩体后部存在与边坡走向一致的或断续贯通的破裂面，危岩体底部局部临空，危岩体重心多数情况下出现在基座临空支点外侧，危岩体沿着支点向临空方向倒塌破坏	危岩体上部受结构面切割脱离母岩，下部与后部母岩尚未完全脱离。危岩体底部临空
图示	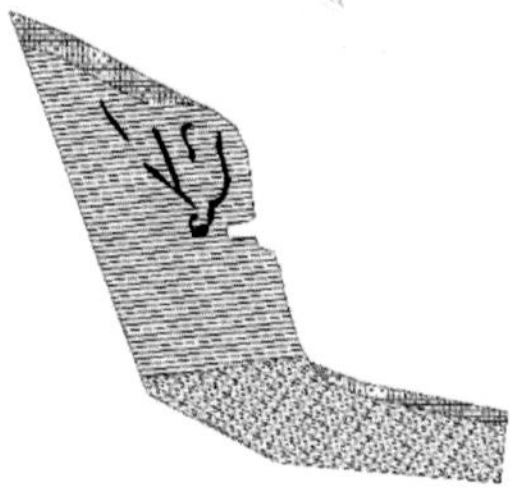		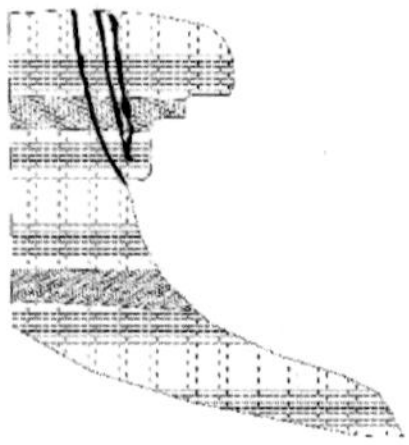

（一）滑塌式崩塌预警模型和判据

滑塌式崩塌和岩质滑坡的主要区别是：滑移型崩塌其地形坡度大于 50°，且高度大于 30m 的高陡边坡，其破坏作用比岩质滑坡急剧、短促和强烈。但是滑塌型崩塌和岩质滑坡具有类似破坏模式——滑移。

（二）位移预警判据

滑移型崩塌体变形破坏不仅有滑面力学参数变化造成的突然失稳，还有在应力条件下的蠕变变形，后者是长期连续变形，符合蠕变变形的三阶段。

根据 Voight（1988，1989）通过对在静荷载作用下一个纯剪切过程和指数蠕变过程的理论分析，建立了位移加速度和速度的关系式。

$$V=Ava \tag{7.24}$$

在 $a>1$ 条件下对时间积分：

$$\frac{1}{V}=[A(a-1)(t_f-t)]^{\frac{1}{(a-1)}} \tag{7.25}$$

式中，V 为变形速率；v 为破坏时速率，其值可为定值或者无穷大值；t_f 为破坏时时间；a 是一个无因次量，受加速度变化的影响；A 是一个正值常量，受曲线形状的影响；二者是在静态边界条件下材料属性的函数。

分析式（7.25），当变形体失稳时，变形速率会急剧增大，当 $V\to\infty$ 时，右侧公式 $t\to t_f$，当 $t=t_f$ 时，崩滑体失稳。

根据滑带土的室内流变实验，确定滑带土流变变形曲线特征。通过建立速率倒数和时间的关系曲线，求出 A、a 和 t_f 值代入式（7.25），建立预测模型。通过预测模型计算不同时间点的变形速度预警值。

（三）后缘裂缝临界水头预警判据

在强降雨条件下，由于滑带受上部岩体的压密，水在滑带的渗透率较低，在此条件下可以认定滑带在短期内保持天然含水率，没有扬水压力的作用，根据极限平衡法，增加水头产生的水平推力，可以根据极限平衡法确定裂隙失稳临界水头为

$$h_{cr}=\sqrt{\frac{2[W(\cos\theta\tan\varphi-\sin\theta)+cL]}{\gamma_w(\cos\theta+\sin\theta\tan\varphi)}} \tag{7.26}$$

当裂隙水头超过临界水头 h_{cr} 时，崩塌体将被推出失稳。

（四）倒塌式崩塌预警模型和判据

倒塌式崩塌可以进步细分为：拉裂倾倒和拉裂滑塌。二者在模式上具有不同的特征。倒塌式崩塌是上部岩体重力作用下，由于人为扰动或者风化作用，使下部坡脚具有压缩空间，从而使得崩塌体产生向坡外的弯矩，从而在危岩体上部产生拉应力集中，当拉应力大于岩体抗拉强度时，岩体产生拉裂缝，且岩体变形特征为外倾。对于拉裂倾倒和拉裂滑塌两种模式，前者具有旋转点，后者具有不明显的旋转点，也可认定在弯矩作用下产生的挠曲，最终形成与岩体侧面分离的单独块体，单独块体在重力作用下下部岩体被压剪破坏，形成拉裂滑塌模式。

1. 裂缝宽度预警判据

拉裂倾倒型崩塌如图 7.21 所示，其破坏模式为整体旋转倾覆破坏，其旋转点位于坡脚，在倾倒破坏过程中，坡脚在重力作用下可能局部压致破坏，但整体岩体保持完整。因为其失稳由下部空间控制，所以其失稳临界点为其形心越过旋转点。

由此建立拉裂倾倒式崩塌的裂缝预警判据：

$$S=h\tan\theta=h\tan\left(\arctan\frac{X}{Y}\right)=h\frac{X}{Y} \tag{7.27}$$

式中，S 为裂缝宽度；h 为崩塌体高度

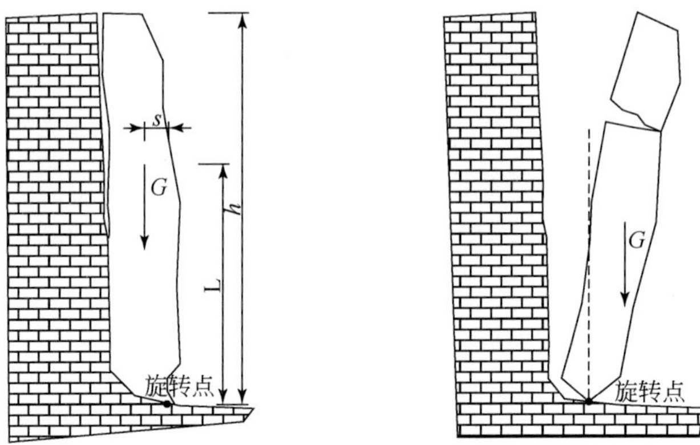

图 7.21　倒塌式崩塌示意图

2. 裂缝深度预警判据

受裂缝的切割，崩塌体侧面独立于整个岩体，其重量由其下部岩体局部承受，随着裂隙向深部的发展，崩塌体下部岩体承受压力越来越大。下部岩体的受力状态可以近似看作岩石单轴受压。根据岩石单轴抗压强度试验结果，破裂面与最大主应力的夹角为 45°−φ/2。

当满足

$$G \geqslant \frac{2c}{\cos\varphi - (1 - \sin\varphi)\tan\varphi} \tag{7.28}$$

时，崩塌体失稳滑塌。

3. 拉裂滑塌式崩塌裂缝水头预警判据

对于崩塌体下部和岩体刚性相连时，由于下部密闭，不存在扬水压力，只考虑裂隙水头产生的水平向作用力，如图 7.22 所示。

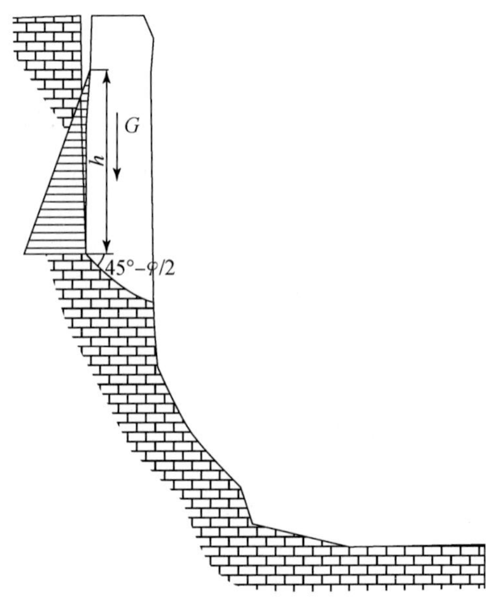

图 7.22　后缘裂缝充水示意图

经过公式变换，整理得到计算临界水头值：

$$h_{cr}=\sqrt{\frac{2bc+G[(1-\sin\varphi)\tan\varphi-\cos\varphi]}{\gamma_w(\cos\alpha+\sin\alpha\tan\varphi)}} \tag{7.29}$$

式中，a 为 $45°+\varphi/2$；G 的确定为根据后缘裂缝宽度，由上式确定裂缝深度 L，确定深度后可以确定 G，即可代入计算临界水头值。

4. 倾倒式崩塌裂缝水头预警判据

对于崩塌体下部水密性较好，侧边也没有漏水通道的崩塌体，在降雨条件下，后缘裂隙充水。在水头作用下崩塌体会发生倾覆失稳，如图 7. 23 所示。

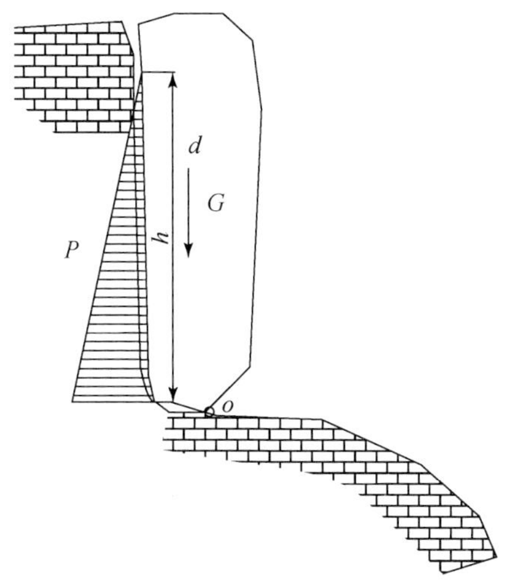

图 7. 23　裂隙水头作用下的倾倒型崩塌力学模型

根据倾覆力矩平衡条件：

$$F=\frac{M_{抗倾覆力矩}}{M_{倾覆力矩}} \tag{7.30}$$

根据力矩平衡，崩塌体的临界失稳水头为

$$1=\frac{G\cdot d}{\frac{1}{2}\cdot\gamma_w\cdot h^2\cdot\frac{h}{3}} \tag{7.31}$$

整理得

$$h_{cr}=\sqrt[3]{\frac{6\cdot G\cdot d}{\gamma_w}} \tag{7.32}$$

当水头高度大于 h_{cr}时，崩塌体将发生倾覆失稳。

5. 拉裂滑移式崩塌后缘裂缝临界宽度预警判据

对于崩塌体向坡外倾倒，裂隙逐步向下发展。当裂隙遇到软弱层面时，裂隙的发展将被软弱层面截断。且随着崩塌体继续外倾，崩塌体重量不足以压破下部岩体时，随外倾角度增大，崩塌体将沿软弱面发生滑动破坏，即拉裂滑动破坏。

利用极限平衡法，构建平衡方程后，将公式变换后得

$$S_{cr} = h \cdot \tan\left[\arccos\left(\frac{G \cdot L \cdot \cos\varphi}{G}\right) - \varphi - \theta\right] \tag{7.33}$$

当裂缝宽度达到临界值时，崩塌体由倾倒变形转换为滑动失稳，如图 7. 24 所示。

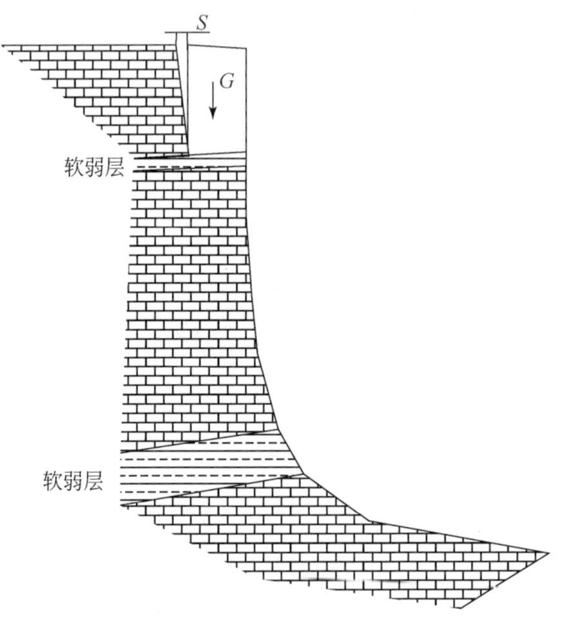

图 7. 24　拉裂滑移崩塌示意图

6. 拉裂剪断软弱层崩塌裂隙临界宽度预警判据

假定崩塌体下部存在具有一定厚度的软弱层，软弱层和崩塌体岩石力学参数相比，软弱层具有较低的力学强度。上部崩塌体具有一定的厚度，但不足于自身重力作用下剪破坏坏失稳（拉裂倾倒滑塌式），如图 7. 25 所示。

假定软弱层力学参数已知。根据岩石单轴抗压强度实验及莫尔–库仑准则，若软层最危险的剪切面是与主应力竖直方向夹角为 45°–φ/2 的面。根据后缘裂缝深度计算公式，变换得

$$S_{cr} = \frac{3 \cdot \gamma \cdot \left(L - \sqrt[3]{\dfrac{G \cdot b - \sigma_1 \cdot b^2}{\sigma_t}}\right)^3}{E \cdot b} = \frac{3 \cdot \gamma \cdot \left[L - \sqrt[3]{\dfrac{G \cdot b - \dfrac{2 \cdot c}{\cos\varphi - (1 - \sin\varphi) \cdot \tan\varphi} \cdot b^2}{\sigma_t}}\right]^3}{E \cdot b} \tag{7.34}$$

式中，γ 为上部岩体容重；E 为上部岩体弹性模型；c 为软弱层面内聚力；φ 为软弱层面内摩擦角。

（五）坠落式崩塌预警模型和判据

坠落式崩塌有多种形式如图 7. 26 所示，根据崩塌体和岩体的连接方式可细分为：单面连接和多面连接。其破坏的力学特征不同，单面连接如果仅顶部连接时，其破坏形式为

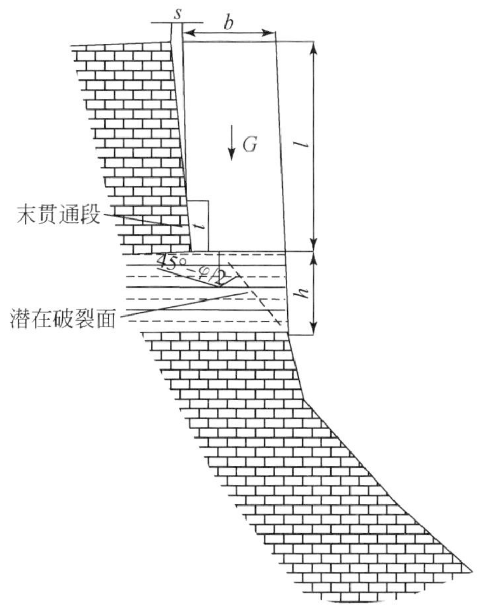

图 7.25　拉裂剪破软弱层力学模型

拉断破坏；如果是侧面连接时，其破坏形式为拉剪破坏，当岩层厚度较薄时，可认定为单剪破坏。双面连接力学特征要复杂一些，既有拉破坏过程又同时有剪破坏过程。

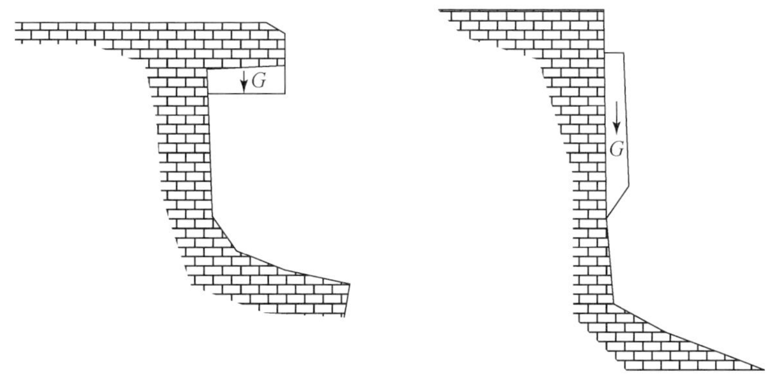

图 7.26　坠落式崩塌典型模式图

1. 声发射预警判据

坠落式崩塌其破坏具有突发性，在变形较小的情况下，崩塌体就会失稳。在坠落式崩塌预警中，传统的位移监测方法，往往难以奏效。通常应用声发射技术，来预警崩塌体的失稳。其基本原理是：岩体在受力时会发生变形和破裂，并且会以弹性波的形式释放出应变能，这种现象称为声发射。声发射可以作为岩石破裂和裂纹发展的预报手段。通过室内岩石声发射测试实验，确定岩体变形破坏不同阶段的声发射事件，以此建立崩塌体失稳声发射预警值。

2. 下坐式崩塌失稳临界裂隙连通率判据

下坐式崩塌体其特征往往是厚度较薄呈片状，像画框一样悬挂于墙面，根据这个特点可称此类崩塌为“壁挂式崩塌”，如图 7. 27 所示。这类崩塌体其下部往往悬空或者具有一定的支撑。与坡面连接是单面连接。其受力主要是在自身重力作用下，在其与坡面接触处作用剪应力及拉应力。

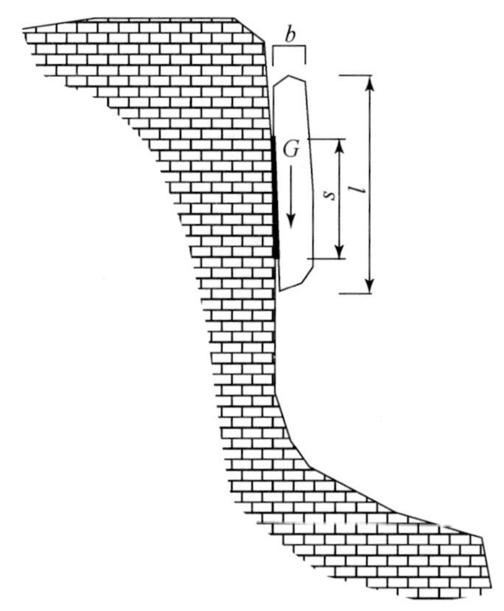

图 7. 27　壁挂式崩塌示意图

综合非贯通段的抗剪强度公式及弯矩平衡等，

定义连通率临界值为

$$t_{\mathrm{cr}}=\frac{s}{l}=\frac{G-\sqrt{\dfrac{G\cdot b\cdot\tau_0^2}{R_t}}}{\tau_0\cdot l}\tag{7.35}$$

当崩塌体和坡体连接面的连通率小于临界值 t_{cr}时，崩塌体将在自重作用下，下坐拉剪失稳破坏。当崩塌体下部有支撑时，算式中可用重力减去下部支撑抗压强度代入上式计算，可得下挫压碎失稳连通率临界值。

第四节　贵州省崩滑灾害的综合预警预报

崩滑灾害是依托斜坡发育的，斜坡是一个“活”的结构，与自然界其他事物的发展演化一样，斜坡从出现变形开始，到最终整体失稳破坏，也有其产生、发展及消亡的演化规律。从时间演化规律来说，就是要经历初始变形、等速变形、加速变形三大阶段，从空间演化规律来讲，伴随着潜在滑动面的孕育、形成和贯通，先后出现分期配套的后缘拉张裂缝、侧翼剪裂缝、前缘隆胀裂缝等变形体系。进行崩滑灾害的综合预警预报首先应该正确把握斜坡的时空演化规律。在此基础上，确定崩滑地质灾害的预报时间尺度，中长期预报选取中长期预报模型，对于短期预报和临滑预报选择短期临滑预报模型。经预报模型判定灾害本身所处的变形阶段和警报级别，结合灾害发生后可能造成的危害性，综合判别灾害的预警级别，综合预警流程如图 7.28 所示。

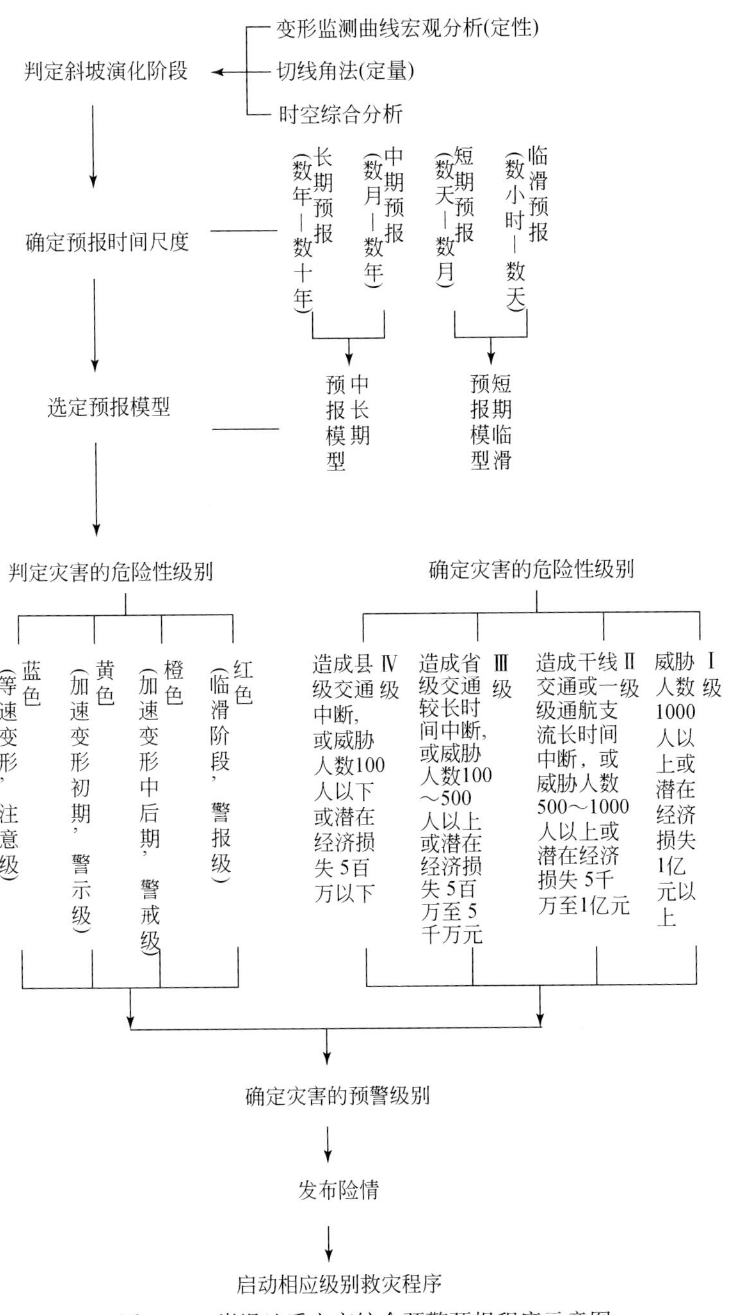

图 7.28　崩滑地质灾害综合预警预报程序示意图

根据《中华人民共和国突发事件应对法》规定，可以预警的自然灾害即将发生或者发生的可能性增大时，县级以上地方各级人民政府应当根据有关法律、行政法规和国务院规定的权限和程序，发布相应级别的警报，决定并宣布有关地区进入预警期，同时向上一级人民政府报告，必要时可以越级上报，并向当地驻军和可能受到危害的毗邻或者相关地区的人民政府通报。对不同级别地质灾害采取相应级别的认定级相关工作程序进行救灾抢险工作。

第五节　贵州省典型崩滑灾害预警模型和判据

崩滑地质灾害预测预报模型与判据研究是以本项目专题 1 ~ 3 为研究基础，分析提取建立不同类型和成因模式的崩滑地质灾害监测内容及指标体系；开展室内模型试验研究，提出监测数据分析处理技术及标准；建立一套基于雨量监测和地表位移监测的区域地质灾害预警技术体系；根据不同类型与成因模式的滑坡灾害，提出单体滑坡发展演化阶段的判识方法、早期分级预警模型和临滑预警判据，为贵州省地质灾害监测预警与决策支持平台系统建设提供技术支撑。

利用本项研究建立的崩滑灾害预警模型和判据，对依托于本项目实施监测的 20 处崩塌、滑坡灾害，分别建立了预警模型和判据，供在实际监测预警中采用。贵州省典型崩滑灾害预警模型判据一栏表如表 7.4 所示。

表 7.4　贵州省典型滑坡、崩塌灾害预警模型判据一览表

编号	灾害点名称	灾害类型	主要影响因素	地质灾害预警判据
1	开阳县龙井湾滑坡	堆积体滑坡	降雨	1. 位移监测曲线的切线角判据； 2. 位移监测曲线的加速度特征判据； 3. 降雨条件下的降雨量模型判据
2	都匀市马达岭滑坡与接娘坪变形体	岩质滑坡	降雨、采矿	1. 位移监测曲线的切线角判据； 2. 位移监测曲线的加速度特征判据； 3. 坡顶裂隙水位深度判据
3	大方县德兴煤矿滑坡	堆积体滑坡	降雨	降雨条件下的降雨量模型判据
4	印江县大石村滑坡	平推式滑坡	降雨	1. 位移监测曲线的切线角判据； 2. 位移监测曲线的加速度特征判据
5	习水县城寨乡滑坡	堆积体滑坡	降雨、公路边坡开挖	1. 位移监测曲线的切线角判据； 2. 位移监测曲线的加速度特征判据； 3. 降雨条件下的降雨量模型判据
6	岑巩县大榕村龙家坡滑坡	堆积体滑坡	降雨、侧方堆填	1. 位移监测曲线的切线角判据； 2. 位移监测曲线的加速度特征判据； 3. 降雨条件下的降雨量模型判据
7	册亨县岩架镇北侧边坡	岩质边坡	工程开挖	1. 位移监测曲线的切线角判据； 2. 位移监测曲线的加速度特征判据； 3. 坡顶裂隙水位深度判据
8	威宁县猴场镇崩塌体	拉裂滑塌式崩塌	降雨、风化	1. 后缘裂隙宽度临界值判据（裂缝临界宽度 0.74m）； 2. 后缘裂隙临界水头高度值判据（h_{cr}=32.5m）

续表

编号	灾害点名称	灾害类型	主要影响因素	地质灾害预警判据
9	大方县云龙山崩塌体	倾倒拉裂滑塌式破坏	采矿	1. 后缘裂隙宽度临界值判据（整体破坏模式：$S=12m$；局部破坏模式：$S=2.5m$）； 2. 后缘裂隙临界水头高度值判据（整体破坏模式：$h_{cr}=35m$；局部破坏模式：$h_{cr}=12.3m$）
10	开阳县金中镇牯牛背崩塌体	滑动倾覆型崩塌	采矿	1. 滑移型速度倒数预警模型； 2. 失稳临界水头（$h_{cr}=122.8m$）
11	思南县凉水井镇崩塌体	软基效应造成倾倒滑塌	溶蚀、风化	1. 失稳裂隙临界宽度值判据（$S=2.59m$）； 2. 崩塌体失稳临界水头高度值判据（$h_{cr}=10.4m$）
12	都匀市江州镇立山坡崩塌体	软基效应造成倾倒滑塌	采矿、风化	1. 失稳裂隙临界宽度值判据（$S=5m$）； 2. 崩塌体失稳临界水头高度值判据（$h_{cr}=26.5m$）
13	纳雍县鬃岭镇小垛口崩塌体	拉裂倾倒-（剪断）滑塌型	采矿、风化	1. 后缘裂隙临界宽度值判据（$S=0.45m$）； 2. 后缘裂隙临界水头高度值判据（$h_{cr}=2.23m$）
14	大方县油沙村崩塌体	软基效应造成倾倒滑塌	岩体切割、风化	1. 崩塌体裂隙临界宽度值判据（$S=5m$）； 2. 崩塌体后缘裂隙临界水头高度值判据（$h_{cr}=13.1m$）

第8章　基于全国卫星导航定位基准服务系统及星载雷达系统的地质灾害监测技术

第一节　北斗实时监测系统概述

一、系统平台架构

北斗地质灾害自动化监测平台由传感器层、数据传输层、服务层和应用层组成，如图8.1所示。

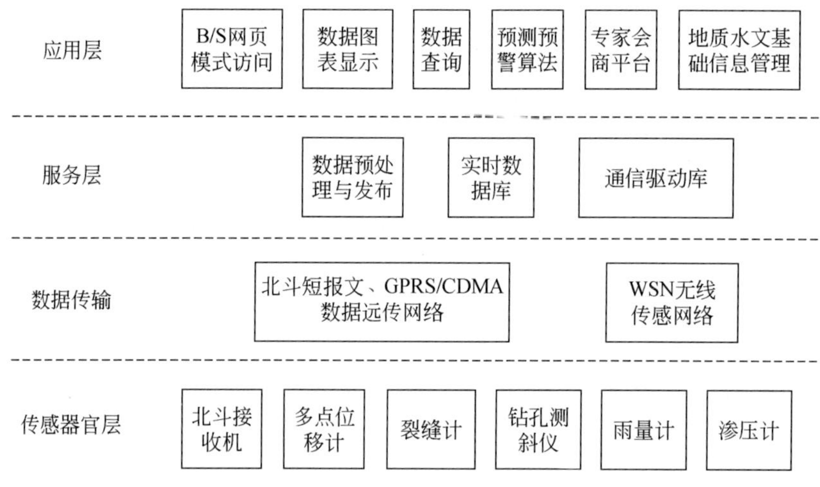

图8.1　北斗地质灾害自动化监测平台架构

如图8.1所示，传感器层位于地质灾害监测现场，监测参数主要包括地表变形参数、地下变形参数、内力参数、水文参数和环境参数。数据传输层包括短距离无线传感网络、北斗短报文和GPRS/CDMA数据远距离传输网络。监测传感器节点通过短距离无线传感网络将多源传感器数据传送到汇集节点，汇集节点根据地质灾害监测现场的网络覆盖情况通过北斗短报文或GPRS/CDMA将数据远距离传输到监控中心。服务层负责通过汇集节点与现场传感器进行实时通信，获取传感器信息，配置传感器参数；实时存储远程监测参数，进行数据的预处理；提供数据发布接口，通过该接口，第三方系统可获取系统的监测参数以进行地质灾害危险体的稳定性定性研究或监测评估工作。应用层包括主要包括数据的查询显示等基本功能，可为管理人员和远程支援专家提供会商平台和预测预报辅助分析功能。应用层预留了地质灾害监测预警预报算法接口，针对典型地质灾害隐患点的长时间监测数据的累积，还可探索线性变化的地质灾害危险体灾害预警预报的可能性。

二、系统网络拓扑结构

由于采用多种传感器对地质灾害隐患点进行综合监测，而地质灾害监测区域往往面积大，监测传感器节点分散，地质灾害实时监测系统的数据传输需综合考虑系统可靠性和成本因素，实时监测系统数据采集主要使用的网络通信方式及系统拓扑结构如图 8.2 所示。

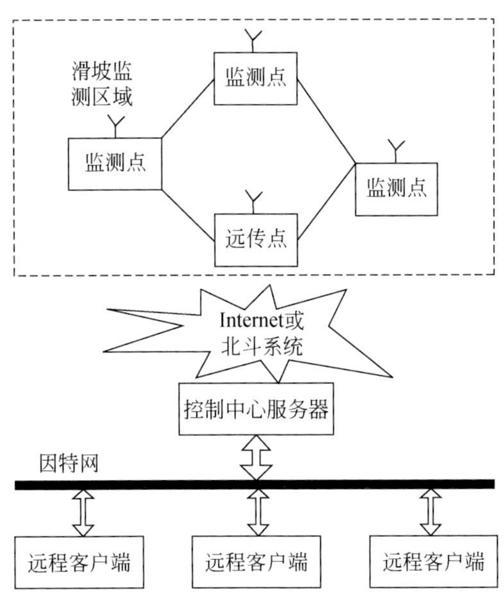

图 8.2　地质灾害监测系统数据传输网络拓扑结构

如图 8.2 所示，无线传感网络允许节点随机布设，网络节点与节点之间采用多跳、对等的无线通信方式，每一个节点既是监测点，又是路由节点，通过低功耗、短距离的无线接力传输将数据送达远传汇集节点。当某个节点出现物理故障退出网络模式或新增节点时，无线传感网络路由会进行自动修复和重新组织，保证最佳网络路径。远传汇集站点收集各监测节点的数据后，根据地质灾害监测点的通讯环境条件选择合适的通讯方式将传感器的观测数据实时传回监控中心。

系统的实时数据传输，有网络信号覆盖的情况下优先通过通讯运营商提供的 GPRS/CDMA 通讯服务进行数据传输；通过创造性地集成使用北斗卫星通信链路（北斗短报文）模块，对于通讯运营商的通信信号未覆盖的地质灾害监测点，可选用北斗短报文通讯将传感器的观测数据传送到远程监控中心，远程控制中心也可通过远传汇集节点将传感器配置参数下发到各监测点。采用北斗卫星通信时，由于北斗通信帧仅有 200B，时间间隔最快 1s，故需要在地质灾害监测点完成监测数据的现场处理解算。由于地质灾害监测结果的数据量不大，经过实验测试，北斗通信可以满足要求。

三、系统软件架构

基于北斗导航位置服务的地质灾害监测预警系统软件架构如图 8.3 所示：

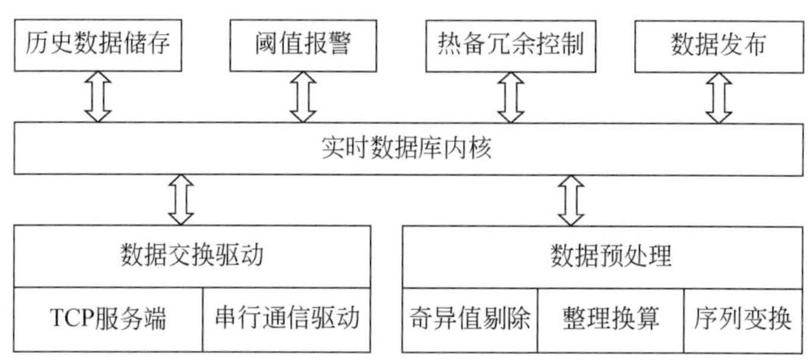

图 8.3　服务层原理框图

服务层以实时数据库为核心，主要完成与现场传感器监测节点的通信、数据实时存储、数据预处理和数据的发布，服务层工作原理框图如图 8.3 所示。数据交换驱动模块完成系统软件和滑坡监测现场远传节点间的数据交换，然后与监测节点进行通信。当远传节点作为客户端采用 GPRS/CDMA 远程通信时，它和系统软件间通过 TCPCLIENT/SERVER 模式通信。当通过北斗短报文通信时，控制中心服务器挂载 RS232 口的北斗通信机，系统软件通过串行驱动访问北斗通信机，实现与远程节点进行数据交互。数据预处理模块完成现场监测数据的奇异值剔除、整理换算和序列变换。现场监测数据可能会因为某些随机原因而产生错误的奇异信号，这些错误信号可以通过 3σ 准则剔除。部分传感器如 GPS 接收机提供的原始数据，需要进行整理换算得到需要的参数值，采用非负累加等序列变换计算以方便后续数据的处理分析。实时数据库内核还完成原始数据和预处理后数据的存储，并根据管理人员设定的阈值进行预警和数据的热备冗余控制，提供数据的发布接口，供第三方分析软件共享系统的监测数据资源。滑坡地质灾害预测预警需要考虑的因素很多，服务层实现的阈值报警至多只能作为预警发布研判的触发点，不能轻易以该单一指标作为最终的预警判据。为使系统在滑坡预测预警中发挥最大的作用，系统应用层设计应包括以下几个方面的功能和特征：

（1）系统采用 B/S 架构设计，以网页方式提供监测参数历史趋势曲线、实时数据表、多参数融合对比显示等丰富功能，既方便管理人员在监控中心查阅分析数据，也为远程支援的滑坡问题技术专家提供了快速的现场数据访问途径。

（2）滑坡地质灾害预测预警不仅取决于监测数据，而且与滑坡区域面积、坡度、地层、岩性、构造、植被等都密切相关。应用层软件包含了一个滑坡区域地质水文等基础数据信息管理模块，为预测预警提供更加全面的支撑数据。

（3）当前已有很多滑坡预测算法，其中部分经典算法已有过成功预测案例，应用层软件将这些经典算法集成于系统中，可供管理员和远程支援专家调用，进行滑坡预测的辅助分析。根据系统的设计目的，主要实现滑坡加速蠕变和临滑阶段的预测算法。该阶段的滑坡预测算法可分为三类：一是基于确定性模型的算法，代表性的有斋藤法和福囿法；二是基于统计预报模型的算法，代表性的有灰色 GM（1，1）法和灰色位移矢量法；三是基于非线性预报的算法，代表性的有 BP 神经网络法和协同预测法。

第二节　北斗实时监测系统关键技术

大数据分析贯穿于北斗实时监测系统建设的各个环节，包括实时数据采集、数据处理与数据应用等过程，采集到的实时数据通过通信链路传输至控制中心并进行存储管理，而后进行数据处理与分析，最后将分析结果推送至终端服务器以供应用。北斗实时监测系统数据采集、处理与应用的基本流程如图 8.4 所示。

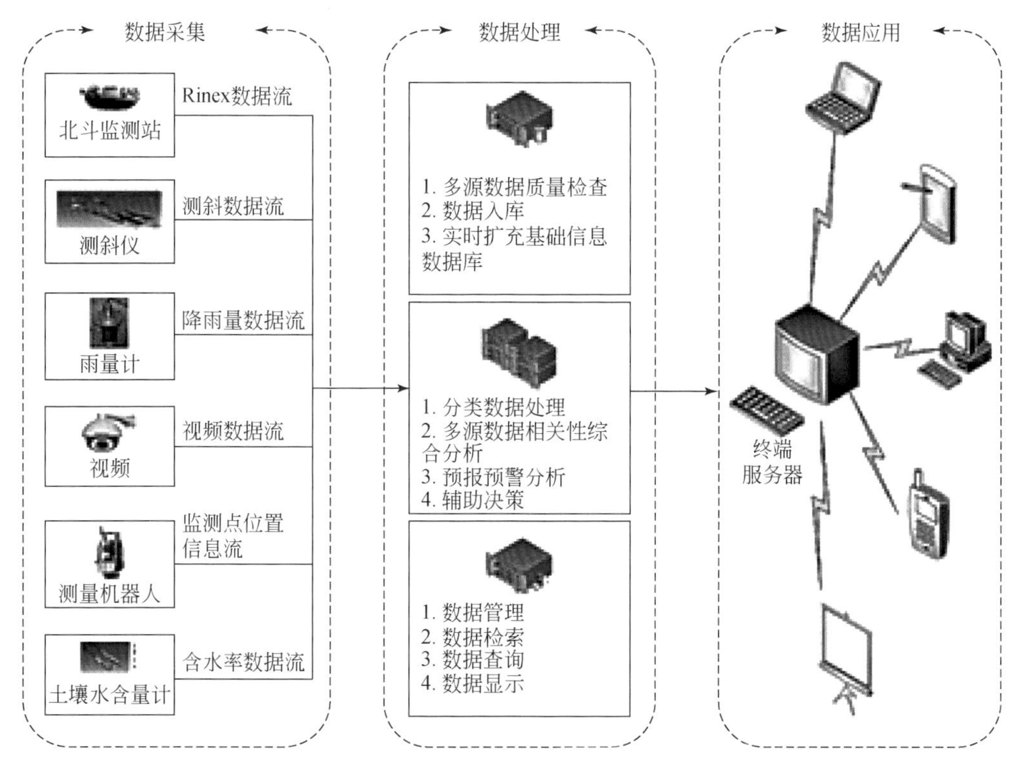

图 8.4　数据采集、处理与应用的基本流程图

数据采集是系统正常运行的前提与基础，需要研究多源传感器集成的地质灾害在线数据采集技术，使监测数据采集实现实时化与自动化；数据处理是北斗实时监测系统的核心，需研究基于北斗基准站网的动态形变监测技术与监测目标变形自动探测技术，实现 GNSS 数据的自动处理、形变量自动探测与多源数据融合分析；数据应用是北斗实时监测系统的最终目的，该系统的最终用户是政府部门以及社会用户，因此，必须要考虑到系统的简易性、通俗性。按照项目需求，系统要提供美观实用、友好、直观的中文图形化用户管理界面，充分考虑办公人员的习惯，方便易学、易于操作。因此，灾害监测数据存储及可视化技术是必不可少的关键技术之一。

本项目对多源传感器集成的地质灾害在线数据采集技术、基于北斗基准站网的动态形变监测技术、监测目标变形自动探测技术与灾害监测数据存储及可视化技术四个关键技术进行了深入的研究和应用，并对定位算法进行了部分创新。

一、基于北斗基准站网的动态形变监测技术

卫星定位系统以其实时、自动化、全天候、高精度等特点在众多领域得到广泛应用，其中在形变监测中的潜力亦已显现。

GNSS 非差相位与伪距观测方程可表示如下：

$$\begin{cases} L_{r,f}^{s,T}=\rho_{r,g}^{s,T}+c(\Delta t_r^T-\Delta t^{s,T})+\lambda_f(UPD_{r,f}^T-UPD_f^{s,T})+\lambda_f N_{r,f}^{s,T}-I_{r,f}^{s,T}+T_r^{s,T}+\varepsilon_{r,j}^{s,T} \\ P_{r,f}^{s,T}=\rho_{r,g}^{s,T}+c(\Delta t_r^T-\Delta t^{s,T}+b_{r,f}^T-b_f^{s,T})+I_{r,f}^{s,T}+T_r^{s,T}+e_{r,j}^{s,T} \end{cases} \tag{8.1}$$

式中，上下标 r、s、f 与 T 分别表示接收机、卫星、载波频率与卫星系统，本项目卫星系统包括 GPS、北斗、GLONASS 与 GALILEO；c 为光在真空中的传播速度；Δt_r^T 与 $\Delta t^{s,T}$分别为接收机钟差与卫星钟差；$N_{r,f}^{s,T}$为整周模糊度；λ_f 为频率 f 的波长；$UPD_{r,f}^T$与 $UPD_f^{s,T}$ 分别为接收机端和卫星端未校正的相位延迟；$b_{r,f}^T$与 $b_f^{s,T}$ 分别为接收机端和卫星端的伪距硬件延迟；$I_{r,f}^{s,T}$为频率f传播路径上的电离层延识；$T_r^{s,T}$为 f 传播路径上频率无关的对流层延迟；$L_{r,f}^{s,T}$与 $P_{r,f}^{s,T}$为原始的载波相位与伪距观测值；$\varepsilon_{r,j}^{s,T}$与 $e_{r,j}^{s,T}$为载波相位与伪距观测值噪声和多路径效应的总和。$\rho_{r,g}^{s,T}$为卫星天线相位中心与接收机天线相位中心之间的几何距离，该项已包含可精确模型化的各项误差，包括卫星端与接收机端 PCO/PCV 改正、地球潮汐改正、相对论效应、天线相位缠绕等。

北斗卫星导航定位基准站网是北斗卫星导航形体的地基增强系统，利用连续运行基准站进行实时区域误差建模，根据区域误差模型与用户粗略位置重建用户附近虚拟参考站的实时观测数据，称为差分改正信息，并将差分改正信息播发给用户，可大幅度提高北斗定位的精度与可靠性。基于北斗导航位置服务的地质灾害监测可实现实时动态厘米级与快速静态毫米级的定位精度。

如图 8.5 所示，CORS 中心服务器接收来自北斗卫星导航定位基准站网各基准站的实时观测数据，根据地质灾害监测点的位置建立误差模型，生成该监测点的差分改正信息以 RINEX 格式通过 NTRIP/RTCM 协议发送至监测数据服务器，将各监测点的观测数据及其差分改正信息通过 FTP 形式推送至北斗监测数据处理系统，解算监测点的实时位置，并传送至地质灾害在线监测分析系统，结合气象水文数据综合分析灾害发展趋势。

二、多源传感器集成的地质灾害在线数据采集技术

随着科技的进步，信息化逐渐成熟，许多新兴的监测仪器已相继投入到地质灾害实时监测中。随着 GNSS 接收机以及雨量计、裂缝计、土压力计等多源传感器的广泛应用，地质灾害监测正由传统的人工手动监测向实时无线自动化监测转变，这极大地提高了监测数据的可靠性和实时性，为地质灾害预警提供了更好的数据支撑，同时也提高了监测手段的

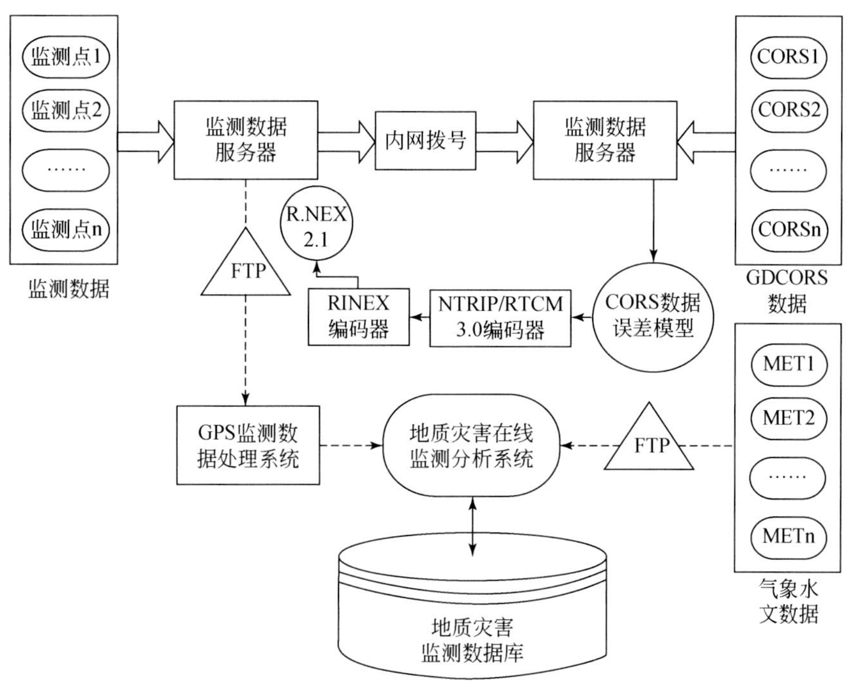

图 8.5　地质灾害北斗卫星实时监测系统工作流程图

技术水平，体现了地质灾害监测自动化、实时化的发展趋势。

海量多样化的监测数据的在线采集，是北斗实时监测系统首先要考虑的问题。地质灾害在线数据采集系统一种自动的遥感系统，主要是基于 GPRS 技术通过对目前较为先进的传感器以及电子计算机的信息处理器和通信技术作为 GPRS 技术的应用支撑，通过 GPRS 技术应用的无线传输模块来有效的解决众多目标数据的采集设备以及数据处理中心之间的信息传递。

该系统将来自 GNSS 监测终端、降雨量及水文监测终端的实时数据进行采集，并控制 GPRS 无线传输模块完成数据采集设备与数据中心之间的数据传递。其中，数据无线传输系统通过无线网络与实时数据采集设备连接，获取实时监测数据（包括实时 GNSS 监测数据、降雨量及水文数据），确保时态 GIS 数据库的时效性。数据无线传输系统由服务器端和客户端两部分构成。服务器端用于设置网络配置、数据库连接方式及数据文件、日志文件和配置文件的存放路径。客户端硬件安装于现场站数据采集仪上，控制网络连接、上传时间、数据编码、数据备份及传输错误处理。客户端软件和所有的数据采集软件设置为不间断工作状态，在按控制参数工作的同时，接受控制中心的配置指令即时对控制参数进行调整。无线数据传输工作流程如图 8.6 所示。

三、监测目标变形自动探测技术

动态形变监测系统的目标是实现对监测目标四维时空运动状态相关参数的探测与提

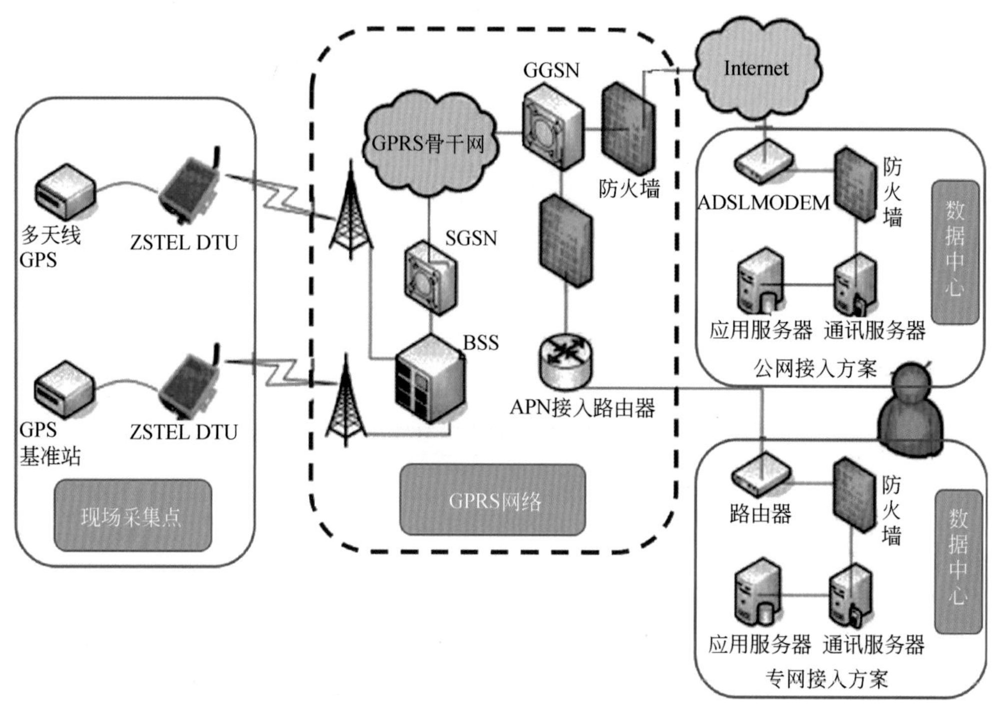

图 8.6　无线数据传输工作流程

取，包括位移参数、速度参数及加速度参数等的监测。为实现系统自动化处理，即形变参数自动探测，需要解决的关键技术包括数据预处理技术、形变探测技术、参数估计与整周模糊度固定等。

（一）数据预处理

实时预处理模块的主要功能是为实时动态定位数据处理做准备，通过预处理获得干净的 GNSS 观测数据。实时数据质量检测模块主要是实时探测载波相位存在的周跳和粗差，同时也对伪距做一些基本的检查，为后续的定位提供干净可靠的观测数据。

图 8.7 为实时观测数据预处理流程逻辑图，主要包括野值剔除、周跳探测与修复，利用观测值自身的一些观测质量信息及它们的组合观测值的特性能较好地解决周跳探测修复及野值点剔除等问题。通过比较研究，本项目创造性地引入非差双频 P 码 Melbourne-Wübbena 和 Geometry-Free 组合观测值探测和修复周跳及剔除野值点的方法进行了非差数据实时预处理，获得较好的结果。主要分如下几个步骤：

（1）利用 Melbourne-Wübbena 组合进行野值点剔除、周跳的探测和修复及估计宽巷整周模糊度初值。

Melbourne-Wübbena 组合观测值由 Wübbena 和 Melbourne 提出，通过对相位观测值 L_1、L_2与伪距观测值 P_1、P_2进行组合，既消除了电离层的影响，也消除了测站卫星几何与卫星和接收机钟差的影响，仅受观测噪声和多路径效应的影响，这些影响可以通过多历元平滑减弱或消除，因此适合用于非差周跳的探测和修复。组合观测值可如下表示：

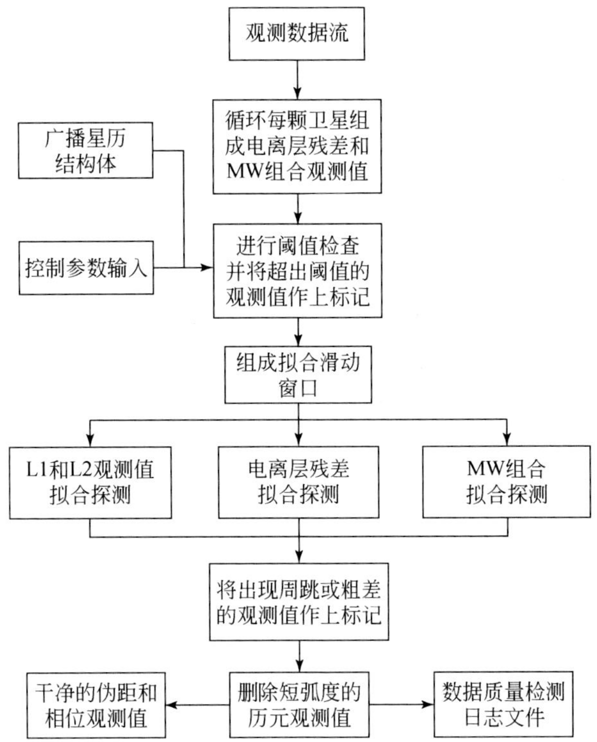

图 8.7　实时数据预处理流程逻辑图

$$L_6(i)=\frac{1}{f_1-f_2}[f_1L_1(i)-f_2L_2(i)]-\frac{1}{f_1+f_2}[f_1P_1(i)+f_2P_2(i)] \tag{8.2}$$

组合观测值又可表述为

$$L_6(i)=\lambda_{\mathrm{w}}b_{\mathrm{w}}(i)+v_{\mathrm{L}_6}(i) \tag{8.3}$$

式中，λ_{w}为宽巷波长；$b_{\mathrm{w}}(i)$ 为宽巷模糊度。

其观测噪声为

$$v_{\mathrm{L}_6}(i)=\frac{1}{f_1-f_2}[f_1v_{\mathrm{L}_1}(i)-f_2v_{\mathrm{L}_2}(i)]-\frac{1}{f_1+f_2}[f_1v_{\mathrm{P}_1}(i)+f_2v_{\mathrm{P}_2}(i)] \tag{8.4}$$

方差为

$$\sigma^2_{\mathrm{L}_6}(i)=\frac{1}{(f_1-f_2)^2}[f_1^2\sigma^2_{\mathrm{L}_1}(i)+f_2^2\sigma^2_{\mathrm{L}_2}(i)]+\frac{1}{(f_1+f_2)^2}[f_1^2\sigma^2_{\mathrm{P}_1}(i)+f_2^2\sigma^2_{\mathrm{P}_2}(i)] \tag{8.5}$$

整周模糊度 $b_{\mathrm{w}}(i)$ 值为

$$b_{\mathrm{w}}(i)=\left\{\frac{1}{f_1-f_2}[f_1L_1(i)-f_2L_2(i)]-\frac{1}{f_1+f_2}[f_1P_1(i)+f_2P_2(i)]\right\}/\lambda_{\mathrm{w}} \tag{8.6}$$

$$b_{\mathrm{w}}(i)=BW_{\mathrm{const}}+v_{\mathrm{bw}}(i) \tag{8.7}$$

对于一个不存在周跳的弧段，BW_{const}是一个常数，其值为

$$BW_{\mathrm{const}}=B_1/\lambda_1-B_2/\lambda_2 \tag{8.8}$$

$b_{\mathrm{w}}(i)$ 方差为

$$\sigma_{\mathrm{bw}}^{2}(i)=\sigma_{\mathrm{L_6}}^{2}/\lambda_{\mathrm{w}}^{2}=\left\{\frac{1}{(f_1-f_2)^2}[f_1^2\sigma_{\mathrm{L_1}}^2(i)+f_2^2\sigma_{\mathrm{L_2}}^2(i)]+\frac{1}{(f_1+f_2)^2}[f_1^2\sigma_{\mathrm{P_1}}^2(i)+f_2^2\sigma_{\mathrm{P_2}}^2(i)]\right\}/\lambda_{\mathrm{w}}^2 \tag{8.9}$$

对整弧段的 $b_{\mathrm{w}}(i)$ 做加权平均，得 BW_{const}的估值：

$$BW_{\mathrm{const}}(i)=\frac{\left\{\sum_{j\leqslant i}\frac{b_{\mathrm{w}}(j)}{\sigma_{\mathrm{bw}}^2(j)}\right\}}{\left\{\sum_{j\leqslant i}\frac{1}{\sigma_{\mathrm{bw}}^2(j)}\right\}} \tag{8.10}$$

其方差为

$$\sigma_{\mathrm{BW}}^2(i)=\left\{\sum_{j\leqslant i}\frac{1}{\sigma_{\mathrm{bw}}^2(j)}\right\}^{-1}$$

在实际处理中，采用递推的方法计算每一历元 $b_{\mathrm{w}}(i)$ 值及方差 σ_i：

$$\langle b_{\mathrm{w}}\rangle_i=\frac{i-1}{i}\langle b_{\mathrm{w}}\rangle_{i-1}+\frac{1}{i}b_{\mathrm{w}}(i) \tag{8.11}$$

$$\sigma_i^2=\frac{i-1}{i}\sigma_{i-1}^2+\frac{1}{i}[b_{\mathrm{w}}(i)-\langle b_{\mathrm{w}}\rangle_{i-1}]^2 \tag{8.12}$$

其中，σ_i表示前 i 个历元的均方根中误差，比较$\langle b_{\mathrm{w}}\rangle_i$ 与 $b_{\mathrm{w}}(i+1)$[4]，

若 $|b_{\mathrm{w}}(i+1)-\langle b_{\mathrm{w}}\rangle_i|<4\sigma_i$，则认为 i 与 $i+1$ 历元之间没有发生周跳；

若 $|b_{\mathrm{w}}(i+1)-\langle b_{\mathrm{w}}\rangle_i|\geqslant 4\sigma_i$，且 $|b_{\mathrm{w}}(i+2)-b_{\mathrm{w}}(i+1)|<1$，则认为 i 与 $i+1$ 历元之间存在周跳。

若 $|b_{\mathrm{w}}(i+1)-\langle b_{\mathrm{w}}\rangle_i|\geqslant 4\sigma_i$，且 $|b_{\mathrm{w}}(i+2)-b_{\mathrm{w}}(i+1)|\geqslant 1$，则认为 $i+1$ 历元为粗差。

处理过程可能会遇到数据中断情况，若数据中断时间超过限值（如 5min），则重新开始新弧段。定义弧段并计算出弧段的 b_{w}均值后，即可求弧段与弧段之间的周跳。Δb_{w}大小可以由两段之间的均值求得，并且 Δb_{w}与 L_1和 L_2周跳具有如下关系：$\Delta b_{\mathrm{w}}=\Delta n_1-\Delta n_2$。

其中 Δn_1、Δn_2分别表示 L_1和 L_2周跳。需要说明的是，若发生在 L_1和 L_2上的周跳大小相等，即 $\Delta n_1=\Delta n_2$，利用此方法无法检测出周跳。

（2）利用 Iono-Free 组合观测值进行野值点剔除。

Iono-Free 组合观测值消除了一阶电离层影响，模糊度不再为整数，噪声被放大（为 P1 码噪声的 3 倍），但是利用这种组合可以用来检测由于接收机本身的系统误差所引起的粗差，剔除 Melbourne-Wübbena 组合中没有剔除掉的质量较差的观测值。Iono-Free 组合观测值可表示为

$$L_3(i)=\frac{1}{f_1^2-f_2^2}[f_1^2L_1(i)-f_2^2L_2(i)] \tag{8.13}$$

$$P_3(i)=\frac{1}{f_1^2-f_2^2}[f_1^2P_1(i)-f_2^2P_2(i)] \tag{8.14}$$

$$L_{\mathrm{BC}}(i)=L_3(i)-P_3(i)=[\alpha_2L_1(i)-\alpha_1L_2(i)]-[\alpha_2P_1(i)-\alpha_1P_2(i)] \tag{8.15}$$

其方差为

$$\sigma_{\mathrm{L_{BC}}}^2(i)=\alpha_2^2\sigma_{\mathrm{L_1}}^2(i)+\alpha_1^2\sigma_{\mathrm{L_2}}^2(i)+\sigma_{\mathrm{P_1}}^2(i)+\sigma_{\mathrm{P_2}}^2(i) \tag{8.16}$$

（3）利用 Geometry-Free 组合观测值进行野值剔除、周跳探测和修复。

在利用步骤（1）确定周跳后，可采用 $L_I(i)$ 观测值组合确定周跳的大小。

$$L_I(i)=I(i)-B_1+B_2+v_I(i) \tag{8.17}$$

式中，

$$v_I(i)=v_{L_1}(i)-v_{L_2}(i) \tag{8.18}$$

其方差为

$$\sigma_{L_I}^2(i)=\sigma_{L_1}^2(i)+\sigma_{L_2}^2(i) \tag{8.19}$$

此组合观测值和接收机与卫星之间几何距离无关，即不受历元间观测几何图形的影响，并且消除了接收机钟差、卫星钟差及对流层等所有与频率无关的误差的影响，仅包含电离层影响和整周模糊度项及频率相关的观测噪声。由于在未发生周跳的情况下，整周模糊度保持不变，且电离层影响变化缓慢。因此，此组合观测值尤为适合野值的剔除、周跳的探测和修复。在实际应用中，为了在 $\Delta n_1=\Delta n_2$ 的情况下仍然能检测出周跳，一般利用多项式 Q 拟合 $L_I(i)$，拟合阶数取 $M=\min(n/100+1,\ 6)$。用多项式拟合时，残差反映了电离层影响和 $L_I(i)$ 上的周跳影响。由于 $L_I(i)$ 的波长只有 5.4cm，电离层的影响又有可能发生突然抖动，因此修复小周跳甚为困难。一般只检测 6 周以上的窄巷周跳，即

$$|[L_I(i)-Q(i)]-[L_I(i-1)-Q(i-1)]|>6(\lambda_2-\lambda_1) \tag{8.20}$$

$$|[L_I(i+1)-Q(i+1)]-[L_I(i)-Q(i)]|<(\lambda_2-\lambda_1) \tag{8.21}$$

则认为 i 历元发生周跳。另外，对于检测出发生宽巷周跳的情况，一般是取发生宽巷周跳的 i 历元的前 N 个 $L_I(i)$ 数据拟合一个多项式，并外推周跳发生后的 N 个历元 L_I 值，然后将这些外推值与实际值求差，这些差值均为 i 历元时刻的周跳值，将这些差值求平均即为 i 历元窄巷周跳值，即可确定 $\lambda_1\Delta n_1-\lambda_2\Delta n_2$ 的大小，再利用上式，可求出 Δn_1 和 Δn_2 的值。确定 Δn_1 和 Δn_2 的值后，即可对发生周跳的观测值进行连接，但只限于对平滑过程的码观测值进行连接；而对于相位数据，在发生周跳时刻重新设置一个整周模糊度参数。

（二）形变探测

在自适应分类算法基础上，采用统计学假设检验方法，设计与实际情况相对应的检验量，实现对特定历元是否发生形变的判定。为达到通过假设检验实现程序化自动判定是否发生形变的目的，需建立符合统计规律的假设检验量及序列，主要采用 T 检验及 F 检验方法进行。

（三）参数估计

基于预处理后的干净的 GNSS 观测数据，通过卡尔曼滤波算法，实现时空参数的状态估计，将形变监测结果转化为表征监测目标运动状态的四维时空运动状态参数，包括位移参数、速度参数及加速度参数，实现最终形变分析结果的输出。

经典线性离散卡尔曼滤波原理如下：

假设离散线性系统的状态方程和观测方程有：

$$\begin{aligned}\Delta x_{j+1}&=\Phi_j\Delta x_j+Gw_j\\ z_{j+1}&=A_{j+1}\Delta x_{j+1}+v_{j+1}\end{aligned} \tag{8.22}$$

式中，Δx_j为历元t_j时刻的状态向量；$\Phi_j=\Phi(t_{j+1}, t_j)$ 为 t_j到 t_{j+1}时刻的状态转移矩阵；w_j为白噪声，并具有方差矩阵 Q_j；G 为系统噪声驱动矩阵；z_{j+1}为 t_{j+1}时刻观测值；A_{j+1}为观测系数矩阵；v_{j+1}为零均值观测白噪声。

则经典线性离散卡尔曼滤波方程为

（1）状态预报（时间更新）：

$$\Delta\tilde{x}_{j+1}=\Phi_j\Delta\hat{x}_j \tag{8.23}$$

$$\tilde{P}_{j+1}=\Phi_j\hat{P}_j\Phi_j^{\mathrm{T}}+GQ_jG^{\mathrm{T}} \tag{8.24}$$

（2）状态估计（量测更新）：

$$\Delta\hat{x}_{j+1}=\Delta\tilde{x}_{j+1}+K_{j+1}(z_{j+1}-A_{j+1}\Delta\tilde{x}_{j+1}) \tag{8.25}$$

$$\hat{P}_{j+1}=(I-K_{j+1}A_{j+1})\tilde{P}_{j+1}=(\tilde{P}_{j+1}^{-1}+A_{j+1}^{\mathrm{T}}A_{j+1})^{-1} \tag{8.26}$$

$$K_{j+1}=\tilde{P}_{j+1}A_{j+1}^{\mathrm{T}}(A_{j+1}\tilde{P}_{j+1}A_{j+1}^{\mathrm{T}}+I)^{-1} \tag{8.27}$$

式中，$z_{j+1}-A_{j+1}\Delta\tilde{x}_{j+1}$为预报残差；$A_{j+1}\tilde{P}_{j+1}A_{j+1}^{\mathrm{T}}+I$ 为预报残差的方差；$\Delta\tilde{x}_{j+1}$、$\tilde{P}_{j+1}$为预报的第$j+1$步状态向量和方差；$\Delta\hat{x}_{j+1}$、$\hat{P}_{j+1}$为估计的第$j+1$ 步的状态向量和方差；K_{j+1}为增益矩阵。

（四）模糊度固定

模糊度固定的目的对双差模糊度进行整数固定，形成固定模糊度文件。固定的双差整周模糊度作为虚拟观测值，引入观测方程与法方程，提高定位精度。模糊度固定是提高定位精度的关键技术之一。模糊度固定流程图如图 8.8 所示。

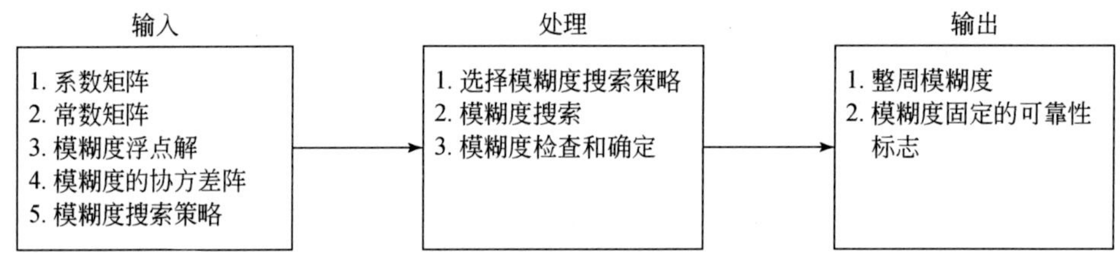

图 8.8　模糊度固定流程图

本书采用网解模式对整网模糊度进行固定，采用的方法如下：

（1）将监测站网中的非差无电离层组合模糊度组成双差模糊度，以模糊度固定数最大化为准则，选择独立双差模糊度。

（2）将剔出了粗差与周跳的干净的相位与伪距观测值，采用 Melbourne-Wübbena（MW）组合方法得到观测时段的宽巷模糊度估计值与方差，并组成宽巷双差模糊度。采用模糊度固定判定函数［式（8.28）］进行检验，确定模糊度是否能固定。

（3）将能固定的宽巷模糊度与参数估计得到的无电离层组合模糊度组合，得出窄巷模糊度的估计值与方差。再与固定宽巷模糊度一样，采用模糊度固定判定函数［式（8.29）］进行检验，确定模糊度是否能固定。

（4）对宽巷与窄巷都能固定的模糊度，用固定的整数根据下式（8.30）得到固定的无电离层组合的双差模糊度。

$$\nabla\Delta b_{c}=\frac{f_1}{f_1+f_2}\nabla\Delta b_{n}+\frac{f_1 f_2}{f_1^2-f_2^{\ 2}}\nabla\Delta b_{w} \tag{8.28}$$

（5）将固定的无电离层组合双差模糊度引入法方程，提高估计参数的精度（包括未固定的模糊度参数）。

重复（1）~（5）步，直至没有新的模糊度可以固定为止。

模糊度固定判定函数如下表示：

$$P_0 = 1 - \sum_{n=1}^{\infty}\left[\operatorname{erfc}\left(\frac{n-(b-I)}{\sqrt{2}\sigma}\right)-\operatorname{erfc}\left(\frac{n+(b-I)}{\sqrt{2}\sigma}\right)\right] \tag{8.29}$$

其中，

$$\operatorname{erfc}(x)=\frac{2}{\sqrt{\pi}}\int_{n=1}^{\infty}\mathrm{e}^{-t^2}\mathrm{d}t \tag{8.30}$$

在此，b 与 σ^2 是模糊度的估值与方差，I 是最接近于 b 的整数。通常给定模糊度固定的置信度水平 α 为 0.1，当 P_0 大于 $1-\alpha$ 时，将模糊度参数 b 固定到整数 I，反之模糊度不固定。

四、灾害监测数据存储及可视化技术

现今我国对于利用 GNSS 进行的地质灾害数据采集之后的存储数据库多为空间形态的数据库，该数据库可以有效地反映监测数据的空间形态特征，但是对数据的时间特性就不很好地显示出来，实际上通过 GNSS 监测系统所监测到数据与当地的水文气象站所监测到的数据，如降雨量、水位变化状况等通常是随着时间地发展而发生相应变化的。为了建立监测数据存储和空间和时间上的可视性就需要充分的运用时态 GIS 技术（地理信息系统），将数据的时间属性，如对降雨量、水文变化等特征进行实时的观测数据有效的添加到数据库中，实现地质灾害的时间变化过程，从而可以有效对地质灾害进行全过程的分析，如地质灾害历史发生时间规律，以及通过历史规律的分析来探究未来发生的频率和时间。

时态 GIS 数据模型是一种有效组织和管理时态地学数据、空间、专题、时态语义完整的地学数据模型。它不仅强调地学对象的空间和专题特征，而且强调这些特征随时间的变化，即地学实体的时态特征。该模型除了能够支持传统的静态 GIS 系统的功能外，主要提供针对监测点的移动信息、气象、水文以及报警信息等对动态变化的数据存储、监测、更新等。主要包括以下功能：

（1）归档：记录 GPS 监测数据随时间的演变，便于回溯历史；

（2）查询：通过构建查询表达式，了解过去某一时刻或者某一时间段灾害体的状态；

（3）可视化与变化分析：基于通过制作统计图、分类图、动画等方式直观地展示监测数据动态变化过程；

（4）实时更新：通过与实时数据获取设备连接，获取实时监测数据，以保证时态 GIS 数据库的时效性；

时态 GIS 数据存储与可视化技术能够真实展示灾害发生的过程，为灾害分析与预测提供有效技术支撑。

第三节　星载雷达监测系统关键技术

一、基本原理

SAR 干涉测量的几何关系如图 8.9 所示，对于地面上任意一点 P 在两幅已配准的 SAR 图像上的像元值分别为 y_1，y_2，用复数表示为

$$\begin{cases} y_1 = |y_1| e^{j\Phi_1} \\ y_2 = |y_2| e^{j\Phi_2} \end{cases} \tag{8.31}$$

式中，$|y_1|$、$|y_2|$ 为图像 1 和 2 中像元 P 的幅度值，Φ_1、Φ_2 为相位值。

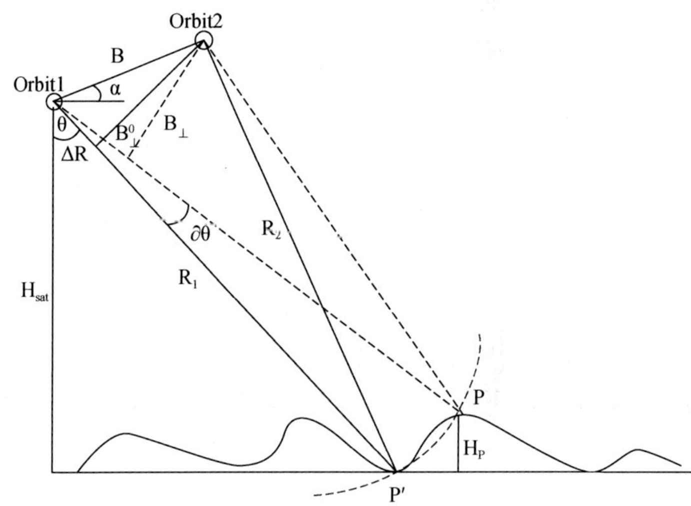

图 8.9　SAR 重复轨道干涉几何示意图

图 8.9 中，Hsat 是卫星高度，Orbit1 和 Orbit2 分别为 SAR 卫星两次成像的轨道，P 和 P' 分别为地面上两个高度不同的点，B 为干涉图的几何基线，$B^0_\perp$ 和 B^0 分别为 P 和 P' 点在雷达视线方向上的垂直基线。R_1 和 R_2 为卫星天线到地面点 P' 的距离。θ 为雷达波的侧视倾角，α 为基线 B 的水平倾角，$\Delta R = R_1 - R_2$，H_P 为 P 点相对于椭球体的高度。

两幅图像干涉以后的像元值为

$$y_{int} = |y_{int}| e^{j\Phi_{int}} \tag{8.32a}$$

$$y_{int} = y_1 y_2^* = |y_1||y_2| \exp^{e^{j(\Phi_1 - \Phi_2)}} \tag{8.32b}$$

$$\Phi_{int} = \Phi_1 - \Phi_2 \tag{8.32c}$$

式中，y_{int} 为 P 点干涉后的复数表示形式；$|y_{int}|$ 为干涉图中像元 P 的幅度值；Φ_{int} 为相位值。

图 8.9 中像元 P 点在干涉图的主图像（master，下标为 1）和从图像（slave，下标为 2）的相位值 Φ_{1P} 和 Φ_{2P} 可记为

$$\Phi_{1P}=-\frac{4\pi R_1}{\lambda}+\Phi_{scat,1P}$$

$$\Phi_{2P}=-\frac{4\pi R_2}{\lambda}+\Phi_{scat,2P} \tag{8.33}$$

上式中右边第一项为雷达到地面点的几何路径所产生的相位，右边第二项为地物本身后向散射特性所产生的相位。

假设两次 SAR 成像期间，像元 P 点的反射特性没有发生变化，即 $\Phi_{scat,1P}=\Phi_{scat,2P}$，则干涉以后 P 点的相位为

$$\Phi_P=\Phi_{1P}-\Phi_{2P}=-\frac{4\pi(R_1-R_2)}{\lambda}=-\frac{4\pi\Delta R}{\lambda} \tag{8.34}$$

P 点的相位导数（梯度值）为

$$\partial\Phi_P=-\frac{4\pi}{\lambda}\partial\Delta R \tag{8.35}$$

由图 8.9 所示的几何关系可知：

$$\Delta R=B\sin(\theta-\alpha) \tag{8.36}$$

由于观测相位缠绕，ΔR 的真实值是无法直接得到的，其导数（梯度）可记为

$$\partial\Delta R=B\cos(\theta^0-\alpha)\partial\theta \tag{8.37}$$

由式（8.35）和式（8.37）可得干涉图上任意一像元点的相位导数为

$$\partial\Phi=-\frac{4\pi}{\pi}B\cos(\theta^0-\alpha)\partial\theta \tag{8.38}$$

由图 8.9 可知，干涉图中任意像元的相位导数可以被定义为干涉图相位 Φ 与由参考椭球体导致的相位 υ 之差，因此有

$$\partial\Phi=\Phi-\upsilon \tag{8.39}$$

设卫星对于参考椭球的高度为

$$H_{sat}=R_1\cos\theta \tag{8.40}$$

对于斜距为 R_{1P} 的 P 点而言，视线 θ 方向的高度变化 ∂H_{sat} 可记为

$$\partial H_{sat}=-H_P=-R_{1P}\sin\theta_P^0\partial\theta \tag{8.41}$$

注意这个公式所定义的高差变化与参考椭球体的选择无关，如图 8.9 所示，H_P 是测量出来的像元 P 点的高度。因为 P 和 P' 在同一像元内。由式（8.38）和式（8.41）我们可以导出 H_P 和相位变化率 $\partial\Phi_P$ 的关系：

$$H_P=-\frac{\lambda R_{1P}\sin\theta_P^0}{4\pi B_{\perp,P}^0}\partial\Phi_P \tag{8.42}$$

其中，

$$B_{\perp,P}^0=B\cos(\theta_P^0-\alpha) \tag{8.43}$$

从图 8.9 中可知 θ_P^0 是雷达视线方向与一个给定的参考平面所夹的角度，这个参考平面可以是一个球面或一个椭球，一般都采用 WGS-84 所定义的参考椭球体。将 $\partial\Phi_P=2\pi$ 带入式（8.42）可得到干涉图的高程模糊度 $h_{2\pi}$，即干涉图相位每变化一个周期（2π）所对应的高程变化量。

$$h_{2\pi}=\left|\frac{\lambda R_{1P}\sin\theta_P^0}{2B_{\perp,P}^0}\right| \tag{8.44}$$

考虑到地表形变引起的相位变化 D_P，由式（8.35）、式（8.37）和式（8.42）可得

$$\partial\Phi_P=-\frac{4\pi}{\lambda}\left(D_P-\frac{B_{\perp,P}^0}{R_{1P}\sin\theta_P^0}H_P\right) \tag{8.45}$$

由于像元 P 点的干涉相位 Φ_P 实际上是由参考椭球体导致的相位 υ_P 和相位变化率 $\partial\Phi_P$ 构成的，因而有

$$\Phi_P=\upsilon_P+\partial\Phi_P \tag{8.46}$$

参考椭球体导致的相位 υ_P 被定义为

$$\upsilon_P=\frac{4\pi}{\lambda}B\sin(\theta_P^0-\alpha) \tag{8.47}$$

最终我们得到干涉图任意像元 P 点的相位为

$$\Phi_P=\frac{4\pi}{\lambda}\left(B\sin(\theta_P^0-\alpha)-D_P-\frac{B_{\perp,P}^0}{R_1\sin\theta^0}H_P\right) \tag{8.48}$$

考虑到大气折射的影响 S_P，式（8.48）可记为

$$\Phi_P=\frac{4\pi}{\lambda}\left(B\sin(\theta_P^0-\alpha)-D_P-S_P\frac{B_{\perp,P}^0}{R_1\sin\theta^0}H_P\right) \tag{8.49}$$

假设式（8.49）右边各项都是相互独立的，并顾及 SAR 系统本身的噪声，则干涉图的相位可以用以下简略公式来表示：

$$\Phi=\Phi_{geo}+\Phi_{def}+\Phi_{atm}+\Phi_{topo}+\Phi_{noise} \tag{8.50}$$

式中，Φ_{geo}（geometric）代表地球椭球面所产生的相位，也称作平地效应；Φ_{def}（deformation）形变引起的相位值；Φ_{atm}（atmospheric）由大气折射引起的相位值；Φ_{topo}（topographic）由地形起伏引起的相位值；Φ_{noise}（sensor noise）SAR 系统噪声引起的相位值。

二、D-InSAR 两轨差分技术

如果两幅天线先后在同一位置以同一视角对地面成像，此时空间基线为零，干涉图不能反映地形的起伏，但是可以提取瞬间的地面动态变化信息，但是空间基线为零的干涉图很难得到。如果空间基线足够小，利用多次重复观测可以进行地表微小变形的检测，这就是差分干涉技术。

在数据处理过程中，我们使用两轨差分处理方法。两轨差分利用外部 DEM 数据，基于已有的成像参数模拟干涉条纹图，再通过差分达到消除地形因素的效果，进而获得地表形变量。

D-InSAR 技术两轨差分处理流程如图 8.10 所示：

1）影像配准

在两次获取同一地区的影像过程中，由于轨道偏移、卫星姿态变化、地表地物变化，导致两幅影像不能完全重合，因此，需要进行配准。理论上，配准误差为 0 是最好的，这

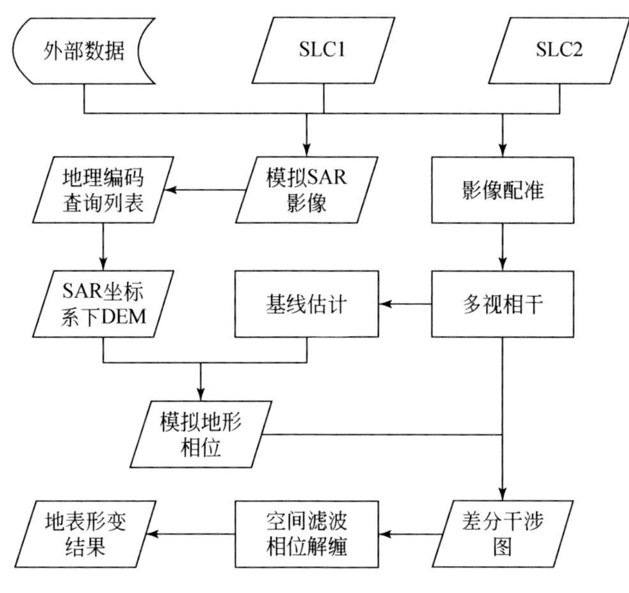

图 8.10　两轨差分干涉处理流程图

时相干性为 1，但是如果配准误差超过一个像素，则两幅影像完全失相干，无法形成干涉条纹，干涉失败。因此，精确的影像配准是保证产生高相干性和高质量干涉条纹图的前提。

2）生成干涉图和相干图

对配准后的图像对做复共轭相乘，得到一幅新的复影像，其相位的显示就是干涉图，干涉图中的相位值就是天线相位中心到地面同一点的相位之差。在得到干涉条纹图的同时计算相千系数生成相干图，利用相干图可以对干涉图质量进行评价。

3）外部 DEM 模拟地形相位

选择合适的外部数字高程模型（DEM），与主影像配准，结合形变像对轨道和基线信息，生成模拟的地形相位。

4）差分处理

利用两幅单视复数影像（SLC）作差分干涉图，干涉图减去 DEM 模拟的地形相位图得到去平地效应后的差分干涉图。

5）滤波和相位解缠

在获取的差分干涉图中还存在斑点噪声，斑点噪声在图像表现为信号相关、亮度不一的随机斑点，既影响了图像质量和重要信息的提取，还影响相位解缠的结果；因此，在相位解缠之前要进行滤波处理。

滤波后需要进行相位解缠，解缠的原因是干涉条纹图中得到的相位只是真实相位的主值，是缠绕相位。为了得到真实相位值，需要给每个相位加上 2π 的整数倍，然后将相位由缠绕值恢复到真实值。相位解缠是 D-InSAR 数据处理中的难点和关键步骤之一。

6）形变信息提取和地理编码

解缠后的相位与地形高程、形变具有一定的联系，因此还要对解缠后的结果进行高程计算。高程计算主要是根据卫星及其轨道参数和沿距离向垂直基线和入射角变化规律，来进行回归计算得到。然而，此时得到的高程图或形变图是在雷达坐标系下，需要通过编码将其转换到椭球坐标系下的直角坐标系统。

三、时间序列 InSAR

时间序列 InSAR 技术利用多景覆盖同一地区的 SAR 影像，通过统计分析时间序列上的幅度和相位信息的稳定性，探测不受时间、空间基线去相关影响的稳定点目标。这些点可以是人工建筑物、裸露的岩石、人工布设的角反射器等，由于它们在时间序列 SAR 影像中几乎不受斑点噪声的影响，经过很长的时间间隔仍保持稳定的散射特性，所以叫作永久散射体。永久散射体点的几何尺寸远小于 SAR 影像的空间分辨单元，但它们的后向散射系数主导了整个分辨率单元内的回波信号，所以能够不受空间基线的影像，表现出很好的相干性。

在时间序列数据集中，即使在单个干涉图上看不到干涉条纹，也可以利用在这些永久散射体点上的相位信息通过内插或拟合得到整个干涉图的干涉相位（主要是低频部分）。永久散射体点可以构成一个“天然的 GPS 网”，在这个“天然 GPS 网”上，可以精确的估计并消除大气效应对相位的贡献，获得毫米级的形变测量。

时间序列 InSAR 的技术流程如图 8.11 所示：

（一）SAR 数据定标和配准

在时间序列 InSAR 技术中，要利用多时相 SAR 图像上没一点的幅度离差指数来选择候选点。对于 SAR 图像上的某一点，每一次 SAR 成像时，视角、轨道位置、入射角和大气条件等都会有所不同，造成每一个点的幅度在时相上会发生变化，从而不能将振幅信号直接进行比较。因此，需要进行影像的配准和辐射校正（辐射定标），将序列数据的几何位置和辐射强度统一起来，既在提取目标点之前进行影像的配准和辐射校正。

（二）差分干涉 SAR 数据处理

选择 M+1 幅 SAR 数据的其中一景作为主影像，生成 M 幅干涉图，然后利用外部 DEM 去除地形相位，获得时序上的差分干涉图。

（三）候选目标点的选择

要进行时间序列 SAR 图像的干涉处理，首先在 SAR 图像上需要选择能够长时间保持相位稳定的散射点。由于大气、地形误差和卫星轨道误差等对干涉相位的影响，所以由 SAR 振幅离差指数和相干系数来选择候选目标点。

（四）多影像稀疏格网相位解缠

利用 Delaunay 不规则三角网建立候选点之间的连接关系，则稀疏格网中相邻点的相位梯度可以表示为

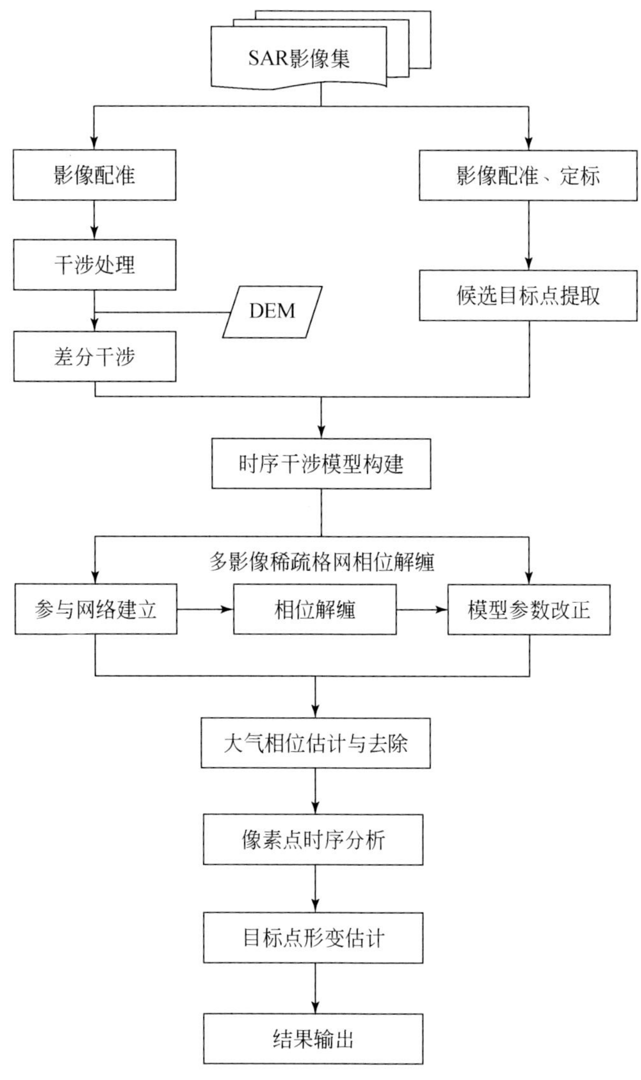

图 8.11　时间序列 InSAR 技术流程

$$\Delta\phi_{\text{diff}}=\left[\frac{4\pi}{\lambda}\frac{B_{\perp}}{R\sin\theta}\Delta h+\frac{4\pi}{\lambda}T\Delta v\right]+\frac{4\pi}{\lambda}\Delta R_{\text{non-linear}}+\Delta\phi_{\text{APS}}+\Delta\phi_{\text{noise}}$$

式中，$e=\frac{4\pi}{\lambda}\Delta R_{\text{non-linear}}+\Delta\phi_{\text{APS}}+\Delta\phi_{\text{noise}}$记为残余相位。假设相邻两点的相位残余满足 $|e|<\pi$，就可以进行空间上的相位解缠。利用周期图谱的估计方法，取使整体相干性达到最大值时的 Δv 和 Δh 作为线性形变速率和 DEM 误差的估计值为

$$\xi=\frac{1}{M}\sum_{k=1}^{M}\exp(je)$$

然后使用带权的最小二乘方法进行相位解缠，既以 ξ 为权重，从已知参考点解算出稀疏格网上每一点的线性形变速率和 DEM 误差绝对值。

（五）大气相位的估计和去除

在估计了每一个 PS 点上的线性形变和 DEM 误差后，从初始的差分干涉图上将它们减去可以得到残余相位 e，主要包含了非线性形变相位、大气相位和噪声。

在残余相位中，大气相位和非线性形变相位在时间域和空间域频率特征都是不同的。因为大气在空间上的相关长度大约为 1km，干涉图中的大气扰动在空间域上为低频信号，但对于一个像元来说，在不同的雷达图像上获取时间、大气状况可以被看作一个随机过程，大气相位在时间上是一个白噪声，而非线性形变在空间上相关长度小、在时间域具有低频特征。通过时间域和空间域滤波可以分离非线性形变和大气相位。各差分干涉图的残余相位的均值 $\bar{e}$ 可以作为主影像的大气相位，$e-\bar{e}$ 在时间域上的低通成分可以作为非线性形变估计值，$e-\bar{e}$ 在时间域上的高通和空间域上的平滑可以作为在时间 T 获取的从影像上的大气相位，把从影像的大气相位加到主影像的大气相位 $\bar{e}$ 上，就可以得到对应每个差分干涉图的大气相位。估计了每一景影像上的每一个候选点的大气相位后，可以用 Kriging 插值来估计对应于每一景雷达图像中每一个像元的大气相位。

（六）像素点的时序分析

去除大气相位后，对影像上的每个像素点进行时序分析，重新计算给个点的相干性，选择最终的目标点。

（七）目标点形变估计

获取确定的目标点后，重新进行稀疏格网相位解缠，得到每个目标点更精确的形变量。

四、offset-tracking 技术

offset-tracking 测量技术可以同时获取距离向（等同于卫星视线向）和方位向（卫星轨道飞行方向）的二维形变量。它不仅不需要进行相位解缠，而且对 SAR 图像的相干性不敏感，可以克服 D-InSAR 技术的应用局限，能对失相关严重的受灾地区提供形变细节。

基本原理：offset-tracking 算法的核心是利用形变前后的两景 SAR 图像，首先进行常规的精确配准，计算整体偏移多项式，然后在主图像上开一定长和宽的窗口，在副图像上的相应位置，开更大的窗口，并以一定得步长，滑动窗口，对主副图像上的窗口进行互相关计算，找到窗口内相关系数最大的两个点，为同名点，并计算偏移量，即可得到每个像元的偏移量，最后再将局部偏移量减去整体偏移量，即可求出形变区的偏移量。

实现该算法可有两种途径：强度追踪法和相干性追踪法。两种方法的基本原理相同，选择何种方法要根据 SAR 影像的相干性和强度特征。下面分别说明两种方法的适用范围：

强度追踪法是利用 SAR 图像的后向散射强度（幅度）信息，此方法要求两景影像都具有较好的后向散射强度信息，适用于高植被覆盖，相隔时间较久，失相干严重的影像，其算法的核心也是，寻找两景影像窗口内的强度最大相关系数的过程，该算法对图像对的

相干性几乎没有什么要求，非常适合失相干严重的图像对。

相干性追踪法是利用 SAR 图像的相位信息，该算法要求图像对保持较好的相干性，适用于平原、城市，经过较长时间地物仍然能够保持较好相干性的区域，算法的核心也是寻找两幅影像相应位置上干涉相位相干峰值的过程。在本技术方案中，主要对于严重失相干地区采用 offset-tracking 方法，故接下来 offset-tracking 法只针对强度追踪法。

offset-tracking 偏移量追踪法利用两景 SAR 图像进行强度互相关计算，直接估算经过精确配准后的 SAR 图像对像元间的偏移量，偏移量反映了地表指定点在两幅图像上的位置偏差。如图 8. 12 所示为偏移量追踪法获取地表形变量的几何原理。

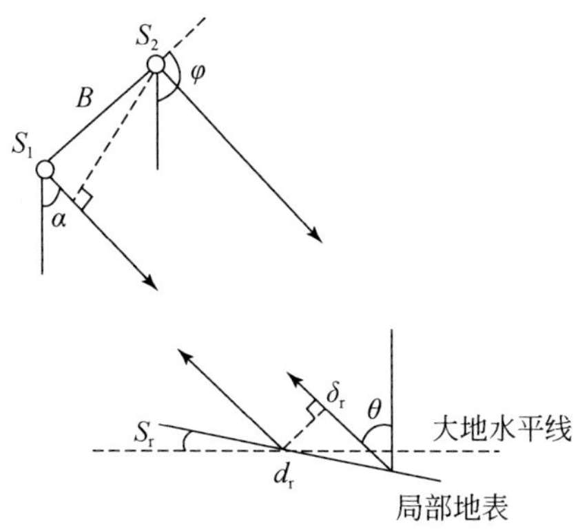

图 8. 12　offset-tracking 获取地表形变量几何原理图

图中 S_1 和 S_2 是卫星两次成像的天线位置，B 为基线距，φ 为基线角，α 为雷达俯角的余角，θ 为入射角，S_r 和 S_a 分别为斜距向和方位向的地表坡度，d_r 和 d_a 为距离向和方位向的形变量，雷达成像记录到的距离向和方位向的形变量为 δ_r 和 δ_a，假设雷达两次观测的轨道是平行的，并且影像满足零多普勒条件，根据几何关系有

$$\delta_r = B\cos(\varphi-\alpha) + d_r\sin(\theta+S_r)$$

$$\delta_a = d_a\cos S_a$$

由上式可知，形变量 δ_r 由平行基线部分和地面变形部分两项组成，δ_a 只与地面变形有关，这里忽略了地形的影响，并假设卫星两次过境时的轨道是平行的。而实际上卫星在两次过境时包含的速度矢量并不平行，所以在方位向会产生一个偏移量。因此，形变量 δ_r 和 δ_a 是一个包含了跟平行基线和雷达观测视角有关的轨道偏移量，我们把这部分轨道偏移量用一个线性模型来描述，拟合为一个线性多项式之后，实际的距离向和方位向形变量为：

$$d_r = \delta_r - (a_0 + a_1x + a_2y)$$

$$d_a = \delta_a - (b_0 + b_1x + b_2y)$$

式中，d_r、d_a、δ_r 和 δ_a 是以像元为单位；x 和 y 为距离向和方位向坐标，系数 a_0 和 b_0 只与平行基线有关，a_1 和 b_1 只与雷达观测视角有关，a_2 和 b_2 只与雷达传感器在飞行方向的观测视角变化有关。

运用 offset-tracking 技术获取形变场的流程如图 8. 13 所示，具体步骤如下：

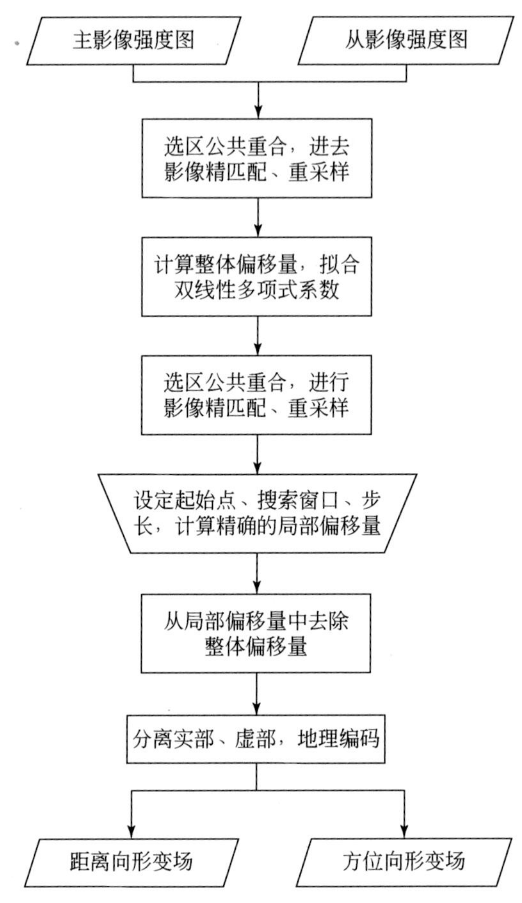

图 8.13　offset-tracking 数据处理流程图

选取主副影像的公共重叠区域，需要进行精细的配准，然后将后时相的图像重采样为与前时相图像相同的尺寸大小。不同卫星的图像配准方式可能有所不同。例如 ALOS PALSAR 数据需要结合外部 DEM 进行配准，而 ENVISAT ASAR 数据基于自身强度信息，结合成像参数进行配准。实际中要根据不同影像确定配准方式。

基于强度信息，利用强度互相关计算由于卫星两次成像时间不同、空间不同造成的两幅图像之间的整体偏移量，拟合出双线性多项式系数。

设定起始中心点的坐标，搜索窗口的大小 $x \times y$（Range×Azimuth），步长 $a \times b$，利用强度追踪算法计算每个搜索窗口内精确的局部偏移量，以复数形式保存。

从精确的偏移量中去除以双线性多项式拟合的轨道偏移量，得到仅与地形变化有关的偏移量。

将偏移量从复数形式进行实部虚部分离，实部为距离向偏移量，虚部为方位向偏移量，最后进行地理编码，得到距离向和方位向形变场。

五、多时相 SAR 影像变化监测

针对贵州省地质灾害多发区，利用 SAR 影像进行这些区域的变化信提取。

利用 SAR 影像进行变化监测工作流程主要包括：数据检查与预处理、前后时相 SAR 影像 DOM 的制作、变化信息提取、成果对比分析总结以及成果整理。

（一）基础数据的获取与整理

基础数据获取是开展后续 DOM 制作和变化信息提取的基础，如图 8.14 所示。基础数据主要包括贵州省遥感监测成果底图和贵州省 DEM 高程数据。

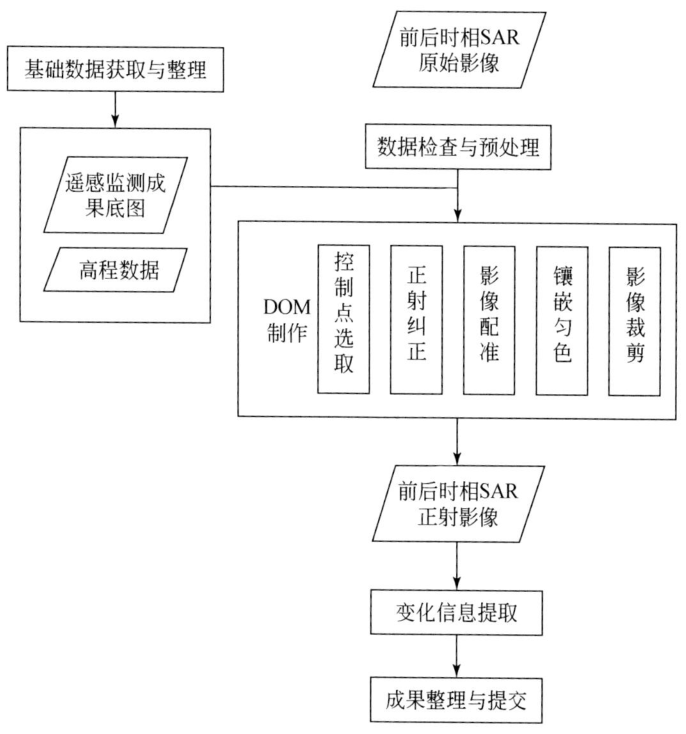

图 8.14　多时相 SAR 影像变化监测工作流程

基础数据获取后，整理并检查数据的完整性、数据的投影方式、几何精度等。

影像数据获取后，要对影像的获取时间、影像质量、覆盖范围、投影方式、几何精度等进行检查，并对遥感影像进行预处理，转化为自主研发软件可以处理的影像格式和参数文件。

SAR 影像预处理主要包括：复数影像数据转换和影像相干斑噪声滤波。

（二）SAR 数据检查与预处理

1. 复数影像数据转换

由于中标方购买的 SAR 数据为单视斜距复数（SLC）影像数据。由于复数数据无法满足目视判读解译，故需将原始复数影像数据进行数据转换，根据实际需求，输出不同数据类型的强度或幅度影像。另外，对于全极化 SAR 数据，利用极化目标分解方法和 RGB 彩色合成原理，获得彩色 SAR 影像数据。

2. 影像相干斑噪声滤波

对于单极化 SAR 数据，经典的相干斑噪声滤波方法包括：Lee、Kuan、Frost、Gamma、Enhanced Lee 及 Enhanced Frost 等。对于全极化 SAR 数据，相干斑噪声滤波方法主要包括：PWF 滤波、精致 Lee 滤波、Lee Sigma 滤波、Non-local means 滤波及 Mean-shift 滤波等。通常情况下，对于单极化 SAR 数据采用 Enhanced Lee 滤波方法，对于全极化 SAR 数据采用精致 Lee 滤波方法。

（三）前后时相 SAR 影像 DOM 的制作

利用项目监测区 SAR 原始影像，以 2015 年遥感监测基础底图、高程数据等控制资料为基础，获取具有明显特征的均匀分布的地物点作为纠正控制点，对 SAR 原始影像进行正射纠正、影像镶嵌匀色、影像裁切、影像配准和影像融合等处理，完成监测区 SAR 影像 DOM 的制作。同时，对正射影像纠正质量、融合效果、影像镶嵌质量、影像裁切进行质量检查，保证 DOM 的质量。

DOM 制作流程包括控制点采集、正射纠正与配准、影像镶嵌匀色、影像裁切、精度检查等处理步骤。DOM 制作流程如图 8.15 所示：

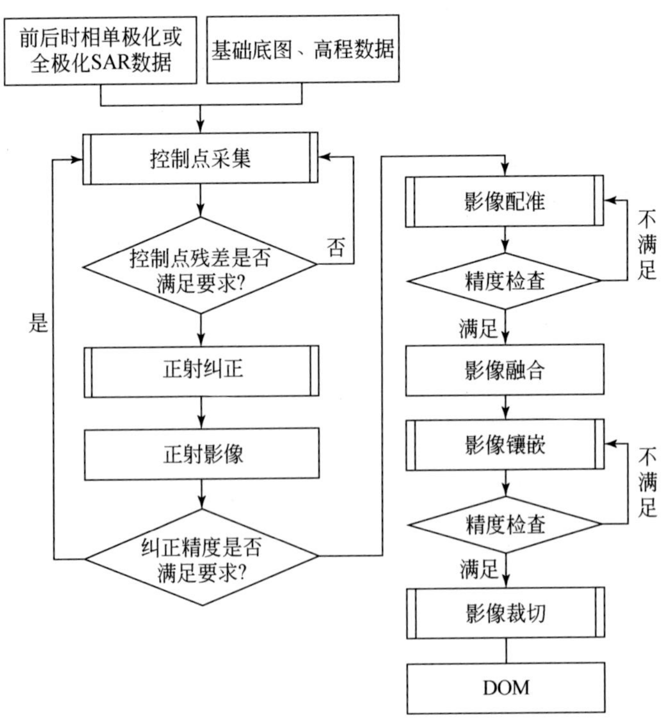

图 8.15　DOM 制作技术流程

（四）变化信息的提取

变化信息的提取主要涉及以下两个方面：

前后时相 SAR 影像变化信息的自动提取。以前时相 SAR DOM 数据作为基期底图，结合后时相 SAR 影像的 DOM，利用 SAR 影像变化检测算法，自动提取前后时相影像的变化信息；结合贵州省遥感监测成果底图，通过人机交互，完成变化信息的提取。

在变化信息提取的整个过程中，采用自查、互检、专检“三位一体”的质量检查机制，以确保提取结果的质量。

（五）成果整理与提交

将获取的监测成果，整理分析、检查统计，提交监测成果与监测报告。

第9章　基于发育模式的重大地质灾害监测示范

第一节　典型发育模式的滑坡监测示范

一、采空区控制型滑坡监测示范

马达岭滑坡位于黔南州都匀市江洲镇富溪村，直线距离都匀市22km，所在区域有简易公路与平（浪）-江（洲）公路及321国道相接，交通较方便。地理坐标：东经107°17′30″~107°18′28″，北纬26°10′35″~26°11′29″。研究区影响范围内目前居住有小坝、干坝、唐家寨3个村民小组102户244人，正在开采的青山煤矿，研究区内目前已经发生1处滑坡即马达岭滑坡，以及由滑坡导致的次生灾害——笕槽冲泥石流，滑坡东部的接娘坪变形体，青山煤矿和煤洞坡存在多处崩塌和裂缝。

（一）研究区斜坡工程地质条件

研究区所在地属溶蚀侵蚀低中山地形地貌，地表多为峰丛、峰林、槽谷地形，局部见有溶丘、洼地分布，坡顶为较为开阔的台地，坡上大部分被第四系残积、坡积物掩盖，基岩常以陡崖形式出露。总体地势东、西高，南、北低，最高点为东侧山头，海拔标高1596m；最低点在研究区南西端的河谷中，标高1037m，最大相对高差419.1m，斜坡上部陡峻，中下部较缓，地形地貌较简单。

研究区内出露的基岩由老至新依次为泥盆系上统望城坡组（D_3w）、者王组（D_3z），石炭系下统汤粑沟组（C_1t）、祥摆组（C_1x）以及第四系（Q）（图9.1）。

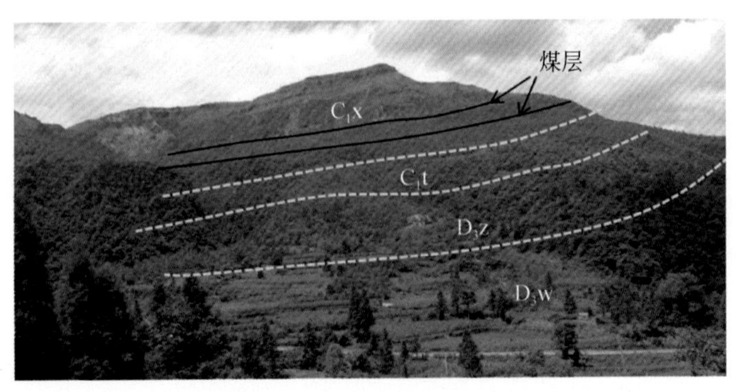

图9.1　研究区地层分布示意图

区内含煤地层为下石炭统祥摆组（C_1x），为海陆交互相含煤地层，出露于研究区内除

NW 外大部分地区。岩性为灰、浅灰色薄至厚层状细粒石英砂岩间夹暗灰色薄至中厚层状泥质粉砂岩、黑色碳质泥岩、含碳泥质粉砂岩。其中间夹 1 ~ 12 层不等厚煤层（0 ~ 3.10m）。根据“贵州省都匀市江州镇青山煤矿资源储量核实报告”（2007.8），煤层主要赋存于本组地层下部和中上部，主要可采煤层有二层，由上往下编号依次为 A9、A7，其余部分煤层未被青山煤矿开采，但当地小煤窑开采历史悠久，A9、A7 煤层的浅部大多采空，其余部分煤层的浅部也被私挖盗采过。

（二）研究区斜坡坡体结构特征

研究区内斜坡东面与南面临空，以中间山脊线为分界线，平面上呈大角度的“V”形。总体上具有上陡下缓特征，斜坡上部较陡，达 30° ~ 40°，往下逐渐变缓，斜坡总体坡角为 20°。根据斜坡岩层与坡向的关系，研究区 S 侧为缓倾坡内层状斜坡，E 侧为反向缓倾坡内层状斜坡。

马达岭滑坡和煤洞坡均在南侧的煤洞坡斜坡，斜坡上部较陡，为祥摆组砂页岩和汤粑沟组石灰岩组成，浅层由煤渣和坡积物覆盖，坡体结构整体为缓倾坡内层状斜坡；斜坡下部基岩主要为者王组和望城坡组石灰岩组成，出露较少，大部分古滑坡堆积体或坡积物覆盖，形成了缓坡，两侧以笕槽冲泥石流沟和山脊线为界。

斜坡下部基岩主要为上泥盆统者王组和望城坡组岩层，按岩性组合，其岩体结构为中厚-厚层硬岩为主夹软弱夹层，硬岩主要为中厚-厚层深黑色致密石灰岩、泥晶灰岩，受地质构造较轻，断口局部呈泥质，软弱夹层主要泥质页岩。望城坡组岩性主要为泥晶灰岩，层间泥质页岩一般厚为 5mm 左右，岩层产状大致为 315°∠9°，从高程 1275m 处公路边到高程 1125m 处干坝采石场均有出露。者王组位于望城坡组上部，与其整合接触，岩性为泥质灰岩，厚 30 ~ 50cm，层间夹薄层黑色泥质页岩，层厚 5 ~ 10cm，在高程 1285m 处公路旁出露的岩层产状大致为 260°∠10°。

斜坡上部祥摆组岩层厚约 200m，坡体结构整体为缓倾内层状边坡，但由于变形等原因，形成祥摆组上部为缓倾内层状边坡，中部和下部为缓倾外层状边坡；祥摆组岩体结构整体为中厚-厚层硬岩为主夹软弱夹层的结构，但局部会出现石英砂岩和碳质页岩互层的层状结构，碳质页岩在地表一定范围内风化强烈，岩体破碎，形成了软弱层带，层面与发育的陡倾节理一起形成了岩体变形破坏的边界。岩层产状近水平，倾角均小于 15°，一般为 8° ~ 10°。祥摆组为滨海相沉积，硬岩为薄-中厚层石英砂岩，石英砂岩厚一般为 0.3 ~ 1.35m，最薄约 5cm，砂页泥质含量较大，近地表岩层风化后坡面总体呈黄色。

现场调查表明，在石英砂岩中，分布有 16 层以上碳质页岩、页岩、煤层或泥岩，其中碳质页岩有 10 层，厚度一般为 5 ~ 15cm，页岩 1 层，泥岩 1 层，可见煤层 4 层，其产状与砂岩层产状近乎一致，形成软弱不连续结构面（图 9.2）。节理裂隙发育，主要有两组近正交的陡倾节理，产状分别为 225°∠85°、110° ~ 135°∠82°，节理面多平直粗糙，少数近地表部位稍有张开，并充填次生泥，在砂岩中，其发育间隔一般为 0.5 ~ 1.6m，最小 0.2m。

图 9.2 斜坡上部祥摆组边坡岩体结构特征

（三）马达岭滑坡基本特征

滑坡体体呈平面上呈扇形状，发生区域的地形东南低、西北低，滑源区位于山脊的东南侧，该山脊由 SW 转南方向延伸，据调查估算，滑坡体前缘高程 1440m，后缘高程约 1555m，高差 115m。滑坡体后壁近于陡立，前缘坡度 25°。滑坡主滑方向 S8°W，平面面积 3 万 m^2，滑面深度约 40 ~ 60m，体积约 160 万 m^3。滑坡体后缘及侧边界清晰，滑坡体相对周围坡体存在明显的下切，两侧边界在坡顶相交，形成明显的控制性边界。

滑坡体后壁位于斜坡顶部，高程 1450 ~ 1550m，后壁陡坎高度 40m，不规则发育，坡度接近 85°，上部由碎块石土组成，碎石粒径 20 ~ 80mm 左右，约占 60%，其余为粉质黏土。下部基岩裸露，岩性复杂，呈软硬相间，主要为灰黄色强-弱风化中厚层状砂岩与碳质页岩（或煤系地层）互层，层面产状 345°∠11°（图 9.3）。崩塌后壁南西侧砂岩面粗糙，又被拉裂的痕迹，而南东侧则较光滑，碳质页岩软弱层面光滑，像被“刀子”切的，斜坡岩体被层面和节理面均匀切割，形成类似裂隙化的岩体。

图 9.3 马达岭滑坡后壁特征

后壁上岩体风化严重，破碎且呈碎裂结构（图 9.4），主要发育两组结构面：一组为与层面近直交节理 LX1，产状：225°∠85°，粉质黏土充填；另一组节理 LX2，产状：110°~135°∠82°，其组合不利于斜坡稳定。

图 9.4　马达岭滑坡后部正视全貌

（四）接娘坪变形体基本特征

接娘坪位于研究区中部，上陡下缓，斜坡前缘为古崩塌堆积体，斜坡上部有 3 层以上煤层，当地老百姓在煤层位置私自开挖了大量煤洞，尽管近年来政府加大了查处封堵力度，但从调查情况看，仍然在盗挖，多是在夜间进行。当地政府从 20 世纪 70 年代就开始在煤洞坡进行大规模煤矿开采，开采深度达 200m，1972 年煤洞坡坡顶平台即接娘坪中部开始出现裂缝，20 世纪 80 年代初，接娘坪冲沟开始发生变形，产生裂缝，在 1997 ~ 1998 年间，接娘坪前缘即煤洞坡坡顶西侧开始出现变形裂缝。从当地监测员反映情况来看，煤洞坡的变形裂缝有加剧的趋势，如果发生垮塌，会危及坡下村寨的居民。根据调查，煤洞坡研究单元共有 5 条大裂缝，1 个小型崩塌体，后缘 3 条大裂缝（LF1、LF2、LF5）完全连通，平面上看已经为较为典型的圈椅状，是煤洞坡变形体系中的主裂缝；前缘裂缝 LF3 和 LF4-1、LF4-2 可以称之为次级裂缝，前缘小型崩塌体（BT1）是大规模崩塌的前奏。有意思的是，马达岭崩滑灾害在大规模滑动之前，于 2003 年也发生了小规模的崩塌（前述），裂缝分布见图 9.5、图 9.6。

（五）斜坡变形破坏的预警判据

1. 斜坡坡表变形的预警判据选取

马达岭滑坡前期变形能量积累过程较为缓慢，但是其失稳过程具有突发性。2006 年 5 月 18 日凌晨 4 时，贵州省都匀市江洲镇青山煤矿矿界内马达岭发生大规模滑坡，据访问当地居民，滑坡发生之前当地一直断断续续地在下雨，而且 5 月 16 日和 5 月 17 日两天一直持续地在下雨，雨水较大，但 17 日晚到 18 日凌晨，雨基本停住了，只有零星的毛毛雨，5 月 18 日凌晨 4 时左右，就听马达岭山体“砰的一声”，像放大炮似一声巨响，山体突然发生整体启动，过了不到 2min，整过山谷就恢复了平静，可见该类滑坡的突发性非常

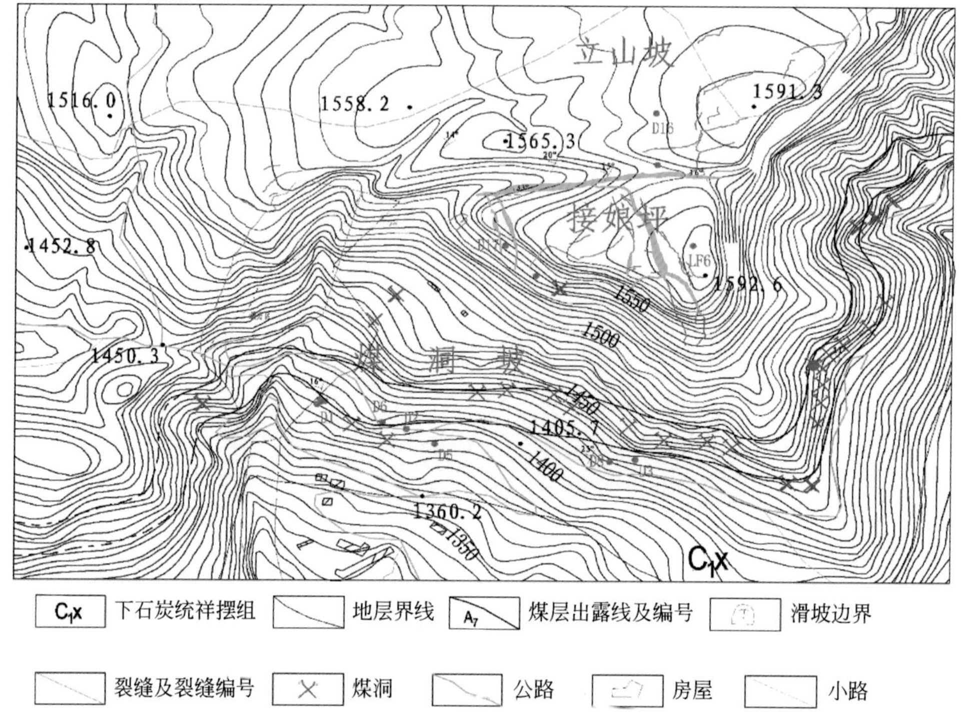

图 9.5　接娘坪变形体工程地质平面图

图 9.6　接娘坪变形体裂缝分布图

显著。位于马达岭滑坡附近的接娘坪变形体也具有与马达岭滑坡类似的特性。

分析认为，这种突发型滑坡的变形（累积位移）-时间曲线应为如图 9.7 所示的形态。

对突发型滑坡的预警判据应该以监测位移-时间曲线为数据基础，建立 S-t 曲线的切线角判据和加速度特征判据。

2. 坡顶裂隙水位深度判据

岩质滑坡的失稳模式与土质滑坡具有较大的区别。新鲜完整的岩石具有较高的强度，切穿完整岩石而下滑是困难的。岩质边坡的失稳几乎都是沿着或部分沿着已有的各种结构面（包括表生结构面）产生。因此岩质斜坡滑动的滑动面多数是明确而清楚的，不需要试算，只要弄清楚滑面的几何形状和性质就能够判断斜坡的稳定性。

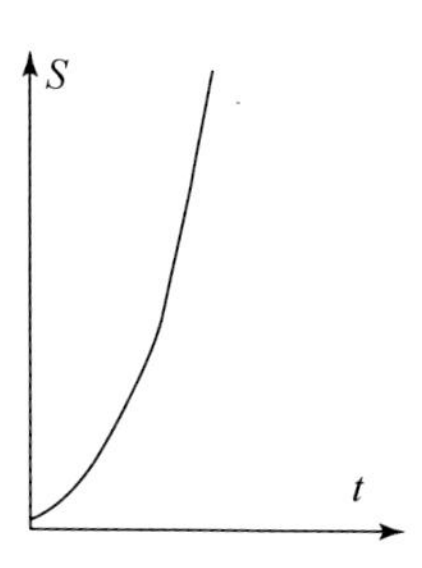

图9.7　突发型滑坡变形-时间曲线

岩质斜坡滑动面的几何形状是受结构面的产状控制的。基于这一基础，把岩质斜坡概化为如图9.8所示的概化模型。由于在岩质斜坡的后缘经常存在着张开的裂隙，大气降水从张裂隙进入后，沿滑动面渗透并在坡角 A 点出露。而滑动体和不动岩体几乎不透水。

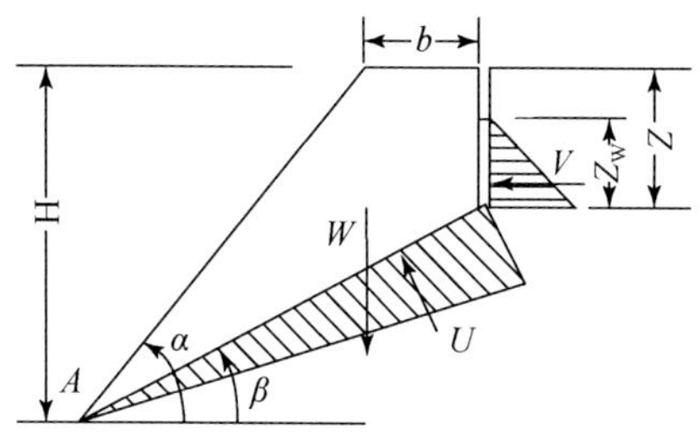

图9.8　平面滑动滑坡稳定性分析图

由图9.8可以得到岩质斜坡的稳定系数公式：

$$K=\frac{(W\cos\beta-U-V\sin\beta)\tan\varphi+cL}{W\sin\beta+V\cos\beta} \tag{9.1}$$

式中，

$$V=\frac{1}{2}\gamma_{w}Z_{w}^{2}$$

$$U=\frac{1}{2}\gamma_{w}\cdot Z_{w}\cdot L$$

$$L=\frac{H-Z}{\sin\beta}$$

为了简化起见，将式（9.1）重新整理为下列无量纲的形式：

$$K=\frac{[2c/(\gamma H)]P+[Q\text{ctg}\beta-R(P+S)]\text{tg}\varphi}{Q+RS\text{ctg}\beta} \tag{9.2}$$

式中，

$$P=(1-Z/H)\text{ctg}\beta$$

$$Q=\{[1-(Z/H)^{2}]\text{ctg}\beta-\text{ctg}\alpha\}\sin\beta$$

$$R=\frac{\gamma_{w}}{\gamma}\frac{Z_{w}}{Z}\frac{Z}{H}$$

$$S=\frac{Z_{w}}{Z}\frac{Z}{H}\sin\beta$$

P、Q、R、S 均为无量纲量，即它们只取决于边坡的几何要素，而不取决于边坡的尺寸。并且当黏聚力 $c=0$ 时，安全系数 K 不取决于边坡的尺寸。

由此，对岩质斜坡在已知斜坡的几何要素时，通过监测后部裂隙中水位的深度 Z_w，结合室内试验得到的岩层面或软弱夹层的 c、φ 值，就可以获取边坡安全系数 K 的变化。

即对特定斜坡，当已知岩层面或软弱夹层的 c、φ 值时，$K=f(Z_w)$。$K=1.0$ 时斜坡处于极限状态。据此计算极限状态条件下的坡体顶部裂隙水位深度 Z_w，当 $Z<Z_w$ 时，滑坡处于稳定状态；当 $Z=Z_w$ 时，斜坡处于极限稳定状态，此时应该发出预警；当 $Z>Z_w$ 时，斜坡处于欠稳定状态，即将失稳。

图 9.9 为接娘坪变形体工程地质剖面图，将变形体简化为如图 9.10 所示的块体，并将尺寸数据代入式（9.2）进行计算。选取极限状态 $K=1$ 时计算坡顶裂隙的极限充水高度。

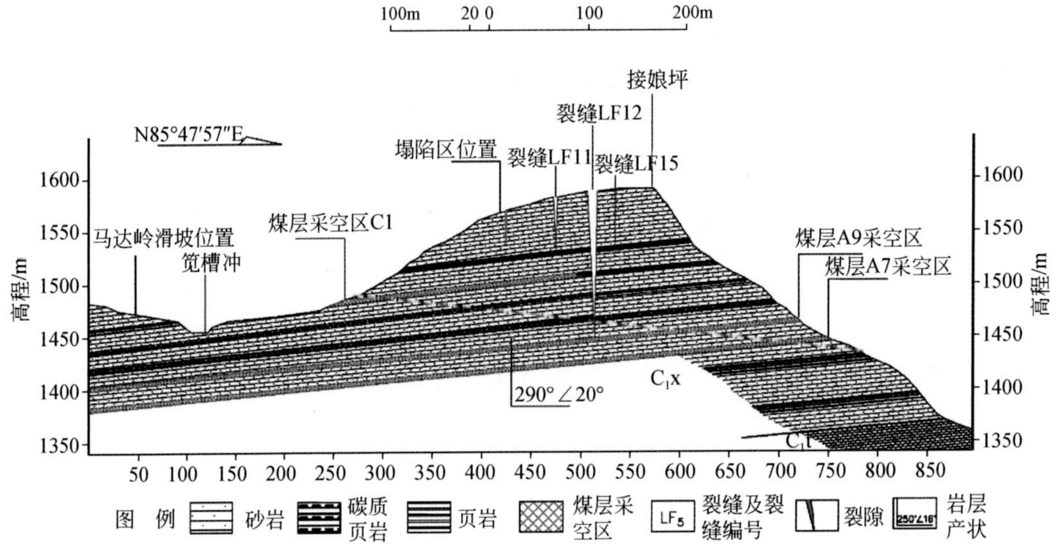

图 9.9　接娘坪变形体工程地质剖面图

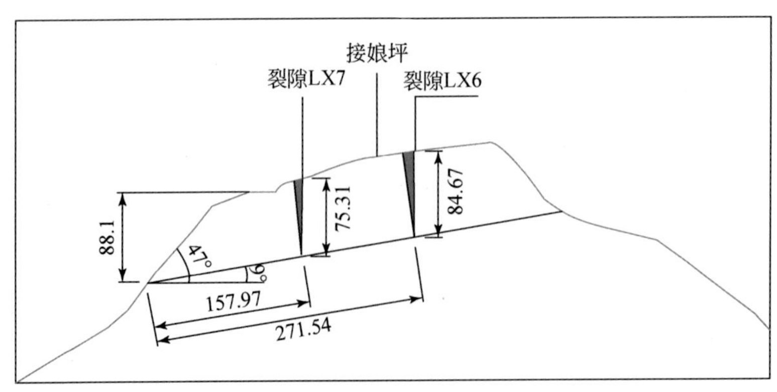

图 9.10　接娘坪变形体块体几何尺寸分析图

计算中泥页岩体内摩擦角为 37°，内聚力为 280kPa，重度为 24kN/m^3。

经过计算可以得到裂隙 LX7 的极限充水高度为 83.9m，LX6 的极限充水高度为 50.2m。据此建立坡顶裂隙充水高度判据：

对于裂隙 LX7，Z_w<83.9m 时，处于稳定状态；当 Z_w=83.9m 时，坡体处于极限状态，应该发出临滑预警；当 Z_w>83.9m 时斜坡处于不稳定状态。

对于裂隙 LX6，Z_w<50.2m 时，处于稳定状态；当 Z_w=50.2m 时，坡体处于极限状态，应该发出临滑预警；当 Z_w>50.2m 时斜坡处于不稳定状态。

考虑到 LX6 位于 LX7 的上部，且张开度大于 LX7，应重点监测 LX6，防止后部裂隙积水推动前部块体滑动。

（六）监测设备布设

1. 都匀市江州镇马达岭滑坡

马达岭滑坡平面上呈扇形状，滑坡发育区域的地形呈东南低、西北低，滑源区位于山脊的东南侧，该山脊由 SW 转南方向延伸（图9.11）。2006 年5 月18 日凌晨4 时，贵州省都匀市江洲镇青山煤矿矿界内马达岭发生大规模滑坡，约 160 万 m^3 的山体突然发生整体启动，崩滑体崩解形成的碎屑流顺着沟谷向下游流动，形成碎屑流堆积在沟道内；同时，前期持续强降雨在采空区内蓄积的老窑水被迅速释放卷携滑坡碎屑堆积物形成泥石流冲至沟道下游并冲出沟口约 100m，淤埋 20 余亩农田及沟口公路边的水沟。据现场调查估算，滑坡体前后缘高差约为 115m，滑坡主滑方向为 S8°W，平面面积约为 1.5 万 m^2，滑面深度为 20～30m，堆积物体积约 40 万 m^3。

图9.11　马达岭滑坡全景图

依据马达岭滑坡的变形破坏特征，该滑坡布置有 4 套监测仪器（表 9.1，图 9.12）。在滑坡后缘顶部布置自动降雨监测站 1 套，用于监测该区域降水量；在坡体后缘顶部布置表面位移监测站 3 套，用于监测滑坡后缘顶部裂缝的开合情况；在坡体后缘顶部布置岩土体倾斜监测站 1 套，用于监测滑坡后缘顶部裂缝开合引起的岩体倾角的变化。监测仪器于 2012 年 6 月全部安装完毕。

表 9.1　马达岭滑坡监测仪器布置汇总表

仪器名称	仪器数量	仪器单位	监测对象	布置位置
自动降雨监测站	1	套	降水量	滑坡后缘顶部
表面位移监测站	3	套	裂缝开合	滑坡后缘顶部裂缝
岩土体倾斜监测站	1	套	岩体倾角	滑坡后缘顶部

(a)雨量监测站(MDL-R1)

(b)岩体倾斜监测站(MDL-A1)

(c)表面位移监测站(MDL-D1)

(d)表面位移监测站(MDL-D2)

(e)表面位移监测站(MDL-D3)

图 9.12　马达岭滑坡监测仪器布置形象图

2. 都匀市江州镇接娘坪变形体

接娘坪变形体位于研究区南侧斜坡煤洞坡顶部缓坡平台，坡体上陡下缓，斜坡前缘为古崩塌堆积体，平面上呈三角形。变形体前缘位于小型崩塌 BT1 处，后缘和左侧均以缓坡平台的边缘为界，右侧以接娘坪和立山坡中间所夹冲沟为边界。变形体后缘高程 1593m，前缘高程 1553m，高差 40m，地形整体由东南侧向西北侧逐渐降低，平均坡度约为 15°。变形体长约 270m，后缘宽约 160m，面积约 2.16 万 m^2。煤洞坡煤层大规模开采始于 20 世纪 70 年代，开采深度达 200m，1972 年煤洞坡坡顶平台即接娘坪中部开始出现裂缝；至 80 年代初，接娘坪冲沟开始发生变形，产生裂缝，在 1997 年和 1998 年之间，接娘坪前缘即煤洞坡坡顶西侧开始出现变形裂缝。从当地监测员反映情况来看，煤洞坡的变形裂缝有加剧的趋势，如果发生垮塌，会危及坡下村寨的居民。

依据接娘坪变形体的变形破坏特征，该滑坡共布置有 4 套监测仪器（表 9.2，图 9.13）。在变形体后缘相对稳定的Ⅳ号块体上布置自动降雨监测站 1 套，用于监测该区域降水量；在变形体前缘裂缝处布置表面位移监测站 1 套，用于监测该裂缝的开合情况；在接娘坪对面立山坡稳定基岩位置布置 GPS 基站 1 套，考虑到接娘坪发育的数条裂缝张开宽度较大，将变形体切割为 4 块主要的块体，在每个块体上各布设 1 个 GPS 移动站测点，其中以Ⅲ号块体上 G3 点作为测点的中心点，将 G1、G2、G4 点的 GPS 天线通过同轴电缆信号线与中心点的接收机、控制器连接，用以监测接娘坪变形体 4 个主要块体的变形情况。监测仪器于 2012 年 4 月开始，截至 2012 年 6 月全部安装完毕。

表 9.2　接娘坪变形体监测仪器布置汇总表

仪器名称	仪器数量	仪器单位	监测对象	布置位置
自动降雨监测站	1	套	降雨量	变形体顶部
表面位移监测站	1	套	裂缝开合	变形体前缘裂缝
GPS 基站（1 机 1 天线）	1	套	坡体变形	变形体外围稳定基岩
GPS 移动站（1 机 4 天线）	1	套	坡体变形	变形体顶部

(a)自动降雨监测站

(b)表面位移监测站

图 9.13　接娘坪变形体监测仪器形象图

(c)GPS基站G0

(d)GPS移动站G1、G2

(e)GPS移动站G3

(f)GPS移动站G4

图 9.13　接娘坪变形体监测仪器形象图（续）

二、弱面控制型滑坡监测示范

岑巩县大榕村龙家坡滑坡

2012 年 6 月 29 日 6 时 20 分左右，贵州省岑巩县思旸镇龙家坡山体发生大规模滑坡，约 300 万 ~ 400 万 m^3岩土体突然启动，滑向沟底，其中右前部坡体越过马坡河冲向对岸，形成 20 余米高的堰塞坝，在上游形成库容达 7 万余 m^3 的堰塞湖。滑坡造成 9 栋木质房屋损毁，70 户 312 名群众直接受灾，所幸无人员伤亡。据水利部门测算，至 7 月 1 日下午 6 点，滑坡形成的堰塞湖库容量约 7 万 m^3，水深为 8 ~ 9m，对下游村寨及农田造成极大危害，威胁周边及下游蚂蟥坳组等 348 户 1020 名群众的生命财产安全。

1. 滑坡基本特征

龙家坡滑坡位于马坡河左岸，主体平面形态呈不规则的五边形，如图 9.14 所示。主滑坡体所在斜坡坡向约为 270°，EW 向高差最大，东侧后缘滑坡壁顶接近山脊，滑坡后壁最高点海拔约 500m，其下部高程 455m 左右为长条形滑坡洼地（C2 区与 B 区交界处，图 9.14），近 SN 向展布，长约 70m；滑坡体下部向西直达马坡河，并在谷底堵塞河道，形成堰塞湖（图 9.14 中 E 区）；滑坡前缘剪出口附近高程为 382 ~ 405m，北侧高，南侧低；滑坡前后缘高差最大可达 120 余米。滑坡 EW 向最大长度约为 430m，其中主滑体长度约为 330m；滑坡 SN 向最大宽度为 380 ~ 400m，其中主滑体宽约 300m。

图 9.14　龙家坡滑坡正射航拍影像及滑坡分区（航拍图像来源：贵州省地质环境监测院）

滑坡区地层单一，主要为寒武系下统杷榔组（ϵ_1p）泥、页岩和第四系（Q_4）松散堆积物。

主滑坡北侧为一内凹的地形，伴随主滑体滑移扰动和侧向挤压，沿斜坡坡向（NW 向）发育一次级滑坡，该次级滑坡纵向长度约 170m，横向宽度 30 ~ 50m。次级滑坡与主滑体之间为 1#山梁，山梁坡面出露杷榔组（ϵ_1p）灰黄色砂页岩基岩，产状 165°∠35°，在现场调查中未发现该山梁有明显位移迹象。滑坡区南侧 2#山梁的小路上出露砂页岩基岩，产状为 160°∠34°。

滑坡南侧是人工堆填区，也是最先启动和发生滑坡的区域；主滑体位于滑坡区的中部和前部，其后部发育大量的次级断壁和横张裂缝，前部发育鼓胀裂缝；后部的牵引区是主滑区发生滑动后，后缘边界处临空条件改变而形成的渐进后退式滑动带和影响区；次级滑坡仅后缘与主滑体关联，是因为受主滑体滑移扰动和侧向挤压而沿斜坡局部临空方向产生的。

2. 滑坡形成机理分析

造成龙家坡滑坡失稳的主要动力来自启动区失稳后产生的侧向剪切扰动力；降雨是滑坡失稳的外部影响因素。坡前的局部临空条件和向南侧倾斜的滑床产状决定了滑动的主方向。

如图 9.15（a）所示，启动区（A 区）分布于主滑区左侧边的狭长地带，其失稳后在很短时间内下错了 20～25m，给予主滑区很大的侧向剪切冲量。虽然流域上本区总体坡向向西，但是河流在主滑区南西侧对坡脚部位有较强烈的侵蚀，造成斜坡局部凹进形成负地形，使滑坡南西侧有了相对较好的临空条件。同时，本区内滑床基岩倾向为 160°～165°，造成滑床产状向南倾斜。这些因素共同作用，使主滑区向斜坡南西侧滑移［图 9.15（b）］。

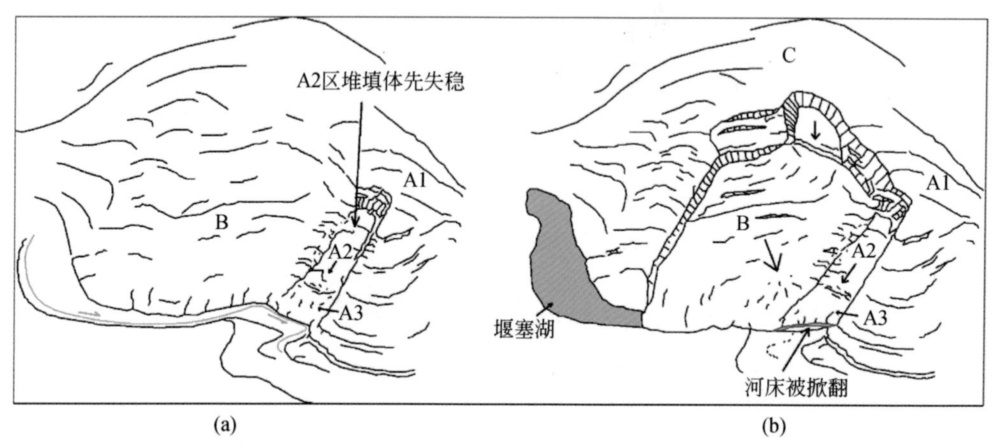

图 9.15　龙家坡滑坡失稳机制概念模型

总之，由于左侧启动区首先失稳，龙家坡滑坡主滑体左前侧受到剪切扰动而发生大规模滑移，并且主滑向朝向微地貌的临空方向。

3. 滑坡预警模型与判据选取

龙家坡滑坡是受启动区剪切扰动而发生的堆积层滑坡（龙家坡滑坡主滑向工程地质剖面如图 9.16 所示），基于滑坡的形成机理和堆积层滑坡的特点，目前已经在滑坡体上安装自动降雨监测站 1 台，一体化土壤含水率监测站 1 台，一体化孔隙水压监测站 1 台，一体化深部位移监测站 3 台，滑动式深部位移监测站 3 台。

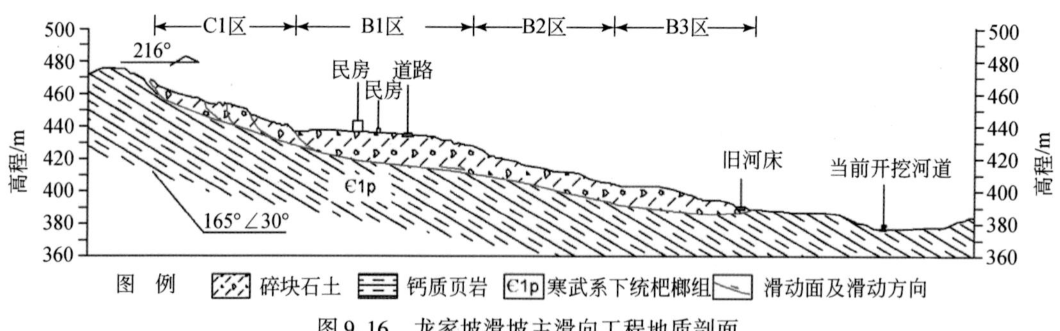

图 9.16　龙家坡滑坡主滑向工程地质剖面

根据监测条件且该滑坡为堆积体渐变型滑坡，可以在位移监测数据的基础上，利用位移-时间曲线（S-t 曲线）的切线角特征、加速度特征等对其进行变形预警和临滑判据确定。降雨后可以根据降雨时间建立滑带土软化效应预警判据。

4. 降雨条件下龙家坡滑坡预警模型判据——降雨量判据

在降雨入渗条件下，雨水一方面对边坡土体起到了加载作用，即雨水使土体的含水量增大，重度变大，从而使作用在滑移面的剪应力增大；另一方面雨水入渗改变边坡土体的力学性能，导致其黏聚力下降、基质吸力减小、抗剪强度降低。边坡土体的自重增加和强度降低这两个不利因素在雨水入渗过程中同时影响边坡的稳定性，达到一定程度就会引发边坡失稳。

降雨入渗过程是一个复杂的非饱和土力学过程，利用非饱和土理论构建稳定性系数公式将是非常复杂的，其现场观测数据也将较难获取。但是，由于降水引起的地下水位的抬升和底滑面附近的静水压力以及扬压力在野外能够通过现场监测直接获取。龙家坡滑坡预警模型建立的研究工作就是在上述理论的基础上开展的。通过建立滑坡降雨条件下的有限元模型，分析降雨强度、降雨时间对滑坡地下水位、抗剪强度等的影响，研究它们和滑坡稳定性的关系，获得斜坡极限条件下，降雨强度（rain intensity）与降雨历时（duration）的关系式，绘制斜坡极限条件区间图。当滑坡承受降雨强度（rain intensity）及降雨历时（duration）点位于极限条件区间内时，即可以进行滑坡预警。

在龙家坡滑坡的主剖面图的基础上建立有限元计算模型，如图 9. 17 所示。数值计算采用 2013 年 6 月在贵州望谟河实际监测的降雨量数据，如图 9. 18 所示。

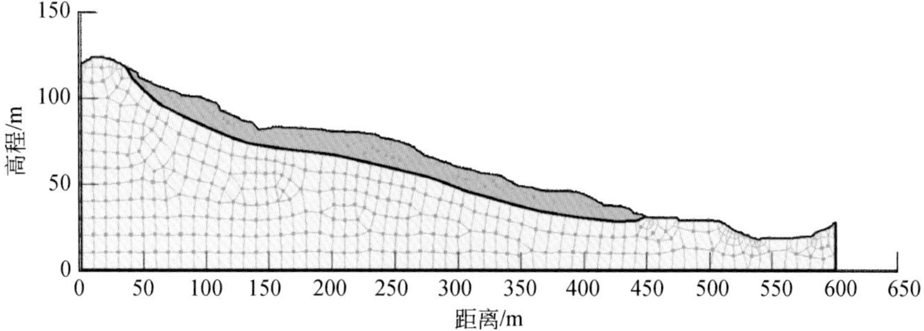

图 9. 17　龙家坡滑坡有限元模型

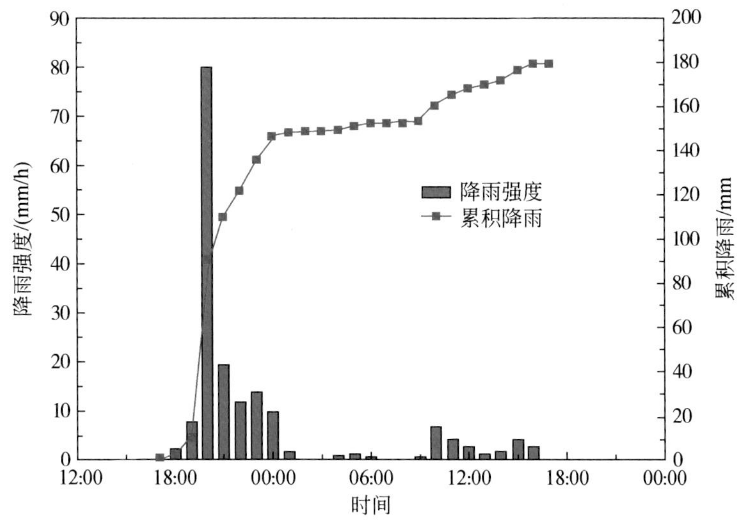

图 9. 18　望谟河雨量监测曲线（2013-06-26 17:00 至 2013-06-27 17:00）

通过数值计算可以发现，在整个降雨过程中龙家坡滑坡的地下水位一直在不停的变化，如图 9. 19、图 9. 20 所示。从降雨开始，地下水位逐渐抬升，降雨结束后地下水逐渐向坡前排泄，水位逐渐降低，经过一定的时间（7 天）后水位开始下降，直至恢复到降雨前的水平。

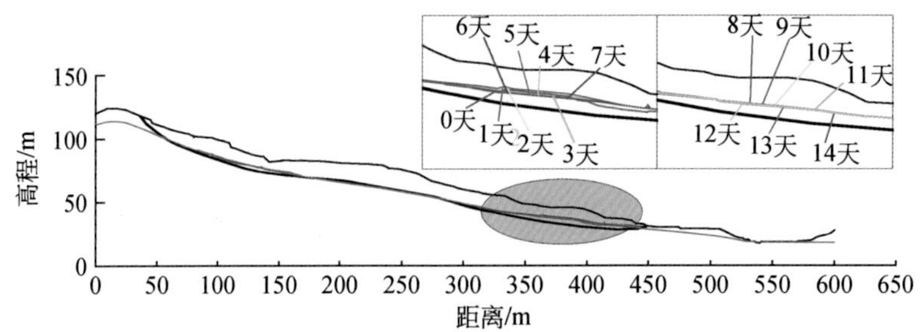

图 9. 19　降雨过程中滑坡地下水位变化过程

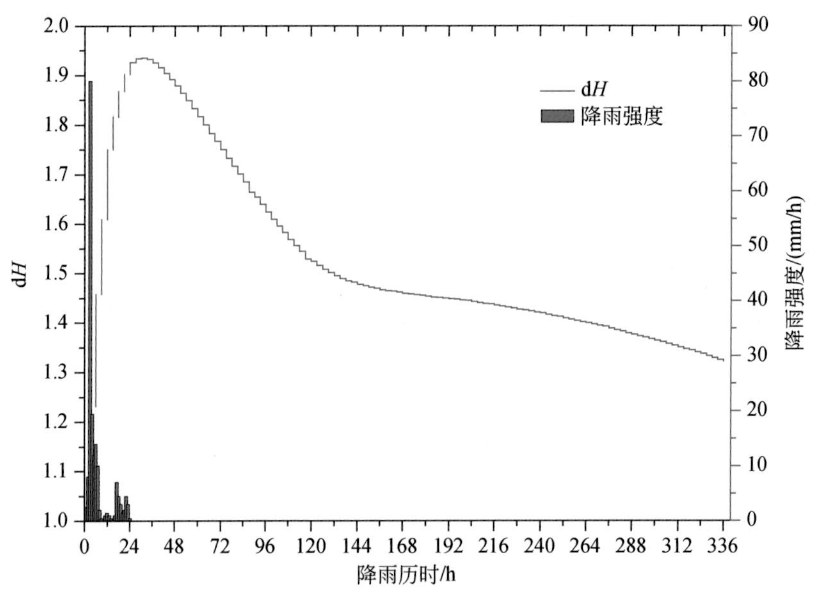

图 9. 20　降雨过程中滑坡地下水位变化曲线

地下水的不断变化使得坡体的稳定性也在不断变化着。图 9. 21 和图 9. 22 为整个降雨过程中滑坡安全系数 *FOS* 的变化过程。降雨开始后，*FOS* 开始降低，降雨结束后，随着地下水的排泄，*FOS* 值又开始逐渐升高。

整个降雨过程造成滑坡体中地下水抬升并积蓄，一方面对滑坡体起到浮托作用，另一方面软化滑带土。降雨过后，地下水随土体孔隙排泄，对坡体的浮托作用消散，抗剪强度参数逐渐升高，如图 9. 23 所示，同时坡体的安全系数 *FOS* 值也逐渐升高。

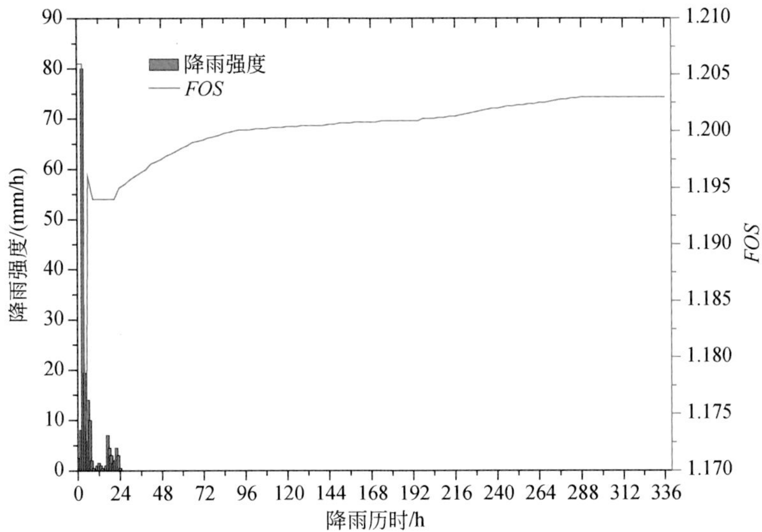

图 9. 21　降雨过程中滑坡安全系数变化曲线

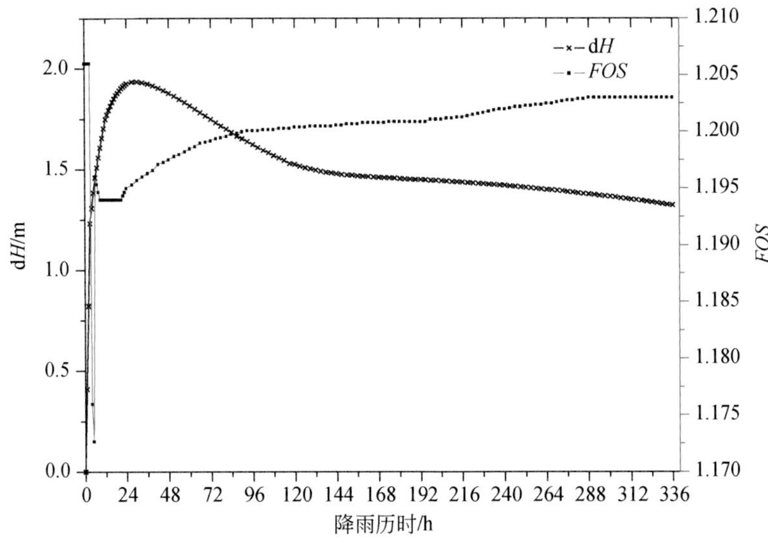

图 9. 22　安全系数与地下水位随时间变化曲线

综上所述，对同一场降雨：

稳定性系数 1. 05≤K<1. 15，斜坡处于基本稳定状态；

稳定性系数 1. 00≤K<1. 05，斜坡处于欠稳定状态；

稳定性系数 K<1. 00，斜坡处于不稳定状态；

稳定性系数 0<K≪1. 00，斜坡处于极不稳定状态。

如图 9. 24 所示不同降雨强度（rain intensity）与降雨历时（duration）的关系曲线，每一条曲线对应一个稳定性系数值。当稳定性系数在 0. 95 ~ 1. 05 时，滑坡体处于失稳的临界状态。两条边界曲线的拟合公式如表 9. 3 所示，雨强与降雨时间满足幂函数关系。

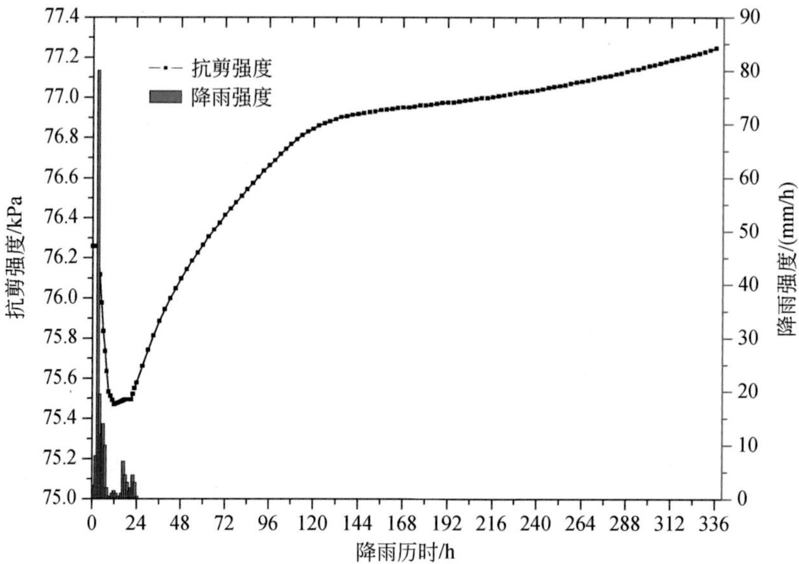

图 9.23　抗剪强度随降雨过程变化曲线

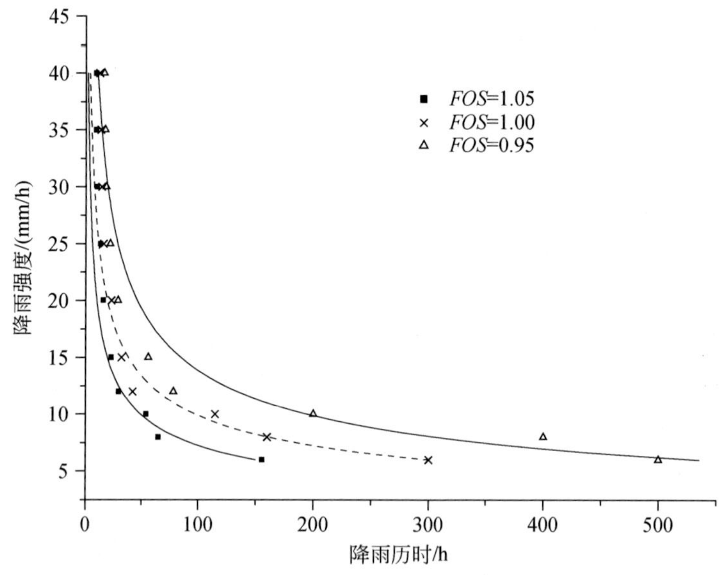

图 9.24　不同安全系数时雨强与降雨时间关系曲线

表 9.3　滑坡临滑条件下雨强与降雨时间关系曲线系数列表

方程	$y=a^{*}(1+x)^{b}$		
Adj. *R*-Square	0.96764	0.98519	0.94201
		Value	Standard Error
下限曲线，*FOS*=1.05 时	*a*	18261.1	8449.497
	b	−2.46749	0.22313

续表

方程	$y=a^*(1+x)^b$		
临界曲线，$FOS=1.0$ 时	a	38404.22	12548.76
	b	−2.49251	0.15774
上限曲线，$FOS=0.95$ 时	a	41177.14	24594.57
	b	−2.23177	0.28479

注：表格中因变量 y 为降雨历时，自变量 x 为降雨强度。

以滑坡遭受降雨强度及降雨历时作为纵横坐标，将点标在图 9.24 的坐标图上，当该点位于极限条件区间内时，即可以发出滑坡预警。

由此建立滑坡降雨强度和降雨历时的预警模型：

坐标点在上限曲线之外：稳定性系数 $FOS<0.95$，斜坡处于极不稳定状态；

坐标点在上下限曲线之间：稳定性系数 $0.95<FOS<1.05$，斜坡处于欠稳定状态；

坐标点在下限曲线之外：稳定性系数 $FOS>1.05$，斜坡处于稳定状态。

针对龙家坡滑坡的监测预警提几点建议：

（1）目前龙家坡滑坡已经有相应的工程治理措施，所以监测预警的重点应在滑坡中前部是否会有垮塌变形。

（2）在位移速度处于相对稳定状态的时候，需要定期对现场进行检查，及时反馈，了解现场情况后结合数据进行分析。

（3）当速度有明显增大的趋势时，需要立即到现场进行调查、核实。

（4）降雨对于滑坡来说是非常重要的影响因素，雨水入渗可降低岩土体的抗剪强度，增大位移速率，因此在强降雨期间一般应相应提高预警等级。

2012 年 6 月 29 日 6：20 分左右，岑巩县思阳镇大榕村新龙组发生一起山体滑坡地质灾害，滑坡方量约 500 万 m^3，滑坡造成 9 栋木质房屋损毁，70 户 312 名群众直接受灾，所幸没有人员伤亡；同时，滑坡形成堰塞湖，威胁周边及下游蚂蟥坳组等 348 户 1020 名群众的生命财产安全。滑坡发育于马坡溪左岸，滑坡主体平面形态呈不规则的六边形。EW 向高差最大，东侧后缘滑坡壁顶接近山脊，后壁最高点海拔约 501m；后缘滑坡洼地 EW 向展布，长 40～50m，海拔 455m；西侧堆积体前缘直达马坡溪，并在北侧堵塞马坡溪，形成堰塞湖，滑坡前缘海拔约 383～405m，最大高差达到 118m；EW 向前后缘最大距离约 450～480m，其中滑坡主体 EW 向长约 350～380m；SN 向最大距离约 350m，一般宽度约 260～300m。现场调查表明，滑坡主体滑动方向为 SW 向，该方向滑坡纵长为 450～480m，见图 9.25。

依据岑巩县思阳镇大榕村滑坡的变形破坏特征，共布置 9 套监测仪器（表 9.4，图 9.26）。在滑坡右侧外围区域布置自动降雨监测站 1 套，用于监测该滑坡区域的降雨量；在坡体的中部、前缘布置固定式深部位移监测站 3 套、滑动式深部位移监测站 3 套，用于监测坡体的深部水平位移；在坡体前缘布置孔隙水压监测站 1 套，用于监测坡体地下水位的变化；在坡体中部布置土体含水率 1 套，用于监测岩土体的含水率。监测仪器安装于 2013 年 1 月 6 日开工，于 2013 年 1 月 18 日完工。

图 9.25　岑巩县思阳镇大榕村滑坡全貌图

表 9.4　岑巩县思阳镇大榕村滑坡监测仪器布置汇总表

仪器名称	仪器数量	仪器单位	监测对象	布置位置
自动降雨监测站	1	套	降雨量	滑坡前缘
固定式深部位移监测站	3	套	深部水平位移	坡体中部、左侧缘
孔隙水压监测站	1	套	坡体地下水位	坡体前缘左侧
土体含水率监测站	1	套	土体含水率	坡体中部
滑动式深部测斜孔	3	支	深部水平位移	坡体前缘、后缘、右侧缘

(a)自动降雨监测站(DRC-R1)

(b)土体含水率监测站(DRC-S1)

(c)孔隙水压监测站(DRC-P1)

(d)深部位移监测站1(DRC-IN1)

图 9.26　大榕村滑坡监测仪器布置形象图

(e)深部位移监测站2(DRC-IN2)

(f)深部位移监测站5(DRC-IN5)

图9.26　大榕村滑坡监测仪器布置形象图（续）

三、关键块体型滑坡监测示范

习水县程寨乡滑坡

2012年6月4日18点，贵州省遵义市习水县程寨乡集镇突发滑坡地质灾害。截至6月5日上午8:35分，滑坡已造成10余幢房屋垮塌，变形破坏近30幢，危及136余户近520人的生命财产安全，并造成习水到程寨的重要交通通道中断，造成直接经济损失约3000万元；阻断了程寨乡与习水县的联系，破坏集镇正常的生产、生活，对程寨乡的发展和集镇人民生活、生产造成严重影响（图9.27）。

图9.27　程寨乡滑坡全貌

1. 滑坡基本特征

程寨乡滑坡区域位于习水河左岸，属于河谷地貌。滑坡地理坐标位于N28°24′10.73″~

28°23′58.54″，E106°18′46.65″～106°18′51.92″之间。程寨滑坡位于习水河与官渡河交汇处一坡向0°～10°斜坡上。滑坡长400m，宽200m，方量约120万m^3。前缘高程685m，后缘高程766m，高差81m，整体坡度约11°，主滑方向约357°。滑坡整体坡度较平缓，但在滑坡前缘由于人工改造及河流切割形成高临空面，滑坡前缘公路内侧为人工开挖形成的高11m左右陡斜坡，陡斜坡后为一平台，平台后为11°缓坡。滑坡右前缘临官渡河方向由于官渡河切割形成高约10m的陡崖，陡崖上为30°陡坡至公路边，其上为11°缓坡。该滑坡区处于红层地区，为粉质黏土夹块石的古滑坡堆积体，下覆基岩为侏罗系中统沙溪庙组（J_2s+x）中缓倾（14°～17°）砂泥岩互层。经勘察钻孔揭露，滑体厚5～25m，滑面大体沿基覆界面，前缘从堆积体中剪出。

滑体后缘位于斜坡近顶部村寨公路处，以拉张裂缝为界，宽20～30mm，下错10～40mm，断续延伸150余米，延伸方向260°。滑坡体前缘为习水县程寨乡集镇的部分街道、程寨乡至习水县城的公路等设施，受损房屋均位于前缘，剪出口位于习水河左岸。滑坡右侧缘发育一条剪切裂缝，断续延伸长约55m，延伸方向351°，错落1.2～2m。以坡体右侧冲沟为界。滑坡中部局部有水田分布，多为旱地，水田发生了滑动后变形破坏，滑动距离1～4m不等。滑体上村寨公路滑动距离在5～10m不等。滑坡左侧缘发育一条剪切裂缝，断续延伸约170 m，延伸方向356°，错落0.2～1.3m不等，以整个滑坡体左侧冲沟为界。

2. 滑坡形成机理分析

程寨乡滑坡地处河谷斜坡地带，滑坡体坡度在18°～30°；前缘受河水侵蚀形成临空面，为滑坡的滑动提供了空间；岩层产状与坡向一致，为顺向坡结构；坡体为砂质、泥岩互层组合，中夹软弱结构面；坡面岩体破碎，节理裂隙发育，力学强度低（图9.28）。通过现场调查并结合遵义二勘院钻探成果，滑坡区覆盖层厚度10～25m左右。该覆盖层中岩块产状杂乱，且风化强烈，经过判断，为老顺层滑坡堆积体。

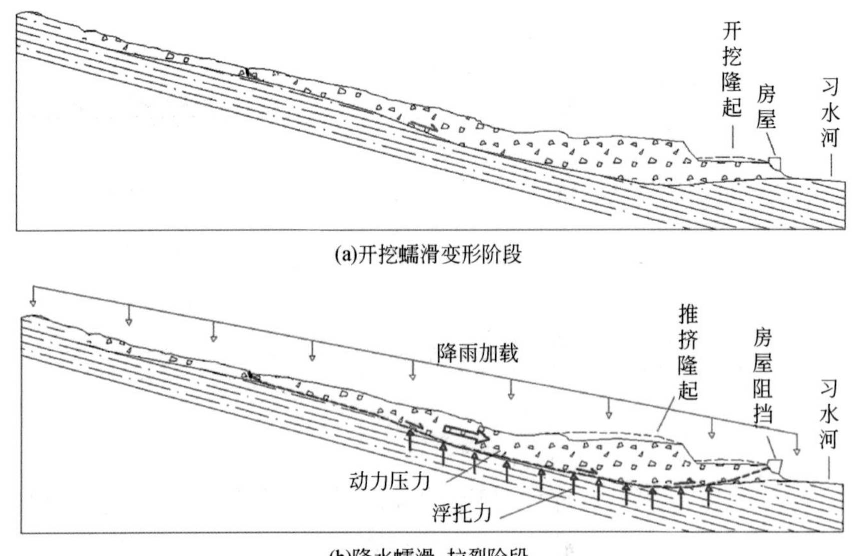

图9.28　程寨乡滑坡的失稳模式图

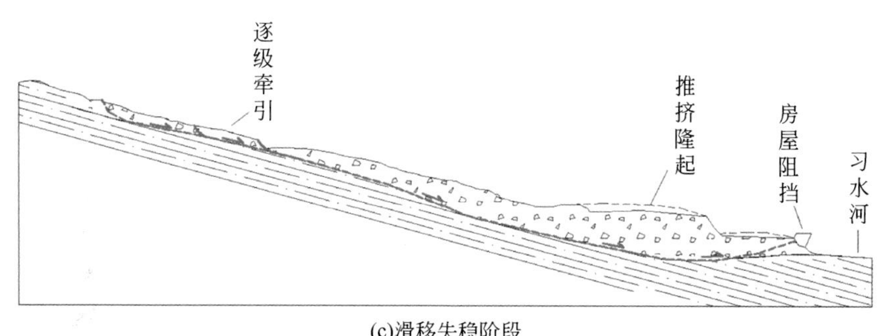

(c)滑移失稳阶段

图 9. 28　程寨乡滑坡的失稳模式图（续）

程寨乡滑坡的失稳模式与过程如图 9. 28 所示，降雨是引发此次滑坡的直接因素。据实地调查访问，自 2012 年 5 月 22 日至 6 月 4 日灾害区断续降雨，为滑坡的变形滑动提供了诱发条件。

综上所述，程寨滑坡发育在地质环境条件较为脆弱的斜坡地带，在降雨条件下诱发的老滑坡堆积体复活。

3. 程寨滑坡预警模型与判据选取

程寨乡滑坡现场安装了自动降雨监测站 1 台，一体化土壤含水率监测站 1 台，一体化孔隙水压监测站 1 台，一体化深部位移监测站 2 台，滑动式深部位移监测站 3 台。

根据监测条件且该滑坡为土质渐变型滑坡，可以在位移监测数据的基础上，利用位移-时间曲线（S-t 曲线）的切线角特征、加速度特征等对其进行变形预警和临滑判据确定。降雨后可以根据降雨时间建立滑带土软化效应预警判据。

通过对程寨乡滑坡滑带土与含水率关系曲线可以看出（图 9. 29），整体趋势上，黏聚力 c 与内摩擦角 φ 随滑带土含水率 w 的增加都呈明显的下降趋势。黏聚力 c 下降是因为含水率增高，土体在非饱和到饱和的过程中空隙水压力 u_w 增加，基质吸力（u_a-u_w）减小。φ 值的降低是因为含水量增大使得土颗粒外层水膜增厚，土粒之间的润滑作用增强，摩擦作用减小。

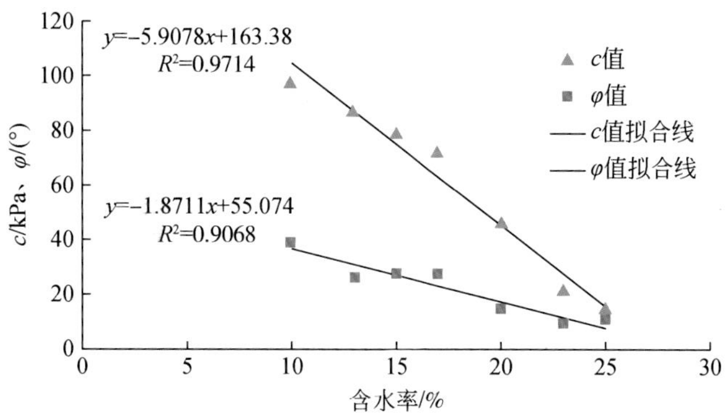

图 9. 29　滑带土 c、φ 值与含水率关系图（试验数据据林锋等）

通过试验结果回归分析发现程寨滑坡滑带土 c、φ 随含水率 w 均呈线性相关，且相关性良好，关系方程分别为

$$c=-5.91w+163.38(\text{相关系数 } R=0.986) \tag{9.3}$$

$$\varphi=-1.87w+55.07(\text{相关系数 } R=0.952) \tag{9.4}$$

将式（9.3）和式（9.4）分别代入下式：

$$FOS=\frac{G\cos\alpha\cdot \operatorname{tg}\varphi+c}{G\sin\alpha} \tag{9.5}$$

即可以得到即时的滑坡稳定性系数 FOS。

由此建立滑坡体抗剪强度参数与斜坡变形阶段之间，也即滑体含水率与变形稳定性之间的相关关系。也即，滑坡稳定性系数 FOS 与斜坡变形阶段的关系，参考相关规范，可对各变形阶段的稳定性状况作如下规定：

初始变形阶段：稳定性系数 $1.05\leqslant FOS<1.15$，斜坡处于基本稳定状态；

等速变形阶段：稳定性系数 $1.00\leqslant FOS<1.05$，斜坡处于欠稳定状态；

加速变形阶段：定性系数 $FOS<1.00$，斜坡处于不稳定状态；

临滑阶段：稳定性系数 $0<FOS\ll 1.00$，斜坡处于极不稳定状态。

程寨滑坡降雨条件下的计算模型如图 9.30 所示，计算降雨曲线为望谟河实际降雨曲线。

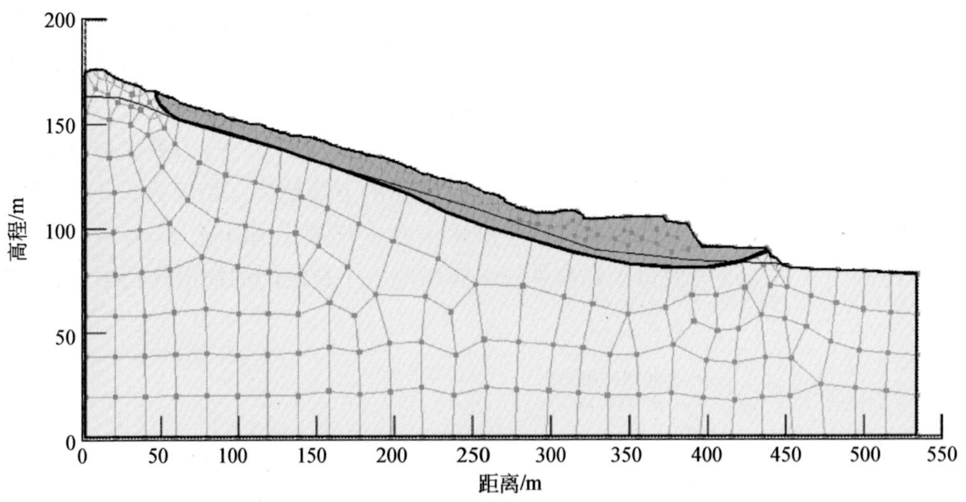

图 9.30　程寨滑坡计算模型图

图 9.31 为习水程寨滑坡降雨强度（rain intensity）与持续时间（duration）的关系曲线，每一条曲线代表一个特定的滑坡稳定性系数（FOS）。当 FOS 值处于 0.95 ~ 1.05 时，滑坡体处于极限状态。如图 9.31 所示，以现场监测的雨强值与降雨时间作为纵横坐标，将点标在坐标系中，当处于 0.95 和 1.05 两条曲线之间时，就应认为滑坡处于极限状态，应该发出临滑预警。当雨强降低后临滑预警可以相应降低等级。

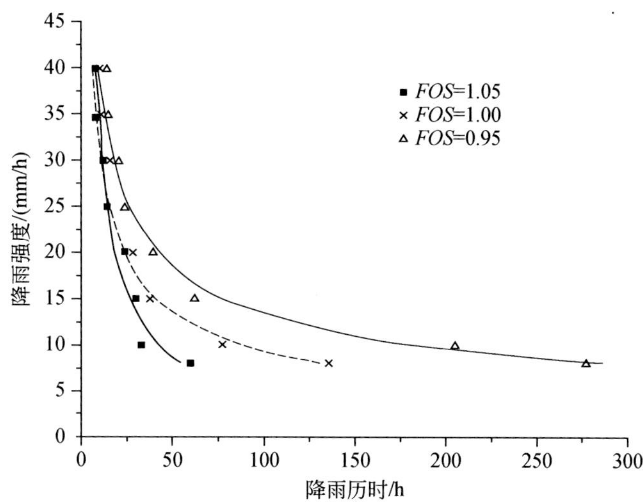

图 9.31　程寨滑坡极限条件下降雨强度与降雨历时关系曲线

降雨强度与降雨历时满足幂函数关系（表 9.5）。

表 9.5　滑坡临滑条件下降雨强度与降雨历时关系曲线系数列表

方程	$y=a^*(1+x)\hat{}b$		
Adj. R-Square	0.92047	0.98318	0.98567
		Value	Standard Error
下限曲线，*FOS*=1.05	*a*	873.2336	362.5507
	b	−1.25942	0.1668
极限状态，*FOS*=1.0	*a*	10741.55	3749.317
	b	−2.01096	0.14933
上限曲线，*FOS*=0.95	*a*	39687.3	15606.14
	b	−2.24511	0.17003

注：表格中因变量 y 为降雨历时，自变量 x 为降雨强度。

以滑坡遭受雨强及降雨持续时间作为纵横坐标，将点标在如图 9.31 所示的坐标图上，当该点位于极限条件区间内时，即可以发出滑坡预警。

由此建立滑坡雨强和降雨历时的预警模型：

坐标点在上限曲线之外：稳定性系数：$FOS<0.95$，斜坡处于极不稳定状态；

坐标点在上下限曲线之间：稳定性系数 $0.95<FOS<1.05$，斜坡处于欠稳定状态；

坐标点在下限曲线之外：稳定性系数 $FOS>1.05$，斜坡处于稳定状态。

针对程寨滑坡的监测预警提几点建议：

（1）程寨滑坡发生后已经开展相应的工程治理措施，所以预警的重点应该放在滑坡塑流蠕变的中前部坡体。

（2）在位移速度处于相对稳定状态的时候，需要定期对现场进行检查，及时反馈，了解现场情况后结合数据进行分析。

（3）当速度有明显增大的趋势时，需要立即到现场进行调查、核实。

（4）降雨对于滑坡来说是非常重要的影响因素，雨水入渗可降低岩土体的抗剪强度，增大位移速率，因此在强降雨期间一般应相应提高预警等级。

2012 年 6 月 4 日晚 9 时 30 分左右，遵义市习水县程寨乡中心村农田组所处斜坡发生变形启动，地理坐标为 E106°″18′52.3″、N28°24′5.3″。至 23 时 20 分许，灾区核心影响区内近 200 名群众全部实现安全撤离，未出现一人伤亡。6 月 5 日凌晨 2 时左右，滑坡产生了较大规模的滑动，其后变形逐步趋缓。经事后统计，该滑坡导致当地 120 余户 500 余名村民受灾，其中有 5 户民房倒塌，48 户 160 余人因房屋破损严重，不能居住。变形区内地质灾害影响面积 120 亩左右，核心区域内公路垮塌，田土受损面积 225 亩，直接经济损失 3000 余万元。据贵州省地质环境监测院遵义分院地质专家现场勘察，该滑坡为持续降雨诱发的顺层推移式蠕滑型大型山体滑坡。经初步统计，滑坡体纵长 450m，平均横宽约 250m，平均厚度约 12m，总方量约 135 万 m^3，滑移方向 359°。

依据习水县程寨乡滑坡的变形破坏特征，共布置有 8 套监测仪器（表 9.6，图 9.32）。在坡体左侧布置自动降雨监测站 1 套，用以监测该区域雨量；在坡体前缘、中前部、左侧布置固定式深部位移监测站 3 套、在坡体中部、右侧布置滑动式深部位移监测孔 2 孔，用以监测坡体的深部水平位移；在坡体左侧中部布置孔隙水压监测站和土体含水率监测站各 1 套，用于监测坡体地下水位和土体含水率。监测仪器于 2012 年 11 月安装完工，后因坡体开挖拆除，于 2013 年 7 月重新进行了安装。

表 9.6　程寨乡滑坡监测仪器布置汇总表

仪器名称	仪器数量	仪器单位	监测对象	布置位置
自动降雨监测站	1	套	降雨量	滑坡前缘
固定式深部位移监测站	2	套	深部位移	坡体中部、左侧缘
孔隙水压监测站	1	套	坡体地下水位	坡体左侧
土体含水率监测站	1	套	土体含水率	坡体左侧
滑动式深部测斜孔	3	支	滑坡深部位移	坡体前缘、后缘、右侧缘

(a)CZ-R1、CZ-P1、CZ-W1监测站

(b)CZ-IN2监测站

图 9.32　程寨乡滑坡监测仪器布置形象图

(c)CZ-IN4监测站

(d)总体形象图

图9.32　程寨乡滑坡监测仪器布置形象图（续）

四、复合型滑坡监测示范

大方县德兴煤矿滑坡

1. 滑坡的基本工程地质特征分析

大方县德兴煤矿滑坡位于大方县瓢井镇油砂村石厂组境内，地理坐标东经105°44′45″～105°44′34″，北纬27°22′49″～27°23′10″。

滑坡位于崩塌体的SW向，后缘高程约1750m，前缘高程约1500m。主要以N10°～20°E的滑动方向向下蠕滑。滑坡沿滑动方向长约942m，宽约300m，属于大型土质滑坡。滑坡的两侧边界分别沿冲沟等显著微地貌划分，前缘以基覆界面的出露为依据确定。鉴于滑坡沿滑动方向的长度较大，滑坡整体呈缓倾角式向德兴煤矿工厂附近倾斜。据调查，滑坡形成于2010年，2011年变形最为明显，在斜坡表层形成众多的陡坎、水塘，最终滑坡演变成现今形态：具陡坎的平缓型斜坡，其全貌如图9.33所示。

图9.33　德兴煤矿滑坡全貌图

以滑坡的主滑方向为判别依据，其左手边为滑坡的左侧边界，右手边为滑坡的右侧边界。滑坡的左侧边界主要以沟向 N30°E 的水沟为确定依据，水沟两侧植被茂盛，在沟底可清楚地看到水流。沿着沟向往前走，由于修建德兴煤矿工厂产生的削坡现象，导致滑坡的左侧边界向北方向偏转，故此将坡度 60°～70°的岸坡右侧边界定为滑坡左侧边界。滑坡的右侧边界以与平缓斜坡有明显高差的台坎状平台为划分依据。在高程约 1500m 的地方，发现有基覆界面出现，以此定为滑坡的前缘。

在滑坡的左侧边界前缘，有一小型崩塌。在近期的几次实地勘察中发现，由于削坡作用，以及滑坡上部土体向下滑动时产生的推力作用，该处崩塌处于不断扩展阶段，坡顶黏土不断向下垮落。

斜坡体中后部的水塘，是在上部崩塌体的巨石崩落时产生的。巨石在向下崩落时，重力势能转化为动能，对坡体产生很强烈的冲击作用，同时由于碎石堆积在坡脚，对斜坡后缘产生加载作用，使得坡表形成一系列的拉线槽，在暴雨等外界补给的作用下，拉线槽囤积地表水，形成如今的水塘。德兴煤矿滑坡的工程地质剖面如图 9. 34 所示。

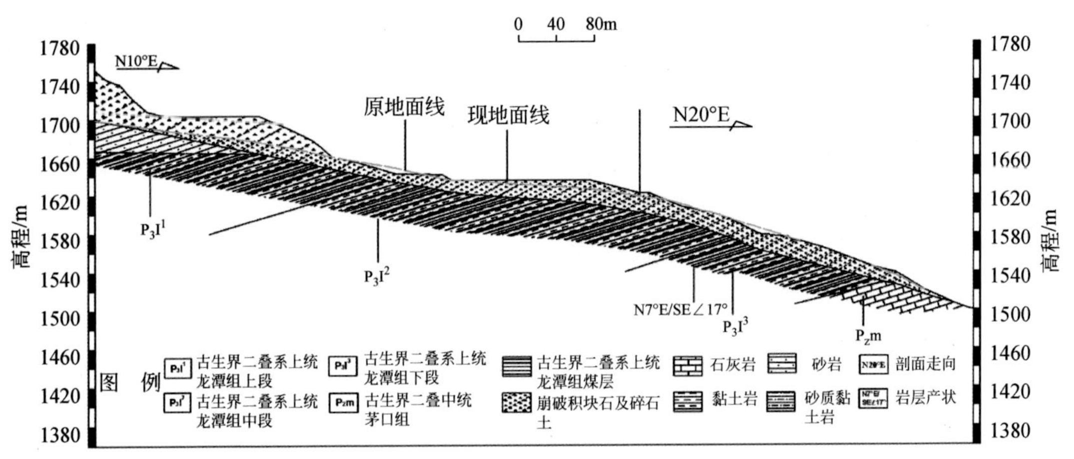

图 9. 34　滑坡工程地质剖面图

2. 滑坡形成机理分析

德兴煤矿滑坡主要出露的地层从上至下依次为第四系覆盖物、古生界二叠系上统的龙潭组砂岩、黏土岩、煤层。这些地层的岩性都比较弱，其抗剪强度比较低，在水、风化作用或其他外力作用下，很容易形成软弱层，从而成为潜在的滑动面或滑动带，易使斜坡发生沿基岩面滑动的土质滑坡。

暴雨对斜坡的作用主要有：一是渗透水进入土体孔隙或岩石裂隙，使土石的抗剪强度降低；二是渗透水补给地下水，使地下水位或地下水压上升，对岩土体产生浮托作用，从而也造成抗剪强度的降低。德兴煤矿滑坡的坡表均为第四系的覆盖物，在暴雨的冲刷下，边坡坡面易被冲蚀。而且暴雨的强度越大，边坡的夹沙能力就越大，边坡越容易被侵蚀，从而有利于形成土质滑坡。

德兴煤矿滑坡后缘为一个较大的崩塌体，崩塌形成时，向下掉落的碎石规模不一，有巨石、也有小碎石。这些碎石从坡顶向下垮落，其重力势能转化为动能，对下方斜坡体具有很强的冲击作用。同时，垮落的碎石堆积在坡脚，对斜坡起到了堆载作用，增加了斜坡的下滑力。滑坡的后缘在碎石的堆载作用以及巨石的冲击作用下向下不均匀沉降，并推动前方土体向坡脚处发生位移。滑坡的前缘受德兴煤矿工厂的削坡作用，发生小规模的垮塌，导致第四系覆盖层的厚度减小，降低斜坡的抗滑力，从而形成缓坡角的土质滑坡。

通过现场调查，可以确定德兴煤矿滑坡的破坏模式为“蠕滑–拉裂型”。“蠕滑–拉裂型”滑坡的变形主要为斜坡岩土体向坡前临空方向发生剪切蠕变。其后缘发育自坡面向深部发展的拉裂。

德兴煤矿滑坡目前布设的监测仪器有：自动降雨监测站 1 台，一体化土体含水率监测站 1 台，GPS 一机 1 天线 4 台。

3. *德兴煤矿滑坡预警模型与判据*

德兴煤矿滑坡为土质蠕滑–拉裂型滑坡，其变形过程具有渐变型滑坡的三阶段演化规律。可以利用滑坡坡表监测的地表位移–时间曲线（S–t 曲线）的切线角特征、加速度特征等对其进行变形预警和临滑判据确定。降雨后可以根据降雨时间建立滑带土软化效应预警判据。

德兴煤矿滑坡的降雨计算模型如图 9. 35 所示，同样采用望谟河降雨曲线进行计算。

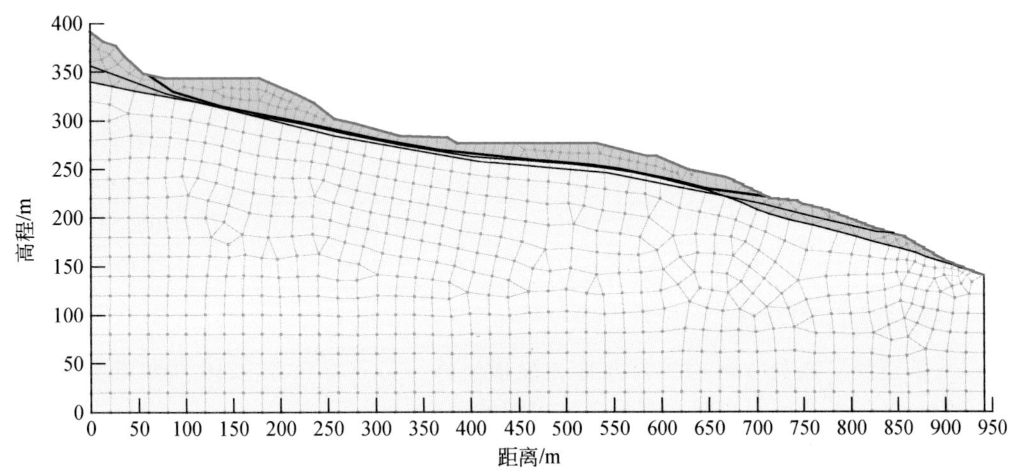

图 9. 35　德兴煤矿滑坡计算模型图

图 9. 36 为德兴煤矿滑坡降雨强度（rain intensity）与持续时间（duration）的关系曲线，每一条曲线代表一个特定的滑坡稳定性系数（*FOS*）。当 *FOS* 值处于 0. 95 ~ 1. 05 时，滑坡体处于极限状态。如图 9. 36 所示，以现场监测的雨强值与降雨时间作为纵横坐标，将点标在坐标系中，当处于 0. 95 和 1. 05 两条曲线之间时，就应认为滑坡处于极限状态，应该发出临滑预警。当雨强降低后临滑预警可以相应降低等级。

降雨强度与降雨历时满足幂函数关系（表 9. 7）。

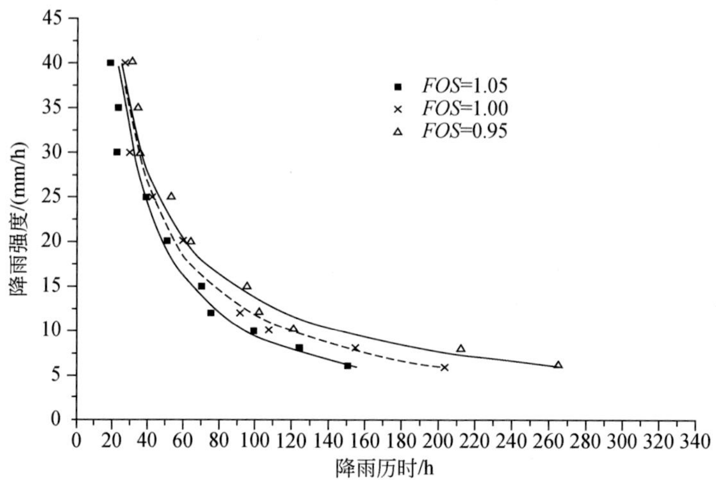

图 9.36　德兴煤矿滑坡极限状态下降雨强度与降雨历时关系曲线

表 9.7　滑坡临滑条件下降雨强度与降雨历时关系曲线系数列表

方程	$y=a^*(1+x)$^b		
Adj. R-Square	0.9851	0.98691	0.97136
		Value	Standard Error
下限曲线，$FOS=1.05$	a	1468.536	183.7235
	b	−1.07816	0.05344
极限状态，$FOS=1.00$	a	2395.525	308.1875
	b	−1.19137	0.0559
上限曲线，$FOS=0.95$	a	4311.425	942.5979
	b	−1.35169	0.09701

注：表格中因变量 y 为降雨历时，自变量 x 为降雨强度。

以滑坡遭受雨强及降雨持续时间作为纵横坐标，将点标在图 9.36 所示的坐标图上，当该点位于极限条件区间内时，即可以发出滑坡预警。

由此建立滑坡雨强和降雨历时的预警模型：

坐标点在上限曲线之外：稳定性系数：$FOS<0.95$，斜坡处于极不稳定状态；

坐标点在上下限曲线之间：稳定性系数 $0.95<FOS<1.05$，斜坡处于欠稳定状态；

坐标点在下限曲线之外：稳定性系数 $FOS>1.05$，斜坡处于稳定状态。

针对德兴煤矿滑坡的监测预警提几点建议：

（1）在位移速度处于相对稳定状态的时候，需要定期对现场进行勘察，及时反馈，了解现场情况后结合数据进行分析。

（2）当速度有明显增大的趋势时，需要立即到现场进行勘察。

（3）因为当位移速度急剧增大时，可能会发生滑坡，所以当位移速度持续增大，到一定的量时，需做出预警。

（4）降雨对于滑坡来说是非常重要的影响因素，雨水入渗可降低岩土体的抗剪强度，增大位移速率，对于土质滑坡来说还可能会引起局部泥石流，因此在强降雨期间一般应相应提高预警等级。

第二节　崩塌监测示范

一、“软弱基座”型崩塌监测示范

（一）思南县凉水井镇崩塌体

1. 基本概况

小屯岩危岩体位于思南县凉水井镇，与凉水井镇紧邻的孤立山峰类似“平顶山”，海拔低于 1000m；山体上部分布栖霞组和茅口组石灰岩，地形陡峻，甚至为悬崖，小屯岩危岩体位于西侧相对突出的陡崖上；山顶分布有 NW 向的岩溶洼地；之下为韩家店群（S_1hj）紫红、灰绿色、青灰色泥岩、页岩，坡度变缓。

小屯岩危岩处基岩斜坡为上硬下软型近水平高陡斜坡，基岩层面缓倾坡内；危岩体位于略向 SW 突出陡崖上，岩体明显松弛，其最大横向宽度近 150m［图 9.37（a）、（b）］。从山顶上看，危岩体范围主要局限于陡坡面上，在山顶上涉及的宽度约 30～32m，最大厚度 15～20m［图 9.37（b）、（c）］，这部分岩体中横向裂缝张开 1～3m。据介绍，这些裂缝在十余年前，都可以一步跨过。在危岩体内侧山顶，发育一长条形岩溶洼地，据介绍，该洼地下落水洞早几年可以下去，后来被填起来了。

在危岩体后侧山坡，发育 3 条规模较大的横向裂缝［图 9.37（a）、（d）］，这 3 条横向张裂缝追踪两组陡倾结构面发育，总体延伸方向为 N40°～50°W，与陡崖面小角度相交，其南端交于陡崖面；拉裂缝张开宽度 0.3～1.5m 不等。经现场测量，其特征如下：

(a)凉水井小屯岩危岩体

(b)凉水井小屯岩危岩体

图 9.37　凉水井镇小屯岩危岩体

(c)中危岩体上方A处拉裂岩体

(d)外侧拉裂缝

图 9.37　凉水井镇小屯岩危岩体（续）

（1）靠近陡崖面的这条裂缝延伸长度 65m 左右，张开 30 ~ 50cm，内侧相对下错，错距在 15 ~ 20m 以内；

（2）中间这条张裂缝延伸长度 50m 左右，张开 30 ~ 50cm，上下错动特征不明显；

（3）内侧裂缝延伸长度达到 200m 左右，并以不太明显的连续小错坎方式继续近 160m，并很可能与烤烟房后侧的张开裂缝相连。在前 200m 范围内，其南段张开一般 40 ~ 80cm，上下错动特征不明显。北段张开一般 0.5 ~ 1.5cm，内侧相对下错 0.6 ~ 1m；在近 160m 延伸段，内侧似有相对下错，到北端无相对下错。

2. 破坏模式

基岩产状 5° ~ 15°∠10° ~ 16°，岩体中主要发育 2 组陡倾角结构面，120°∠76°，215°∠87°。可见，基岩斜坡为上硬下软型结构面内倾的近水平高陡斜坡。从剖面图看（图 9.38），层面视倾角为 7°，崩塌体缓内倾。崩塌体下部有厚度不明的软弱层存在，且下部溶洞发育。由于风化作用，软弱层外部风化后力学强度小于坡内。则崩塌体前缘沉降大于后缘，在实际勘察中前缘块体下挫约 0.6 ~ 1m。

由于“软基效应”，崩塌体有向坡外倾倒趋势，前部块体下挫，表明块体有剪破或压破崩塌体底部岩体的迹象。从上分析崩塌体的变形破坏模式为：倾倒破坏，其破坏过程为倾倒或者倾倒滑塌。

3. 预警判据

根据崩塌体的变形破坏模式，可以用拉裂倾倒剪断滑塌预警模型。根据现场调查，崩塌体高约 160m，裂隙到崩塌体边缘宽度约 6m，表 9.8 为相应的岩石力学参数。

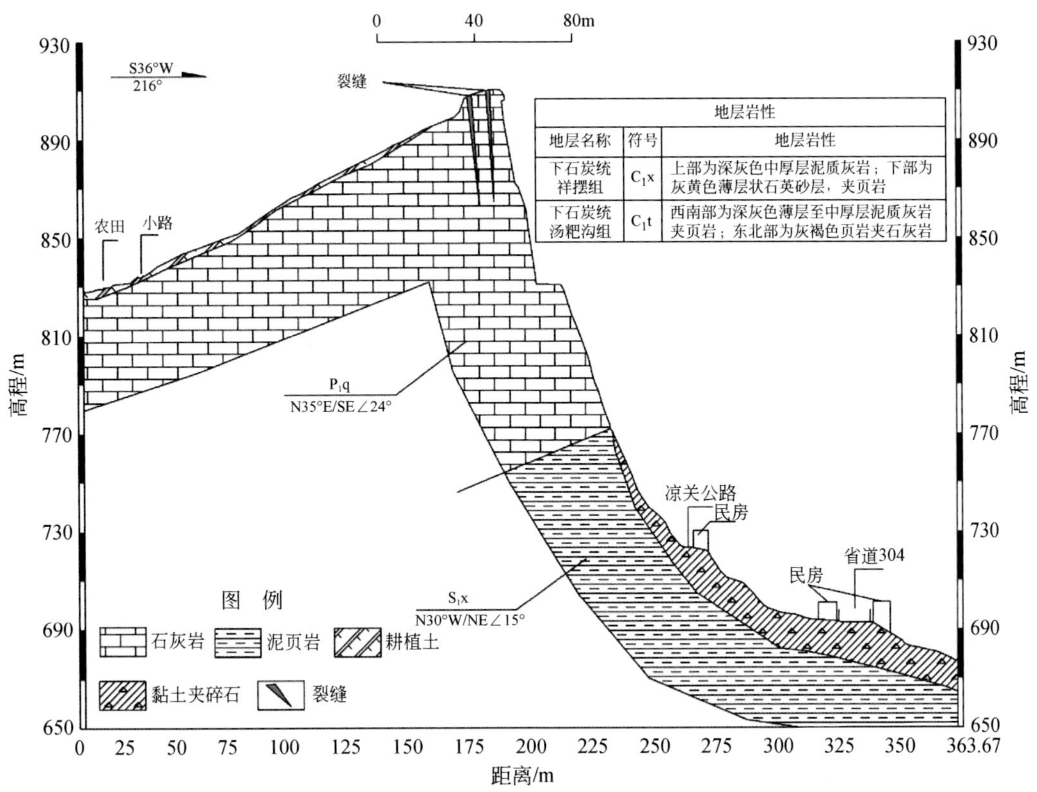

图 9. 38　凉水井崩塌体剖面示意图

表 9. 8　岩石力学参数

岩性	材料类型	容重 (γ)/(kN/m^3)	黏聚力 (c)/kPa	内摩擦角 (φ)/(°)
石灰岩	原岩	28. 5	1178	35
泥页岩	原岩	23. 4	300	30

(1) 崩塌失稳裂隙临界宽度

根据裂缝宽度确定裂隙深度：

$$l=\sqrt[3]{s\cdot E\cdot b/(3\cdot\gamma)}$$

$$l=\sqrt[3]{2\times22000000\times6/(3\times28.5)}=145.6127(\mathrm{m}) \tag{9.6}$$

裂隙深度接近软弱层面,则裂隙临界宽度计算,力学参数用灰岩力学参数进行计算。

根据式(9.7)确定临界值：

$$s\geqslant\frac{24\cdot c^3}{\gamma^2\cdot E\cdot b\cdot[\cos\varphi-(1-\sin\varphi)\cdot\tan\varphi]^3} \tag{9.7}$$

$$s=2.593901(\mathrm{m})$$

裂隙的临界宽度为 2. 593901m。

（2）崩塌体失稳临界水头

根据倾倒式崩塌临界水头计算公式：

$$h_{cr}=\sqrt{\frac{2\cdot b\cdot C+G[(1-\sin\varphi)\cdot\tan\varphi-\cos\varphi]}{\gamma_w\cdot(\cos a+\sin a\cdot\tan\varphi)}} \tag{9.8}$$

式中，G 根据裂缝宽度反推裂隙深度，进而计算 G 值。

$$G=28.5\times6\times145.6\times1=24897.6(\mathrm{kN})$$

代入式（9.8）计算得临界水头为

$$h=\sqrt{\frac{2\times6\times1178+24897.6\times(-0.52057)}{10\times1.08284}}=10.41734(\mathrm{m})$$

崩塌体失稳得临界水头为 10.41734m。

（二）思南县凉水井镇崩塌体监测点建设

思南县凉水井镇张家拗村崩塌体（图 9.39）位于乌江左侧，坡脚下方是有 3000 多人口的凉水井镇。崩塌体顶部发育有多条裂缝，将崩塌体切割成的岩体体积较大，其中有 3 条较大裂缝最大宽度均在 2m 以上，裂缝深度均在几十米以上；最长的一条裂缝长达 800 多米。据当地居民反映，近几年有些大裂缝有加大的趋势，坡外侧的有些岩体一侧被裂缝贯通，外侧临空，一旦崩塌，将对山下居民造成极大的威胁，威胁对象为 418 户 1672 人。

图 9.39　凉水井镇崩塌体全景及威胁对象

依据凉水井镇崩塌体的变形破坏特征，考虑到该崩塌体已有气象部门在凉水井镇张家拗村布置有自动降雨监测仪，因此共布置 3 套监测仪器（表 9.9，图 9.40）。在该崩塌体裂缝较宽部位布置表面位移监测站两套，用于监测崩塌体裂缝的开合情况；在岩体开裂明显部位布置岩体倾斜监测站 1 套，用于监测岩体倾角的变化。监测仪器于 2012 年 7 月全部安装完毕。

表 9.9　思南县凉水井镇崩塌体监测仪器布置汇总表

仪器名称	仪器数量	仪器单位	监测对象	布置位置
表面位移监测站	2	套	岩体裂缝	裂缝处
岩土体倾斜监测站	1	套	岩体倾角	开裂岩体

(a)表面位移监测站(LSJ-D1)

(b)表面位移监测站(LSJ-D2)

(c)岩体倾斜监测站(LSJ-A1)

(d)保护措施

图 9.40　凉水井崩塌监测仪器布置形象图

二、“采空区”结构控制型崩塌监测示范

大方县云龙山崩塌体

1. 基本概况

云龙山变形体山顶高程为 1910m，山脚平台高程为 1795m，高差 115m，总长约为 410m。变形体平面形态呈“圈椅状”，边界范围较为清晰：左侧边界主要以 H_1 滑坡以及发现的平台裂缝延伸位置为依据；右侧边界主要以 B_2 崩塌和微地貌为依据；变形体的后缘则是以山顶裂缝为边界，前缘边界则为山脚平台（图 9.41）。

1）B_1 崩塌

B_1 崩塌位于云龙山变形体中部位置，上部高程 1877m，下部高程 1795m，相对高差 82m。崩塌纵向长 59m，前缘宽 73m，平面面积约为 4177m^2，方量约为 1.34 万 m^3，为小型崩塌，如图 9.42 所示。据当地村民介绍，B1 崩塌最早出现变形是在 1997 年左右，当时只是小范围内的垮塌，局部掉块，后来随着时间的推移，坡表崩塌越来越严重，崩塌的范

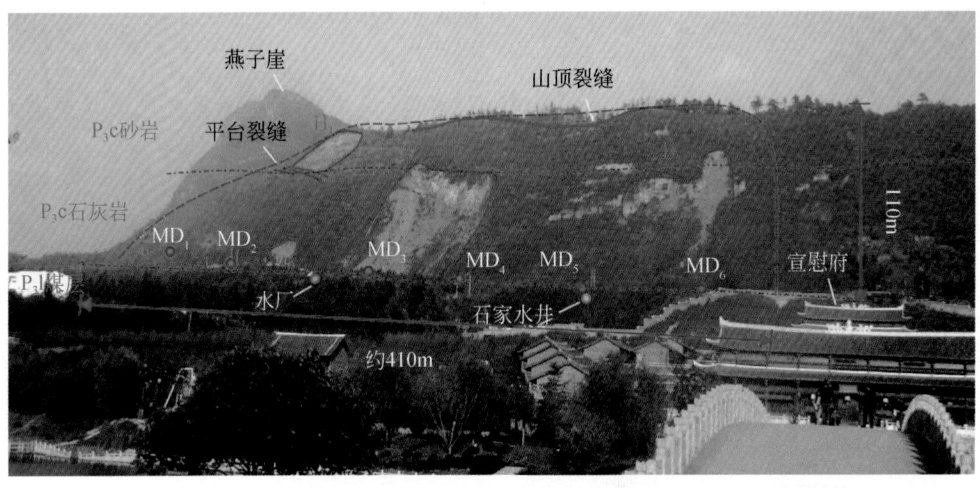

图 9.41　云龙山变形体形态特征

围逐渐扩大至目前的规模。

B_1 崩塌形成的后缘陡壁最高达到 18m，崩塌堆积体物质组成主要为碎块石，灰褐色，结构松散–稍密，碎块石成分为长兴组石灰岩，局部夹薄层泥岩条带以及砂岩，多为弱风化状，强度高，棱角–次棱角状，大小混杂，无分选，块石粒径一般 20 ~ 40cm，最大尺寸大于 3m，含量约 30% ~ 40%；碎石粒径一般在 5 ~ 15cm，含量 40% ~ 50%，角砾充填，如图 9.43、图 9.44 所示。

在崩塌陡壁底部位置处可以发现多处张拉裂缝和正处于变形阶段的危岩体，有的裂缝在顶部位置的张开宽度已经达到 90cm 左右，裂缝上宽下窄，往下逐渐变小以至尖灭，裂缝中充填崩落下来的碎石和角砾（图 9.45）。

图 9.42　B_1 崩塌全貌

图 9.43　B_1 崩塌堆积体碎裂结构

图 9.44　石灰岩夹薄层泥岩条带

(a)B_1崩塌陡壁北侧裂缝

(b)B_1崩塌陡壁南侧裂缝

图 9.45　B_1崩塌陡壁裂缝

B_1崩塌工程地质剖面图如图 9.46 所示，从图中可以看出 B_1崩塌坡脚位置处对应的为 3#煤硐。

2）B_2崩塌

B_2崩塌位于云龙山变形体南端位置，上部高程 1877m，下部高程 1845m，相对高差 32m。崩塌长 48m，纵向平均宽 21m，平面面积约为 1278m^2，方量约为 0.42 万 m^3，为小型崩塌，如图 9.47 所示。据当地村民介绍，B_2崩塌是在 2008 年以后形成的。

B_2崩塌形成的后缘陡壁高约 10m，崩塌堆积体物质组成主要为碎块石，灰褐色，结构松散，碎块石成分为长兴组石灰岩以及少量的砂岩，多为弱风化状，强度高，棱角–次棱角状，大小混杂，无分选，块石粒径一般 20 ~ 40cm，最大尺寸为 2.5m×1.8m，从山上崩落下来时将坡脚的一根电线杆砸倒；碎石粒径一般在 5 ~ 15cm，含量 40% ~ 50%，角砾充填，如图 9.48、图 9.49 所示。

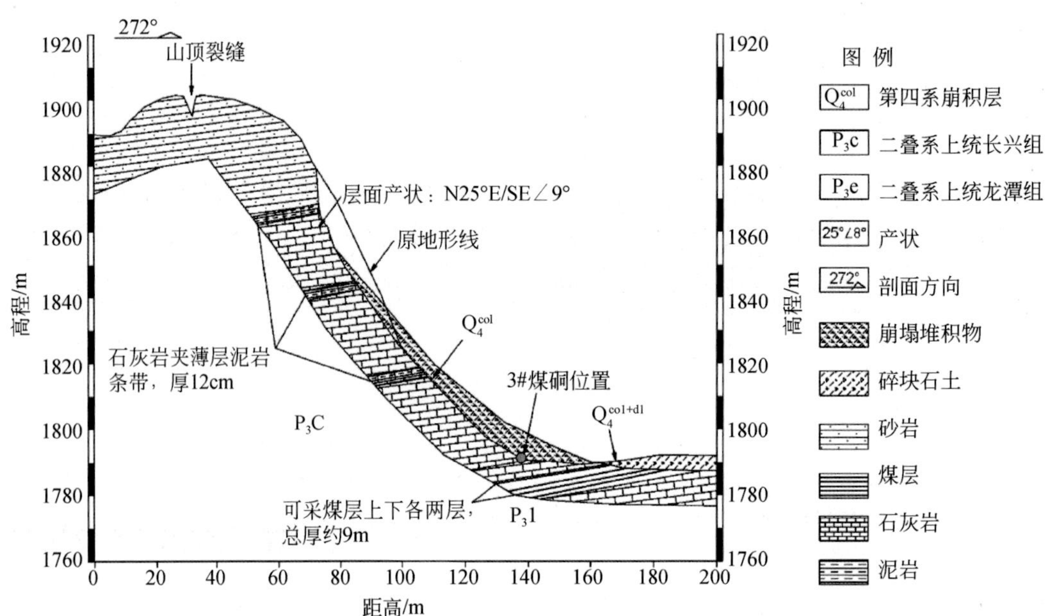

图 9.46　B_1 崩塌工程地质剖面图

图 9.47　B_2 崩塌全貌

B_2 崩塌工程地质剖面图如图 9.50 所示，从图中可以看出 B_2 崩塌坡脚位置处对应的为 5#煤硐。

图 9.48 B_2 崩塌堆积体

图 9.49 山脚崩落的巨型块石

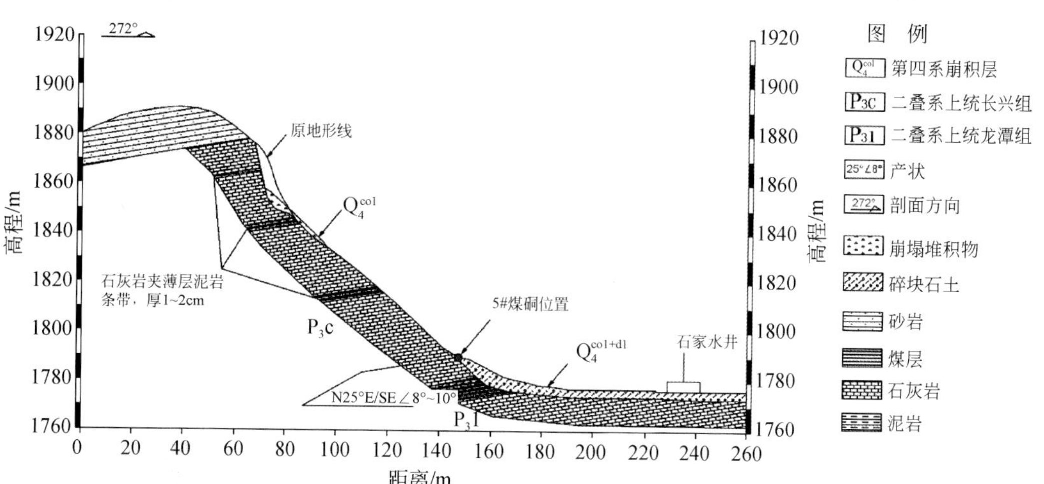

图 9.50 B_2 崩塌工程地质剖面图

2. 破坏模式

云龙山坡体自上而下由二叠系上统长兴组砂岩、厚层-巨厚层石灰岩和在山龙潭组的煤层组成，层面产状为 N25°E/SE∠8°~10°，岩层走向平行于斜坡走向，为倾坡内的缓倾角逆向坡。山体滑坡发生于顶部的砂岩之中；坡表崩塌主要发生于厚层状的石灰岩，石灰岩层面不发育。据现场地质调查统计，云龙山山体除层面外还发育两组优势结构面：

（1）陡倾裂隙，产状 EW/N∠84°，平直微粗糙，延伸较长，间距 1.5~2m，最大可达 4m，裂隙张开 1~3cm，未见充填，裂隙表面具有溶蚀痕迹，该组裂隙可构成失稳块体的侧缘边界；

（2）陡倾坡外裂隙面，产状 N15°E/NW∠80°，裂隙面平直光滑，间距 2~3m，延伸 30~50m，从坡顶贯通至坡脚，受地下开采和风化卸荷的影响，在坡脚位置张开 20~30cm，局部可见植物根系，该组裂隙构成可动块体的后缘切割边界，最终形成滑坡后缘陡壁和崩塌后缘光面。

结合现场认识初步将崩塌的形成过程分为“煤层开采-采空区坍陷-坡表拉裂-坡体前缘沉陷倾倒”4 个阶段。

崩塌体主要物质为粉砂质黏土岩，崩塌后缘裂隙发展受石灰岩夹薄层泥岩阻断。崩塌体底面位于石灰岩夹薄层泥岩层处，薄层下部岩体为石灰岩。崩塌体尺寸为：高度约 40m，厚度约 12m。如果采空区持续沉降，则崩塌体破坏形式为向临空面倾倒，由于崩塌体下部岩体为石灰岩，强度相对较高，且崩塌体厚度较大，崩塌体整体倾倒剪断下部岩体的可能性较小，但是随外倾角度较大，可能发生由倾倒转变为滑塌模式。但是在整体变形中，会发生局部的崩塌，通过勘察，危岩体后缘发育以陡倾坡外裂隙面，裂隙面平直光滑，间距 2～3m，延伸 30～50m，则崩塌体随着外倾变形，其局部破坏模式为：倾倒拉裂滑塌式破坏。

3. 预警模型

根据云龙山崩塌体的破坏模式，可能具有的破坏模式：倾倒式崩塌和倾倒拉裂滑塌模式。计算崩塌体后缘裂隙临界宽度及崩塌体后缘裂隙水头临界值。

参数：粉砂岩容重为 25.6kN/m^3；弱风化泥岩 $\tan\varphi=0.63$，$\varphi=32.2°$，$c=170\text{kPa}$；石灰岩容重为 25kN/m^3，E 为 22GPa，$c=1\text{MPa}$。

1）整体破坏

崩塌体层面内倾坡内，视倾角 9°，崩塌体高度约 40m，厚度约 12m，根据石灰岩倾倒滑塌式模型，石灰岩在 100m 左右发生滑塌，见猴场镇崩塌滑塌计算。崩塌体受上部岩体重力作用压破下部岩体的可能性较小。故随着采空区的影响，崩塌体将发生倾倒式崩塌。

按倾倒式崩塌：

$$S=h\cdot\tan\theta=h\cdot\tan\left(\arctan\frac{x}{y}\right)=h\cdot\frac{x}{y} \tag{9.9}$$

整体倾倒破坏临界后缘裂隙宽度：

$$S=40\times\frac{12/2}{40/2}=12(\text{m})$$

临界水头计算：

$$h_{\text{cr}}=\sqrt[3]{\frac{6\cdot G\cdot d}{\gamma}} \tag{9.10}$$

$$h=\sqrt[3]{\frac{6\times25\times40\times12\times6}{10}}=35.08821(\text{m})$$

当后缘裂隙充水时，水头高度达到 35.08821m 时，崩塌体将被水平作用力推翻，并失稳。

2）局部破坏

根据崩塌体现场勘察结果，前缘有倾向坡外的裂隙发育，裂隙间隔为 2～3m。取崩塌体厚度 2.5m，高 40m，局部破坏崩塌体后缘裂隙临界宽度为：

$$S=40\times\frac{2.5/2}{40/2}=2.5(\text{m})$$

按拉裂滑移模型：

$$S_{\text{cr}}=h\cdot\tan\left[\arccos\left(\frac{C\cdot L\cdot\cos\varphi}{G}\right)-\varphi-\theta\right] \tag{9.11}$$

$$S_{\text{cr}}=56.36716814(\text{m})$$

从计算结果分析，按拉裂滑移模型计算结果偏大，大于倾倒破坏的临界值，崩塌体不会发生拉裂滑移破坏。

故崩塌体整体破坏时后缘裂隙临界宽度为 12m，受节理面切割形成的局部破坏临界宽度值为 2.5m。

临界水头计算：

$$h_{cr}=\sqrt[3]{\frac{6\cdot G\cdot d}{\gamma}} \tag{9.12}$$

$$h_{cr}=\sqrt[3]{\frac{6\times25\times40\times2.5\times1.25}{10}}=12.33106(\mathrm{m})$$

当后缘裂隙充水时，水头高度达到 12.33106m 时，崩塌体将被水压力推翻失稳。

4. 监测仪器布置

云龙山崩塌体（图 9.51）位于大方县城境内，山体山脚处为木俄格古城影视城，崩塌体下方已有开挖的 3 个废弃的煤洞，崩塌体一侧山坡坡率较大，山势较陡，有良好的崩塌体形成条件。崩塌体发育良好，且经常有碎石坠落。崩塌体其下为影视城、村庄和水厂，为重要的保护建筑区域和居民区。崩塌体山顶已拉张开裂一条长 200 ~ 300m、宽约 2 ~ 3m，裂缝两翼错动台坎高约 1 ~ 2m，可见深度约 3 ~ 5m 的裂缝。

图 9.51　云龙山崩塌体全景图

根据云龙山崩塌体的变形破坏特征，共布置有 4 套监测仪器（表 9.10，图 9.52）。考虑到云龙山崩塌体顶部植被非常茂盛，不利于雨量计的雨水采集，因此在云龙山崩塌体下部的水厂院内布置自动降雨监测站 1 套，用以监测该地区雨量；在崩塌体顶部沿坡顶边缘布置岩体倾斜监测站 1 套（含 3 支传感器），用以监测裂缝开裂引起的岩体倾角的变化；在崩塌体顶部裂缝开裂明显部位布置表面位移监测站 2 套，用于监测裂缝开展变化情况。监测仪器于 2012 年 7 月全部安装完毕。

表 9.10　云龙山崩塌体监测仪器布置汇总表

仪器名称	仪器数量	仪器单位	监测对象	布置位置
自动降雨监测站	1	套	降雨量	崩塌体下水厂
岩土体倾斜监测站	1	套	岩体倾角	崩塌体顶部岩体
表面位移监测站	2	套	拉张裂缝	崩塌体顶部裂缝处

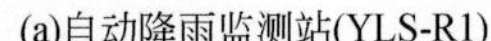

(a)自动降雨监测站(YLS-R1)

(b)岩体倾斜监测站(YLS-A1)

(c)表面位移监测站(YLS-D1)

(d)表面位移监测站(YLS-D2)

图 9. 52　云龙山崩塌体监测仪器形象图

第三节　监测示范成果

一、贵州省开阳县监测示范区

贵州省开阳县示范区共有 3 个地质灾害示范点，分别为龙井湾滑坡、牯牛背崩塌体、上洋水河泥石流。

（一）滑坡

龙井湾滑坡为开阳磷矿区陡坡开荒-水土流失引发的典型滑坡，该滑坡位于开阳县金钟镇寨子村龙井湾村民组。依据龙井湾滑坡的变形破坏特征，该滑坡布置有自动降雨监测站 1 套，固定式深部位移监测站 3 套，孔隙水压监测站 3 套，土壤含水率 1 套，滑动式深部测斜孔 1 套，详见表 9. 11。监测仪器截至 2012 年 4 月全部安装完毕，进入监测预警工作阶段。龙井湾监测预警页面如图 9. 53 所示，可以看到目前滑坡各项监测指标都保持稳定，预警级别为注意级。

表 9. 11　龙井湾滑坡监测仪器布置表

仪器名称	仪器数量	仪器单位	监测对象	布置位置
自动降雨监测站	1	套	降雨量	坡体后缘

续表

仪器名称	仪器数量	仪器单位	监测对象	布置位置
固定式深部位移监测站	3	套	深部位移	坡体前缘、中部和后缘
孔隙水压监测站	3	支	坡体地下水位	坡体前缘基覆界面
土体含水率监测站	1	套	土体含水率	坡体前、后缘
滑动式深部测斜孔	1	个	滑坡深部位移	坡体前缘、中部和后缘

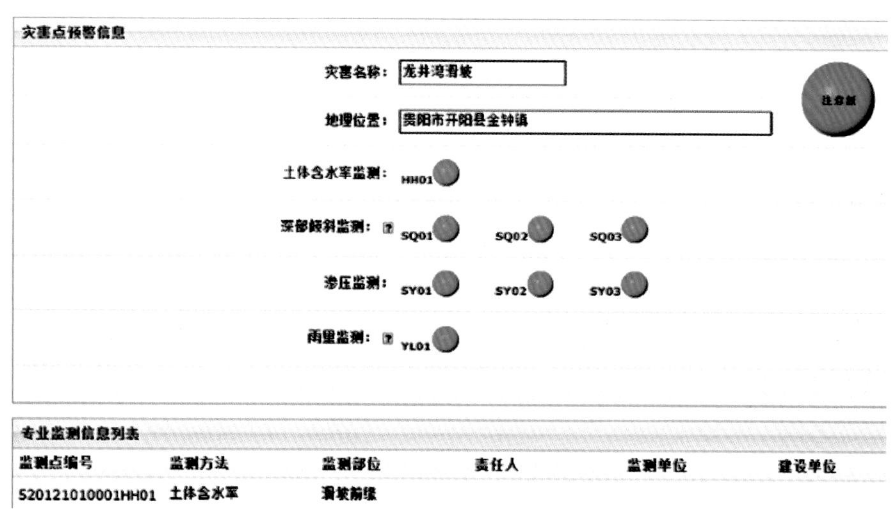

图 9.53　龙井湾滑坡监测预警页面

滑坡的稳定性与降雨有着密切的关系，系统具有记录展示降雨情况的功能，并根据雨量数据判断是否为连续降雨，若为连续降雨还会计算其累计雨量。根据雨量监测成果（图 9.54），龙井弯滑坡区域自五月以来便有较大的降雨，特别是 5 月 26 日日降雨量达到 73.5mm，8 月 28 日日降雨量达到 81.5mm，6 月 2 日至 8 日连续降雨达到 114.5mm。以 6 月 2 日至 8 日的连续降雨为例，查看 6 月 8 日的降雨实时预警结果，如图 9.55 所示。左图为实时降雨数据，右图为实时雨量预警，系统根据前期降雨和实时雨量做出判断，认为滑坡处于相对安全的注意区域。

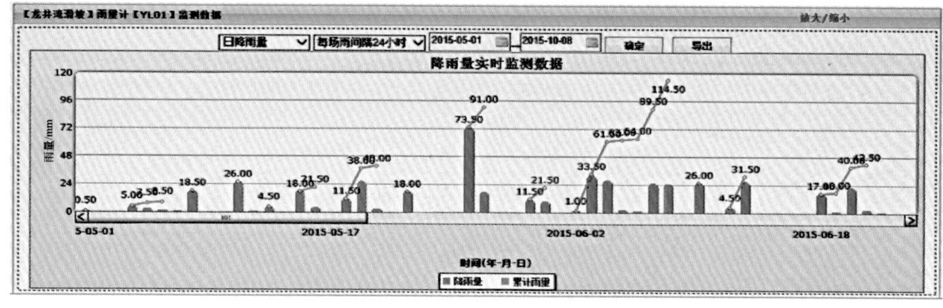

图 9.54　龙井湾滑坡雨量监测成果

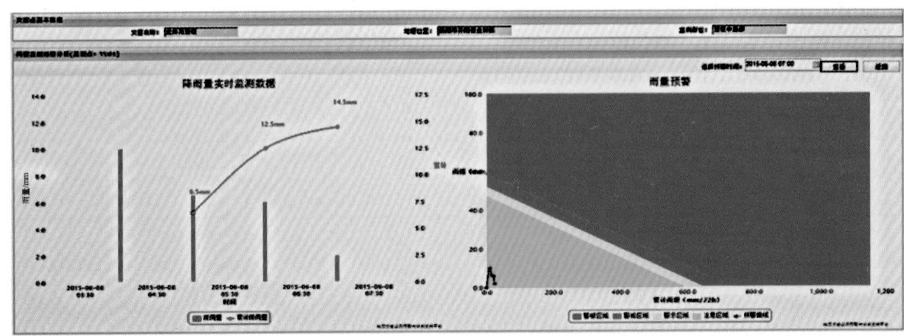

图 9. 55　龙井湾滑坡雨量实时预警

渗压监测可以反映滑坡体内的渗透压力，其对于滑坡的启动具有较大影响，通过渗透压力和设定的阈值对比判断其危险性。根据监测成果（图 9. 56），滑坡体的渗透压力在中部较稳定，前缘和中后部在 6 月中旬和 9 月初有较大的升高，这与降雨监测的成果是相符的。针对滑坡体土体含水率的监测成果，龙井湾滑坡的含水率变化不大，基本稳定在 8 月附近，含水率的变化与降雨的变化具有明显的相关性。

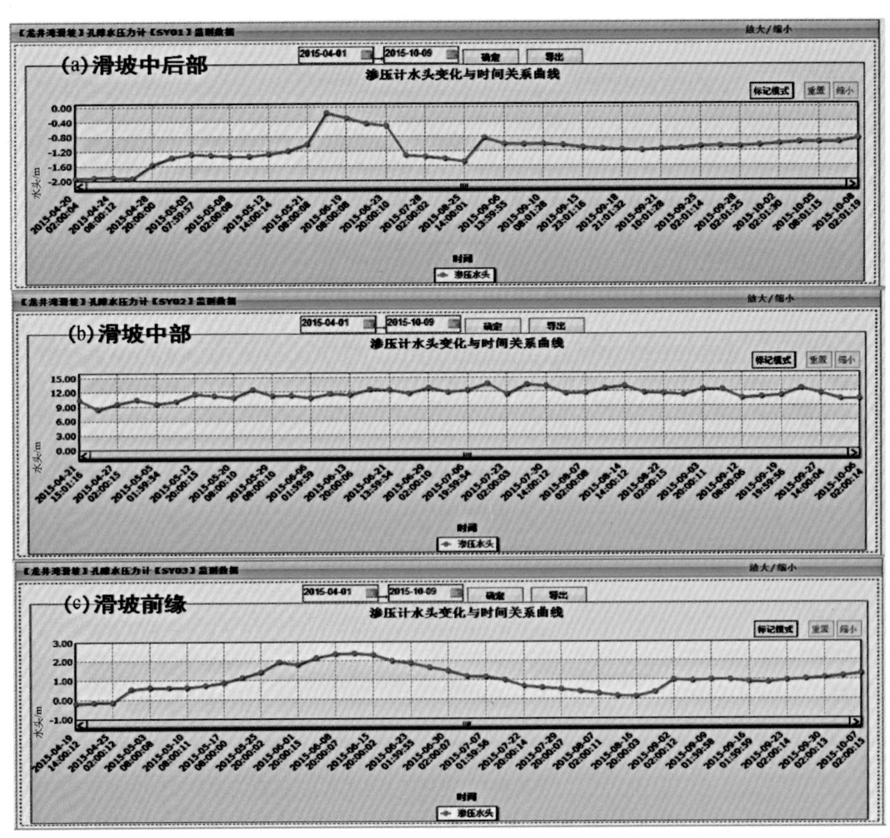

图 9. 56　龙井湾滑坡渗压监测成果

针对滑坡体的变形情况，分别在滑坡的前缘、中部、中后部建设了深部位移监测。以 6 月 2 日至 8 日的连续降雨为例，查看滑坡体的变形情况，如图 9.57 所示。可以看到，滑坡体各部位不同时间的位移曲线基本重合，没有明显的变形，这与降雨预警认为偏安全的结果保持一致。

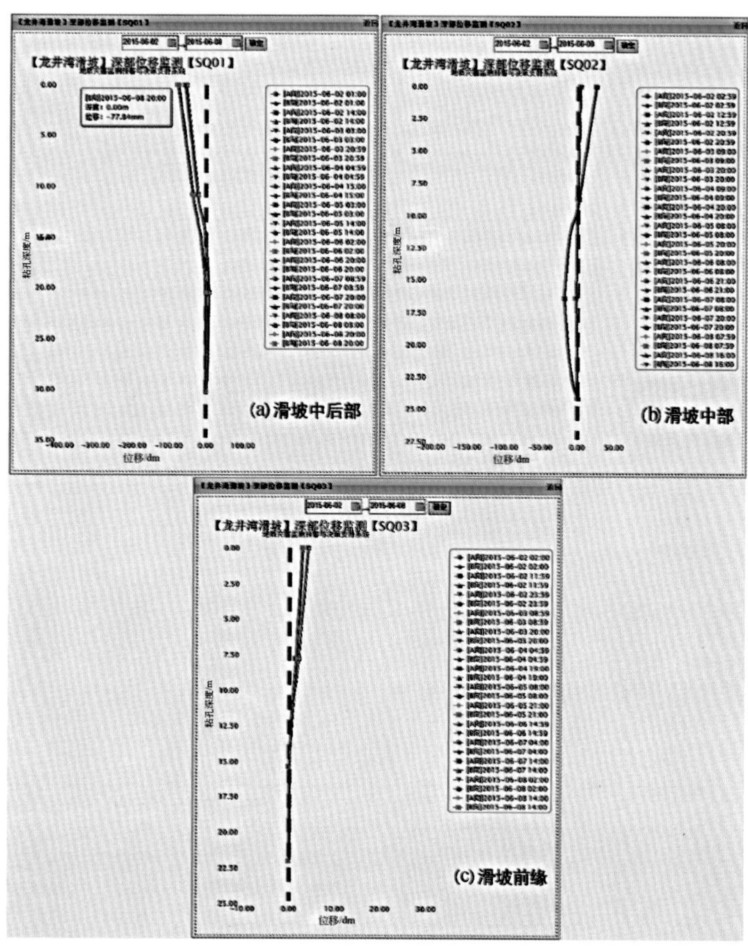

图 9.57　龙井湾滑坡深部位移监测成果

当滑坡产生位移的时候，系统会自动发送预警短信到负责人手机上（图 9.58），负责人可以据此做出判断，如果危险较大，能够及时采取组织疏散等相应措施以减少地质灾害所带来的损失。到目前为止，已发送短信达 1600 余次，及时告知了相关责任人滑坡的变形情况，为决策分析提供了依据。

（二）崩塌

牯牛背崩塌体位于贵阳市金中镇，根据牯牛背崩塌体的变形特征，在牯牛背崩塌体附近布置自动降雨监测站 1 套，在深裂缝处布置表面位移监测站 1 套，在深裂缝分割的不同岩块部位布置岩土体倾斜监测站 1 套，用以监测深裂缝发展状况，如表 9.12 所示。监测

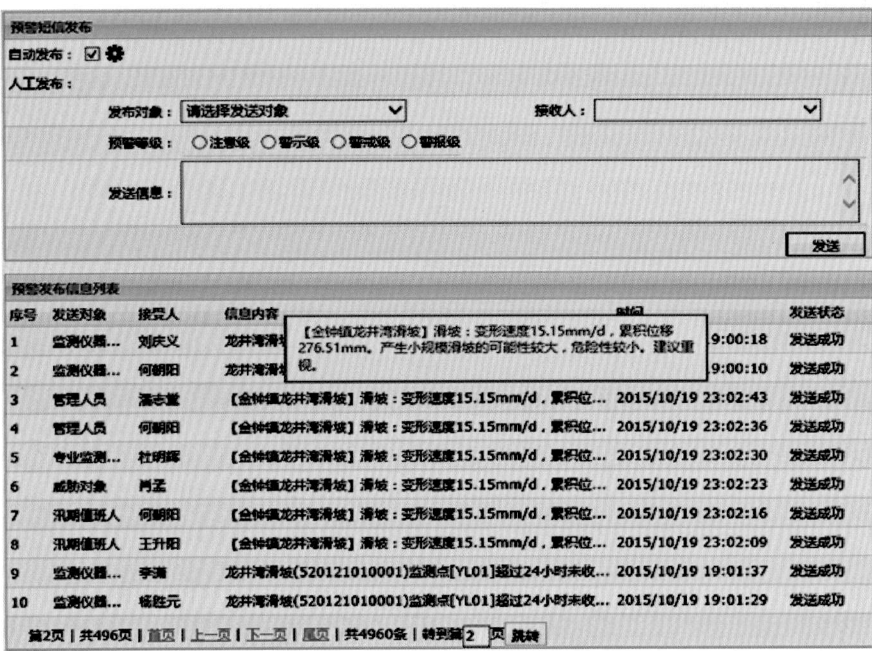

图 9.58　龙井湾滑坡预警短信发送

仪器截至 2012 年 7 月全部安装完毕，进入监测预警工作阶段。牯牛背崩塌监测预警页面如图 9.59 所示，可以看到，目前各项监测指标都在安全范围内，地表位移的预警等级还有所下降，崩塌整体预警等级处于注意级。

表 9.12　牯牛背监测仪器布置表

仪器名称	仪器数量	仪器单位	监测对象	布置位置
自动降雨监测站	1	套	降雨量	崩塌体顶部
一体化表面位移监测站	1	套	后缘深裂缝	崩塌体后缘深裂缝处
一体化岩土体倾斜监测站	1	套	后缘深裂缝	崩塌体后缘深裂缝处

图 9.59　牯牛背崩塌监测预警页面

根据牯牛背崩塌体雨量监测成果，该崩塌的降雨主要集中在 8 月份之后，如图 9.60 所示。8 月 30 日日降雨量达 52mm，8 月 31 日日降雨量 37.5mm，为 2015 年日降雨量最大值。查看 8 月 31 日的降雨实时预警，如图 9.61 所示，左图为实时降雨数据，右图为实时雨量预警。系统考虑前期降雨及耗散，对降雨的风险性做出评估，认为崩塌处于安全区域，预警等级为注意级。

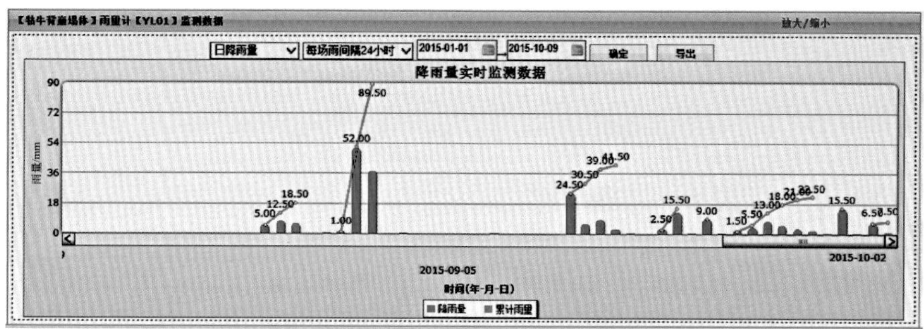

图 9.60　牯牛背崩塌雨量监测成果

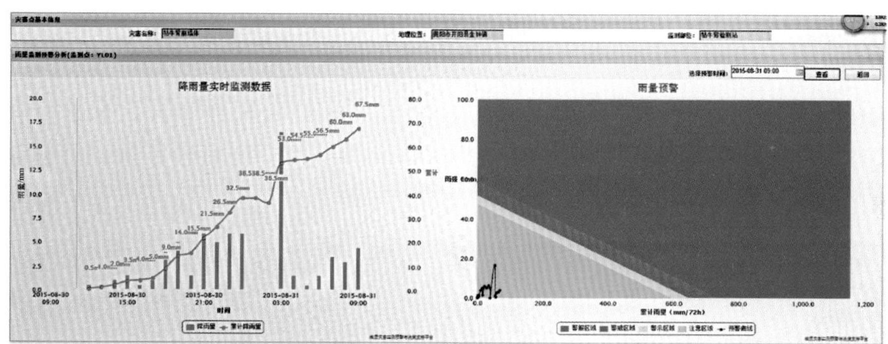

图 9.61　牯牛背崩塌雨量实时预警

地表裂缝监测用于监测已有裂缝的变形情况，根据监测成果（图 9.62）显示，2015 年以来，崩塌的顶部裂缝宽度保持稳定。地表倾斜监测成果如图 9.63 所示，可以看出，3 个测点基本上保持稳定，仅测点 3 与 7 月 22 日在 A 方向倾斜角度变小，B 方向倾斜角度有所增加，之后便继续保持稳定，说明牯牛背崩塌目前处于稳定状态。

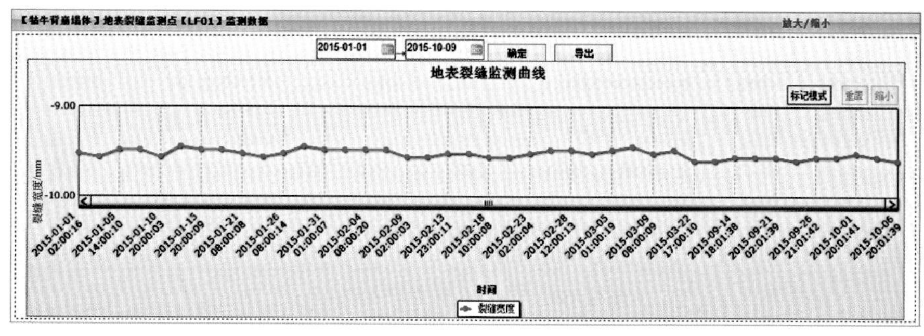

图 9.62　牯牛背崩塌地表裂缝监测成果

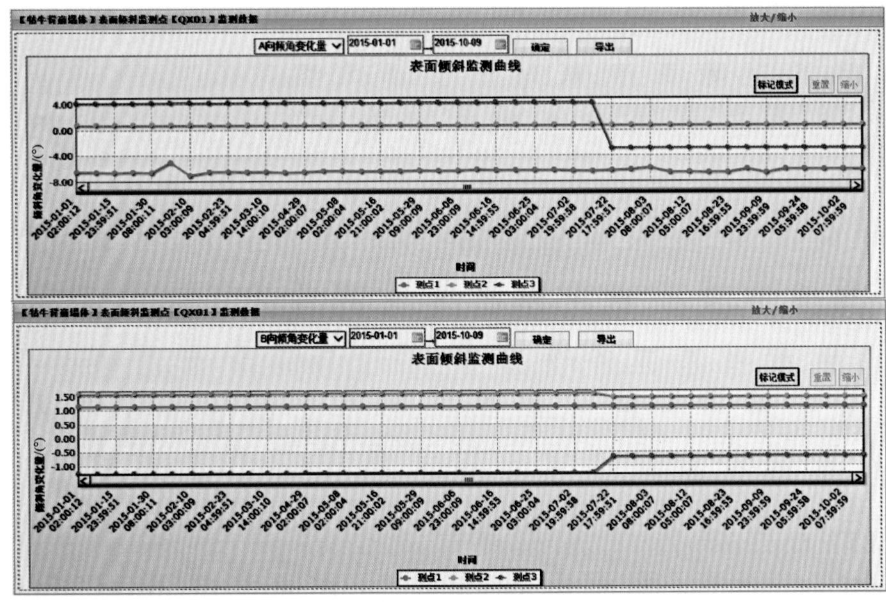

图 9.63　牯牛背崩塌表面倾斜监测成果

牯牛背崩塌自建立监测预警系统以来，逐渐稳定，目前预警短信主要为仪器数据相关，关于崩塌变形的预警短信主要在 2013 年。若有再次较大的位移出现，系统会自动发送短信至相关负责人以便及时采取相应措施（图 9.64）。

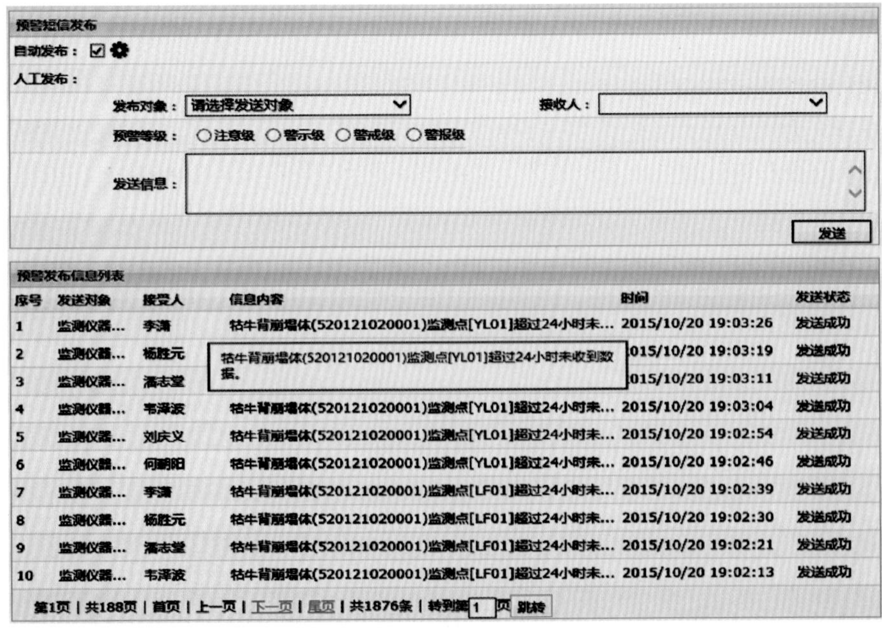

图 9.64　牯牛背崩塌预警短信

（三）泥石流

上洋水河泥石流位于开阳县金钟镇上洋水河河谷，根据开阳县金钟镇上洋水河泥石流的发育特征、发展趋势及现场条件，选择在上洋水河上游物源形成区安装自动降雨监测站 1 套，在物源流通区的上洋水河左岸官司坝处布置自动降雨监测站 1 套、泥位监测站 1 套、次生监测站 1 套、视频监测站 1 套，详见表 9.13。

表 9.13　上洋水河泥石流监测仪器布置表

仪器名称	仪器数量	仪器单位	监测对象	布置位置
自动降雨监测站	2	套	降雨量	物源形成区/流通区各 1 套
一体化泥位监测站	1	套	水位高程	物源流通区/官司坝
泥石流次声监测站	1	套	泥石流	物源流通区/官司坝
视频监测站	1	套	泥石流	物源流通区/官司坝

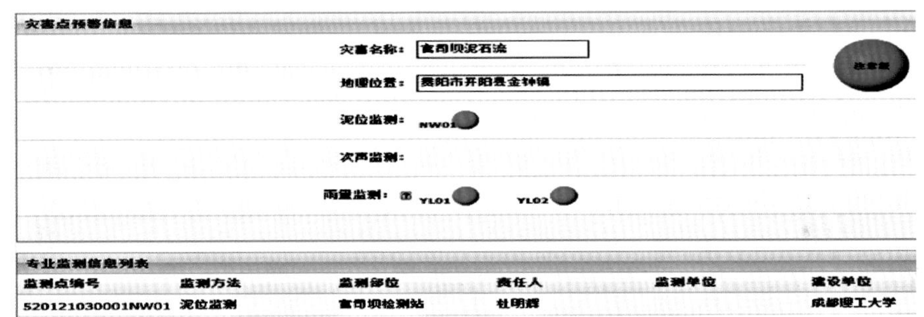

图 9.65　上洋水河泥石流监测预警页面

上洋水河泥石流监测预警页面如图 9.65 所示，可以看到各项监测指标都保持稳定，泥石流预警等级为注意级。以官司坝监测站为例，上洋水河泥石流雨量监测成果如图 9.66 所示，上洋水河泥石流区域自 4 月开始进入多雨期，8 月之后便开始有所减少。其中 5 月 26 日达到最大日降雨量 94.5mm，5 月 26 日、27 日连续降雨 159.5mm。以 5 月 27 日为例查看泥石流实时雨量监测预警，如图 9.67 所示，可以看到，由于降雨强度过大，一度达到黄色警示级区域，做出相应预警，提示泥石流可能出现的风险，随着降雨强度的减小，预警随之回落到绿色注意级区域。如果降雨强度持续，则可能进一步达到更高的预警等级。

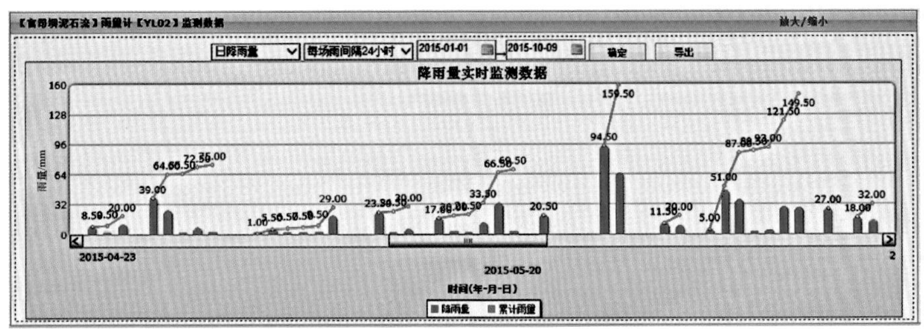

图 9.66　上洋水河泥石流雨量监测成果

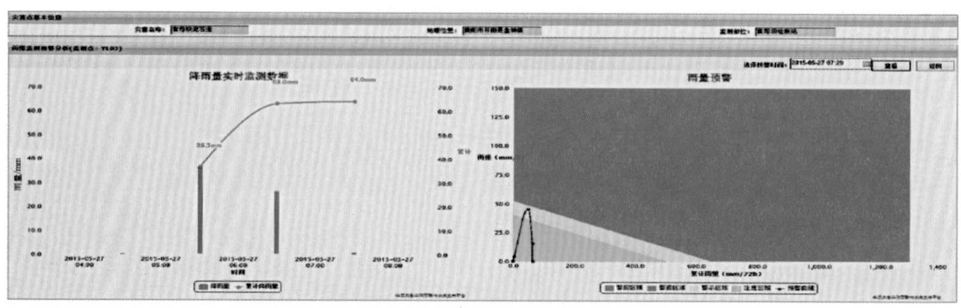

图 9.67　上洋水河泥石流实时雨量监测预警

上洋水河泥石流泥位监测成果如图 9.68 所示，可以看到上洋水河泥石流泥位有一定的下降，然后保持相对稳定。泥位实时监测预警如图 9.69 所示，左图为实时泥位，右图为泥位预警，目前泥位保持在 0.33m 左右，尚不及注意级阈值，上洋水河泥石流目前处于稳定状态。

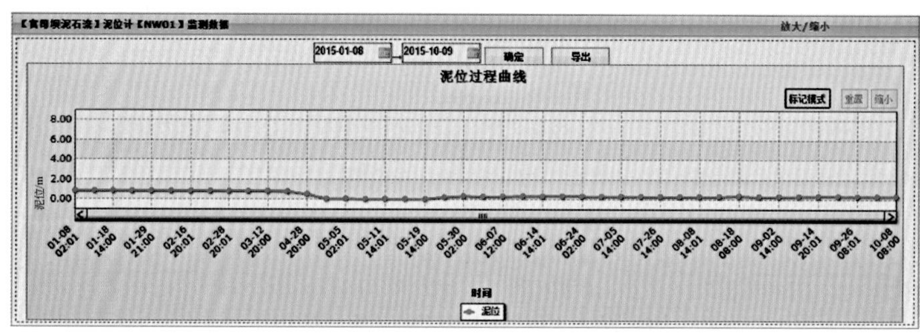

图 9.68　上洋水河泥石流泥位监测成果

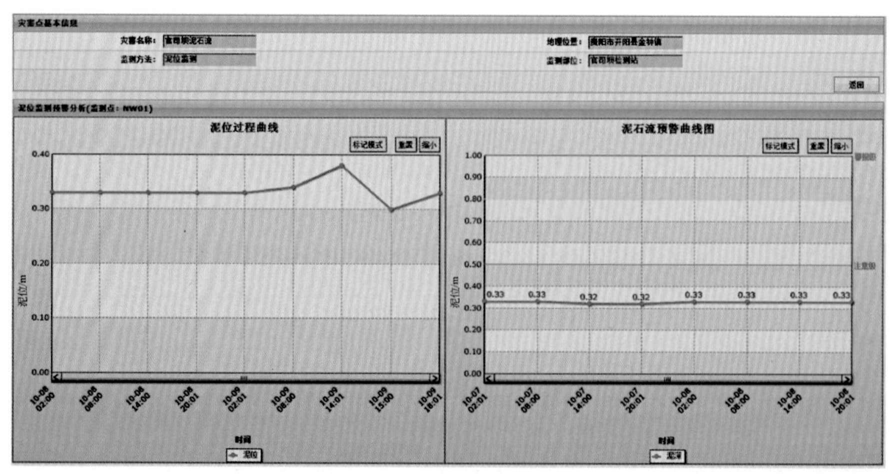

图 9.69　上洋水河泥石流泥位实时监测预警

次声和视频监测由于仪器、网络等问题，暂时无法实现相应的监测预警，便不多做阐述。当泥石流危险性增加、监测仪器监测值有疑问等情况时，系统会给相关负责人发送短信以及时处理。预警短信如图 9.70 所示，若认为泥石流目前有危险性，也可手动发送预警短信。

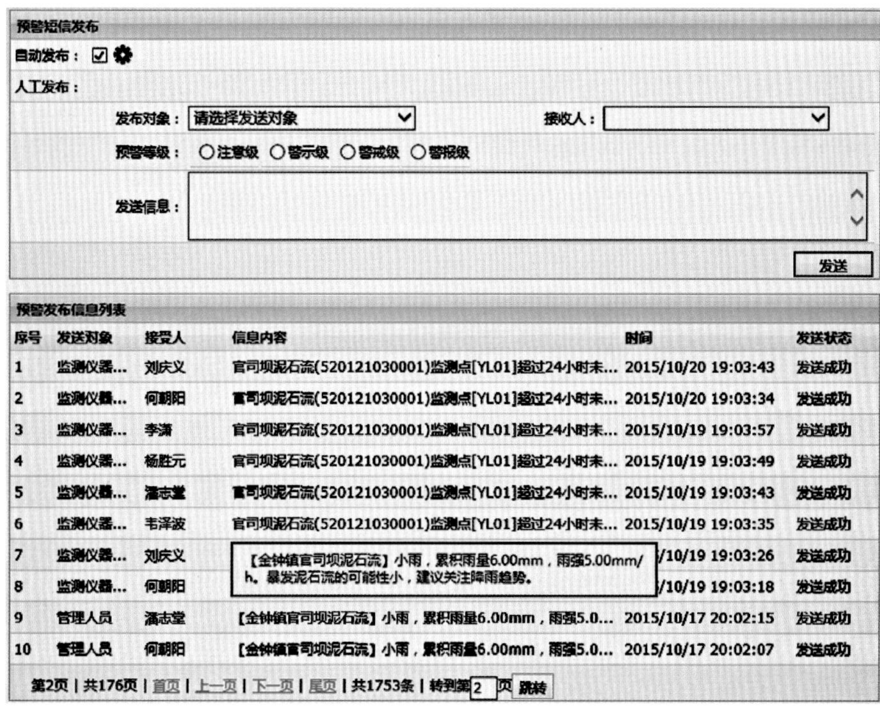

图 9.70　上洋水河泥石流预警短信

二、贵州省都匀市监测示范区

贵州省都匀市监测示范区共有 4 个地质灾害监测示范点，分别为马达岭滑坡、接娘坪变形体、立山坡崩塌体、笕槽冲泥石流。

（一）滑坡

马达岭滑坡是已经滑动的滑坡堆积体，以接娘坪变形体为例，分析都匀市示范区的滑坡监测预警。接娘坪变形体位于江州镇煤洞坡，依据接娘坪变形体的变形破坏特征，该变形体布置有自动降雨监测站 1 套，表面位移监测站 1 套、GPS 一机 1 天线 1 套、GPS 一机 4 天线 1 套，详见表 9.14。

表 9.14　都匀市马达岭滑坡监测仪器布置表

仪器名称	仪器数量	仪器单位	监测对象	布置位置
自动降雨监测站	1	套	降雨量	滑坡后缘坡顶
一体化表面位移监测站	1	套	变形体裂缝	变形体前缘

续表

仪器名称	仪器数量	仪器单位	监测对象	布置位置
GPS 一机 1 天线	1	套	变形体变形	变形体外侧稳定区
GPS 一机 4 天线	1	套	变形体变形	接娘坪平台

接娘坪变形体监测预警页面如图 9.71 所示，可以看到目前变形体各项监测指标处于稳定状态，预警等级为注意级。接娘坪变形体雨量监测成果如图 9.72 所示，降雨主要在 8 月之后，于 8 月 12 日有最大日降雨量 82mm。

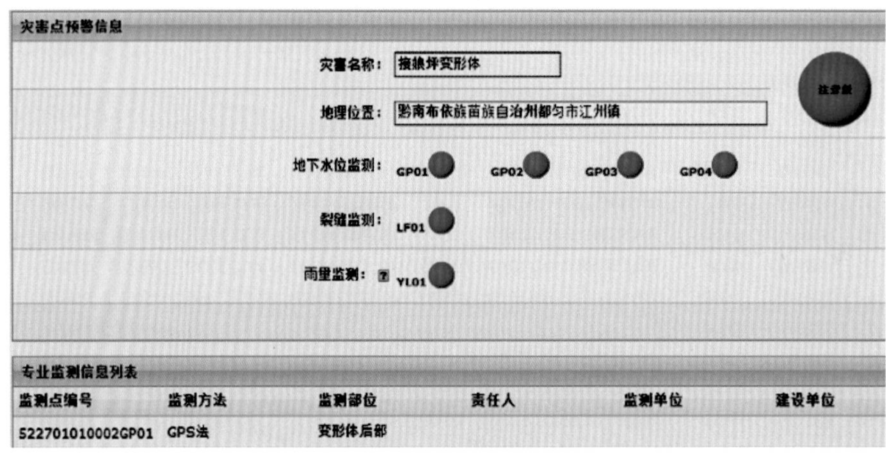

图 9.71　接娘坪变形体监测预警页面

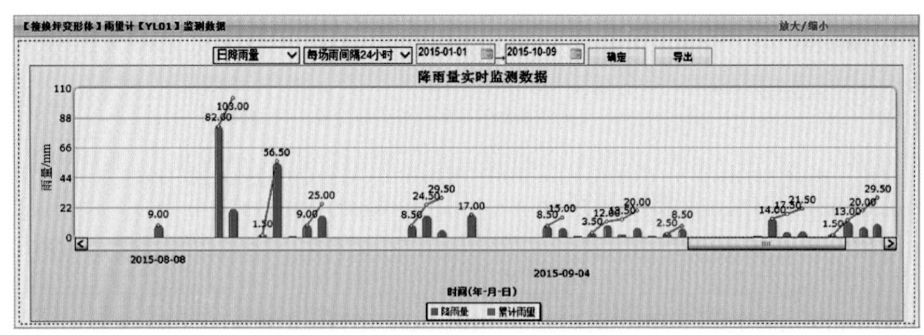

图 9.72　接娘坪变形体雨量监测成果

查看 8 月 12 日的实时雨量预警，如图 9.73 所示，左图为实时雨量，右图为雨量预警。综合考虑实时雨量和累计雨量后，降雨均落在绿色的注意级区域，说明在当时变形体是偏安全的。

针对接娘坪顶部特征裂缝的变形监测成果如图 9.74 所示，裂缝基本稳定，在 2 月至 6 月期间有缓慢的扩张，之后保持稳定。没有急剧地发生变形，变形量也处于安全范围以内。

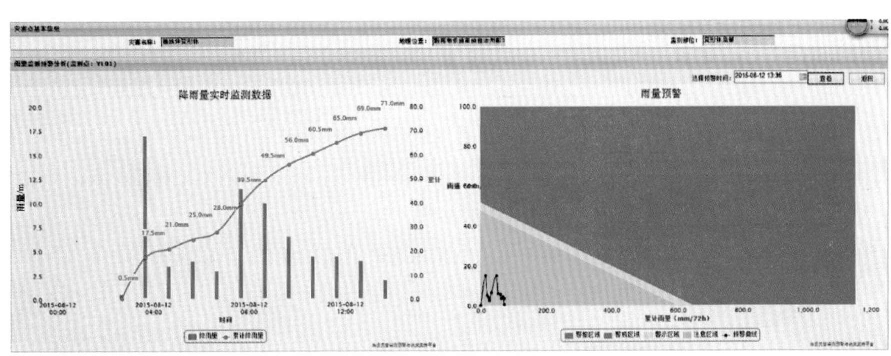

图9.73　接娘坪变形体实时雨量预警

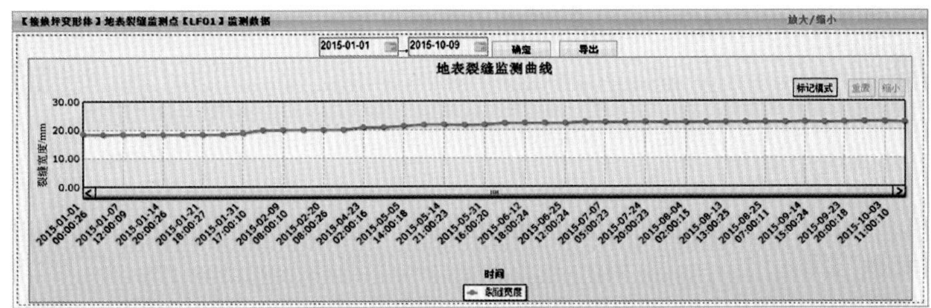

图9.74　接娘坪变形体裂缝监测成果

GPS监测可以查看监测点的实时坐标，计算其位移、变形情况、累计位移和位移速率等。根据GPS监测成果（图9.75），接娘坪变形体各部位处于稳定状态，累计位移缓慢增加。其位移量基本保持稳定，有小幅浮动，前部和后部浮动较大，中部浮动较小，未见突变和较大的位移。

根据监测成果可以看到，接娘坪变形体目前变形情况趋于稳定，处于稳定状态。偶有变形活动也已发送预警短信至相关负责人，如图9.76所示。若根据监测和预警结果认为具有危险性，也可以手动发送预警短信。

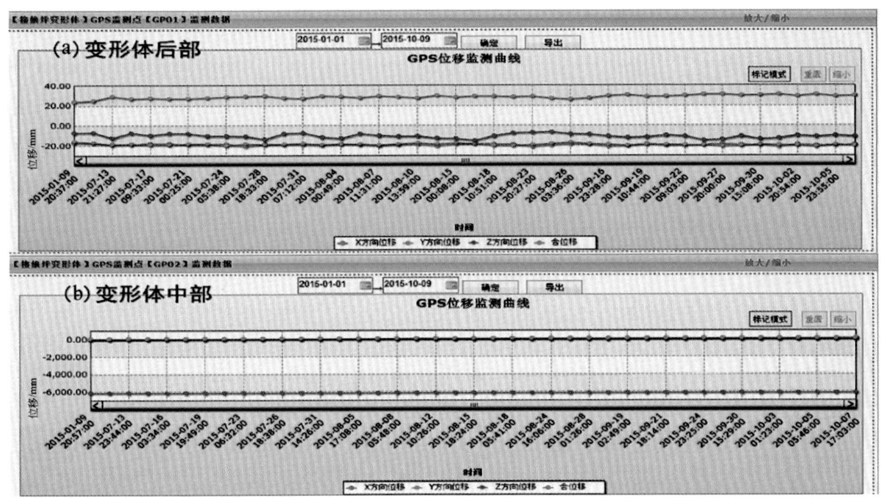

图9.75　接娘坪变形体GPS监测成果

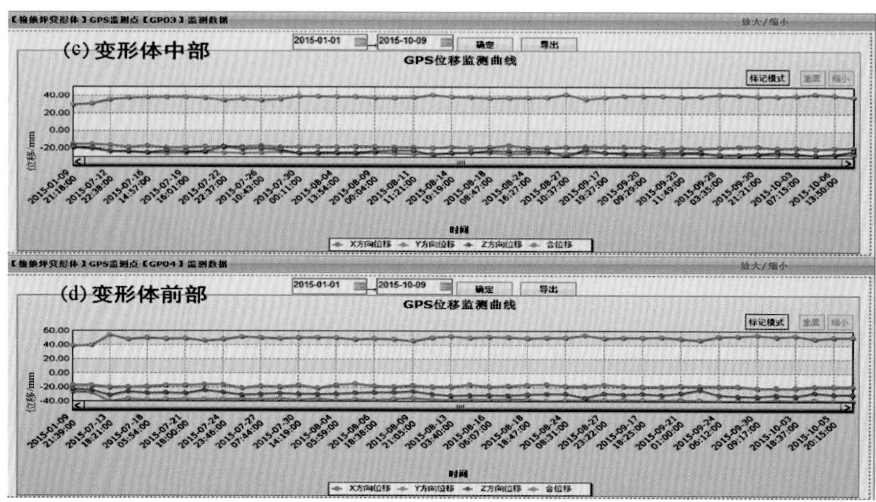

图 9.75　接娘坪变形体 GPS 监测成果（续）

预警短信发布

自动发布：☑

人工发布：

发布对象：请选择发送对象　　接收人：

预警等级：○注意级 ○警示级 ○警戒级 ○警报级

发送信息：

发送

预警发布信息列表

序号	发送对象	接受人	信息内容	时间	发送状态
1	监测仪器...	李潇	接娘坪变形体(522701010002)监测点[YL01]超过24小时未...	2015/10/20 19:30:58	发送成功
2	监测仪器...	杨胜元	接娘坪变形体(522701010002)监测点[YL01]超过24小时未收到数据。	2015/10/20 19:30:51	发送成功
3	监测仪器...	潘志堂		2015/10/20 19:30:42	发送成功
4	监测仪器...	韦泽波	接娘坪变形体(522701010002)监测点[YL01]超过24小时未...	2015/10/20 19:30:33	发送成功
5	监测仪器...	刘庆义	接娘坪变形体(522701010002)监测点[YL01]超过24小时未...	2015/10/20 19:30:22	发送成功
6	监测仪器...	何朝阳	接娘坪变形体(522701010002)监测点[YL01]超过24小时未...	2015/10/20 19:30:12	发送成功
7	监测仪器...	李潇	接娘坪变形体(522701010002)监测点[YL01]超过24小时未...	2015/10/19 19:20:52	发送成功
8	监测仪器...	杨胜元	接娘坪变形体(522701010002)监测点[YL01]超过24小时未...	2015/10/19 19:20:44	发送成功
9	监测仪器...	潘志堂	接娘坪变形体(522701010002)监测点[YL01]超过24小时未...	2015/10/19 19:20:36	发送成功
10	监测仪器...	韦泽波	接娘坪变形体(522701010002)监测点[YL01]超过24小时未...	2015/10/19 19:20:29	发送成功

第1页 | 共486页 | 首页 | 上一页 | 下一页 | 尾页 | 共4860条 | 转到第 1 页 跳转

图 9.76　接娘坪变形体预警短信

（二）崩塌

立山坡崩塌体位于江州镇煤洞坡北侧，依据立山坡崩塌体的变形破坏特征，该崩塌体布置有表面位移监测站两套、岩土体倾斜监测站 1 套，详见表 9.15。由于立山坡崩塌体与马达岭滑坡、接娘坪变形体距离较近，便未做雨量监测，降雨量参考滑坡的降雨量。

表 9.15　都匀市江州镇马达岭滑坡监测仪器布置汇总表

仪器名称	仪器数量	仪器单位	监测对象	布置位置
一体化表面位移监测站	2	套	拉张裂缝	立山坡坡顶
一体化岩土体倾斜监测站	1	套	岩体倾角	立山坡坡顶

立山坡崩塌体监测预警页面如图 9.77 所示，可以看到，系统对于立山坡崩塌体给予了警报级的判定预警时间为 2015 年 6 月 28 日，主要依据为一个地裂缝观测与其预报等级提升，且两个地裂缝观测仪器的预警等级均达到警报级。目前崩塌体处于稳定状态。

图 9.77　立山坡崩塌体监测预警页面

查看立山坡崩塌体的裂缝观测成果（图 9.78），可以看到两个监测点均在 9 月中旬左右发生了一次较大的变形而又迅速恢复。从地表倾斜监测的成果来看（图 9.79），A 方向

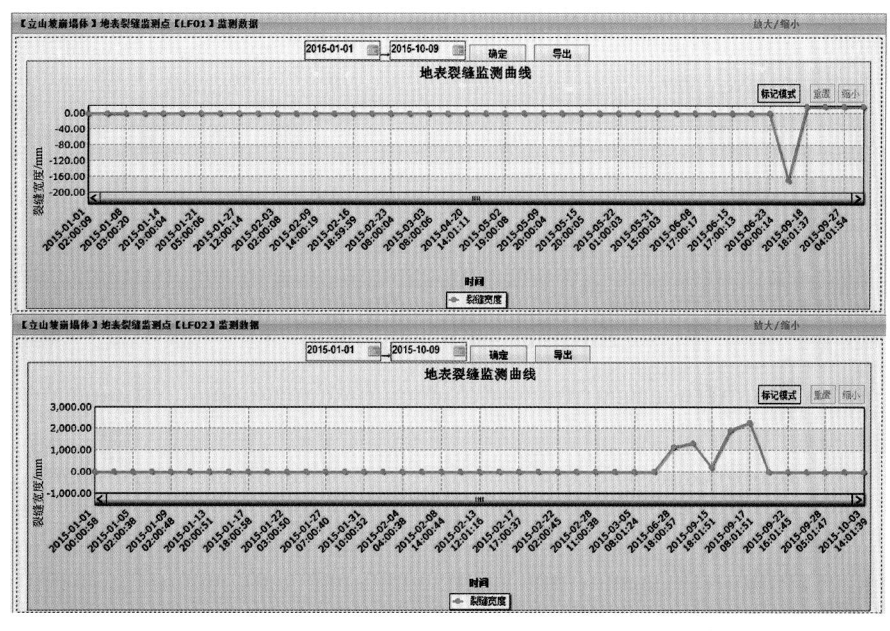

图 9.78　立山坡崩塌体的裂缝监测成果

和 B 方向，在 9 月中旬的时候均发生了较大的变化，这与地裂缝的监测成果是一致的。在变形后，崩塌体的变形情况区域稳定，由于变化量较大，系统给出了警报级的判断，还需相关负责人根据现场实际情况进行综合判断分析。

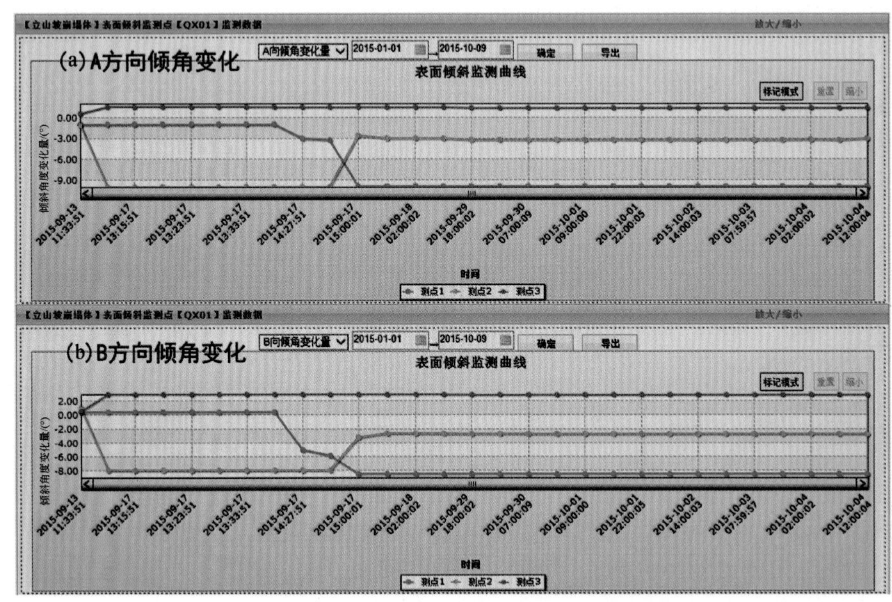

图 9.79　立山坡崩塌体表面倾斜监测成果

根据监测情况和预警结果，自动发送相关预警短信至管理人员，管理人员可依据预警短信结合现场实际情况进行判断和采取相应措施。到目前为止，立山坡崩塌体已发送变形预警及仪器相关短信 700 余条。预警短信页面如图 9.80 所示。

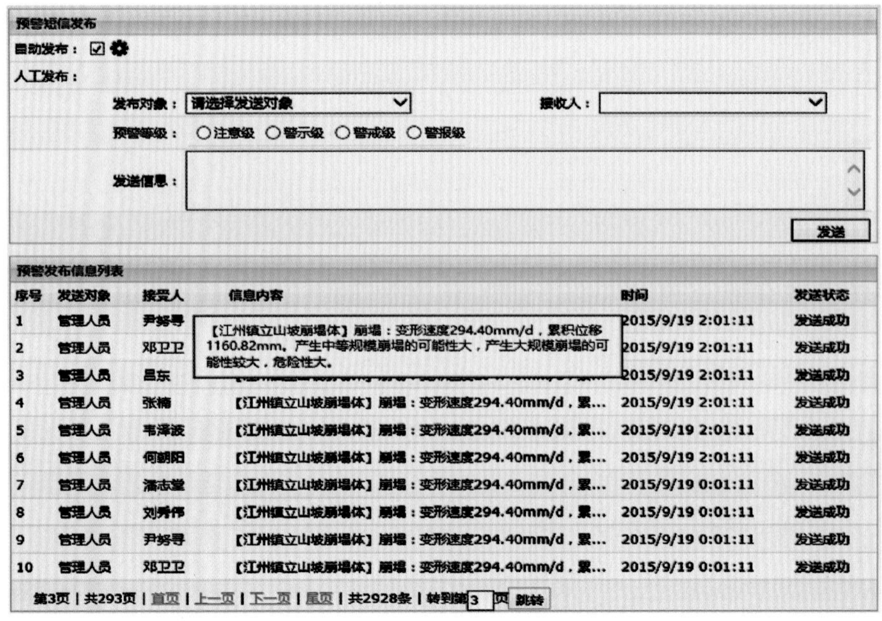

预警短信发布

自动发布：☑

人工发布：

发布对象：请选择发送对象　　接收人：

预警等级：○注意级 ○警示级 ○警戒级 ○警报级

发送信息：

发送

预警发布信息列表

【江州镇立山坡崩塌体】崩塌：变形速度294.40mm/d，累积位移1160.82mm。产生中等规模崩塌的可能性大，产生大规模崩塌的可能性较大，危险性大。

序号	发送对象	接受人	信息内容	时间	发送状态
1	管理人员	尹努寻		2015/9/19 2:01:11	发送成功
2	管理人员	邓卫卫		2015/9/19 2:01:11	发送成功
3	管理人员	吕东		2015/9/19 2:01:11	发送成功
4	管理人员	张楠	【江州镇立山坡崩塌体】崩塌：变形速度294.40mm/d，累…	2015/9/19 2:01:11	发送成功
5	管理人员	韦泽波	【江州镇立山坡崩塌体】崩塌：变形速度294.40mm/d，累…	2015/9/19 2:01:11	发送成功
6	管理人员	何朝阳	【江州镇立山坡崩塌体】崩塌：变形速度294.40mm/d，累…	2015/9/19 2:01:11	发送成功
7	管理人员	潘志堂	【江州镇立山坡崩塌体】崩塌：变形速度294.40mm/d，累…	2015/9/19 0:01:11	发送成功
8	管理人员	刘秀伟	【江州镇立山坡崩塌体】崩塌：变形速度294.40mm/d，累…	2015/9/19 0:01:11	发送成功
9	管理人员	尹努寻	【江州镇立山坡崩塌体】崩塌：变形速度294.40mm/d，累…	2015/9/19 0:01:11	发送成功
10	管理人员	邓卫卫	【江州镇立山坡崩塌体】崩塌：变形速度294.40mm/d，累…	2015/9/19 0:01:11	发送成功

第3页 | 共293页 | 首页 | 上一页 | 下一页 | 尾页 | 共2928条 | 转到第 3 页 跳转

图 9.80　立山坡崩塌体预警短信

（三）泥石流

笕槽冲泥石流沟位于贵州省都匀市江州镇富溪村，根据笕槽冲泥石流的具体活动情况，在泥石流沟口布置了自动降雨量1套、泥位计1套、渗压计1套、次声仪1套，详见表9.16。笕槽冲泥石流监测预警页面如图9.81所示，可以看到其各项监测指标均为蓝色的注意级，且预警等级无变化，泥石流处于稳定状态。

表9.16　都匀市江州镇马达岭滑坡监测仪器布置汇总表

仪器名称	仪器数量	仪器单位	监测对象	布置位置
自动降雨监测站	1	套	降雨量	笕槽冲沟口
一体化泥位计	1	套	泥石流高程	笕槽冲沟口
一体化渗压计	1	套	地下水位	笕槽冲沟口
一体化次声仪	1	套	泥石流	笕槽冲沟口

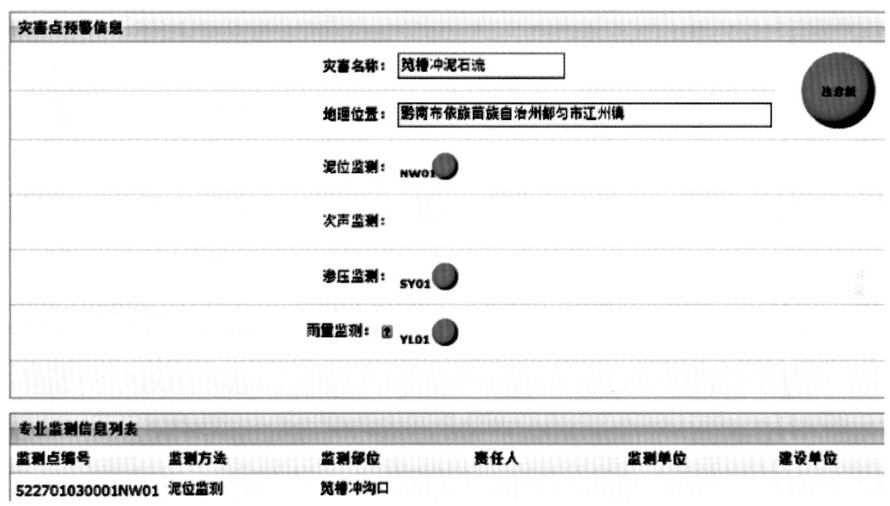

图9.81　笕槽冲泥石流监测预警页面

笕槽冲雨量监测成果如图9.82所示，可以看到，笕槽冲泥石流区域自四月底以来便进入多雨期，5月7日—5月11日连续降雨137.5mm，6月10日日降雨量139mm，8月13日日降雨量162.5mm。

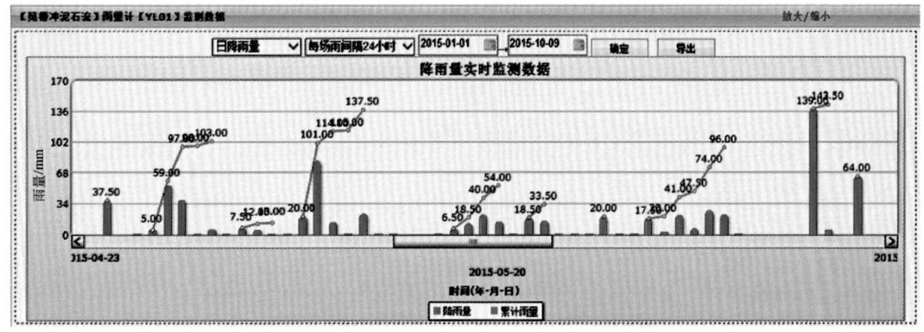

图9.82　笕槽冲泥石流雨量监测成果

以 5 月 8 日为例查看实时雨量监测预警，如图 9. 83 所示，左图为实时降雨量，右图为雨量预警。可以看到，在 3 ~ 4 点期间降雨量较大，在右图中也可以发现曲线位置较高，但由于后续降雨量减小，曲线随之下降，并未超过注意级的区域，泥石流处于稳定状态。

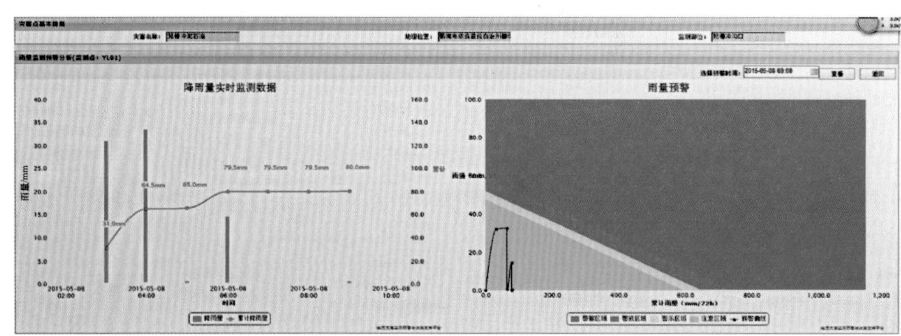

图 9. 83　笕槽冲泥石流实时雨量预警

笕槽冲泥石流渗压监测成果如图 9. 84 所示，泥石流内渗透压力较稳定，且呈缓慢降低的趋势，说明泥石流沟趋于稳定。笕槽冲泥石流渗压实时预警如图 9. 85 所示，左图为实时监测，右图为渗压预警，可以看到在当前渗压有缓慢上升，但相对于预警阈值仍然很低，泥石流处于稳定状态。

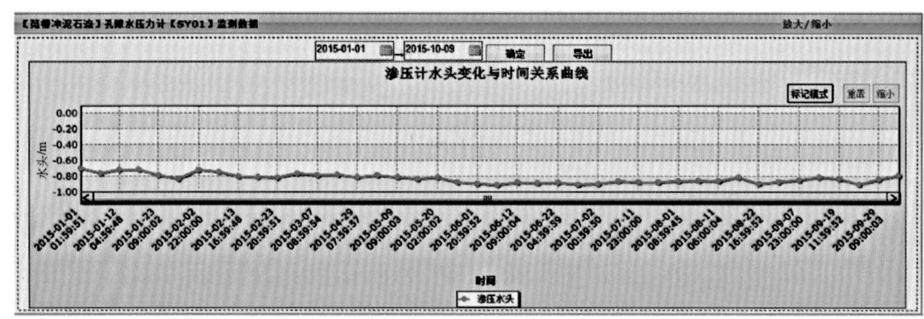

图 9. 84　笕槽冲泥石流渗压监测成果

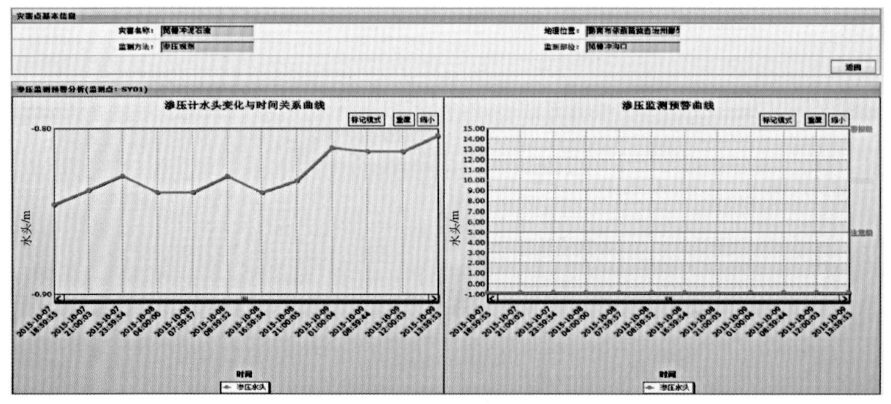

图 9. 85　笕槽冲泥石流渗压实时预警

笕槽冲泥石流泥位监测成果如图 9.86 所示，可以看到，泥石流沟内泥位基本稳定，偶有升高，升高量不大且与降雨有密切的相关性。笕槽冲泥石流泥位实时预警如图 9.87 所示，左图为实时泥位，右图为泥位预警，可以看到，在 10 月 7 日夜和 10 月 8 日上午泥位较高，但仍未及警戒级阈值，因此未触发预警。

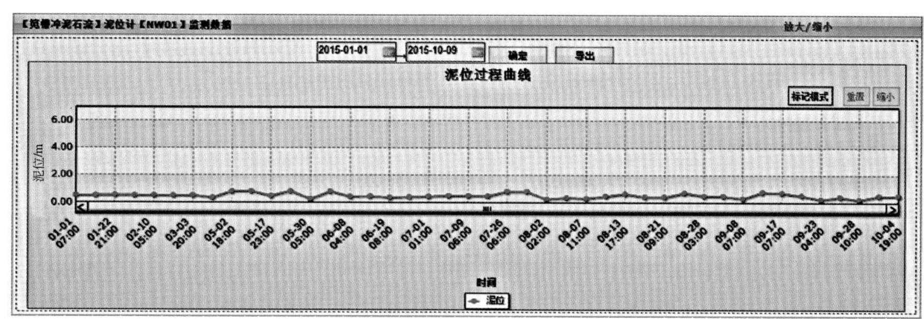

图 9.86　笕槽冲泥石流泥位监测成果

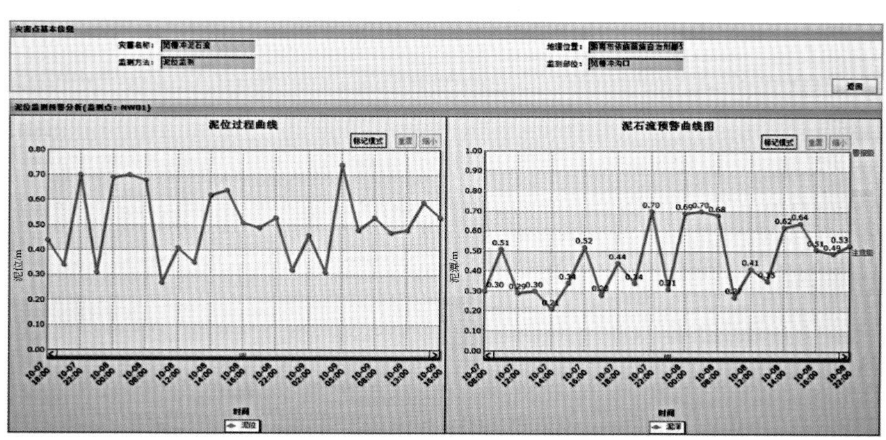

图 9.87　笕槽冲泥石流泥位实时预警

笕槽冲泥石流到目前为止已发送预警和仪器信息短信 800 余条，为及时处治提供了相应的依据，笕槽冲泥石流预警短信发布情况如图 9.88 所示。

三、其他监测示范区

其他监测示范区共有德兴煤矿滑坡、大石村滑坡、程寨乡滑坡、大榕村滑坡共 4 处滑坡，油沙村崩塌体、云龙山崩塌体、凉水井镇崩塌体、猴厂镇崩塌体、鬃岭镇小垛口崩塌体共 5 个崩塌，望谟河泥石流共 1 处泥石流，松河采空区塌陷 1 处地面塌陷，岩架镇北侧边坡、乌木铺岩质高边坡共 2 处不稳定斜坡，共 13 处灾害点进行了监测预警相关仪器建设。

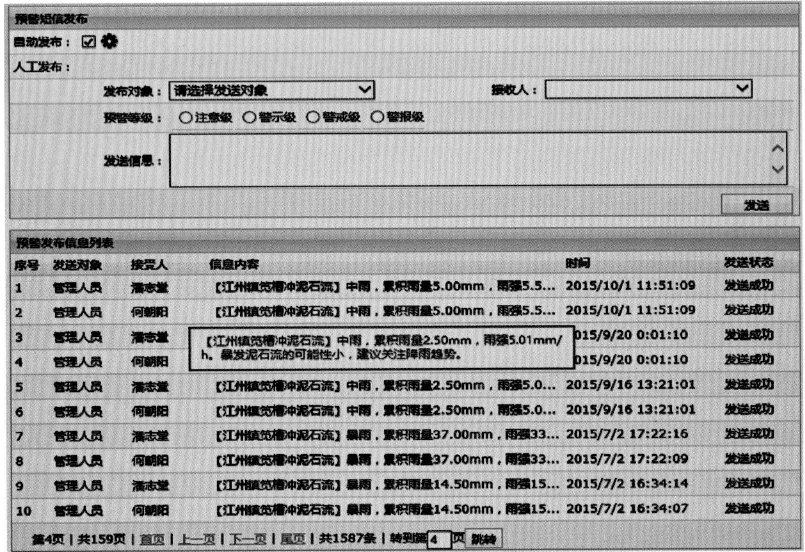

图 9.88　笕槽冲泥石流预警短信

（一）滑坡

程寨乡滑坡位于遵义市习水县程寨乡，依据程寨乡滑坡的变形破坏特征，该滑坡布置有自动降雨监测站 1 套、固定式深部位移监测站 2 套、孔隙水压监测站 1 套、土体含水率监测站 1 套、滑动式深部测斜孔 3 支，详见表 9.17。

表 9.17　程寨乡滑坡监测仪器布置表

仪器名称	仪器数量	仪器单位	监测对象	布置位置
自动降雨监测站	1	套	降雨量	滑坡前缘
固定式深部位移监测站	2	套	深部位移	坡体中部、左侧缘
孔隙水压监测站	1	套	坡体地下水位	坡体左侧
土体含水率监测站	1	套	土体含水率	坡体左侧
滑动式深部测斜孔	3	支	滑坡深部位移	坡体前缘、后缘、右侧缘

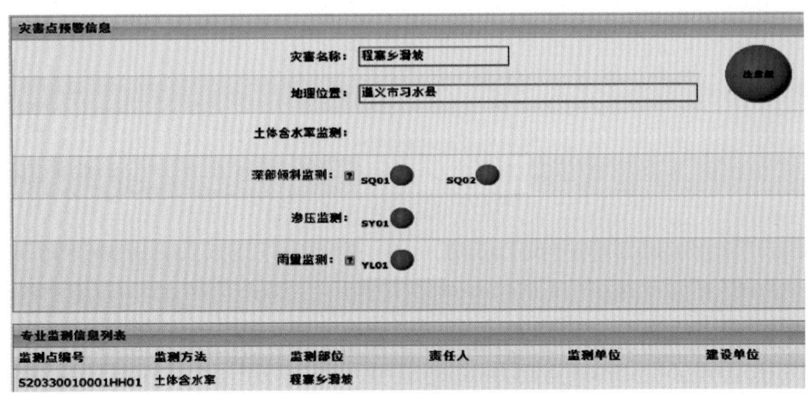

图 9.89　程寨乡滑坡监测预警页面

程寨乡滑坡监测预警页面如图 9.89 所示，可以看到目前各项监测指标都处于安全的注意级并保持稳定，说明程寨乡滑坡目前稳定性良好。程寨乡滑坡雨量监测成果如图 9.90 所示，程寨乡滑坡区域自 5 月以来进入多雨季节，9 月之后雨量开始减少，其中 5 月 20 日日降雨量达 78mm，8 月 11 日至 19 日连续降雨 90mm。

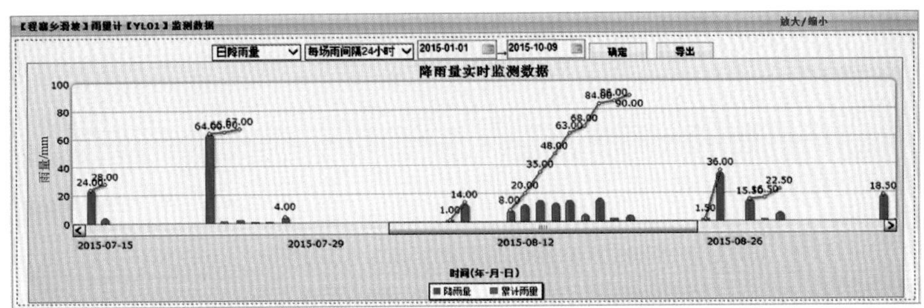

图 9.90　程寨乡滑坡雨量监测成果

以 8 月 11 日至 19 日连续降雨中的一天来查看当时的雨量实时预警，如图 9.91 所示，左图为实时雨量，右图为雨量预警。可以看到，虽然在持续降雨，但由于雨强并不大，在预警图中降雨仍落在绿色的注意级区域，认为滑坡处于较安全的状态。

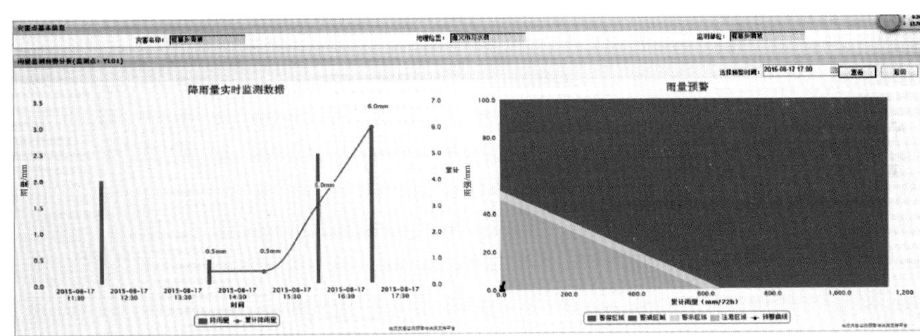

图 9.91　程寨乡滑坡实时雨量预警

程寨乡滑坡的土体含水率监测成果如图 9.92 所示，可以看到，程寨乡滑坡土体含水率基本保持问题，随着降雨有着一点的波动，但幅度不大。土体含水率预警如图 9.93 所示，左图为实时含水率曲线，右图为监测值及相应阈值，可以看到，目前程寨乡滑坡土体含水率稳定，处于注意级阈值以下。

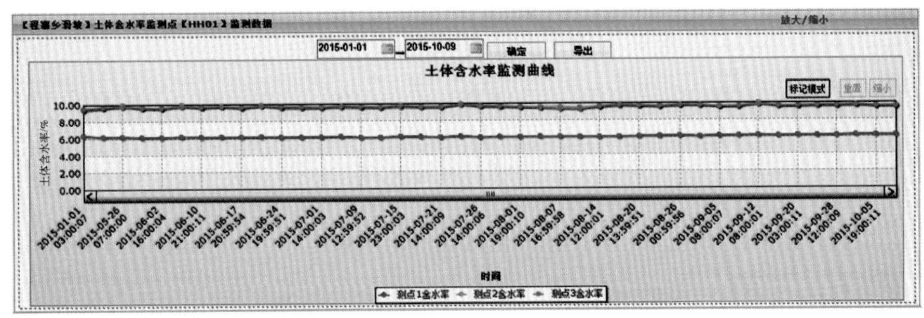

图 9.92　程寨乡滑坡土体含水率监测成果

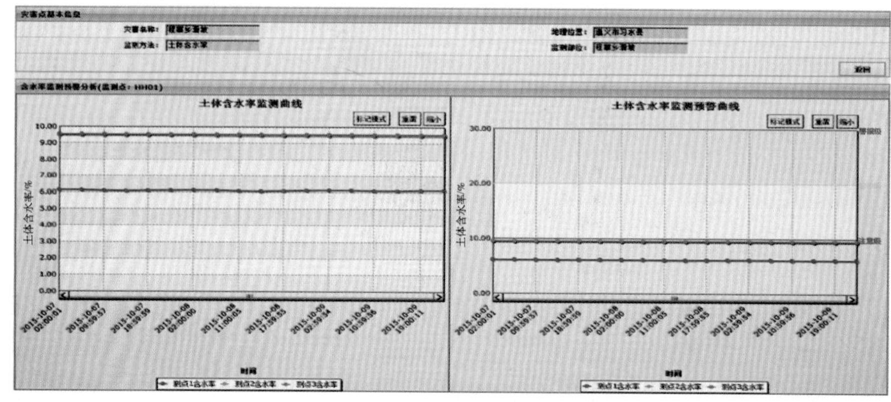

图 9.93　程寨乡滑坡土体含水率预警

程寨乡滑坡渗透压力监测成果如图 9.94 所示，可以看到渗透压力随降雨做周期性地增加、减小，近期有上升趋势，总的来说仍然保持在一个较低的等级。程寨乡渗压实时监测预警如图 9.95 所示，左图为实时渗压曲线，右图为预警阈值及曲线，可以看到，渗透压力在逐渐减小，相较于预警阈值，渗透压力较低，滑坡处于稳定状态，不会引发预警警报。

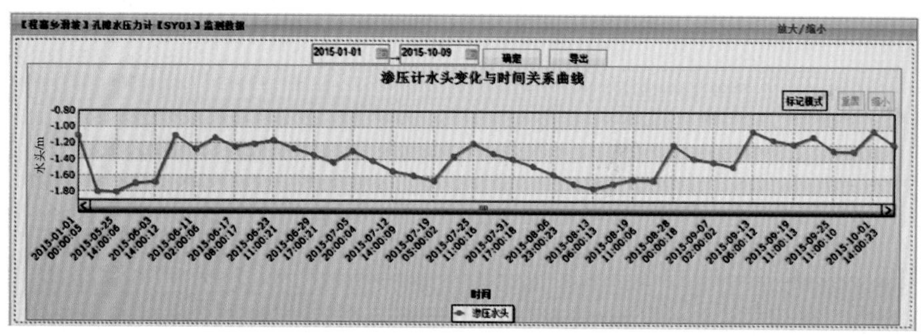

图 9.94　程寨乡滑坡渗压监测成果

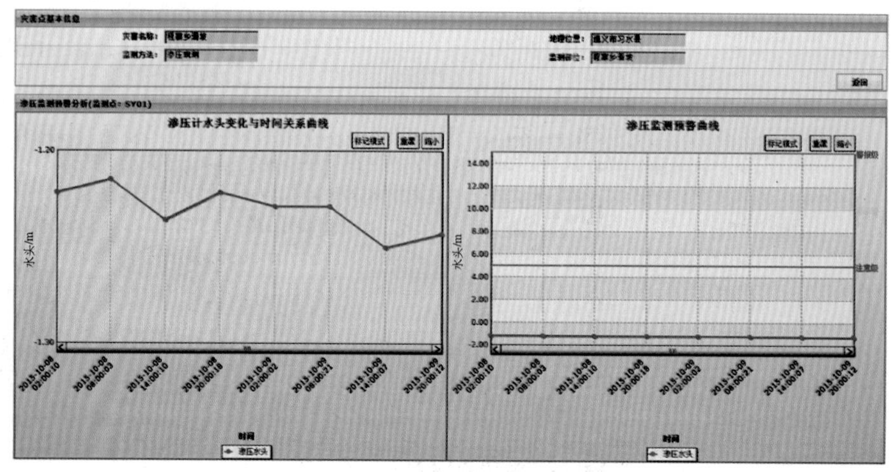

图 9.95　程寨乡滑坡渗压实时预警

程寨乡深部位移监测如图 9.96 所示，以 8 月 11 日至 8 月 19 日连续降雨为例，可以看到，不同时间的位移曲线基本重合，滑坡未发生较大的变形。若滑坡发生较大变形，则会发送预警短信至相关管理人员，管理人员可进一步分析判断，采取相应措施。发送预警短信列表如图 9.97 所示，若用户认为滑坡存在风险而系统未发送短信，还可以手动发送预警短信。

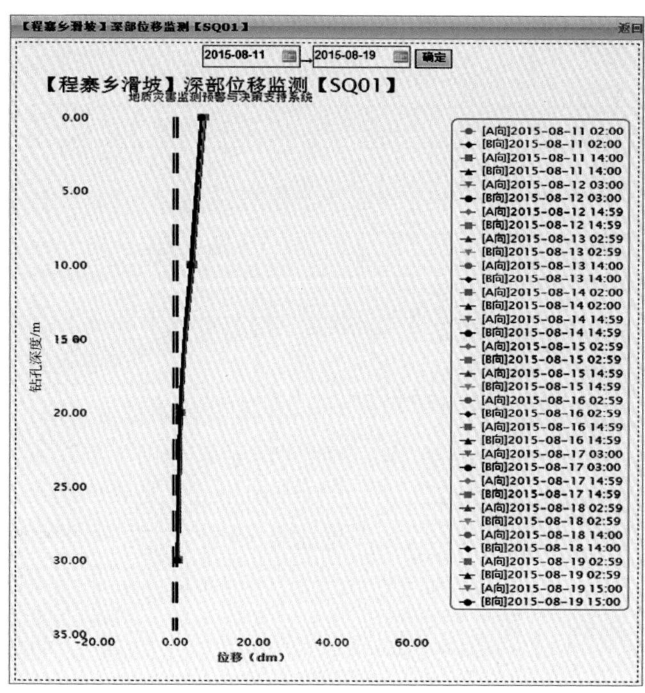

图 9.96　程寨乡滑坡深部位移监测

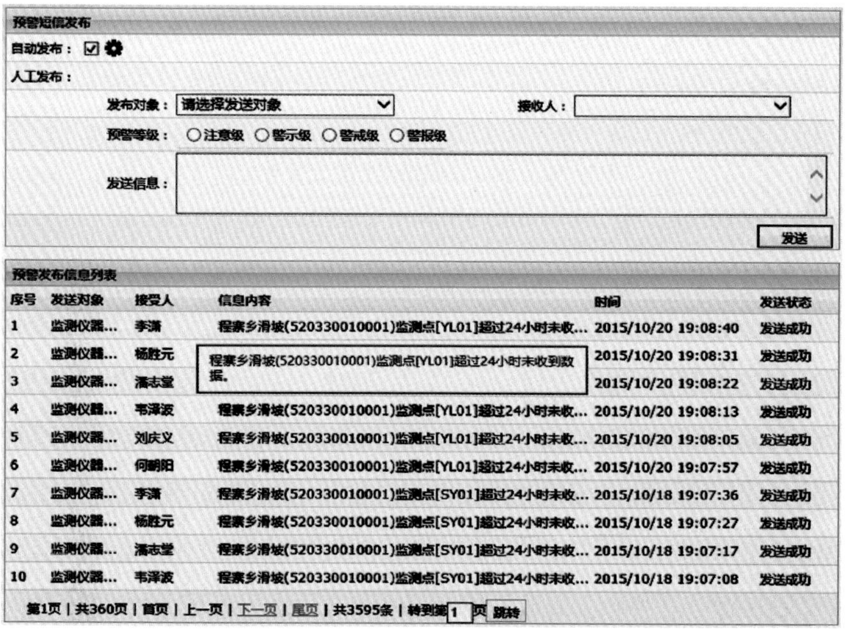

预警短信发布

自动发布：☑

人工发布：

发布对象：请选择发送对象　　接收人：

预警等级：○注意级 ○警示级 ○警戒级 ○警报级

发送信息：

发送

预警发布信息列表

序号	发送对象	接受人	信息内容	时间	发送状态
1	监测仪器...	李潇	程寨乡滑坡(520330010001)监测点[YL01]超过24小时未收...	2015/10/20 19:08:40	发送成功
2	监测仪器...	杨胜元	程寨乡滑坡(520330010001)监测点[YL01]超过24小时未收到数据。	2015/10/20 19:08:31	发送成功
3	监测仪器...	潘志堂		2015/10/20 19:08:22	发送成功
4	监测仪器...	韦泽波	程寨乡滑坡(520330010001)监测点[YL01]超过24小时未收...	2015/10/20 19:08:13	发送成功
5	监测仪器...	刘庆义	程寨乡滑坡(520330010001)监测点[YL01]超过24小时未收...	2015/10/20 19:08:05	发送成功
6	监测仪器...	何鹏阳	程寨乡滑坡(520330010001)监测点[YL01]超过24小时未收...	2015/10/20 19:07:57	发送成功
7	监测仪器...	李潇	程寨乡滑坡(520330010001)监测点[SY01]超过24小时未收...	2015/10/18 19:07:36	发送成功
8	监测仪器...	杨胜元	程寨乡滑坡(520330010001)监测点[SY01]超过24小时未收...	2015/10/18 19:07:27	发送成功
9	监测仪器...	潘志堂	程寨乡滑坡(520330010001)监测点[SY01]超过24小时未收...	2015/10/18 19:07:17	发送成功
10	监测仪器...	韦泽波	程寨乡滑坡(520330010001)监测点[SY01]超过24小时未收...	2015/10/18 19:07:08	发送成功

第1页 | 共360页 | 首页 | 上一页 | 下一页 | 尾页 | 共3595条 | 转到第 1 页 跳转

图 9.97　程寨乡滑坡预警短信

（二）崩塌

油沙村崩塌体位于毕节地区大方县油沙村，依据油沙村崩塌体的变形破坏特征，该崩塌体布置有自动降雨监测站 1 套、岩土体倾斜监测站 1 套、表面位移监测站 1 套，详见表 9.18。

表 9.18　油沙村崩塌体监测仪器布置表

仪器名称	仪器数量	仪器单位	监测对象	布置位置
自动降雨监测站	1	套	降雨量	油沙村崩塌体上部
一体化岩土体倾斜监测站	1	套	岩体倾角	油沙村崩塌体岩体
一体化表面位移监测站	1	套	崩塌体裂缝	油沙村崩塌体裂缝处

油沙村崩塌体监测预警页面如图 9.98 所示，可以看到，油沙村崩塌体目前处于稳定状态，预警等级为注意级。雨量监测成果如图 9.99 所示，油沙村崩塌体区域自 4 月开始进入多雨期，9 月之后降雨量有所降低，其中 4 月 14 日达到最大日降雨量 62mm，6 月 10 日至 13 日连续降雨 76mm。油沙村崩塌体雨量实时预警如图 9.100 所示，左图为实时雨量，右图为雨量预警。以连续降雨的 6 月 10 日为例，可以看到，随着降雨的增加，在预警图中降雨落在绿色的注意级区域，认为崩塌体处于稳定状态。

图 9.98　油沙村崩塌体监测预警页面

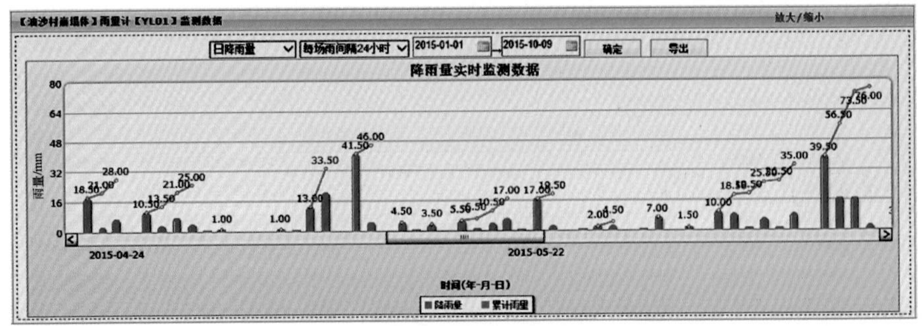

图 9.99　油沙村崩塌体雨量监测成果

油沙村崩塌体表面倾斜监测成果如图 9.101 所示，可以看到除了 9 月 25 日，测点 C 在 A 方向有轻微增加、B 方向有较大增加，其余时间和测点都保持了相对稳定的状态。油

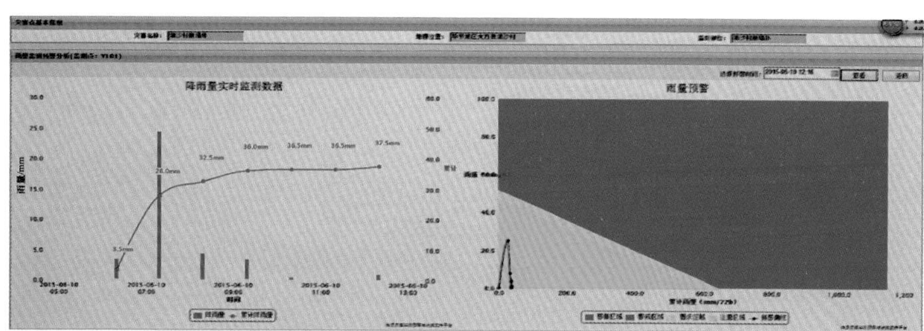

图 9.100　油沙村崩塌体实时雨量预警

沙村崩塌体表面实时监测预警如图 9.102 所示，默认是最新的监测值，可以看到目前各测点的 A、B 方向倾角保持稳定，倾角处于注意级阈值之下，崩塌体处于稳定状态。

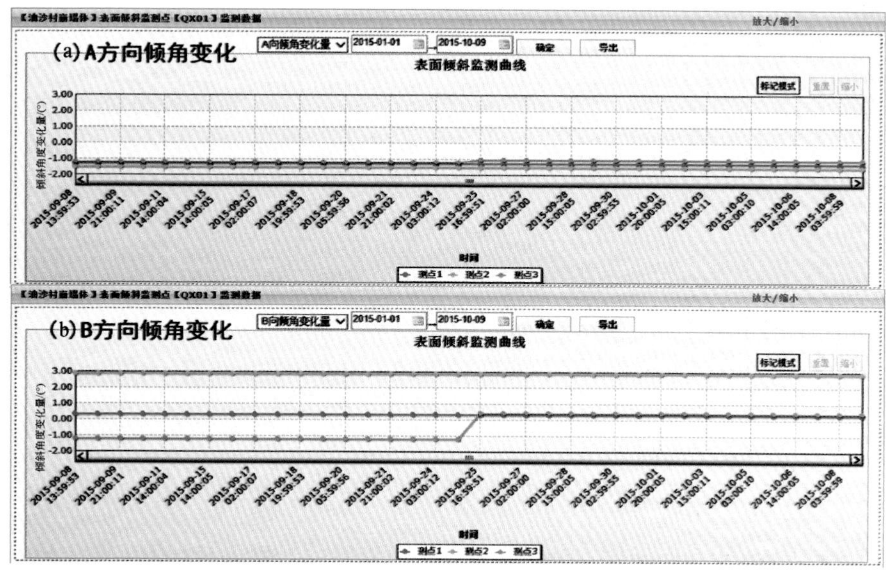

图 9.101　油沙村崩塌体表面倾斜监测成果

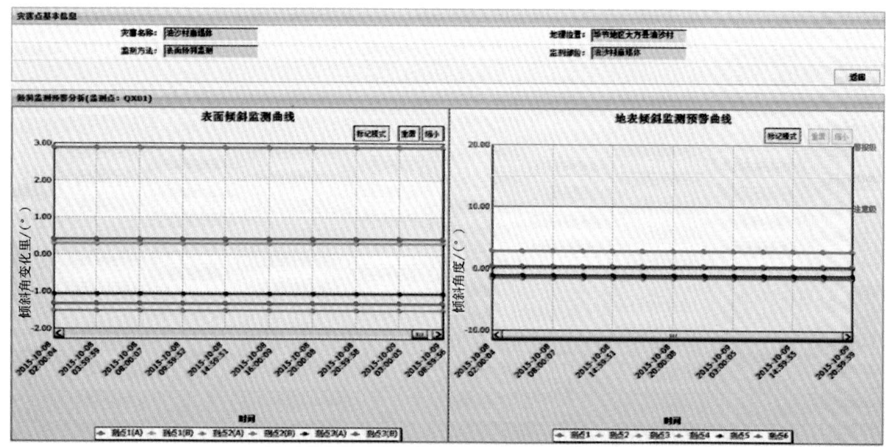

图 9.102　油沙村崩塌体表面倾斜实时监测预警

油沙村崩塌体地表裂缝监测成果如图 9.103 所示，可以看到裂缝的宽度保持稳定，未继续张开，认为崩塌体目前处于稳定状态。从实时监测预警图（图 9.104）可以看到，地表裂缝宽度其实是在一个较小的范围内波动，没有增大的趋势。

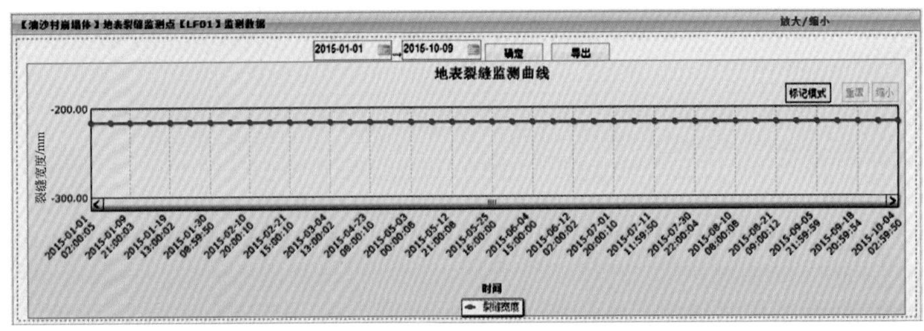

图 9.103　油沙村崩塌体地表裂缝监测成果

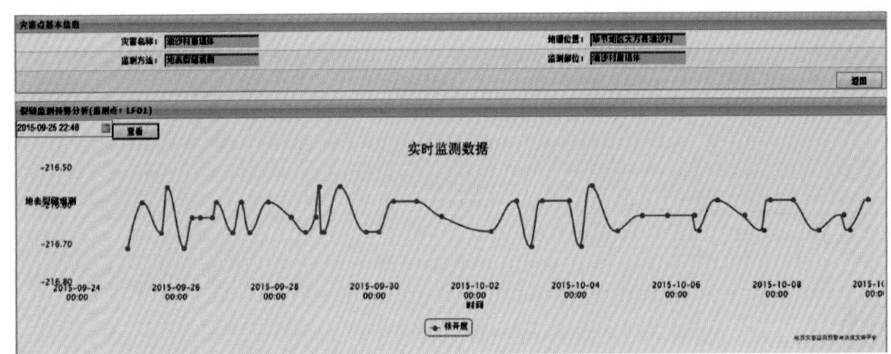

图 9.104　油沙村崩塌体地表裂缝实时监测预警

若崩塌体出现较快速的变形，系统则会发送预警短信到相关管理人员处，供其进行分析判断，以便采取相应措施。预警短信如图 9.105 所示，若认为稳定性与系统所判断的不一致，也可以手动进行预警短信发送。

（三）泥石流

望谟河泥石流位于黔西南布依族苗族自治州望谟县，为监测望谟县泥石流的活动情况，在打易镇小学建立了自动降雨量 1 套，在纳坝乡建立了自动降雨量 1 套，在石头寨布置有自动降雨量 1 套、泥位计 1 套、次声仪 1 套、视频仪 1 套，详见表 9.19。

望谟河泥石流监测预警页面如图 9.106 所示，这里对泥石流的预警等级给予了警戒级的判断，其判断依据是泥位监测达到了警报级而雨量监测仍为注意级。关于泥位监测的警报级预警，可以看到预警时间是 2015 年 8 月 19 日，其实这是一次误报，稍后会做出说明。

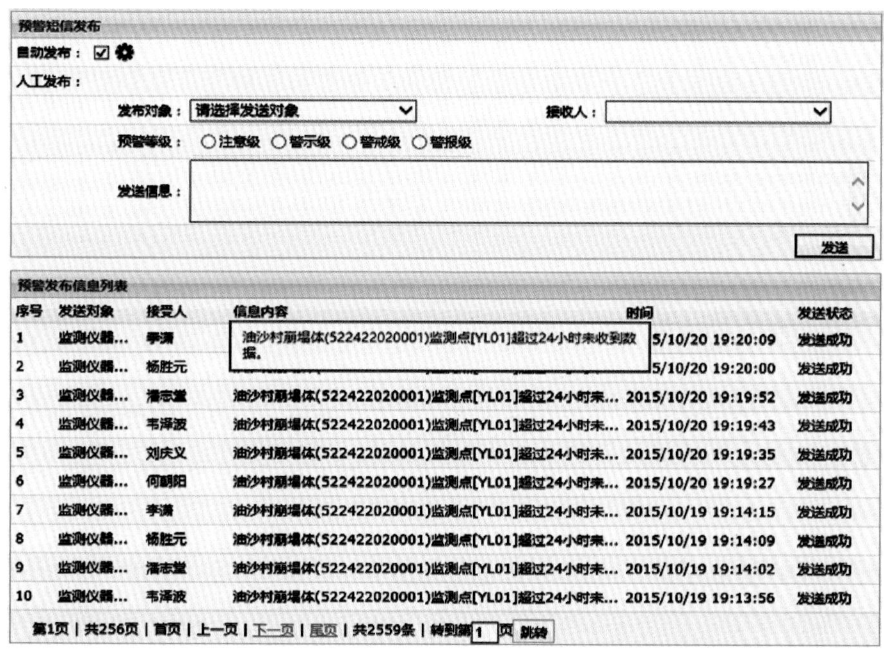

预警短信发布
自动发布：
人工发布：
发布对象：请选择发送对象
接收人：
预警等级：○注意级 ○警示级 ○警戒级 ○警报级
发送信息：
发送
预警发布信息列表
序号 发送对象 接受人 信息内容 时间 发送状态
油沙村崩塌体(522422020001)监测点[YL01]超过24小时未收到数据。
1 监测仪器… 李满 5/10/20 19:20:09 发送成功
2 监测仪器… 杨胜元 5/10/20 19:20:00 发送成功
3 监测仪器… 潘志堂 油沙村崩塌体(522422020001)监测点[YL01]超过24小时未… 2015/10/20 19:19:52 发送成功
4 监测仪器… 韦泽波 油沙村崩塌体(522422020001)监测点[YL01]超过24小时未… 2015/10/20 19:19:43 发送成功
5 监测仪器… 刘庆义 油沙村崩塌体(522422020001)监测点[YL01]超过24小时未… 2015/10/20 19:19:35 发送成功
6 监测仪器… 何朝阳 油沙村崩塌体(522422020001)监测点[YL01]超过24小时未… 2015/10/20 19:19:27 发送成功
7 监测仪器… 李满 油沙村崩塌体(522422020001)监测点[YL01]超过24小时未… 2015/10/19 19:14:15 发送成功
8 监测仪器… 杨胜元 油沙村崩塌体(522422020001)监测点[YL01]超过24小时未… 2015/10/19 19:14:09 发送成功
9 监测仪器… 潘志堂 油沙村崩塌体(522422020001)监测点[YL01]超过24小时未… 2015/10/19 19:14:02 发送成功
10 监测仪器… 韦泽波 油沙村崩塌体(522422020001)监测点[YL01]超过24小时未… 2015/10/19 19:13:56 发送成功
第1页 | 共256页 | 首页 | 上一页 | 下一页 | 尾页 | 共2559条 | 转到第 1 页 跳转

图 9.105　油沙村崩塌体预警短信

表 9.19　望谟河泥石流监测仪器布置表

仪器名称	仪器数量	仪器单位	监测对象	布置位置
自动降雨监测站	3	套	降雨量	打易镇、纳坝乡、石头寨各 1 套
一体化泥位监测站	1	套	水位高程	石头寨
泥石流次声监测站	1	套	泥石流	石头寨
视频监测站	1	套	泥石流	石头寨

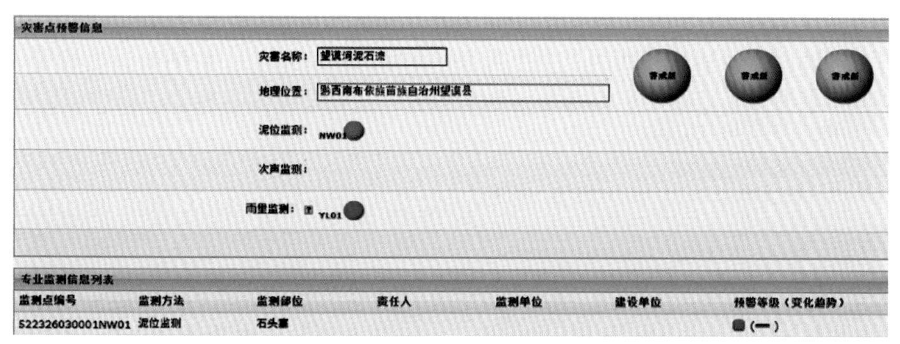

图 9.106　望谟河泥石流监测预警页面

以打易镇小学的雨量监测站为例，望谟河泥石流雨量监测成果如图 9.107 所示，由于 7 月 30 日的雨量监测出现异常值，为了显示效果，时间范围为 8 月 1 日开始。9 月 6 日达到日降雨量最大值134mm，9月3日至9月12日连续降雨达240mm。选择9月6日查看当时的实时雨量预警，如图9.108所示，可以看到，随着雨强的增大，其危险性迅速增加，一度达到黄色的警戒级区域，之后雨强开始减小，危险性也随之回落到绿色的注意级区域。可见预警系统能实时反映灾害点的危险情况，做出预警。

图9.107　望谟河泥石流雨量监测成果

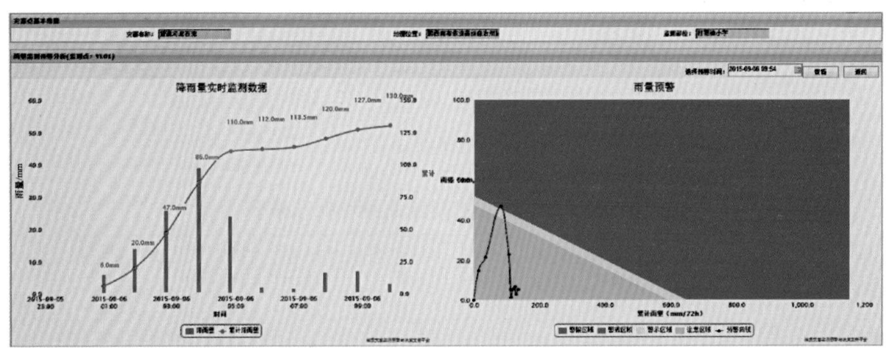

图9.108　望谟河泥石流实时雨量预警

望谟河泥石流的泥位监测成果如图9.109所示，可以看到在7月30日时泥位突变至10.55m而在9月20日时又突变回0.17m，这是因为对监测仪器进行调整所致，泥位实际是保持稳定的。而系统在8月19日对10.55m的泥位数据做出预报，自然为危险的警报级。望谟河泥石流泥位实时监测预警如图9.110所示，左图为实时泥位，右图为泥位预警。可以看到，泥位在一定范围内波动，仍在注意级阈值附近，认为目前泥石流处于稳定状态。

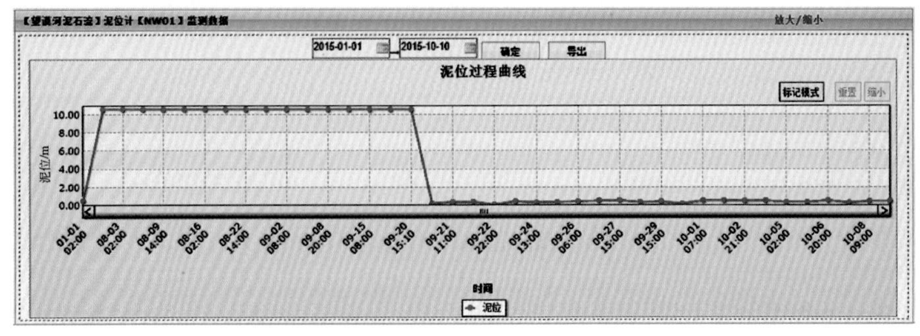

图9.109　望谟河泥石流泥位监测成果

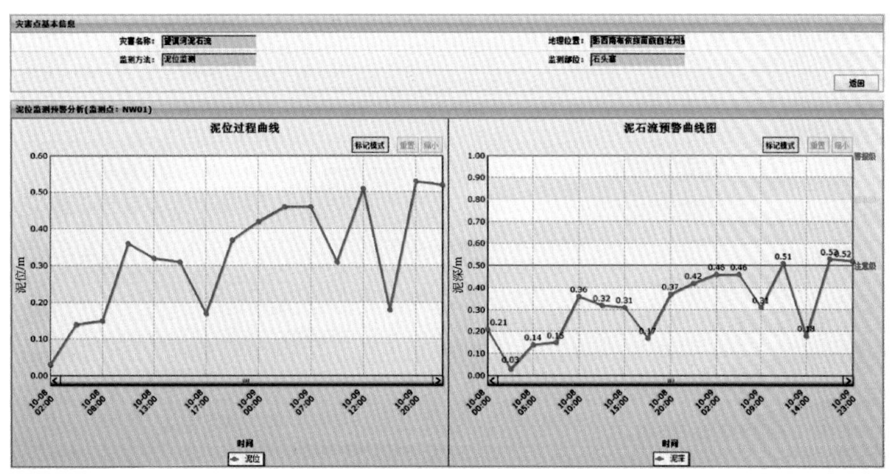

图 9.110　望谟河泥石流泥位实时监测预警

预警短信如图 9.111 所示，当降雨过大可能影响泥石流稳定性是，则会发送预警短信至相关管理人员，供其分析判断，以便采取相应应对措施。

图 9.111　望谟河泥石流预警短信

（四）不稳定斜坡

乌木铺岩质高边坡位于毕节地区赫章县野马川镇，为了监测其变形情况，布置了自动降雨监测站 1 套、岩土体倾斜监测站 2 套、表面位移监测站 1 套，详见表 9. 20。

表 9. 20　乌木铺岩质高边坡监测仪器布置表

仪器名称	仪器数量	仪器单位	监测对象	布置位置
自动降雨监测站	1	套	降雨量	第 8 级支护平台
一体化岩土体倾斜监测站	2	套	危岩体	危岩体
一体化表面位移监测站	1	套	危岩体裂缝	危岩体裂缝

乌木铺不稳定斜坡的监测预警页面如图 9. 112 所示，由于不稳定斜坡的预警模型尚不成熟，这里没有对其进行预警等级划分。乌木铺不稳定斜坡的雨量监测成果如图 9. 113 所示，乌木铺不稳定斜坡附件 5 月开始进入多雨期，在 10 月 1 日达到日最大降雨量 42. 4mm，8 月 4 日至 6 日连续降雨 47. 9mm。以 8 月 6 日为例，查看雨量实时监测预警，如图 9. 114 所示，左图为实时雨量，右图为雨量预警。可以看到，雨量处于绿色的注意级区域。

图 9. 112　乌木铺不稳定斜坡监测预警页面

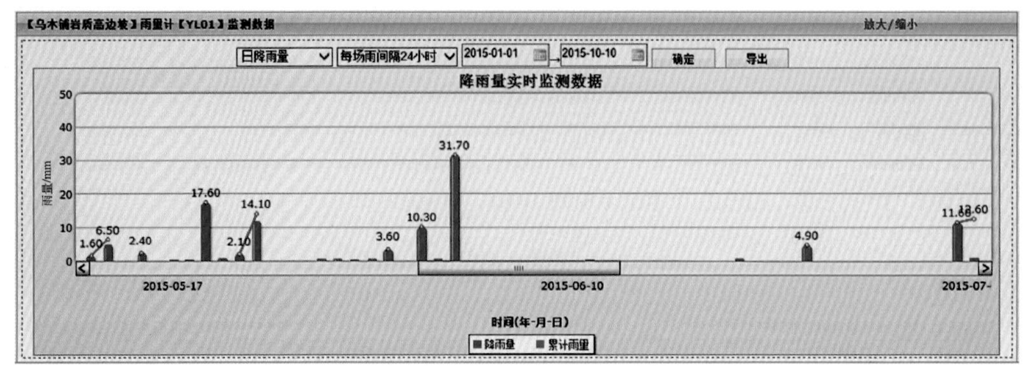

图 9. 113　乌木铺不稳定斜坡雨量监测成果

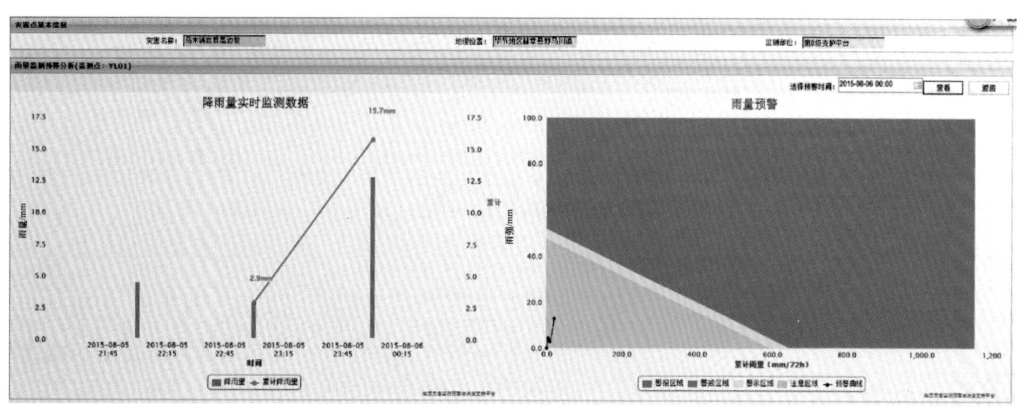

图 9.114　乌木铺不稳定斜坡雨量实时监测预警

乌木铺不稳定斜坡表面倾斜监测成果如图 9.115 所示，除 9 月 23 日数据异常，A、B 方向倾角都为 0 以及 A 方向于 10 月 4 日未接收到数据外，监测点基本保持了其稳定，倾角只在一个小范围内浮动。表面倾斜实时监测预警如图 9.116 所示，监测数据保持稳定，且 A、B 方向的倾角均处于注意级阈值之下。乌木铺地表裂缝监测成果如图 9.117 所示，可以看到裂缝宽度一直稳定在 499mm。

乌木铺不稳定斜坡的预警短信发布页面如图 9.118 所示，可以根据变形情况和仪器运行情况发送短信通知相关负责人及时处理。

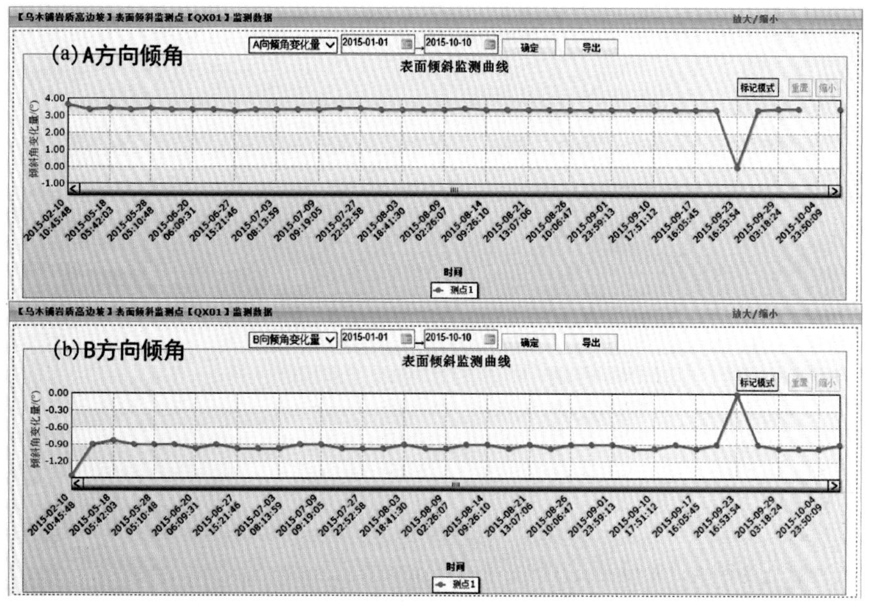

图 9.115　乌木铺不稳定斜坡表面倾斜监测成果

表面倾斜监测曲线
地表倾斜监测预警曲线
倾斜角变化量(°)
倾斜角度(°)
时间

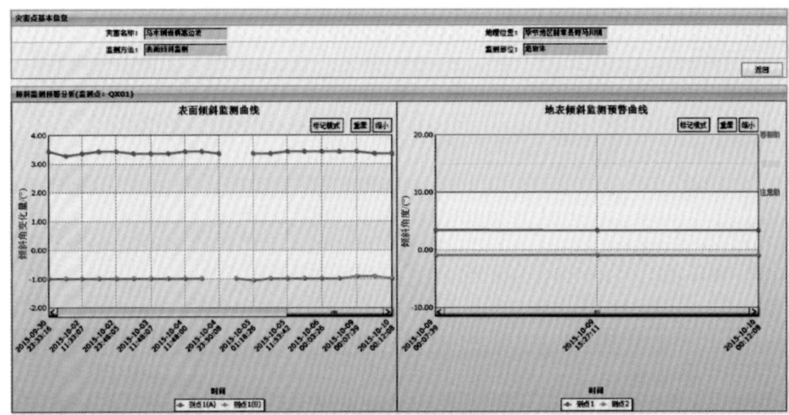

图 9.116　乌木铺不稳定斜坡表面倾斜实时监测预警

2015-01-01
2015-10-10
确定
导出
地表裂缝监测曲线
标记模式
裂缝宽度/mm
时间

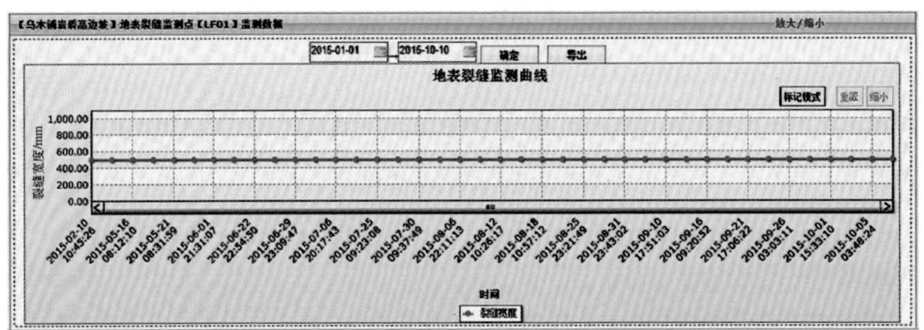

图 9.117　乌木铺被稳定斜坡地表裂缝监测成果

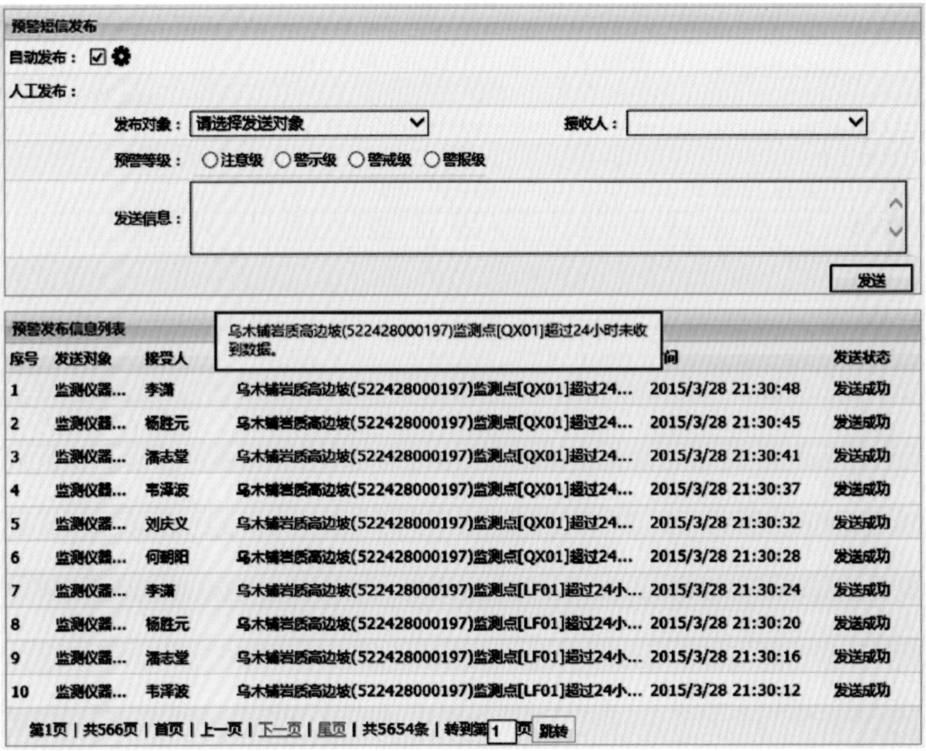

预警短信发布
自动发布：
人工发布：
发布对象：请选择发送对象
接收人：
预警等级：○注意级 ○警示级 ○警戒级 ○警报级
发送信息：
发送
预警发布信息列表
乌木铺岩质高边坡(522428000197)监测点[QX01]超过24小时未收到数据。
序号 发送对象 接受人 发送状态
1 监测仪器... 李潇 乌木铺岩质高边坡(522428000197)监测点[QX01]超过24... 2015/3/28 21:30:48 发送成功
2 监测仪器... 杨胜元 乌木铺岩质高边坡(522428000197)监测点[QX01]超过24... 2015/3/28 21:30:45 发送成功
3 监测仪器... 潘志堂 乌木铺岩质高边坡(522428000197)监测点[QX01]超过24... 2015/3/28 21:30:41 发送成功
4 监测仪器... 韦泽波 乌木铺岩质高边坡(522428000197)监测点[QX01]超过24... 2015/3/28 21:30:37 发送成功
5 监测仪器... 刘庆义 乌木铺岩质高边坡(522428000197)监测点[QX01]超过24... 2015/3/28 21:30:32 发送成功
6 监测仪器... 何朝阳 乌木铺岩质高边坡(522428000197)监测点[QX01]超过24... 2015/3/28 21:30:28 发送成功
7 监测仪器... 李潇 乌木铺岩质高边坡(522428000197)监测点[LF01]超过24小... 2015/3/28 21:30:24 发送成功
8 监测仪器... 杨胜元 乌木铺岩质高边坡(522428000197)监测点[LF01]超过24小... 2015/3/28 21:30:20 发送成功
9 监测仪器... 潘志堂 乌木铺岩质高边坡(522428000197)监测点[LF01]超过24小... 2015/3/28 21:30:16 发送成功
10 监测仪器... 韦泽波 乌木铺岩质高边坡(522428000197)监测点[LF01]超过24小... 2015/3/28 21:30:12 发送成功
第1页 | 共566页 | 首页 | 上一页 | 下一页 | 尾页 | 共5654条 | 转到第 1 页 跳转

图 9.118　乌木铺被稳定斜坡预警短信

第四节　地质灾害监测预警方案设计

结合监测预警示范区建设及监测示范成果基础上，选择监测技术方法，监测地表位移、深部位移、孔隙水压力、应力、地下水、降雨量等要素，合理布设监测网，分析其变形发展趋势，针对不同发育模式的地质灾害隐患，制定适宜的监测预警方案，推动地质监测预警的规模化布设和市场化推广。

一、监测指标及监测设备选型研究

依据地质灾害的发育程度、地质灾害的类型、监测站所处位置的重要性等因素，可将滑坡、崩塌、泥石流等地质灾害按灾害规模、变形破坏程度各自划分为3个等级，对应不同类型、不同级别、不同发育模式的地质灾害建立相应的监测指标，确立了相应的监测手段，见表9.21。

表9.21　岩溶山地地质灾害监测指标选取建议表

<table>
<tr><th>地灾类型</th><th>灾害分级</th><th>监测指标</th><th>发育模式</th><th>监测指标选取</th><th>监测手段</th><th>监测位置</th></tr>
<tr><td rowspan="6">滑坡</td><td rowspan="2">一般变形</td><td rowspan="2">雨量、深部变形、水平变形等</td><td>采空区控制型滑坡</td><td>雨量、裂缝变形、地表变形</td><td>雨量计、固定测斜仪、表面位移计、GNSS等</td><td>变形体顶部、前缘裂缝、外围稳定基岩等</td></tr>
<tr><td rowspan="2">弱面控制型滑坡</td><td rowspan="2">雨量、深部变形、地下水位、土体含水率等</td><td rowspan="2">雨量计、固定测斜仪、滑动测斜仪、表面位移计、渗压计、土体含水率计等</td><td rowspan="2">滑坡前缘、坡体中部、坡体前缘等</td></tr>
<tr><td rowspan="2">大变形</td><td rowspan="2">雨量、深部变形、地表变形、孔隙水压、土体含水率等</td></tr>
<tr><td rowspan="2">关键块体型滑坡</td><td rowspan="2">雨量、深部位移、地下水位、土体含水率等</td><td rowspan="2">雨量计、固定测斜仪、滑动测斜仪、渗压计、土体含水率计等</td><td rowspan="2">滑坡前缘、坡体中部、坡体前缘、坡体后缘等</td></tr>
<tr><td rowspan="2">特大变形</td><td rowspan="2">雨量、地表变形、孔隙水压、土体含水率等</td></tr>
<tr><td>复合型滑坡</td><td>雨量、裂缝、岩土体倾斜等</td><td>雨量计、表面位移计、GNSS、倾角计等</td><td>滑坡前缘、裂缝处、坡体中部、开裂岩体等</td></tr>
<tr><td rowspan="4">崩塌</td><td>一般变形</td><td>雨量、裂缝等</td><td rowspan="2">软弱基座型崩塌</td><td rowspan="2">地表位移、岩体裂缝、岩体倾角等</td><td rowspan="2">倾角计、表面位移计等</td><td rowspan="2">裂缝处、崩塌体中部、开裂岩体等</td></tr>
<tr><td rowspan="2">大变形</td><td rowspan="2">雨量、倾角、裂缝等</td></tr>
<tr><td rowspan="2">采空区控制型崩塌</td><td rowspan="2">雨量、岩体倾角、岩体裂缝等</td><td rowspan="2">雨量计、倾角计、表面位移计、钢筋计等</td><td rowspan="2">崩塌体下稳定区域、岩体裂缝处、开裂岩体等</td></tr>
<tr><td>特大变形</td><td>雨量、倾角、裂缝、拉力等</td></tr>
</table>

续表

地灾类型	灾害分级	监测指标	发育模式	监测指标选取	监测手段	监测位置
泥石流	小规模	雨量			雨量计	
	大规模	雨量、水位、次声			雨量计、水位计、次声仪	
	特大规模	雨量、水位、次声、视频			雨量计、物位计、次声仪、视频仪等	

注：由崩滑灾害形成的泥石流物源区的监测参照滑坡、崩塌监测指标及设备选取。

二、地质灾害监测系统设计

（一）监测设计思路

地质灾害监测系统设计应根据地质灾害的类型和模式有针对性地进行。贵州地灾监测系统设计的总体思路（图 9.119），①在综合分析地质灾害形成条件、诱发因素、变形破坏迹象等因素的前提下，提出监控指标，确定监测内容和监测项目；②结合地灾点的地质环境条件及其发育特征，确定监测内容，进行系统的监测方案设计；③根据设计方案进行仪器设备选型；④监测系统现场实施，包括安装、调试以及运行维护。

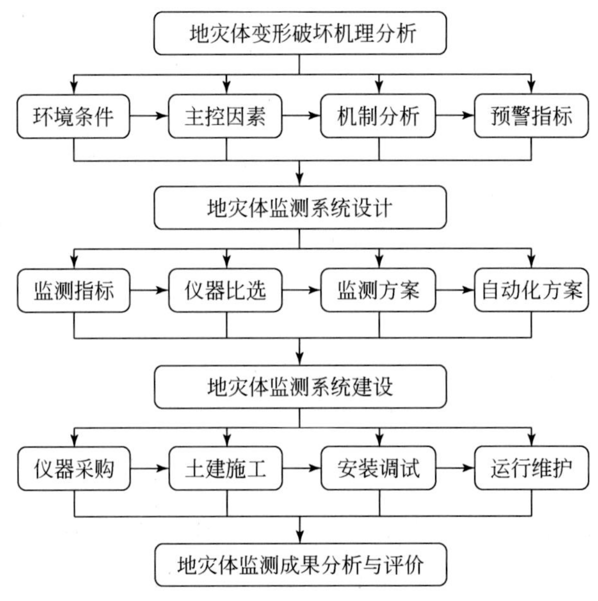

图 9.119　监测系统设计流程

（二）地质灾害监测仪器选用

根据地质灾害特征及拟定监测指标体系，贵州省地质灾害监测仪器类型可分为五大类：①水环境监测仪器；②深部位移监测仪器；③表面位移监测仪器；④物位及声像监测仪器；⑤结构力学检测仪器。

水环境监测仪器（图 9.120）包括：自动降雨监测站、一体化渗压监测站、土体含水率监测站。自动降雨监测站由翻斗式雨量计、GRPS/GSM 通讯模块、太阳能/蓄电池供电系统等，可监测当地的降雨量。一体化渗压计由渗压计、GRPS/GSM 通讯模块、太阳能/蓄电池供电系统等组成，可监测坡体的地下水位。土体含水率监测站由土体含水率计、GRPS/GSM 通讯模块、太阳能/蓄电池供电系统等组成，可监测坡体岩土体的含水率。

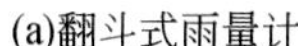
(a)翻斗式雨量计

(b)渗压计

(c)土体含水率传感器

图 9.120　水环境监测仪器

深部位移监测仪器（图 9.121）包括：滑动式钻孔测斜系统、固定式钻孔测斜系统、多点位移监测系统等。滑动式/固定式测斜系统监测系统由测斜仪器系统和测斜导管组成，用以监测岩土体深部水平位移；其中测斜仪器主要为倾斜传感器，单独使用可用以监测岩土体倾角变化。多点位移监测系统由多点位移计、MICRO-40 传输系统组成，可用于监测岩质边坡水平向相对位移变化。

表面位移监测仪器（图 9.122）包括：表面位移监测系统、沉降监测系统、收敛监测系统、GPS 监测系统。表面位移监测系统由精密电位计传感器、自伸缩式恒力传动机构及塑包不锈钢拉绳组成，可用于监测裂缝的开裂情况。沉降仪监测系统由沉降仪、储液罐、MICRO 传输系统等组成，用以监测岩土体储液罐和沉降仪之间沉降量。收敛监测系统由收敛计、低功耗测量单元等组成，用以监测收敛计两端锚固点之间距离的变化。GPS 监测系统由卫星星座、地面监控系统、GPS 接收机等组成，可用以监测地灾点的绝对地表位移变化。

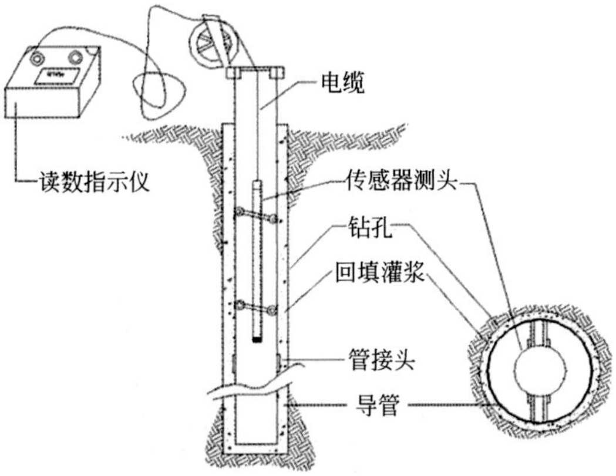

(a)滑动式钻孔测斜系统

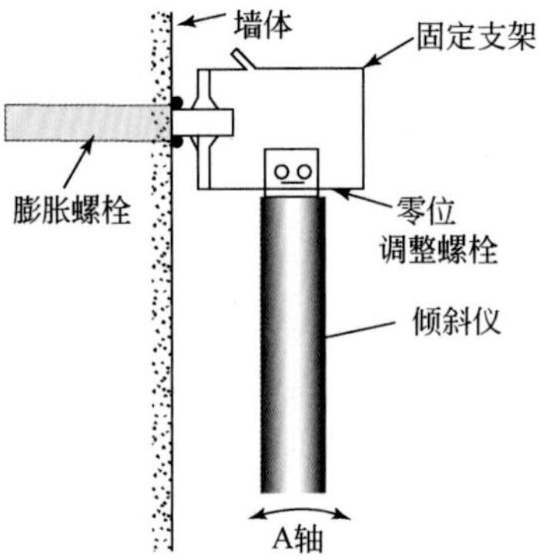

(b)岩土体倾角监测系统

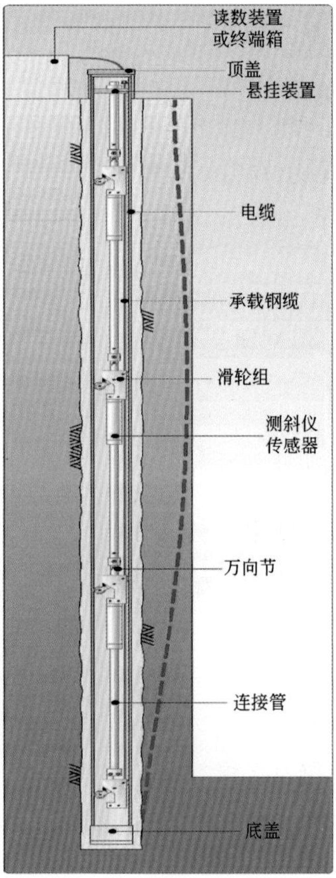

(c)固定式钻孔测斜系统

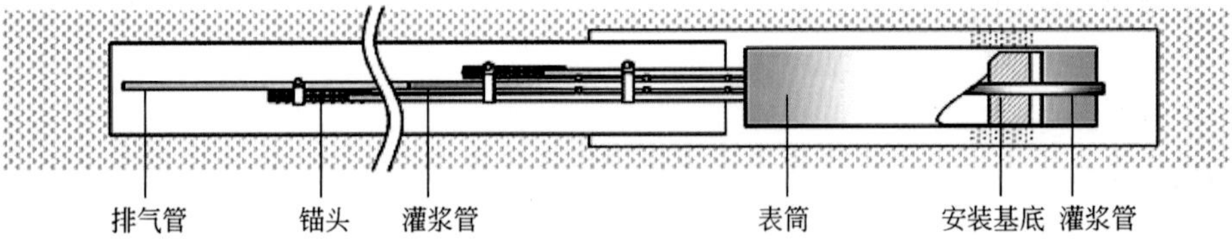

(d)多点位移监测系统

图 9.121　深部位移监测仪器

(a)表面位移监测系统　　(b)沉降监测系统

图 9.122　表面位移监测仪器

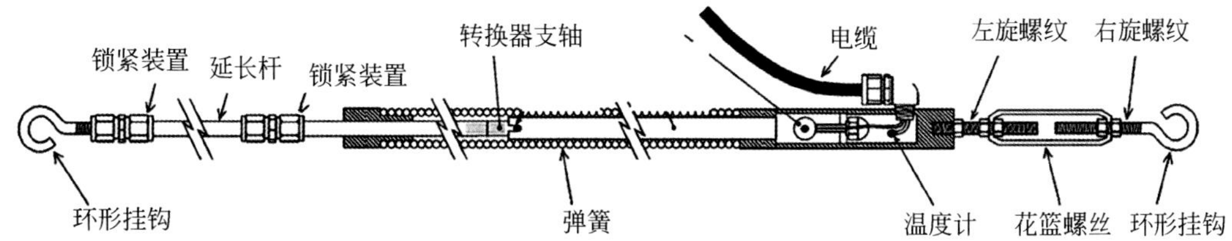

(c)收敛监测系统

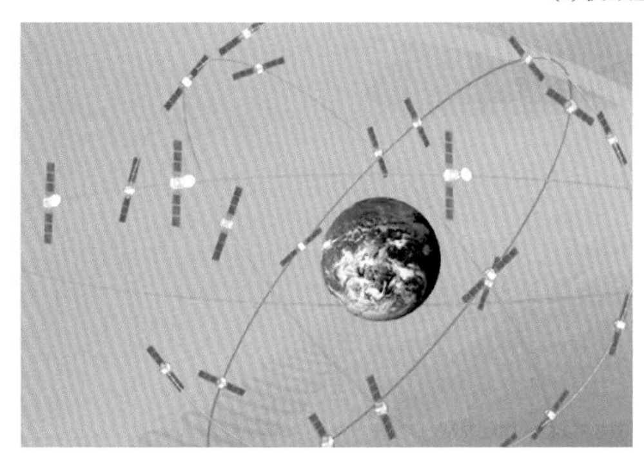

(d)GPS监测系统

图 9.122　表面位移监测仪器（续）

物位及声像监测仪器（图 9.123）包括：雷达物位监测系统、次声报警监测系统、视频监控系统。雷达物位计监测站由物位计、传输系统组成，用于对洪水、泥石流发生物位的动态监测。泥石流次声报警器用于捕捉泥石流源地的次声信号，并把采集的次声信号及时通过 GPRS/CDMA 等网络远程传输到监控中心，实现现场及远程报警。视频监控系统由激光夜视仪、传输系统、监控平台等组成，可用于泥石流流动现象的动态监控。

结构力学监测仪器主要为拉杆测力计（图 9.124），拉杆测力计监测系统由钢筋计、GRPS/GSM 通讯模块、太阳能/蓄电池供电系统等组成，可监测裂缝开合引起的结构体的拉力和压力的变化。

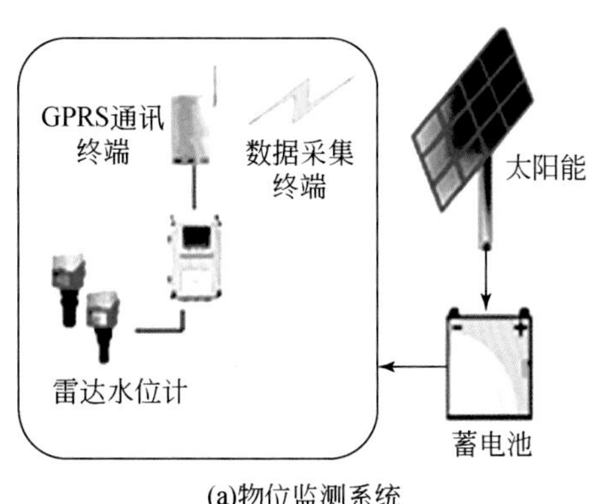

(a)物位监测系统

(b)次声报警器

图 9.123　物位及声像监测仪器

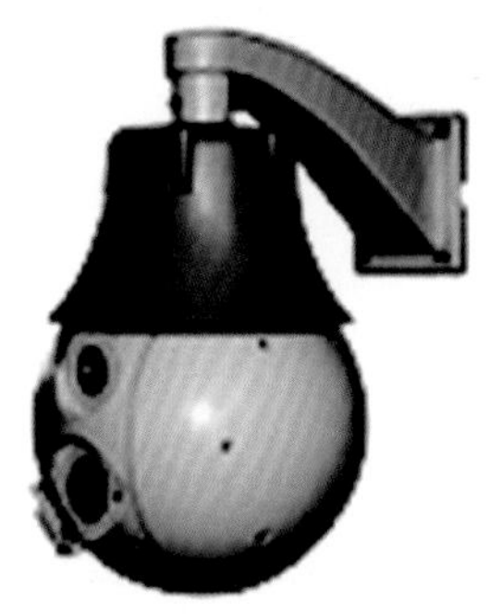

(c)视频监测系统

图 9.123　物位及声像监测仪器（续）

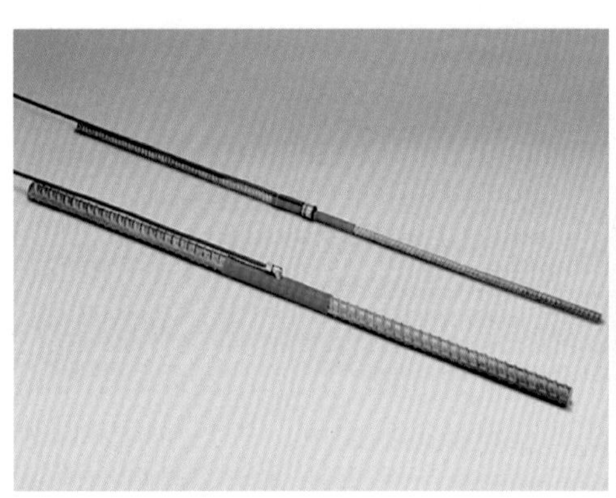

图 9.124　拉杆测力计监测系统

(三) 监测精度有关要求

1. 地表裂缝位移监测

(1) 裂缝位移计的量程应满足被裂缝及其变形发展的要求，根据最大可能宽度或期望合理选择裂缝位移计量程。

(2) 测量精度：当缝宽或带间距离小于 0.5m 时，相对三维分量测定中误差不宜超过 ±0.2mm；当缝宽或带间距离大于或等于 0.5m 时，距离测定相对中误差不宜超过 1/2500。

(3) 测量分辨率：≤0.2%F·S。

(4) 采用地面倾斜仪（计）监测地面角倾斜变化时，其倾斜角测定中误差不宜大于±1′。

2. 卫星定位监测（GNSS）

视场内障碍物高度角度不宜超过 15°，环境温度：-40～75℃。

平面 RMS：$2mm \pm 10^{-6}m$，高程 RMS：$5mm \pm 2.0 \times 10^{-6}m$。

外置接口：电源/天线/网线等。

3. 应力（土压力）监测

（1）应力计、土压力计仪器的量程应满足被测应变的要求，其上限宜为设计值或推测值的2倍。

（2）应力计、土压力计的测量精度：≤0.5%F·S，分辨率：≤0.2%F·S。

（3）锚杆应力计的量程为0～200MPa，测量精度：≤0.5%F·S，分辨率：≤0.2%F·S。

（4）钻孔应力计的量程应为：0～40MPa，分辨率：≤0.1MPa，精度：≤±0.5%F·S。

4. 光纤光栅测量

（1）光纤光栅土压力/应变传感器的精度应满足实际需求，量程上限宜为设计值或推测值的2倍。

（2）光纤光栅土压力/应变传感器精度：≤1‰ F·S；分辨率：≤0.5‰ F·S；光栅中心波长：1525～1565nm。

（3）解调仪解调精度：≤±5pm；仪动态范围：>50dB。

5. 地下水位监测

（1）工作温度：-20～85℃；环境湿度：0%～95%。

（2）浮子式水位计：测量范围0～80m；分辨率1cm；水位轮启动力矩<100g·cm（0.0098N·m）；测量准确度≤±2cm或0.2%F·S。

（3）压力式水位计：标准量程1～100m；测量精度±0.1%～±0.2%F·S；非线性±0.1%～±0.2%F·S，重复性±0.05%～±0.1%F·S，量程0kPa～1MPa。

6. 泥石流监测

监测频率应满足实际要求，雨量采用自动监测，有雨即存即报，定时上报，超过阈值加报的方式，泥位采样频率不低于1次/1min，孔隙水压力和含水率采样频率不低于1次/1min，振动采样频率不低于1次/1min，次声采样频率不低于1次/1min，视频帧率不低于7帧/s，保证视频流畅。

第10章　岩溶山地地质灾害综合防治体系建设成效

十年来，特别是十八大以来，贵州省地质灾害防治工作坚持“生命为天，预防为主，科技先行，专业保障，群测群防，综合治理”方针，取得了显著成效和一系列重要成果。

率先于全国、覆盖我省所有县（市、区）的“贵州省重点地区重大地质灾害隐患详细调查”项目已经实施完毕，给我们引伸开展科研工作，提升对地质灾害形成机制的认识，掌握地质灾害孕育、发展、发生及时空分布规律，引进推广先进技术打下了坚实的基础，以此基础调查成果资料为依托，也是率先于全国完成了“贵州省地质灾害监测预警与决策支持平台研究”项目，依托北斗卫星系统、物联网技术、无人机航测、高灵敏度传感器等先进科技，全力推进科技进步。依托上述项目技术研究成果，基本建立具有贵州岩溶山地特色的地质灾害防治理论和地质灾害综合防治技术方法体系。

第一节　地质灾害调查评价技术体系建设成效

本次全省性的地质灾害详细调查和地质灾害监测预警预报平台建设研究取得的成果，不但是我省地质灾害防治工作历史上的首次，在全国也是率先完成的，贵州大部为地质环境高度脆弱区，在不合理的人类工程活动影响下，地质灾害表现出“点多面广、突发性强、灾害损失大”等特点。省国土资源厅以查明隐患、摸清家底为主线，先后组织实施了覆盖全省的地质灾害区划、地质灾害详查等工作，打牢了综合防治体系建设的技术基础，发挥了地质灾害防治工作全面展开的先导性作用。2011年，省国土资源厅率先各省启动“贵州省重点地区重大地质灾害隐患详细调查”项目。2013年，以县为单元的详细调查评价工作全面完成，并建成了全省地质灾害数据库，市、县国土资源主管部门自此掌握了开展地质灾害防治工作的基础依据。通过重点地区重大地质灾害隐患详细调查工作，进一步查清了全省地质灾害现状，为科学安排、重点部署地质灾害防治工作打下了良好的基础。2015年，省政府下达由省国土资源厅编制的“贵州省地质灾害三年综合治理行动计划”，专项安排了对高风险地质灾害隐患点的勘查任务。其中思南县兴隆乡牛栏溪滑坡、大方县对江镇高店小学不稳定斜坡等20个勘查项目，交由贵州省地质环境监测院承担。经相关资质单位通力合作，该院全面完成预定任务，并对各个地质灾害隐患的规模、稳定性、危害程度等进行了评价，为防治工程设计提供了科学依据。2017年，启动了全省高位地质灾害隐患排查工作。至此，基本形成了5年一个周期的地质灾害隐患详细调查评价工作模式。

一、基本查明了全省地质灾害隐患的数量及类型

全省灾害种类较多，数量巨大，危害严重。通过对全省 88 个县（市、区）重点地区重大地质灾害隐患详查调查，截至 2012 年 9 月底，我省共调查到各类地质灾害隐患点 10907 处，威胁人口总数为 1333084 人，威胁财产 2481847.98 万元。其中，滑坡 5322 个，崩塌 2616 处，泥石流 184 处，地面塌陷 843 处，地裂缝 176 处，不稳定斜坡 1766 处；其中重大滑坡地质灾害点分布于六盘水市，有 303 个；崩塌以小型居多，占 63.8%，且分布在黔西南州最多。泥石流灾害隐患点分布于全省 182 条沟谷中，规模上以小型居多。

二、基本查明了全省地质灾害隐患的孕灾背景和成灾条件

（1）从地质灾害发育条件和机制分析，贵州省地质灾害主要受地层岩性、地形地貌、水文地质、地质构造、降雨、地震和人类工程活动致灾环境因素的影响。其中滑坡的规模主要受地层岩性、软弱夹层、软弱基座，岩层厚度和岩层倾向控制，分布在高程 500 ~ 2000m，坡度大于 25°；崩塌主要有软弱基座型和卸荷型两种，在三叠系分布最多，且坡度大于 50°。泥石流主要分布在低中山区，相对高度小于 500m，发育的地层有二叠系、三叠系、寒武系等。

（2）贵州省地质灾害主要以小型为主，但隐蔽型地质灾害危害最大。在地形坡度陡、松散物质厚、有地下水在坡脚出露、受河流的冲刷等处，降雨易诱发滑坡产生。降水、地面震动、陡峭山崖和软弱基座组合下易产生崩塌。强降水、土体松散、汇水区大、人类活动强度大的地区易产生泥石流。采矿、降水、土岩界面水位波动影响下易发生地面塌陷。开挖、采矿等活动下，在降水等影响因素综合作用下，易产生不稳定斜坡和地裂缝灾害。

（3）通过资料收集和现场调研，查明了典型地质灾害的地质环境条件，地质灾害基本特征、地质结构、变形迹象、分析了地质灾害形成过程和成因机理。通过地质灾害稳定状况与控制性因素之间的相互关系的分析论证，提取了典型突发性地质灾害的关键致灾因子；统计了大量地质灾害的识别指标，进行了贵州省地质灾害识别指标和关键致灾因子的提取和分析研究，建立了基于相互关系矩阵法崩塌、滑坡和泥石流等常见地质灾害的现场识别和评判表；研究提出了贵州省大型隐蔽性崩滑灾害的早期识别方法；技术体系建立至今，依据此法排查了 2000 余处地质灾害隐患，确定地质灾害隐患 1654 处。

（4）经过典型单体地质灾害（点）风险评价、地质灾害链（线）风险评价、示范区（面）地质灾害风险评价、县–地区–省（区域）地质灾害风险评价的研究工作，理论与实践相结合，在贵州初步建立了“点–线–面–区域”多维、“回顾–评价–预测”全过程、大中小多比例尺、定性与定量、微观与宏观、静态与动态相结合的地质灾害风险评价方法体系和评价示范。

（5）以项目科技成果为基础，2016 年项目组织单位贵州省地质环境监测院向贵州省质量技术监督局申报了 3 套地方性技术规范，分别是《贵州省重要城镇地质灾害调查与风险区划》（1 : 5000 ~ 1 : 10000）、《贵州省地质灾害防治勘查规范》、《贵州省地质灾害防

治设计规范》，标志着我省地质灾害调查评价工作即将进入技术标准化阶段。

第二节　地质灾害监测预警预报体系建设成效

地质灾害监测预警体系是防灾减灾的重要手段，运行良好的地质灾害监测预警体系能够及时捕捉地质环境与气象条件变化信息，适时发出防灾减灾警示信息，为避险决策和应急处置提供关键性依据。群防群测网络对已有地质灾害隐患点实施全覆盖监测预警，实现及时报警、避让、自救；专业监测拟开展大尺度半定量预警预报。在推进专业监测站（点）的同时大力解决好彼此兼容问题，努力实现群防群测与专业监测相互补充。依托近年来的地质灾害综合防治项目，基本建成了地质灾害监测预警预报技术体系，主要有以下应用成效体现。

一、建立地质灾害区域性降雨预警模型

根据对贵州省降雨诱发崩滑流灾害事件的统计分析，得到了基于累计雨量和降雨历时的区域性降雨预警模型：$E=20.611D^{0.4348}$，和于小时雨强和降雨历时的区域性降雨预警模型：$I=29.974D^{-0.647}$，其中，E 为累积降雨量，I 为小时降雨强度，D 为持续时间。

2014 年以来，我省地质灾害气象预警预报准确度有较大程度的提高（统计数据见表 10.1）。2014 年初至 2016 年末，气象预警预报 884 起地质灾害，成功预报 765 起地质灾害，避免了生命损失 26099 人。

表 10.1　2012～2016 年度地质灾害气象风险预报预警效果统计情况表

项目＼年份	2012	2013	2014	2015	2016
成功预报/处	65	21	578	115	72
非成功预报/处	99	36	64	41	14
灾害发生数/处	164	57	642	156	86
成功预报百分比/%	39.63	36.84	90.03	73.72	83.7

二、地质灾害监测预警决策平台建设

贵州省地质灾害监测预警及决策支持平台是在前述综合研究成果的基础上，利用计算机编程、数据库以及 GIS 技术，通过综合分析多种监测方法获取的监测数据，开发了基于网络环境条件下的地质灾害实时动态监测预警系统，实现了地质灾害三维真实地形展示、信息查询、数据分析、实时监测、自动预警等功能，确定地质灾害稳定状况及其发展趋势，并能及时做出地质灾害预测预报，防止或减轻灾害损失。

三、大力提高地质灾害监测预警专业化水平

群测群防与专业监测有机结合，齐头并进双管齐下开展监测预防工作，是地质灾害防治工作的成功经验。在群测群防网络全面建成，重大地质灾害隐患悉数纳入监测预警范围的基础上，加强隐患点动态监测的重点应相应地转移到专业监测网的建设上。积极探索基于北斗卫星系统、移动通信系统、新兴的物联网系统等技术平台，建立监测数据、隐患点图像、动态变化信息的实时传输技术系统，努力把“贵州省重点地区重大地质灾害隐患详细调查”“贵州省地质灾害监测预警与决策支持平台研究”等重大调查项目、科研专项获得的成果转化为实用技术，初步实现对重大地质灾害隐患点的远程监测，做到随时掌握隐患的动态变化，为应急响应和临灾处置工作争取到更多时机。目前建立了不同类型、不同级别地质灾害的监测指标体系，针对崩塌、滑坡、泥石流、塌陷开展了监测系统方案设计，优选出 15 类地质灾害监测仪器，针对贵州省地质灾害开展了自动化监测技术研究；优选出 20 个地质灾害点开展建设，包括仪器设备采购、检验、土建施工、安装埋设、调试运行、采集和传输等，建设完成 7 个崩塌示范点、9 个滑坡示范点、3 个泥石流示范点、1 个塌陷示范点，分布于贵州省内 12 个县市级行政区。

第三节　地质灾害综合治理体系建设成效

根据全省重点地区重大地质灾害隐患详细调查成果，根据危险性、稳定性，依据“轻重缓急、分步实施”的原则，加强特大型、大型地质灾害的工程治理和搬迁避让，有计划地分期、分批推进综合治理体系建设，积累了大量的工程实践经验，主要由 3 个方面建设工作成效构成。

一、开展威胁学校的地质灾害隐患治理

2015 年完成全省 238 所受地质灾害威胁的中小学校地质灾害治理工作。全面查清威胁学校的地质灾害隐患基本情况，开展地质灾害隐患专项勘查，查明地质灾害隐患类型、规模、岩土体结构、形成条件和诱发因素；分析其形成机理，预测其发展趋势；并对其稳定性、危害性和危险性进行评价，提出符合地质灾害赋存特征的岩土体参数建议值。在此基础上，坚持“以人为本”、一次根治，不留后患的原则，紧紧围绕十八大提出的生态文明建设理念，开展地质灾害治理设计和施工工作。进行地质灾害减灾知识培训，指导地质灾害的监测和预警。最大限度地避免和减轻地质灾害对中小学校的安全威胁，保障了 12 余万名师生的生命安全。为防灾减灾，维护社会和谐稳定，显著增强地质灾害防灾能力提供地质安全保障。

二、开展地质灾害综合治理三年行动计划

根据地质调查评价成果，经过认真研判，贵州省开展了为期三年的地质灾害专项治理，将治理危害性大，危险性大的地质灾害隐患点，实施 68 个城市及周边地质灾害隐患综合治理，最大限度避免了城市及周边地质灾害造成的人员伤亡和财产损失；完成 247 个因自然因素引发的农村重大地质灾害治理项目，以及 494 个、7.95 万农村居民的地质灾害避险搬迁工作；完成了 161 个重点旅游景区（含国家级地质公园）地质灾害隐患综合治理工程，消除了地质灾害对重点旅游景区的威胁；完成威宁–赫章地震带 39 个危急地质灾害隐患综合治理工作；开展全省在建、生产、闭坑等 9315 个矿山地质灾害和地质环境调查，完成 1∶20 万环境地质测量 26551km^2，1∶1 万环境地质、地质灾害测量 1769km^2，编制了全省矿山地质灾害和地质环境治理规划（2016～2020 年）；完成镇远县城、开阳县金钟镇、德江县青龙镇等 50 个重点地区重大地质灾害隐患勘查，并逐点制定落实了监测防治措施。基本消除 1266 个地质灾害隐患和集中连片易发区，基本解决地质灾害综合治理领域中的薄弱环节，保障了 28 余万人的生命安全。

三、推进治理技术标准化

从目前情况看，治理工程措施优化应着重解决 3 个问题。一是治理对象的类型、形成条件和致灾机理的定性是否准确，认识是否全面，拟采用的措施是否恰当，多种措施的组合是否合理等；二是拟采用的治理措施技术上是否可行，经济上是否合算，施工过程中采取哪些措施防止险情发展，竣工后能否获得预期的经济、社会、环境效益等；三是根据治理工程发挥作用的时间边界，确定工程量的投入和工程材料的使用，防止把临时工程或只需在较短时间内发挥作用的工程，按永久性设施的标准进行施工，避免过度投资造成防治经费浪费。2016 年，项目组织单位贵州省地质环境监测院向贵州省质量技术监督局申报了两套地方性技术规范，分别是“贵州省重地质灾害防治工程施工技术规范”“贵州省地质灾害防治工程监理规范”，全面推进地质灾害综合治理体系的标准化进程。通过对地质灾害综合防治技术的研究水平的提高，2013～2016 年，地质灾害治理工程费用节省约 3.2 亿元，体现了较大的经济效益。

第四节 地质灾害应急响应体系建设成效

应对和处置突发性地质灾害，核心在 7 个“快”上，即快启动、快调查、快监测、快定性、快论证、快决策、快实施。随着国家技术进步，装备制造业的快速发展，汶川地震、青海玉树地震及甘肃舟曲山洪泥石流灾害的抢险救援中，大规模启用了生命探测、无人机航拍、现场图像传送、卫星通信、人员快速投送、大型破拆支挡、物质分配调运等先进装备和器材。贵州省地质灾害监测预警预报和决策支持平台建设项目的完成，较大程度地促进了贵州省地质灾害应急响应体系的建设，其研究成果在地质灾害应急响应体系建设

方面的成效主要体现在两个方面。一是应急响应机制建设方面：①全省建立了 1 个省级地质灾害应急中心、8 个市（州）级，地质灾害高易发区 52 个县市区均建立了相应的地质灾害应急处置机构，形成了省、市、县地质灾害应急处置机构协同联动的管理格局；②建立县级地质灾害对口协作机制，组织地质灾害防治工程资质单位与对口协作县（市、区）签订协议，有效解决了县级地质灾害专业技术支撑问题；③购置了无人机等先进的设备，为提升地质灾害防治工作能力和水平创造了条件；④全面完成地质灾害应急处置工作，仅“十二五”期间就达 926 次。二是应急响应技术支持方面：①地质灾害监测预警与决策支持平台是集地质灾害图形显示、信息查询、数据分析、实时监测、预警预报以及应急指挥决策为一体的地质灾害信息管理与决策支持平台，它的建成不仅可以为贵州省地质灾害监测预警和信息化建设提供示范，更能为各级国土地质灾害应急响应部门及时提供各类突发应急信息，为调度决策与指挥抢险救灾提供有力的技术支持和科学依据；②基于 GIS 标准与规范来建立贵州省地质灾害空间数据库，开发相关数据输入输出接口，建立地质灾害综合信息数据库。数据挖掘技术研究，实现了地质灾害信息有效管理、维护及高效利用，为突发性地质灾害的调查评价、定性能够迅速提供基础地质环境资料支撑，较大程度提高突发性地质灾害应对能力和处置效率，在贵阳市“5·20”海马冲滑坡和大方县理化乡“7·01”滑坡等特大型地质灾害应急抢险救援中发挥了关键作用，突出的应急处置反应和技术支撑得到了省人民政府的高度肯定。

第五节　地质灾害防治工作制度建设渐趋完善

一、法规政策体系逐步完善

贵州地质灾害防治工作起步于 20 世纪 90 年代，通过构建相应的管理政策法规体系，地质灾害防治工作逐步跨上有法可依、有章可循的健康发展轨道。

1. 法规政策及管理政策体系

根据《中华人民共和国矿产资源法》、《地质灾害防治条例》等法律法规，结合贵州省实际，分别在 1997 年 7 月制定发布了《贵州省地质灾害防治管理暂行办法》部门行政法规；2007 年 4 月发布施行了《贵州省地质环境管理条例》地方法规。2006 年以后，又陆续制定下发了《贵州省省级地质灾害治理专项资金管理暂行办法》、《贵州省地质灾害防治工程项目管理办法》、《贵州省地质灾害责任认定办法》等系列管理政策。

2. 技术工作标准及管理制度体系

针对地质灾害防治技术工作引用标准不统一问题，省国土资源厅按照规划化、标准化管理要求，于 2008 年 4 月发布与地质灾害防治工程技术及管理密切相关的 6 个地方性技术工作标准，对省内地质灾害调查、勘察、设计、施工、监理、验收和地质灾害移民搬迁调查等进行了规范，较好地解决了从业单位引用规范、标准混乱问题。

2015 年 1 月，贵州省对 2006 年制定的《贵州省地质灾害防治部门工作责任制度》做出全面调整，进一步明确了“政府主导、分级负责、全民动员、主动防灾”的综合防治目标，完善了各部门在应急联动中的职责职能，将地质灾害防治责任细化到了25个行业主管部门。至此，贵州省地质环境保护和地质灾害防治初步形成了以法规、政策为依据，以技术标准为支撑的管理体系（表10.2）。

表10.2　国家及省级发布的地质环境类行政法规及政策文件一览表

序号	名称	文号	发布时间	实施时间	分类
1	中华人民共和国矿产资源法	主席令8届第74号	1996.8.29	1997.1.1	法律
2	中华人民共和国矿产资源法实施细则	国务院令第152号	1994.3.26	1994.3.26	法规
3	水土保持法实施条例	国务院令第120号	1993.8.1	1993.8.1	法规
4	地质灾害防治条例	国务院令第394号	2003.11.24	2004.3.1	法规
5	国家突发地质灾害应急预案		2006.1.13	2006.1.13	
6	地质灾害灾情和险情快速处置程序	国土资厅发［2005］88号	2005.7.22	2005.7.22	省级管理制度
7	贵州省地质灾害防治管理暂行办法	贵州省人民政府令第33号	1997.7.24	1997.7.24	地方法规
8	贵州省地质灾害防治部门工作责任制度	黔府办发［2006］11号	2006.1.27	2006.1.27	省级政策
9	贵州省地质灾害治理工程项目管理办法	黔国土资发［2006］111号	2006.8.21	2006.8.21	部门规章
10	贵州省地质灾害管理条例	省人大审议通过	2006.11.24	2007.3.1	省级法规
11	贵州省省级地质灾害治理专项资金管理暂行办法	黔财建［2006］171号	2006.8.9	2006.8.9	管理政策
12	贵州省地质环境管理条例	省人大审议通过	2007.4.17	2007.4.17	地方法规
13	贵州省地质灾害责任认定办法	黔国土资发［2007］33号	2007.04.04	2007.04.04	管理政策
14	贵州省地质灾害防治部门工作责任制	黔府办［2015］12号	2015.1.30	2015.1.30	管理政策
15	贵州省矿山地质灾害和地质环境治理恢复保证金管理办法	黔府办函［2015］34号	2015.3.16	2015.3.16	管理政策

3. 地质灾害防治规划体系

针对我省防灾减灾体系的薄弱环节和突出问题，显著增强防御地质灾害的能力，最大限度地避免和减轻地质灾害造成的人员伤亡和财产损失，实现同等致灾强度下因灾伤亡人数明显减少，直接经济损失明显降低的目标。2006年贵州省编制了首个地质灾害防治规划《贵州省地质灾害防治规划（2006～2015）》、《贵州省“十二五”地质灾害防治专项规划》、《贵州省“十三五”地质灾害防治规划》三部规划，在省级层面形成了与全面建设小康社会相适应的地质灾害防治规划体系。此期间，市县两级也同步编制发布了本级地质灾害防治规划，对所有地质灾害隐患点实行全覆盖，对各级政府及主管部门地质灾害防治工作有序开展起到了规范、指导作用。

二、地质灾害管理机制和制度逐步完备

1. 地质灾害防治工作机制

（1）建立地质灾害对口协作机制：为解决好县级国土资源部门地质灾害防治技术力量薄弱问题，省国土资源厅于 2011 年在国内首创了对口协作机制，通过协调地质灾害防治资质单位分别与全省 88 个县（市、区）建立协作关系，从技术上支撑地质灾害防治工作能力的大幅度提升。2017 年，省国土资源厅主导下，采用有偿服务方式对技术服务单位予以经济补偿，实现了技术支撑从义务向责任的转变，使对口协作机制成为可持续、常态化的技术工作任务。

按对口协作机制要求，地质灾害防治资质单位负责派出的专业技术人员，汛期内要驻县指导县（区）国土资源局开展排查、巡查、复查工作和健全完善各项防灾措施；各资质单位驻县技术人员要协助政府及主管部门，每年至少开展一次对县乡地质灾害防治管理人员、监测员技术培训；当出现重大险情、灾情时，则负责协助、指导政府及相关部门开展抢险救灾工作；以及为当地安排部署地质灾害防治工作提出技术建议，开展技术指导等。

（2）建立地质灾害应急联动机制：2006 年 1 月，针对贵州地质灾害多发高发，突发性地质灾害造成的人员及财产损失逐年增加，防灾减灾形势非常严峻的状况，省政府办公厅下发了《关于印发贵州省地质灾害防治部门工作责任制度的通知》，明确规定了省国土资源厅、省经贸委、省建设厅、省交通厅、省水利厅、省教育厅、省旅游局、省民政厅、省财政厅、省气象局等 14 个行业主管部门的地质灾害应急救援职责和任务。随后各地、市、州和县级人民政府亦建立了市、县“地质灾害防治工作领导小组”，形成了覆盖全省的应急响应联动机制。2015 年贵州省政府重新印发《贵州省地质灾害防治部门工作责任制度》，进一步明确了“政府主导、分级负责、全民动员、主动防灾”的综合防治目标，并将地质灾害防治责任细化到了 25 个省属行业主管部门。

（3）成立地质灾害防治指挥部：2017 年 7 月，贵州省人民政府办公厅下发《关于贵州省地质灾害抢险救灾指挥部更名并调整成员》（黔府办函［2017］119 号）的通知，将贵州省地质灾害抢险救灾指挥部更名为贵州省地质灾害防治指挥部，并调整充实了指挥部成员。贵州省地质灾害防治指挥部的成立是贯彻落实《中共中央 国务院关于推进防灾减灾救灾体制机制改革的意见》的重大举措，体现了“综合防治，以防为主”的理念，更有利于落实地质灾害防治部门责任制。各市县亦结合当地实际先后成立“指挥部”，形成了全省地质灾害防治工作实行“政府主导、分级负责、全民动员、主动防灾”的新格局。

2. 地质灾害防治工作制度

（1）地质灾害汛期三查制度：为及时、全面、准确掌握地质灾害隐患点动态变化情况和地质灾害防治措施落实情况，省国土资源厅建立并严格执行地质灾害汛期“三查”制度。每年汛期到来至结束期间，由市县行政领导率相关部门对本辖区地质灾害（隐患）组织巡查、排查，对防灾措施落实情况进行检查、督查。

（2）厅领导包片处级干部包县制度：2017 年 1 月，省地质灾害抢险救灾指挥部下发

《关于建立地质灾害工作组的通知》，决定由省国土资源厅处级以上干部，市、县国土资源局和对口协作单位技术人员共同组成地质灾害防治工作组。其中，市（州）工作组由一名厅领导负责，县工作组由一名处级干部负责。工作组实行厅领导和处级干部分片包保责任区地质灾害防治工作的方式，按一要做到层层覆盖，全面落实责任；二要实行三同时，做到经常化，常态化；三要抓实抓细，确保工作到位的要求履行职责。

（3）地质灾害汛期值班制度：目前，贵州省已形成并长期坚持着汛期地质灾害防治24小时值班制度，由带班领导，专家、技术人员、驾驶员共同值守，主汛期期间则实行双人双岗。值班期间，责任单位人员按值班表排班到岗，以确保人员到位，信息畅通，救援及时。

（4）地质灾害灾情速报制度：地质灾害灾情速报制度在贵州省一直得到严格执行，并建立了具体由地质灾害值班领导和技术人员负责的工作制度。做到值班人员接到重大灾情报告时，能按要求迅速详细了解灾情，做好书面记录，并在30min内向分管领导或主要领导报告，同时将领导的指示和要求及时传达反馈给有关责任单位。

（5）地质灾害应急演练制度和监测员补贴制度：贵州分按省、市、县三级，订立了覆盖全省的地质灾害应急演练制度，演练重点为地质灾害监测预警-地质灾害信息报送-地质灾害启动应急响应-地质灾害先期处置-地质灾害远程会商与应急救援-地质灾害终止响应等环节。贵州地质灾害监测预警主要依托群测群防监测网络，现有一线监测人员12000多名，为保持监测人员稳定，省国土资源厅从2016年起，每年拿出上千万元解决监测员报酬低或没有报酬问题，按汛期每人每月600元，非汛期每人每月300元给予补助。同时制定并实施了对一线监测员进行培训，对成绩优秀、做出贡献一线监测员给予重奖的系列政策。

三、专业技术支撑更加有力

贵州省地质环境监测院（贵州省环境地质研究所、贵州省地质灾害应急指导中心）简称环境院，是省国土资源厅和贵州省地矿局共管的正县级事业单位，是保障各级人民政府履行地质环境保护和地质灾害防治职能的专业技术支撑机构。为全省地质环境保护、地质灾害处置、防灾减灾提供技术支撑和咨询决策服务，环境院在9个市州及贵安新区均有派出分院与市州国土局合署办公，有力支撑了市州地质灾害防治工作。

参 考 文 献

成都理工大学地质灾害防治与地质环境保护国家重点实验.2004. 三峡库区常见多发型滑坡预报模型建立及预报判据研究. 成都：三峡库区地质灾害防治工作指挥部

方苗，祁元，张金龙.2011. 基于 Web GIS 的兰州市地质灾害群测群防信息化. 遥感技术与应用，2（2）：137~146

宫清华，黄光庆，郭敏，张月巧.2006. 地质灾害预报预警的研究现状及发展趋势. 世界地质，25（3）：296~299

管群，刘浩吾.2002. 地质灾害特征的可视化模拟研究. 岩石力学与工程学报，21（4）：513~516

何海鹰，胡甜，赵健.2012. 基于 AHP 的岩质高边坡风险评估指标体系. 中南大学学报（自然科学版），43（7）：408~415

胡高社，门玉明，刘玉海，王尚庆.1996. 新滩滑坡预报判据研究. 中国地质灾害与防治学报，7（增刊）：69~72

黄健.2012. 基于 3D WebGIS 技术的地质灾害监测预警研究. 成都理工大学工学博士研究生学位论文

黄润秋，许强.1997. 斜坡失稳时间的协同预测模型. 山地研究，15（1）

李典庆，吴帅兵.2006. 考虑时间效应的滑坡风险评估和管理. 岩土力学，27（12）：2239~2245

李向全，胡瑞林，张莉.1999. 地质灾害预测评价模型库系统设计原理. 地质灾害与环境保护，10（4）：18~23

刘传正，李铁锋，程凌鹏，温铭生，王晓朋.2004. 区域地质灾害评价预警的递进分析理论与方法. 水文地质工程地质，（4）：1~8

马寅生，张业成，张春山等.2004. 地质灾害风险评价的理论与方法. 地质力学学报，10（1）：7~18

Malone A W，黄润秋.2000. 香港的边坡安全管理与滑坡风险防范. 山地学报，18（2）：187~192

聂忠权，盛丽君，范文.2005. 基于 GIS 技术的地质灾害易发程度分区评价系统. 公路交通科技，22（6）：156~159

彭继兵.2005. 信息融合技术在滑坡预报纵的应用研究. 成都理工大学硕士研究生学位论文

彭满华，张海顺，唐祥达.2001. 滑坡地质灾害风险分析方法. 岩土工程技术，（4）：235~240

乔彦肖，李密文.2002. 浅谈区域地质灾害调查的遥感技术方法及应用效果——以张家口市为例. 中国地质灾害与防治学报，12（4）：91~93

秦四清，张倬元，王士天，黄润秋.1993. 非线性工程地质学导引. 成都：西南交大出版社

任幼蓉，陈鹏，张军.2005. 重庆南川市甄子岩 W12#危岩崩塌预警分析. 中国地质灾害与防治学报，16（2）：28~31

田东升，郭玉娟，徐振英.2014. 河南省地质灾害发育规律研究. 资源导刊：地球科技版，（9）：23~27

王禄.2009. 三峡库区地质灾害监测系统. 重庆大学硕士研究生学位论文

王念秦，王永锋，罗东海，姚勇.2008. 中国滑坡预测预报研究综述. 地质评论，54（3）：355~360

王思敬.2002. 地球内外动力耦合作用与重大地质灾害的成因初探. 工程地质学报，10（2）：115~117

王雁林，郝俊卿，赵法锁等.2011. 陕西省地质灾害风险区划初步研究. 西安科技大学学报，31（1）：46~52

徐开祥，黄学斌，付小林，彭光泽，伍岳，程温鸣.2007. 三峡水库区地质灾害群测群防监测预警系统. 中国地质灾害与防治学报，18（3）：88~91

许强，黄润秋，李秀珍 . 2004. 滑坡时间预测预报研究进展 . 地球科学进展，19（3）：478 ~ 483

杨建军，谢振乾，郑宁平 . 2004. 模糊聚类分析在西安市区域地壳稳定性评价中的应用 . 地质力学学报，10（1）：57 ~ 64

殷坤龙，宴同珍 . 1996. 滑坡预测及相关模型 . 岩石力学与工程学报，15（1）：1 ~ 8

殷跃平等 . 2011. 重大地质灾害监测预警及应急救灾关键技术研究 . 中国地质调查局：［公布年份］2011. ［项目年度编号］（1300310231）

张桂荣，殷坤龙，刘礼领，谢剑明 . 2005. 基于 WEBGIS 和实时降雨信息的区域地质灾害预警预报系统 . 岩土力学，26（8）：1312 ~ 1317

张海燕 . 2011. 地质灾害风险评价阈回归联合聚类分析 . 吉林大学学报（地球科学版）. 41（2）：529 ~ 535

张海燕，王新民，尹慧等 . 2011. 地质灾害风险评价阈回归联合聚类分析 . 吉林大学学报（地），41（2）：529 ~ 535

张业成，张春山，张梁 . 2000. 中国地质灾害系统层次分析与综合灾度计算 . 地球学报，1993（zl）：139 ~ 154

赵阿兴，马宗晋 . 1993. 自然灾害损失评估指标体系的研究 . 自然灾害学报，（3）：1 ~ 7

赵海卿，李广杰，张哲寰 . 2004. 吉林省东部山区地质灾害危害性评价 . 吉林大学学报（地），34（1）：119 ~ 124

朱良峰，殷坤龙，张梁等 . 2002. 基于 GIS 技术的地质灾害风险分析系统研究 . 工程地质学报，10（4）：428 ~ 433

AGS. 2000. Landslide risk mmengement concepts and guidelines. Australian Geomechanics，35（1）：49 ~ 92

AGS. 2007a. Commentary on practice note guidelines for landslide risk management. Australian Geomechanics，1（42）：115 ~ 158

AGS. 2007b. Guideline for landslide susceptibility，hazard and risk zoning for land use management. Australian Geomechanics，1（42）：37 ~ 62

AGS. 2007c. The Australian geoguides for slope management and maintenance. Australian Geomechanics，1（42）：159 ~ 182

AGS. 2007d. Practice note guidelines for landslide risk management. Australian Geomechanics，1（42）：63 ~ 114

Anbalagan R，Singh B. 1996. Landslide hazard and risk assessment mapping of mountainous terrains—a case study from Kumaun Himalaya，India. Engineering Geology，43（43）：237 ~ 246

Baum R L，Godt J W. 2010. Early warning of rainfall-induced shallow landslides and debris flows in the USA. Landslides，7：259 ~ 272

Berggren B，Flasvik J，Viberg L. 1992. Mapping and evaluation of landslide risk in Sweden Landslides. In：Bell D H（ed）. Proceedings of the Sixth International Symposium on Landslides. Christchurch，Rotterdam：A A Balkema Publishers. 2：873 ~ 878

Brand E W. 1988. Landslide risk assessment in Hong Kong Landslide. In：Bonnard C（ed）. Proceedings of the Fifth International Symposium on Landslide. Rotterdam：Lausanne Switzerland AA Balkema Publishers. 2：1059 ~ 1074

Casagrande A. 1966. Role of calculated risk in earthwork and foundation engineering. Journal of the Soil Mechanics & Foundations Division，91：1 ~ 40

Cascini L. 2008. Applicability of landslide susceptibility and hazard zoning at different scales. Engineering Geology，102（3）：164 ~ 177

Corominas J，Moya J. 2008. A review of assessing landslide frequency for hazard zoning purposes. Engineering Geology，102（3）：193 ~ 213

Da F C，Lee C F，Tham L G，*et al.* 2004. Logisticregression modelling of storm-induced shallow landsliding in time and space on natural terrain of Lantau Island, Hong Kong. Earth and Environmental Science and Engineering, 23 (4): 315 ~ 327

Dymond J R, Jessen M R, Lovell L R. 1999. Computer simulation of shallow landsliding in New Zealand hill country. International Journal of Applied Earth Observation & Geoinformation, 1 (2): 122 ~ 131

Fell R, Corominas J, Bonnard C, *et al.* 2008. Guidelines for landslide susceptibility, hazard and risk zoning for land use planning. Engineering Geology, 102 (3-4): 99 ~ 111

Finlay P J, Fell R. 1997. Landslides: risk perception and acceptance. Canadian Geotechnical Journal, 34 (2): 169 ~ 188

Glade T. 1997. The temporal and spatial occurrence of rainstorm-triggered landslide events in New Zealand. School of Earth Science Institute of Geography, Victoria University of Wellington, New Zealand

Glade T, Anderson M, Crozier M J. 2005. Landslide Hazard and Risk. Wiley Online Library

Gori P, Jeer S, Schwab J. 2005. Landslide hazards planning. Planning Advisory Service Report. Chicago: American Planning Association, 533 ~ 534

International Journal of Rock Mechanics & Mining Sciences & Geomechanics Abstracts. 1993. Some landslide zoning risk schemes in use in Eastern Australia and their application: Fell, R Proc 6th Australia-New Zealand Conference on Geomechanics, Christchurch, 3-7 February 1992P505-512. Publ New Zealand: New Zealand Geomechanics Society, 30 (3): A193

Rautel P, Lakhera R C. 2000. Landslide risk analysis betwee Giri and Tons Rivers in Himachal Himalaya (India). ITC Journal/the International Institute for Aerial Survey and Earth Sciences, 2 (3-4): 153 ~ 160

Tangestani M H. 2003. Landslide susceptibility mapping using the fuzzy gamma operation in a GIS Ka kan catchment area Iran. Australian Journal of Earth Sciences, 51 (3): 439 ~ 450

Temesgen B, Mohammed M U. 2001. Natural hazard assessment using GIS and remote sensing Met-hods, with particular reference to the landslides in the Wondogene Area, Ethiopia. Physics and Chemistry of the Earth, Part C: Solar, Terrestrial & Planetary Science, 26 (9): 665 ~ 675

Uzielli M, Nadim F, Lacasse S, *et al.* 2008. A conceptual framework for quantitative estimation of physical vulnerability to landslides. Engineering Geology, 102 (3): 251 ~ 256

Wang K, Lee C. 1997. Random Approximation of Measured in-Situ Stress Values by Three Dimensional Stress Function Fitting

Westen C J V, Castellanos E, Kuriakose S L. 2008. Spatial data for landslide susceptibility, hazard, and vulnerability assessment: An overview. Engineering Geology, 102 (3): 112 ~ 131

Whitman R V. 1984. Evaluating Calculated Risk in Geotechnical Engineering. Journal of Geotechnical Engineering, 110 (2): 143-188

Wise M P, Moore G D, Vandine D F. 2004. Landslide Risk Case Studies in Forest Development Planning and Operations. Research Branch

Yu F C , Chen C Y, Lin S C, *et al.* 2007. A web-based decision support system for slopeland hazard warning. Environ Monit Assess, 127: 419 ~ 428